Annual Reports
in Organic
Synthesis—1986

Annual Reports in Organic Synthesis

ANNUAL REPORTS IN ORGANIC SYNTHESIS—1970
John McMurry and R. Bryan Miller, Eds.

ANNUAL REPORTS IN ORGANIC SYNTHESIS—1971
John McMurry and R. Bryan Miller, Eds.

ANNUAL REPORTS IN ORGANIC SYNTHESIS—1972
John McMurry and R. Bryan Miller, Eds.

ANNUAL REPORTS IN ORGANIC SYNTHESIS—1973
R. Bryan Miller and Louis S. Hegedus, Eds.
John McMurry, Series Editor

ANNUAL REPORTS IN ORGANIC SYNTHESIS—1974
Louis S. Hegedus and Stephen R. Wilson, Eds.
R. Bryan Miller, Series Editor

ANNUAL REPORTS IN ORGANIC SYNTHESIS—1975
R. Bryan Miller and L. G. Wade, Jr., Eds.

ANNUAL REPORTS IN ORGANIC SYNTHESIS—1976
R. Bryan Miller and L. G. Wade, Jr., Eds.

ANNUAL REPORTS IN ORGANIC SYNTHESIS—1977
R. Bryan Miller and L. G. Wade, Jr., Eds.

ANNUAL REPORTS IN ORGANIC SYNTHESIS—1978
L. G. Wade, Jr., and Martin J. O'Donnell, Eds.

ANNUAL REPORTS IN ORGANIC SYNTHESIS—1979
L. G. Wade, Jr., and Martin J. O'Donnell, Eds.

ANNUAL REPORTS IN ORGANIC SYNTHESIS—1980
L. G. Wade, Jr., and Martin J. O'Donnell, Eds.

ANNUAL REPORTS IN ORGANIC SYNTHESIS—1981
L. G. Wade, Jr., and Martin J. O'Donnell, Eds.

ANNUAL REPORTS IN ORGANIC SYNTHESIS—1982
L. G. Wade, Jr., and Martin J. O'Donnell, Eds.

ANNUAL REPORTS IN ORGANIC SYNTHESIS—1983
Martin J. O'Donnell and Louis Weiss, Eds.

ANNUAL REPORTS IN ORGANIC SYNTHESIS—1984
Martin J. O'Donnell and Louis Weiss, Eds.

ANNUAL REPORTS IN ORGANIC SYNTHESIS—1985
Martin J. O'Donnell and Eric F. V. Scriven, Eds.

ANNUAL REPORTS IN ORGANIC SYNTHESIS—1986
Eric F. V. Scriven and Kenneth Turnbull, Eds.

Annual Reports in Organic Synthesis—1986

edited by

Eric F. V. Scriven
Reilly Tar and Chemical Corporation
Indianapolis, Indiana

Kenneth Turnbull
Wright State University
Dayton, Ohio

ACADEMIC PRESS, INC.   1987
Harcourt Brace Jovanovich, Publishers

ORLANDO SAN DIEGO NEW YORK AUSTIN
BOSTON LONDON SYDNEY TOKYO TORONTO

Academic Press Rapid Manuscript Reproduction

COPYRIGHT © 1987 BY ACADEMIC PRESS, INC.
ALL RIGHTS RESERVED.
NO PART OF THIS PUBLICATION MAY BE REPRODUCED OR
TRANSMITTED IN ANY FORM OR BY ANY MEANS, ELECTRONIC
OR MECHANICAL, INCLUDING PHOTOCOPY, RECORDING, OR
ANY INFORMATION STORAGE AND RETRIEVAL SYSTEM, WITHOUT
PERMISSION IN WRITING FROM THE PUBLISHER.

ACADEMIC PRESS, INC.
Orlando, Florida 32887

QD
262
A558
1986

United Kingdom Edition published by
ACADEMIC PRESS INC. (LONDON) LTD.
24–28 Oval Road, London NW1 7DX

LIBRARY OF CONGRESS CATALOG CARD NUMBER: 71-167779

ISBN 0–12–040817–1 (alk. paper)

PRINTED IN THE UNITED STATES OF AMERICA

87 88 89 90   9 8 7 6 5 4 3 2 1

CONTENTS

PREFACE ix
JOURNALS ABSTRACTED xi
GLOSSARY OF ABBREVIATIONS xiii

I. **CARBON–CARBON BOND FORMING REACTIONS** 1
  A. Carbon–Carbon Single Bonds (see also: I.E, I.F, I.G, I.H) 1
    1. Alkylations of Aldehydes, Ketones, and Their Derivatives . 1
    2. Alkylations of Nitriles, Acids, and Acid Derivatives 6
    3. Alkylation of β-Dicarbonyl, β-Cyanocarbonyl Systems, and Other Active Methylene Compounds 11
    4. Alkylation of N−, P−, S−, Se and Similar Stabilized Carbanions 14
    5. Alkylations of Organometallic Reagents (see also: I.F, I.G) 17
    6. Other Alkylation Procedures......................... 25
    7. Nucleophilic Addition to Electron-Deficient Carbon 26
      a. 1,2-Additions................................... 26
        (1) Aldol-Type Condensations 26
          (a) Intermolecular 26
          (b) Intramolecular 37
        (2) Addition of N−, P−, S−, or Similar Stabilized Carbanions 38
        (3) Grignard-Type Additions 41
        (4) Others 53
      b. Conjugate Additions.............................. 55
        (1) Enolate-Type Carbanions 55
        (2) Organometallic Reagents 62
        (3) Other Conjugate Additions 68
    8. Other Carbon–Carbon Single Bond Forming Reactions ... 70
  B. Carbon–Carbon Double Bonds (see also: I.E.1, III.G) 80
    1. Wittig-Type Olefination Reactions..................... 80
    2. Eliminations 90

      a. Alcohols and Derivatives 90
      b. Halides 97
      c. Other Eliminations 99
    3. Other Carbon-Carbon Double Bond Forming Reactions . 102
    4. Allene Forming Reactions 119
  C. Carbon-Carbon Triple Bonds 121
  D. Cyclopropanations 128
    1. Carbene or Carbenoid Additions to a Multiple Bond 128
    2. Other Cyclopropanations 131
  E. Thermal Reactions 137
    1. Cycloadditions 137
    2. Other Thermal Reactions 158
    3. Photochemical Reactions 163
  F. Aromatic Substitutions Forming a New Carbon-Carbon
    Bond 166
    1. Friedel-Crafts Type Aromatic Substitution Reactions 166
    2. Coupling Reactions to Form an Aromatic Carbon-Carbon
      Bond 170
    3. Other Aromatic Substitutions 175
  G. Synthesis via Organometallics 187
    1. Synthesis via Organoboranes 187
    2. Carbonylation Reactions 190
    3. Other Syntheses via Organometallics 194
    4. Organometallic Reviews 198
  H. Rearrangements 203
    1. Claisen, Cope, and Similar Processes 203
    2. Other Rearrangements 209

II. **OXIDATIONS** 215
  A. C-O Oxidations 215
    1. Alcohol → Ketone, Aldehyde 215
    2. Alcohol and Aldehyde → Acid 219
  B. C-H Oxidations 219
    1. C-H → C-O 219
    2. C-H → C-Hal 224
    3. Other C-H Oxidations 228
  C. C-N Oxidations 229
  D. Amine Oxidations 231
  E. Sulfur Oxidations 232
  F. Oxidative Additions to C-C Multiple Bonds 234
    1. Epoxidations 234
    2. Hydroxylation 236
    3. Other Oxidative Additions to C-C Multiple Bonds 238
  G. Phenol-Quinone Oxidation 240
  H. Oxidative Cleavages 240

	I.	Dehydrogenation	241
	J.	Other Oxidations and Reviews	241
III.	**REDUCTIONS**	245
	A.	C=O Reductions (see also: III.F.1)	245
	B.	C–N Multiple Bond Reductions	254
		1. Nitrile Reduction	254
		2. Imine Reductions	254
	C.	Reduction of Sulfur Compounds	256
	D.	N–O Reductions	257
	E.	C–C Multiple Bond Reductions	260
		1. C=C Reductions	260
		2. C≡C Reductions	264
	F.	Hydrogenolysis of Hetero Bonds	265
		1. C–O → C–H	265
		2. C–Hal → C–H	270
		3. C–S → C–H	273
		4. C–N → C–H	274
	G.	Reductive Cleavages	274
	H.	Reduction of Azides	275
	I.	Reviews	276
IV.	**SYNTHESIS OF HETEROCYCLES**	279
	A.	Oxiranes	279
	B.	Azirines and Aziridines	281
	C.	Oxetanes	282
	D.	Lactams	283
	E.	Lactones	291
	F.	Furans, Thiophenes, etc.	303
	G.	Pyrroles, Indoles, etc.	308
	H.	Pyridines and Quinolines	314
	I.	Pyrans, Pyrones, etc.	318
	J.	Other Heterocycles with One Heteroatom	322
	K.	Heterocycles with a Bridgehead Heteroatom	323
	L.	Heterocycles with Two or More Heteroatoms	325
		1. Heterocycles with 2 N's	325
		a. 5-Membered	325
		b. 6-Membered	328
		c. Other	331
		2. Heterocycles with 2 O's	331
		3. Heterocycles with 1 N and 1 O	333
		4. Heterocycles with 1 N and 1 S	339
		5. Heterocycles with 1 N and 1 P	342
		6. Heterocycles with 3 N's	342
		7. Heterocycles with 2 N's and 1 O	346
		8. Heterocycles with 2 N's and 1 S	347

M. Other Heterocycles 348
N. General Heterocyclic Reviews 351

V. **PROTECTING GROUPS** 356
  A. Hydroxyl (see also: VI.A.9) 356
  B. Amine Protecting Groups (see also: VI.A.4) 361
  C. Sulfhydryl Protection 365
  D. Carboxyl Protecting Groups (see also: VI.A.4, VI.A.10) ... 365
  E. Protecting Groups for Aldehydes and Ketones 366
  F. Phosphate Protecting Groups 369
  G. Nitrone Protection 372
  H. Review 372

VI. **USEFUL SYNTHETIC PREPARATIONS** 373
  A. Functional Group Preparations 373
   1. Acids and Anhydrides (see also: II.A.2) 373
   2. Alcohols and Phenols (see also: II.B.1, III.A, III.F.1) . 375
   3. Alkyl and Aryl Halides (see also: II.B.2) 379
   4. Amides 384
   5. Amines and Carbamates (see also: III.D) 385
   6. Amino Acids and Derivatives 389
   7. Esters (see also: IV.E, V.D.) 391
   8. Ethers (see also: V.E.) 393
   9. Aldehydes and Ketones (see also: I.A.1, II.A.1, III.F.1) 394
   10. Nitriles and Imines 397
   11. Azides 399
   12. Other N-Containing Functional Groups 400
  B. Sulfur Compounds 405
  C. Phosphorus Compounds 413
  D. Se Compounds 414
  E. Nucleotides, etc. 416

VII. **OTHER REVIEWS** 418
  A. Techniques 418
  B. Asymmetric Synthesis 420
  C. Reactions 421
  D. Reactive Intermediates 423
  E. Organo-metallics and -metalloids 424
  F. Halogen-Compounds and Halogenation 428
  G. Natural Products 429
  H. Others 433

AUTHOR INDEX 437

PREFACE

One of the most difficult problems facing chemists today is that of "keeping up with the literature." For several reasons, the problem is particularly severe for the synthetic organic chemist. Bits of information of potential use are scattered throughout common chemistry journals and can be found in any paper, not just those dealing strictly with synthesis. Thus, synthetic chemists must read a large number of journals and must organize and index what they read to make the information available for future reference. All synthetic chemists do this, but the task is becoming more difficult each year as the flow of information increases.

The problem, however, is shared to some extent by all. Most organic chemists are at some time faced with the problem of synthesizing a desired material, and for many the problems are formidable. Nonspecialists faced with the synthetic problem are not likely to have kept pace with the developments in synthetic chemistry that may well solve their problems, and they will not have the necessary information in their files.

Thus, we felt that an organized annual review of synthetically useful information would prove beneficial to nearly all organic chemists, both specialist and nonspecialist in synthesis. It should help relieve some of the information-storage burden of the specialist and should enable the nonspecialist who is seeking help with a specific problem to become rapidly aware of recent synthetic advances. Ideally also, it should appear as promptly as possible after the close of the abstracting period. As in past years, we have placed particular emphasis on keeping the abstracts as concise as possible, while indicating the generality of the reactions involved. We have tried to combine similar publications into inclusive abstracts, particularly in Chapter 1. This practice has allowed us to include a larger number of references without a substantial increase in the book's length.

In producing *Annual Reports in Organic Synthesis—1986*, we have abstracted 49 primary chemistry journals, selecting useful synthetic advances. We have tried to present the information in an organized manner, emphasizing rapid visual retrieval. Only the common journals received by our libraries have been abstracted. Any journal received after March 1, 1987, will be covered in the next volume. We have also exercised selectivity in choosing which papers to abstract. Our general guidelines have been to include all reactions and methods that are new, synthetically useful, and reasonably general. Each entry is composed primarily of structures, accompanied by very few comments. The purpose of this emphasis is to aid the reader in scanning the book. The mind is capable of absorbing a whole picture in an instant, but is considerably slowed by having to read sentences. If the pictures presented catch the reader's interest, he or she should then seek details from the original paper.

We have included an author index based on the name of the senior author or sometimes the first author. No subject index is included because to do so would greatly increase both the cost of the book and the lead time for publication. Instead, we have chosen to use an extensive table of contents. Chapters I–III are organized by reaction type and constitute a major part of the book. The organization of these sections is self-explanatory; thus, there should be no difficulty in locating a new method of oxidation or a new cyclopropanation procedure. Chapter IV deals with methods of synthesizing heterocyclic systems, and Chapter V covers the use of new protecting groups. Chapter VI is divided into three main parts and covers those synthetically useful transformations that do not fit easily into the first three chapters. Chapter VII has been divided into sections in order to help the reader find quickly a review on a specific topic.

Any undertaking of this type involves a series of compromises. We have chosen to emphasize reasonable cost, rapid publication, and rapid visual retrieval of information at the admitted expense of detail and beauty.

The arduous task of drawing the multitude of structures appearing in this review was carried out by Andrea Ernest and Ursula Scriven. We thank them very much for their efforts. We also thank Dan Ketcha for help in proofreading the manuscript.

Eric F. V. Scriven
Kenneth Turnbull

JOURNALS ABSTRACTED

Accounts of Chemical Research
Acta Chemica Scandinavica
Aldrichimica Acta
Angewandte Chemie International Edition in English
Australian Journal of Chemistry
Bulletin of the Chemical Society of Japan
Bulletin de Sociétés Chimiques Belges
Bulletin de la Société Chimique de France
Canadian Journal of Chemistry
Chemical Communications
Chemical and Pharmaceutical Bulletin
Chemical Reviews
Chemical Society Reviews
Chemische Berichte
Chemistry of Heterocyclic Compounds
Chemistry and Industry
Chemistry Letters
Collection of Czechoslovakian Chemical Communications
Gazzetta Chimica Italiana
Helvetica Chimica Acta
Heterocycles
Indian Journal of Chemistry
Journal of the American Chemical Society
Journal of Chemical Research
Journal of the Chemical Society (Perkin I)
Journal of the Chemical Society (Perkin II)
Journal of General Chemistry (USSR)
Journal of Heterocyclic Chemistry
Journal of Medicinal Chemistry
Journal of Organic Chemistry
Journal of Organic Chemistry (USSR)
Journal of Organometallic Chemistry
Journal fuer Praktische Chemie
Liebigs Annalen der Chemie
Monatschefte für Chemie
Nouveau Journal de Chimie
Organic Preparations and Procedures International
Organic Syntheses
Organometallics
Pure and Applied Chemistry
Recueil des Travaux Chimiques des Pays-bas
Russian Chemical Reviews
Synthesis
Synthetic Communications
Tetrahedron
Tetrahedron Letters
Topics in Current Chemistry
Zeitschrift für Chemie
Zeitschrift fuer Naturforschung, Teil B

GLOSSARY OF ABBREVIATIONS

Ac	acetyl
acac	acetonylacetone
AIBN	azobisisobutyronitrile
Am	amyl
A-26	Amberlyst ^{R}A-26 resin
AMSO	N-acetyl-(S)-methionine(R,S)sulfoxide
AOCOBT	allyl-1-benzotriazolyl carbonate
9-BBN	9-borabicyclo[3.3.1]nonane
BOC (t-Boc)	t-butyloxycarbonyl
bpy	bipyridyl
BSA	N,O-bis silylacetamide
Bu	butyl
Bn	benzyl
CAN	ceric ammonium nitrate
Cbz	benzyloxycarbonyl
clayfen	clay-supported ferric nitrate
claycop	clay-supported cupric nitrate
COD	1,5-cyclooctadiene
COT	1,3,5,7-cyclooctatetraene
Cp	cyclopentadienyl
CRA	complex reducing agents
CSA	camphorsulfonic acid
DABCO	1,4-diazabicyclo[2.2.2]octane
DAM	diaminomaleonitrile
DAST	diethylaminosulfur trifluoride
dba	dibenzylidene acetone
DBN	1,5-diazabicyclo[4.3.0]non-3-ene
DBTCE	dibromotetrachloroethane
DBU	1,5-diazabicyclo[5.4.0]undec-5-ene
DCC	dicyclohexylcarbodiimide
DCE	dichloroethane
DCCI	dicyclohexylcarbodiimide
DDQ	2,3-dichloro-5,6-dicyanobenzoquinone
de	diastereomeric excess
DEAD	diethyl azodicarboxylate
DIAD	diisopropyl azodicarboxylate
DIBAH (DIBAL)	diisobutylaluminum hydride
DIOP	2,3-O-isopropylidene-2,3-dihydroxy-1,4-bis(diphenylphosphino)butane
DIPT	diisopropyl tartrate
DMAD	dimethyl acetylenedicarboxylate
DMAP	4-N,N-dimethylaminopyridine
DME	dimethoxyethane
DMF	dimethylformamide
DMSO	dimethylsulfoxide
DPPE, dppe	diphenylphosphinoethane
E$^+$	general electrophile
EDAC·HCl	1-ethyl-3-(3-dimethylaminopropyl)carbodiimide hydrochloride
ee	enantiomeric excess
Et	ethyl
Fp	η^5-C$_5$H$_5$Fe(Co)$_2$
FVT	flash vacuum thermolysis
Hex	hexyl
HMDS	1,1,1,3,3,3-hexamethyldisilazane
HMPA, HMPT	hexamethyl phosphoramide
hν	irradiation with light
KAPA	potassium 3-aminopropylamide
K9-O-DIPGF-9-BBNH	potassium 9-O-(1,2:5,6-di-O-isopropylidene-α-D-glucofuranosyl)-9-borabicyclo[3.3.1]nonane
L	triphenylphosphine ligand
LAH	lithium aluminum hydride
LDA	lithium diisopropylamide
LICA	lithium isopropylcyclohexylamide
LTA	lead tetraacetate
MCPBA	m-chloroperbenzoic acid
Me	methyl
MEM	β-methoxyethoxymethyl
MOM	methoxymethyl
MoOPH	oxodiperoxymolybdenum(pyridine)hexamethylphosphoramide
Ms	methanesulfonyl
MSA	methanesulfonic acid
MTM	methylthiomethyl
NBS	N-bromosuccinimide
NCS	N-chlorosuccinimide
NIS	N-iodosuccinimide
Ni(R)	Raney nickel
NMIM	N-methylimidazole
NPSP	N-phenylselenophthalimide
[O]	general oxidation
ⓟ	polymeric backbone
PCC	pyridinium chlorochromate
PDC	pyridinium dichromate
Ph	phenyl
(Phen)	1,10-phenanthroline
Phth	phthaloyl
Pn	pentyl
PPA	polyphosphoric acid
PPE	polyphosphate ester
Pr	propyl
Py, pyr	pyridine
PTC	phase-transfer catalysis

PTSA	p-toluene sulfonic acid	TMEDA, tmed	tetramethylethylenediamine
PPTS	pyridinium p-toluenesulfonate		
Q⁺	quaternary ammonium	TMP	2,2,6,6-tetramethylpiperidine
Reillex™425	polyvinyl pyridine 25% crosslinked with divinylbenzene	TMS	trimethylsilyl
		Tol	tolyl
RT	room temperature	TPSCl	2,4,6-triisopropylbenzenesulfonyl chloride
SDS	sodium dodecyl sulfonate		
SEM	β-trimethylsilylethoxymethyl	TPPC	tetraphenylporphyrin cobalt (II)
TBDMS	t-butyldimethylsilyl	Tr	trityl
TCNQ	7,7,8,8-tetracyanoquinodimethane	Ts, Tos	p-toluenesulfonyl
Tf	trifluoromethane sulfonate	TSA	toluenesulfonic acid
TFA	trifluoroacetic acid	Z	benzyloxycarbonyl
TFAA	trifluoroacetic anhydride	ziram	zinc N,N-dimethylthiocarbamate
TFSA	trifluoromethane sulfonic acid	Δ	heat
Th	2-thienyl	φ	phenyl
THF	tetrahydrofuran	18-C-6	18-crown-6
THP	tetrahydropyranyl	((((	ultrasonication

I
CARBON-CARBON BOND FORMING REACTIONS

I.A. Carbon - Carbon Single Bonds

(See also: I.E., I.F., I.G., I.H.)

I.A.1. Alkylations of Aldehydes, Ketones and Their Derivatives

I.A.1-1 J.-P. Gesson et al., Tetrahedron Lett., 27, 4461 (1986); G. Pattenden and G.M. Robertson, ibid, 27, 399 (1986); P.T. Lansbury et al., ibid, 27, 2725 (1986); G.E. Keck and D.F. Kachensky, J. Org. Chem., 51, 2487 (1986); M. Utaka et al., ibid, 51, 935 (1986); H. Stamm and R. Weiss, Synthesis, 392 (1986); T. Fujita et al., Chem. Ind., 427 (1986).

1) LDA , 2) 2,3-dibromopropene

I.A.1-2 K. Mori and H. Watanabe, Tetrahedron, 42, 295 (1986); M. Matsumoto and N. Watanabe, Heterocycles, 24, 3149 (1986); R.T. Reddy and U.R. Nayak, Synth. Commun., 16, 713 (1986); L.M. Harwood et al., Synthesis, 476 (1986); T.A. Manukina et al., J. Org. Chem. (USSR), 22, 780 (1986).

E = CO_2Me

I.A.1-3 A. Bhattacharya et al., Angew. Chem., Int. Ed. Engl., 25, 476 (1986).

[Reaction scheme: chlorinated methoxy-indanone with Pr substituent + ClCH$_2$CH=CHMe (H, Cl) → alkylated product with CH$_2$CH=C(Cl)Me and Pr substituents, 99%, 92% e.e.]

Reagent = N - (p-trifluoromethylbenzyl)cinchoninium bromide

I.A.1-4 K. Koga et al., Chem. Pharm. Bull., 34, 1050 (1986); M. Lounasama and P. Somersalo, Tetrahedron, 42, 1501 (1986); R. Habernegg and T. Severin, Chem. Ber., 119, 2397 (1986); J.C. Caille et al., Can. J. Chem., 64, 825 (1986); N. De Kimpe et al., Tetrahedron Lett., 27, 1707 (1986); J.E. Baldwin et al., Tetrahedron, 42, 4223 and 4235 (1986).

[Reaction scheme: cyclohexanone-NR* imine → via 1)-3) → 2-substituted cyclohexanone with R^1, 21-68%, 56->99.5% e.e.]

R* = chiral auxiliary

1) LDA, 2) R^{1}X, 3) H$_3$O$^+$

I.A.1-5 T. Tsuda, M. Tokai, T. Ishida and T. Saegusa, J. Org. Chem., 51, 5216 (1986); T. Saegusa et al., ibid, 51, 421 (1986); F.E. Zeigler et al., Tetrahedron Lett., 27, 1221 (1986); Y. Inoue et al., Bull. Chem. Soc. Jpn., 59, 885 (1986).

PhCOCH$_2$CO$_2$H + [vinyl epoxide] $\xrightarrow{Pd^0}$ PhCOCH$_2$CH$_2$CH=CHCH$_2$OH

90%, E:Z = 6:1

I.A.1-6 M. Shibaski et al., J. Am. Chem. Soc., 108, 2090 (1986); T. Takeda et al., Tetrahedron Lett., 27, 3029 (1986).

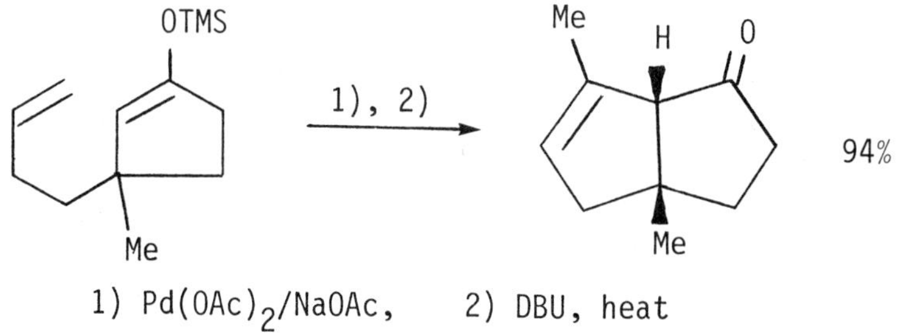

1) Pd(OAc)$_2$/NaOAc,   2) DBU, heat

94%

I.A.1-7 P. Duhamel et al., Tetrahedron, 42, 4777 (1986); J.-M. Poirier et al., Bull. Soc. Chim. Fr., 436 (1986).

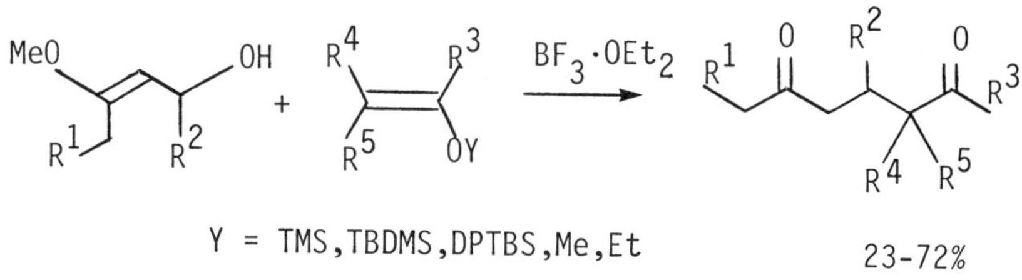

Y = TMS, TBDMS, DPTBS, Me, Et

23-72%

I.A.1-8 T. Mukaiyama et al., Chem. Lett., 1009 (1986); T.V. Lee et al., Tetrahedron Lett., 27, 5021 (1986); M.A. Tius et al., J. Am. Chem. Soc., 108, 3438 (1986).

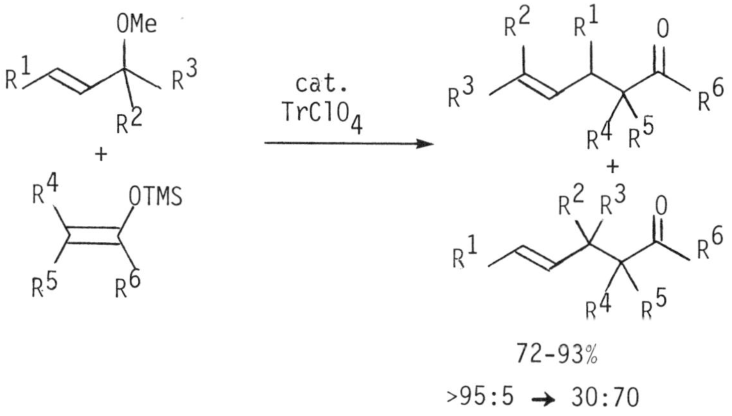

cat. TrClO$_4$

72-93%

>95:5 → 30:70

I.A.1-9 J.V. Comasseto and C.S. Silveira, Synth. Commun., 16, 1167 (1986); M.C. Pirrung and S.A. Thomson, Tetrahedron Lett., 27, 2703 (1986).

$$\underset{R}{\overset{OTMS}{\underset{R^1}{\diagup\!\!\!\diagdown}}} \quad \xrightarrow[-23°C]{(PhSe)_3CH,\ SnCl_4} \quad (PhSe)_2CH-\underset{O}{\overset{R}{\underset{R^1}{\diagup\!\!\!\diagdown}}}$$

52-93%

I.A.1-10 A.G. Shipov et al., J. Gen. Chem. (USSR), 56, 1267 (1986); H. Mayr et al., Tetrahedron, 42, 6663 (1986).

$$ArC=CH_2 \atop OTMS \quad + \quad ClCH_2N(Me)SO_2Me \quad \xrightarrow{TiCl_4} \quad ArCO(CH_2)_2N(Me)SO_2Me$$

75-76%

I.A.1-11 K.M. Nicholas et al., J. Org. Chem., 51, 1960 (1986); K.M. Nicholas et al., Tetrahedron Lett., 27, 915 (1986).

[Reaction scheme: OTMS-substituted bicyclic cycloheptene → 1), 2) → bicyclic cycloheptanone with propargyl substituent, 78%]

1) Me—≡—CH$_2$BF$_6^-$ 2) CAN
         $\overline{Co_2(CO)_6}$

I.A.1-12 R.G. Sutherland et al., Can. J. Chem., 64, 2031 (1986).

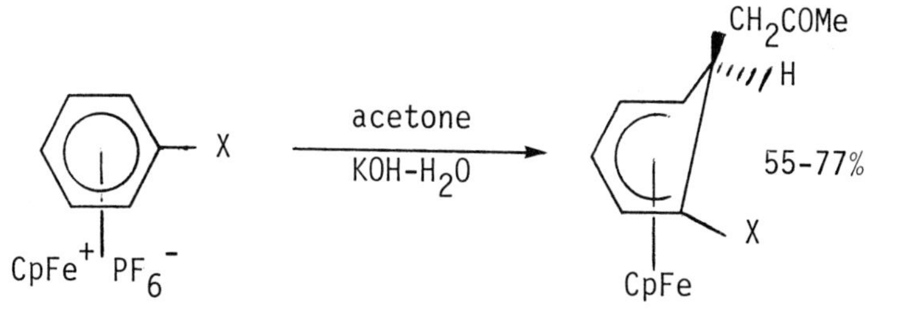

[CpFe$^+$ PF$_6^-$ η^6-arene-X] + acetone → (cyclohexadienyl-CpFe complex with CH$_2$COMe and H substituents, X) 55-77%

X = NO$_2$, CN, Ts, Bz

I.A.1-13 E. Baciocchi and R. Ruzziconi, Gazz. Chim. Ital., 116, 671 (1986); idem, J. Org. Chem., 51, 1645 (1986).

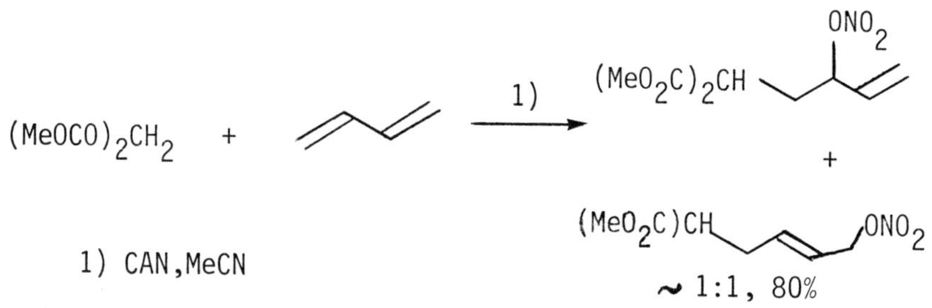

(MeOCO)$_2$CH$_2$ + CH$_2$=CH-CH=CH$_2$ →[1)] (MeO$_2$C)$_2$CH-CH$_2$-CH(ONO$_2$)-CH=CH$_2$

\+

(MeO$_2$C)CH-CH$_2$-CH=CH-CH$_2$ONO$_2$

~1:1, 80%

1) CAN, MeCN

I.A.1-14 S. Kiyooka et al., Tetrahedron Lett., 27, 5629 (1986).

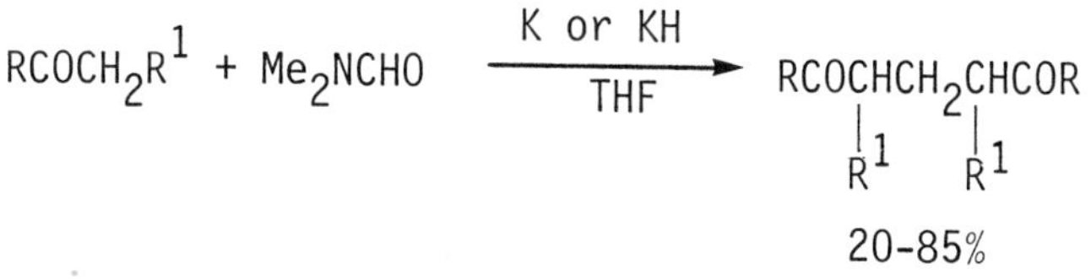

$$RCOCH_2R^1 + Me_2NCHO \xrightarrow[THF]{K\ or\ KH} RCOCH(R^1)CH_2CH(R^1)COR$$

20-85%

I.A.1-15 Y. Hashimoto and T. Mukaiyama, Chem. Lett., 755 (1986).

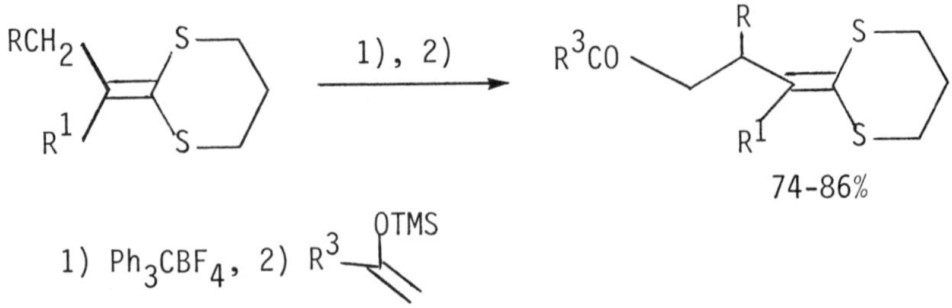

[Reaction scheme: RCH₂ ketene dithioacetal with R¹ substituent, reagents 1), 2), gives R³CO-CH₂-C(R)- ketene dithioacetal with R¹, 74-86%]

1) Ph₃CBF₄, 2) R³-C(OTMS)=CH₂

I.A.2. Alkylations of Nitriles, Acids and Acid Derivatives

I.A.2-1 F. Bohlmann and A. Steinmeyer, Tetrahedron Lett., 27, 5359 (1986); S. Hunig and H. Reichelt, Chem. Ber., 119, 1772 (1986); S. Hunig et al., ibid, 119, 722 (1986); K. Ritter and M. Hanack, ibid, 119, 3704 (1986); E. Dominguez et al., Heterocycles, 24, 1867 (1986).

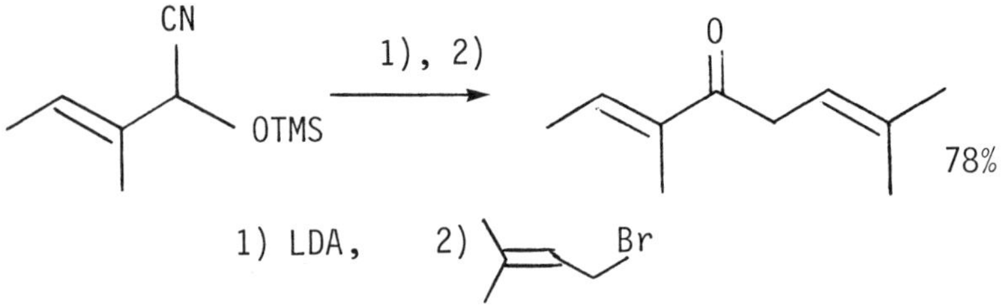

[Reaction scheme: allylic nitrile with CN and OTMS substituents, reagents 1), 2), gives dienone, 78%]

1) LDA, 2) prenyl bromide

I.A.2-2 J.L. Belletire and S.L. Fremont, Tetrahedron Lett., 27, 127 (1986); J.L. Belletire and E.G. Spletzer, ibid, 27, 131 (1986); idem, Synth. Commun., 16, 575 (1986).

$$ArCH_2CH_2CO_2H \xrightarrow{1) - 3)} ArCH_2\underset{CO_2H}{CH}-\underset{CO_2H}{CH}CH_2Ar$$

63-77%

1) 2 LDA   2) 0.5 eq. I_2 3) H^+

I.A.2-3 G. Warren et al., J. Chem. Soc., Perkin Trans. 1, 1947 (1986); S. Kano et al., Chem. Lett., 143 (1986); S. Kano et al., Chem Commun., 1717 (1986); S. Raucher and P. Klein, J. Org. Chem., 51, 123 (1986); A. Takeda et al., ibid, 51, 4944 (1986).

[Structure: PhS and CO_2R^1 on C=C with R^3 and R^4CH substituents] $\xrightarrow{1), 2)}$ [Structure: PhS, R^2, CO_2R^1, R^3, R^4CH= product]

34-98%

1) KO^tBu 2) R^2X

I.A.2-4 M. Hirama et al., Tetrahedron Lett., 27, 5281 (1986); K Mori and T. Ebata, Tetrahedron, 42, 4413, 4421 and 4685 (1986); D. Seebach and M. Eberle, Synthesis, 37 (1986); K. Narasaka and Y. Ukaji, Chem. Lett., 81 (1986).

[Structure: Et-CH(Me)-CH(OH)-CH_2-CO_2Me] $\xrightarrow{1), 2)}$ [Structure: Et-CH(Me)-CH(OH)-CH(Me)-CO_2Me]

65% (+10% 2,3-Syn)

1) LDA, -50°C   2) 5% HMPA, MeI (10eq.)

I.A.2-5 L. Poppe et al., Tetrahedron Lett., 27, 5769
(1986); D. Seebach and J. Zimmerman, Helv. Chim. Acta, 69,
1147 (1986); M. Ohno et al., Chem. Pharm. Bull., 34, 3020
(1986); E.F. Kleinman et al., J. Org. Chem., 51, 4828
(1986).

1) LiNEt$_2$

63%

I.A.2-6 K. Tomioka et al., Tetrahedron Lett., 27, 3247
(1986); M. Vandewalle et al., Tetrahedron, 42, 4285 (1986);
P. Deslongchamps et al., Can. J. Chem., 64, 1781 and 1788
(1986).

E^+ = MeI, EtI

R^1 bulkier than R^2: yield a>>b
R^2 bulkier than R^1: yield b>a

I.A.2-7 J.M. McIntosh and R.K. Leavitt, Tetrahedron Lett.,
27, 3839 (1986); J. Daunis et al., ibid, 27, 4303 (1986);
J.M. McIntosh and P. Mishra, Can. J. Chem., 64, 726 (1986);
P. Viallefont et al., Heterocycles, 24, 2165 (1986); G.
Antoni and B. Langstrom, Acta Chem. Scand., B40, 152 (1986).

40-86%, 68-89% d.e.

I.A.2-8 J.P. Genet et al., Tetrahedron Lett.,27, 23 and 4573 (1986); Y. Watanabe et al., Chem. Commun., 1539 (1986).

$$MeO_2C-CH_2N=CPh_2 \xrightarrow{1)-3)} \begin{array}{c} \text{CH}_2=\text{CHCH}_2-\text{CH(N=CPh}_2)\text{CO}_2\text{Me} \end{array}$$

40-80%, 3-57% e.e.

1) LDA 2) ⩘⩘⩘O-Ac, Pd(dba)$_2$, (+) or (-) DIOP
3) H$_3$O$^+$

I.A.2-9 D. Kim et al., Tetrahedron Lett., 27, 943 (1986); M. Joucla and M. El Goumzili, ibid, 27, 1681 (1986); P.J. Garrat and J.R. Porter, J. Org. Chem., 51, 5450 (1986).

[Cyclization scheme: TsO-(CH$_2$)$_4$-CH(Bu)-CH$_2$-C(Me)(CO$_2$Et) → LDA → cis and trans 1-methyl-1-(CO$_2$Et)-cyclohexane with Bu substituent]

98:2

I.A.2-10 R. Deziel and D. Favreau, Tetrahedron Lett., 27, 5687 (1986); Y. Nagao et al., J. Am. Chem. Soc., 108, 4673 (1986); L.M. Fuentes et al., ibid, 108, 4675 (1986).

[Scheme: N-propionyl thiazolidinethione with R substituents
1) Sn(OTf)$_2$
2) TBDMSO-CH(Me)-CH(OAc)-azetidinone (β-lactam)
→ β-lactam coupled product + α-Me]

73-80%   4-24:1

Et$_2$BOTf/ZnBr$_2$ also used

I.A.2-11 T. Katsuki et al., Tetrahedron Lett., 27, 2463 and 3403 (1986); W. Oppolzer and G. Poli, ibid, 27, 4717 (1986); J.W. Ludwig, M. Newcomb and D.E. Bergbreiter, ibid, 27, 2731 (1986); A.I. Meyers and B.A Lefker, J. Org. Chem., 51, 1541 (1986).

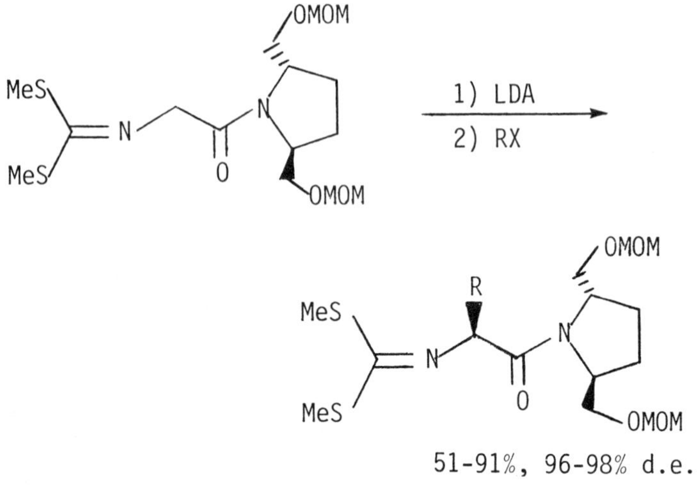

51-91%, 96-98% d.e.

I.A.2-12 G.J. McGarvey et al., J. Am. Chem Soc., 108, 4943 (1986).

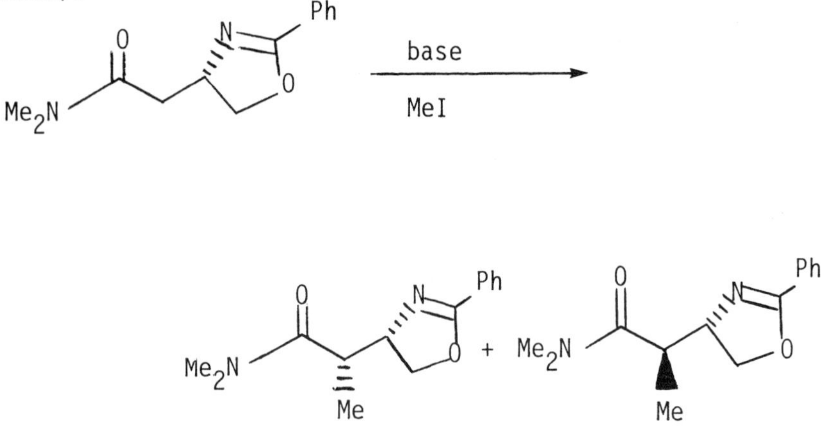

base = LiNEt$_2$ 16:84, 85%

base = LiNEt$_2$/HMPA   33:67, 80%

I.A.3. Alkylation of β- Dicarbonyl, β- Cyanocarbonyl Systems and Other Active Methylene Compounds

I.A.3-1 T. Hayashi et al., Tetrahedron Lett., 27, 191 (1986); M. Minato, T. Nonaka and T. Fuchigami, Chem. Lett., 1071 (1986); G. Cassani, Gazz. Chim. Ital., 116, 577 (1986); N. Ono et al., J. Chem. Soc., Perkin Trans. 1, 1439 (1986); R. Tamura et al., J. Org. Chem., 51, 4375 (1986); K.M. Nicholas et al., Organometallics, 5, 2117 (1986); M. Mladenova et al., Bull. Soc. Chim. Fr., 479 (1986); J.P. Genet et al., Tetrahedron Lett., 27, 845 (1986).

$$\text{Ph-CH(OAc)-CH=CH-Ph} \xrightarrow[\text{optically active ferrocene}]{\text{NaCH(COMe)}_2,\ (\pi\text{-}C_3H_5)\text{PdCl}} \text{Ph-CH}^*(\text{CH(COMe)}_2)\text{-CH=CH-Ph}$$

97%, 90% e.e.

Nickel complexes, $Fe_2(CO)_9$ and CuBr were also used as catalysts

I.A.3-2 N.N. Sukhanov et al., J. Org. Chem. (USSR), 22, 1206 (1986); U. Schollkopf et al., Angew. Chem., Int. Ed. Engl., 25, 754 (1986); K. Hideg et al., Can. J. Chem., 64, 1482 (1986); R.T. Paine et al., Synthesis, 319 (1986); F.M. Abdelrazek and A.W. Erian, ibid, 74 (1986); L. Rene et al., ibid, 419 (1986).

$$\underset{NC}{\overset{Ph}{>}}\text{CHCO}_2\text{Et} \xrightarrow[\text{EtBr, DMFA}]{K_2F_2,\ \text{TEBAC}} \underset{NC}{\overset{Ph}{>}}\underset{Et}{\overset{|}{C}}\text{-CO}_2\text{Et}$$

73%

I.A.3-3 K. Sakai et al., Chem. Pharm. Bull., 34, 873 (1986).

MeO$_2$C-CH$_2$-CHBr-CHBr-CH$_2$-CO$_2$Me →[1) - 3)] cyclopentanone with CH$_2$CO$_2$Me and CH$_2$CO$_2$Me substituents

1) NaCH(CO$_2$Me)$_2$ 2) H$_3$O$^+$, heat 3) CH$_2$N$_2$ 29%

I.A.3-4 T. Cuvigny and M. Julia, J. Organomet. Chem., 317, 383 (1986); T. Hosokawa, T. Kono, T. Uno and S. Murahashi, Bull. Chem. Soc. Jpn., 59, 2191 (1986); G. Balme et al., Tetrahedron Lett., 27, 3855 (1986); Y. Hori, T. Mitsudo and Y. Watanabe, ibid, 27, 5389 (1986); H. Stach and M. Hesse, Helv. Chim. Acta, 69, 1614 (1986); N. Ono et al., J. Org. Chem., 51, 2832 (1986).

alkene-OAc + $^\ominus$CH(CO$_2$Et)$_2$ →[NiCl$_2$ (DPPE) / ^{i}PrMgCl / NaH] alkene-CH(CO$_2$Et)$_2$ 60%

Other catalysts, leaving groups and neutral nucleophiles have been employed.

I.A.3-5 W.A. Donaldson et al., Tetrahedron Lett., 27, 2345 (1986); P.W. Jolly et al., Organometallics, 5, 473 (1986).

cycloheptene-Cl with PdCl/2 →[NaCH(CO$_2$R)$_2$ / Ph$_3$P] cycloheptene-CH(CO$_2$R)$_2$ with CH(CO$_2$R)$_2$ 75 - 90%

I.A.3-6 X. Lu and L. Lu, J. Organomet. Chem., 307, 285 (1986).

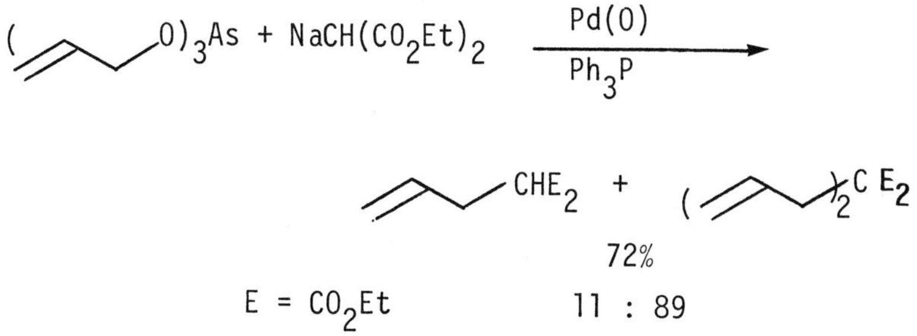

$(CH_2=CHCH_2O)_3As + NaCH(CO_2Et)_2 \xrightarrow[Ph_3P]{Pd(0)}$

$CH_2=CHCH_2-CHE_2 + (CH_2=CHCH_2)_2CE_2$

E = CO_2Et 72%
                  11 : 89

I.A.3-7 C. Moberg et al., Acta Chem. Scand., B40, 184 (1986); L.S. Barinelli et al., Organometallics, 5, 588 (1986).

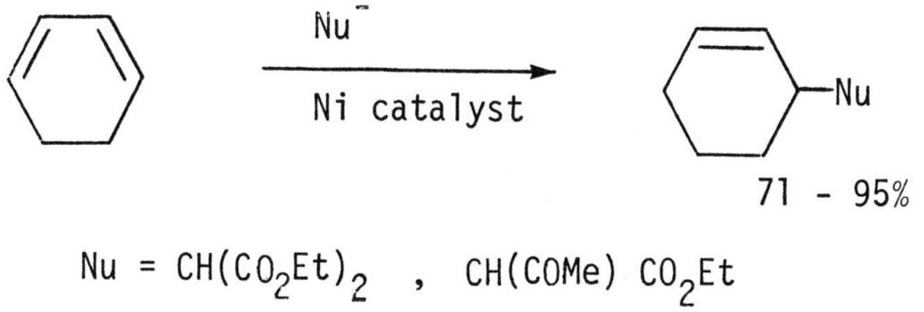

cyclohexadiene $\xrightarrow[\text{Ni catalyst}]{Nu^-}$ cyclohexenyl–Nu

71 – 95%

Nu = $CH(CO_2Et)_2$, $CH(COMe)CO_2Et$

I.A.3-8 J. Setsune et al., Tetrahedron, 42, 2647 (1986).

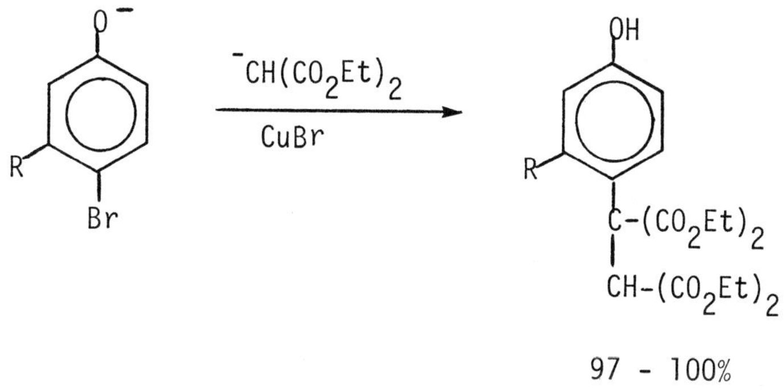

(R-substituted 4-bromophenoxide) $\xrightarrow[\text{CuBr}]{^-CH(CO_2Et)_2}$

product: phenol with R substituent and $-C(CO_2Et)_2-CH(CO_2Et)_2$ group

97 – 100%

I.A.4. Alkylation of N-, P-, S-, Se and Similar Stabilized Carbanions.

I.A.4-1 M. Makosza et al., Synth. Commun., 16, 419 (1986); P.M. Keehn et al., ibid, 16, 309 (1986); A. Padwa et al., Tetrahedron Lett., 27, 2683 (1986); J.B. Hendrickson, G.J. Boudreaux and P.S. Palumbo, J. Am. Chem. Soc., 108, 2358 (1986); K. Inomata et al., Chem. Lett., 1177 (1986); C. Herve du Penhoat and M. Julia, Tetrahedron, 42, 4807 (1986); M. Ito et al., J. Chem Soc., Perkin Trans. 1, 905 (1986).

$$PhSO_2CH_2Ar \xrightarrow[\text{18-crown-6}]{K_2CO_3} \xrightarrow{RX} PhSO_2\overset{R}{\underset{}{C}H}\text{-}Ar$$
$$55 - 95\%$$

dialkyl product favored strongly by NaOH, CH_2Cl_2, $^nBu_4NBr$

I.A.4-2 H. Takayama et al., J. Org. Chem., 51, 4934 (1986); Y.-T. Tao et al., ibid, 51, 4718 (1986); H. Takayama et al., Heterocycles, 24, 303 (1986).

Syn + isomer

45 - 71%   trace - 9%

I.A.4-3 K.J. Hwang, J. Org. Chem., 51, 99 (1986).

$$Ph-\underset{NTMS}{\overset{O}{\underset{\|}{S}}}-Me \xrightarrow[\text{2) RX}]{\text{1) base}} Ph-\underset{NTMS}{\overset{O}{\underset{\|}{S}}}-CH_2\text{-}R$$
$$63 - 80\%$$

I.A.4-4 Y. Nakahara, A. Fujita, K. Beppu and T. Ogawa, Tetrahedron, 42, 6465 (1986); F. Benedetti and C.J.M. Stirling, J. Chem. Soc., Perkin Trans. 2, 605 (1986); R. Grayshan et al., J. Chem Res. (M), 2501 (1986); P.N. Confalone and R.A. Earl, Tetrahedron Lett., 27, 2695 (1986); M. Kodama et al., ibid, 27, 2157 (1986); D.J. Ager, J. Chem. Soc., Perkin Trans. 2, 195 (1986).

$$\text{dithiane-CHR} + R^1I \xrightarrow[\text{HMPA}]{\text{tBuLi}} \text{dithiane-C(R)(R}^1)$$

R and R^1 = chiral side chains   70%

I.A.4-5 P. Bravo et al., J. Chem Soc., Perkin Trans. 1, 1405 (1986); H. Matsumaya et al., Bull. Chem. Soc. Jpn., 59, 2677 (1986).

$$\text{p-Tol-S(O)-CH}_2\text{R} \xrightarrow[\text{2) BrCH}_2\text{CO}_2\text{Li}]{\text{1) LDA}} \text{p-Tol-S(O)-CHR-CH}_2\text{CO}_2\text{H}$$

58 - 76%

I.A. 4-6 T. Fujisawa et al., Tetrahedron Lett., 27, 5405 (1986).

$$\text{THPO-CH(Me)-CH(Me)-C(=S)SMe} \xrightarrow[\text{THF - HMPA}]{\substack{\text{1) EtMgI} \\ \text{2) }^n\text{C}_8\text{H}_{17}\text{-CH(Me)-I}}} \text{THPO-CH(Me)-CH(Me)-C(SMe)(SEt)-CH}_2\text{CH}_2\text{-CH(Me)-C}_8\text{H}_{17}$$

67%

I.A.4-7 M. Clarembeau and A. Krief, Tetrahedron Lett., 27, 1719 and 1723 (1986); A. Krief et al., Chem. Commun., 457 (1986).

$$\text{Ar}-\underset{R^1}{\underset{|}{C}}(\text{SeMe})-\text{SeMe} \xrightarrow{\text{1) BuLi} \atop \text{2) } R^2X} \text{Ar}-\underset{R^1}{\underset{|}{\overset{R^2}{\overset{|}{C}}}}-\text{SeMe}$$

83 - 93%

I.A.4-8 M. Mikolajczyk and W. Midura, Z. Naturforsch. B, 41, 263 (1986); D. Levin and S. Warren, Tetrahedron Lett., 27, 2265 (1986); P. Coutrot et al., J. Organomet. Chem., 316, 13 (1986); P. Savignac et al., Synthesis, 934 (1986); S. Hunig, K. Hafner et al., Liebigs Ann. Chem., 1222 (1986).

$$(\text{EtO})_2\overset{O}{\overset{\|}{P}}\text{-CH}_2\text{CH}_2\text{-C(dioxolane)} \xrightarrow{1), 2)} (\text{EtO})_2\overset{O}{\overset{\|}{P}}\text{-CH(CH}_2\text{CH=CHCH}_2\text{CH}_3)\text{-CH}_2\text{-C(dioxolane)}$$

1) ^{n}BuLi   2) $\diagup\!\!\!\diagdown\!\!\!=\!\!\!\diagdown\!\!\!\diagup\text{-I}$ 88%

I.A.4-9 T. Kauffmann et al., Chem. Ber., 119, 2135 (1986).

$$\text{Ph}_2\overset{O}{\overset{\|}{\text{As}}}\text{-CH}_2\text{CH}_2\text{CH}_3 \xrightarrow{1), 2)} \text{Ph}_2\overset{O}{\overset{\|}{\text{As}}}\text{-CH}\underset{\text{Et}}{\overset{\text{Me}}{\diagup\!\!\!\diagdown}}$$

1) LDA   2) MeI   75%

I.A.4-10 A.R. Katritzky et al., Tetrahedron, 42, 101 (1986).

$$\text{[2,4,6-triphenylpyridinium } BF_4^-, \text{ N-R]} + {}^-CR^1R^2NO_2 \longrightarrow RCR^1R^2NO_2$$

no yield (kinetic study)

I.A.4-11 J.E. Baldwin et al., Chem. Commun., 176 (1986).

$$R^1\underset{Li}{\overset{N=NCPh_2{}^tBu}{-C-}}R^2 \xrightarrow{R^4X} R^1\underset{R^4}{\overset{N=NCPh_2{}^tBu}{-C-}}R^2$$

61 - 100%

I.A.5. Alkylations of Organometallic Reagents

(see also: I.F., I.G.)

I.A.5-1 S. Challenger and G. Procter, Tetrahedron Lett., 27, 391 (1986); T. Wakamatsu et al., ibid, 27, 6071 (1986); M.E. Krafft, ibid, 27, 771 (1986); J. Mulzer and O. Lammer, Chem. Ber., 119, 2178 (1986); K. Mori and M. Kato, Tetrahedron, 42, 5895 (1986); K. Mori and Y. Nakazono, ibid, 42, 6459 (1986); M.A. Tius and A.H. Fauq, J. Am. Chem. Soc., 108, 1035 (1986); A. Wayda, S.H. Bertz et al., Angew. Chem., Int. Ed. Engl., 25, 760 (1986).

[Pyranose substrate with MsO, OMe, and vinyl substituents] $\xrightarrow{\text{MeMgCl, CuBr}}$ [product with MsO, OMe, Me, OH, and vinyl substituents]

92%

I.A.5-2 A. Alexakis et al., Tetrahedron, 42, 5607 (1986);
N.C. Barua and R.R. Schmidt, Chem Ber., 119, 2066 (1986).

$$\text{cyclohexene oxide} \xrightarrow[\text{BF}_3 \cdot \text{OEt}_2]{\text{Bu}_2\text{CuLi}} \text{trans-2-butylcyclohexanol} \quad 83\%$$

higher yield, shorter reaction time when BF_3 added

I.A.5-3 G.W. Klumpp, Rec. Trav. Chim., 105, 1 (1986). For examples see: A.I. Meyers and T.R. Bailey, J. Org. Chem., 51, 872 (1986); R.E. Gawley et al., ibid, 51, 3076 (1986).

Review: "Oxygen- and nitrogen- assisted lithiation and

carbolithiation of non-aromatic compounds;

properties of non-aromatic organolithium

compounds capable of intramolecular

coordination to oxygen and nitrogen."

I.A.5-4 B.H. Lipshutz et al., Tetrahedron Lett., 27, 4273 (1986); K. Mori and T. Ebata, Tetrahedron, 42, 3471 (1986); P. Rollin and J.-R. Pougny, ibid, 42, 3479 (1986); I. Fleming and F.J. Pulido, Chem. Commun., 1010 (1986); P.J. Garrat and A. Tsotinis, Tetrahedron Lett., 27, 2761 (1986).

$$\text{R-I} \xrightarrow{2 \text{ Me}_2\text{CuLi}} \text{R-Me} \quad 88 - 92\%$$

higher yields (than previously) by using fresh (or highly purified) $CuBr \cdot Me_2S$ as source of Me_2CuLi

I.A.5-5 J.P. Beaucourt et al., Tetrahedron Lett., 27, 6193 (1986); D.L. Comins and N.B. Mantlo, J. Org. Chem., 51, 5456 (1986); H.L. Goering et al., ibid, 51, 2884 and 2892 (1986); A. Carpita et al., Gazz. Chim. Ital., 116, 29 (1986); S. Kurozumi et al., Tetrahedron Lett., 27, 6353 (1986); J. Nishimura et al., Bull. Chem. Soc. Jpn., 59, 2035 (1986); R. M. Kellogg et al., J. Org. Chem., 51, 5169 (1986).

$$Br-(CH_2)_4-CH=CH-CH_2-OSiPh_2{}^tBu \xrightarrow{\text{"Reagents"}} Br-C_6H_4-(CH_2)_5-CH=CH-CH_2-OSiPh_2{}^tBu$$

50%

"Reagents" = Mg, Li_2CuCl_4, 4-$BrC_6H_4CH_2Br$

I.A.5-6 G. Consiglio et al., Tetrahedron, 42, 2043 (1986); D. Tanner and P. Somfai, ibid, 42, 5657 (1986); R.G. Harvey et al., J. Org. Chem., 51, 1407 (1986); P.A. Peterson et al., ibid, 51, 2381 (1986); C. Rucker, J. Organomet. Chem., 310, 135 (1986); C. Ruchardt et al., Chem. Ber., 119, 1492 (1986).

EtMgBr + cyclohexenyl-OPh $\xrightarrow{\text{"chiraphos"}}$ cyclohexenyl-*Et (R)

"chiraphos" = (S,S)-1,2-dimethyl-1,2-ethanediylbis(diphenylphosphine)

60%, 90.4% e.e.

I.A.5-7 H. Uno, Bull. Chem. Soc. Jpn., 59, 2471 (1986); M. Uemura et al., Synthesis, 386 (1986); S. Eguchi et al., J.Org. Chem., 51, 4553 (1986); A. Oku et al., Chem. Lett., 1495 (1986); S.L. Schreiber et al., J. Am. Chem. Soc., 108, 3128 (1986).

$$\underset{R^3\;R^1}{\overset{R^2}{C=C}}\begin{matrix}SiMe_2Ph\\CO_2Me\end{matrix} \xrightarrow[TiCl_4]{E^+} \underset{R^3\;R^1}{\overset{R^2}{C=C}}\begin{matrix}E\\CO_2Me\end{matrix}$$

48 - 96%

E^+ = alkyl halides, aldehydes

I.A.5-8 P.L. Castle and D.A. Widdowson, Tetrahedron Lett., 27, 6013 (1986); R. Sustmann et al., ibid, 27, 5207 (1986); R.C. Larock and S.J. Ilkka, ibid, 27, 2211 (1986); T. Hayashi et al., J. Org. Chem., 51, 3772 (1986); R. Sauvetre et al., Synthesis, 538 (1986).

$$RMgBr + R^1I \xrightarrow{dppfPdCl_2} RR^1$$

37-91%

dppf = 1,1'-bis(diphenylphosphino) ferrocene
other metals, leaving groups and catalysts also used

I.A.5-9 P. Mangeney et al., Tetrahedron Lett, 27, 3143 (1986); J. Berlan et al., Tetrahedron, 42, 4757 and 4767 (1986); H. Yamamoto et al., Synthesis, 130 (1986).

50-76%
d.e. generally >70%

I.A.5-10 J.S. Yadav and P.S. Reddy, Synth. Commun., 16, 1119 (1986); J.T. Gupton et al., ibid, 16, 1393 (1986); M.J. Calverley, Tetrahedron Lett., 27, 4903 (1986); G. Poli et al., J. Chem. Res. (S), 52 (1986); D.P. Curran et al., J. Org. Chem., 51, 1612 (1986); T. Ibuka, Y. Yamamoto et al., J. Am. Chem. Soc., 108, 7420 (1986); V. Calo et al., Chem. Commun., 1252 (1986).

85-90%

without HMPA, chloride replacement occurs

other organometallics and leaving groups also employed

I.A.5-11 S.L. Schreiber and J. Reagan, Tetrahedron Lett., 27, 2945 (1986); D. Seebach et al., Angew. Chem.,Int. Ed. Engl., 25, 178 (1986); H. Takahashi et al., Chem. Pharm. Bull., 34, 2071 (1986); A. Stambouli et al., J. Organomet. Chem., 307, 139 (1986); B.B. Snider and B.W. Burbaum, Synth. Commun., 16, 1451 (1986).

56-90%, 66-97% d.e.

I.A.5-12 B. Gordon, III and J.E. Loftus, J. Org. Chem., 51, 1618 (1986); R.B. Bates and T.J. Siahaan, ibid, 51, 1432 (1986); A. Kasahara et al., Chem. Ind., 285 (1986); Y. Ito et al., J. Organomet. Chem., 303, 301 (1986); S. Cabiddu et al., Tetrahedron Lett., 27, 4625 (1986); E.L. Ghisalberti et al., J. Chem. Res. (S), 338 (1986); K. Sakai et al., Chem.Pharm. Bull., 34, 550 (1986).

1) BuLi/^{t}BuOK   2) Me$_2$SO$_4$ > 90%

I.A.5-13 J.E. Baldwin et al., Chem. Commun., 1339 (1986); D.N. Jones and M.R. Peel, ibid, 216 (1986); N. Kawabata et al., Tetrahedron Lett., 27, 4469 (1986).

70-76%

I.A.5-14 W. Oppolzer and E.J. Jacobsen, Tetrahedron Lett., 27, 1141 (1986); W. Oppolzer and A.F. Cunningham, ibid, 27, 5467 (1986); W. Oppolzer and P. Schneider, Helv. Chim. Acta, 69, 1817 (1986); W. Oppolzer and A. Nakao, Tetrahedron Lett., 27, 5471 (1986); A.R. Chamberlin and S.H. Bloom, ibid, 27, 551 (1986).

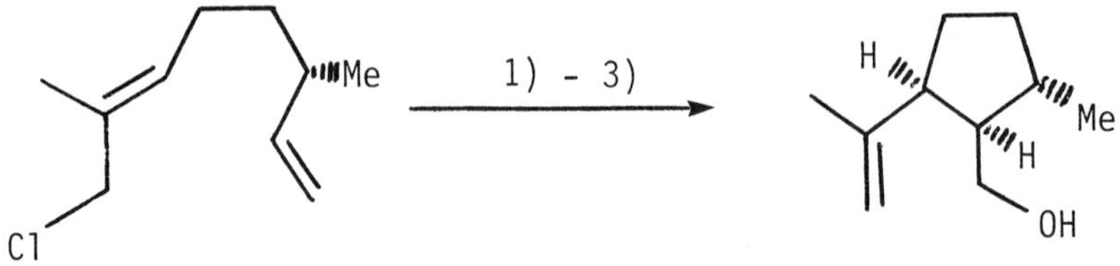

1) Mg   2) 40°C   3) MoOPH, -78°C   58%

I.A.5-15 P.A. Grieco and S.D. Larsen, J. Org. Chem., 51, 3553 (1986); A.J. Pearson and J. Yoon, Chem. Commun., 1467 (1986); U. Behrens et al., J. Organomet. Chem., 310, 333 (1986).

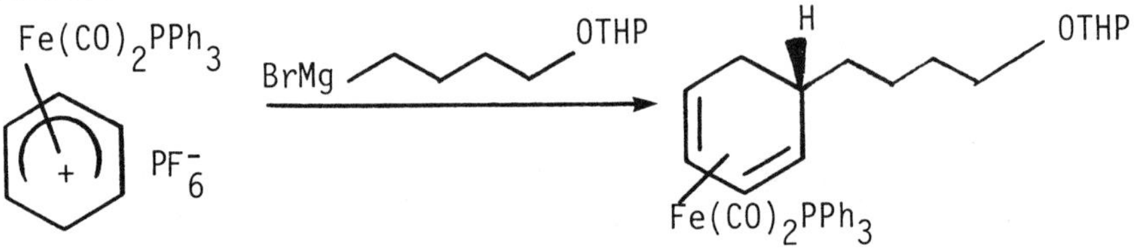

90%

I.A.5-16 S.G. Davies et al., Tetrahedron Lett., 27, 623 (1986); S.G. Davies et al., Tetrahedron, 42, 3987 (1986); M. Akita and A. Kondoh, J. Organomet. Chem., 299, 369 (1986); G.G. Black and M. Sainsbury, J. Chem. Res. (S), 332 (1986).

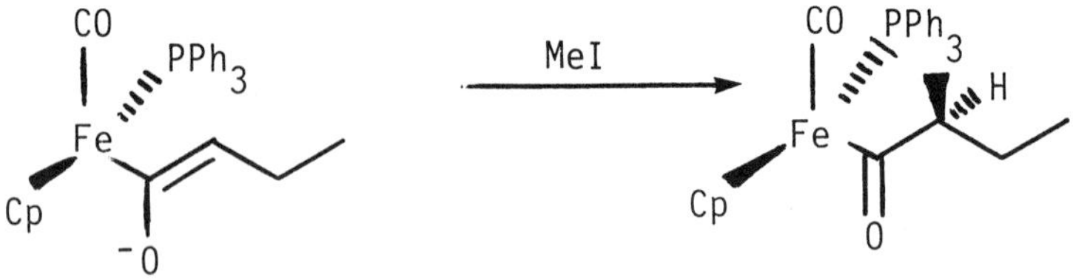

∼ 30 : 1 d.e.

I.A.5-17 P. Knochel and J.F. Normant, Tetrahedron Lett., **27**, 1039, 4427 and 5727 (1986).

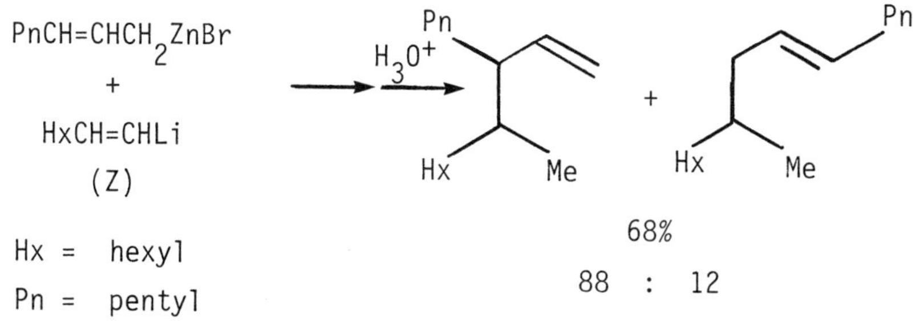

PnCH=CHCH$_2$ZnBr
+
HxCH=CHLi
(Z)

$\xrightarrow{H_3O^+}$

[Pn-CH(CH=CH$_2$)-CH(Hx)-Me] + [PnCH=CH-CH$_2$-CH(Hx)-Me]

68%

88 : 12

Hx = hexyl
Pn = pentyl

I.A.5-18 D. Guedin-Vuong and Y. Nakatani, Bull. Soc. Chim. Fr., 245 (1986); G. Picotin and P. Miginiac, Chem. Ber., **119**, 1725 (1986).

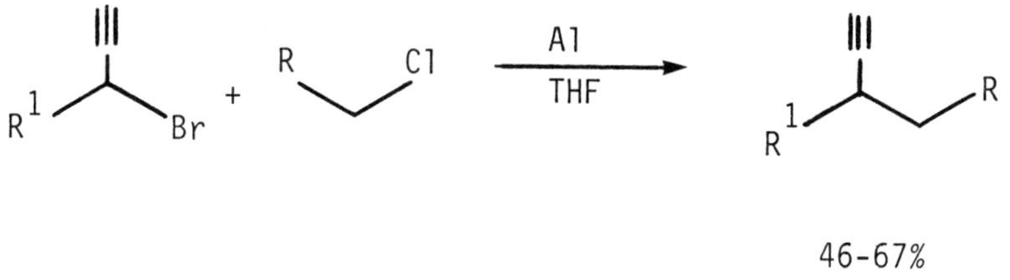

$R^1\text{-C(≡CH)-Br}$ + R-CH$_2$-Cl $\xrightarrow[\text{THF}]{\text{Al}}$ $R^1\text{-C(≡CH)-CH}_2\text{-R}$

46-67%

I.A.5-19 T. Aoyama and T. Shioiri, Tetrahedron Lett., **27**, 2005 (1986); M. Regitz et al., Chem. Ber., **119**, 1755 (1986).

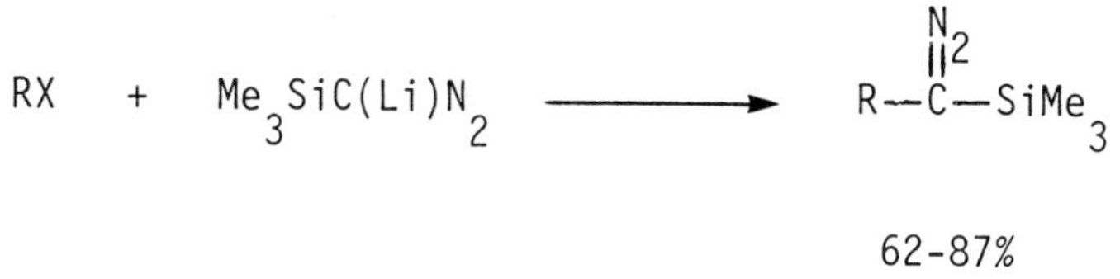

RX + Me$_3$SiC(Li)N$_2$ $\longrightarrow$ R-C(=N$_2$)-SiMe$_3$

62-87%

I.A.5-20 T. Umemoto and Y. Gotoh, Bull. Chem. Soc. Jpn., 59, 439 (1986).

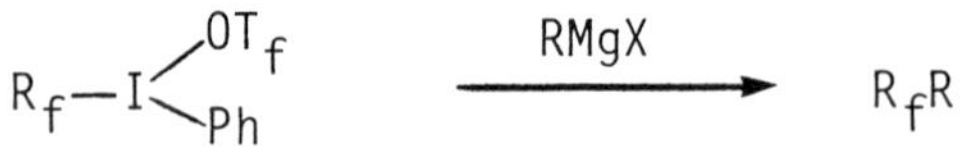

$$R_f-I\begin{subarray}{c}OT_f\\Ph\end{subarray} \xrightarrow{RMgX} R_fR$$

$R_f = n-C_mF_{2m+1}$ 38-82%

I.A.5-21 J. Celebuski et al., Organometallics, 5, 256 (1986).

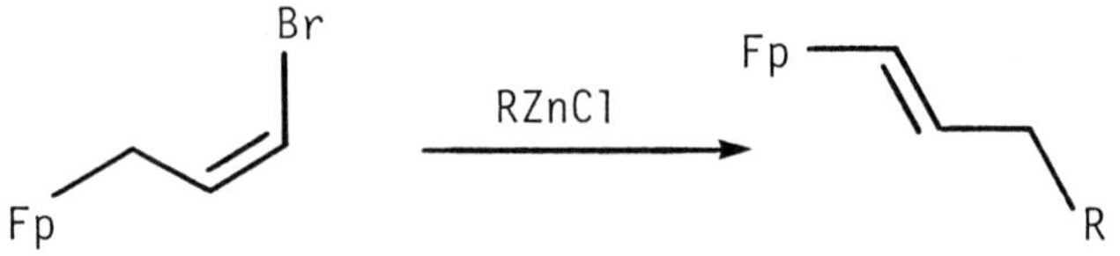

24-100%

I.A.5-22 T. Ibuka et al., Chem. Pharm. Bull., 34, 2417 (1986).

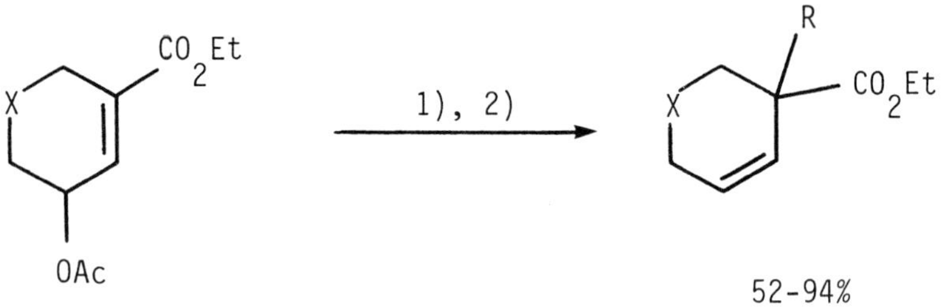

52-94%

1) Bu_2CuLi 2) RY

I.A.6. Other Alkylation Procedures

I.A.6-1 A.G. Schultz and M. Macielag, J. Org. Chem., 51, 4983 (1986); C.J. Moody et al., Chem. Commun., 1292 (1986); L.N. Mander et al., Tetrahedron, 42, 2881 (1986); idem, Tetrahedron Lett., 27, 3923 (1986); C.J. Moody and J. Toczek, ibid, 27, 5253 (1986).

$$\text{ArH(CN)(OMe)} \xrightarrow{1), 2)} \text{Ar(R)(CN)(OMe)}$$

1) Li/NH$_3$ 2) RX   67 - 85%

I.A.6-2 G. Bram et al., Tetrahedron Lett., 27, 4171 (1986); idem, Bull. Soc. Chim. Fr., 124 (1986); H. Miyake and K. Yamamura, Tetrahedron Lett., 27, 3025 (1986).

$$n\text{-}C_{18}H_{17}Br \xrightarrow[\substack{0.4 \text{ eq. } H_2O \\ 85°C \quad 2h}]{\text{KCN}} n\text{-}C_{18}H_{17}CN \quad \text{quantitative}$$

no solvent or stirring

I.A.6-3 A.R. Katritzky and K. Akutagawa, J. Am. Chem. Soc., 108, 6808 (1986); idem, Tetrahedron, 42, 2571 (1986); A.R. Katritzky et al., ibid, 42, 4027 (1986).

$$\text{indole-}R^1\text{-CH}_2R \xrightarrow{1) - 6)} \text{indole-}R^1\text{-CHRR}^2$$

52 - 95%

1) BuLi   2) CO$_2$ 3) ^{t}BuLi   4) R^{2}I   5) H$_3$O$^+$ 6) heat

I.A.6-4 H. Mayr et al., Chem. Ber., 119, 929 (1986).

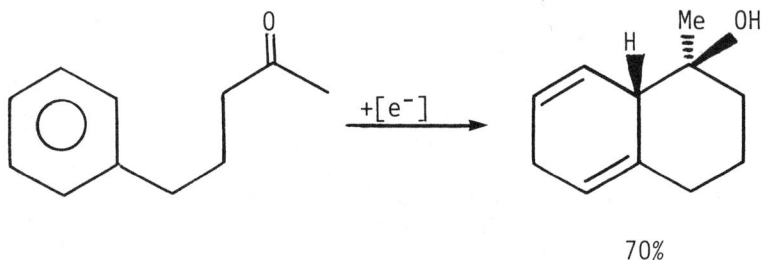

48-98%

I.A.6-5 T. Shono et al., J. Am. Chem. Soc., 108, 4676 (1986).

70%

I.A.7. Nucleophilic Addition to Electron Deficient Carbon

I.A.7.a.1a Intermolecular Aldol-Type 1,2-Additions

I.A.7.a.1a-1 D.A. Evans et al., Tetrahedron Lett., 27, 799, 3119, 4957, 4961 and 5683 (1986); T. Iimori and M. Shibasaki, ibid., 27, 2149 and 2153 (1986); R. Baker and M.A. Brimble, ibid., 27, 3311 (1986); L.N. Pridgen et al., J. Am. Chem. Soc., 108, 4595 (1986).

86%, > 98% d.e.

I.A.7.a.1a-2 D.R. Williams et al., J. Org. Chem., 51, 3916 (1986); C.J. Sih et al., J. Am. Chem. Soc., 108, 4603 (1986); R. Baker et al., Chem. Commun., 1237 (1986).

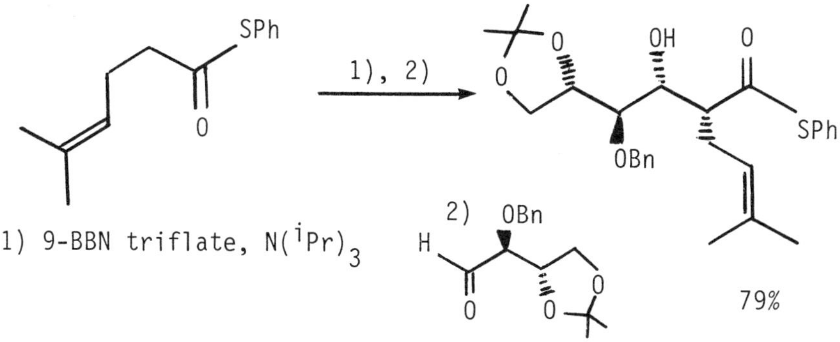

1) 9-BBN triflate, N(^{i}Pr)$_3$

79%

I.A.7.a.1a-3 M.T. Reetz et al., Tetrahedron Lett., 27, 4721 (1986); I. Paterson et al., ibid, 27, 4787 (1986).

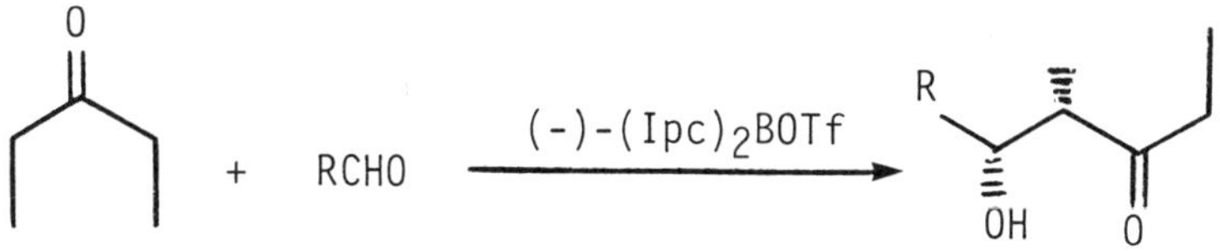

45-92%, 66-90% e.e.

I.A.7.a.1a-4 S. Masamune et al., J. Am. Chem. Soc., 108, 8279 (1986).

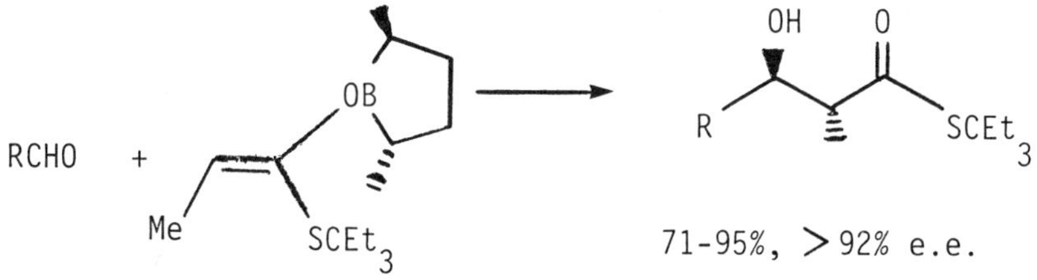

71-95%, >92% e.e.

unusual anti preference, anti : syn > 30 : 1

I.A.7.a.1a-5 H.-F. Chow and D. Seebach, Helv. Chim. Acta, 69, 604 (1986).

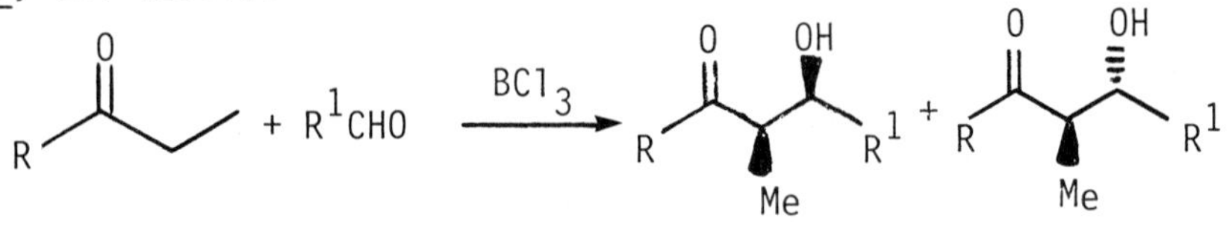

$$R\text{-CO-CH}_2\text{-} + R^1CHO \xrightarrow{BCl_3} R\text{-CO-CH(Me)-CH(OH)-}R^1 + R\text{-CO-CH(Me)-CH(OH)-}R^1$$

77-99%

> 75 : 25

I.A.7.a.1a-6 T. Mukaiyama, Pure Appl. Chem., 58, 505 (1986).

Review: "Tin (II) Compounds as Synthetic Control Elements in Organic Synthesis."

I.A.7.a.1a-7 T. Mukaiyama et al., Chem. Lett., 187, 213, 637, 915 and 1013 (1986); Y. Nagao, E. Fujita et al., J. Org. Chem., 51, 2391 (1986); D.A. Evans and A.E. Weber, J. Am. Chem. Soc., 108, 6757 (1986); M. Vandewalle et al., Tetrahedron, 42, 4297 (1986).

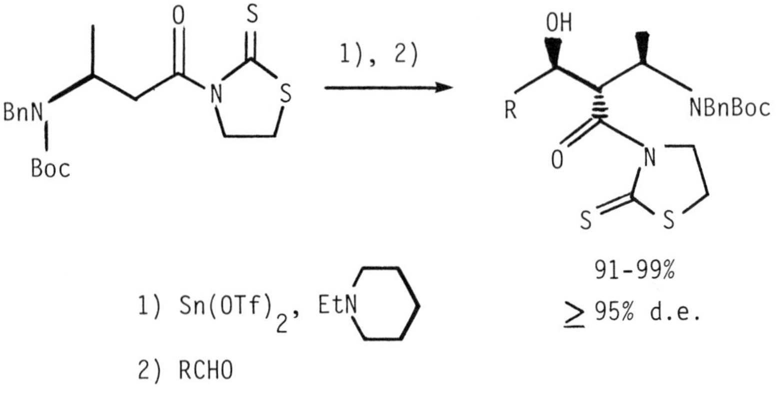

91-99%

≥ 95% d.e.

1) Sn(OTf)$_2$, EtN(piperidine)

2) RCHO

I.A.7.a.1a-8 E.R. Thornton et al., Tetrahedron Lett., 27, 457 and 897 (1986); R. Devant and M. Braun, Chem. Ber., 119, 2191 (1986).

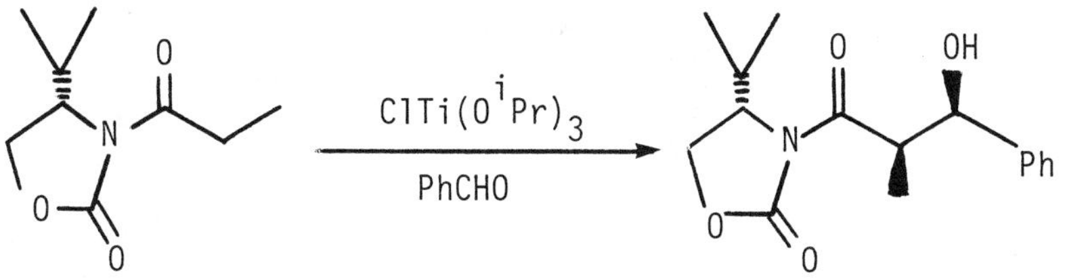

92% of product mix.

opposite diastereofacial selectivity
compared to the corresponding boron enolates

I.A.7.a.1a-9 A.B. Smith, III et al., J. Am. Chem. Soc., 108, 2451 (1986); G. Pattenden et al., Tetrahedron Lett., 27, 403 (1986); G. Pattenden et al., J. Chem. Soc., Perkin Trans. 1, 2127 (1986).

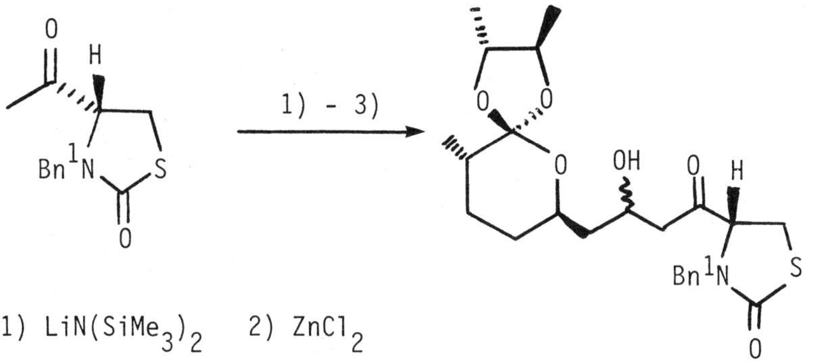

1) LiN(SiMe$_3$)$_2$ 2) ZnCl$_2$

3)

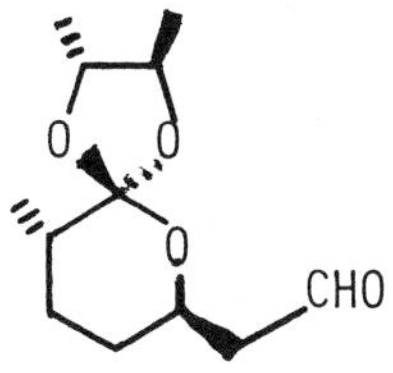

58%, 3 : 1 mix of epimers

I.A.7.a.1a-10 R.L. Shone et al., J. Org. Chem., 51, 268
(1986); M.R. Peel and C.R. Johnson, Tetrahedron Lett., 27,
5947 (1986); K. Mori and M. Komatsu, Bull. Soc. Chim. Belg.,
95, 771 (1986); N. De Kimpe et al., ibid, 95, 197 (1986); M.
Matsumura, S. Yoneda et al., J. Heterocycl. Chem., 23, 883
(1986).

$$Bu\overset{O}{\underset{}{\diagup\!\!\diagdown}}\overset{O}{\underset{Bu}{\diagup\!\!\diagdown}}OMe \xrightarrow{1), 2)} Bu\overset{O}{\underset{}{\diagup\!\!\diagdown}}\overset{O}{\underset{Bu}{\diagup\!\!\diagdown}}\overset{O}{\underset{Bu}{\diagup\!\!\diagdown}}OMe$$

1) LDA   2) Me(CH$_2$)$_4$COIm   60%
Im = imidazole

I.A.7.a.1a-11 J. Barluenga et al., Synthesis, 654 (1986);
T. Yamazaki et al., ibid, 1063 (1986); S.E. Drewes et al.,
Synth. Commun., 16, 883 (1986); T. Severin et al., Chem.
Ber., 119, 2848 (1986); C.W. Rees et al., Tetrahedron, 42,
3259 (1986); A. Habashi et al., Heterocycles, 24, 2463
(1986).

$$ClCH_2COMe + \underset{OEt}{\overset{OLi}{\diagup\!\!\diagdown}} \xrightarrow{1), 2)} ClCH_2\underset{Me}{\overset{OH}{C}}CH_2CO_2Et$$

                                              46%

1) THF, -78°C   2) H$_2$O/HCl

I.A.7.a.1a-12 G.R. Newkome and G.R. Baker, Org.
Prep. Proced. Int., 18, 119 (1986).

Review: "The Chemistry of Methanetricarboxylic Esters.

A Review."

I.A.7.a.1a-13 C. Tamm et al., Helv. Chim. Acta, 69, 621 (1986); J. Mulzer et al., Liebigs Ann. Chem., 1152 and 1172 (1986); F. Sato et al., Chem. Lett., 523 (1986); T. Suami et al., ibid, 1081 (1986).

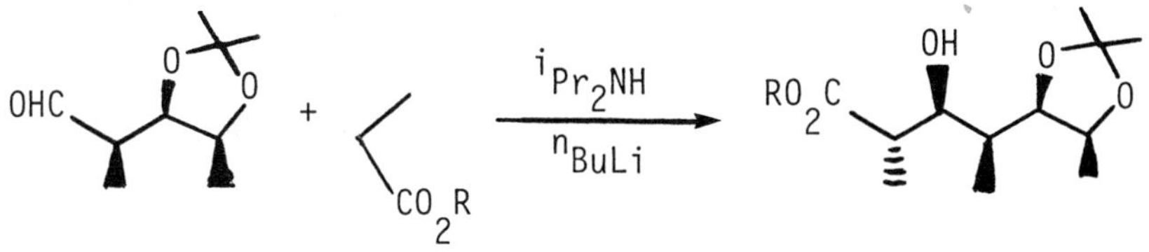

R = 2,6-Me$_2$Ph

52%

I.A.7.a.1a-14 I. Fleming and J.D. Kilburn, Chem. Commun., 305 and 1198 (1986); G.J. McGarvey et al., J. Org. Chem., 51, 3742 (1986); K. Narasaka et al., Chem. Lett., 1755 (1986); T. Kametani et al., J. Am. Chem. Soc., 108, 7055 (1986); G.J. Hanson et al., Tetrahedron Lett., 27, 3577 (1986).

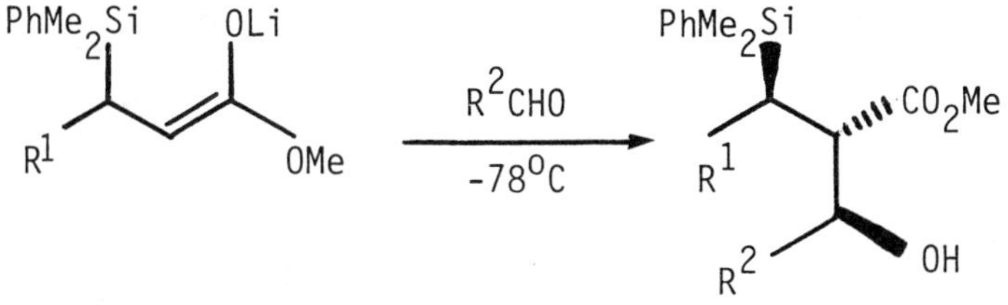

73-90%

I.A.7.a.1a-15 M.J. Miller et al., J. Org. Chem., 51, 5332 (1986); J. Fetter et al., J. Chem. Soc., Perkin Trans. 1, 221 (1986); K. Mori and H. Kisida, Tetrahedron, 42, 5281 (1986).

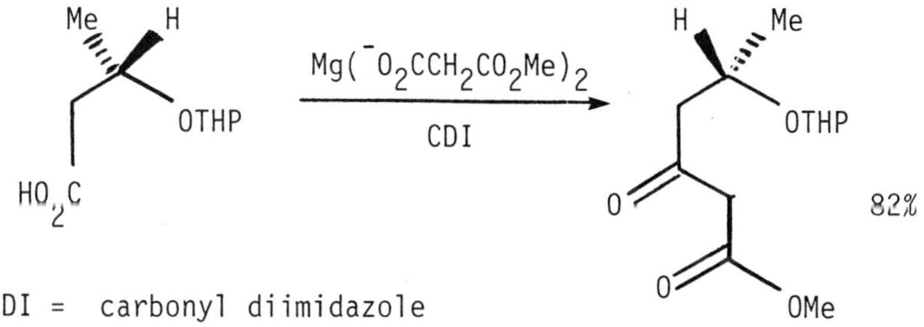

CDI = carbonyl diimidazole

82%

I.A.7.a.1a-16 J.C. Vega et al., Chem. Lett., 1251 (1986);
S. Taechachoonhakit and P. Ratananukul, ibid, 911 (1986); S.
Torii et al., Synthesis, 400 (1986); A. Oliva and P.
Delgado, ibid, 865 (1986); A. Arcoleo et al., J. Heterocycl.
Chem., 23, 1235 (1986).

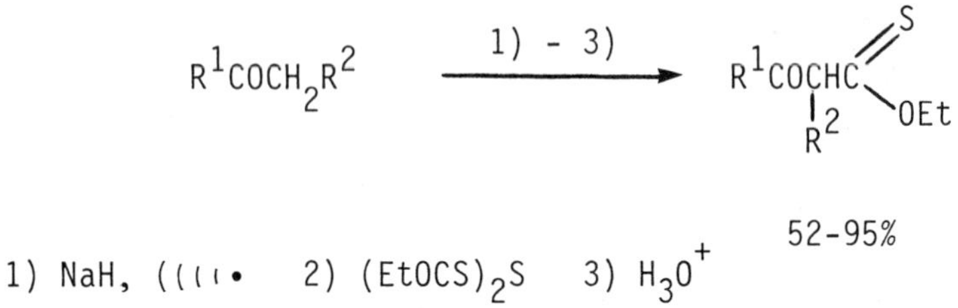

$$R^1COCH_2R^2 \xrightarrow{1) - 3)} R^1COCHC\begin{smallmatrix}S\\|\\R^2\end{smallmatrix}OEt$$

52-95%

1) NaH, ((((•   2) (EtOCS)$_2$S   3) H$_3$O$^+$

I.A.7.a.1a-17 H. Hagiwara et al., Chem. Commun., 860
(1986); S.J. Danishefsky et al., J. Org. Chem., 51, 5032
(1986); T.H. Chan and C.V.C Prasad, ibid, 51, 3012 (1986);
C.H. Heathcock et al., ibid, 51, 3027 (1986); C. Palazzi, L.
Colombo and C. Gennari, Tetrahedron Lett., 27, 1735 (1986);
W.A. Szarek et al., ibid, 27, 3807 (1986).

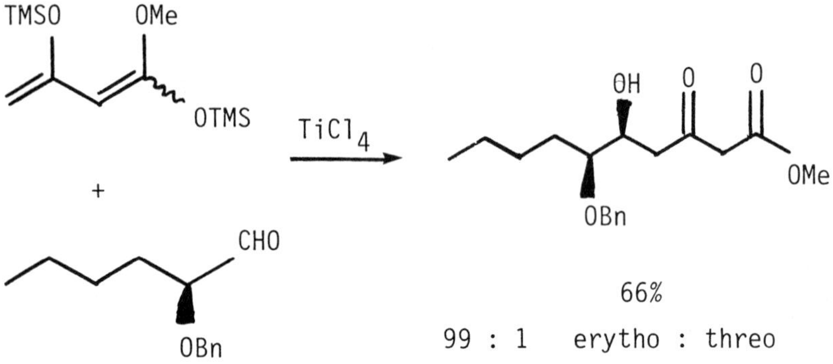

66%
99 : 1   erytho : threo

I.A.7.a.1a-18 S.M. Makin et al., J. Org. Chem. (USSR), 22, 256 and 258 (1986); A.S. Kende et al., J. Am. Chem. Soc., 108, 3513 (1986); P.S. Rutledge et al., Aust. J. Chem., 39, 487 (1986); A. Lubineau, J. Org. Chem., 51, 2142 (1986).

$(MeO)_2CH$-CH=CH-$CH(OMe)_2$

+

CH$_2$=CH-CH=CH-OTMS

1) $ZnCl_2$

$TiCl_4$ and $SnCl_4$ also employed

→ OHC-CH=CH-CH$_2$-CH(OMe)-CH=CH-CH(OMe)-CH$_2$-CH=CH-CHO

93.5%

I.A.7.a.1a-19 I. Matsuda et al., Tetrahedron Lett., 27, 5517 (1986); M. Onaka et al., Chem. Lett., 1581 (1986).

R^1-C(OTMS)=CH-R^2 + R^3CHO $\xrightarrow{\text{Rh}_4(\text{CO})_{12} \text{ or Al-Mont}}$ R^1-CO-CH(R^2)-CH(OTMS)-R^3

Al-Mont = Aluminum cation exchanged Montmorillonite clay

0-97%

I.A.7.a.1a-20 H. Wynberg et al., Rec. Trav. Chim., 105, 374 (1986).

$H_2C=C=O$ + Me-CO-CCl_3 $\xrightarrow{1), 2)}$ Me-C(CH$_2$CO$_2$H)(OH)-CO$_2$H

96%

1) quinidine   2) NaOH/H$_2$O

I.A.7.a.1a-21 C.H. Wong et al., Tetrahedron Lett., 27, 1261 (1986).

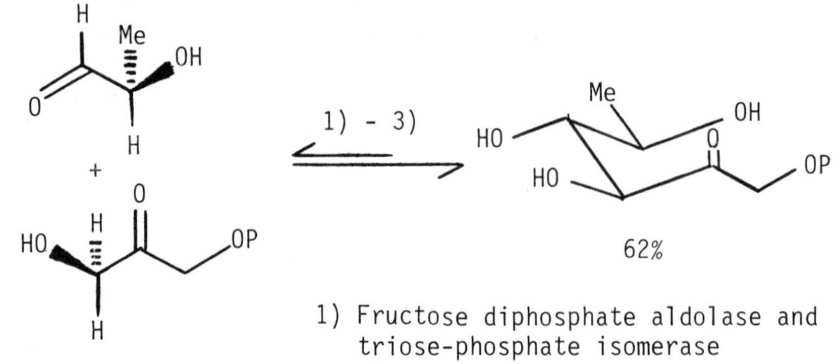

1) Fructose diphosphate aldolase and triose-phosphate isomerase
2) $BaCl_2$ 3) Dowex 50

I.A.7.a.1a-22 H.-U. Ressig et al., Liebigs Ann. Chem., 1924 (1986).

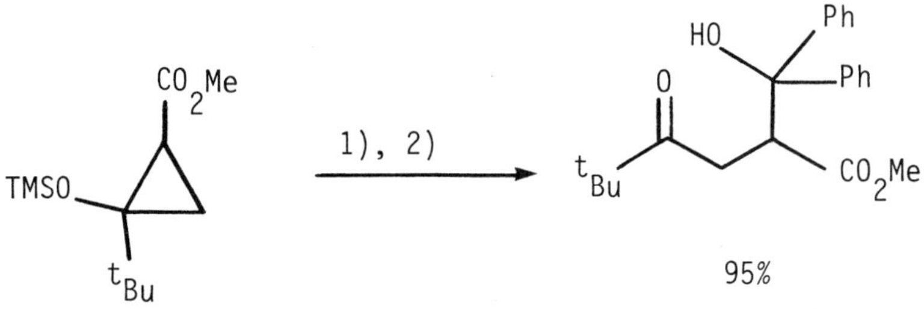

1) $Ph_2CO/TiCl_4$ 2) H_2O

I.A.7.a.1a-23 M. Bellassoued, J.E. Dubois and E. Bertounesque, Tetrahedron Lett., 27, 2623 (1986).

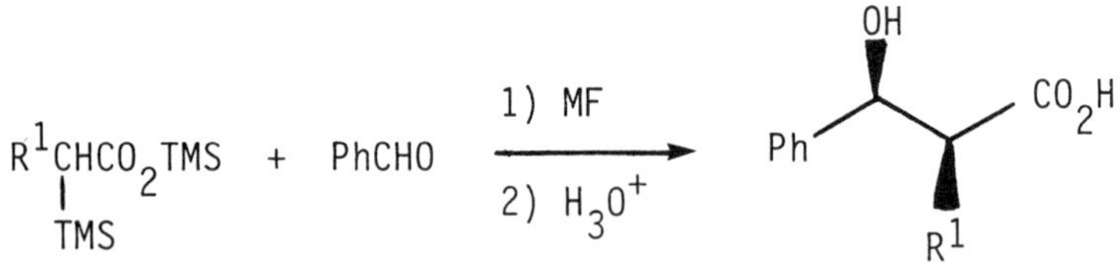

R^1CHCO_2TMS + PhCHO → (1) MF (2) H_3O^+

M = $^nBu_4$, Cs

34-84%

70 : 30   81 : 19   erythro : threo

I.A.7.a.1a-24 T. Fuchigami, T. Nonaka et al., Bull. Chem. Soc. Jpn., 59, 2873 (1986).

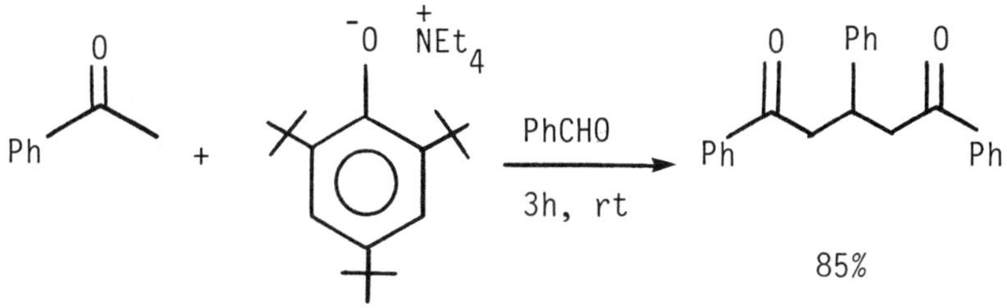

electrogenerated

I.A.7.a.1a-25 J. Roser and W. Eberbach, Synth. Commun., 16, 983 (1986).

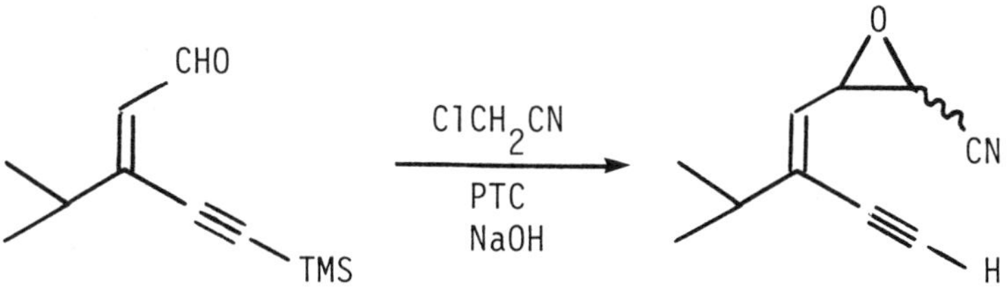

I.A.7.a.1a-26 L.S. Liebeskind et al., J. Am. Chem. Soc., 108, 6328 (1986); A.J. Pearson et al., Tetrahedron Lett., 27, 4121 (1986).

MX = $^{i}Bu_2AlCl$, $SnCl_2$

44-82%
isomer ratio depends on MX

I.A.7.a.1a-27   W. Oppolzer and J. Marco-Contelles, Helv. Chim. Acta, 69, 1699 (1986).

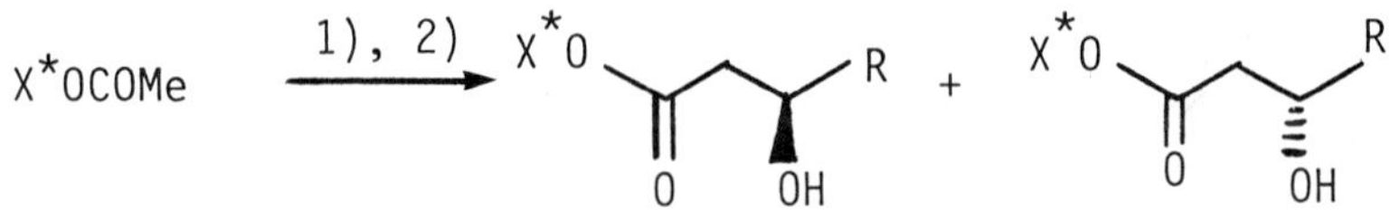

1) LDA   2) RCHO

X^* = camphor sulfonamide derived chiral auxiliary

40-90%
1 : 99 → 44 : 56

I.A.7.a.1a-28   J.M. Cook et al., Tetrahedron, 42, 1597 (1986).

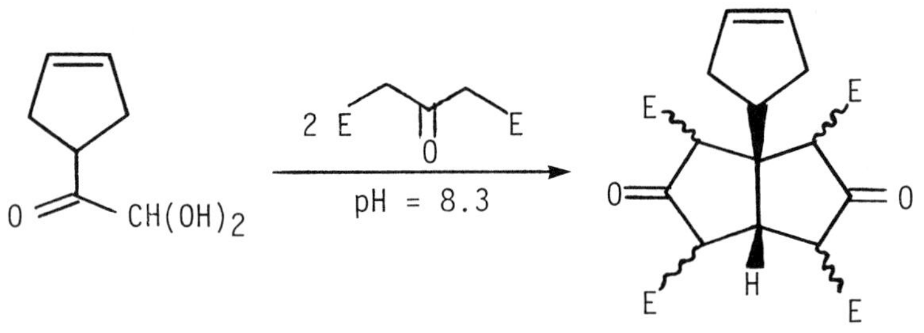

E = CO_2Me

> 90%

I.A.7.a.1a-29   A. Hassner and K.S.K. Murthy, Tetrahedron Lett., 27, 1407 (1986).

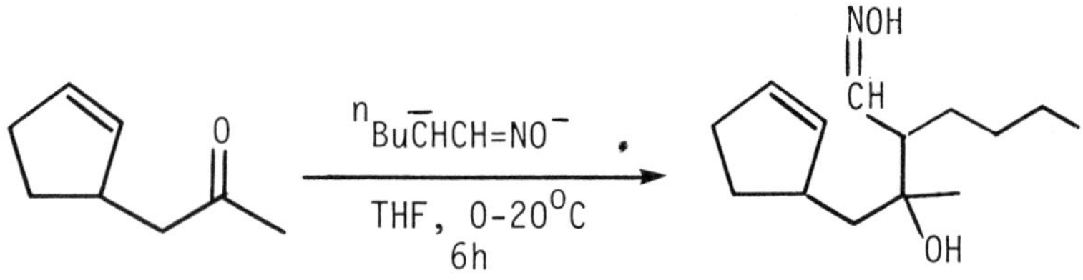

^{n}BuCHCH=NO$^-$

THF, 0-20°C
6h

90%

I.A.7.a.1b. Intramolecular Aldol-Type 1,2-Additions

I.A.7.a.1b-1 K. Mori et al., Tetrahedron, 42, 291 (1986); C. Szantay et al., Liebigs Ann. Chem., 509 (1986); M. Demuth et al., J. Am. Chem. Soc., 108, 4149 (1986); M. Yamamoto et al., J. Org. Chem., 51, 346 (1986).

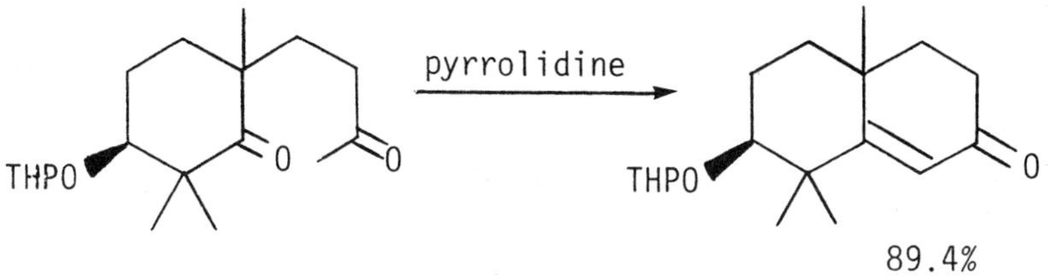

89.4%

I.A.7.a.1b-2 E. Brown and J. Lebreton, Tetrahedron Lett., 27, 2595 (1986).

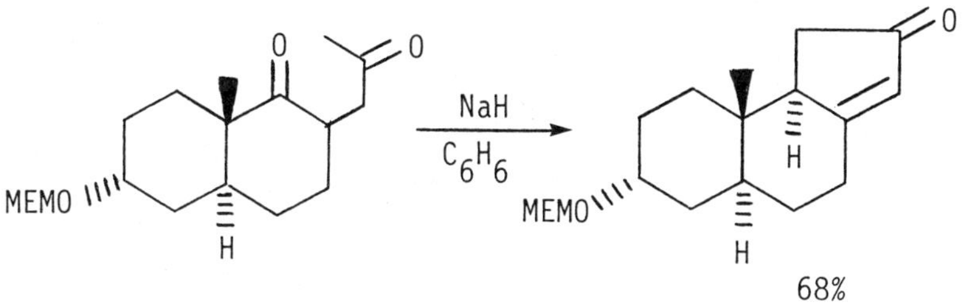

68%

I.A.7.a.1b-3 J.M. Cook et al., Tetrahedron Lett., 27, 4111 (1986).

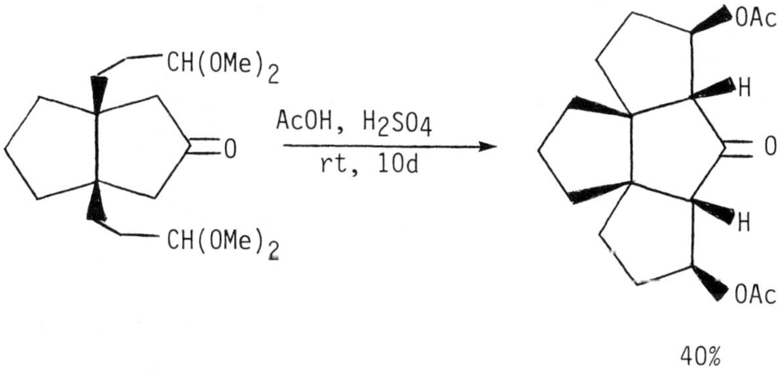

40%

I.A.7a.1b-4 J.A. Lowe, III, Synth. Commun., 16, 547 (1986).

[structure] → (NaOEt, EtOH) → [structure]

34-62%

I.A.7.a.2. 1,2-Additions of N-, P-, S- or Similar Stabilized Carbanions

I.A.7.a.2-1 J.-M. Melot et al., Tetrahedron Lett., 27, 493 (1986); T. Hino et al., J. Chem. Soc., Perkin Trans. 1, 1687 (1986); G. Rosini et al., Synthesis, 849 (1986); D. Seebach et al., Angew. Chem., Int. Ed. Engl., 25, 98 (1986); R. Tamura et al., J. Org. Chem., 51, 4368 (1986); A.G.M. Barrett et al., ibid., 51, 1012 (1986).

$$\text{RCHO} + \text{R}^1\text{CH}_2\text{NO}_2 \xrightarrow[\text{Al}_2\text{O}_3]{\text{KF}} \underset{\underset{\text{OH}}{|}\;\underset{\text{NO}_2}{|}}{\text{RCH-CHR}^1}$$

other bases also employed   56-79%

I.A.7.a.2-2 H. Cervantes et al., Tetrahedron, 42, 3491 (1986); T. Ogino and K. Awano, Bull. Chem. Soc. Jpn., 59, 2811 (1986).

[structure] → (CH$_2$N$_2$) → [structure with OMe]

100%

I.A.7.a.2-3 J.F. Dellaria, Jr. and R.G. Maki, Tetrahedron Lett., 27, 2337 (1986); A.B. Smith, III et al., J. Am. Chem. Soc., 108, 3110 (1986); R.H. Schlessinger et al., ibid, 108, 3112 (1986).

$$\text{TrNH-CH(Ph)-CHO} \xrightarrow[-78°C]{\text{LiCH}_2\text{P(O)(OMe)}_2} \text{TrNH-CH(Ph)-CH-C(OH)-CH}_2\text{P(O)(OMe)}_2$$

3:1
67%

I.A.7.a.2-4 I.H. Sanchez et al., Synth. Commun., 16, 299 (1986); H.J. Bestmann et al., Chem. Lett., 1527 (1986).

$$\text{RO-CH}_2\text{CH}_2\text{C(O)Cl} + 2\ \text{CH}_2=\text{C(PPh}_3\text{)CO}_2\text{R}^1 \longrightarrow \text{RO-CH}_2\text{CH}_2\text{C(O)-C(=PPh}_3\text{)-C(O)OR}^1$$

60-96%

I.A.7.a.2-5 G. Guanti et al., Chem. Commun., 136 and 138 (1986); G. Guanti et al., Tetrahedron Lett., 27, 3547 (1986); P.G. Gassman and D. Singleton, J. Org. Chem., 51, 3075 (1986); S. Hackett and T. Livinghouse, ibid, 51, 879 (1986); M. Franck-Neumann et al., J. Organomet. Chem., 315, 59 (1986).

$$\text{LiCH(STol-p)}_2 + \text{RO-C(CH}_3\text{)(H)-CO}_2\text{Et} \longrightarrow \text{RO-C(CH}_3\text{)(H)-C(O)-CH(STol-p)}_2$$

80-90%

I.A.7.a.2-6 Y. Ohtsuka and T. Oishi, Tetrahedron Lett., 27, 203 (1986).

R = S(O)-C₆H₄-NHMe   86%

I.A.7.a.2-7 P. Bravo et al., Synthesis, 579 (1986); D.R. Williams et al., Tetrahedron, 42, 3003 (1986); M. Braun and W. Hild, Chem. Ber., 119, 2377 (1986); S.T. Saengchantara and T.W. Wallace, Chem. Commun., 1592 (1986); G. Solladie et al., Tetrahedron Lett., 27, 2867 (1986); P. Mannito et al., Heterocycles, 24, 743 (1986).

72-91%

1) LDA, -75°C   2) R^3CO_2Li, -75°C

I.A.7.a.2-8 M. Cinquini, F. Cozzi et al., Tetrahedron, 42, 5443 and 5451 (1986); J. Nokami et al., Tetrahedron Lett., 27, 5109 (1986).

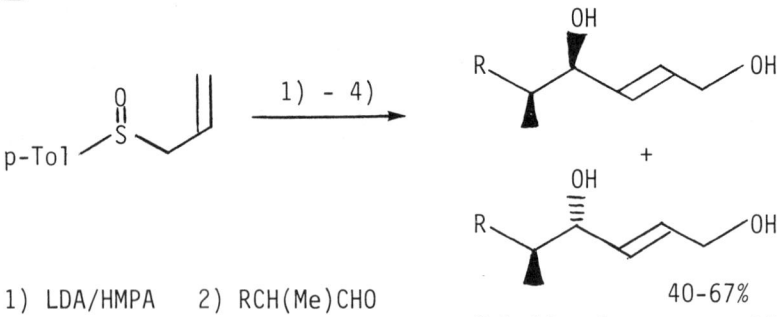

1) LDA/HMPA   2) RCH(Me)CHO
3) AcOH   4) Et_2NH

40-67%
2.1-28 : 1, syn : anti

I.A.7.a.2-9 M. Julia et al., Tetrahedron, 42, 5329 (1986);
M. Julia and J.-P. Stacino, ibid, 42, 2469 (1986); P.B.
Hopkins et al., Tetrahedron Lett., 27, 2095 (1986); K. Ogura
et al., ibid., 27, 3665 (1986); K. Fuji et al., Chem. Lett.,
961 (1986); M. Mladenova, Synth. Commun., 16, 1089 (1986);
B.M. Trost et al., J. Am. Chem. Soc., 108, 284 (1986).

$$\text{alkenyl-CH(SO}_2\text{Ph)Li} \xrightarrow{\text{RCHO}} \xrightarrow{\text{R}^1\text{X}} \text{alkenyl-CH(SO}_2\text{Ph)-CH(R)(OR}^1)$$

29-79%
threo : erythro
45-100 : 55-0

I.A.7.a.2-10 T. Kauffmann et al., Chem. Ber., 119, 2143 and 2150 (1986).

$$Ph_2\overset{O}{As}-\overset{Li}{C}HR \xrightarrow{PhCHO} Ph_2\overset{O}{As}-\overset{HC(OH)Ph}{C}HR$$

54-58%

erythro only

I.A.7.a.3. 1,2-Additions of Grignard-Type Carbanions

I.A.7.a.3-1 S. Thaisrivongs et al., J. Med. Chem., 29, 2080
(1986); H.J. Weidmann et al., Chem. Commun., 775 (1986);
M.M. Joullie et al., Heterocycles., 24, 1045 (1986); T.
Yamazaki et al., ibid, 24, 571 (1986); T. Hiyama et al.,
Tetrahedron Lett., 27, 2135 and 2139 (1986); Y. Huang et
al., ibid, 27, 2903 (1986).

$$\text{BocNH-CH(CH}\equiv\text{C-}^i\text{Pr)-CHO} \xrightarrow[\text{Zn}]{\text{BrF}_2\text{CCO}_2\text{Et}} \text{BocNH-CH(CH}\equiv\text{C-}^i\text{Pr)-CH(OH)-CF}_2\text{-CO}_2\text{Et}$$

60%
thermodynamic product

$^n\text{Bu}_3\text{Sb}$, Zn-Cu, and Zn/Ag-graphite also used

I.A.7.a.3-2 T. Hudlicky et al., J. Am. Chem. Soc., 108, 3755 (1986); A.V. Rama Rao et al., Tetrahedron Lett., 27, 993 (1986); K. Akiba et al., ibid., 27, 4771 (1986); P. Knochel et al., ibid, 27, 5091 (1986).

$N_3\text{-}CH_2CH_2CH_2\text{-}CHO$ + $BrCH_2CH=CHCO_2Et$ $\xrightarrow[\text{AcOH/Et}_2O]{\text{Zn/Cu}}$ $N_3\text{-}CH_2CH_2CH_2\text{-}CH(OH)\text{-}CH(CO_2Et)\text{-}CH=CH_2$

pyrrolizidine precursor
90%
1.1 : 1   erythro : threo

Cr(II), BiCl$_3$ and Fe also used

I.A.7.a.3-3 R. Noyori et al., J. Am. Chem. Soc., 108, 6071 (1986).

RCHO + R^1_2Zn $\xrightarrow[\text{cat.}]{(-)\text{-DAIB}}$ $\xrightarrow{H_2O}$ $R^1\text{-}C(OH)(R)\text{-}H$

44-98%, 90-99% e.e.

DAIB = (-)-3-exo dimethylaminoisoborneol

I.A.7.a.3-4 M.T. Reetz and M. Hullmann, Chem. Commun., 1600 (1986); H. Takahashi et al., Chem. Pharm. Bull., 34, 479 (1986); E. Nakamura, H. Oshino and I. Kuwajima, J. Am. Chem. Soc., 108, 3745 (1986); M.T. Reetz et al., Tetrahedron, 42, 2931 (1986); B. Milenkov and M. Hesse, Helv. Chim. Acta, 69, 1323 (1986); M.T. Reetz et al., Tetrahedron Lett., 27, 5711 (1986).

$R^1O\text{-}C(Me)(H)\text{-}C(=O)\text{-}Et$ $\xrightarrow{\text{MeTi(O}^i\text{Pr})_3}$ $R^1O\text{-}C(Me)(H)\text{-}C(OH)(Me)\text{-}Et$ + $R^1O\text{-}C(Me)(H)\text{-}C(OH)(Et)\text{-}Me$

| R^1 = Bn | 97% | >99 : <1 |
| R^1 = t-BuMe$_2$Si | 80% | <1 : >99 |

I.A.7.a.3-5 H.J. Bestmann and M. Schmidt, Tetrahedron Lett., 27, 1999 (1986); F. Naef and R. Decorzant, Tetrahedron, 42, 3245 (1986).

THPO~~~~MgCl

+

$Ph_3P=C=C=O$

1) THF
2) H_2O

→ $Ph_3P=$CH–C(=O)–(CH$_2$)$_4$–OTHP

57%

I.A.7.a.3-6 C.W. Jefford et al., Tetrahedron Lett., 27, 4011 (1986); R. Amouroux et al., ibid, 27, 1035 (1986); S.V. Frye and E.L. Eliel, ibid, 27, 3223 (1986); Y. Tamura et al., ibid., 27, 81 (1986).

[3,4-dihydro-2H-pyran-2-carbaldehyde] —RMgBr (or RCu·MgBrI)→ [2-(1-hydroxyalkyl)-3,4-dihydro-2H-pyran]

21-91%

5.67 : 0.11   erythro : threo

I.A.7.a.3-7 K.-Y. Ko and E.L. Eliel, J. Org. Chem., 51, 5353 (1986); C. Kibayashi et al., ibid., 51, 3769 and 4245 (1986); J.K. Whitesell and C.M. Buchanan, ibid, 51, 5443 (1986); F. Sato et al., Tetrahedron, 42, 2937 (1986); C. Kibayashi et al., Heterocycles, 24, 247 (1986).

OHC–C(OBn)(C$_{10}$H$_{21}$) —RMgBr→ R–CH(OH)–C(OBn)(C$_{10}$H$_{21}$) + R–CH(OH)–C(OBn)(C$_{10}$H$_{21}$)

R = $Ph(CH_2)_3$

THF, –78°C   60 : 40
ether, –78°C 94 : 6

I.A.7.a.3-8 T. Uyehara et al., Chem. Lett., 609 (1986); P. Boudjouk et al., Organometallics, 5, 1257 (1986); J. Einhorn and J.L. Luche, Tetrahedron Lett., 27, 1791 and 1793 (1986).

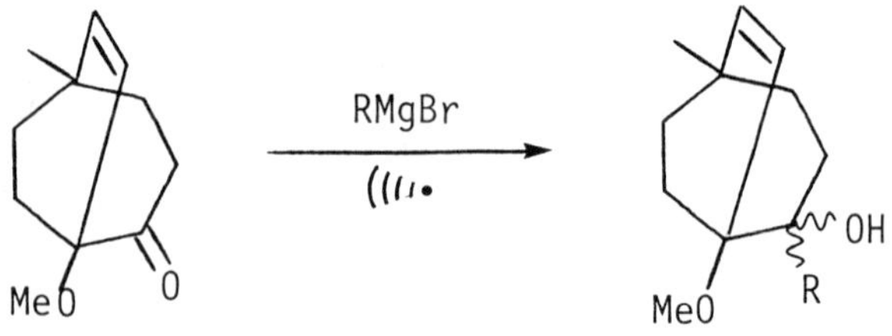

93%
(61% without sonication)

I.A.7.a.3-9 S.D. Burke et al., Tetrahedron, 42, 2787 (1986).

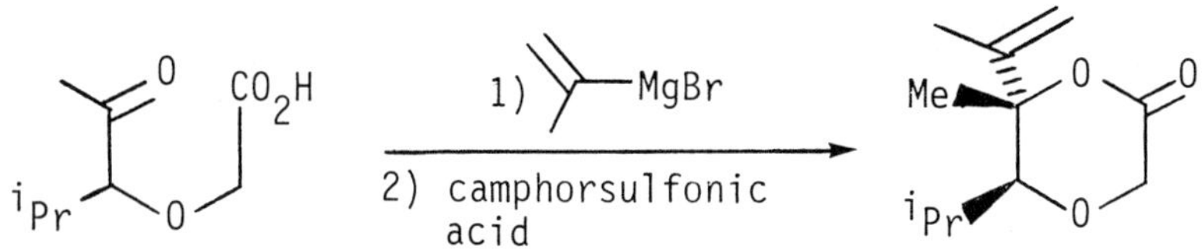

50%, 100% d.e.

I.A.7.a.3-10 R.W. Hoffmann et al., Angew. Chem., Int. Ed. Engl., 25, 189 and 1028 (1986); R.W. Hoffmann and B. Landmann, Chem. Ber., 119, 1039 and 2013 (1986); W.R. Roush et al., J. Am. Chem. Soc., 108, 294 and 3422 (1986); H.C. Brown and K.S. Bhat, ibid, 108, 293 and 5919 (1986); H.C. Brown et al., J. Org. Chem., 51, 432 (1986); Y. Yamamoto et al., ibid, 51, 886 (1986); W.R. Roush and M.R. Michaelides, Tetrahedron Lett., 27, 3353 (1986).

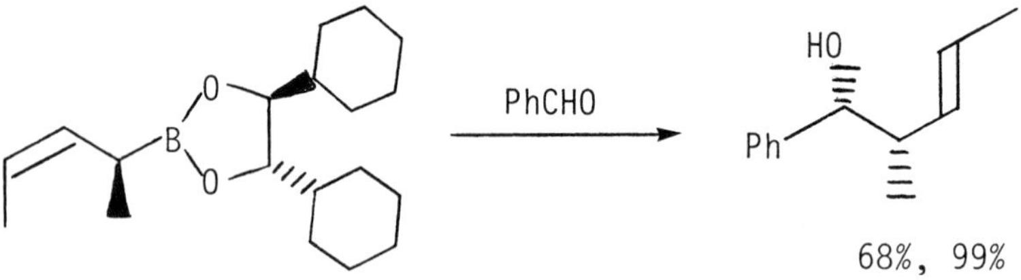

68%, 99% e.e.

I.A.7.a.3-11 K. Takai et al., J. Org. Chem., 51, 5045 (1986); H. Takeshita et al., Bull. Chem. Soc. Jpn., 59, 1109 (1986); P.G.M. Wuts and G.R. Callen, Synth. Commun., 16, 1833 (1986).

$$R^1SCH_2Cl \xrightarrow{1),2)} R^1SCH_2\overset{\underset{|}{OH}}{C}HR^2$$

48-88%

1) $CrCl_2/LiI$ 2) R^2CHO

I.A.7.a.3-12 J.A. Marshall and B.S. DeHoff, J. Org. Chem., 51, 863 (1986); G.E. Keck et al., ibid, 51, 5480 (1986); K. Soai and M. Ishizaki, ibid, 51, 3290 (1986); K. Tanaka et al., ibid, 51, 1856 (1986); O. Yonemitsu et al., J. Am. Chem. Soc., 108, 4645 (1986); G.P. Boldrini et al., Chem. Commun., 685 (1986); J.E. Baldwin et al., Tetrahedron Lett., 27, 5423 (1986).

$SnBr_4$ and $SnCl_4$ also used   47-82%

$BF_3 \cdot OEt_2$	> 70	: 30
$TiCl_4$	5	: 95

I.A.7.a.3-13 I. Fleming and M. Rowley, Tetrahedron, 42, 3181 (1986); G.A. Molander and S.W. Andrews, Tetrahedron Lett., 27, 3115 (1986); G.A. Molander and D.C. Shubert, J. Am. Chem. Soc., 108, 4683 (1986).

SnF_2 and $TiCl_4$ were also used   52%

I.A.7.a.3-14 A. Zidani and M. Vaultier, Tetrahedron Lett., 27, 857 (1986); B.L. Chenard, ibid, 27, 2805 (1986).

$$Bu_3Sn\text{-}CH_2\text{-}CHR\text{-}CH_2\text{-}NHE \xrightarrow{1),2)} R^1R^2C(OH)\text{-}CH_2\text{-}CHR\text{-}CH_2\text{-}NHE$$

E = CO_2Me 61-80 %

1) 2 BuLi   2) R^1R^2CO

I.A.7.a.3-15 M. Kosugi, T. Migita et al., Bull. Chem. Soc. Jpn., 59, 677 (1986); A. Alexakis et al., Tetrahedron, 42, 1369 (1986).

$$R^1C(Cl)=NR^2 + Bu_3SnR^3 \xrightarrow{Pd\ catalyst} R^1R^3C=NR^2$$

9-91%

I.A.7.a.3-16 G. Cahiez et al., Tetrahedron Lett., 27, 4441 (1986); T. Hirao et al., ibid, 27, 929 (1986); J.-B. Verlhac and J.-P. Quintard, ibid, 27, 2361 (1986); E. Piers et al., Can. J. Chem., 64, 180 (1986); A.B. Holmes et al., J. Chem. Soc., Perkin Trans. 1, 1515 (1986); N.R. Natale et al., Heterocycles, 24, 2175 (1986); F. Ogura et al., Chem. Lett., 977 (1986).

$$R^1COCl + R^2M \longrightarrow R^1COR^2$$

R^2M = RMnI, R_2CuLi, CdR_2, $RLi/CeCl_3$, $PhTeTMS/R_2CuLi$, $RSnBu_3$, $RMgBr/VCl_3$

I.A.7.a.3-17 A.B. Smith, III et al., J. Am. Chem. Soc., 108, 2662 (1986); M. Franck-Neumann et al., J. Organomet. Chem., 301, 61 (1986); J. Mulzer et al., Liebigs Ann. Chem., 825 (1986); M. Kusakabe and F. Sato, Chem. Lett., 989 and 1473 (1986).

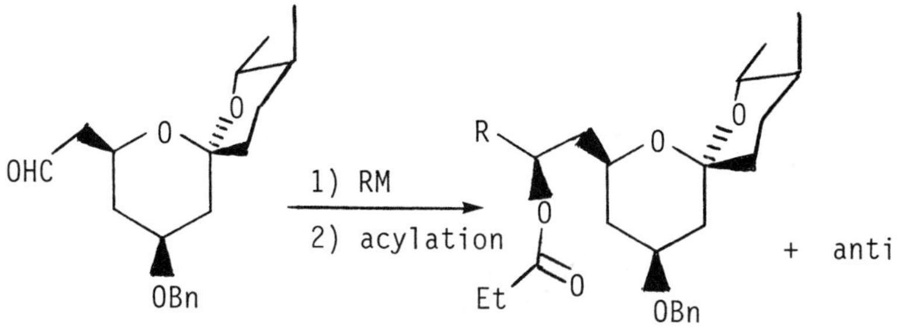

RM	ratio	yield
RMgBr	1 : 2	65%
RLi	1 : 1	68%
R$_2$CuLi	7 : 1	63%

I.A.7.a.3-18 R.C.F. Jones et al., J. Chem. Soc., Perkin Trans. 1, 1995 (1986); J.T. Gupton et al., Synth. Commun., 16, 1575 (1986).

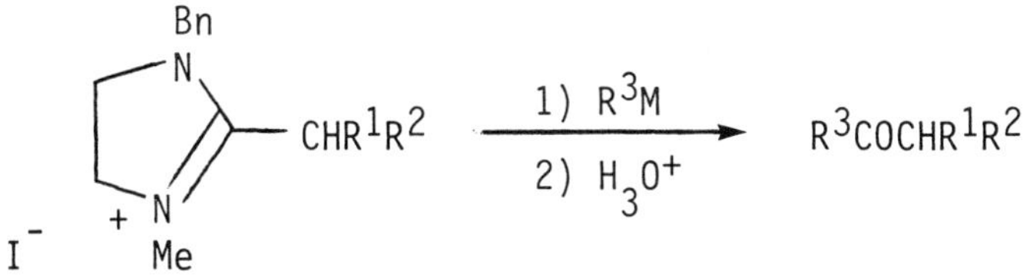

M = MgBr, Li

55-85%

I.A.7.a.3-19 D.A. Claremon et al., J. Am. Chem. Soc., 108, 8265 (1986); Y. Yamamoto et al., ibid, 108, 7778 (1986); B.H. Lipshutz et al., Tetrahedron Lett., 27, 4241 (1986); S. Itsuno et al., ibid, 27, 3033 (1986); F.A. Davis et al., ibid, 27, 3957 (1986); D. Enders et al., Angew. Chem., Int. Ed. Engl., 25, 1109 (1986).

Pn = pentyl

usually >97 : 3 threo

RMgX, R_2CuLi and R-9-BBN used similarly

I.A.7.a.3-20 F.J. Weiberth and S.S. Hall, J. Org. Chem., 51, 5338 (1986); L.R. Krespi, K.M. Jensen, S.M. Heilmann and J.K. Rasmussen, Synthesis, 301 (1986); M. Gill et al., Tetrahedron Lett., 27, 1933 (1986).

84%

I.A.7.a.3-21 J. Inanaga et al., Tetrahedron Lett., 27, 1195 and 3891 (1986); T. Imamoto et al., ibid, 27, 3243 (1986); G.A. Molander and J.B. Etter, J. Org. Chem., 51, 1778 (1986).

82-96%

I.A.7.a.3-22 S.J. Danishefsky et al., Tetrahedron, 42, 2809 (1986); H.U. Reissig et al., Angew. Chem., Int. Ed. Engl., 25, 556 (1986); H. Sano et al., Synthesis, 776 (1986); T. Mukaiyama et al., Chem. Lett., 97 (1986); S. Torii et al., ibid, 1461 and 1611 (1986); S. Torii et al., Tetrahedron Lett., 27, 2395 (1986); S. Takano et al., ibid., 27, 4485 (1986).

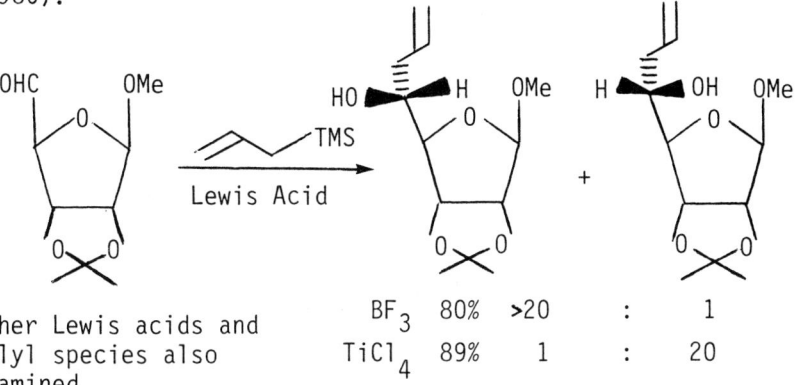

other Lewis acids and allyl species also examined	BF_3 80%	>20	: 1
	$TiCl_4$ 89%	1	: 20

I.A.7.a.3-23 K.M. Sadhu and D.S. Matteson, Tetrahedron Lett., 27, 795 (1986); C. Mioskowski et al., ibid, 27, 3859 (1986); R.K. Boeckman, Jr. et al., J. Am. Chem. Soc., 108, 5549 (1986); T. Fujisawa et al., Chem. Lett., 1675 (1986); S. Hackett and T. Livinghouse, Chem. Commun., 75 (1986).

$$RCHO + ICH_2Cl \xrightarrow{R^1Li} \longrightarrow RCH(OH)CH_2Cl$$

65-97%

I.A.7.a.3-24 H. Schumann, H. Schwarz et al., J. Organomet.Chem., 306, 215 (1986).

Ph⏜⏜⏜O [Li(tmed)$_2$][Lu(tBu)$_4$] → Ph⏜⏜⏜OH
                                                    |
                                                    tBu

>90%

I.A.7.a.3-25 H. Heimgartner et al., Helv. Chim. Acta, 69, 773 and 1837 (1986); P. Gosselin, Tetrahedron Lett., 27, 5495 (1986).

[Reaction scheme: thiazoline-thione + R_2CuLi → thiazoline with SH and R substituents, 75-96%]

thiophilic attack with RLi

I.A.7.a.3-26 J.A. Marshall and B.S. DeHoff, Tetrahedron Lett., 27, 4873 (1986); T. Cohen and B.-S. Guo, Tetrahedron, 42, 2803 (1986); D.J. Kempf, J. Org. Chem., 51, 3921 (1986); D. Hoppe and T. Kramer, Angew. Chem., Int. Ed. Engl., 25, 160 (1986); Y. Ikeda and H. Yamamoto, Bull. Chem. Soc. Jpn., 59, 657 (1986).

[Reaction scheme: R-CH=CH-CH$_2$OCON^{i}Pr$_2$ + R^1-substituted enal, BuLi/TMEDA, ClTi(O^{i}Pr)$_3$ → homoallylic alcohol product, 60-78%]

I.A.7.a.3-27 G.L. Larson et al., Synth. Commun., 16, 697 and 705 (1986); M.P. Cooke, Jr., J. Org. Chem., 51, 951 (1986); G.L. Larson et al., ibid, 51, 2039 (1986); C. Fehr and J. Galindo, Helv. Chim. Acta, 69, 228 (1986); T. van der Voes et al., Tetrahedron Lett., 27, 519 (1986); M. Larcheveque and Y. Petit, Synthesis, 60 (1986).

[Reaction scheme: α-silyl ester (R-CH(SiPh$_2$Me)-C(O)-OEt) → ketone R-CH$_2$-C(O)-CH$_2$-R^1, 63-82%]

1) R^{1}CH$_2$MgBr   2) KF/MeOH

I.A.7.a.3-28 A. Hosomi, M. Ando and H. Sakurai, Chem. Lett., 365 (1986); M. Onaka et al., ibid, 381 (1986); Y. Yamamoto et al., J. Am. Chem. Soc., 108, 7116 (1986); Y. Hatanaka and I. Kuwajima, J. Org. Chem., 51, 1932 (1986).

Me-CH=CH-CH$_2$-TMS + RCH(OMe)$_2$ $\xrightarrow{\text{Lewis Acid}}$ R-CH(OMe)-CH(Me)-CH=CH$_2$

~ 82% d.e.

Lewis Acid = TiCl$_4$, TMSI, TMSOTf, Montmorillonite clay

I.A.7.a.3-29 B. Caro et al., Tetrahedron Lett., 27, 3849 (1986); G.M. Williams and D.E. Rudisill, ibid, 27, 3465 (1986); N. Uemura et al., ibid., 27, 967 (1986).

MeO-C$_6$H$_4$-CH$_2$-K$^+$ · Cr(CO)$_3$ $\xrightarrow[\text{excess}]{\text{PhCHO}}$ MeO-C$_6$H$_4$-CH=CH-CH$_2$-COPh · Cr(CO)$_3$

95%

I.A.7.a.3-30 C.G. Screttas and M. Micha-Screttas, J. Organomet. Chem., 316, 1 (1986).

(BuNa)$_2$Mg(OCH$_2$CH$_2$OEt)$_2$ $\xrightarrow[\text{2) H}_3\text{O}^+]{\text{1) CO}_2}$ CH$_3$(CH$_2$)$_3$CO$_2$H

98%

I.A.7.a.3-31 H. Pfander et al., Helv. Chim. Acta, 69, 918 and 1498 (1986); R.B. Mane et al., Ind. J. Chem., 25B, 178 (1986).

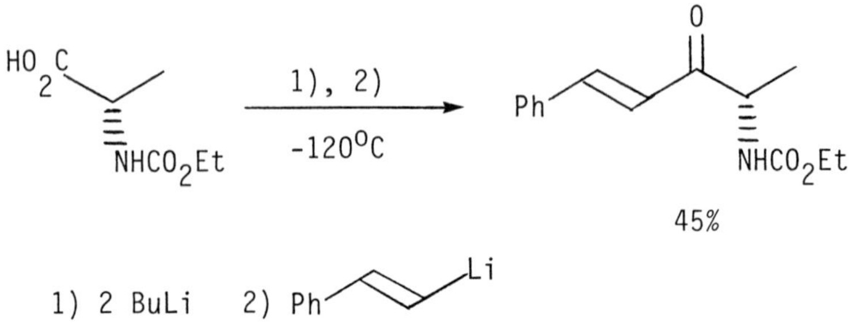

$$\underset{\overset{\equiv}{NHCO_2Et}}{HO_2C\diagdown\diagup} \xrightarrow[-120°C]{1), 2)} \underset{\overset{\equiv}{NHCO_2Et}}{Ph\diagup\diagdown\diagup\overset{O}{\diagdown}\diagup}$$

45%

1) 2 BuLi   2) Ph–CH=CH–Li

I.A.7.a.3-32 G. Cahiez and B. Figadere, Tetrahedron Lett., 27, 4445 (1986).

$$R^1CHO + R^2COR^3 \xrightarrow{RMnX} RR^1CHOH + R^2COR^3$$

87-98%

X = Br, Cl

Aldehyde selectivity >99%

I.A.7.a.3-33 T. Miyasaka et al., Chem. Lett., 449 (1986).

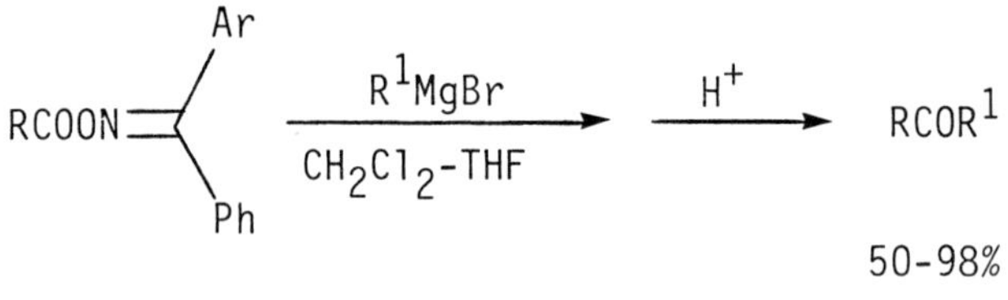

$$RCOON=C(Ar)(Ph) \xrightarrow[CH_2Cl_2-THF]{R^1MgBr} \xrightarrow{H^+} RCOR^1$$

50-98%

I.A.7.a.3-34 D. Seebach et al., Chem. Ber., 119, 575 (1986).

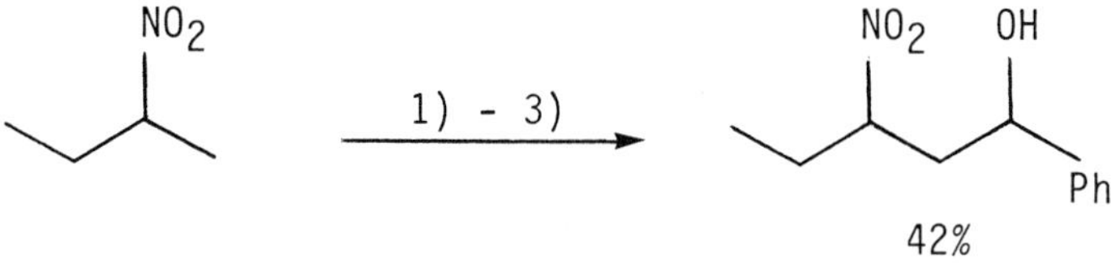

[Structure: 2-nitrobutane → 1) - 3) → nitro-alcohol with Ph, 42%]

1) nBuLi, tBuLi, THF-HMPT, -90°C   2) PhCHO, -40°C,   3) HOAc

---

I.A.7.a.4. Other 1,2-Additions

I.A.7.a.4-1 T. Hiyama et al., Synthesis, 645 (1986); H. Harle and J.C. Jochims, Chem. Ber., 119, 1400 (1986); J.F. Bernardis et al., J. Med. Chem., 29, 463 (1986); B. Ben Hassine et al., Bull. Soc. Chim. Belg., 95, 547 (1986).

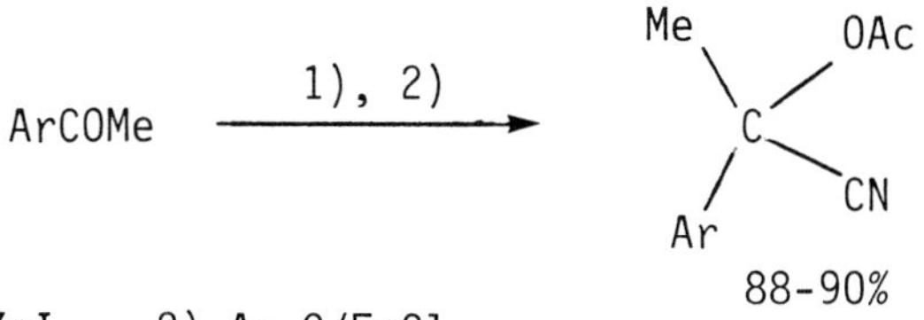

ArCOMe —1), 2)→ Ar-C(Me)(OAc)(CN)   88-90%

1) TMSCN/ZnI$_2$ 2) Ac$_2$O/FeCl$_3$

I.A.7.a.4-2 M.T. Reetz et al. Chem. Ind., 824 (1986); S. Inoue et al., Bull. Chem. Soc. Jpn., 59, 893 (1986); W.R. Jackson et al., Aust. J. Chem., 39, 1135 (1986).

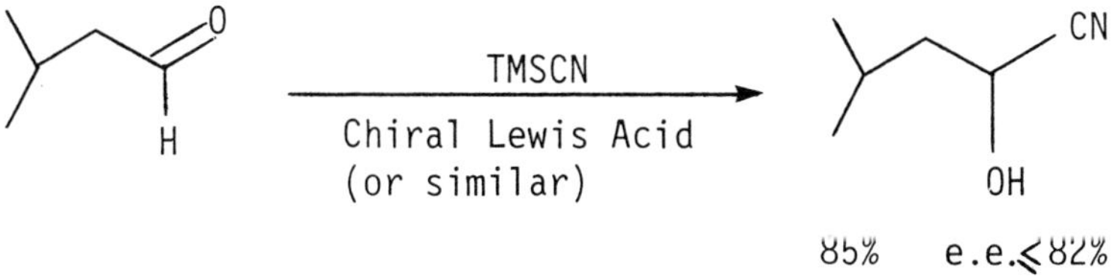

[isobutyraldehyde] —TMSCN, Chiral Lewis Acid (or similar)→ [cyanohydrin]

85% e.e. ≤ 82%

I.A.7.a.4-3 A.K. Mandal et al., Tetrahedron, 42, 5715 (1986); K. Hiroi et al., Chem. Lett., 743 (1986); A. Salzer et al., Helv. Chim. Acta, 69, 1757 (1986).

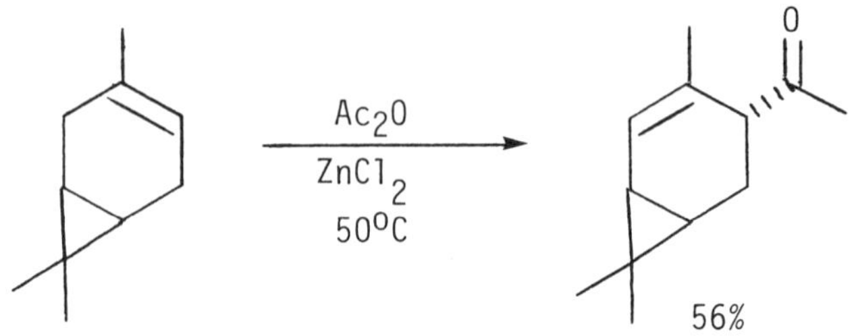

56%

I.A.7.a.4-4 J. Brocard et al., J. Organomet. Chem., 309, 299 (1986); J. Brocard and J. Lebibi, ibid, 310, C63 (1986); S.G. Davies et al., J. Chem. Soc., Perkin Trans. 1, 1581 (1986); A.J. Pearson and V.D. Khetani, Chem. Commun., 1772 (1986).

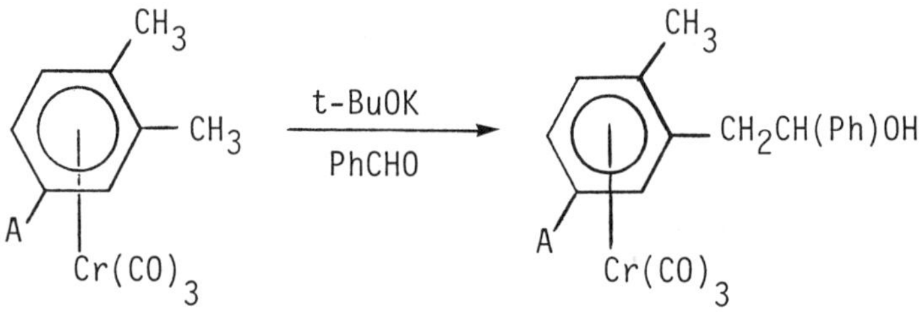

A = MeO, Cl   21-40%

I.A.7.a.4-5 T. Nonaka et al., Bull. Chem. Soc. Jpn., 59, 757 (1986); H. Matschiner et al., J. Prakt. Chem., 328, 539 (1986).

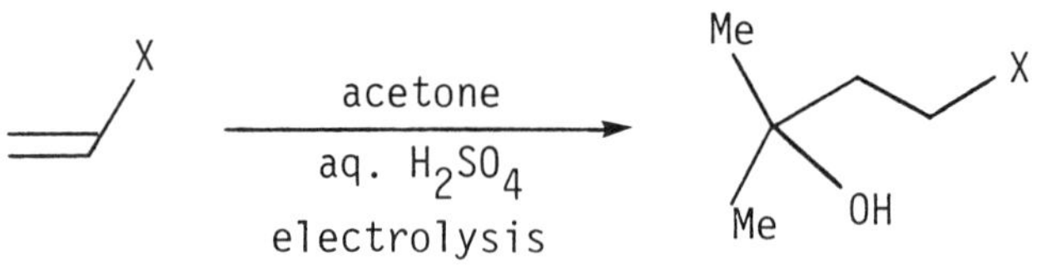

X = withdrawing group   1-54%

I.A.7.a.4-6 C. Gunther and A. Mosandl, <u>Liebigs Ann. Chem.</u>, 2112 (1986).

[Reaction: pentanal (butyl-CHO) + CH₃CH=CH-E with (PhCOO)$_2$, 9h, 80°C → ketone product, 73%]

E = CO_2Et

I.A.7.a.4-7 C.G. Krespan and B.E. Smart, <u>J. Org. Chem.</u>, <u>51</u>, 320 and 326 (1986).

$$Nu^- + CF_2=CFX \longrightarrow NuCF_2CFX^-$$

Nu = PhO, MeO, MeS, N$_3$

$\downarrow R_fCO_2R$

$\downarrow H^+$

$NuCF_2CFXCOR_f$ 8-88%

I.A.7.b.1. Conjugate Additions of Enolate-Type Carbanions

I.A.7.b.1-1 G. Rosini, R. Ballini et al., <u>Synthesis</u>, 237 (1986); R. Ballini and M. Petrini, <u>ibid</u>, 1024 (1986); G. Rosini et al., <u>Angew. Chem., Int. Ed. Engl.</u>, <u>25</u>, 941 (1986).

$$RR^1CHNO_2 + R^2CH=C(R^4)(CR^3=O) \xrightarrow[\text{rt, 5-8h} \atop \text{no solvent}]{\text{alumina}} \underset{R^1\ R^2}{RC(NO_2)-CH-CH(R^4)(CR^3=O)}$$

52-88%

I.A.7.b.1-2 A. Barco, G.P. Pollini et al., Chem. Commun., 757 (1986); W. Danikiewicz, T. Jaworski and S. Kwiatkowski, Monatsh. Chem., 117, 1177 (1986); T. Miyakoshi, Synthesis, 766 (1986).

$$\text{cyclohexenyl enone} \xrightarrow[\text{tetramethyl-guanidine}]{CH_3NO_2} \text{product}$$

95%

I.A.7.b.1-3 G. Loew et al., J. Med. Chem., 29, 531 (1986); M. Zervos et al., Tetrahedron, 42, 4963 (1986); M.-C. Roux-Schmitt and J. Seyden-Penne, Bull. Soc. Chim. Fr., 109, (1986); H.J. Liu and H. Wynn, Can. J. Chem., 64, 649 (1986); M. Zervos and L. Wartski, Tetrahedron Lett., 27, 2985 (1986).

$$ArC(Me)(CN)H + CH_2=CHCO_2Me \xrightarrow{\text{Triton B}} ArC(Me)(CN)(CH_2)_2CO_2Me$$

92%

I.A.7.b.1-4 T. Mukaiyama et al., Chem. Lett., 221, 1017 and 1623 (1986); E. Piers and B.W.A. Yeung, Can. J. Chem., 64, 2475 (1986); R. Hunter and C.D. Simon, Tetrahedron Lett., 27, 1385 (1986).

$$R^1COCH=CR\text{-}R^2 + R^3C(OTBDMS)=CH_2 \xrightarrow{1),2)} \text{product}$$

1) cat. $TrClO_4$ 2) R^4CHO

67-98%

$TiCl_4$ and TMSOTf also employed

I.A.7.b.1-5 K. Ogura et al., J. Org. Chem., 51, 508 (1986);
P. Beak and D.A. Burg, Tetrahedron Lett., 27, 5911 (1986);
L. Ghosez et al., ibid, 27, 5099 (1986); M.J. Begley et al.,
J. Chem. Soc, Perkin Trans. 1, 1933 (1986).

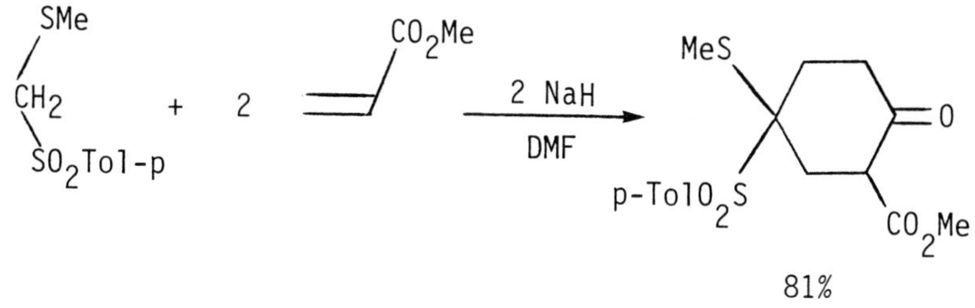

I.A.7.b.1-6 S. Berrada and P. Metzner, Bull. Soc. Chim. Fr., 817 (1986); P. Metzner et al., Tetrahedron Lett., 27, 1505 (1986).

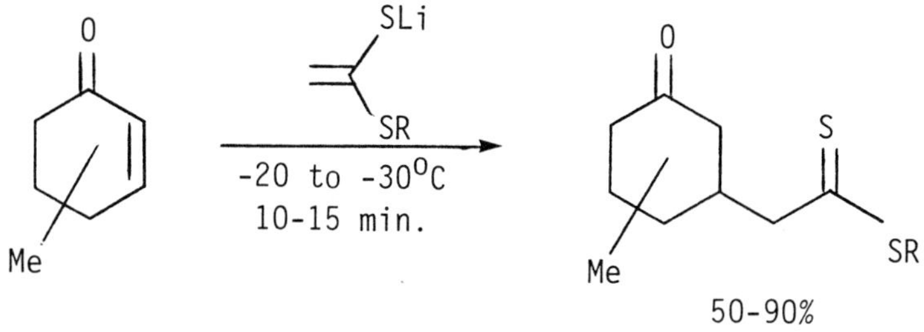

isomeric composition   40-94 : 60-6

I.A.7.b.1-7 T. Takeda et al., Chem. Lett., 1311 (1986).

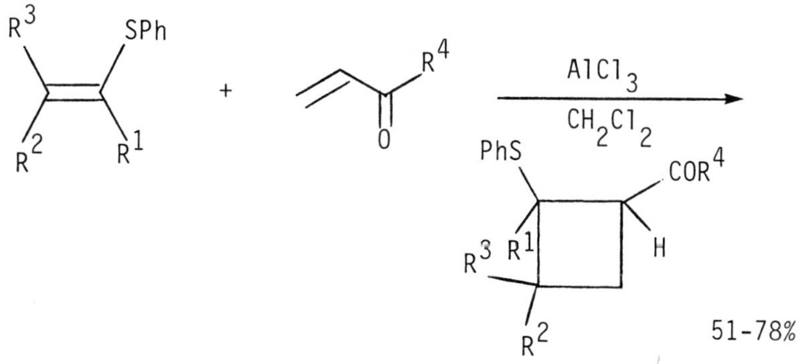

I.A.7.b.1-8 K. Koga et al., Tetrahedron Lett., 27, 4611 (1986); P. Kocovsky and D. Dvorak, ibid, 27, 5015 (1986); P. Laszlo et al., ibid, 27, 705 (1986); L. Hellberg, C. Beeson and R. Somanathan, ibid, 27, 3955 (1986); W.G. Dauben et al., Synthesis, 532 (1986); J. Yaozhong et al., Synth. Commun., 16, 1479 (1986).

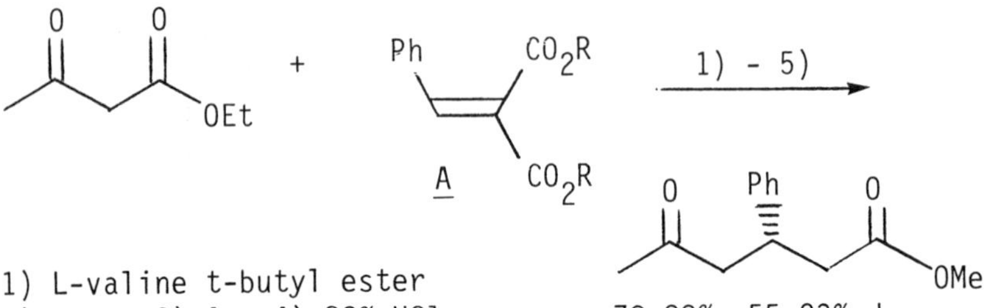

1) L-valine t-butyl ester
2) LDA   3) A   4) 20% HCl
5) CH_2N_2

78-88%, 55-93% d.e.

I.A.7.b.1-9 P. Deslongchamps et al., Tetrahedron Lett., 27, 5451 and 5455 (1986); P. Deslongchamps and B.L. Roy, Can. J. Chem., 64, 2068 (1986).

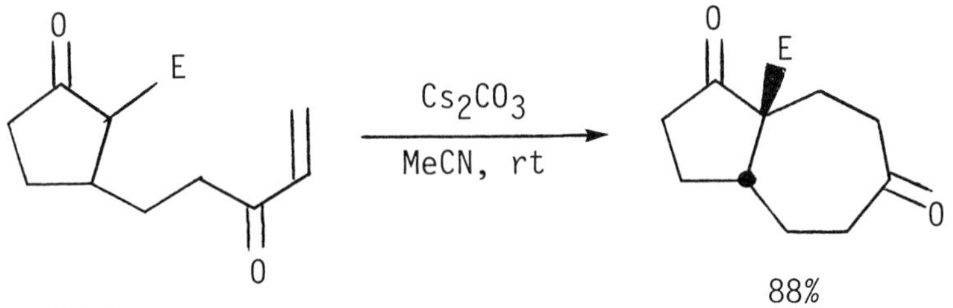

E = CO_2Me

88%

I.A.7.b.1-10 Y.H. Paik and P. Dowd, J. Org. Chem., 51, 2910 (1986); H.-J. Altenbach and H. Soicke, Tetrahedron Lett., 27, 1561 (1986).

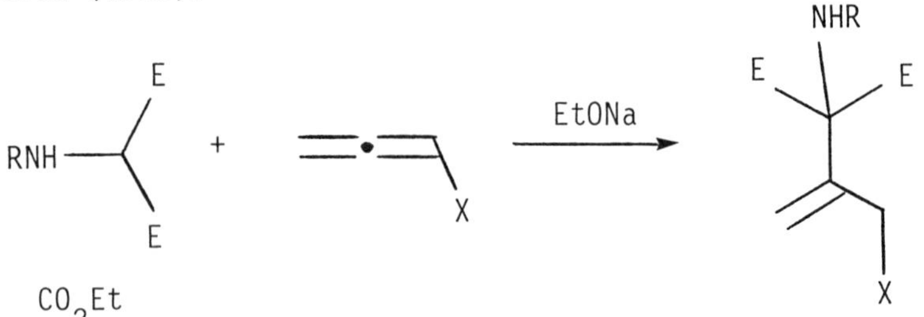

E = CO_2Et

X = CO_2Et, CN

89-94%

I.A.7.b.1-11 J.L. Soto et al., Org. Prep. Proced. Int., 18, 85 (1986); P. Bravo et al., Gazz. Chim. Ital., 116, 501 (1986).

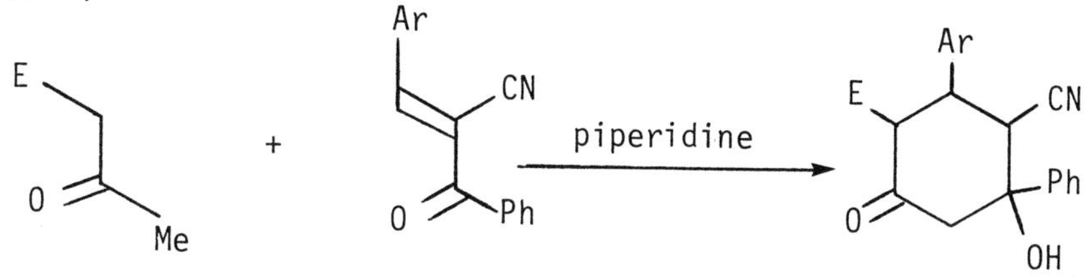

E = CO_2Et

62-86%

A literature correction

I.A.7.b.1-12 H. Wamhoff and W. Schupp, J. Org. Chem., 51, 2787 (1986).

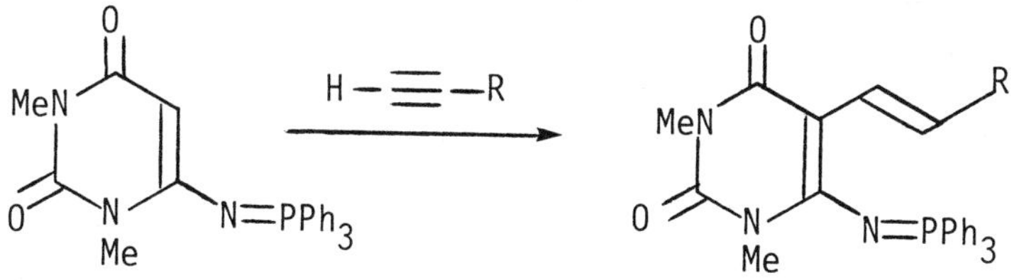

R = CO_2Et, CN

15-66%

I.A.7.b.1-13 D. Enders and B.E.M. Rendenbach, Tetrahedron, 42, 2235 (1986); J.E. Baldwin et al., ibid., 42, 4247 (1986); D. Enders et al., Tetrahedron Lett., 27, 3491 (1986).

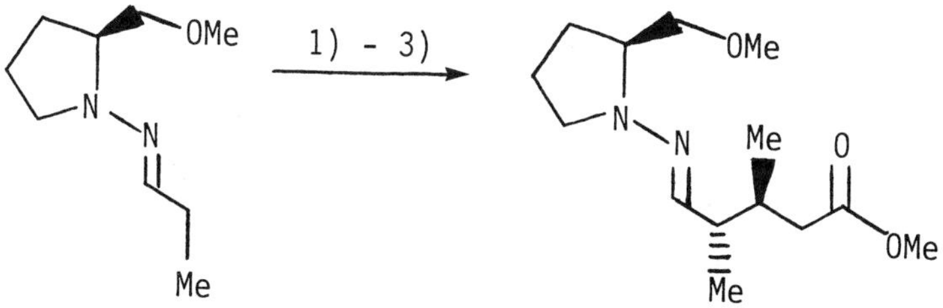

1) LDA
2) (E) MeCH=CHCO$_2$Me, -100°C
3) NH$_4$Cl

80%

I.A.7.b.1-14 W.L. Meyer et al., Tetrahedron Lett., 27, 1449 (1986); K. Koga et al., ibid, 27, 715 (1986); W. Steglich et al., Synthesis, 372 (1986); K. Kanematsu et al., J. Org. Chem., 51, 5100 (1986); J.L. van der Baan et al., Tetrahedron, 42, 5111 (1986).

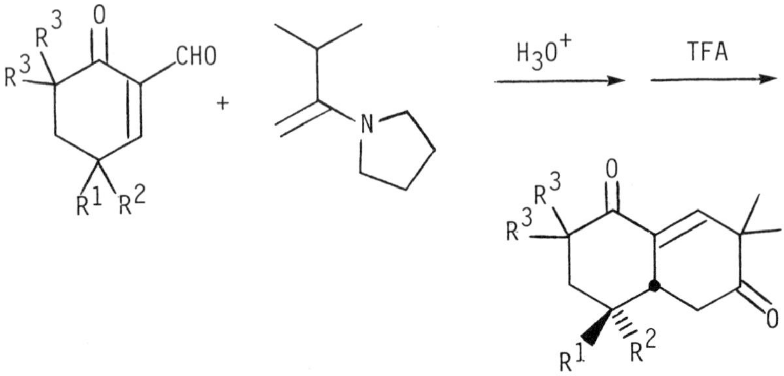

I.A.7.b.1-15 D.A. Oare and C.H. Heathcock, Tetrahedron Lett., 27, 6169 (1986); U.M. Pagnoni et al., ibid, 27, 381 (1986); G.H. Posner et al., ibid, 27, 659 and 663 (1986); M.W. Rathke et al., Synth. Commun., 16, 1133 (1986); K. Fukumoto et al., J. Chem. Soc., Perkin Trans. 1, 2151 (1986).

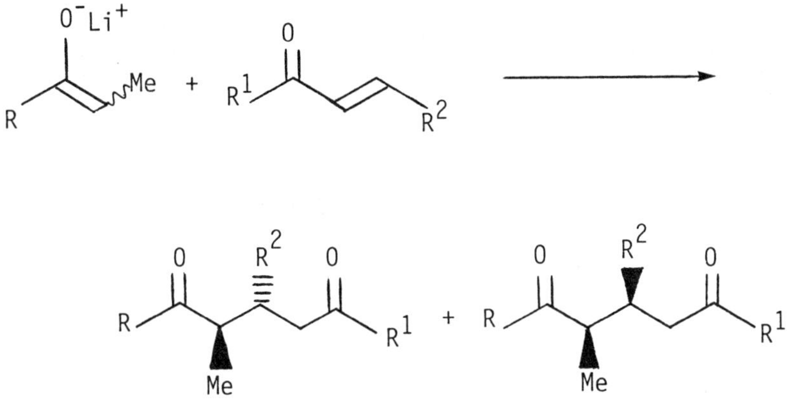

R = ^{t}Bu (Z) enolate >99 : 1
R = ^{i}Pr (E) enolate   10 : 90

I.A.7.b.1-16 M. Yamaguchi et al., Chem. Lett., 1085 (1986); M. Yamaguchi et al., Tetrahedron Lett., 27, 959 (1986); Y. Stefanovsky et al., Tetrahedron, 42, 5355 (1986); T. Hirao et al., Chem. Commun., 26 (1986).

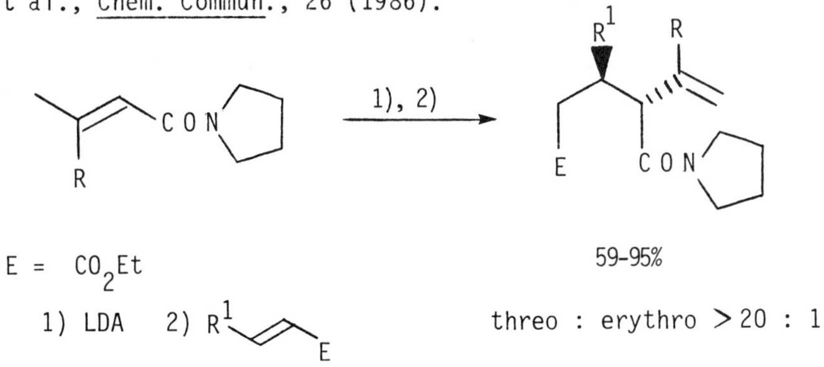

CON
1), 2)
R
R1
R
E
CON
E = CO2Et
59-95%
1) LDA 2) R1
E
threo : erythro > 20 : 1

I.A.7.b.1-17 C. Chuit et al., Tetrahedron, 42, 2293 (1986).

Ph
CONEt2
+
O
CsF
Si(OMe)4
O
Ph
CONEt2

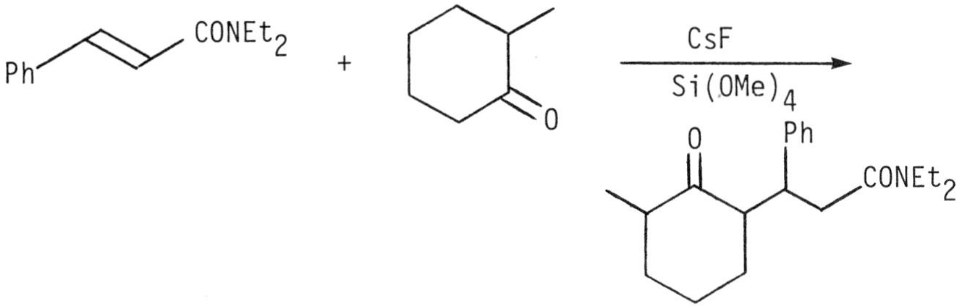

no solvent, no hydrolytic work-up 86%

I.A.7.b.1-18 K. Fuji et al., J. Am. Chem. Soc., 108, 3855 (1986).

OMe
N
NO2
R
+
O⁻M⁺
R1
O
O
R1
O
NO2
R
M+ = Cu+, Li+, Zn2+
(best with Zn2+)
54-99%
82-96% e.e.

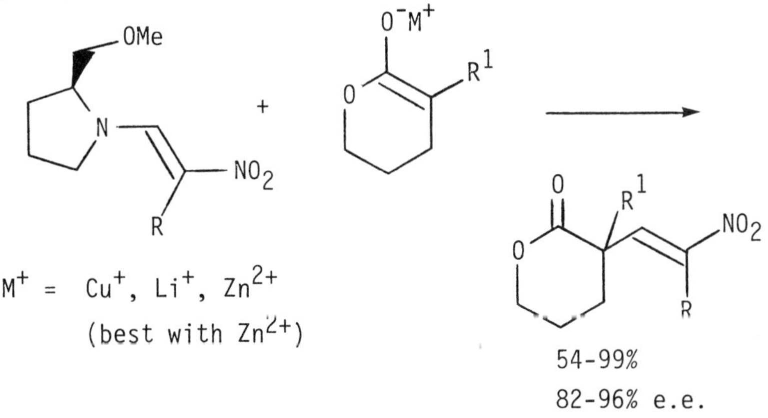

I.A.7.b.1-19   S. Penades et al., Tetrahedron Lett., 27, 3551 (1986).

$$RR^1CHCO_2Me + \underset{}{=\!\!\!=\!\!\!/\!\!^{CO_2Me}} \xrightarrow{\text{reagent}} \underset{CH_2CH_2CO_2Me}{RR^1C-CO_2Me}$$

reagent = macrocyclic lactose complexed to K bases

22-98%
16-70% e.e.

I.A.7.b.1-20   P.L. Fuchs and T.F. Braish, Chem. Rev., 86, 903 (1986).

Review: "Multiply Convergent Syntheses via Conjugate-Addition Reactions to Cycloalkenyl Sulfones."

I.A.7.b.2.   Conjugate Additions of Organometallic Reagents

I.A.7.b.2-1   E.-L. Lindstedt and M. Nilsson, Acta Chem. Scand., 40B, 466 (1986); U.R. Ghatak et al., J. Chem. Res. (S), 406 (1986); B.H. Lipshutz et al., Tetrahedron, 42, 2873 (1986); A. Alexakis et al., Tetrahedron Lett., 27, 1047 (1986); M. Behforouz et al., ibid, 27, 3107 (1986); H. Takayama et al., ibid, 27, 71 (1986).

Ph–CH=CH–C(O)–CH$_3$ + LiRThCu ⟶ Ph–CH(R)–CH$_2$–C(O)–CH$_3$

35-85%

generally stable at 0°C or above

I.A.7.b.2-2 P.L. Fuchs et al., Tetrahedron Lett., 27, 1425 and 1429 (1986); R.J. Linderman and A. Godfrey, ibid, 27, 4553 (1986); S.G. Pyne, ibid, 27, 1691 (1986); H.O. House et al., J. Org. Chem., 51, 2408 and 2416 (1986); J.A. Marshall et al., ibid, 51, 1730 (1986); S.V. Ley et al., Tetrahedron, 42, 6519 (1986).

I.A.7.b.2-3 M.C. Stumpp and R.R. Schmidt, Tetrahedron, 42, 5941 (1986); T.G. Back, J.R. Proudfoot and C. Djerassi, Tetrahedron Lett., 27, 2187 (1986); R.L. Funk and M.M. Abelman, J. Org. Chem., 51, 3247 (1986); E. Breitmaier et al., Chem. Ber., 119, 1737 (1986); T. Ohnuma et al., Chem. Lett., 927 (1986).

71% (+ 14% E isomer)

other leaving groups used were Cl, TMSO, TfO, PhSe

I.A.7.b.2-4 W.A. Nugent and F.W. Hobbs, Jr., J. Org. Chem., 51, 3376 (1986); M.T. Crimmins and J.A. DeLoach, J. Am. Chem. Soc., 108, 800 (1986).

80%

I.A.7.b.2-5 E. Nakamura, I. Kuwajima et al., Tetrahedron Lett., 27, 4025 and 4029 (1986); P.W. Collins et al., J. Med. Chem., 29, 1195 (1986).

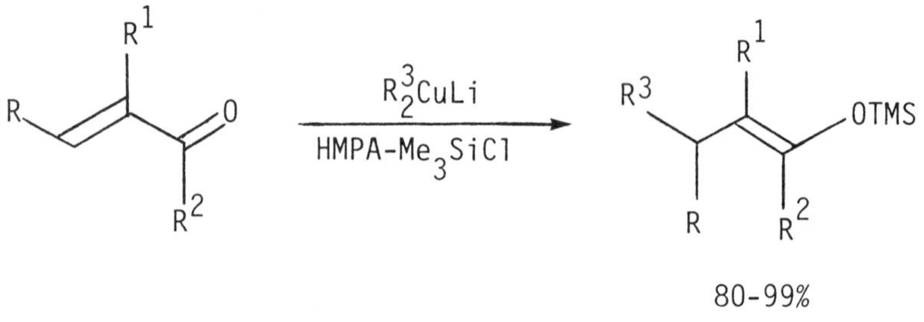

R_2^3CuLi
HMPA-Me_3SiCl

80-99%

I.A.7.b.2-6 C. Scolastico et al., J. Org. Chem., 51, 5041 (1986).

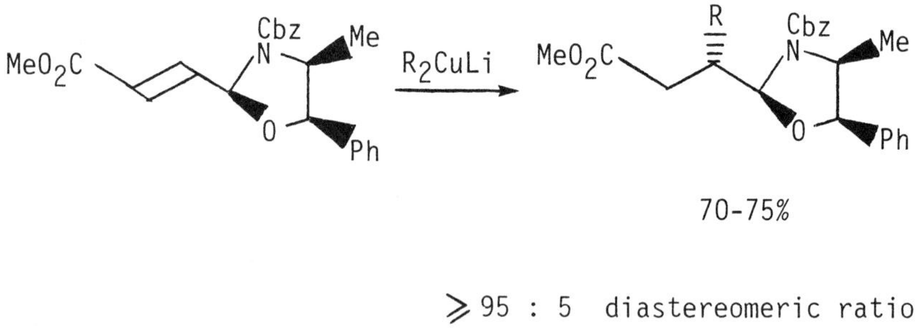

R_2CuLi

70-75%

⩾ 95 : 5 diastereomeric ratio

I.A.7.b.2-7 W. Oppolzer et al., Tetrahedron Lett., 27, 831 and 4713 (1986).

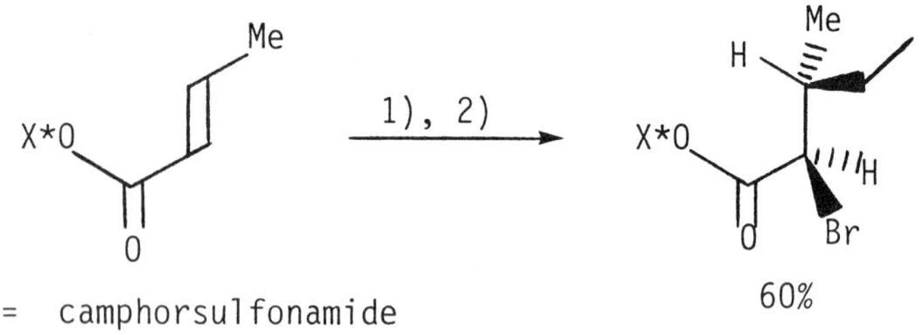

1), 2)

60%

X* = camphorsulfonamide derived chiral auxiliary

1) EtCu·BF_3 2) LDA-TMSCl-NBS

I.A.7.b.2-8 E.J. Corey et al., J. Am. Chem. Soc., 108, 7114 (1986).

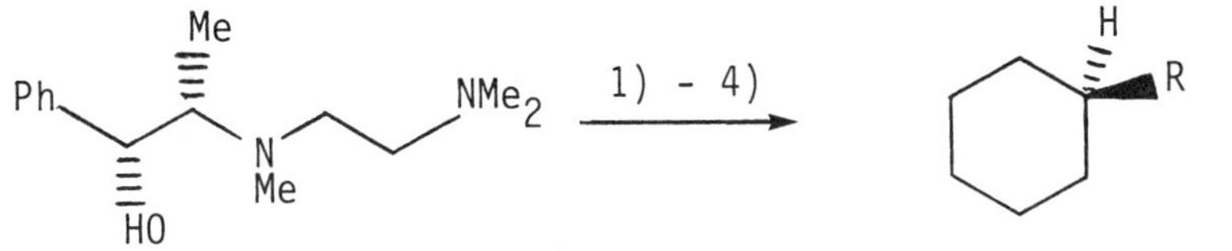

1) RLi 2) CuI 3) RLi 4) 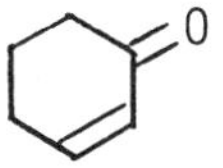 (cyclohexenone)

52-68%
72-81% e.e.

I.A.7.b.2-9 S. Hanessian and P.J. Murray, Can. J. Chem., 64, 2231 (1986); R. Neidlein et al., Helv. Chim. Acta, 69, 1597 (1986); F. Leyendecker and M.-T. Comte, Tetrahedron, 42, 1413 (1986); C.J.M. Stirling et al., Chem. Commun., 124 (1986).

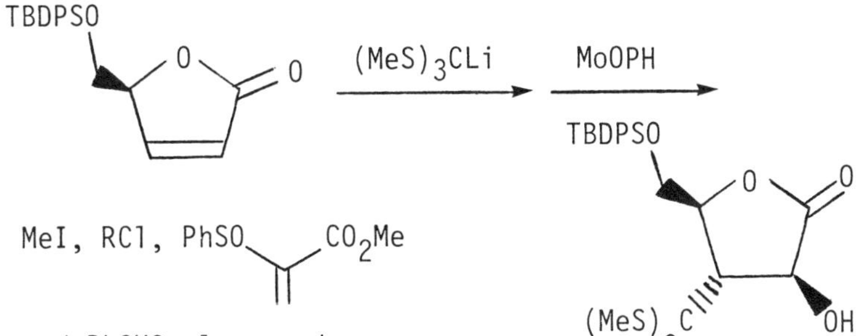

MeI, RCl, PhSO₂ $\overset{CO_2Me}{\underset{\|}{\diagdown}}$

and PhCHO also used

73%

I.A.7.b.2-10 M. Isobe et al., Tetrahedron, 42, 2863 (1986); M.P. Cooke, Jr., J. Org. Chem., 51, 1637 (1986); A.I. Meyers and B.A. Barner, ibid, 51, 120 (1986); H. Mayr et al., Angew. Chem., Int. Ed. Engl., 25, 89 (1986); G. Wulff and H. Bohnke, ibid, 25, 90 (1986).

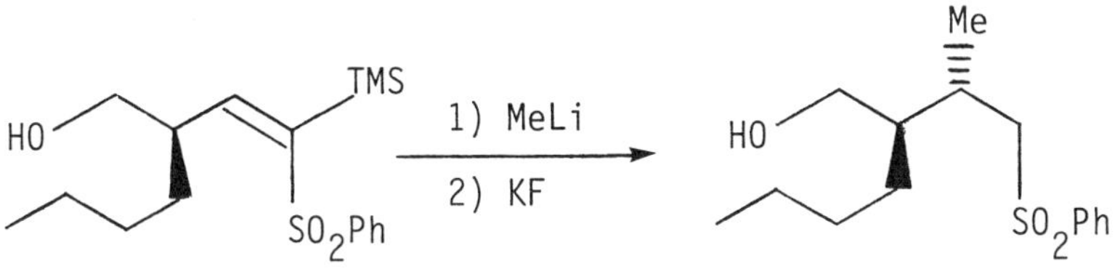

100%

I.A.7.b.2-11 G.H. Posner, J. Clardy et al., Tetrahedron, 42, 2919 (1986).

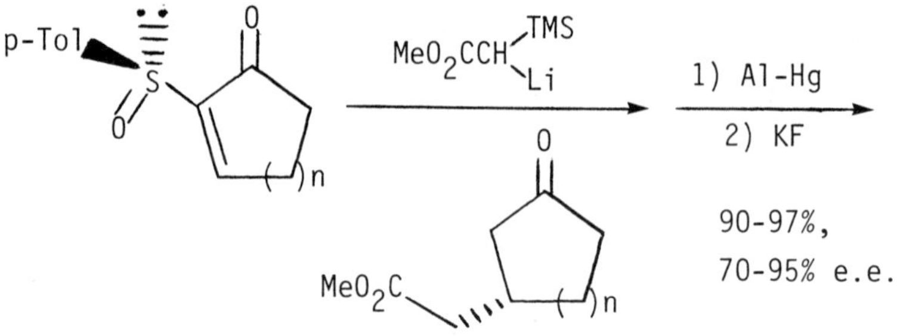

I.A.7.b.2-12 K. Tomioka, T. Suenega and K. Koga, Tetrahedron Lett., 27, 369 (1986); K. Soai and A. Ookawa, J. Chem. Soc., Perkin Trans. 1, 759 (1986); M. Whittaker, Chem. Ind., 463 (1986); W. Oppolzer et al., Helv. Chim. Acta, 69, 1542 (1986).

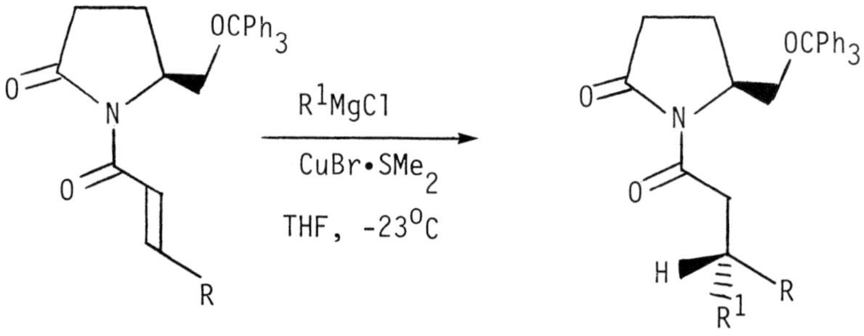

I.A.7.b.2-13 S.G. Davies et al., Tetrahedron, 42, 5123 (1986).

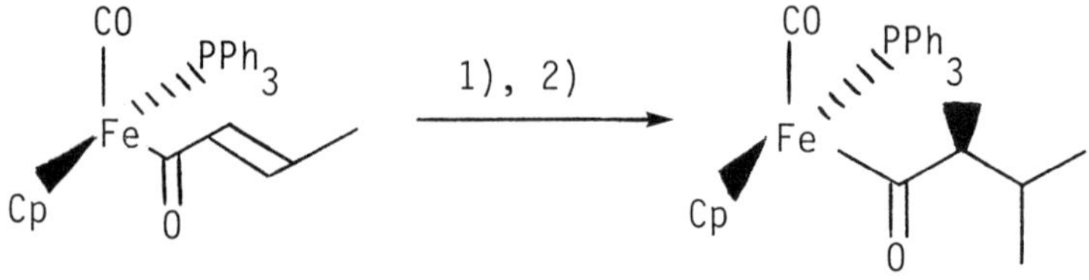

1) MeLi   2) MeI   60% d.e. >100 : 1

I.A.7.b.2-14 G.W. Klumpp et al., Rec. Trav. Chim., 105, 62 (1986); A. Padwa and M.W. Wannamaker, Tetrahedron Lett., 27, 5817 (1986).

1) 2 ^{t}BuLi   2) H_2O

anti-Michael addition

I.A.7.b.2-15 R.A. Kjonaas and E.J. Vaurter, J. Org. Chem., 51, 3993 (1986); Y. Horiguchi, E. Nakamura and I. Kuwajima, ibid, 51, 4323 (1986); J.L. Luche et al., Tetrahedron Lett., 27, 3149 (1986); R.A. Watson and R.A. Kjonaas, ibid, 27, 1437 (1986); H. Zamarlik et al., Synthesis, 1046 (1986).

RMgX + $ZnCl_2$•TMEDA

55-96%

I.A.7.b.2-16 C. Heathcock et al., J. Am. Chem. Soc., 108, 5022 (1986); M. Santelli et al., J. Org. Chem., 51, 1199 (1986); G. Majetich et al., ibid, 51, 1745 and 1753 (1986); H. Uno, ibid, 51, 350 (1986); D. Schinzer et al., Chem. Commun., 829 (1986); H. Uno, S. Fujiki and H. Suzuki, Bull. Chem. Soc. Jpn., 59, 1267 (1986).

$TiCl_4$

94%

I.A.7.b.2-17 S. Cacchi et al., J. Organomet. Chem., 312, C27 (1986).

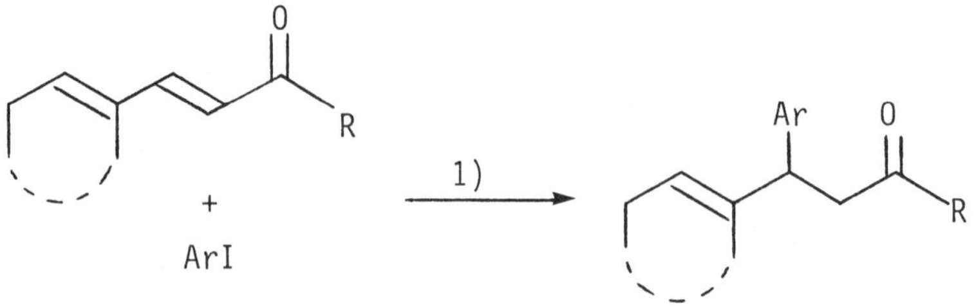

1) Pd(OAc)$_2$(PPh$_3$)$_2$, HCO$_2$H, Bu$_3$N, DMF, 60°C

20-72%

I.A.7.b.2-18 D.B. Gerth and B. Giese, J. Org. Chem., 51, 3726 (1986).

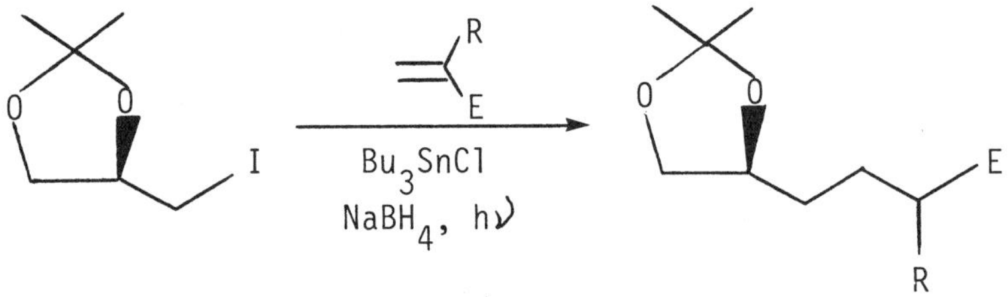

E = CO$_2$Me

45-58%

I.A.7.b.3. Other Conjugate Additions

I.A.7.b.3-1 B.L. Chenard et al., Tetrahedron Lett., 27, 2801 (1986); S.E. Denmark et al., Tetrahedron, 42, 2821 (1986).

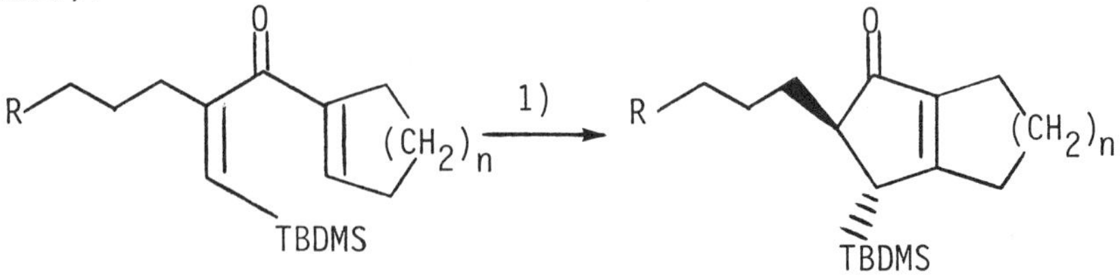

R = H, Cl   n = 1, 2

69-80%

1) BF$_3$·OEt$_2$

I.A.7.b.3-2   S. Fukuzawa et al., Chem. Commun., 624 (1986).

$$RCOR^1 + \diagup\!\!\!\diagdown\!\!-CN \xrightarrow[R^2OH-THF]{SmI_2} R-\underset{R^1}{\underset{|}{\overset{OH}{\overset{|}{C}}}}-CH_2CH_2CN$$

17-20%

I.A.7.b.3-3   N.A. Porter et al., J. Am. Chem. Soc., 108, 2787 (1986); D.P. Curran and S.-C. Kuo, ibid, 108, 1106 (1986); C.S. Wilcox and J.J. Gaudino, ibid, 108, 3102 (1986); Z. Cekovic and R. Saicic, Tetrahedron Lett., 27, 5893 (1986); S.M. Bennet and D.L.J. Clive, Chem. Commun., 378 (1986).

$$\text{(cyclic enone with pendant iodide)} \xrightarrow[80°C]{Bu_3SnH \atop AIBN} \text{(bicyclic ketone)}$$

65%

I.A.7.b.3-4   E.J. Thomas et al., Chem. Commun., 1447 (1986); R.A. Jones et al., Tetrahedron, 42, 3753 (1986).

$$\text{(citronellal)} \xrightarrow[\text{1,3-thiazolium salt}]{\text{ethyl acrylate}} \text{(keto ester product)}$$

55%

I.A.7.b.3-5 L.A. Spangler and J.S. Swenton, Chem. Commun., 828 (1986).

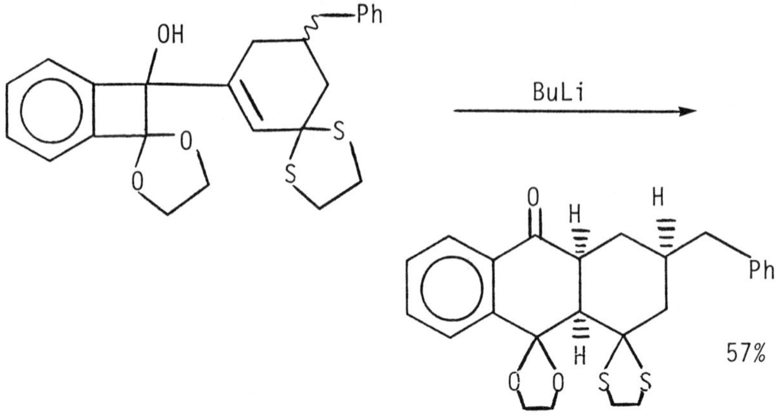

I.A.7.b.3-6 T. Matsumoto et al., Bull. Chem. Soc. Jpn., 59, 3103 (1986).

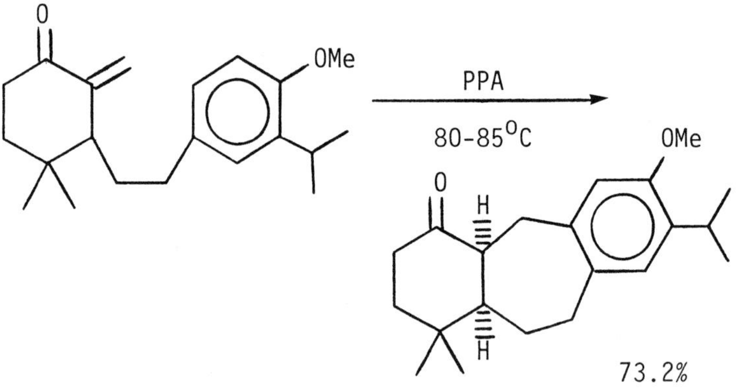

I.A.8. Other Carbon - Carbon Single Bond Forming Reactions

I.A.8-1 M.P. Doyle, Acc. Chem. Res., 19, 348 (1986).

Review: "Electrophilic Metal Carbenes as Reaction Intermediates in Catalytic Reactions."

I.A.8-2 J. Simonet and G. Le Guillanton, Bull. Soc. Chim. Fr., 221 (1986).

Review: "Cyclization by Electrochemical Activation. I. Intramolecular Reactions."

I.A.8-3 B.M. Trost, Angew. Chem., Int. Ed. Engl., 25, 1 (1986).

Review: "[3 + 2] Cycloaddition Approaches to 5-Membered Rings via Trimethylenemethane and Its Equivalents."

I.A.8-4 S. Torii et al., J. Org. Chem., 51, 3143 (1986); G. Bernath et al., Heterocycles, 24, 2227 (1986).

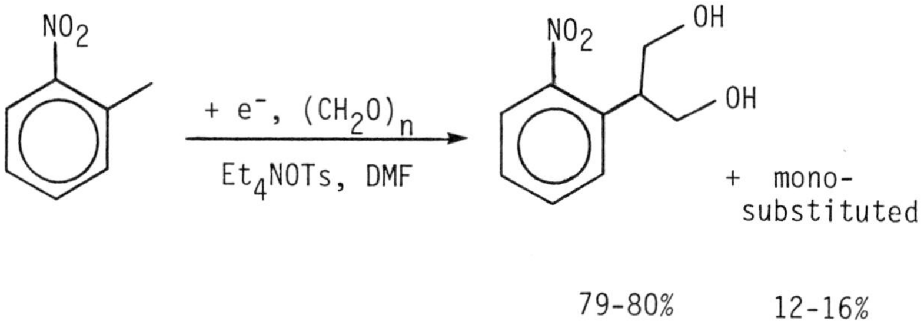

o-nitrotoluene + e⁻, $(CH_2O)_n$, Et_4NOTs, DMF → 2-nitrophenyl-1,3-propanediol derivative (79-80%) + mono-substituted (12-16%)

I.A.8-5 H. Weidmann et al., Chem. Commun., 1802 (1986); A. Clerici, O. Porta and P. Zago, Tetrahedron, 42, 561 (1986); L. H. Schwartz et al., J. Org. Chem., 51, 995 (1986); E. Kariv-Miller and T.J. Mahachi, ibid, 51, 1041 (1986); F. Fournier and M. Fournier, Can. J. Chem., 64, 881 (1986); H. Fobbe and W.P. Neumann, J. Organomet. Chem., 303, 87 (1986).

$$R-\overset{O}{\underset{}{\overset{\|}{C}}}-R^1 \xrightarrow[rt]{Mg\text{-}graphite} \underset{R^1\ \ \ \ OH}{\overset{R\ \ \ OH\ \ \ R}{\underset{}{>\!\!\!<}}}R^1$$

Ti^{3+}, Al/Hg, electrolysis
(with or without metal cations)
and $(Me_2(PhS)Sn)_2/h\nu$ also used

65-91%

I.A.8-6 J. Castetts et al., J. Heterocycl. Chem., 23, 715 (1986); R.B. Phillips et al., Synth. Commun., 16, 411 (1986).

$$PhCHO \xrightarrow[NaCN]{thiazolium\ salts\ or} PhCHCPh\ \ \begin{array}{c}OH\\|\\ \ \ \ \ \|\\O\end{array}$$

21-93%

(with different thiazoles)

I.A.8-7 E. d'Incan et al., Tetrahedron Lett., 27, 4175 (1986).

$$PhCH_2Cl\ +\ (RCO)_2O \xrightarrow[Mg\ anode]{electrolysis} PhCH_2COR$$

25-80%

I.A.8-8 H. Yamamoto et al., Tetrahedron, 42, 2193 and 2203 (1986); M. De Bernardi et al., ibid, 42, 4277 (1986).

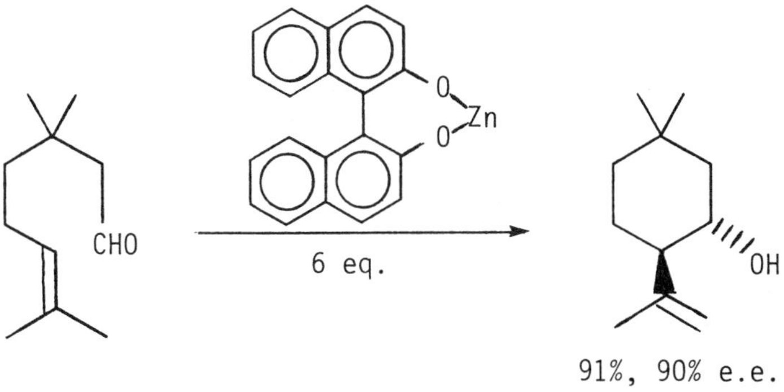

91%, 90% e.e.

I.A.8-9 K. Krohn and U. Muller, Tetrahedron, 42, 6635 (1986).

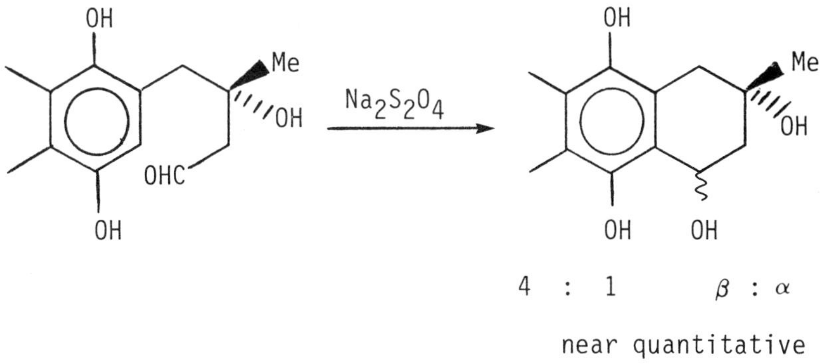

4 : 1   β : α

near quantitative

I.A.8-10 M.K. Shepherd, J. Chem. Soc., Perkin Trans. 1, 1495 (1986).

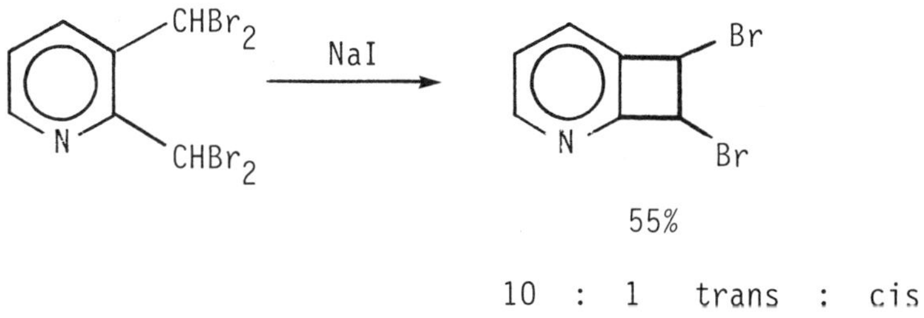

55%

10 : 1   trans : cis

I.A.8-11 A.P. Kozikowski and S.H. Jung, Tetrahedron Lett., 27, 3227 (1986).

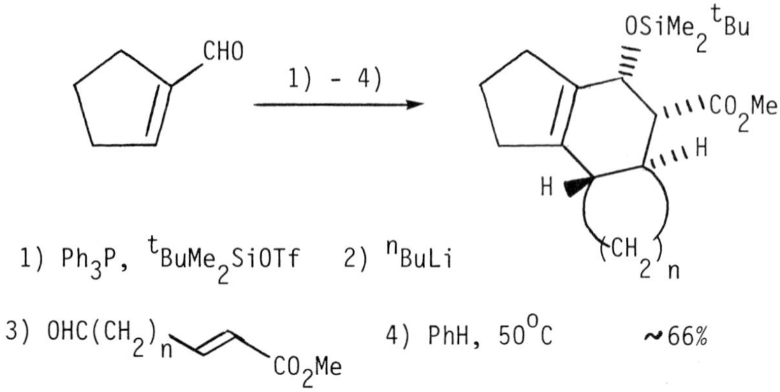
CHO
1) - 4)
$OSiMe_2{}^tBu$
CO_2Me
H
H
$(CH_2)_n$
1) Ph_3P, $^tBuMe_2SiOTf$ 2) ^nBuLi
3) $OHC(CH_2)_n$ CO_2Me
4) PhH, 50^oC
~66%

I.A.8-12 T.W. Bell and A. Firestone, J. Org. Chem., 51, 764 (1986).

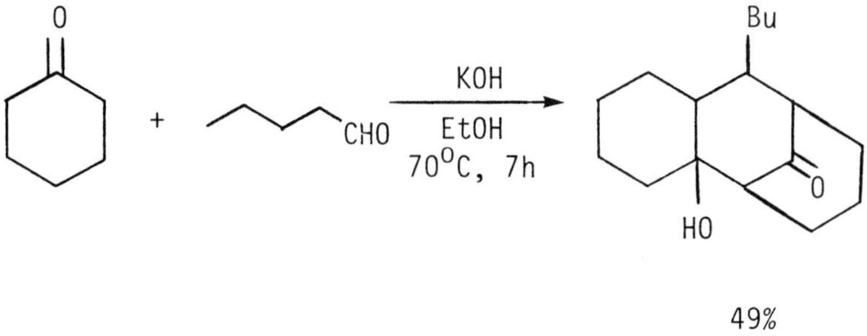
O
+
CHO
KOH
EtOH
70^oC, 7h
Bu
O
HO
49%

I.A.8-13 S. Kano et al., J. Org. Chem., 51, 561 (1986).

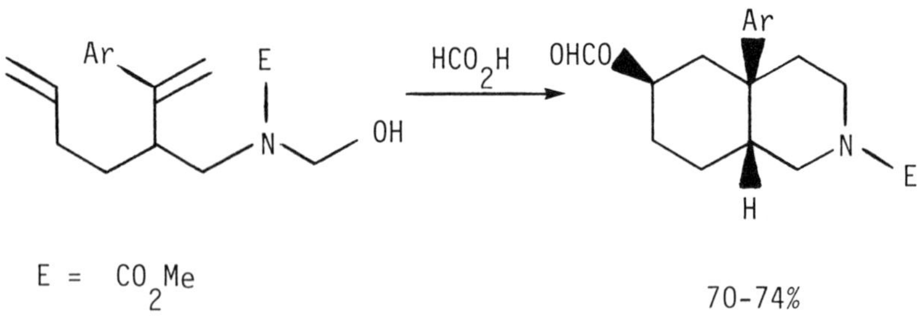
Ar
E
N
OH
HCO_2H
OHCO
Ar
N
E
H
E = CO_2Me
70-74%

I.A.8-14 B.M. Trost et al., J. Am. Chem. Soc., 108, 6051 (1986); B.M. Trost et al., Tetrahedron Lett., 27, 1445 and 4137 (1986); S.C. Welch et al., ibid, 27, 1115 (1986); B.M. Trost and S. Mignani, J. Org. Chem., 51, 3435 (1986); J. Ipaktschi and G. Lauterbach, Angew. Chem., Int. Ed. Engl., 25, 354 (1986).

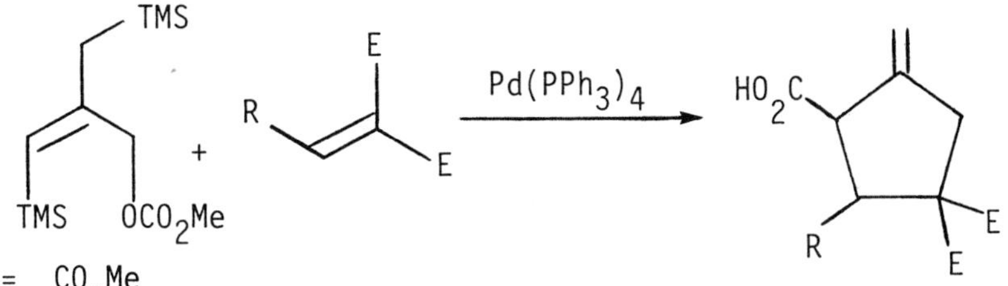

E = CO_2Me

Lewis acids also effective   E/Z-CO_2H 62-73 : 38-27

57-61%

I.A.8-15 T. Antonsson et al., Chem. Commun., 518 (1986).

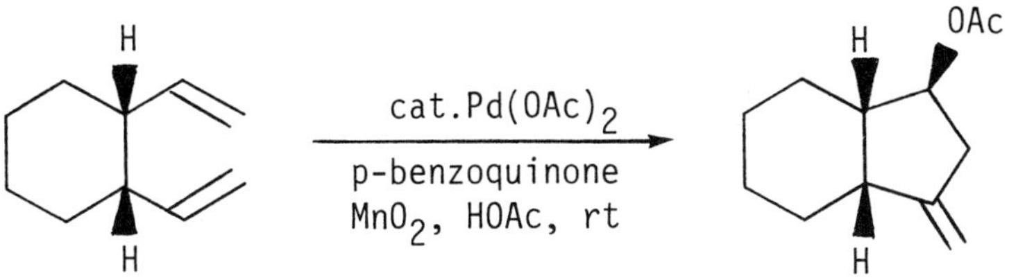

70%, 95% d.e.

I.A.8-16 D.P. Curran and D. Kim, Tetrahedron Lett., 27, 5821 (1986).

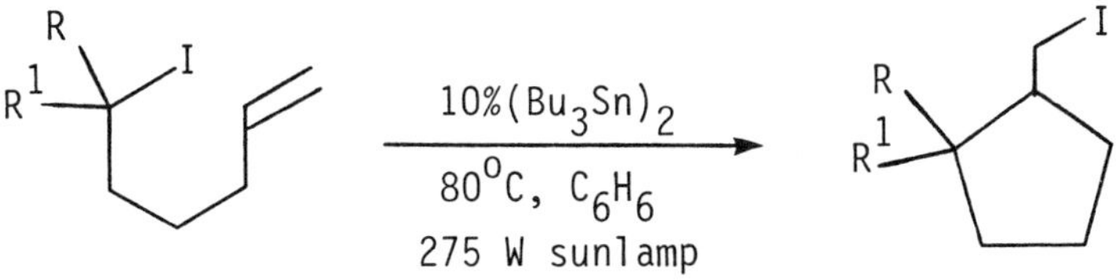

72-75%

I.A.8-17 A.L.J. Beckwith and D.H. Roberts, J. Am. Chem. Soc., 108, 5893 (1986); R. Tsang and B. Fraser-Reid, ibid, 108, 2116 and 8102 (1986); J.D. Winkler and V. Sridar, ibid, 108, 1708 (1986); G. Stork et al., ibid, 108, 303 and 6826 (1986); D.P. Curran et al., ibid, 108, 2489 (1986); H. Urabe and I. Kuwajima, Tetrahedron Lett., 27, 1355 (1986); A.Y. Mohammed and D.L.J. Clive, Chem. Commun., 588 (1986).

I.A.8-18 B. Giese et al., Chem Ber., 119, 444 and 1291 (1986); B. Giese and T. Witzel, Angew. Chem., Int. Ed. Engl., 25, 450 (1986); E. Magnol and M. Malacria, Tetrahedron Lett., 27, 2255 (1986).

E = CO_2Et 58%

I.A.8-19 D.F. Taber and R.E. Ruckle, Jr., J. Am. Chem. Soc., 108, 7686 (1986); E.J. Roskamp and C.R. Johnson, ibid, 108, 6062 (1986); D.F. Taber et al., J. Org. Chem., 51, 3382 (1986); A. Pawda et al., ibid, 5036 (1986).

E = CO_2Me investigation of steric and electronic effects

I.A.8-20 B.B. Snider et al., J. Org. Chem., 51, 4391 (1986).

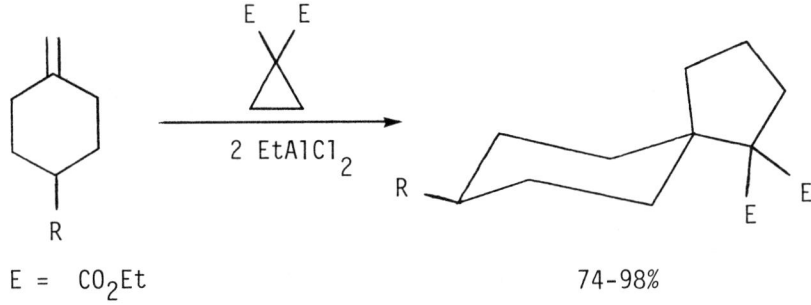

E = CO₂Et

74-98%

I.A.8-21 G. Piancatelli et al., Gazz. Chim. Ital., 116, 173 (1986).

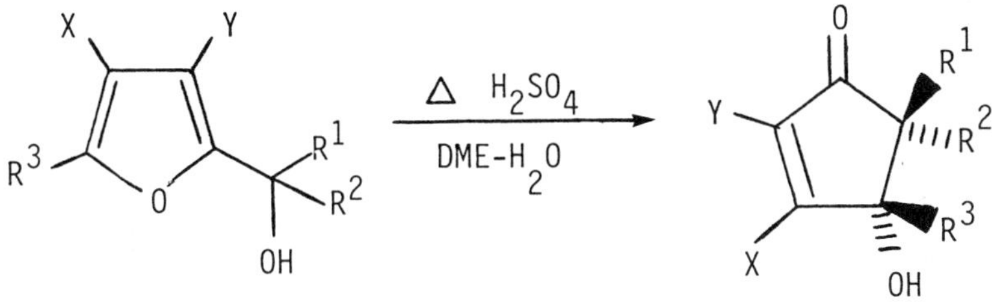

X = Br,H ; Y = H,Br

28-85%

I.A.8-22 H. Mayr and W. Heilmann, Tetrahedron, 42, 6657 (1986); M. Julia and C. Schmitz, ibid, 2485 and 2491 (1986); H. Mayr et al., J. Am. Chem. Soc., 108, 7767 (1986); H. Mayr et al., Chem. Ber., 119, 2473 and 2497 (1986); H. Mayr et al., Angew. Chem., Int. Ed. Engl., 25, 89 (1986).

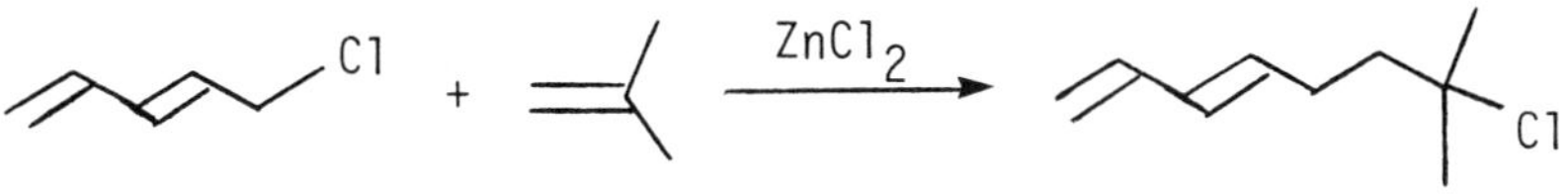

TiCl₄ or TFA also effective

65%

I.A.8-23 G.W. Daub et al., J. Org. Chem., 51, 3402 (1986).

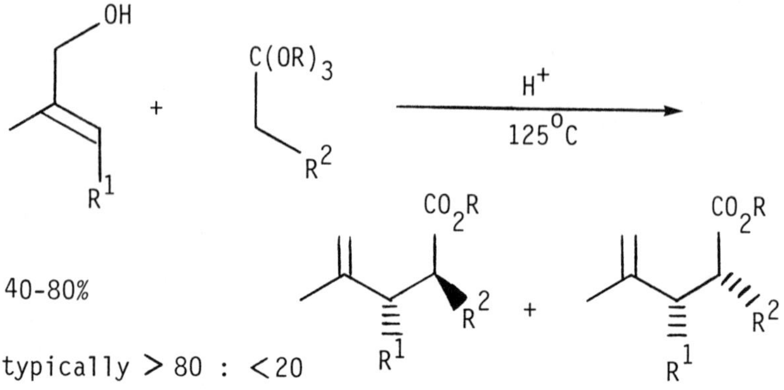

40-80%

typically > 80 : <20

I.A.8-24 G. Cahiez and M. Alami, Tetrahedron Lett., 27, 569 (1986).

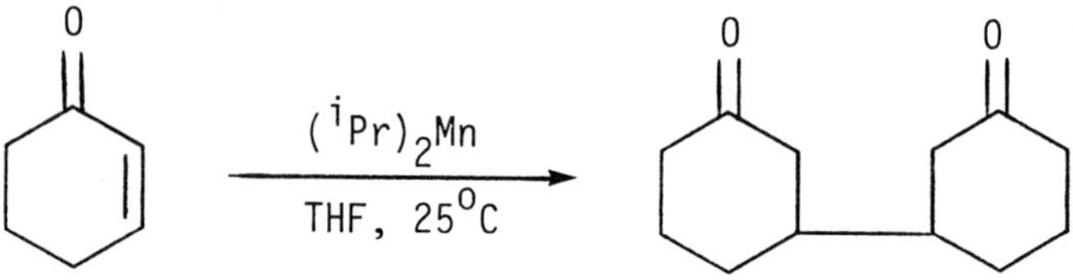

84%

I.A.8-25 N. Eisen and F. Vögtle, Angew. Chem., Int. Ed. Engl., 25, 1026 (1986).

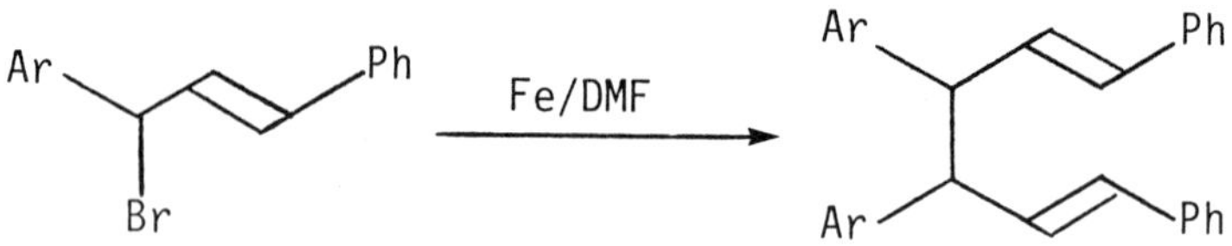

88%

I.A.8-26 D.G. Graham et al., J. Org. Chem., 51, 621 (1986).

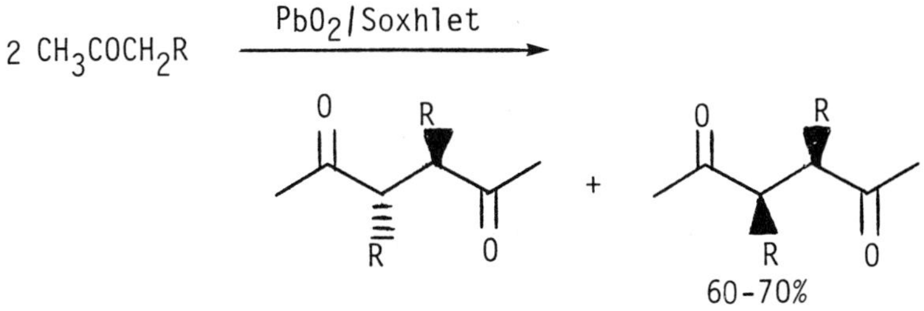

2 CH_3COCH_2R $\xrightarrow{PbO_2/Soxhlet}$ [diastereomer 1] + [diastereomer 2]

60-70%

I.A.8-27 M.B. Rubin and A.L. Gutman, J. Org. Chem., 51, 2511 (1986).

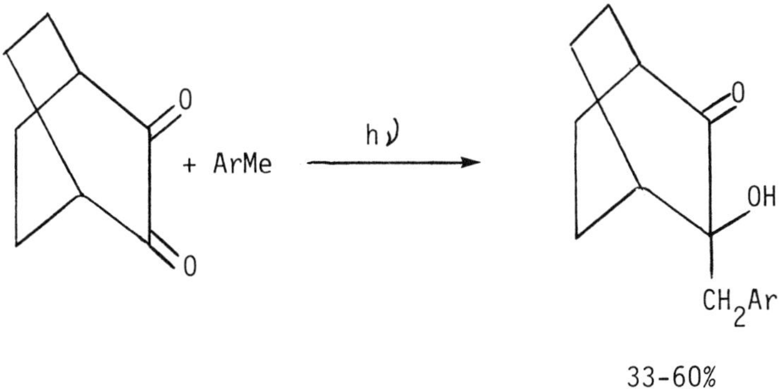

[diketone] + ArMe $\xrightarrow{h\nu}$ [hydroxy ketone with CH_2Ar]

33-60%

I.A.8-28 H. Choukroun et al., Chem. Commun., 6 (1986).

2 Me_2O + $(FSO_3)_2$ $\xrightarrow{FSO_3H}$ $MeOCH_2CH_2OMe$

50-60%

I.A.8-29 S. Kurozumi et al., Tetrahedron, 42, 6747 (1986).

[Reaction scheme: cyclopentanone substrate with CO_2 allyl ester and CO_2Me group, treated with $Pd(PPh_3)_4$, gives rearranged product in 78%]

I.B. Carbon – Carbon Double Bonds

(See also: I.E.1, III.G)

I.B.1. Wittig – Type Olefination Reactions

I.B.1-1 B.E. Maryanoff et al., J. Am. Chem. Soc., 108, 7664 (1986).

Stereochemistry and Mechanism of the Wittig Reaction

I.B.1-2 A.R. Bassindale, P.G. Taylor et al., J. Chem.Soc., Perkin Trans. 2, 593 (1986); D.J. Ager et al., Organometallics, 5, 1906 (1986); J. Binder and E. Zbiral, Tetrahedron Lett., 27, 5829 (1986); M. Cinquini et al., Gazz. Chim. Ital., 116, 185 (1986); S.G. Davies et al., Tetrahedron, 42, 175 (1986).

$\overline{PhCHSiMe_3}$ + PhCHO $\longrightarrow$ PhCH=CHPh

effect upon cis : trans ratio studied by varying alkoxide, counterion, salts, solvent and temperature

I.B.1-3 M. Delmas et al., Tetrahedron, 42, 339 and 3813 (1986); M.I. Shevchuk et al., J. Gen. Chem. (USSR), 56, 301 and 1340 (1986); N.S. Zefirov et al., J. Org. Chem. (USSR), 22, 984 (1986); O. Dann et al., Liebigs Ann. Chem., 2164 (1986); T. Minami et al., J. Org. Chem., 51, 3572 (1986).

$$\text{PhCHO} + \text{Ph}_3\overset{+}{\text{P}}(\text{CH}_2)_3\text{CH}_3 \; \text{Br}^- \xrightarrow{1)} \text{PhCH=CH}(\text{CH}_2)_2\text{CH}_3$$

72%, 75% (E)

1) K_2CO_3/MeOH, 65°C (slightly hydrated solid-liquid medium)

I.B.1-4 B.E. Maryanoff et al., J. Org. Chem., 51, 3302 (1986); S. Kato et al., Bull. Chem. Soc. Jpn., 59, 1403 (1986); J.R. Pougny et al., Tetrahedron Lett., 27, 5853 (1986); J.R. Falck et al., ibid, 27, 6035 (1986); K.M. Pietrusiewicz and J. Monkiewicz, ibid, 27, 739 (1986).

$$\text{Ph}_3\text{P=CHPr} \xrightarrow[\text{NaHMDS}]{\text{PhCHO}} \text{(Z-alkene)} + \text{(E-alkene)}$$

52%

91 : 9

I.B.1-5 M. Delmas et al., Synth. Commun., 16, 1617 (1986); I.M. Takakis et al., J. Chem. Res. (S), 433 (1986); K.C. Gupta et al., Ind. J. Chem., 25B, 196 (1986); M.B. Groen and F.J. Zeelen, Rec. Trav. Chim., 105, 549 (1986); H.J. Bestmann et al., Liebigs Ann. Chem., 479 (1986).

$$\text{RCHO} + \text{Ph}_3\overset{+}{\text{P}}(\text{CH}_2)_3\text{OH} \; \text{Cl}^- \xrightarrow[^i\text{PrOH}]{K_2CO_3} \text{RCH=CH}(\text{CH}_2)_2\text{OH}$$

52-92%

(E) 64-87%

I.B.1-6 D.A. Evans and R.L. Dow, Tetrahedron Lett., 27, 1007 (1986); T. Fujii et al., ibid, 27, 6349 (1986); R. Baker et al., ibid, 27, 3059 (1986); K. Iseki et al., Chem. Lett., 559 (1986).

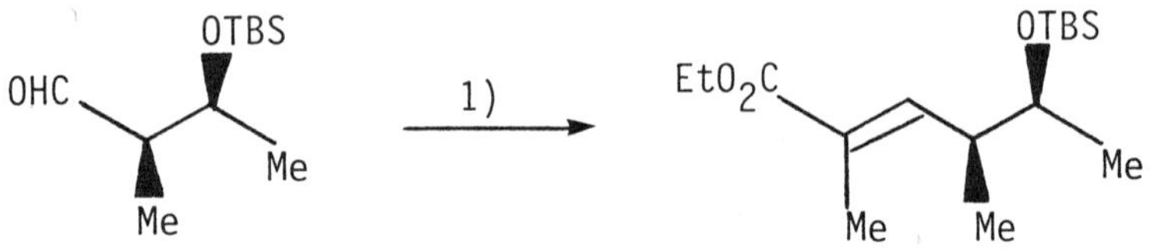

1) $EtO_2CC(Me)=PPh_3$, toluene, 70°C   74%
                                          (E) : (Z) = 98 : 2

I.B.1-7 R.A. Bunce and J.D. Pierce, Tetrahedron Lett., 27, 5583 (1986); H. Schick et al., J. Prakt. Chem., 328, 435 (1986); A.G.M. Barrett et al., J. Org. Chem., 51, 495 (1986).

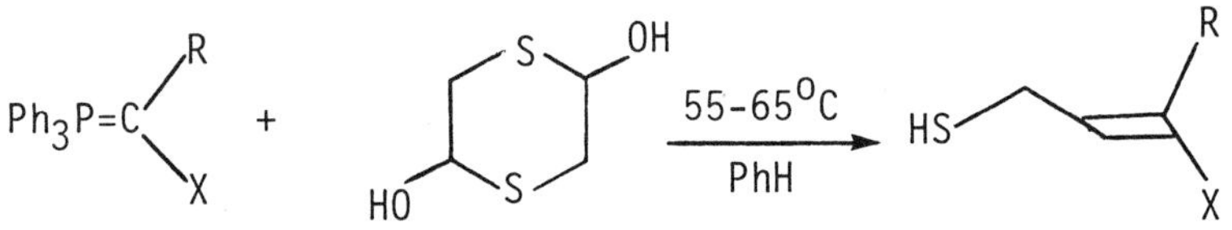

X = ester, CN, ketone   78-85%

I.B.1-8 R. Appel et al., Chem. Ber., 119, 2466 (1986); F.W. Nader and A. Brecht, Angew. Chem., Int. Ed. Engl., 25, 93 (1986).

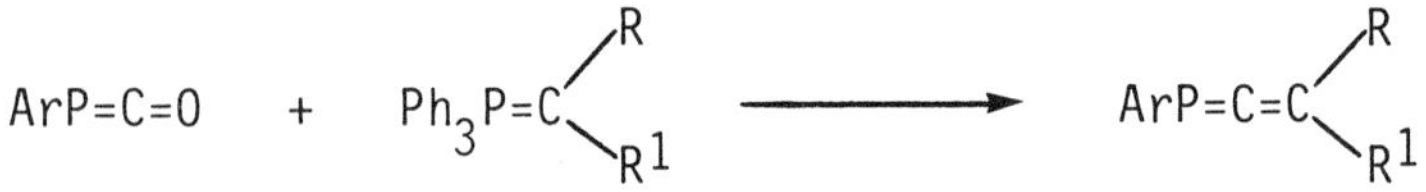

                                                  24-29%

I.B.1-9 F. Bickelhaupt et al., J. Org. Chem., 51, 2162 (1986); G.E. Stokker et al., J. Med. Chem., 29, 852 (1986); S.E. Denmark and J.A. Sternberg, J. Am. Chem. Soc., 108, 8277 (1986).

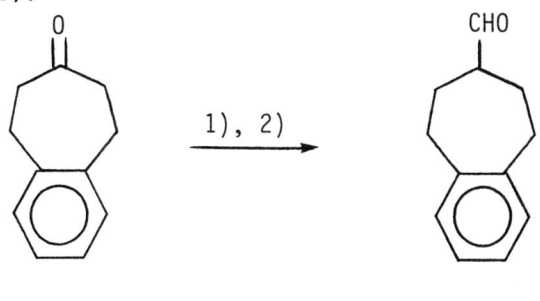

1) $Ph_3P=CHOMe$ 2) HCO_2H 77%

I.B.1-10 F. Gavina et al., J. Chem. Res. (S), 330 (1986); R.K. Boeckman, Jr. and R.B. Perni, J. Org. Chem., 51, 5486 (1986); H. Mack and M. Hanack, Angew. Chem., Int. Ed. Engl., 25, 184 (1986).

$$Ph_3P + CI_4 \longrightarrow Ph_3P=CI_2 \xrightarrow{RCHO} RCH=CI_2$$

52-98%

I.B.1-11 M. Delmas et al., Synth. Commun., 16, 1739 (1986); A.I. Meyers et al., J. Org. Chem., 51, 5111 (1986); T. Minami et al., Chem. Lett., 1229 (1986).

$$\underset{X^-}{Ph_3\overset{+}{P}CH=CH_2} \xrightarrow{1), 2)} RCH=CHCH_2OR^1$$

71-86%

(F) 68-83%

1) R^1OH 2) K_2CO_3, RCHO

other nucleophiles also used

I.B.1-12 H. Vorbruggen et al., Synthesis, 41 (1986).

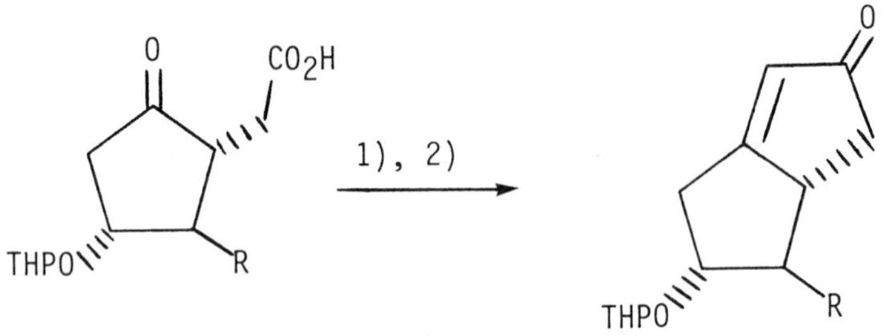

1) $Ph_3P=C=C=NPh$, EtOAc, Δ
2) toluene, EtOH, Δ

22-54%

I.B.1-13 O. Mitsunobu et al., Bull. Chem. Soc. Jpn., 59, 869 (1986).

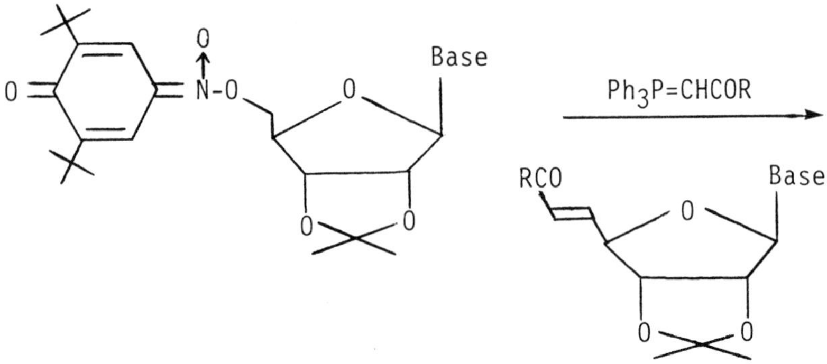

$Ph_3P=CHCOR$

50-81%

I.B.1-14 D.J. Burton et al., Tetrahedron Lett., 27, 3709 (1986).

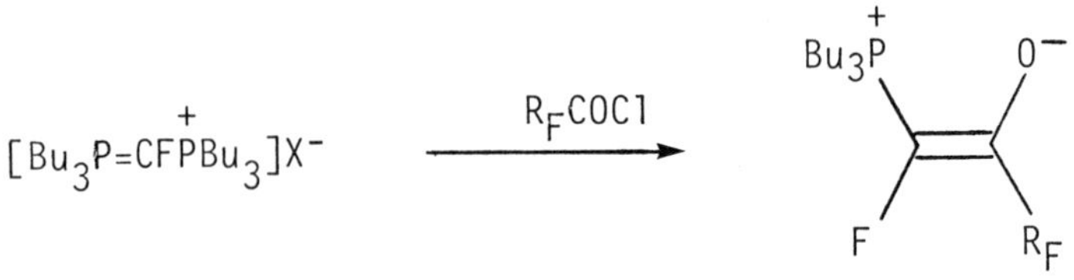

$[Bu_3\overset{+}{P}=CFPBu_3]X^-$ $\xrightarrow{R_FCOCl}$

R_F = perfluorinated alkyl

70-91%

I.B.1-15 H. Daniel and M. Le Corre, <u>Tetrahedron Lett.</u>, <u>27</u>, 1909 (1986).

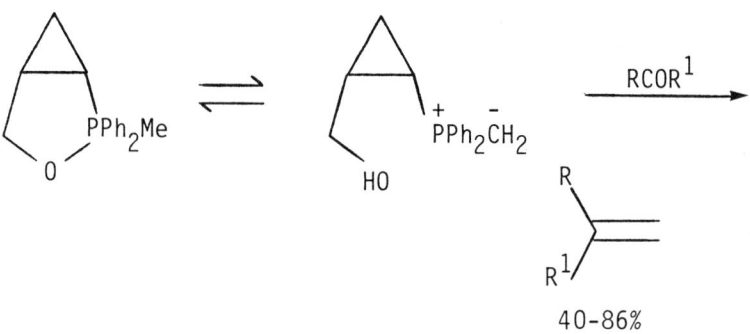

40-86%

I.B.1-16 H.J. Bestmann and T. Arenz, <u>Tetrahedron Lett.</u>, <u>27</u>, 1995 (1986).

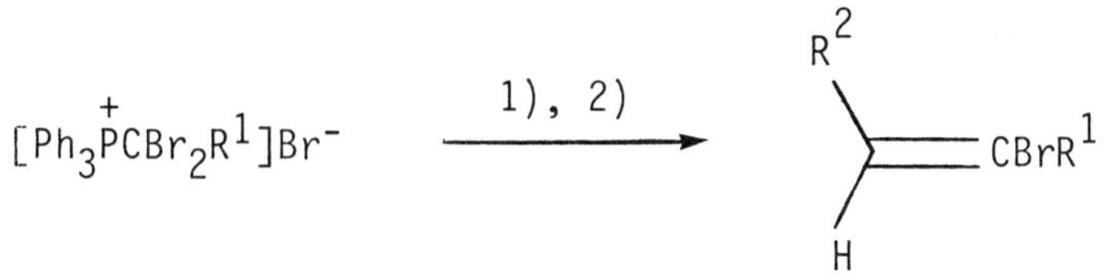

$$[Ph_3\overset{+}{P}CBr_2R^1]Br^- \xrightarrow{1),\ 2)} \underset{H}{\overset{R^2}{>}}=CBrR^1$$

1) BuLi, -40°C 47-65%
2) R^2CHO (Z) : (E) 4 : 1 - 1:7

I.B.1-17 J. Schwartz et al., <u>J. Am. Chem. Soc.</u>, <u>108</u>, 1322 (1986).

$$OMo(NNCR^1R^2)(S_2CNR_2)_2 + Ph_3P=CR^3R^4 \longrightarrow R^1R^2C=CR^3R^4$$

0-99%

I.B.1-18   E. Malamidou-Xenikaki and D.N. Nicolaides,
Tetrahedron, 42, 5081 (1986).

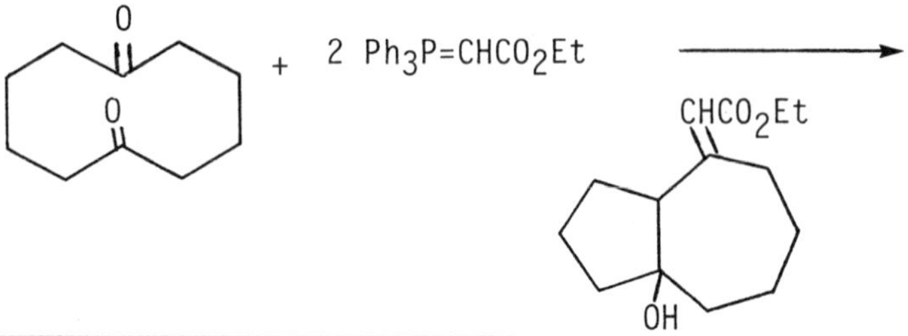

I.B.1-19   H. Iio, T. Tokoroyama et al., Tetrahedron Lett.,
27, 6373 (1986); idem, Chem. Commun., 880 (1986).

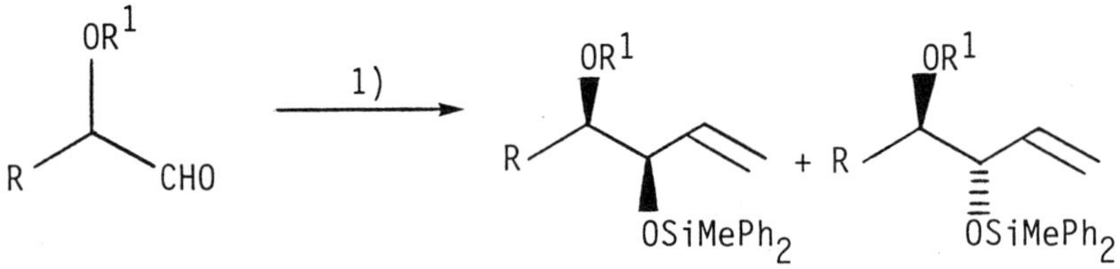

1) $(4\text{-MeOC}_6H_5)_3P=CHCH_2SiMePh_2$

Abnormal Wittig

64-90%

1.6 - 1 : 1 - 39

I.B.1-20   A.K. Saksena, R.G. Lovey, A.T. McPhail et al., J.
Org. Chem., 51, 5024 (1986); G.M. Blackburn and M.J.
Parratt, J. Chem. Soc., Perkin Trans.1, 1417 and 1425
(1986); J.C. Depezay et al., Tetrahedron Lett., 27, 4161
(1986); J.M. Takacs et al., ibid, 27, 1257 (1986); A.
Stambouli et al., ibid, 27, 4149 (1986); R.W. Curley, Jr.
and C.J. Ticoras, Synth. Commun., 16, 627 (1986); R.K.
Griffith and R.A. DiPietro, ibid, 16, 1761 (1986).

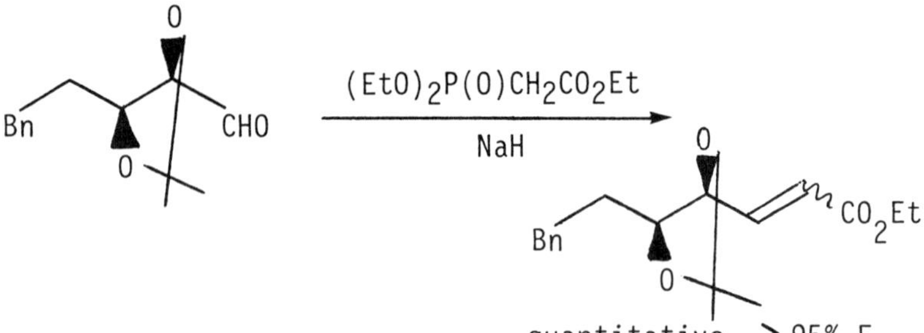

quantitative, > 95% E

I.B.1-21   P.A. Bartlett and P.C. Ting, J. Org. Chem., 51, 2230 (1986); M.J. Hensel and P.L. Fuchs, Synth. Commun., 16, 1285 (1986).

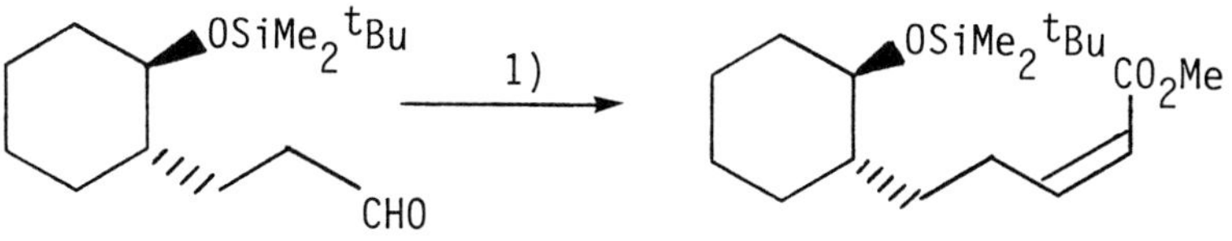

[Reaction scheme: cyclohexane with OSiMe$_2^t$Bu and CH$_2$CH$_2$CHO substituents → cyclohexane with OSiMe$_2^t$Bu and CH$_2$CH$_2$CH=CHCO$_2$Me (Z-alkene), 56%]

1) $(CF_3CH_2)_2O_3PCH_2CO_2Me$, $KN(Me_3Si)_2$, 18-Crown-6

I.B.1-22   J. Moskal and A.M. van Leusen, Rec. Trav. Chim., 105, 141 (1986).

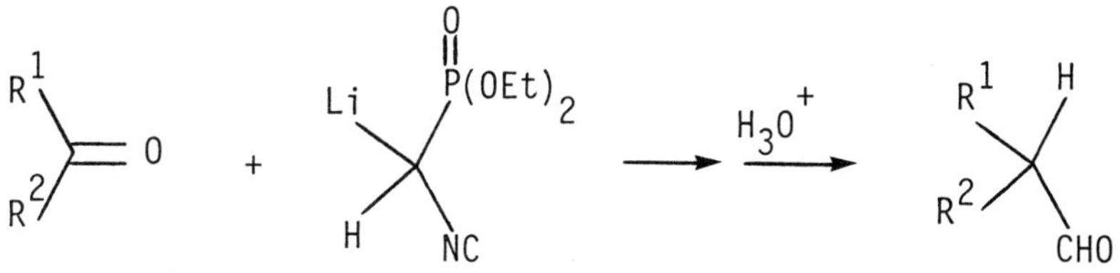

[Reaction scheme: R^{1}R^{2}C=O + Li-C(H)(P(O)(OEt)$_2$)(NC) → H$_3$O$^+$ → R^{1}R^{2}CH-CHO, 54-100%]

I.B.1-23   S.K. Davidson and C.H. Heathcock, Synthesis, 842 (1986).

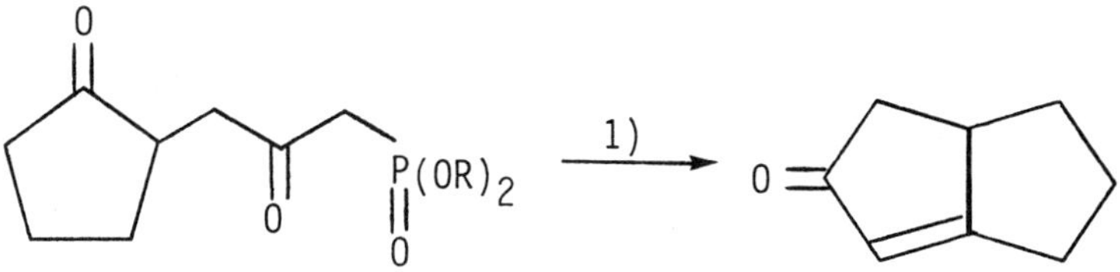

[Reaction scheme: 2-(3-oxo-3-(dialkoxyphosphoryl)propyl)cyclopentanone → bicyclic enone, 78-91%]

1) Bu$_4$\overset{+-}{N}OH, C_6H_6-H_2O, rt

I.B.1-24   J. Villieras et al., Tetrahedron Lett., 27, 1577 (1986).

$(CH_2)_n \begin{smallmatrix} CHO \\ \\ CHO \end{smallmatrix}$ + $(EtO)_2 \overset{O}{\overset{\|}{P}} CH_2 A$ $\xrightarrow{K_2CO_3}$ [cyclobutene product with A and OH substituents]

n = 2,3   A = CO_2Et, COMe, CN   45-81%

I.B.1-25   J.C. Gilbert and B.E. Wiechman, J. Org. Chem., 51, 258 (1986).

[4-methylcyclohex-3-enone] + [(2-methylcyclopent-1-enyl)methanol] $\xrightarrow{1)}$ [enol ether product]

1) KO^{t}Bu, (RO)$_2$P(O)CHN$_2$

50%

(Z) : (E)   60 : 40

I.B.1-26   R. Krishnamurti and H.G. Kuivila, J. Org. Chem., 51, 4947 (1986); M. Fujita and T. Hiyama, Tetrahedron Lett., 27, 3655 and 3659 (1986).

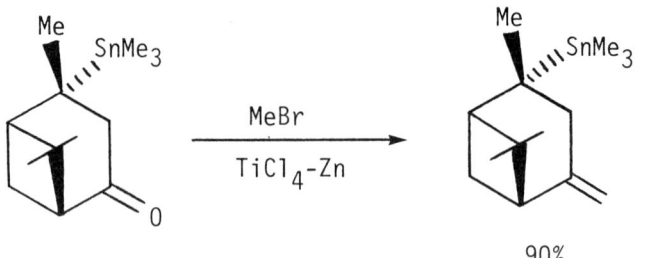

90%

I.B.1-27   Y. Wu, Y. Huang et al., Tetrahedron Lett., 27, 4583 (1986).

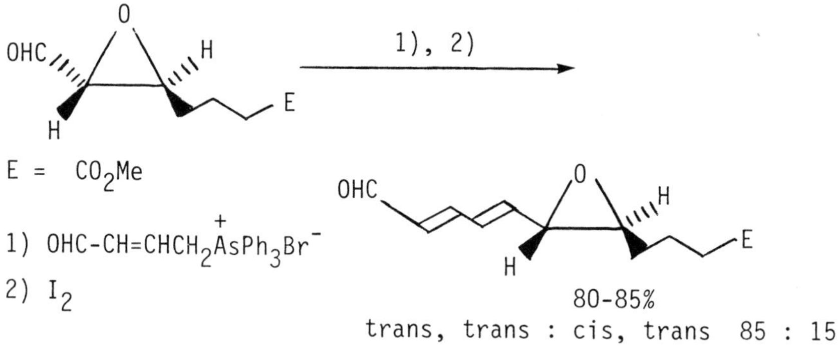

[Epoxide-cyclopropane starting material with OHC and E substituents]

$E = CO_2Me$

1) $OHC-CH=CHCH_2\overset{+}{A}sPh_3Br^-$
2) I_2

→ [dienal-epoxide product]

80-85%
trans, trans : cis, trans   85 : 15

I.B.1-28   H. Suzuki and M. Inouye, Chem. Lett., 403 (1986).

$$ArCHO + BrCH_2CO_2R \xrightarrow{Na_2Te} ArCH=CHCO_2R$$

37-73%

I.B.1-29   T. Kauffmann et al., Angew. Chem., Int. Ed. Engl., 25, 909 and 910 (1986); A. Aguero et al., Chem. Commun., 531 (1986).

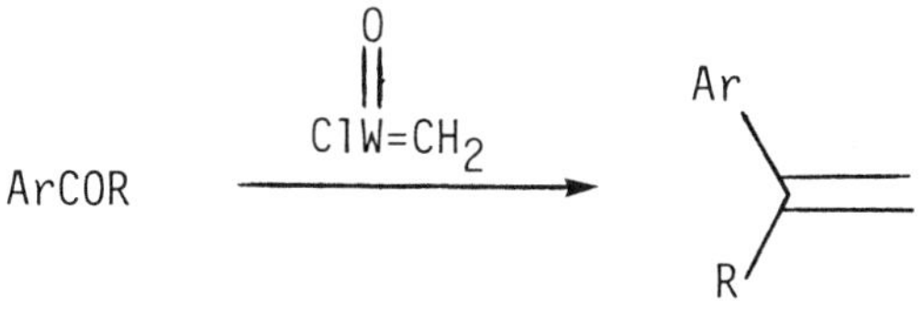

$$ArCOR \xrightarrow{ClW=CH_2} \overset{Ar}{\underset{R}{>}}C=CH_2$$

35-93%

I.B.1-30   J.R. Stille and R.H. Grubbs, J. Am. Chem. Soc., 108, 855 (1986); T.V. Rajan Babu and G.S. Reddy, J. Org.Chem., 51, 5458 (1986); L.R. Gilliom and R.H. Grubbs, Organometallics, 5, 721 (1986).

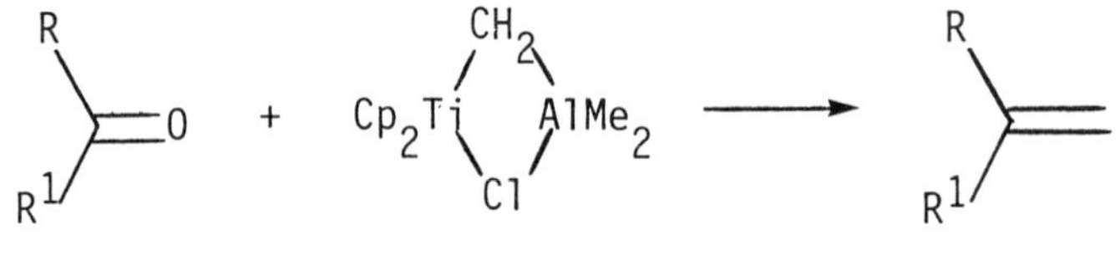

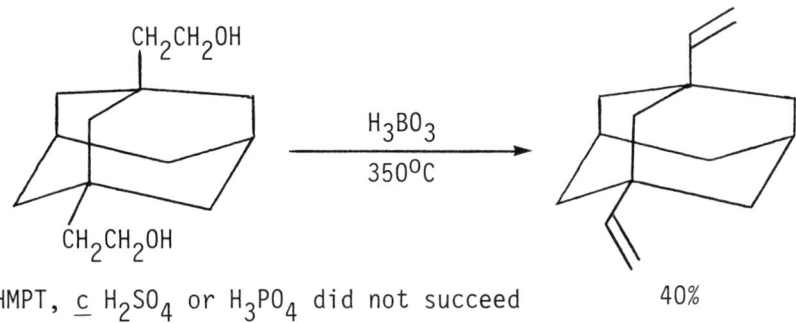

no yield given

last step of capnellene synthesis

I.B.2.a. Elimination of Alcohols and Derivatives to Form Double Bonds

I.B.2.a-1   Z. Majerski et al., Synth. Commun., 16, 51 (1986).

HMPT, c H_2SO_4 or H_3PO_4 did not succeed   40%

I.B.2.a-2   J.A. Marshall et al., Synth. Commun., 16, 1593 (1986).

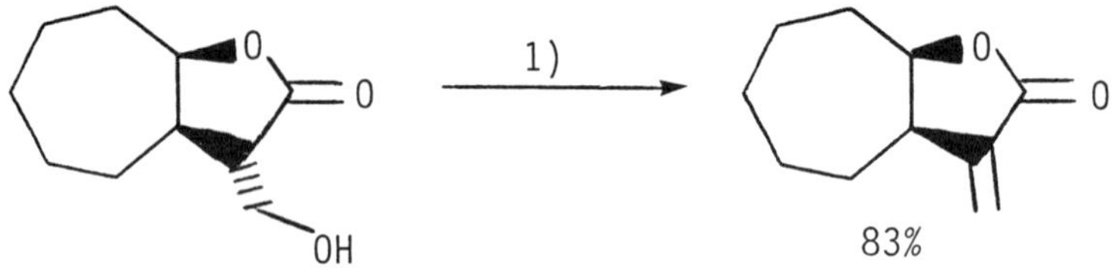

83%

1) $CuCl_2$, CH_3CN, cyclohexyl-3-(2-morpholinoethyl)-carbodiimido tosylate

I.B.2.a-3   M.A. Dikii et al., J. Org. Chem. (USSR), 22, 336 (1986).

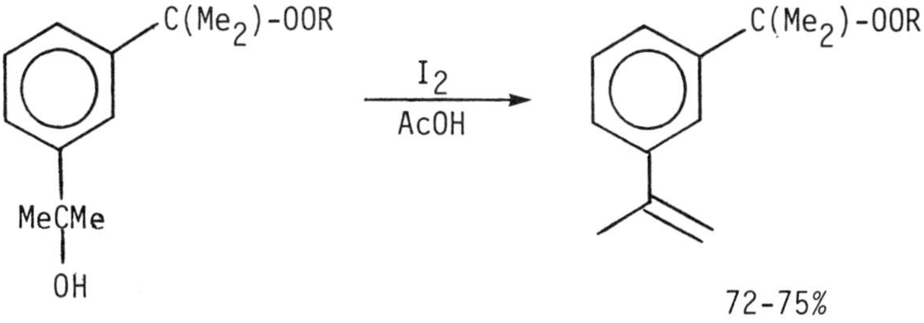

[Scheme: aryl compound with C(Me$_2$)-OOR group and MeC(Me)OH group → I$_2$ / AcOH → aryl with C(Me$_2$)-OOR and isopropenyl group, 72-75%]

R = bulky

I.B.2.a-4   P.A. Grieco and R.P. Nargund, Tetrahedron Lett., 27, 4813 (1986); M. Nakatini et al., Bull. Chem. Soc. Jpn., 59, 3535 (1986).

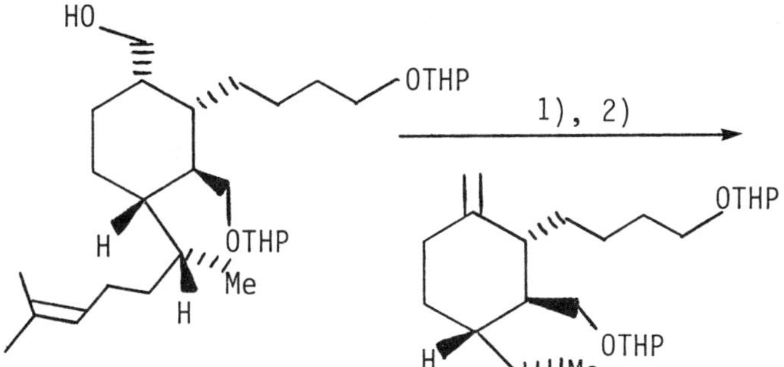

[Scheme: cyclohexane with HO, OTHP, OTHP, Me, and prenyl substituents → 1), 2) → exocyclic methylene product, 66%]

1) 2-NO$_2$C$_6$H$_4$SeCN, PBu$_3$
2) H$_2$O$_2$ (30%)

I.B.2.a-5   A.M. Moiseenkov and B.A. Czeskis, Coll. Czech. Chem. Commun., 1316 (1986).

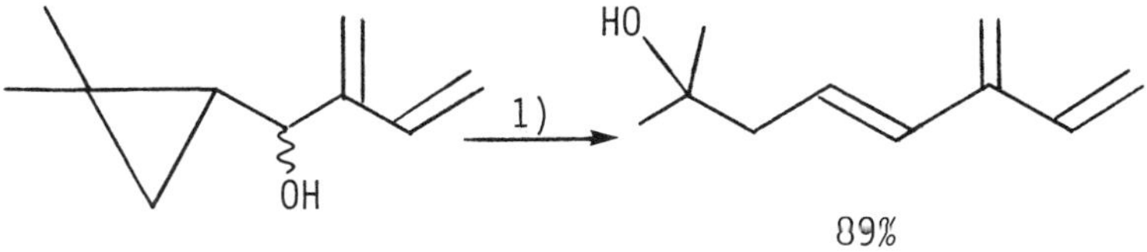

[Scheme: cyclopropyl-substituted allyl alcohol → 1) → HO-substituted diene, 89%]

1) HClO$_4$

I.B.2.a-6 A.H. Davidson and I.H. Wallace, Chem. Commun., 1759 (1986); I. Fleming and A.P. Thomas, ibid, 1456 (1986); J.D. White et al., J. Org. Chem, 51, 956 (1986).

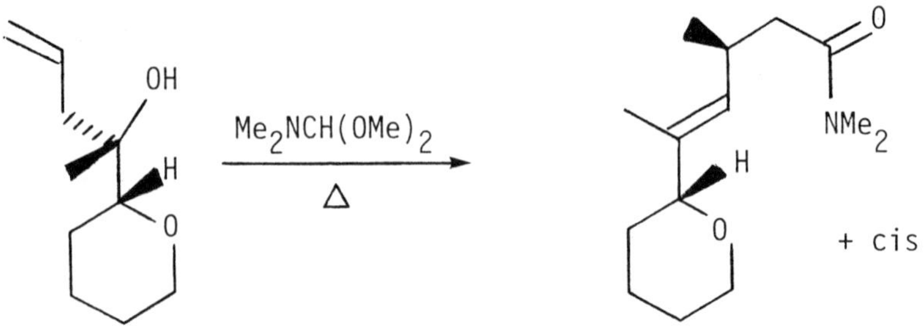

[reaction: allylic alcohol with Me₂NCH(OMe)₂, Δ → amide product, 92%, 7.1 : 1 + cis]

Me$_2$NCH(OMe)$_2$

NMe$_2$

92%
7.1 : 1

I.B.2.a-7 R.J. Blade and J.E. Robinson, Tetrahedron Lett., 27, 3209 (1986); G. Adam et al., Z. Chem., 26, 369 (1986); H. Wolleb and H. Pfander, Helv. Chim. Acta, 69, 646 and 1505 (1986); C. Aubert et al., Tetrahedron, 42, 5581 (1986).

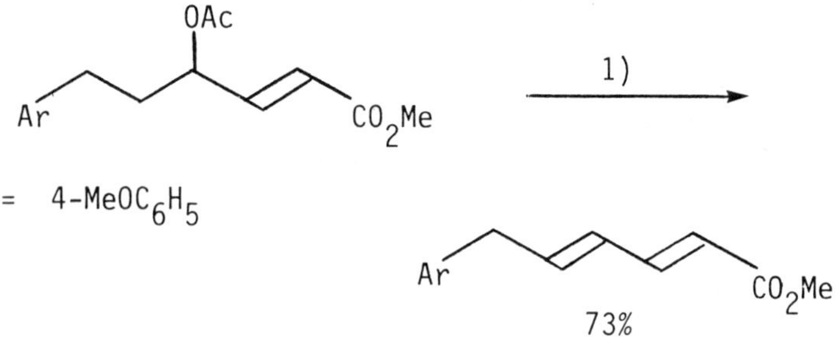

Ar = 4-MeOC$_6$H$_5$

73%

1) Mo(CO)$_6$, BSA, PhMe
acidic conditions also successful

I.B.2.a-8 T. Seethaler and G. Simchen, Synthesis, 390 (1986).

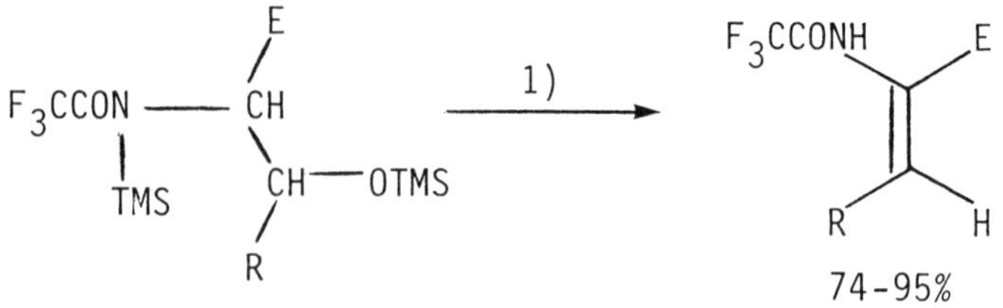

F$_3$CCONH

74-95%

E = CO$_2$Me
1) (MeSO$_2$)$_2$O/DMAP or Tf$_2$O/DMAP/pyr

I.B.2.a-9   J. Tsuji et al., Synthesis, 623 (1986); Y. Butsugan et al., J. Org. Chem., 51, 2126 (1986).

[structure: geranyl acetate] —1)→ [structure: 3-methyl-1,6-octadien branched product]   100%

1) Bu_3P, HCO_2NH_4, $Pd_2(dba)_3CHCl_3$, dioxane

$NaFe(CO)_2Cp$ also used with phosphate leaving group

I.B.2.a-10   A. M. Mehta et al., J. Chem. Res. (S), 271 (1986); P.R. Boshoff and G.W. Perold, ibid, 80 (1986); S.P. Vaidya and U.R. Nayak, Ind. J. Chem., 25B, 40 (1986).

[structure: MeO-tetralone with butyrolactone substituent] —ROH, H⁺→ [structure: MeO-tetralone with exocyclic alkylidene bearing CO_2R]   95%

R = Et, Me
base also used

I.B.2.a-11   J.R. Falck et al., Tetrahedron Lett., 27, 299 and 303 (1986); K. Yamakawa et al., ibid, 27, 2379 (1986); idem, Bull. Chem. Soc. Jpn., 59, 2463 (1986); C.S. Swindell and S.F. Britcher, J. Org. Chem., 51, 793 (1986); G.A. Molander et al., ibid, 51, 5259 (1986); M.S. Jelenick and T.A. Bryson, ibid, 51, 802 (1986); M. Yamato et al., Synthesis, 1004 (1986).

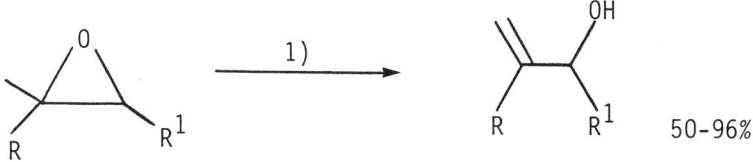

50-96%

1) MeMgN-cyclohexylisopropylamide, 0°C, 7-20h

other bases, SmI_2 or $BF_3 \cdot OEt$ similarly employed

I.B.2.a-12   J.S. Yadav et al., Ind. J. Chem., 25B, 294 (1986); P. Sohar et al., Tetrahedron, 42, 2523 (1986).

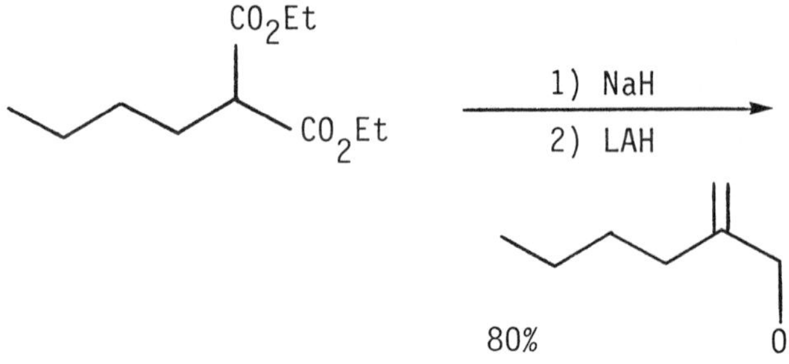

I.B.2.a-13   J. Daub et al., Chem. Ber., 119, 2631 (1986).

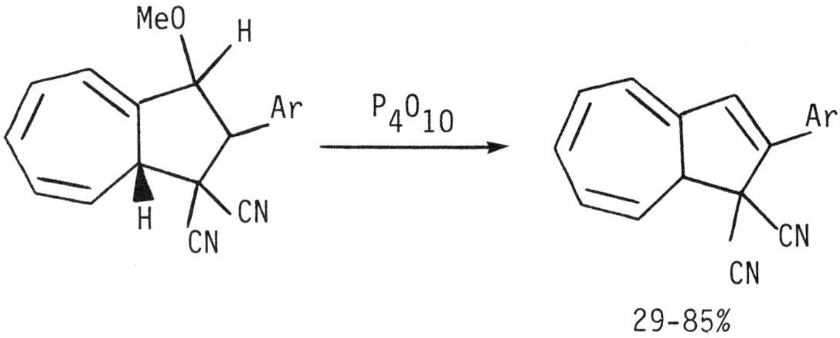

29-85%

I.B.2.a-14   H.R. Pfaendler et al., J. Am. Chem. Soc., 108, 1338 (1986); K.K. Wang et al., Tetrahedron Lett., 27, 1123 (1986).

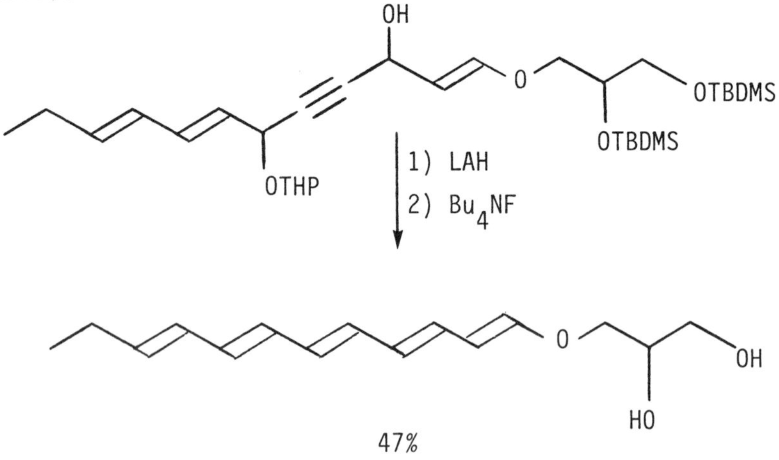

47%

I.B.2.a-15 T. Nakai et al., Tetrahedron Lett., 27, 4189 (1986); D.P. Curran and B.H. Kim, Synthesis, 312 (1986); M.J. Prior and G.H. Whitham, J. Chem. Soc., Perkin Trans. 1, 683 (1986); C. Liu and K.K. Wang, J. Org. Chem., 51, 4733 (1986).

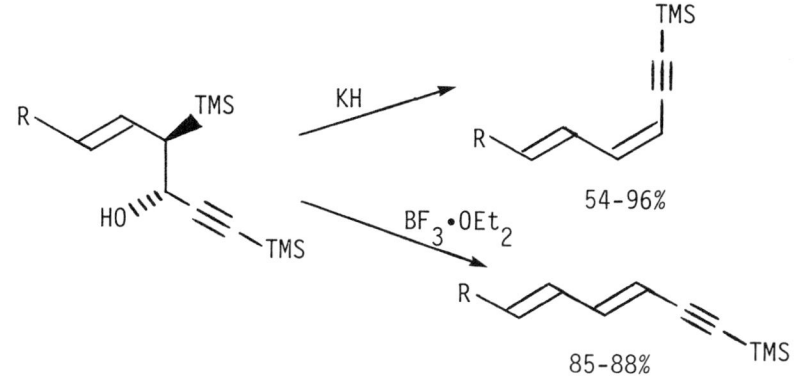

I.B.2.a-16 I. Fleming and A.K. Sarkar, Chem. Commun., 1199 (1986); I. Fleming and M. Rowley, Tetrahedron Lett., 27, 5417 (1986).

I.B.2.a-17 M. Ando et al., Chem. Lett., 879 (1986); G.B.V. Subramanian and G. Michael, Chem. Ind., 749 (1986).

1) CH(OMe)$_3$, PTS or PPTS   2) Δ, Ac$_2$O   60-100%

I.B.2.a-18 K. Takeda et al., Tetrahedron Lett., 27, 3903 (1986); K. Fukumoto et al., J. Org. Chem., 51, 5311 (1986); L.A. Paquette, O. De Lucchi et al., J. Am. Chem. Soc., 108, 3453 (1986).

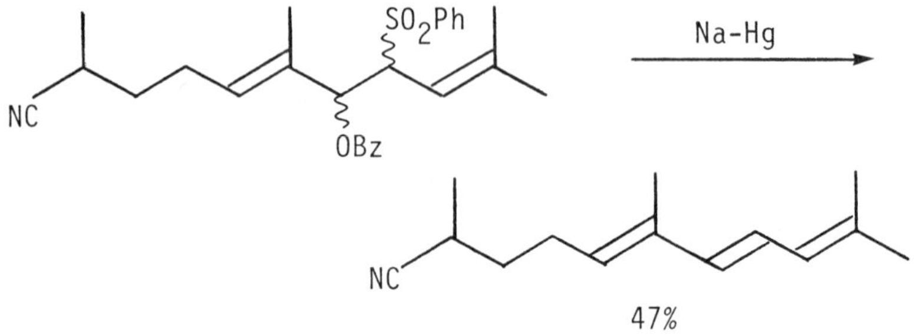

I.B.2.a-19 T. Kitahara et al., Tetrahedron Lett., 27, 1343 (1986); T. Mandai, J. Otera et al., ibid, 27, 603 (1986).

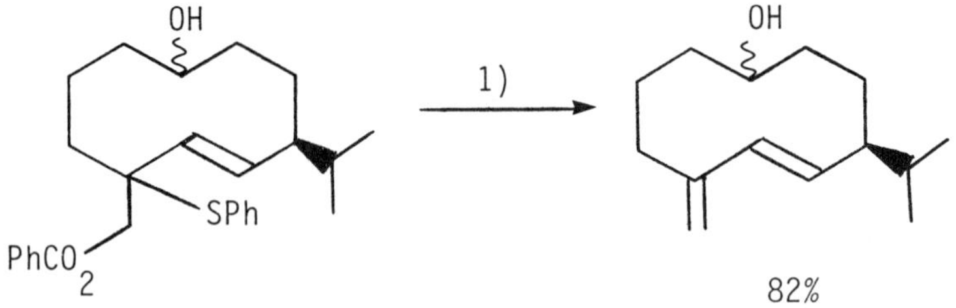

1) Na-$C_{10}H_8$, THF, -78°C, 5 min.

towards periplanone B

I.B.2.a-20 J. Tsuji et al., Tetrahedron Lett., 27, 2483 (1986); B.M. Trost et al., ibid, 27, 5695 (1986); J. Tsuji et al., Chem. Commun., 118 (1986).

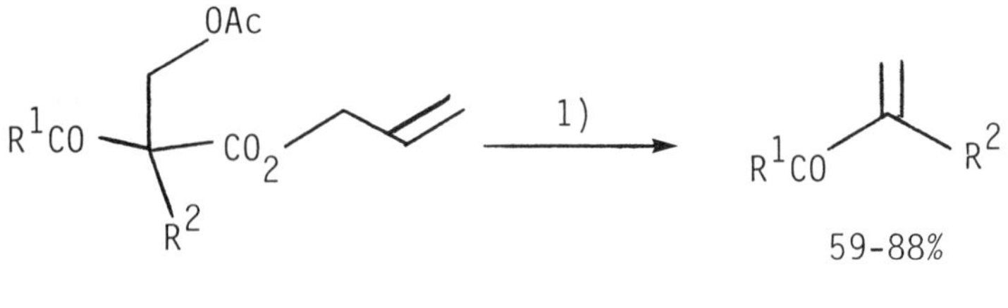

1) $Pd_2(dba)_3 \cdot CHCl_3$, Ph_3P, MeCN, rt

I.B.2.a-21 B. Fraser-Reid et al., Can. J. Chem., 64, 1800 (1986).

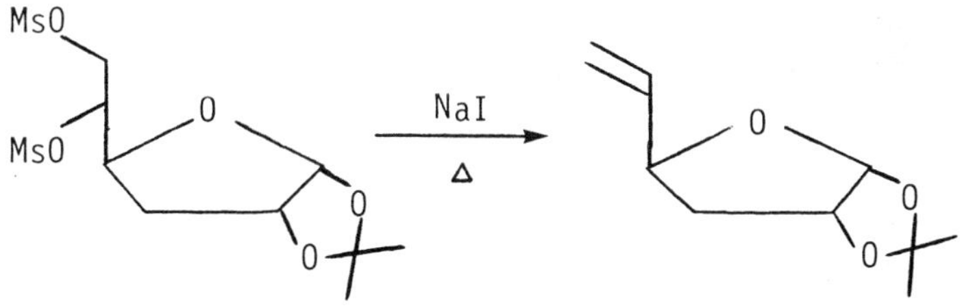

[reaction scheme: dimesylate sugar derivative → NaI, Δ → vinyl sugar derivative, 88%]

I.B.2.b Elimination of Halides to Form Double Bonds

I.B.2.b-1 N. Petragnani and J.V. Comasseto, Synthesis, 1, (1986).

Review: "Synthetic Applications of Tellurium Reagents."

I.B.2.b-2 S. Jeropoulos and E.H. Smith, Chem. Commun., 1621 (1986); Y. Tachibana, Bull. Chem. Soc. Jpn., 59, 3702 (1986); W.M. Stalick et al., J. Org. Chem., 51, 3577 (1986); M.W. Rathke et al., Synth. Commun., 16, 27 (1986); M.B. Smith, ibid, 16, 85 (1986).

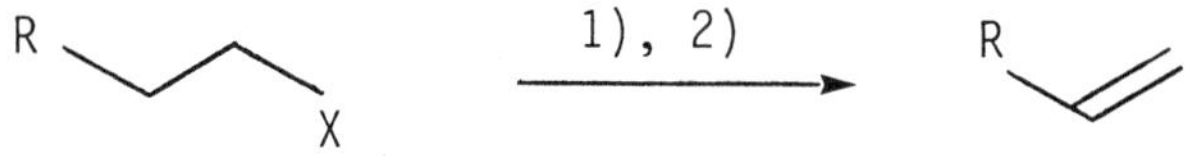

[reaction: R-CH(X)-CH$_3$ → 1), 2) → R-CH=CH$_2$, 49-82%]

X = Br, I

in most cases - terminal alkene

1) DBU   2) $(Ph_3P)_2NiCl_2$, Ph_3P, BuLi

I.B.2.b-3 W.R. Dolbier, Jr., B.E. Smart et al., J. Org. Chem., 51, 974 (1986); H. Irngartinger and W. Gotzmann, Angew. Chem., Int. Ed. Engl., 25, 340 (1986); P. Hofmann et al., Synthesis, 43 (1986); V.V. Shchepin et al., J. Org. Chem. (USSR), 22, 640 and 1051 (1986); idem, J. Gen. Chem. (USSR), 56, 850 (1986).

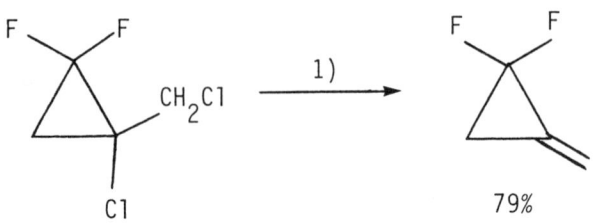

1) Zn/ZnCl$_2$, Me$_2$SO, 155°C

I.B.2.b-4 A.K. Singh and M. Singh, Bull. Soc. Chim. Belg., 95, 1131 (1986).

$$Ar_2CHCCl_3 \xrightarrow[h\nu]{aq.\ SDS} Ar_2C=CCl_2$$

sole product

(in contrast to hν in non-micellar solution)

I.B.2.b-5 W.E. Billups and L.-J. Lin, Tetrahedron, 42, 1575 (1986); M.S. Baird et al., J. Chem. Soc., Perkin Trans. 1, 1845 (1986).

[Reaction scheme: Me$_2$C(Br)(CH$_2$Br) with additional Me group → MeLi adsorbed on glass helices → Me$_2$C=CMe$_2$ (with Me groups shown)]

gas phase reaction

near quantitative

I.B.2.b-6 R. Wolf and E. Steckhan, J. Chem. Soc., Perkin Trans. 1, 733 (1986); K. Takai et al., J. Am. Chem. Soc., 108, 7408 (1986).

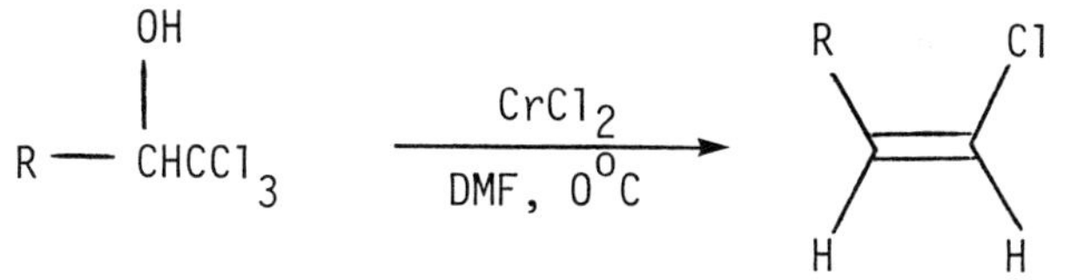

$$R-CHCCl_3\text{(OH)} \xrightarrow[\text{DMF, 0°C}]{CrCl_2} \underset{H}{\overset{R}{\diagup}}=\underset{H}{\overset{Cl}{\diagdown}}$$

30-88%

I.B.2.b-7 N. Ono et al., J. Org. Chem., 51, 2139 (1986); R. Tanikaga et al., Synthesis, 416 (1986); M. Yasumura et al., Bull. Chem. Soc. Jpn., 59, 317 (1986); P.B. Hopkins et al., Tetrahedron Lett., 27, 147 (1986).

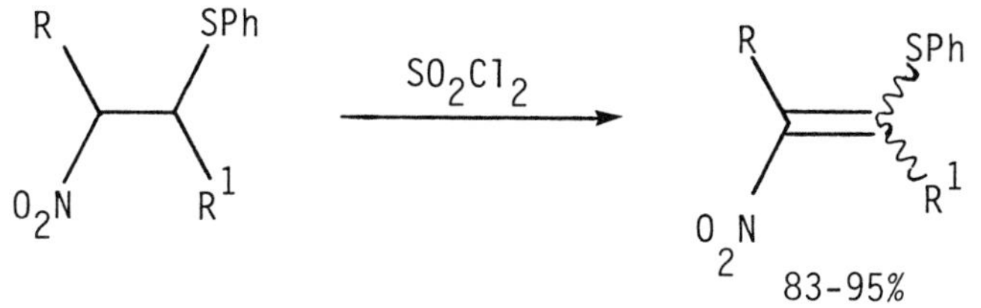

83-95%

I.B.2.c. Other Eliminations to Form Double Bonds

I.B.2.c-1 A. de Meijere et al., Tetrahedron Lett., 27, 6185 (1986); M. Arno et al., ibid, 27, 3289 (1986); A.V.R. Rao et al., ibid, 27, 3297 (1986); S. Takano et al., Synthesis, 403 (1986).

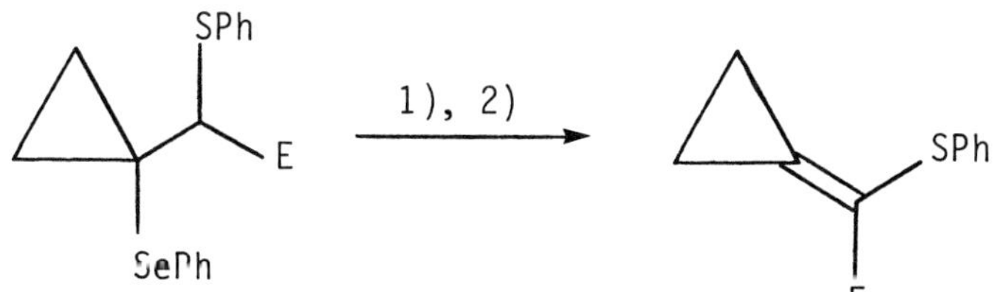

E = CO$_2$Me
1) MCPBA   2) Na$_2$CO$_3$

89-95%

I.B.2.c-2 C. Maignan et al., Tetrahedron Lett., 27, 2603 (1986); Y. Langlois et al., ibid, 27, 841 (1986); P.M. Chouinard and P.A. Bartlett, J. Org. Chem., 51, 75 (1986); C.R. Degenhardt and D.C. Burdsall, ibid, 51, 3488 (1986); K. Inomata et al., Chem. Lett., 341 (1986).

p-Tol····S(=O)–CH(RCHOH)–CH$_2$–NMe$_2$ →[1), 2)] p-Tol····S(=O)–C(RCHOH)=CH$_2$ 87-93%

1) MeI   2) NaOH

I.B.2.c-3 J. Vidal and F. Huet, Tetrahedron Lett., 27, 3733 (1986); J.R. Falck et al., ibid, 27, 6039 (1986); M. Julia et al., Tetrahedron, 42, 5321 (1986); H. Matsuyama et al., Chem. Lett., 433 (1986).

Me$_2$C(Me)–CH(SO$_2$R)–C(=O)–Me →[basic alumina] Me$_2$C=C(Me)–C(=O)–Me   67-99%

with unsymmetrical starting materials only (E) isomer formed

I.B.2.c-4 Y. Sawaki, H. Iwamura et al., Tetrahedron Lett., 27, 4177 (1986).

RCH(SEt)CH$_2$Y →[Bu$_4$N$^+$Br$^-$, electrolysis, Pt electrodes] RCH=CHY   24-98%

Y = CO$_2$Et, COMe, CN

I.B.2.c-5 H. Nishiyama et al., Tetrahedron Lett., 27, 1599 (1986).

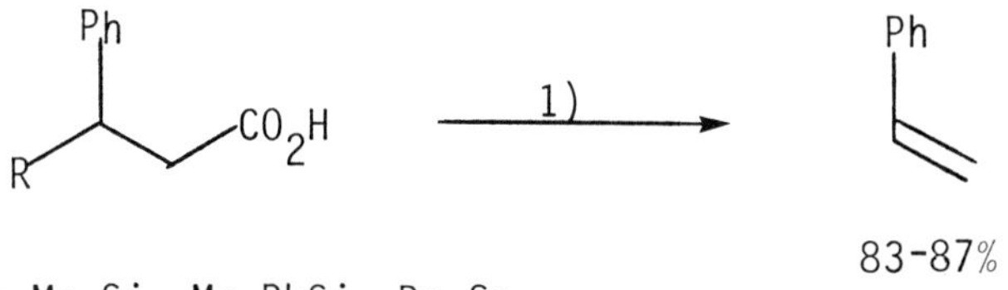

R = Me$_3$Si, Me$_2$PhSi, Bu$_3$Sn

83-87%

1) LTA , Cu(OAc)$_2$·H$_2$O , DMF-AcOH

I.B.2.c-6 S. Ohtsuka et al., Chem. Lett., 157 (1986); G. Mignani et al., Tetrahedron Lett., 27, 2591 (1986).

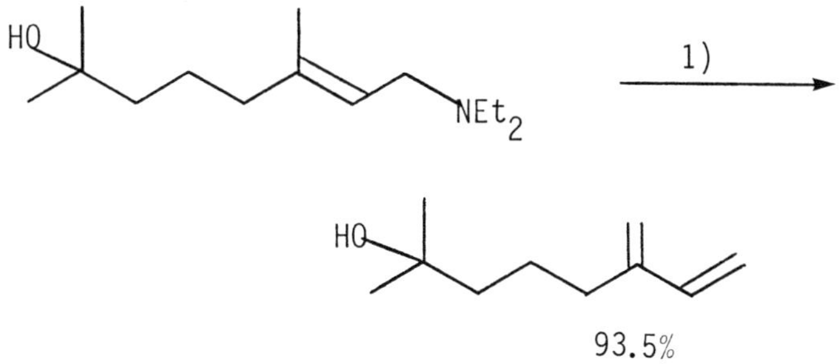

93.5%

1) [Pd(η^3-C$_3$H$_5$) Ph$_2$P(CH$_2$)$_5$PPh$_2$]$^+$ ClO$_4^-$

I.B.2.c-7 L. Crombie and B.S. Roughley, Tetrahedron, 42, 3147 (1986).

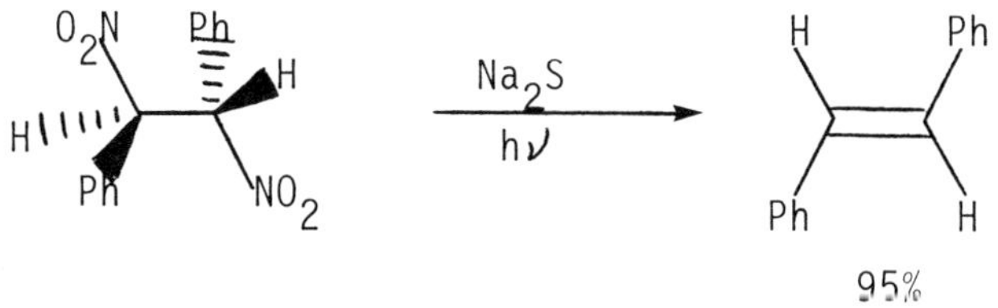

95%

only mononitro elimination with Ca/Hg

I.B.3. Other Carbon - Carbon Double Bond Forming Reactions

I.B.3-1 J.-P. Pete et al., Pure Appl. Chem., 58, 1257 (1986).

Lecture: "Enantioselective Photodeconjugation of Conjugated Esters and Lactones."

I.B.3-2 R. Gleiter et al., Helv. Chim. Acta, 69, 1872 (1986).

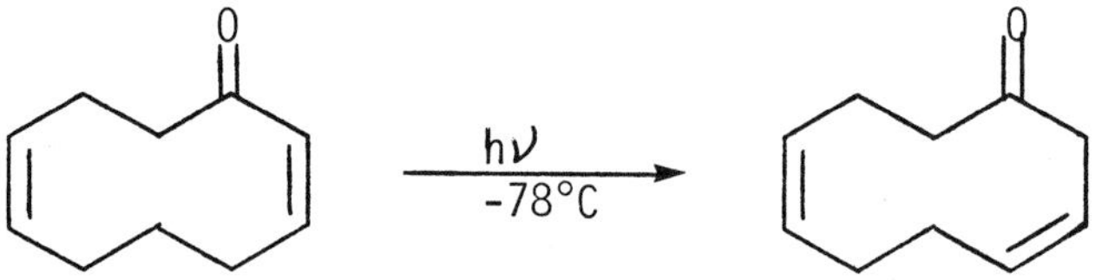

$$\xrightarrow[-78°C]{h\nu}$$

90%

I.B.3-3 I. Matsuda et al., Tetrahedron Lett., 27, 5747 (1986); H. Frauenrath and T. Philipps, Tetrahedron, 42, 1135 (1986); T.-Z. Wang and L.A. Paquette, J. Org. Chem., 51, 5232 (1986).

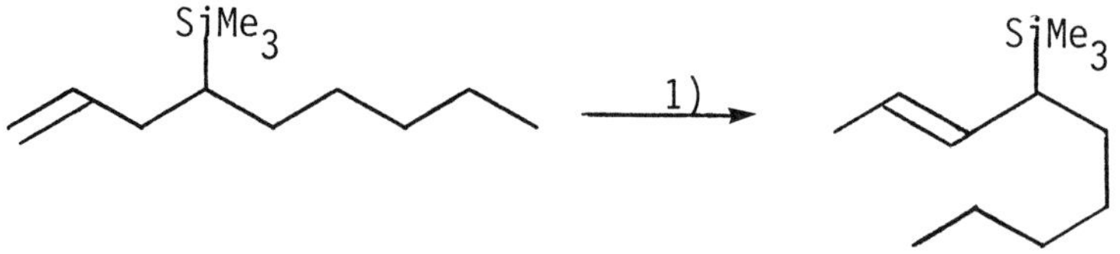

90%

1) $[Ir(COD)(PPh_3)_2]PF_6$
   - H_2 activated

$RuCl_2(PPh_3)_3$ / $NaBH_4$ and $Pd(OAc)_2$ used similarly

I.B.3-4 J. Tsuji et al., Tetrahedron, 42, 2971 (1986).

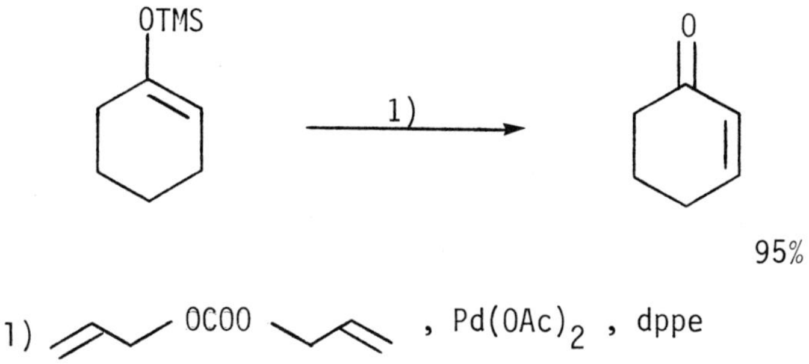

[cyclohexenyl-OTMS] → 1) → [cyclohex-2-enone]   95%

1) ⩘∕∕OCOO∕∕⩗ , Pd(OAc)$_2$, dppe

I.B.3-5 A. Nudelman et al., J. Chem. Res. (S), 196 (1986).

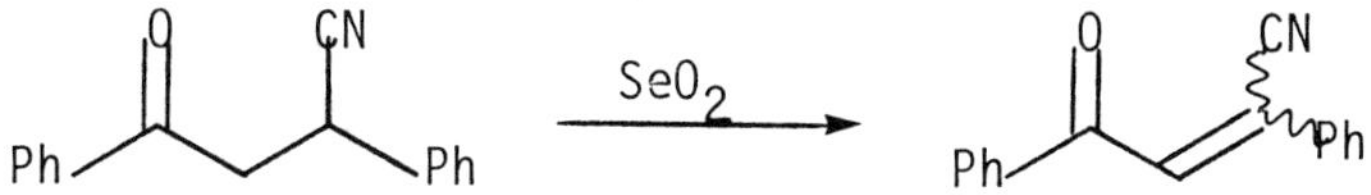

Ph-C(O)-CH$_2$-CH(CN)-Ph → SeO$_2$ → Ph-C(O)-CH=C(CN)-Ph   80%

I.B.3-6 T.-Y. Luh et al., J. Organomet. Chem., 307, C49 (1986).

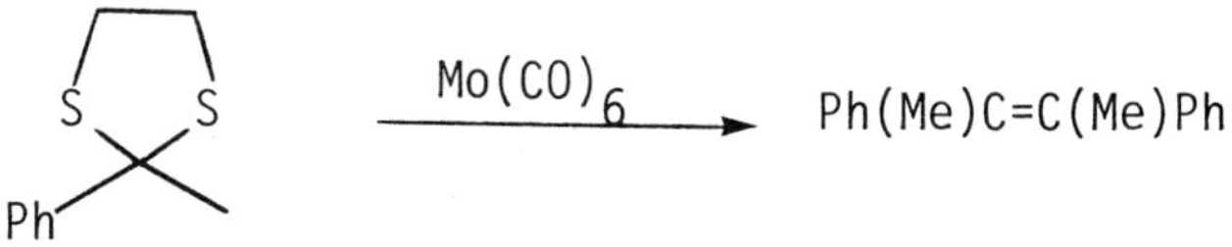

[2-phenyl-2-methyl-1,3-dithiolane] → Mo(CO)$_6$ → Ph(Me)C=C(Me)Ph   55%

I.B.3-7 H. Neuenschwander et al., Helv. Chim. Acta, 69, 1644 (1986).

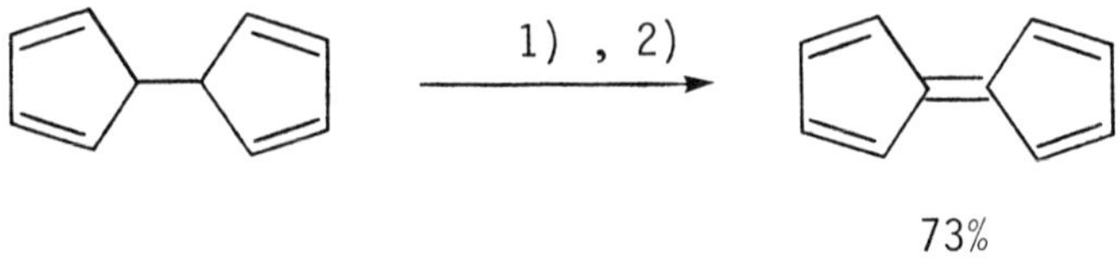

1) BuLi   2) CuCl$_2$

73%

I.B.3-8 K.M. Kerr and P.J. Davis, J. Org. Chem., 51, 1741 (1986).

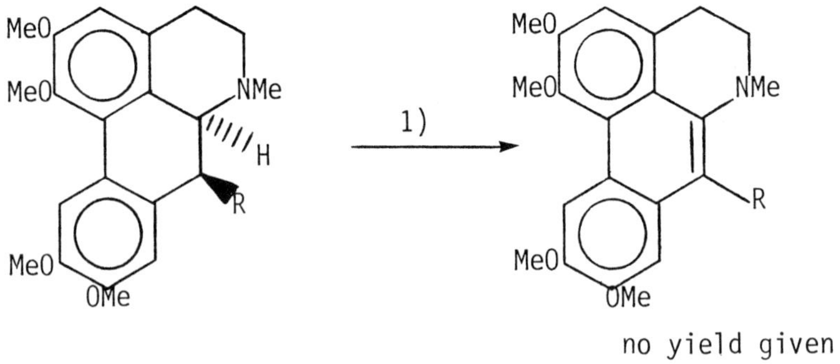

1) Fusarium Solani (fungus)

no yield given

I.B.3-9 P. Knochel and J.F. Normant, J. Organomet. Chem., 309, 1 (1986).

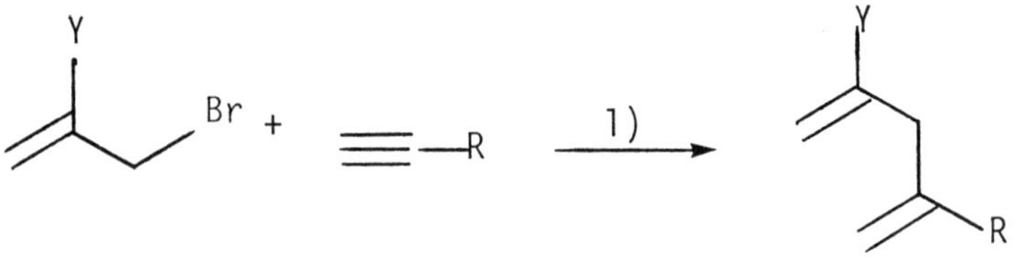

1) Zn, THF, 45°C, ((((•

20-81%

I.B.3-10 J.F. Normant et al., Tetrahedron, 42, 1389 and 1399 (1986); R.J.K. Taylor et al., J. Chem. Soc., Perkin Trans. 1, 1809 (1986).

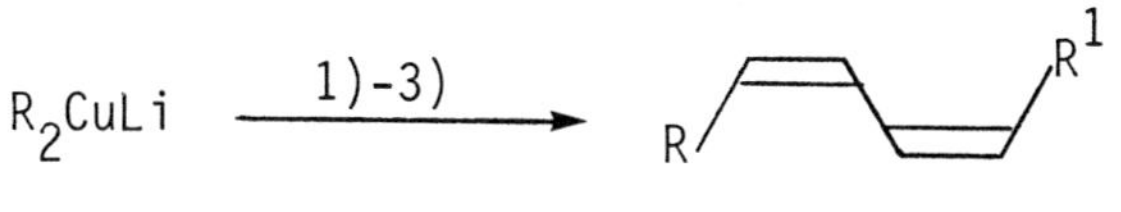

$$R_2CuLi \xrightarrow{1)-3)} R\text{-CH=CH-CH=CH-}R^1$$

59-71%

1) $2HC{\equiv}CH$, -50°C 2) $4HC{\equiv}CH$, 0°C 3) R^1X, -50 → -80°C

I.B.3-11 K. Utimoto et al., J. Am. Chem. Soc., 108, 2753 (1986); K. Utimoto et al., J. Org. Chem., 51, 5499 (1986).

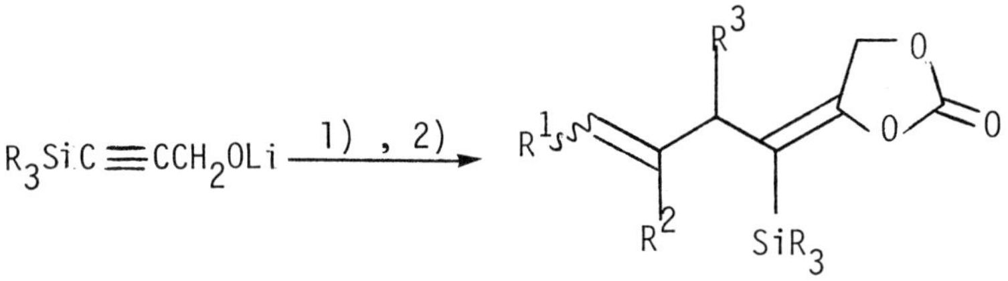

$$R_3SiC{\equiv}CCH_2OLi \xrightarrow{1), 2)} \text{product}$$

4-82%

1) CO_2 2) $R^3CH=C(R^2)CH(R^1)Cl$ / $PdCl_2(MeCN)_2$

I.B.3-12 G.A. Russell et al., J. Org. Chem., 51, 5498 (1986).

$$R^1C{\equiv}CR^2 \xrightarrow[h\nu]{^tBuHgCl} {^tBu}(R^1)C=C(R^2)H$$

63-97%

I.B.3-13 S. Cacchi et al., Tetrahedron Lett., 27, 6397 (1986).

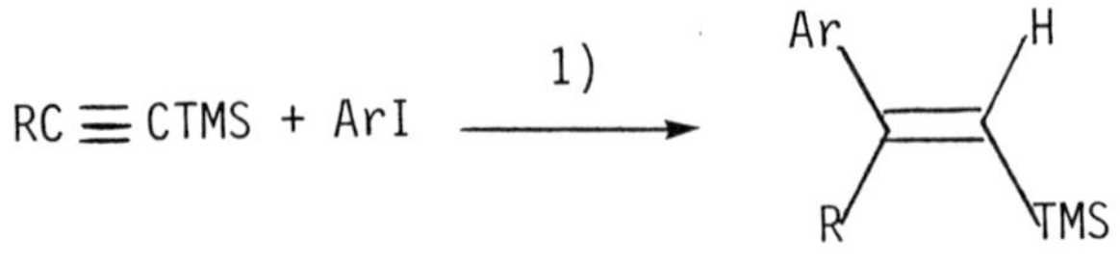

$$RC\equiv CTMS + ArI \xrightarrow{1)} \underset{R}{\overset{Ar}{\diagdown}}C=C\underset{TMS}{\overset{H}{\diagup}}$$

23-71%

1) $Pd(OAc)_2(PPh_3)_2$, piperidine, DMF, 60°C

I.B.3-14 A. Pelter and M.E. Colclough, Tetrahedron Lett., 27, 1935 (1986).

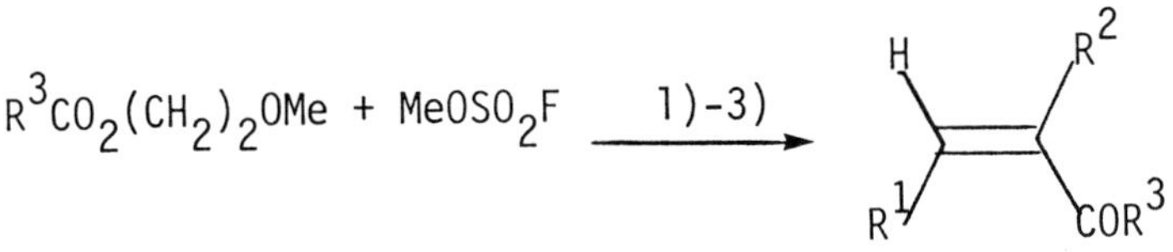

$$R^3CO_2(CH_2)_2OMe + MeOSO_2F \xrightarrow{1)-3)} \underset{R^1}{\overset{H}{\diagdown}}C=C\underset{COR^3}{\overset{R^2}{\diagup}}$$

50-70%

1) $R^1_3\text{-}\bar{B}C\equiv CR^2$ 2) $^iPrCO_2H$ 3) H_3O^+

I.B.3-15 M. Taniguchi and T. Hino, Tetrahedron Lett., 27, 4767 (1986).

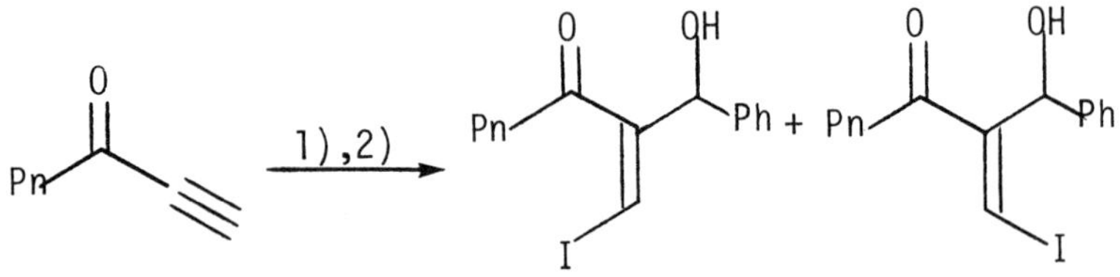

	-78°C	0°C
80%	2%
2%	78%

(Pn-C(O)-C≡CH → Pn-C(O)-C(=CHI)-CH(OH)Ph, two diastereomers)

1) $^nBu_4NI/TiCl_4$ 2) PhCHO

I.B.3-16 M.A. Tius and S. Trehan, J. Org. Chem., 51, 765 (1986).

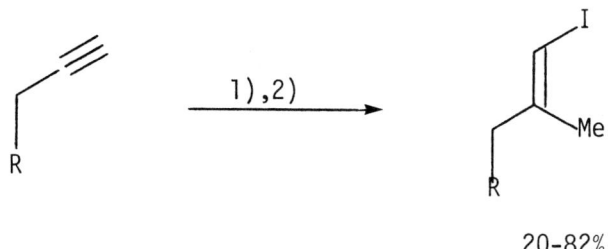

20-82%

1) Me$_3$Al , ZrCp$_2$Cl$_2$ 2) I$_2$

I.B.3-17 N. Satyanarayana and M. Periasamy, Tetrahedron Lett., 27, 6253 (1986).

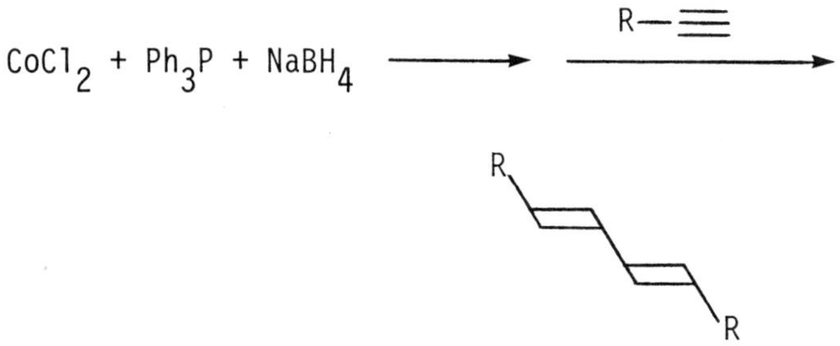

CoCl$_2$ + Ph$_3$P + NaBH$_4$ ⟶ R—≡ ⟶

65-86%

I.B.3-18 B.A. Trofimov et al., J. Org. Chem. (USSR), 22, 194 (1986).

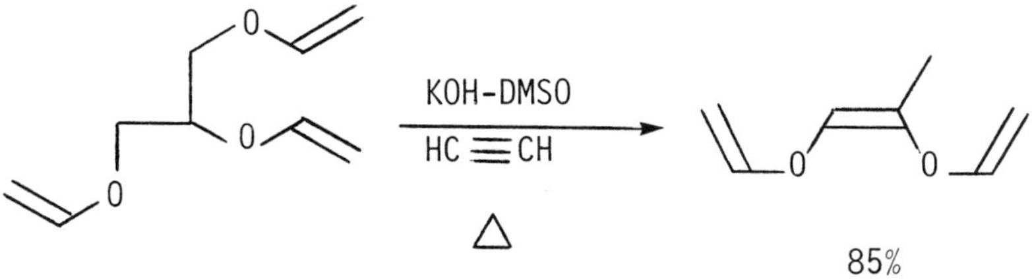

KOH-DMSO
HC≡CH
Δ

85%
(major)

I.B.3-19 M. Ochiai, E. Fujita et al., J. Am. Chem. Soc., 108, 8281 (1986).

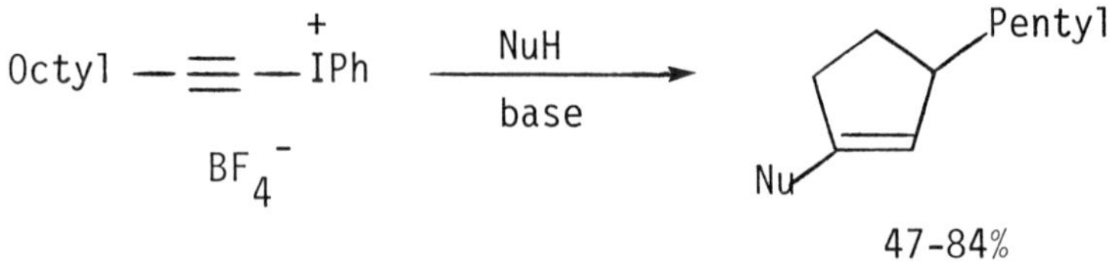

Octyl—≡—IPh⁺ BF₄⁻ $\xrightarrow{\text{NuH, base}}$ 3-Nu-1-pentylcyclopentene

47-84%

NuH = 1,3-dicarbonyl species

I.B.3-20 M.G. Constantino et al., J. Org. Chem., 51, 387 (1986).

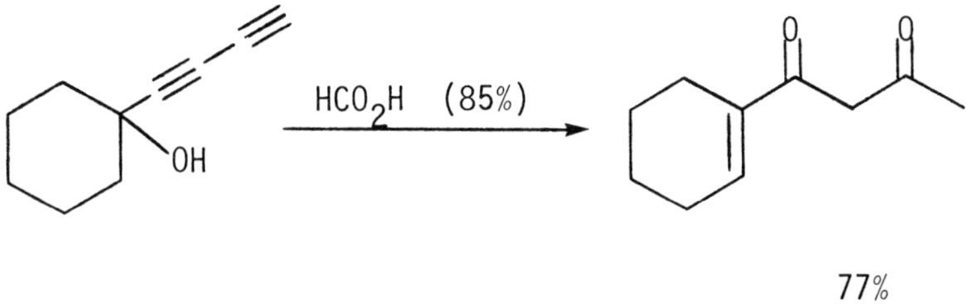

1-(buta-1,3-diynyl)cyclohexanol $\xrightarrow{\text{HCO}_2\text{H (85%)}}$ 1-(cyclohex-1-en-1-yl)butane-1,3-dione

77%

I.B.3-21 W.H. Okamura et al., J. Am. Chem. Soc., 108, 5018 (1986).

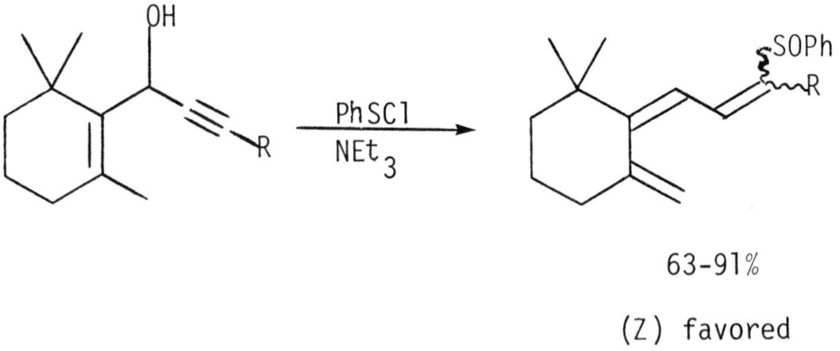

$\xrightarrow{\text{PhSCl, NEt}_3}$

63-91%

(Z) favored

I.B.3-22 H. Vanderhaeghe et al., J. Med. Chem., 29, 661 (1986).

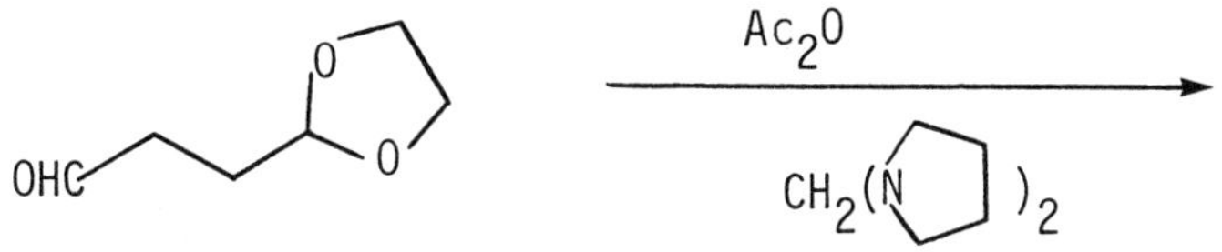

towards Δ³-1-methylene-1-carbacephems

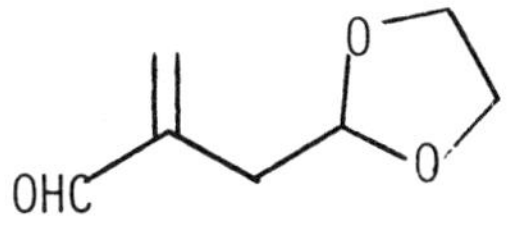

Reagents: Ac₂O, CH₂(N-pyrrolidine)₂

70.5%

I.B.3-23 E. Block et al., J. Am. Chem. Soc., 108, 4568 (1986).

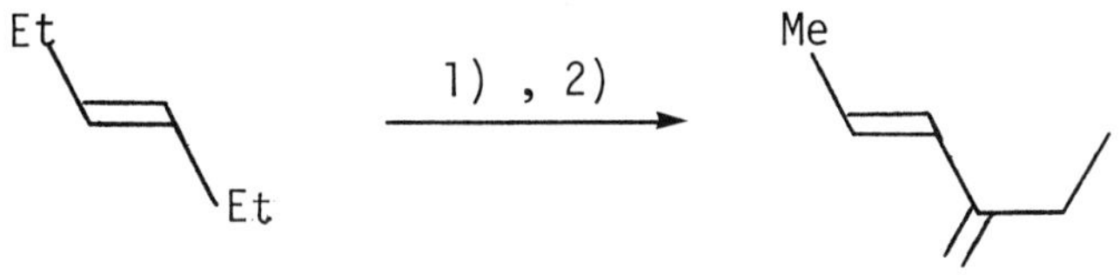

1) BrCH₂SO₂Br 2) Et₃N

58%

I.B.3-24 D.H.R. Barton and D. Crich, J. Chem. Soc., Perkin Trans. 1, 1613 (1986).

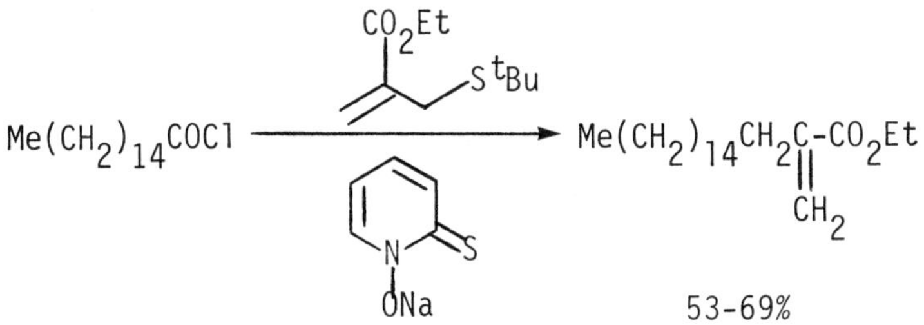

Me(CH₂)₁₄COCl $\xrightarrow{}$ Me(CH₂)₁₄CH₂C(=CH₂)-CO₂Et

53-69%

I.B.3-25 S. Pakray and R.N. Castle, J. Heterocycl. Chem., __23__, 1571 (1986).

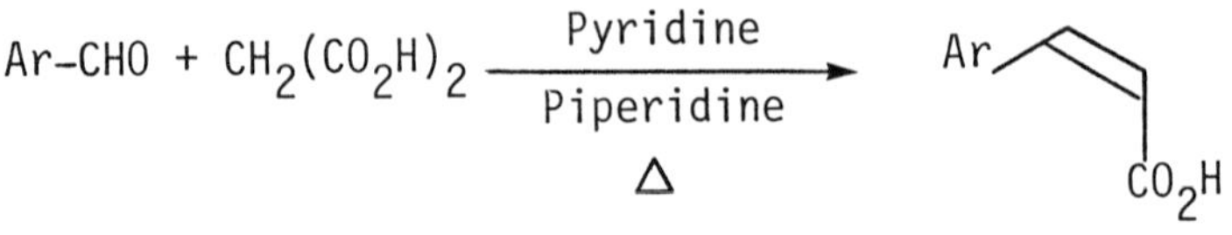

$$Ar-CHO + CH_2(CO_2H)_2 \xrightarrow[\Delta]{\text{Pyridine} \atop \text{Piperidine}} Ar\diagup\hspace{-0.5em}\diagdown CO_2H$$

77-79%

I.B.3-26 O. Moriya et al., J. Org. Chem., __51__, 4708 (1986).

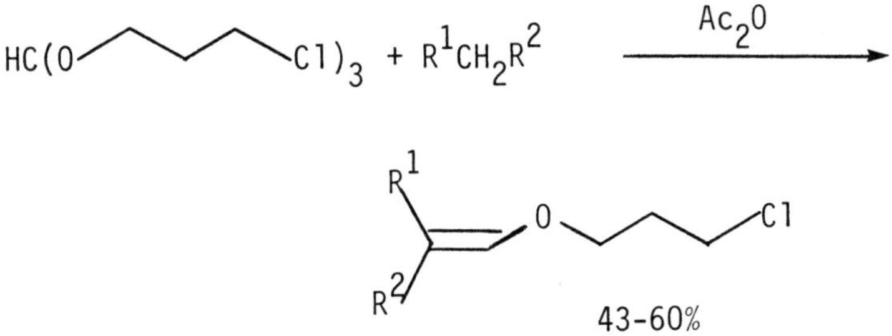

$$HC(O\diagup\diagdown\diagup Cl)_3 + R^1CH_2R^2 \xrightarrow{Ac_2O}$$

$$\underset{R^2}{\overset{R^1}{\diagdown}}C=C\diagup O\diagup\diagdown\diagup Cl$$

43-60%

I.B.3-27 M. Hojo et al., Synthesis, 1013 (1986).

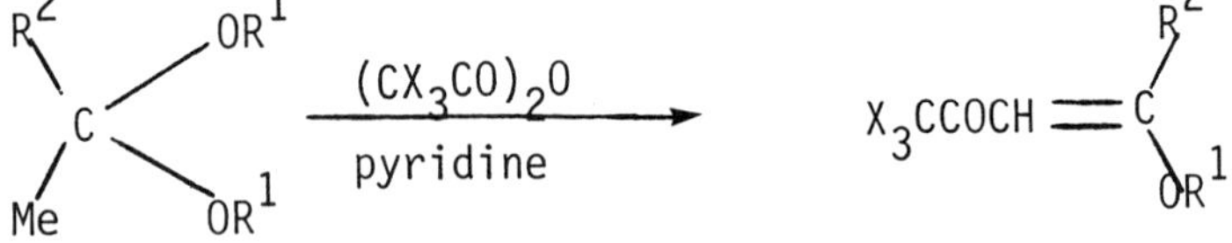

$$\underset{Me}{\overset{R^2}{\diagdown}}\underset{OR^1}{\overset{OR^1}{C}} \xrightarrow[\text{pyridine}]{(CX_3CO)_2O} X_3CCOCH=C\underset{OR^1}{\overset{R^2}{\diagdown}}$$

X = F, Cl

43-100%

I.B.3-28 C. J. Kowalski and M.S. Haque, J. Am. Chem. Soc., 108, 1325 (1986).

RCO$_2$Et —1)-3)→ R—CH=CH—OAc

48-77%

1) LiTMP/CH$_2$Br$_2$/BuLi

2)  (cyclohexadiene)   3) Ac$_2$O

I.B.3-29 J. Nishimura et al., J. Org. Chem., 51, 1838 (1986).

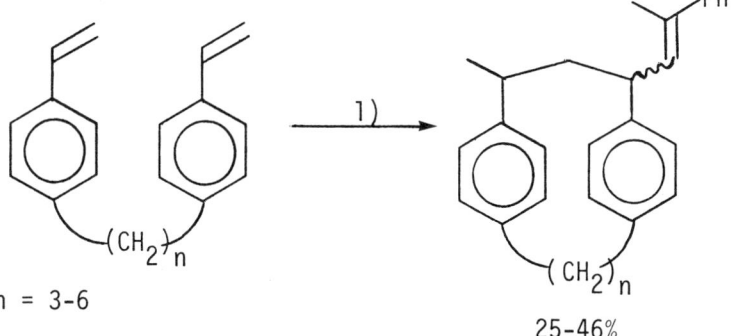

n = 3-6

25-46%

1) 2-phenylpropene, CF$_3$SO$_3$H

I.B.3-30 V. Jager et al., Tetrahedron Lett., 27, 2583 (1986).

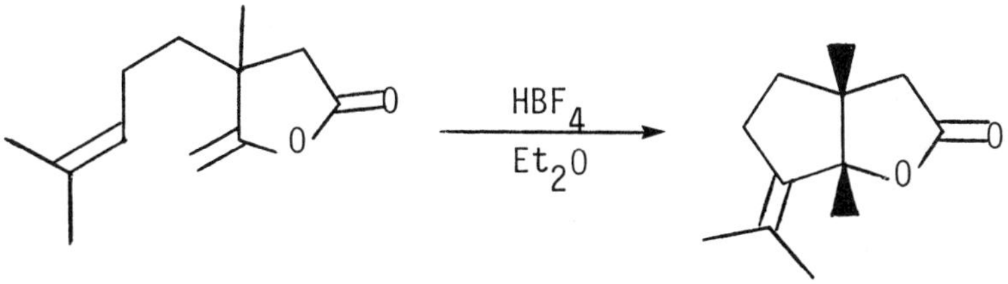

—HBF$_4$/Et$_2$O→

98%

other acids gave different results

I.B.3-31 Y. Watanabe et al., Chem. Commun., 252 (1986).

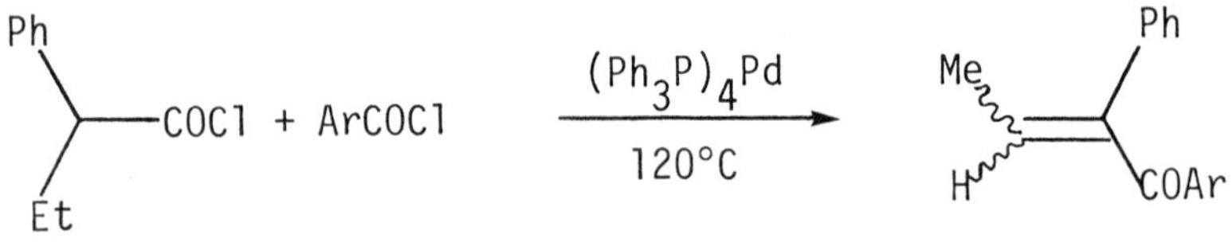

$$\text{Ph-CH(Et)-COCl} + \text{ArCOCl} \xrightarrow[120°C]{(Ph_3P)_4Pd} \text{Me,H-C=C(Ph)(COAr)}$$

32-86%

I.B.3-32 Y. Inoue et al., Bull. Chem. Soc. Jpn., 59, 1279 (1986).

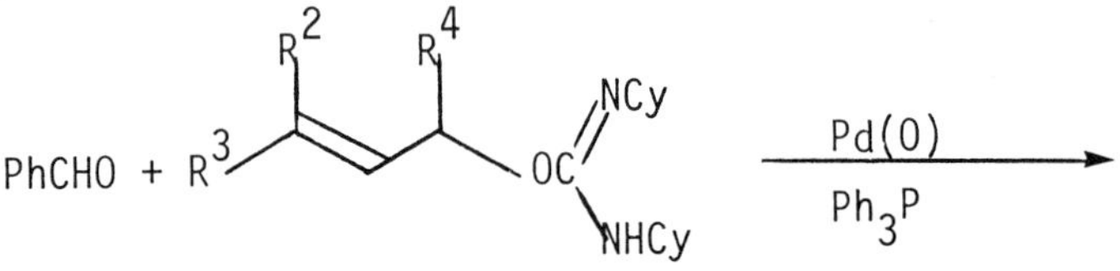

$$\text{PhCHO} + R^3\text{-C(R}^2\text{)=CH-CH(R}^4\text{)-OC(=NCy)(NHCy)} \xrightarrow[Ph_3P]{Pd(0)}$$

$PhCH=CHCH=CR^2R^3$ (or R^4)

40-94%

I.B.3-33 W.J. Scott and J.K. Stille, J. Am. Chem. Soc., 108, 3033 (1986).

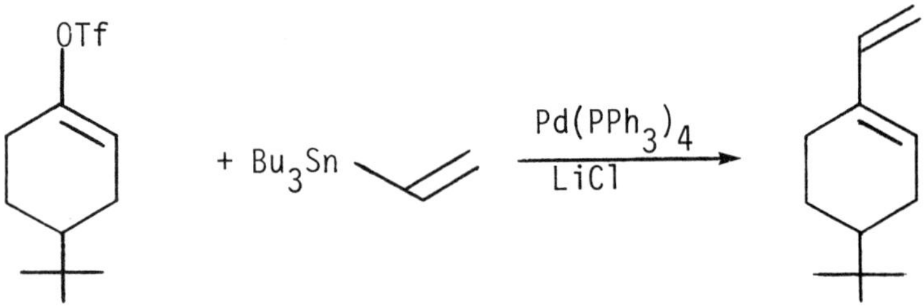

[4-tert-butyl-cyclohexenyl-OTf] + Bu_3Sn–CH=CH$_2$ $\xrightarrow[LiCl]{Pd(PPh_3)_4}$ [4-tert-butyl-1-vinyl-cyclohexene]

> 95%

effect of various reaction parameters and reagents examined

I.B.3-34 M. Moreno-Manas et al., Synth. Commun., 16, 1003 (1986).

$$Ph_3P + PhCH=CHCH_2OH + OHC(CH=CH)_nAr \xrightarrow{Pd(acac)_2}$$

$$PhCH=CH-CH=CH(CH=CH)_nAr$$

37-72%

I.B.3-35 P. Caubere et al., Tetrahedron Lett., 27, 3517 (1986).

$$R^1R^2C=CHX \xrightarrow[\text{NiCRA-bpy}]{t_{AmONa}} R^1R^2C=CH-CH=CR^1R^2$$

80-85%

I.B.3-36 H. Prinzbach et al., Tetrahedron Lett., 27, 485 (1986); J. Ojima et al., Bull. Chem. Soc. Jpn., 59, 1713 and 1723 (1986).

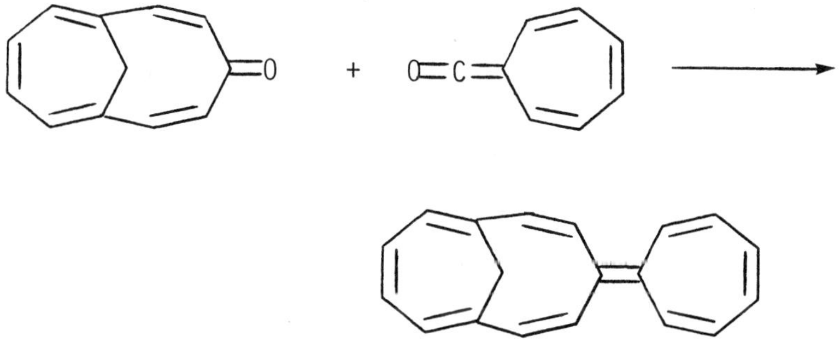

80-85%

I.B.3-37 P.A. Brown and P.R. Jenkins, J. Chem. Soc., Perkin Trans. 1, 1129 (1986); M. Carda et al., Tetrahedron, 42, 3655 (1986).

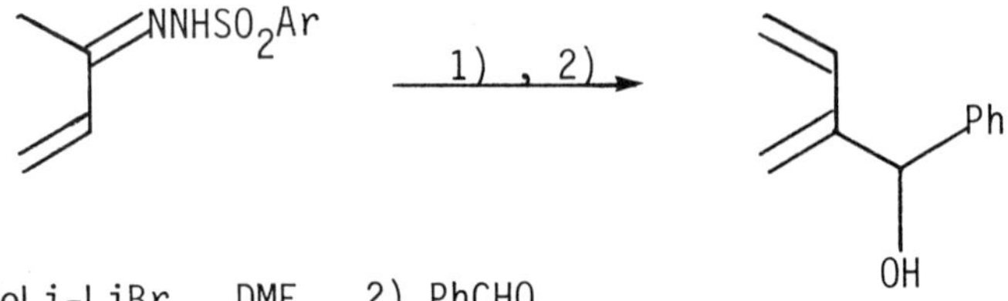

1) MeLi-LiBr , DME   2) PhCHO

41% (Major)

I.B.3-38 W.W. Zajac, Jr. et al., J. Org. Chem., 51, 2617 (1986).

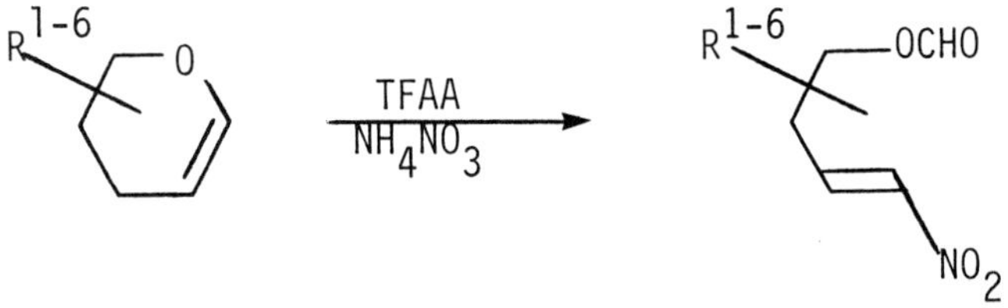

variously substituted

85-93%

I.B.3-39 G. Rosini et al., Tetrahedron, 42, 151 (1986).

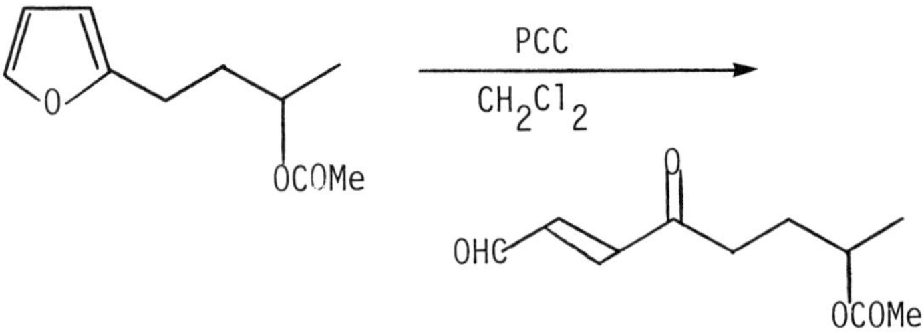

60%

I.B.3-40 T. Kumamoto et al., Bull. Chem. Soc. Jpn., 59, 3097 (1986).

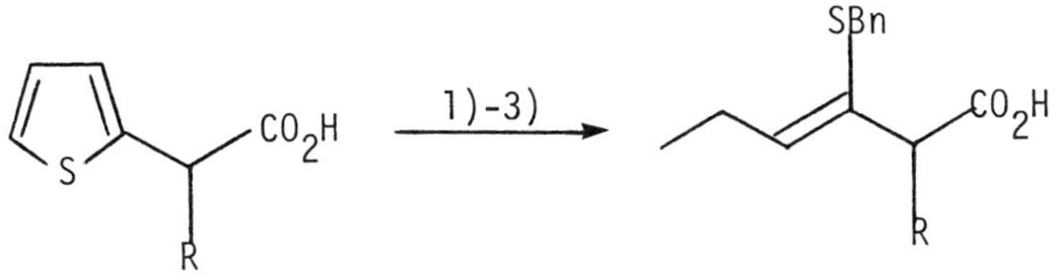

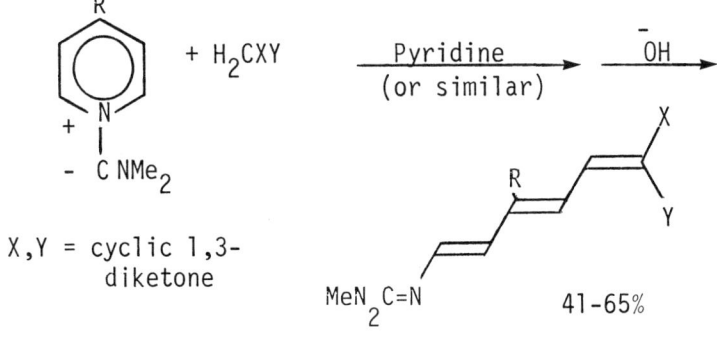

1) 5 eq. Na/NH_3, EtOH
2) NH_4Cl 3) BnBr

I.B.3-41 G. Maas et al., Chem. Ber., 119, 3276 (1986).

X,Y = cyclic 1,3-diketone

I.B.3-42 S. Tomoda et al., Bull. Chem. Soc. Jpn., 59, 3283 (1986).

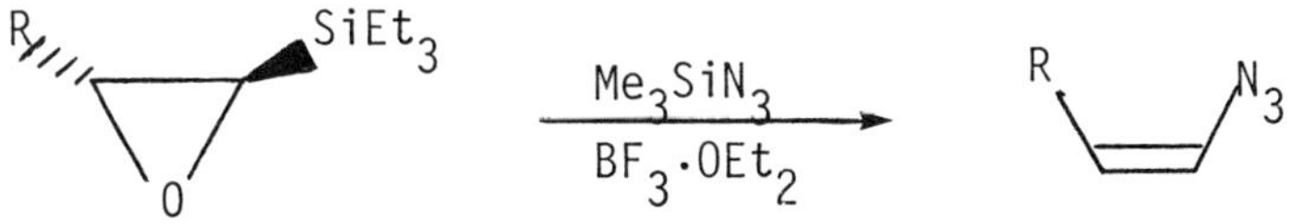

88-95%

(Z):(E) >93:<7

I.B.3-43 L. Fitjer et al., Chem. Ber., 119, 1162 (1986).

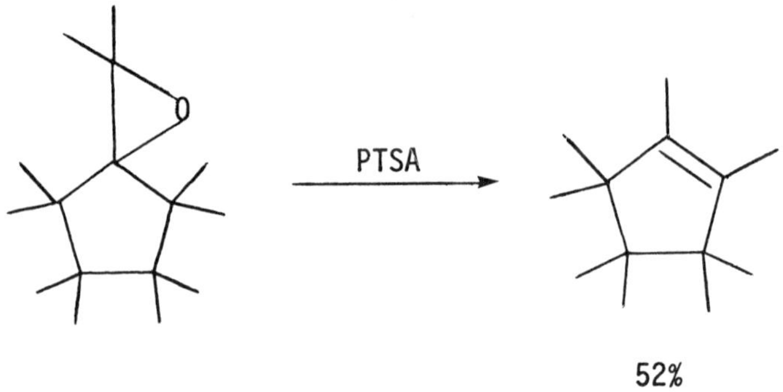

PTSA

52%

I.B.3-44 Y. Ohshiro et al., J. Org. Chem., 51, 2830 (1986).

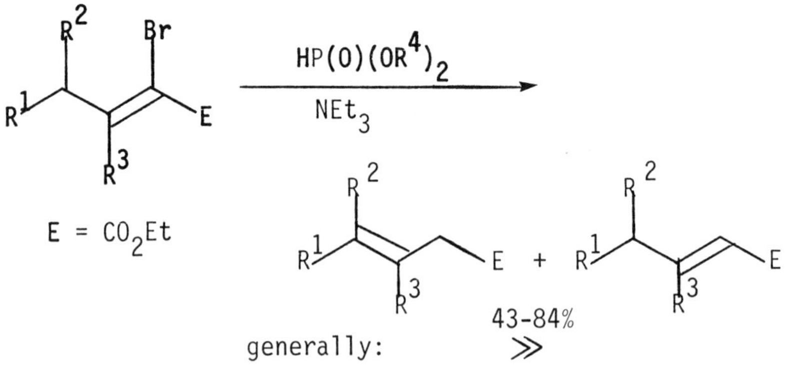

$HP(O)(OR^4)_2$ / NEt_3

$E = CO_2Et$

generally: 43-84% ≫

I.B.3-45 M. Christl et al., Chem. Ber., 119, 141 and 3059 (1986).

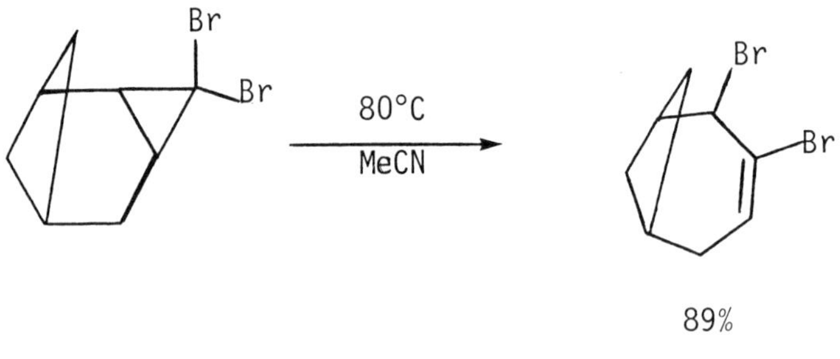

80°C / MeCN

89%

I.B.3-46 E. Oishi et al., Heterocycles, 24, 238 (1986).

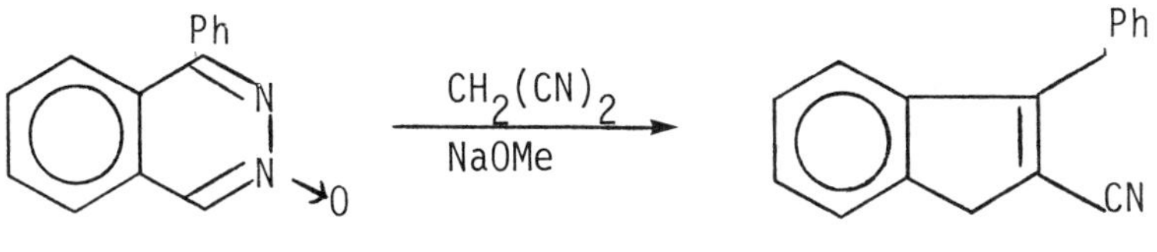

$$\text{phthalazine-Ph N-oxide} \xrightarrow{\underset{\text{NaOMe}}{CH_2(CN)_2}} \text{2-cyano-3-phenyl-1H-indene}$$

no yield given

I.B.3-47 S. Ikegami et al., Tetrahedron Lett., 27, 2885 (1986).

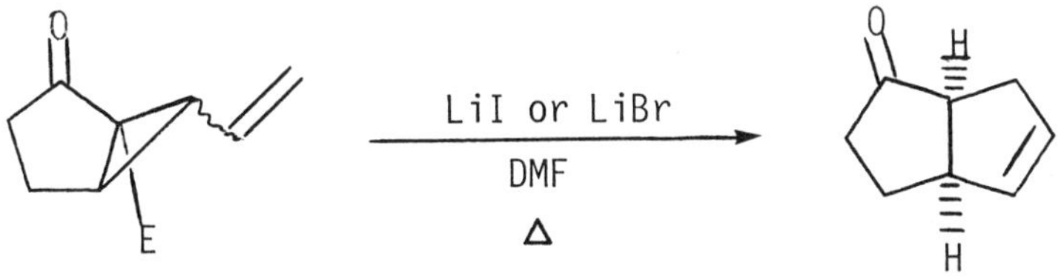

$$\text{vinyl norbornanone with } E \xrightarrow[\Delta]{\underset{\text{DMF}}{\text{LiI or LiBr}}} \text{bicyclic enone}$$

E = CO_2Me 70%

I.B.3-48 F. Serratosa et al., Tetrahedron, 42, 3637 (1986).

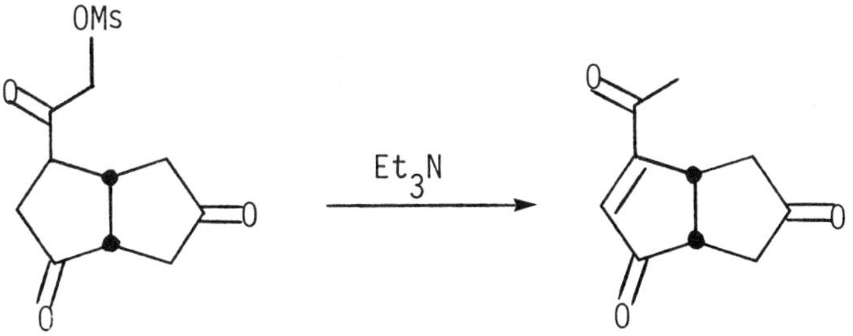

$$\xrightarrow{Et_3N}$$

84%

I.B.3-49 M. Hojo et al., Tetrahedron Lett., 27, 353 (1986);
R. Stradi et al., Synthesis, 573 and 765 (1986).

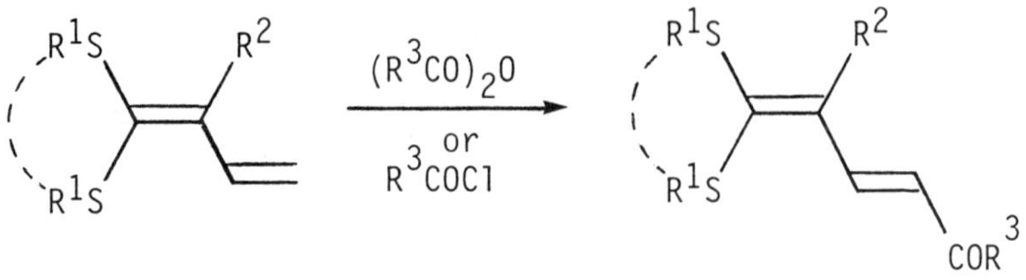

43-100%

I.B.3-50 G. Stork et al., J. Am. Chem. Soc., 108, 304 (1986).

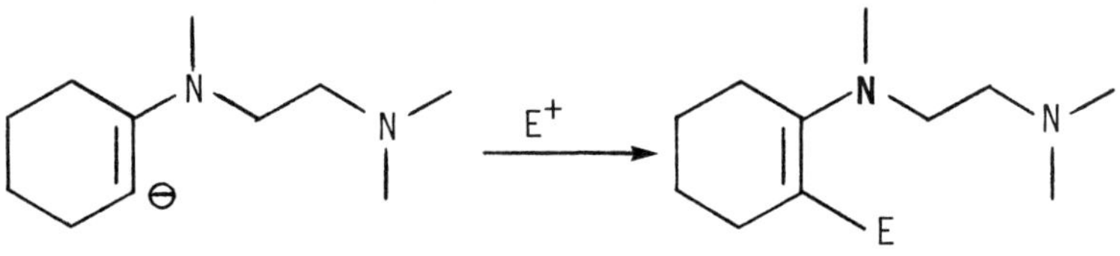

E^+ = RCOCl, RX

70-95%

I.B.3-51 A. Krebs et al., Tetrahedron, 42, 1693 (1986).

Review: "En Route to Tetra-t-Butylethylene."

I.B.4. Allene Forming Reactions

I.B.4-1 G. Himbert et al., Chem. Ber., 119, 2430, 2874 and 3227 (1986); F.W. Nader et al., ibid, 119, 1208 (1986); R.S. Macomber and T.C. Hemling, J. Am. Chem. Soc., 108, 343 (1986).

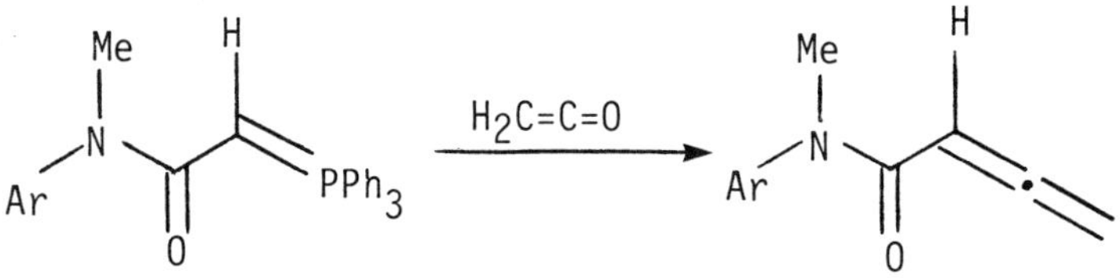

11-64%

I.B.4-2 B. Stowasser and K. Hafner, Angew. Chem., Int. Ed. Engl., 25, 466 (1986).

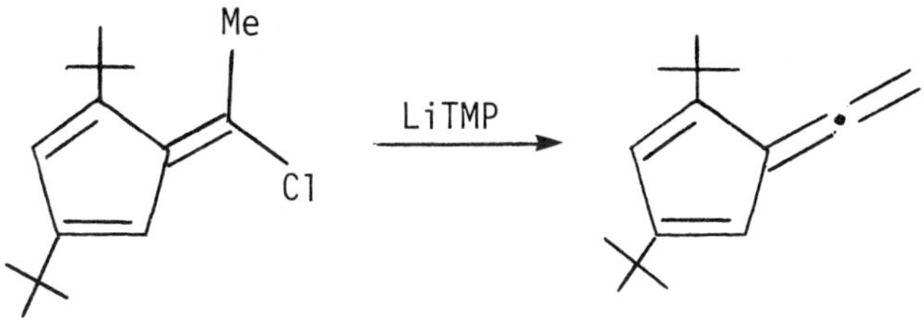

88%

I.B.4-3 A. de Meijere et al., Rec. Trav. Chim., 105, 462 (1986).

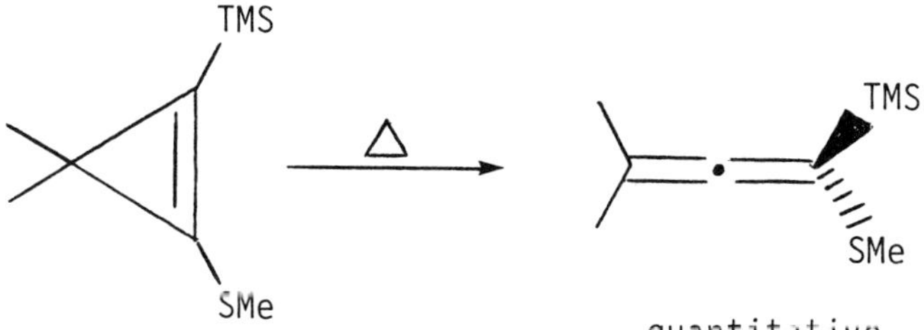

quantitative

I.B.4-4 A.M. Coporusso et al., Tetrahedron Lett., 27, 1067 (1986); A. Alexakis et al., ibid, 27, 5499 (1986); J. Tsuji et al., ibid, 27, 731 (1986); J. Inanaga et al., ibid, 27, 5237 (1986); J.J. Chilot et al., ibid, 27, 849 (1986); E. Keinan and E. Bosch, J. Org. Chem., 51, 4006 (1986); J. Tsuji et al., Chem. Commun., 922 (1986).

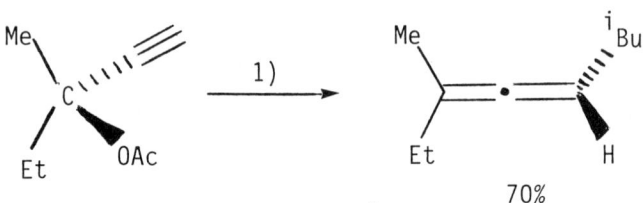

1) [^{i}BuCuBr]MgCl, LiBr, THF, -70°C

I.B.4-5 R.C. Larock et al., J. Org. Chem., 51, 2623 (1986); T. Katsuki et al., Tetrahedron Lett., 27, 4599 (1986); P. Miginiac et al., J. Organomet. Chem., 304, 83 (1986); S.A. Julia et al., Bull. Soc. Chim. Fr., 325 (1986).

$$RC\equiv CCH_2HgI \xrightarrow{R^1COCl} \begin{array}{c}R^1CO\\R\end{array}\!>=\!\bullet\!=$$

85-92%

I.B.4-6 J.D. Buynak et al., Chem. Commun., 941 (1986)

77%

1) ArSCl/NEt$_3$ 2) NaI, ClCOCOCl, NEt$_3$

I.B.4-7 A. Mannschreck, J. Gore et al., Tetrahedron, 42, 399 (1986); E.A. Adegoke et al., J. Heterocycl. Chem., 23, 1195 (1986).

$R^1C{\equiv}CCHR^2$ with Br → 1), 2) → allene product (52-70%)

1) $CrCl_2$ 2) (-)-menthol

I.B.4-8 J.D. Buynak and M.N. Rao, J. Org. Chem., 51, 1571 (1986); F.W. Nader et al., Chem. Ber., 119, 1196 (1986); A.M. Caporusso et al., Gazz. Chim. Ital., 116, 599 (1986).

1) BuLi   2) RI

82%

I.C. Carbon - Carbon Triple Bonds

I.C-1 S. Terashima et al., Chem. Pharm. Bull., 34, 1531 (1986); Y. Yamamoto et al., Chem. Commun., 102 (1986); B.M. Trost and M.R. Ghadiri, J. Am. Chem. Soc., 108, 1098 (1986); M.J. Sofia and J.A. Katzenellenbogen, J. Med. Chem., 29, 230 (1986); K. Iseki et al., Tetrahedron Lett., 27, 87 (1986); B. Byrne et al., J. Org. Chem., 51, 2607 (1986).

6,8-dimethoxy-2-tetralone + $TMSC{\equiv}CCeCl_2$ → product (100%)

Bu_3Sn, R_2Al and ZnI_2 also used
lower yields with Li or MgBr species

I.C-2 A. Stutz et al., J. Med. Chem., 29, 112 (1986).

R^1R^2NH + $(CH_2O)_n$ + ≡—R^3 $\xrightarrow{\text{CuCl or ZnCl}_2}$

$R^2\text{-}N(R^1)\text{-}CH_2\text{-}C\equiv C\text{-}R^3$ 65-90%

I.C-3 J.C. Millar and E.W. Underhill, Can. J. Chem., 64, 2427 (1986); A.C. Oehlschlager et al., ibid, 64, 1407 (1986); N.L.J.M. Broekhof et al., Rec. Trav. Chim., 105, 436 (1986); F. Scheinmann, B.J. Wakefield, R.F. Newton et al., J. Chem. Soc., Perkin Trans. 1, 889 (1986).

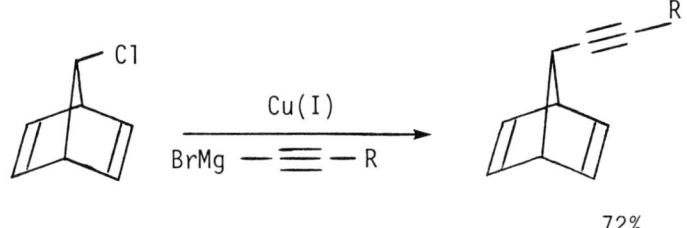

72%

I.C-4 M. Hirama et al., Chem. Commun., 393 (1986); T. Masamune et al., Tetrahedron Lett., 27, 2901 (1986); A. Petter et al., ibid, 27, 749 (1986); J.M. Chong and S. Wong, ibid, 27, 5445 (1986); A. Suzuki et al., Bull. Chem. Soc. Jpn., 59, 2029 (1986); A. Gorgues et al., Tetrahedron, 42, 351 (1986).

(CHO compound with OSiMe$_2^t$Bu) + Li—≡—CO_2Me →

product with OH, OSiMe$_2^t$Bu, CO_2Me

threo : erythro   1 : 5   75%

I.C-5 T. Hirao et al., Tetrahedron Lett., 27, 933 (1986);
R.H. Boutin and H. Rapoport, J. Org. Chem., 51, 5320 (1986);
M. Yamaguchi et al., Synthesis, 421 (1986).

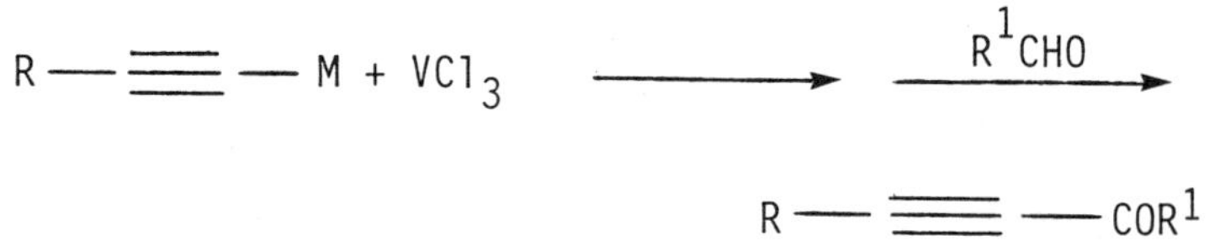

$$R-\equiv-M + VCl_3 \longrightarrow \xrightarrow{R^1CHO} R-\equiv-COR^1$$

45-71%

I.C-6 G.A. Russell and P. Ngoviwatchai, Tetrahedron Lett., 27, 3479 (1986).

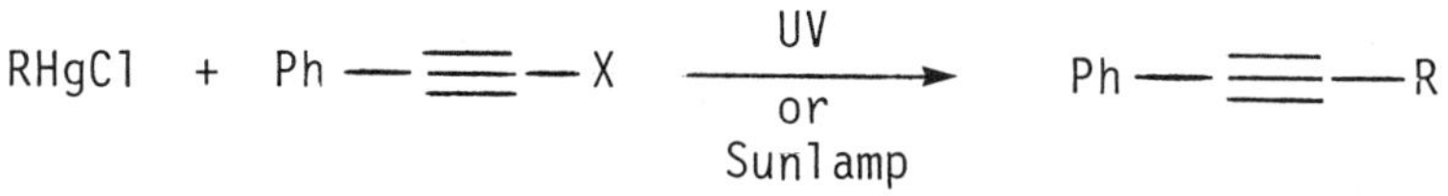

$$RHgCl + Ph-\equiv-X \xrightarrow[\text{or Sunlamp}]{UV} Ph-\equiv-R$$

X = I, $PhSO_2$, PhS

25-100%

I.C-7 D. Guillerm and G. Linstrumelle, Tetrahedron Lett, 27, 5857 (1986); L. Castedo et al., ibid, 27, 1523 (1986); R. Sauvetre et al., ibid, 27, 3147 (1986); A. Krantz et al., J. Am. Chem. Soc., 108, 5589 (1986); R.C. Larock et al., J. Org. Chem., 51, 5221 (1986).

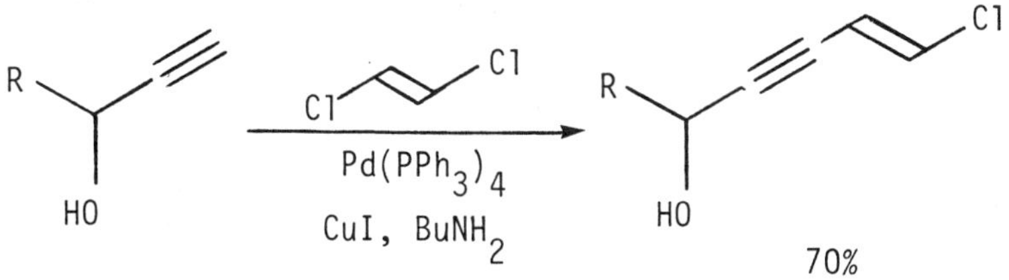

R = n-octyl

other leaving groups and catalysts used

I.C-8 R.M Acheson and G.C.M. Lee, J. Chem. Res. (S), 380 (1986); H. Hopf et al., Leibigs Ann. Chem., 1398 (1986); J.V. Comasseto et al., Chem. Commun., 1067 (1986); A. Singh and J.M. Schnur, Synth. Commun., 16, 847 (1986).

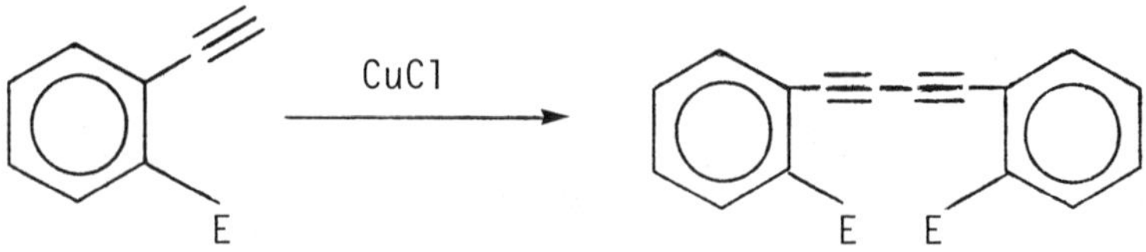

[Ar-C≡CH with E substituent] $\xrightarrow{\text{CuCl}}$ [Ar-C≡C-C≡C-Ar with E, E substituents]

E = CO_2Me no yield given

I.C-9 T. Mitsudo, Y. Hori and Y. Watanabe, Bull. Chem. Soc. Jpn., 59, 3201 (1986).

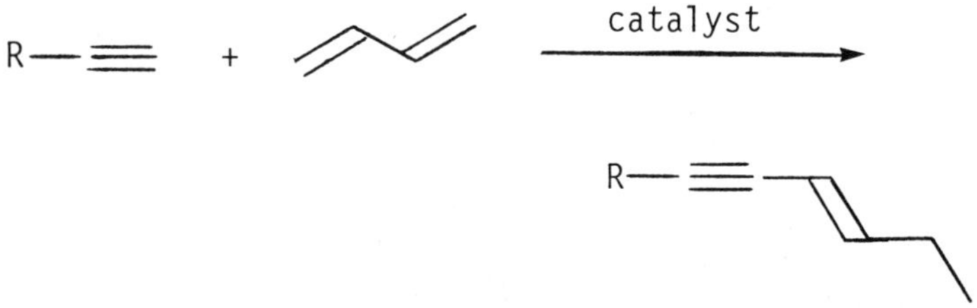

R—≡ + [allyl/propene] $\xrightarrow{\text{catalyst}}$ R—≡—CH=CH—CH₂—

catalyst = $Ru(COD)(COT)PR_3^1$ 80-96%

I.C-10 H.C. Brown et al., J. Org. Chem., 51, 4507, 4514, 4518 and 4521 (1986); H.C. Brown et al., Synthesis, 674 (1986).

R_3B + $R^1C{\equiv}CLi$ $\xrightarrow{I_2}$ $RC{\equiv}CR^1$

91-100%

I.C-11 H. Yamamoto et al., *Tetrahedron Lett.*, 27, 1175 (1986); R.L. Danheiser et al., *J. Org. Chem.*, 51, 3870 (1986); R.C. Larock and M.-S. Chow, *Organometallics*, 5, 603 (1986).

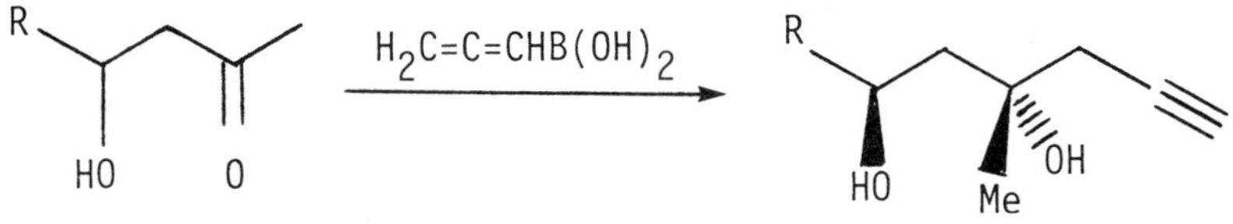

$$R\text{-CH(OH)-C(=O)-Me} \xrightarrow{H_2C=C=CHB(OH)_2} R\text{-CH(OH)-CH}_2\text{-C(Me)(OH)-C}\equiv\text{CH}$$

far better yields
compared to Grignard

95-96%

> 99% d.e.

I.C-12 J.T. Pinhey et al., *Tetrahedron Lett.*, 27, 5025 (1986).

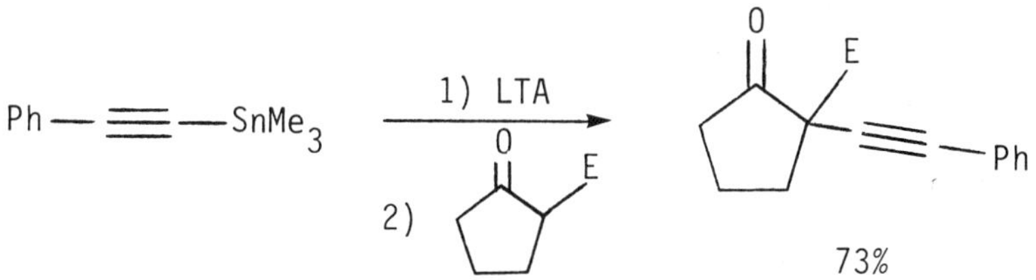

$$Ph-\equiv-SnMe_3 \xrightarrow[2)\ \text{cyclopentanone-E}]{1)\ LTA} \text{2-(C}\equiv\text{C-Ph)-2-E-cyclopentanone}$$

73%

E = CO_2Et

I.C-13 M. Ballester et al., *J. Org. Chem.*, 51, 1100 and 1413 (1986).

$$PhC(Cl)=CCl_2 \xrightarrow{Zn} PhC\equiv CH$$

85%

Cu also used

I.C-14 J. Otera et al., J. Org. Chem., 51, 3830, 3834 and 3896 (1986); P. Li and H. Alper, J. Org. Chem., 51, 4354 (1986); E.V. Dehmlow, Y. Sasson et al., Tetrahedron, 42 3569 (1986); A.V.R. Rao et al., Synth. Commun., 16, 1141 (1986).

Ph−CH(SO$_2$Ph)−CH(Ph)−CH(OAc)−Ph $\xrightarrow[\text{rt}]{^t\text{BuOK(1 eq)}}$ $\xrightarrow[\Delta]{^t\text{BuOK(4 eq.)}}$ Ph−≡−Ph 92%

other leaving groups and bases used

I.C-15 R. Friary and V. Seidl, J. Org. Chem., 51, 3214 (1986); D.A. Johnson and G.W. Gribble, Heterocycles, 24, 2127 (1986).

[2-benzyl-3-(tosylhydrazono)cyclohex-2-enone] $\xrightarrow{\text{NaOMe}}$ MeO$_2$C−CH$_2$CH$_2$CH$_2$−C≡C−CH$_2$−Ph 52%

I.C-16 D.H. Hua, J. Am. Chem. Soc., 108, 3835 (1986); S.J. Hecker and C.H. Heathcock, ibid, 108, 4586 (1986).

[CH$_2$=CH−CH$_2$−C(CH$_3$)$_2$−CH$_2$−C(=O)−CH$_3$] $\xrightarrow{1), 2)}$ [CH$_2$=CH−CH$_2$−C(CH$_3$)$_2$−CH$_2$−C≡CH] 61%

1) LDA, ClPO(OEt)$_2$ 2) LDA

I.C-17 A.V.R. Rao et al., Tetrahedron, 42, 4523 (1986).

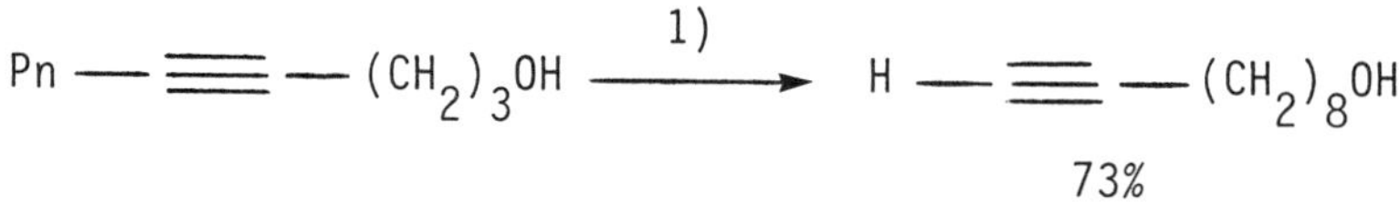

$$Pn-\equiv-(CH_2)_3OH \xrightarrow{1)} H-\equiv-(CH_2)_8OH$$

73%

1) $NaNH_2$, $H_2N(CH_2)_3NH_2$

I.C-18 I. Lalezari et al., J. Heterocycl. Chem., 23, 893 (1986).

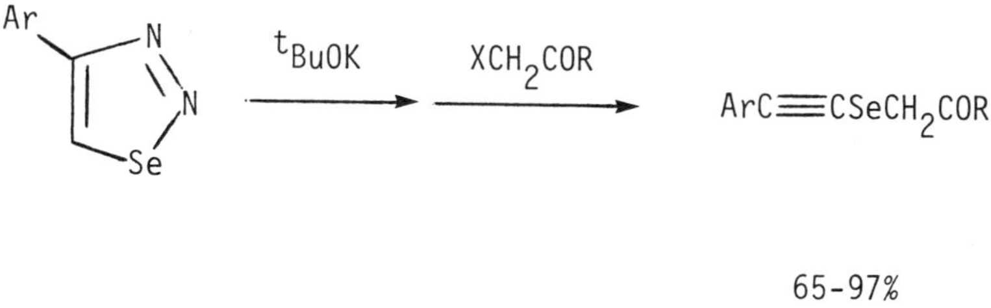

$$\underset{Se}{\overset{Ar}{\underset{\|}{\diagdown}}\!\!\!\!\!\!\!\underset{N}{\overset{N}{\diagup}}} \xrightarrow{^tBuOK} \xrightarrow{XCH_2COR} ArC\equiv CSeCH_2COR$$

65-97%

I.C-19 S.L. Abidi, Tetrahedron Lett., 27, 267 (1986).

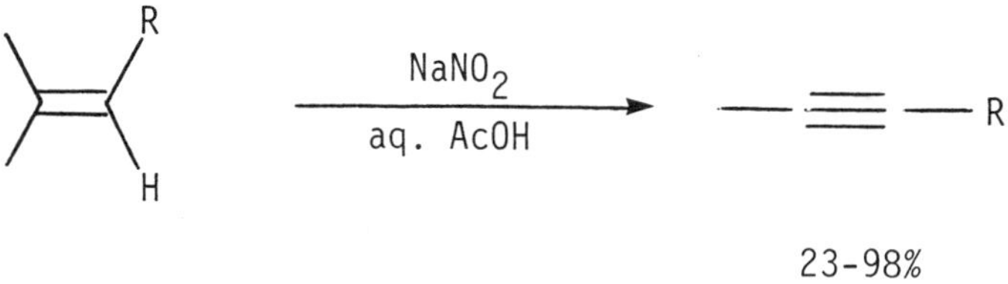

$$\underset{H}{\overset{R}{\diagup\!\!\!\!\diagdown}} \xrightarrow[\text{aq. AcOH}]{NaNO_2} -\equiv-R$$

23-98%

I.C-20 A. Guessous et al., <u>Bull. Soc. Chim. Fr.</u>, 645 (1986).

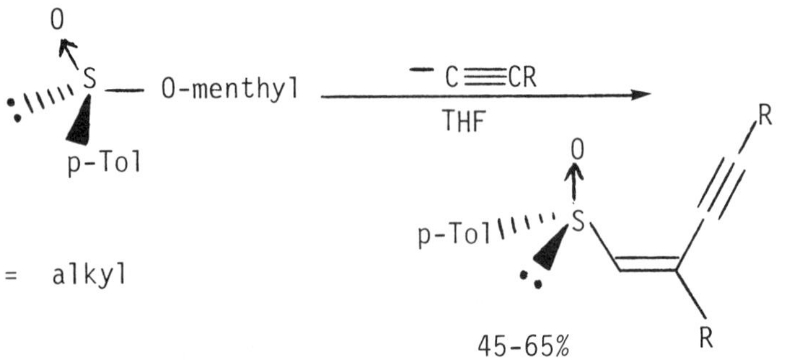

I.C-21 H. Meier et al., <u>Tetrahedron</u>, <u>42</u>, 1711 (1986).

Review: "Strained Cycloalkenynes."

I.D. Cyclopropanations

I.D.1. Carbene or Carbenoid Additions to a Multiple Bond

I.D.1-1 P. Ceccherelli, E. Wenkert et al., <u>J. Org. Chem.</u>, <u>51</u>, 738 (1986); M. Moreno-Manas et al., <u>Tetrahedron Lett.</u>, <u>27</u>, 3673 (1986); U. Burger and D. Zellweger, <u>Helv. Chim. Acta</u>, <u>69</u>, 676 (1986); N. Conde-Petiniot et al., <u>Bull. Soc. Chim. Belg.</u>, <u>95</u>, 649 (1986); O. Tsuge et al., <u>Bull. Chem. Soc. Jpn.</u>, <u>59</u>, 2851 (1986); R. Herges and I. Ugi, <u>Synthesis</u>, 1059 (1986).

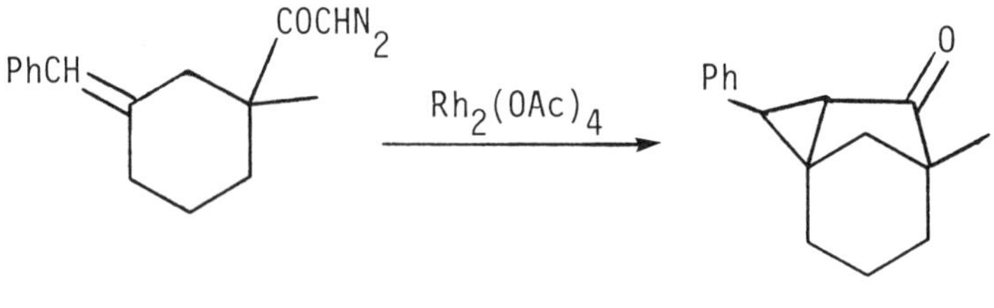

copper catalysts also used   31%

I.D.1-2 N.L. Bauld et al., J. Am Chem. Soc., 108, 4234 (1986).

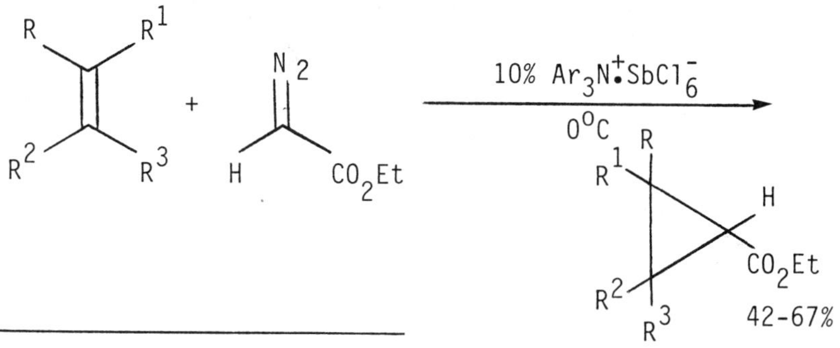

$$\underset{R^2}{\overset{R}{>}}\!=\!\underset{R^3}{\overset{R^1}{<}} \; + \; \underset{H}{\overset{N_2}{>}}\!=\!\underset{CO_2Et}{<} \quad \xrightarrow[0°C]{10\% \; Ar_3N^{\!+\!\cdot}SbCl_6^-}$$

cyclopropane product with $R, R^1, R^2, R^3, H, CO_2Et$ substituents

42-67%

I.D.1-3 T. Ibata and M. Kashiuchi, Bull. Chem. Soc. Jpn., 59, 929 (1986).

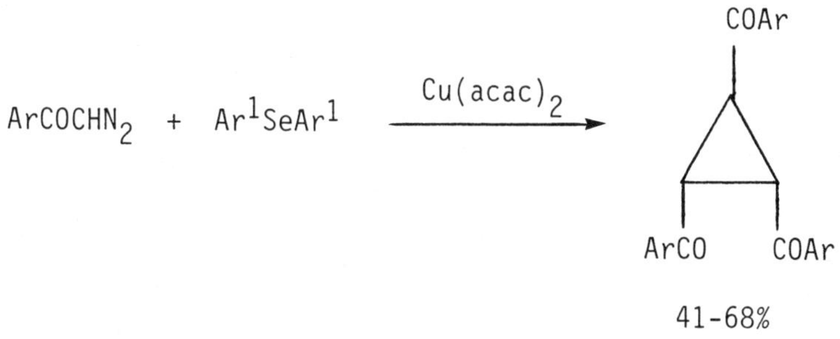

$$ArCOCHN_2 \; + \; Ar^1SeAr^1 \quad \xrightarrow{Cu(acac)_2}$$

cyclopropane with COAr, ArCO, COAr substituents

41-68%

I.D.1-4 A. Pfaltz et al., Angew. Chem., Int. Ed. Engl., 25, 1005 (1986).

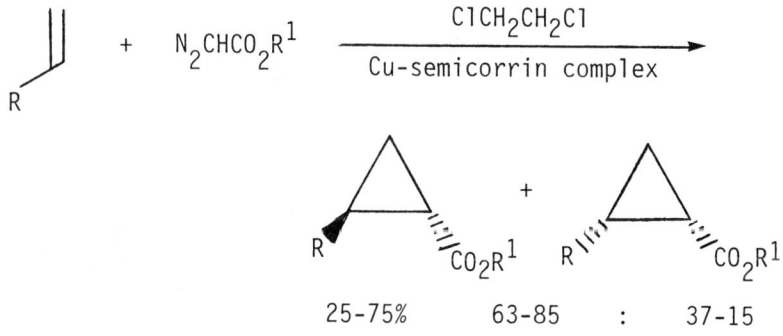

25-75%   63-85 : 37-15

I.D.1-5 H. Yamamoto et al., Tetrahedron, 42, 6447 (1986);
U. Hacksell et al., J. Org. Chem., 51, 5252 (1986); K.
Ponsold et al., J. Prakt. Chem., 328, 55 (1986); L. Fitjer
et al., Chem. Ber., 119, 1144 (1986); M.E. Scheller and B.
Frei, Helv. Chim. Acta, 68, 44 (1986); K.A. Nelson and E.A.
Mash, J. Org. Chem., 51, 2721 (1986).

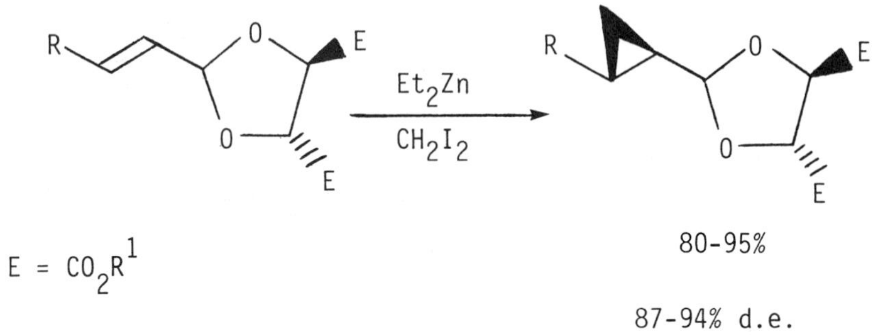

$E = CO_2R^1$

80-95%

87-94% d.e.

I.D.1-6 R.A. Moss, K. Krogh-Jespersen et al., J. Org.
Chem., 51, 2168 (1986); R.A. Moss, K. Krogh-Jespersen, J.A.
Potenza, H.J. Shugar et al., J. Am. Chem. Soc., 108, 134
(1986).

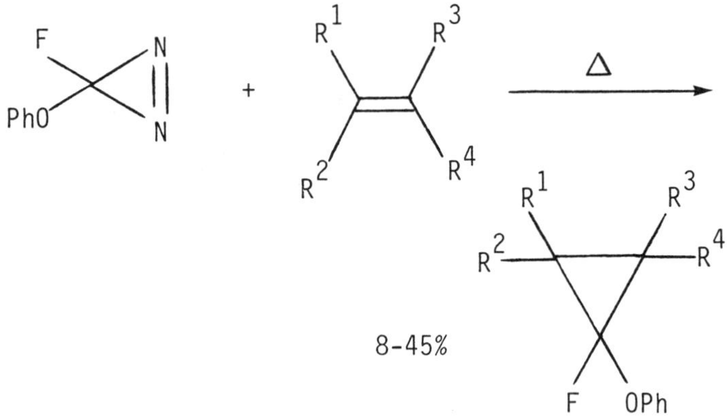

8-45%

I.D.1-7 B. Halton et al., Aust. J. Chem., 39, 1621 (1986);
L.A. Paquette et al., Tetrahedron Lett., 27, 5595 (1986).

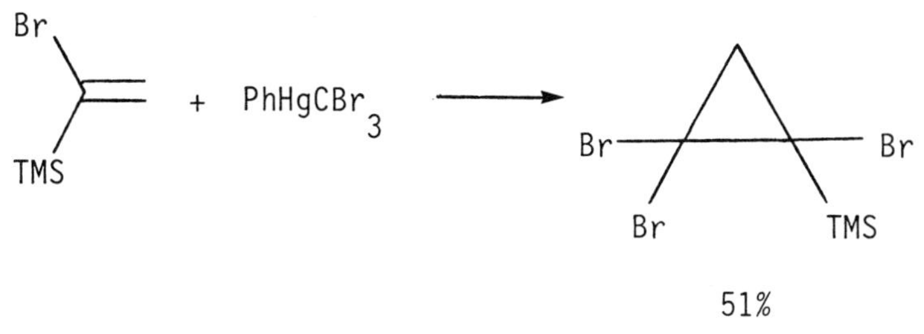

$$\text{Br}\diagup\!\!\!\!\diagdown\text{TMS} \;+\; \text{PhHgCBr}_3 \;\longrightarrow\; \underset{\text{Br}\quad\text{TMS}}{\text{Br}\triangle\text{Br}}$$

51%

I.D.1-8 F. Mohamadi and W.C. Still, Tetrahedron Lett., 27, 893 (1986); M. Christl et al., Chem. Ber., 119, 960 (1986).

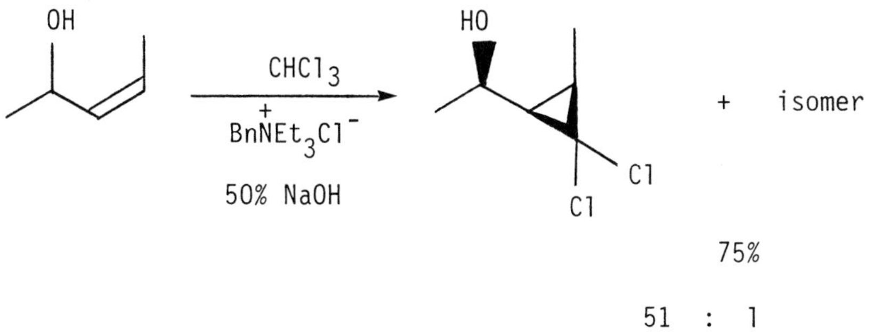

$$\text{OH-CH(CH}_3\text{)-CH=CH-CH}_3 \xrightarrow[\text{50\% NaOH}]{\underset{\text{BnNEt}_3\text{Cl}^-}{\text{CHCl}_3}} \text{product} \;+\; \text{isomer}$$

75%

51 : 1

I.D.2. Other Cyclopropanations

I.D.2-1 L.A. Paquette, Chem. Rev., 86, 733 (1986).

Review: "Silyl-Substituted Cyclopropanes as Versatile Synthetic Reagents."

I.D.2-2 A. Krief et al., Tetrahedron Lett., 27, 2283
(1986); J.P. Genet et al., Bull. Soc. Chim. Fr., 793 (1986);
R. Gleiter et al., Helv. Chim. Acta, 69, 71 (1986); W.A.
Kleschick, J. Org. Chem., 51, 5429 (1986); E. Seoane et al.,
Tetrahedron, 42, 2429 (1986).

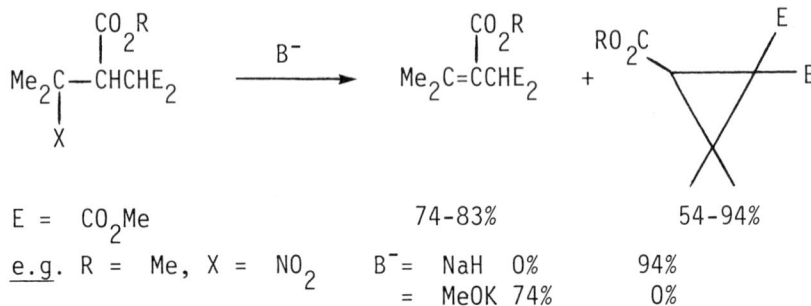

E = CO_2Me 74-83%   54-94%

e.g. R = Me, X = NO_2 B⁻= NaH 0%   94%
                              = MeOK 74%   0%

I.D. 2-3 L.S. Surmina and N.S. Zefirov, J. Org. Chem.
(USSR), 22, 777 (1986).

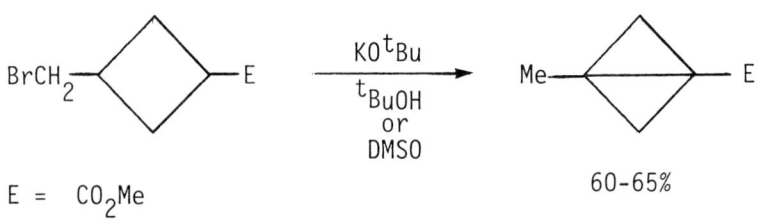

E = CO_2Me 60-65%

I.D.2-4 M. Tiecco et al., Tetrahedron, 42, 4889 (1986); E.
Schaumann et al., Synthesis, 1035 (1986); M. Joucla et al.,
Tetrahedron Lett., 27, 677 (1986); M.P. Cooke, Jr. and J.Y.
Law, J. Org. Chem, 51, 758 (1986); R. Broos and M.J.O.
Anteunis, Bull. Soc. Chim. Belg., 95, 135 (1986).

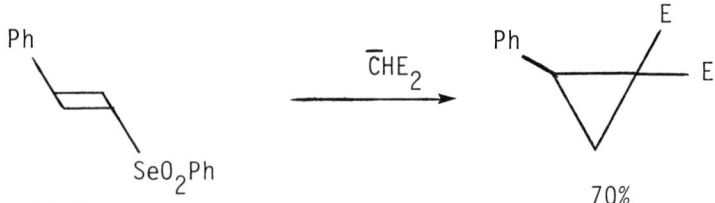

E = CO_2Me 70%
other leaving groups also used

I.D.2-5 B. Scholl and H.-J Hansen, Helv. Chim. Acta, 69, 1936 (1986); L.A. Paquette, H. Tanida et al., J. Org. Chem., 51, 696 (1986); T. Mukai et al., Tetrahedron Lett., 27, 6225 (1986).

[Reaction: o-(Me$_2$N)C$_6$H$_4$-CH(Me)-CH=CH$_2$ →(hν, MeOH, 20°C) o-(Me$_2$N)C$_6$H$_4$-cyclopropyl-Me (trans) + cis-isomer]

45 min., 55% conversion   43%   10%

I.D.2-6 T. Shiba et al., Tetrahedron Lett., 27, 2143 (1986).

[Reaction: pyrazoline with E, NHBz, E substituents →(hν) cyclopropane with E, NHBz, E]

E = CO$_2$Me   78%

I.D.2-7 A.G. Schultz et al., Tetrahedron Lett., 27, 1481 (1986).

[Reaction: 4-methyl-4-(CO$_2$Me)-3-methoxy-cyclohexa-2,5-dienone →(hν) bicyclic cyclopropane-fused cyclopentenone, MeO, H, Me, E substituents]

E = CO$_2$Me   exo | endo

endo 95% on prolonged irradiation

I.D.2-8 D.L. Boger and C.E. Brotherton, J. Am. Chem. Soc., 108, 6695 and 6713 (1986); T. Liese and A. de Meijere, Chem. Ber., 119, 2995 (1986).

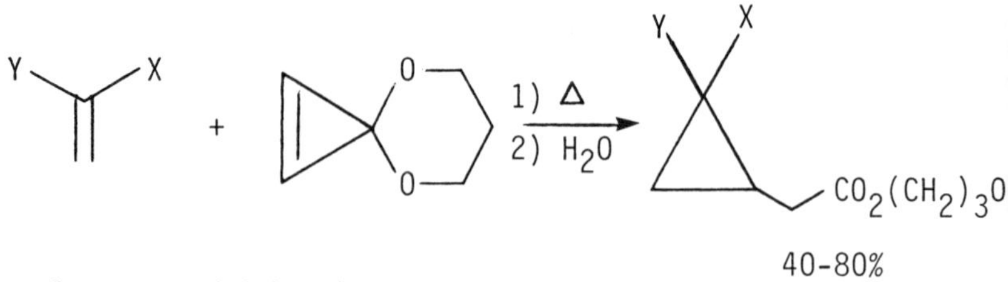

X = electron withdrawing

40-80%

towards colchicine

I.D.2-9 T. Sato et al., Tetrahedron Lett., 27, 1621 (1986); H. Nishiyama et al., ibid, 27, 361 (1986).

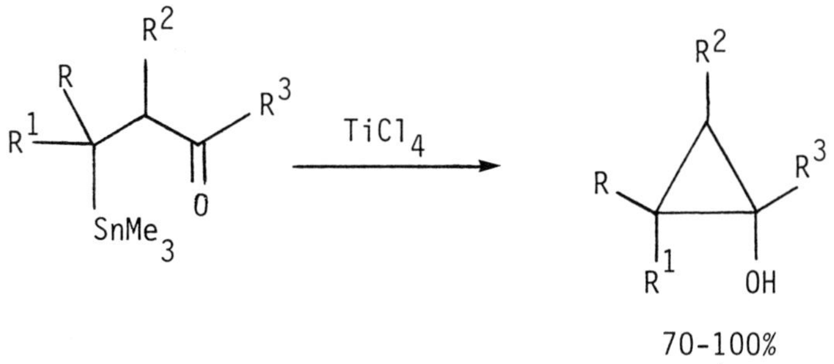

70-100%

I.D.2-10 H. Ishibashi et al., J. Chem. Soc., Perkin Trans. 1, 1763 (1986).

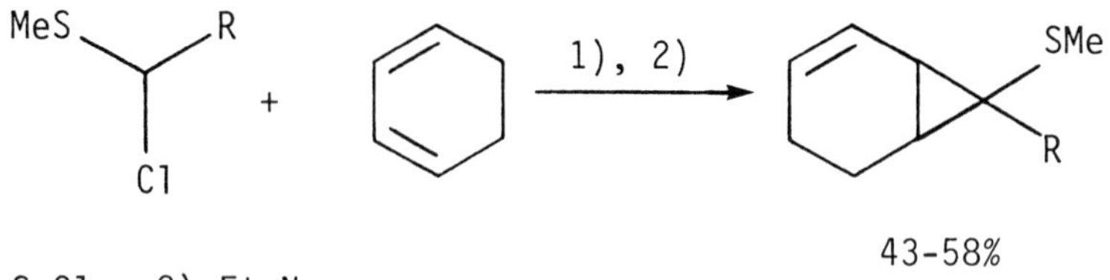

1) $SnCl_4$ 2) Et_3N

43-58%

I.D.2-11 M. Machida et al., Tetrahedron, 42, 4691 (1986).

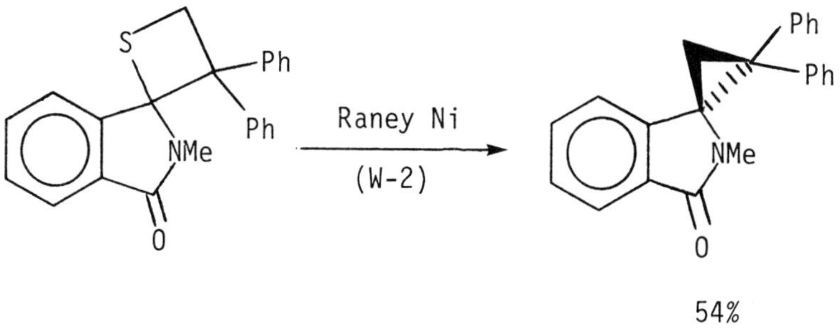

54%

I.D.2-12 W. Ando et al., Tetrahedron Lett., 27, 6357 (1986).

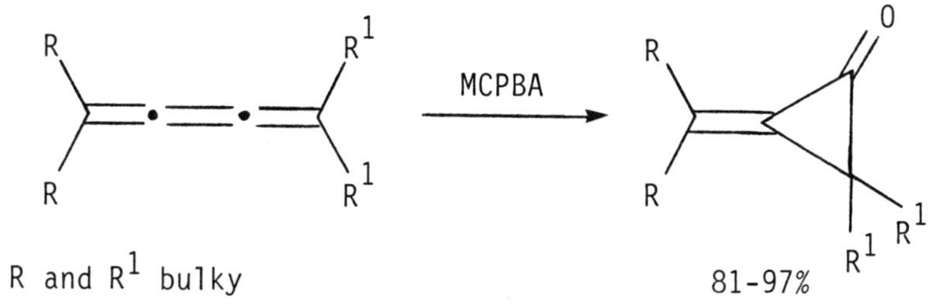

R and R^1 bulky   81-97%

I.D.2-13 Y. Tobe et al., Tetrahedron Lett., 27, 2905 (1986).

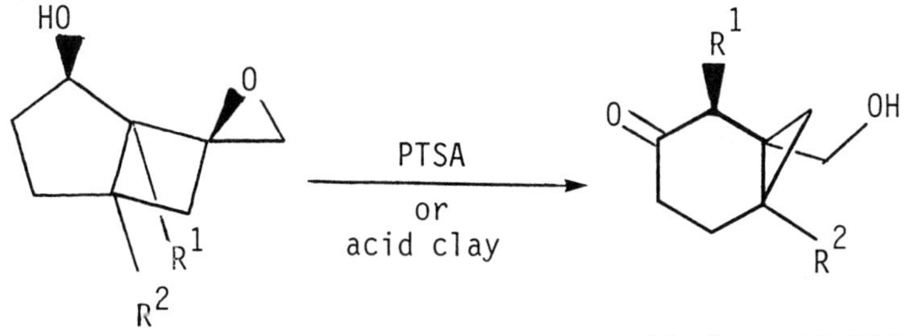

acid clay   50-80%
PTSA   30-92%

I.D.2-14 D. Seebach et al., Helv. Chim. Acta, 69, 1655 (1986); T. Nakajima et al., Chem. Lett., 177 (1986).

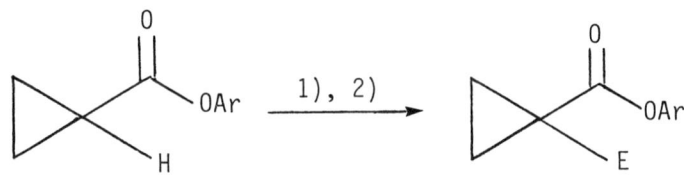

1) ^{t}BuLi   2) E^+

E^+ = MeI, ⌿⌒Br , BnBr and C=O species

I.D.2-15 M. Grignon-Dubois and J. Dunogues, J. Organomet. Chem., 309, 35 (1986).

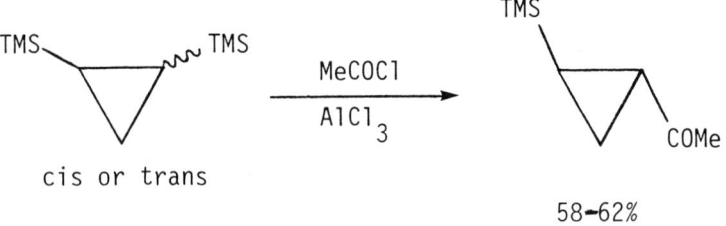

cis or trans

58-62%

I.D.2-16 Y. Sakito and G. Suzukamo, Chem. Lett., 621 (1986).

51-61%

cis : trans   82-86 : 18-14

I.E. Thermal Reactions

I.E.1. Cycloadditions

I.E.1-1 A. Ichihara, S. Sakamura et al., Tetrahedron Lett., 27, 1347 (1986); K.A. Parker and T. Iqbal, ibid, 27, 6291 (1986); K. Kanematsu et al., ibid, 27, 1837 (1986); K.N. Houk et al., ibid, 27, 295 (1986); K. Fukumoto et al., J. Chem. Soc., Perkin Trans. 1, 117, 829 and 837 (1986); K. Fischer and S. Hunig, Chem. Ber., 119, 2590 and 3344 (1986); G. Diehl and G. Himbert, ibid, 119, 3812 (1986).

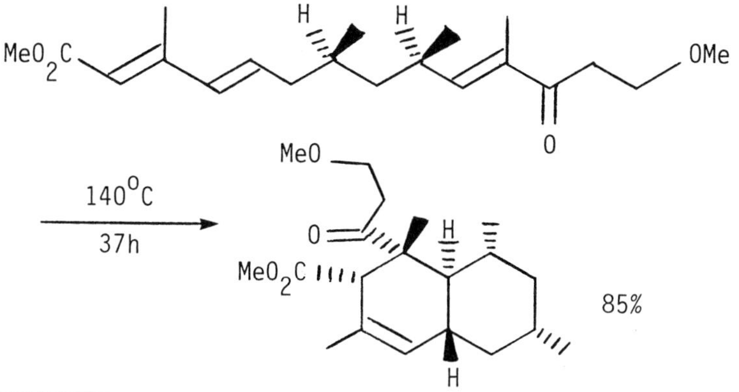

I.E.1-2 K.N. Houk et al., Tetrahedron Lett., 27, 4877 (1986); J.A. Marshall et al., J. Org. Chem., 51, 1155 and 1633 (1986); idem, Tetrahedron, 42, 2893 (1986); R.L. Snowden, ibid, 42, 3277 (1986); K.J. Shea et al., J. Am. Chem. Soc., 108, 4953 (1986).

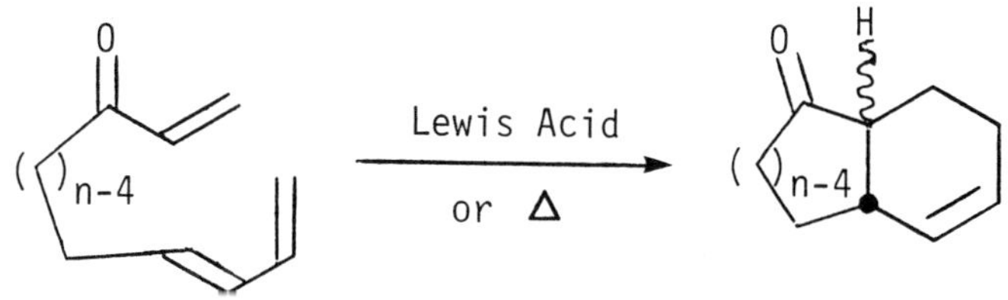

n = 5-11

stereoselectivity of thermolysis or Lewis acid catalysis compared

I.E.1-3 H.-U. Reissig et al., Angew. Chem., Int. Ed. Engl., 25, 1086 (1986).

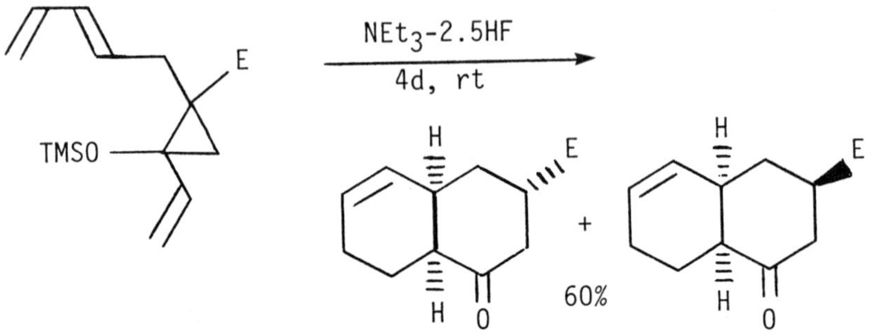

I.E.1-4 F. Farina et al., J. Chem. Res. (S), 364 and 366 (1986); idem, J. Chem. Soc., Perkin Trans. 1, 1923 (1986); idem, Tetrahedron, 42, 4309 (1986); P.S. Rutledge et al., Aust. J. Chem., 39, 821 (1986); H. Yamamoto et al., Tetrahedron Lett., 27, 4895 (1986); G.A Kraus and J.A. Walling, ibid, 27, 1873 (1986); D.W. Cameron, G.I. Feutrill et al., ibid, 27, 2417 and 2421 (1986); J.-P. Gesson et al., Bull. Soc. Chim. Fr., 93 (1986); S. Terashima et al., Bull. Chem. Soc. Jpn., 59, 415 (1986).

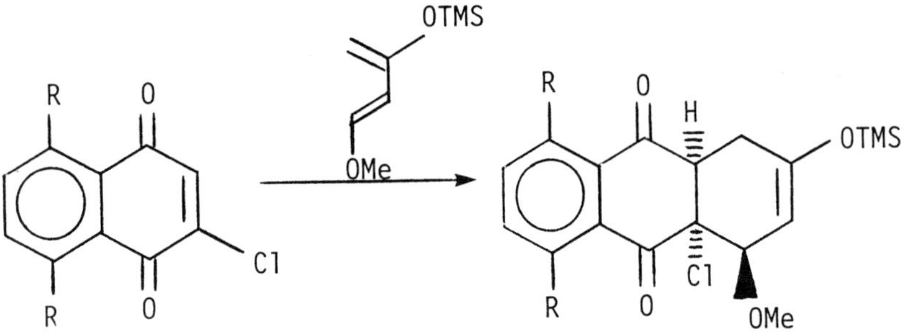

towards anthracyclines

I.E.1-5 R.J. Giguere, G. Majetich et al., Tetrahedron Lett., 27, 4945 (1986).

Microwave enhancement of the Diels-Alder reaction

I.E.1-6 Y.S. Kulkarni and B.B. Snider, Org. Prep. Proced. Int., 18, 7 (1986); P.A. Grieco et al., Tetrahedron, 42, 2847 (1986); O. Tsuge et al., Chem. Lett., 1491 (1986).

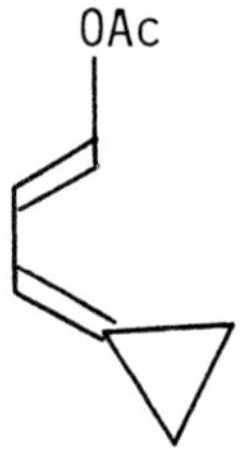

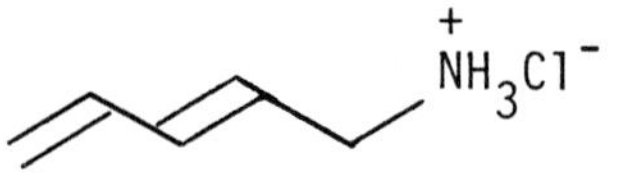

for aqueous Diels-Alder

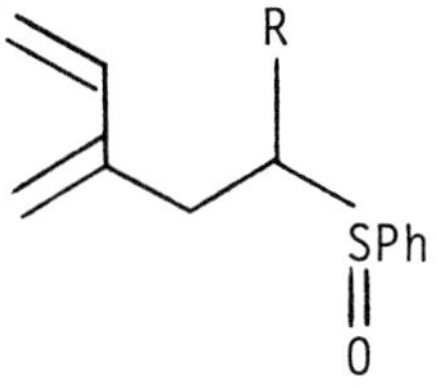

for double Diels-Alder

I.E.1-7 D.W. Cameron, G.I. Feutrill et al., Tetrahedron Lett., 27, 4999 (1986); D.L. Flynn and D.E. Nies, ibid, 27, 5075 (1986); B. Simoneau and P. Brassard, Tetrahedron, 42, 3767 (1986).

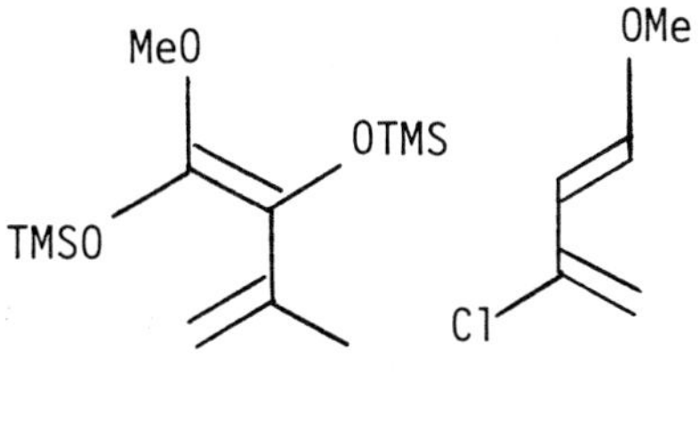

new Diels-Alder dienes

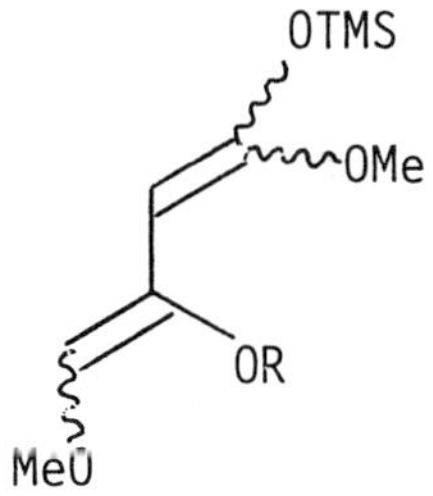

towards bikaverin

I.E.1-8 T.A. Engler and S. Naganathan, Tetrahedron Lett., 27, 1015 (1986); A.S. Rao et al., Ind. J. Chem., 25B, 46 (1986); R.L. Snowden and M. Wust, Tetrahedron Lett., 27, 699 and 703 (1986).

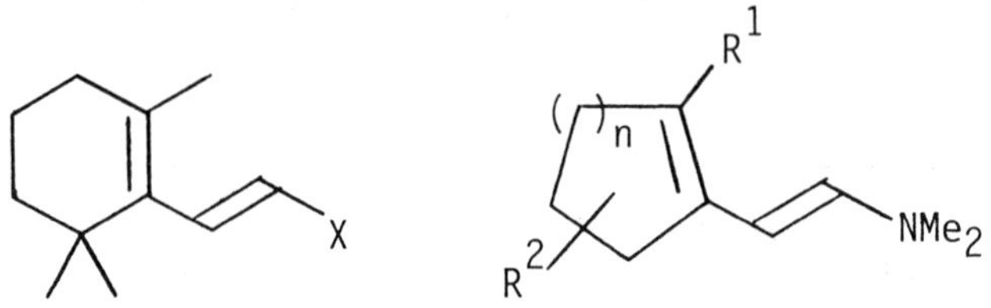

Diels-Alder dienes

I.E.1-9 M. Franck-Neumann et al., Tetrahedron Lett., 27, 3861 (1986); A. Guingant and J. d'Angelo, ibid, 27, 3729 (1986); O. Tsuge et al., Bull. Chem. Soc. Jpn., 59, 1869 and 2451 (1986).

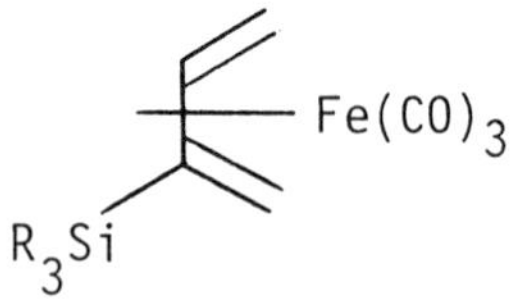

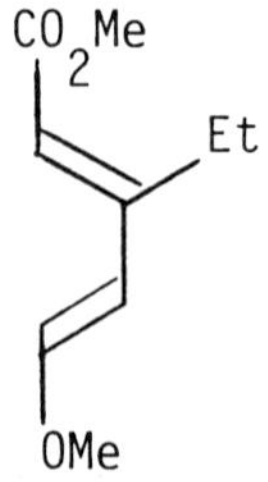

towards Aklavinone

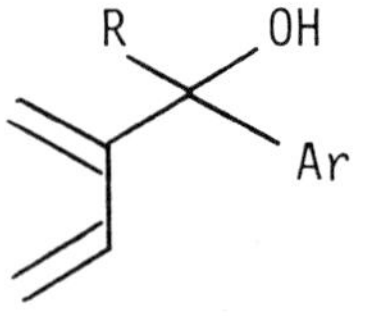

Diels-Alder dienes

I.E.1-10 J. Jurczak et al., Tetrahedron Lett., 27, 853 (1986); S. Eguchi et al., ibid, 27, 3381 (1986).

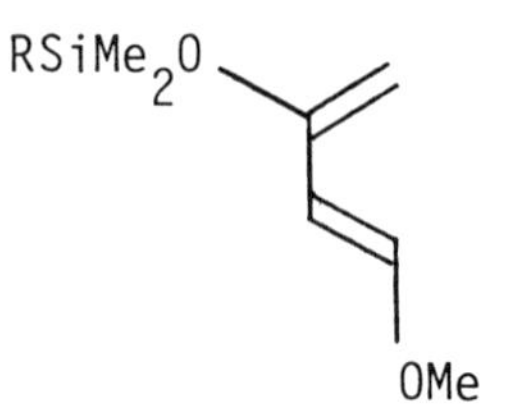

Diels-Alder dienes

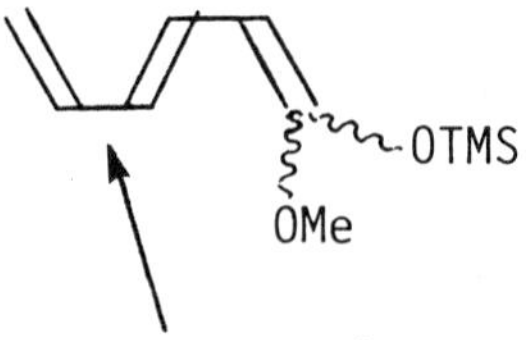

reacts here with dienophile

I.E.1-11 E. Winterfeldt et al., Tetrahedron Lett., 27, 5833 (1986); J.-M. Vatele, Tetrahedron, 42, 4443 (1986); A.P. Kozikowski and T.R. Nieduzak, Tetrahedron Lett., 27, 819 (1986).

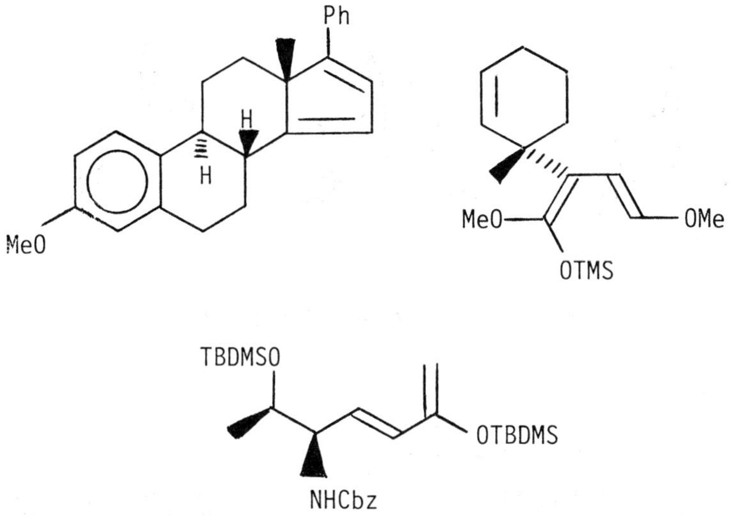

chiral Diels-Alder dienes

I.E.1-12 R. Neier et al., Helv. Chim. Acta, 69, 1898 (1986).

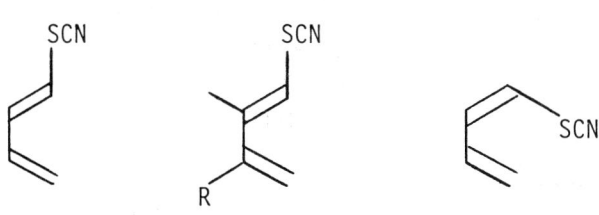

Diels-Alder dienes

I.E.1-13 P. Vogel et al., Helv. Chim. Acta, 69, 1310 (1986); T. Minami et al., J. Org. Chem., 51, 2210 (1986).

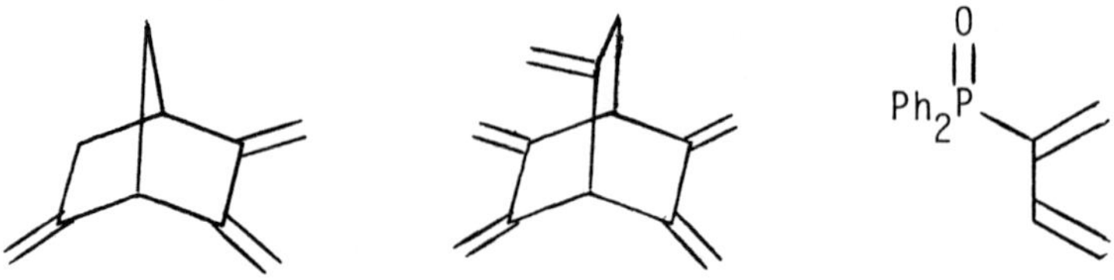

regioselective Diels-Alder dienes

I.E.1-14 N.S. Narasimhan and P.A. Patil, Tetrahedron Lett., 27, 5133 (1986); E.M. Acton et al., ibid, 27, 4245 (1986).

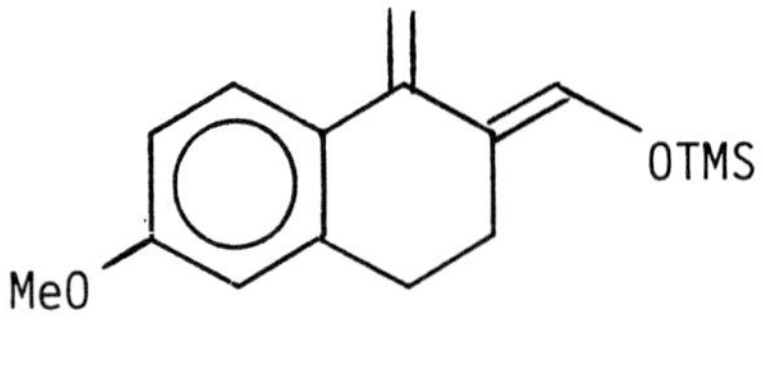

towards
Estrone

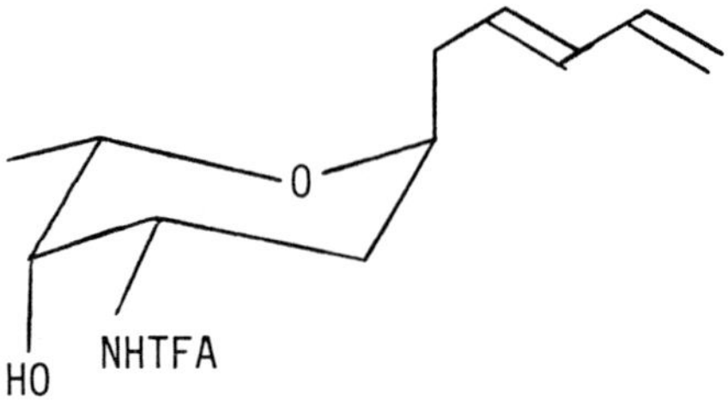

towards
Daunorubicin analogs

I.E.1-15 L.A. Paquette et al., Tetrahedron, 42, 1789 (1986); M. Oda et al., Tetrahedron Lett., 27, 5653 (1986); B. Potthoff and E. Breitmaier, Chem. Ber., 119, 3204 (1986).

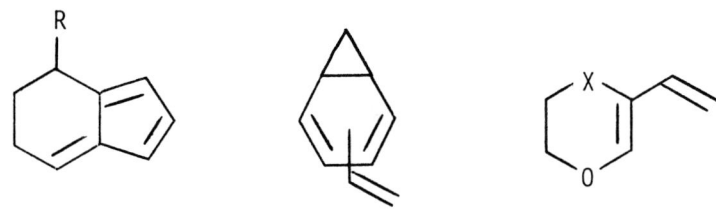

Diels-Alder dienes

I.E.1-16 D.L. Boger and M. Patel, Tetrahedron Lett., 27, 683 (1986); H.-D. Martin et al., Angew. Chem., Int. Ed. Engl., 25, 1116 (1986).

rigid dienophile

Diels-Alder dienophiles

I.E.1-17 J. Font et al., Tetrahedron Lett., 27, 1081 (1986); J. Mann et al., J. Chem. Soc., Perkin Trans. 1, 2279 (1986); M. Vandewalle, W. Oppolzer et al., Tetrahedron, 42, 4035 (1986).

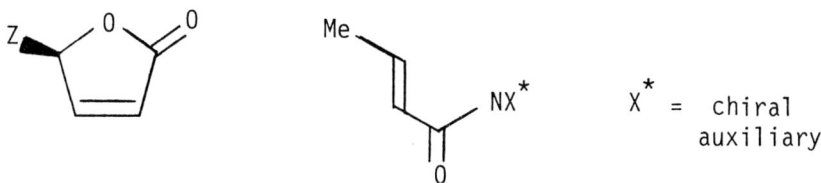

X* = chiral auxiliary

chiral dienophiles

I.E.1-18 R.D. Bach and R.C. Klix, Tetrahedron Lett., 27, 1983 (1986); A. Alberola et al., ibid, 27, 2027 (1986); N. Ono et al., ibid, 27, 1595 (1986).

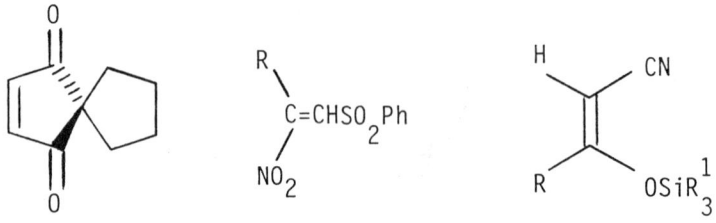

towards Fredericamycin

Diels-Alder dienophiles

I.E.1-19 J.-L. Boucher and L. Stella, Tetrahedron, 42, 3871 (1986); J.-G. Duboudin et al., J. Organomet. Chem., 304, 115 (1986); T. Koizumi et al., Heterocycles, 24, 2137 (1986).

Diels-Alder dienophiles

I.E.1-20 S.D. Kahn and W.J. Hehre, Tetrahedron Lett., 27, 6041 (1986); T. Koizumi et al., Synth. Commun., 16, 233 (1986).

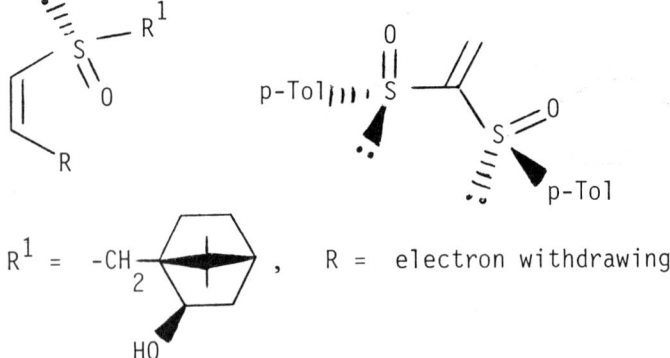

R^1 = -CH$_2$-(cyclohexyl-OH), R = electron withdrawing

I.E.1-21 D.L. Boger and C.E. Brotherton, Tetrahedron, 42, 2777 (1986); P. Muller and D. Rodriguez, Helv. Chim. Acta, 69, 1546 (1986); D. Spitzner and H. Swoboda, Tetrahedron Lett., 27, 1281 (1986).

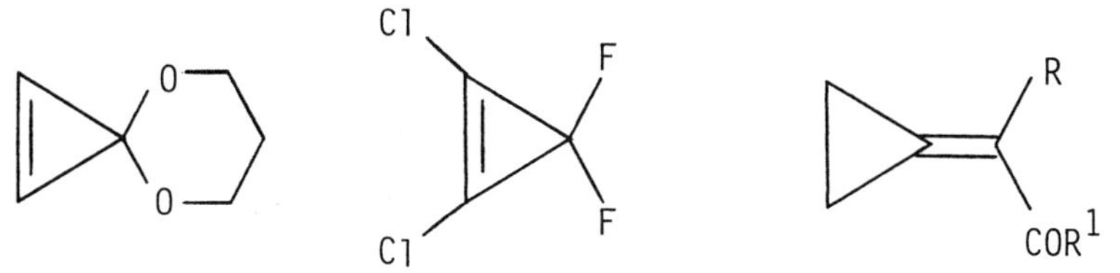

Diels-Alder dienophiles

I.E.1-22 A. de Meijere et al., Chem. Ber., 119, 3607 (1986); P.A. Grieco et al., J. Am. Chem. Soc., 108, 5908 (1986); G.A. Tolstikov et al., J. Org. Chem. (USSR), 22, 107 (1986).

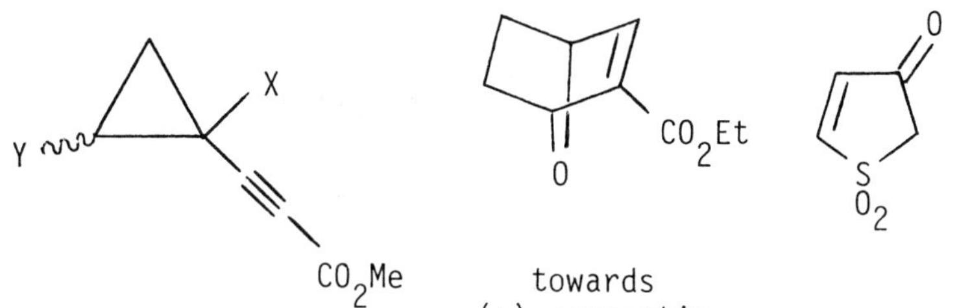

towards
(+) compactin

I.E.1-23 R. Ramage and A.M. MacLeod, Tetrahedron, 42, 3251 (1986); R.E. Ireland and D.M. Obrecht, Helv. Chim. Acta, 69, 1273 (1986).

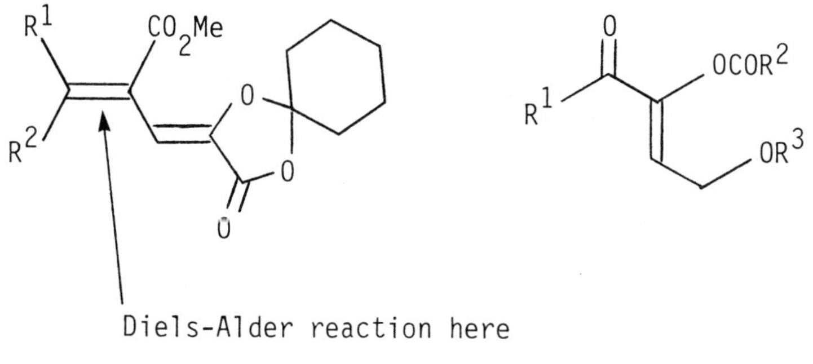

Diels-Alder reaction here

I.E.1-24 M.E. Jung and K.R. Buszek, Tetrahedron Lett., 27, 6165 (1986); R. Carrie et al., ibid, 27, 4983 (1986).

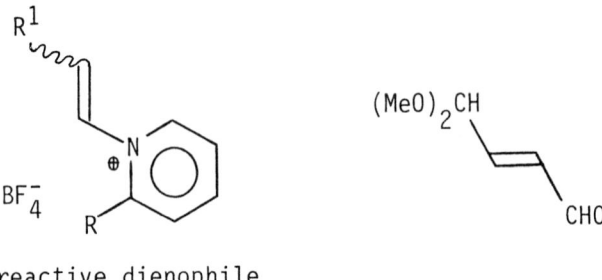

reactive dienophile

I.E.1-25 H. Hauptmann, G. Muhlbauer and N.P.C. Walker, Tetrahedron Lett., 27, 1315 (1986).

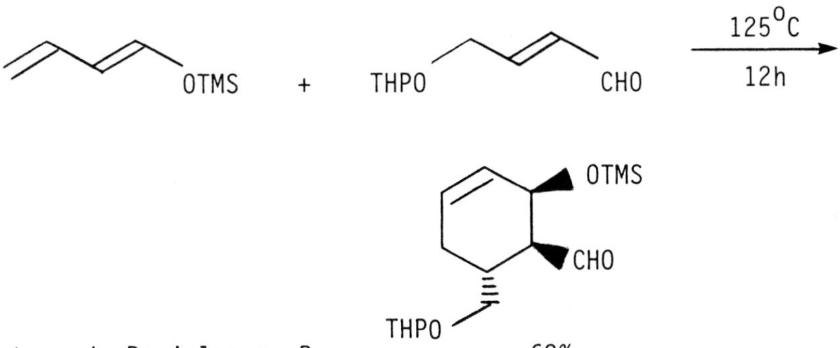

towards Periplanone B   62%

I.E.1-26 H. Wingert and M. Regitz, Chem. Ber., 119, 244 (1986); idem, Z. Naturforsch. B, 41, 1306 (1986).

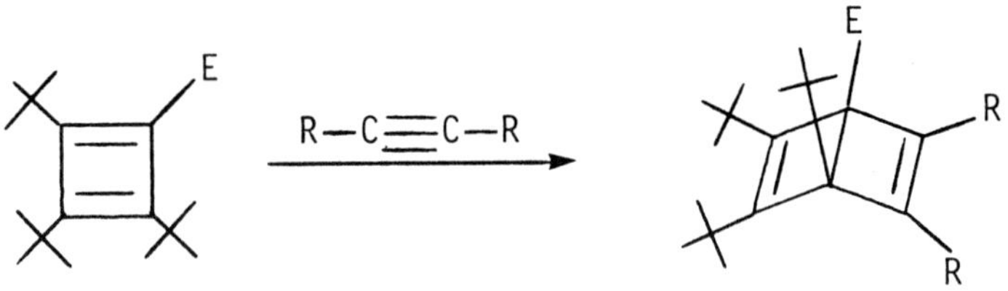

46-61%

E = $CO_2{}^tBu$

I.E.1-27 O. Meth-Cohn and G. van Vuuren, J. Chem. Soc., Perkin Trans. 1, 233 (1986); J. Nakayama et al., Heterocycles, 24, 1233 (1986).

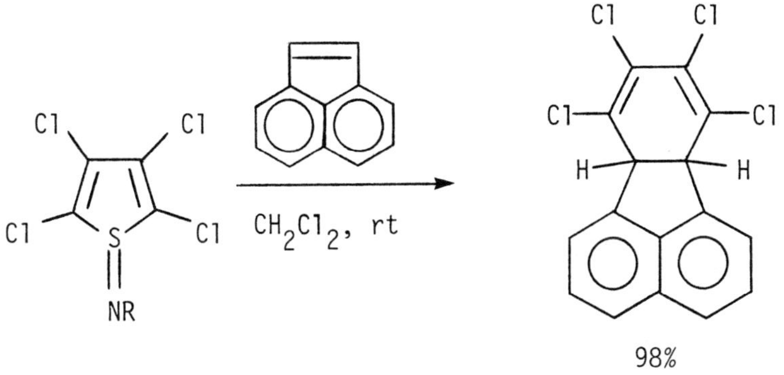

I.E.1-28 K. Mori and H. Watanabe, Tetrahedron, 42, 273 (1986); S.P. Tanis and Y.M. Abdallah, Synth. Commun., 16, 251 (1986).

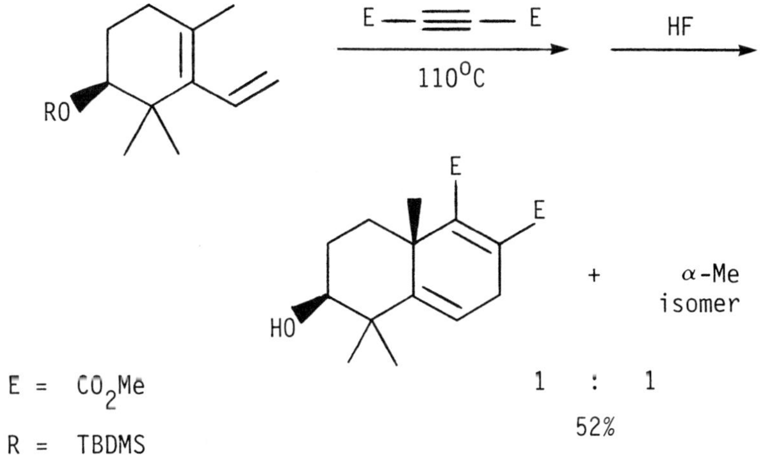

E = CO_2Me

R = TBDMS

I.E.1-29 M. Noguchi et al., Heterocycles, 24, 665 (1986);
G. Himbert and W. Brunn, Leibigs Ann. Chem., 1067 (1986).

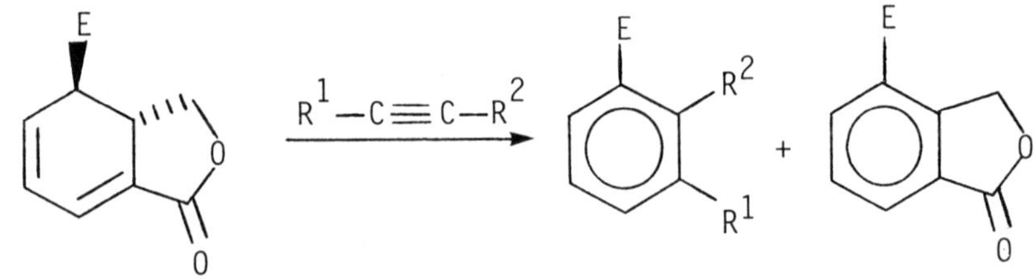

E = CO_2Me

R^1, R^2 = electron withdrawing

60-61%   28-31%

I.E.1-30 P.C. Belanger and C. Dufresne, Can. J. Chem., 64, 1514 (1986); E.W. Colvin and I.G. Thom, Tetrahedron, 42, 3137 (1986).

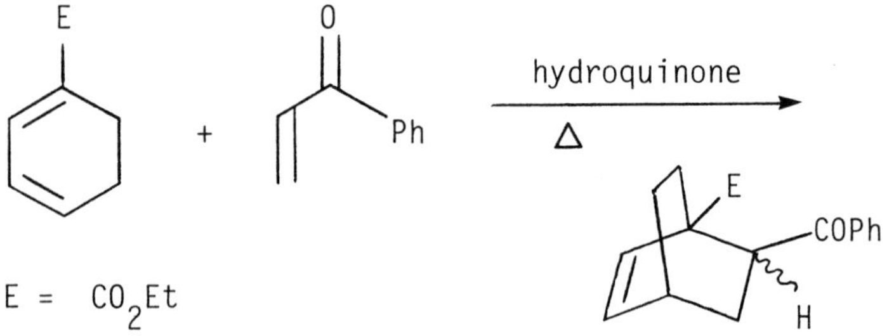

E = CO_2Et

endo : exo   4.4 : 1   59%

I.E.1-31 H.-J. Schneider and N.K. Sanguran, Chem. Commun., 1787 (1986); H. Yamamoto et al., Tetrahedron Lett., 27, 4507 (1986).

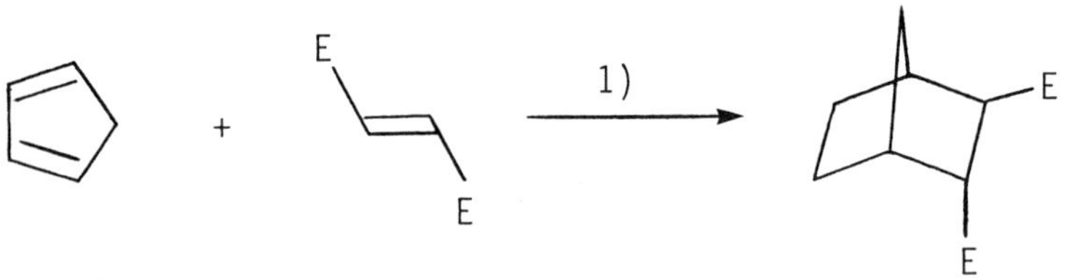

E = CO_2Et

1) β-cyclodextrin

reaction greatly enhanced by β-cyclodextrin

high yields and high % d.e. also with Et_2AlCl

I.E.1-32   J. Ipaktschi, Z. Naturforsch. B, 41, 496 (1986); J. Sauer et al., Tetrahedron Lett., 27, 1285 (1986).

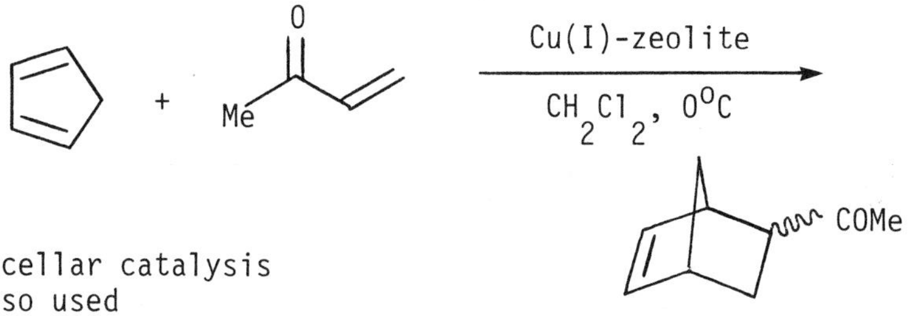

micellar catalysis also used

84%   exo : endo   1 : 24

I.E.1-33   K. Narasaka et al., Chem. Lett., 1109 (1986).

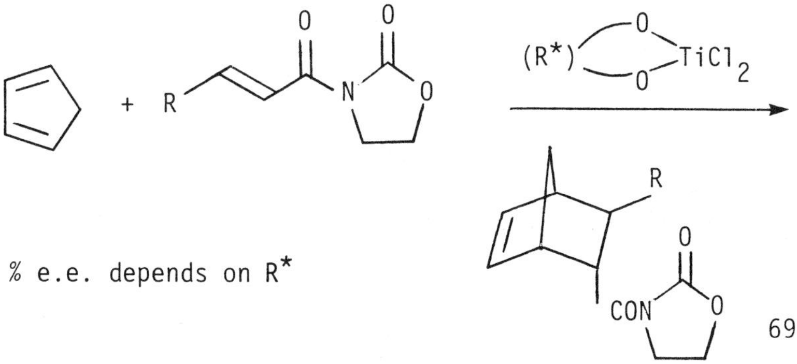

% e.e. depends on R*

69-93%

endo : exo   > 86 : 14

I.E.1-34   R.S. Glass et al., J. Org. Chem., 51, 5123 (1986).

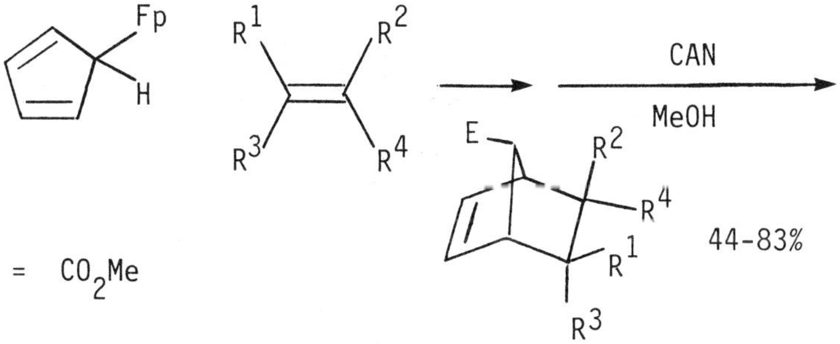

E = CO_2Me

44-83%

I.E.1-35 J.-L. Boucher and L. Stella, Bull. Soc. Chim. Fr., 276 (1986).

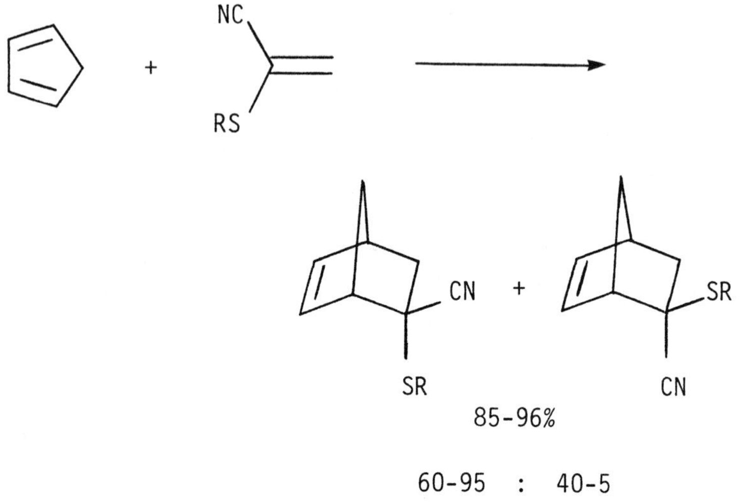

85-96%

60-95 : 40-5

I.E.1-36 K. Kloc et al., J. Org. Chem., 51, 4347 (1986).

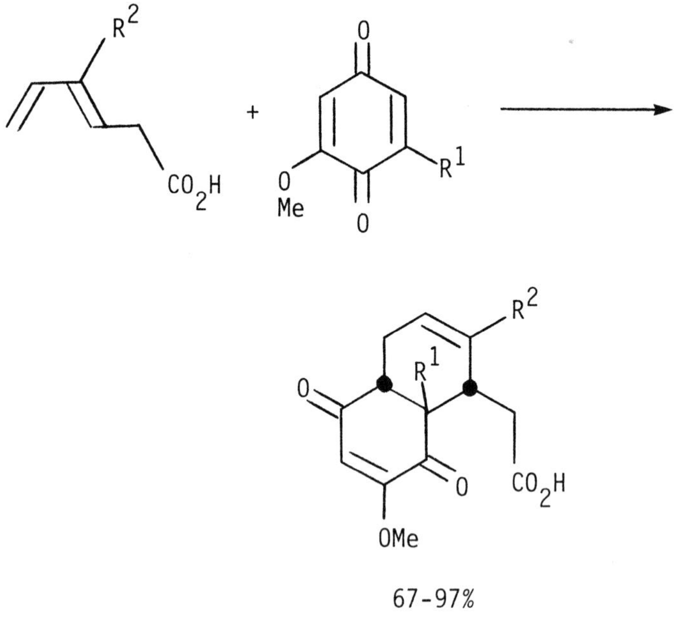

67-97%

I.E.1-37 T.R. Kelly et al., J. Am. Chem. Soc., 108, 3510 (1986).

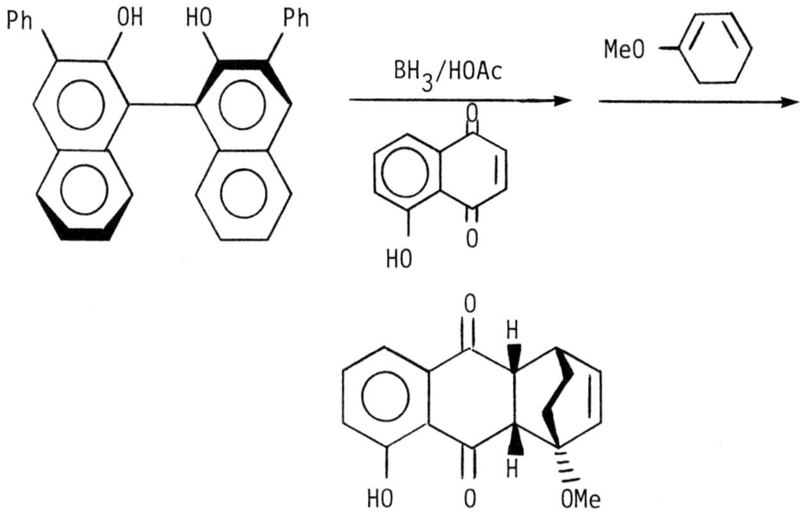

70-90%, > 98% e.e.

I.E.1-38 J.R. Bull and R.I. Thomson, Chem. Commun., 451 (1986).

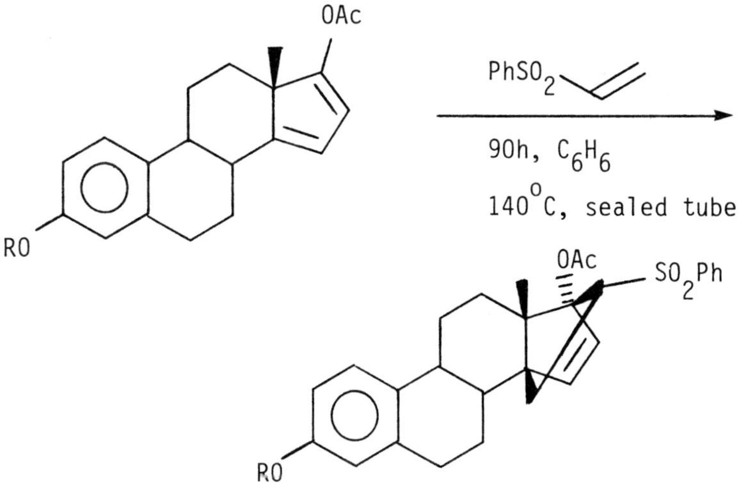

> 90%

I.E.1-39 G.H. Posner and D.G. Wettlaufer, Tetrahedron Lett., 27, 667 (1986).

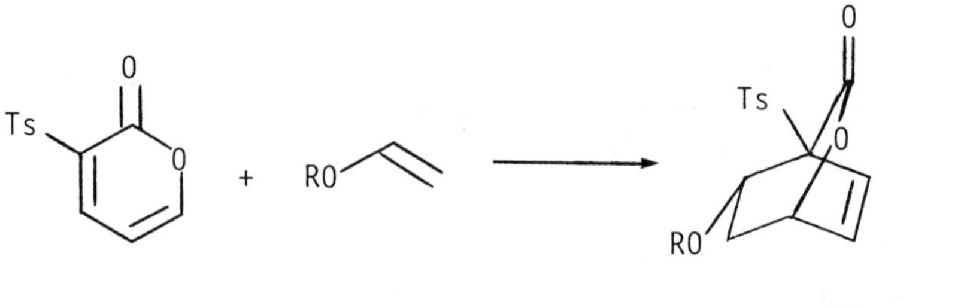

75-95%, d.e. 0-90%

I.E.1-40 G. Jenner and M. Papadopoulos, J. Org. Chem., 51, 585 (1986); A.B. Smith, III et al., J. Am. Chem. Soc., 108, 3040 (1986).

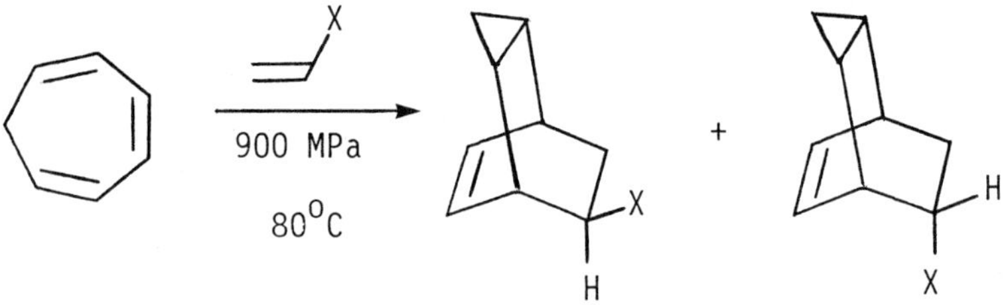

X = CN   1 : 1
X = CO_2Me 1 : 5

I.E.1-41 M. Suzuki et al., Chem. Pharm. Bull., 34, 3488 (1986); Y. Naruta, Y. Nishigaichi and K. Maruyama, Chem. Lett., 1703 (1986); R. Urech, Aust. J. Chem., 39, 433 (1986).

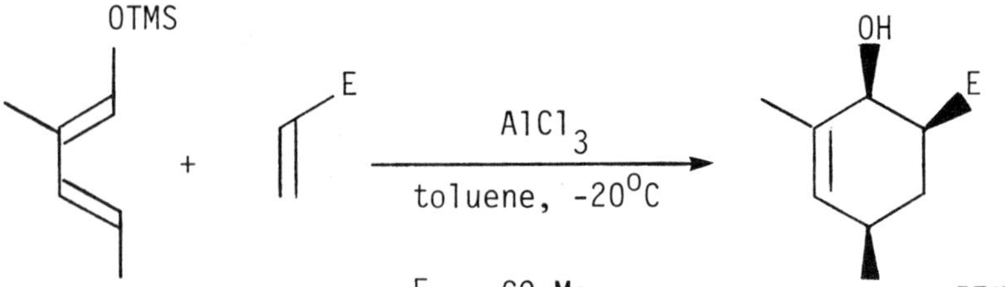

E = CO_2Me

57%

similar reactions with $TiCl_4$ or $SnCl_4$

different results with other solvents

I.E.1-42 D.W. Reynolds and N.L. Bauld, Tetrahedron, 42, 6189 (1986).

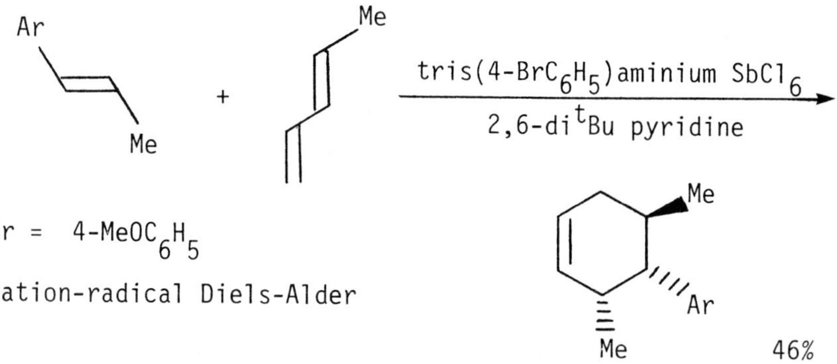
Ar
Me
+
Me
tris(4-BrC6H5)aminium SbCl6
2,6-di tBu pyridine
Me
Ar
Me

Ar = 4-MeOC$_6$H$_5$

cation-radical Diels-Alder

46%

I.E.1-43 J.L. Charlton et al., Can. J. Chem., 64, 720 and 793 (1986).

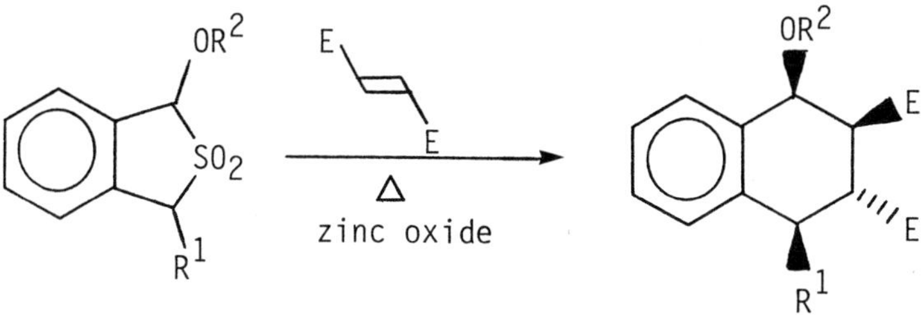
OR2
SO2
R1
E
E
Δ
zinc oxide
OR2
E
E
R1

E = CO$_2$Me

56-100%

I.E.1-44 R. Bloch and D. Hassan-Gonzales, Tetrahedron, 42, 4975 (1986).

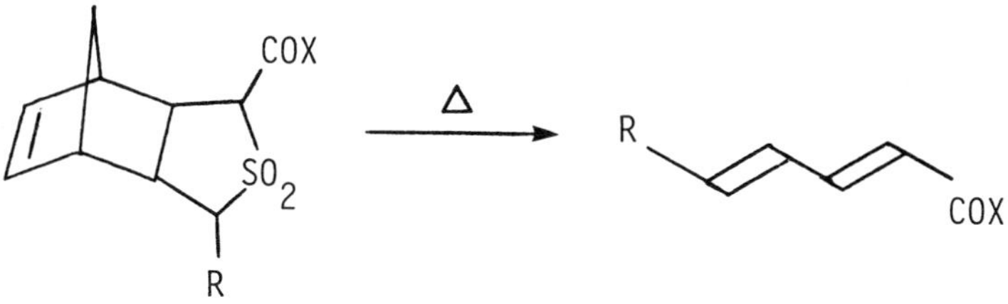
COX
SO2
R
Δ
R
COX

56-90%

I.E.1-45   S.D. Burke et al., Tetrahedron Lett., 27, 6295 (1986).

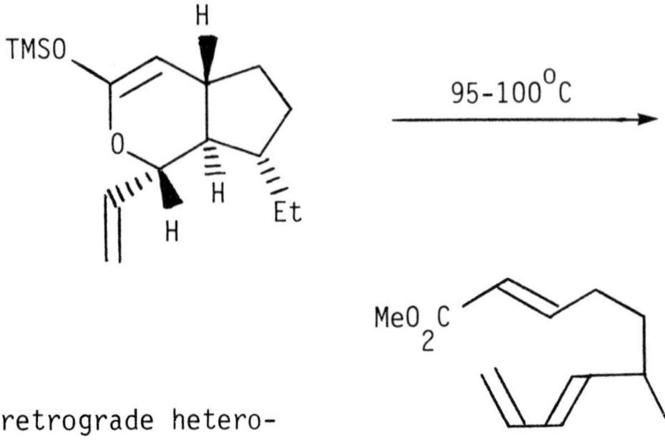

retrograde hetero-
Diels-Alder

95-100 °C

+ 23% expected Claisen product

52%

I.E.1-46   H.K. Hall, Jr., T. Gotoh and A.B. Padias, J. Am. Chem. Soc., 108, 4920 (1986); B.W. Roberts et al., Tetrahedron Lett., 27, 2083 (1986).

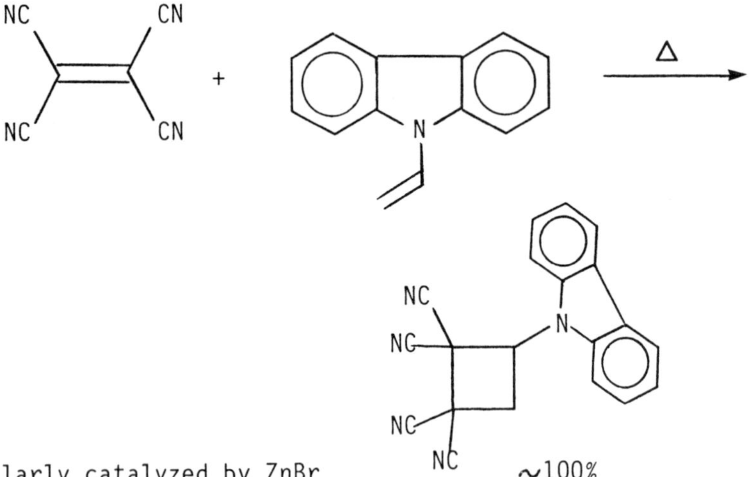

similarly catalyzed by $ZnBr_2$

~100%

I.E.1-47 L. Jaenicke et al., Tetrahedron Lett., 27, 2349 (1986).

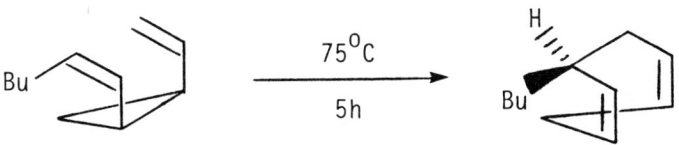

near quantitative

I.E.1-48 J. Daub et al., Z. Naturforsch. B, 41, 1151 (1986).

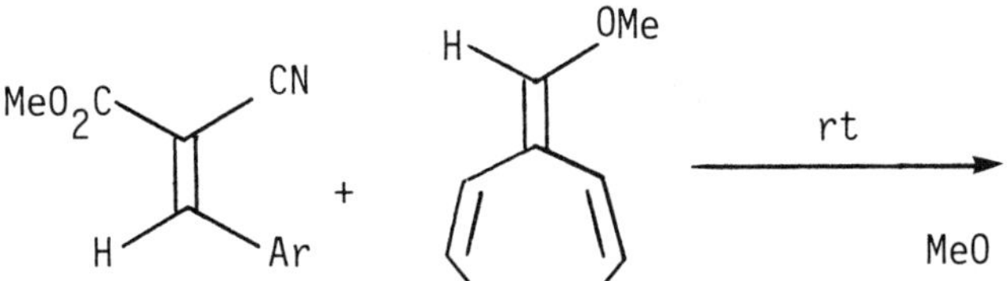

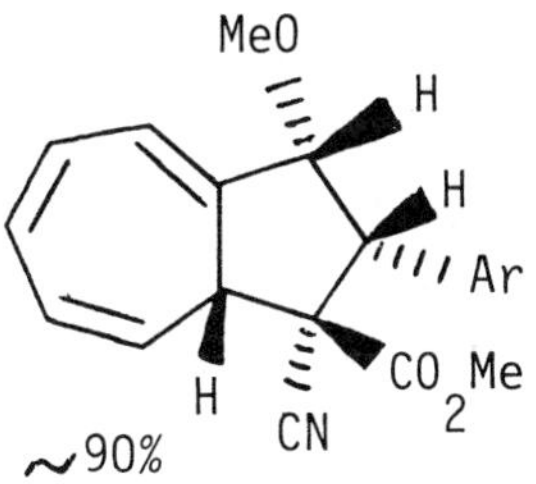

Ar = 4-NO₂C₆H₅

[8+2] cycloaddition

~90%

I.E.1-49 P.A. Wender and N.C. Ihle, J. Am. Chem. Soc., 108, 4678 (1986).

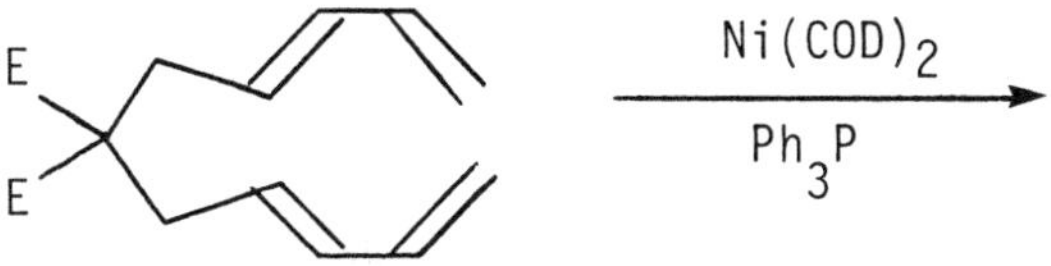

E = CO₂Et.

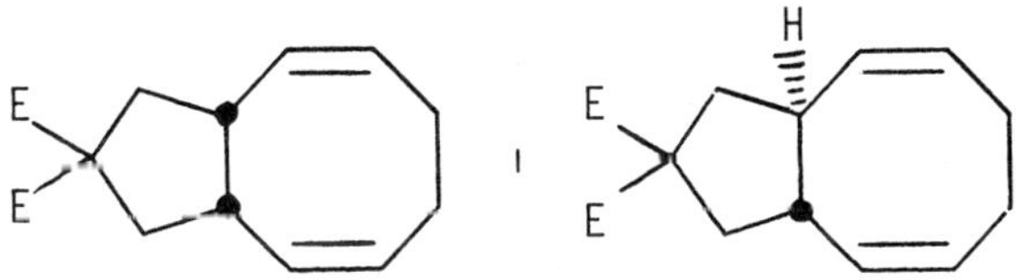

70%   19 : 1

I.E.1-50   R.L. Funk and G.L. Bolton, J. Am. Chem. Soc., 108, 4655 (1986).

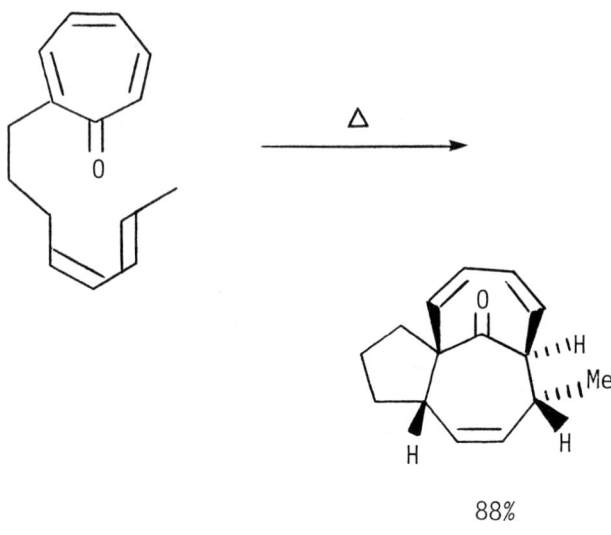

88%

I.E.1-51   G.L. Lange and M. Lee, Synthesis, 117 (1986).

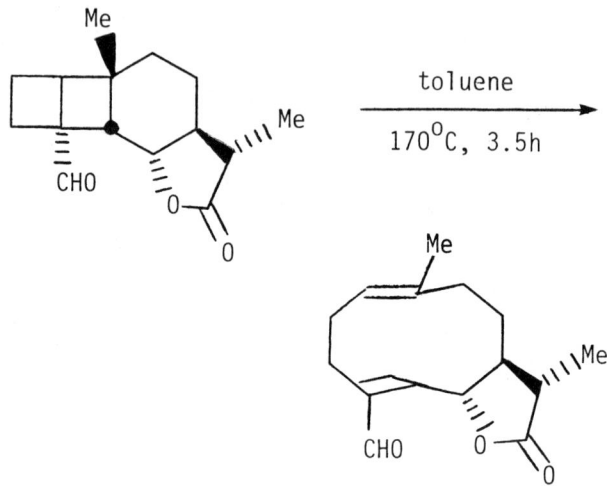

corresponding ester required 30h   35%

I.E.1-52 J.W. Scheeren, Rec. Trav. Chim., 105, 71 (1986).

Review: "Synthetic and Mechanistic Aspects of Thermal (2+2) Cycloadditions of Ketene Acetals with Electron-Poor Alkenes and Carbonyl Compounds."

I.E.1-53 W.V. Dower and K.P.C. Vollhardt, Tetrahedron, 42, 1873 (1986).

Review: "Thermal Conversion of 1,5,9-Triynes. [2+2+2] Cycloadditions or [3,3] Sigmatropic Shifts."

I.E.1-54 F. Fringuelli, A. Taticchi, E. Wenkert et al., J. Org. Chem., 51, 5177 (1986).

Diels-Alder reactions of cycloalkenones.
11. Regioselectivity of 2-cyclohexenones.

I.E.2. Other Thermal Reactions

I.E.2-1 M. Karpf, Angew. Chem., Int. Ed. Engl., 25, 414 (1986).

Review: "Organic Synthesis at High Temperatures. Gas-Phase Flow Thermolysis."

I.E.2-2 L.A. Paquette et al., J. Org. Chem., 51, 686 (1986); A.S. Dreiding et al., Helv. Chim. Acta, 69, 560 and 659 (1986).

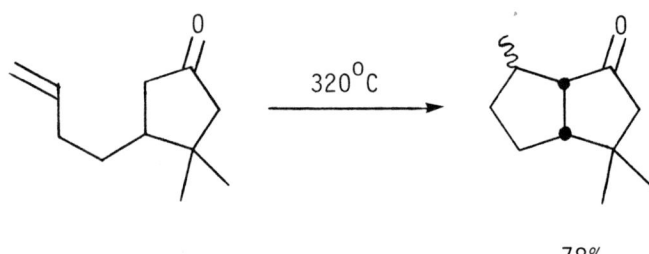

78%

I.E.2-3 S.K. Gosh and T.K. Sarkar, Tetrahedron Lett., 27, 525 (1986); L.F. Tietze and U. Beifuss, ibid, 27, 1767 (1986); W.R. Dolbier, Jr., D.J. Burton et al., ibid, 27, 4387 (1986).

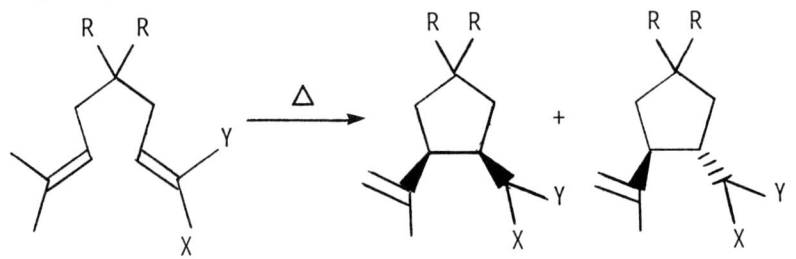

X,Y = H, CO_2Me, CO_2Et

70-85%

13-76 : 87-24

I.E.2-4 P.G. Wiering and H. Steinberg, Rec. Trav. Chim., 105, 394 (1986); T.A. Inglin and J.A. Berson, J. Am. Chem. Soc., 108, 3394 (1986); M. Neuenschwander et al., Helv. Chim. Acta, 69, 835 (1986); T. Kametani et al., J. Chem. Soc., Perkin Trans. 1, 1373 (1986); idem, Chem. Pharm. Bull., 34, 3169 (1986).

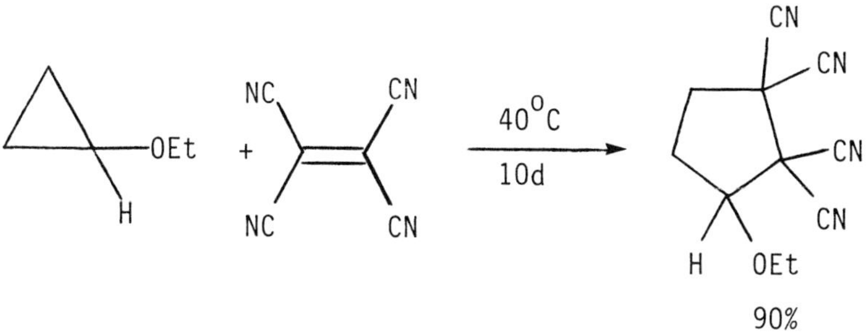

I.E.2-5 M. Hamaguchi et al., Heterocycles, 24, 2111 (1986); C. Cativiela et al., Synthesis, 418 (1986); idem, Tetrahedron, 42, 583 (1986).

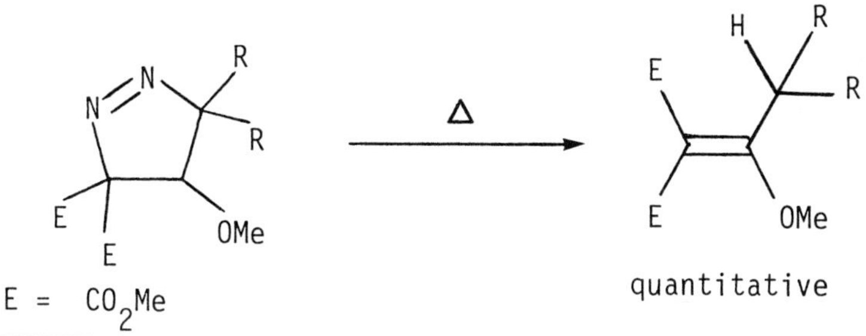

$E = CO_2Me$

I.E.2-6 A.V. Rao and D.R. Reddy, Synth. Commun., 16, 97 (1986).

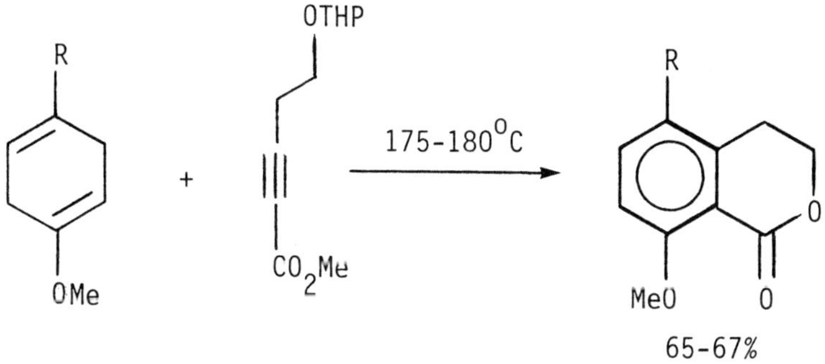

I.E.2-7 T. Hudlicky et al., Synth. Commun., 16, 393 (1986).

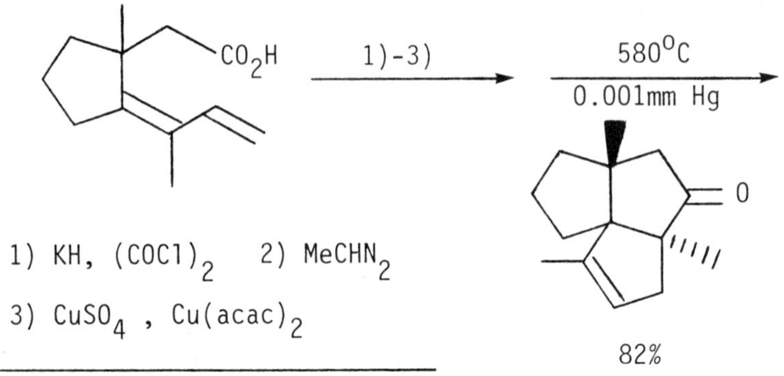
CO2H
1)-3)
580°C
0.001mm Hg
0
1) KH, (COCl)2 2) MeCHN2
3) CuSO4 , Cu(acac)2
82%

I.E.2-8 J.O. Metzger et al., Chem Ber., 119, 488, 500 and 508 (1986).

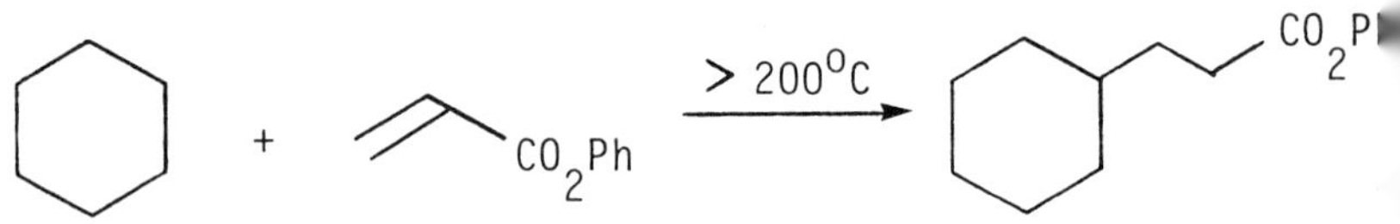
+
CO2Ph
> 200°C
CO2P

no yield given

I.E.2-9 F. Bickelhaupt et al., Tetrahedron, 42, 1571 (1986).

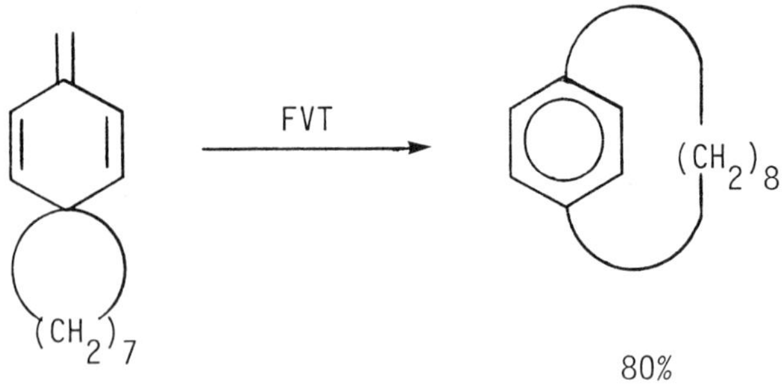
FVT
(CH2)7
(CH2)8

80%

I.E.2-10 G. Mehta et al., J. Am. Chem. Soc., 108, 3443 (1986).

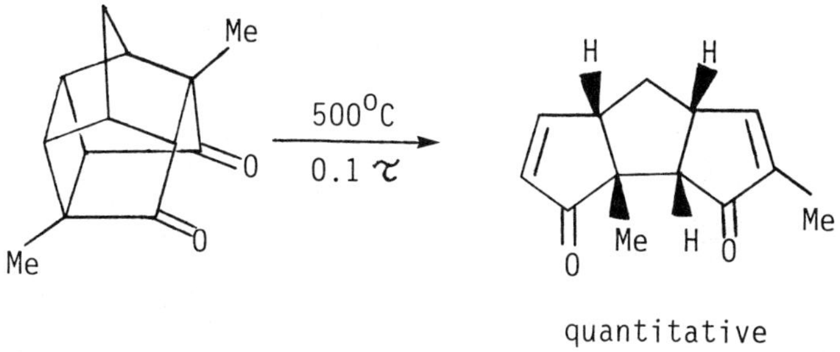

500°C, 0.1 τ

quantitative

I.E.2-11 E. Anders et al., Chem. Ber., 119, 1350 (1986).

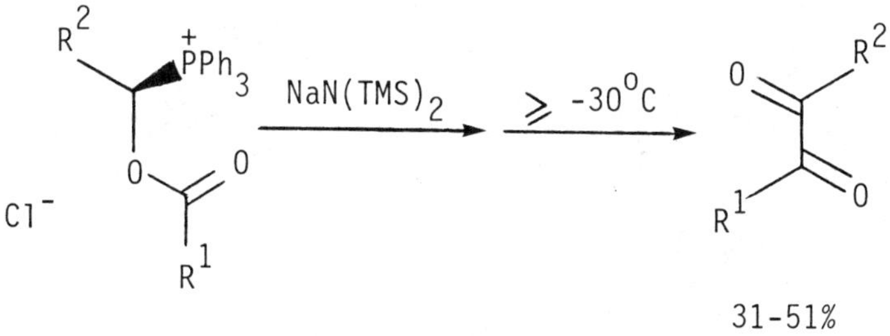

NaN(TMS)$_2$, ≥ −30°C

31-51%

I.E.2-12 R.M. Ottenbrite et al., J. Heterocycl. Chem., 23, 1725 (1986).

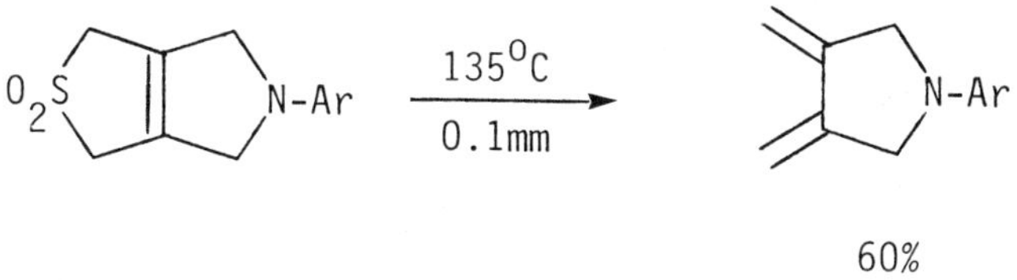

135°C, 0.1mm

60%

I.E.2-13 E.V. Dehmlow and R. Kramer, Z. Naturforsch. B, 41, 259 (1986); F. Bickelhaupt et al., Chem Ber., 119, 754 (1986).

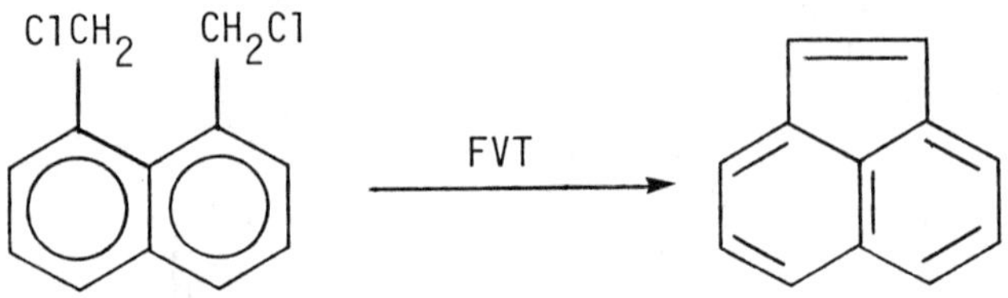

near quantitative

I.E.2-14 S. Gladiali et al., J. Heterocycl. Chem., 23, 1395 (1986).

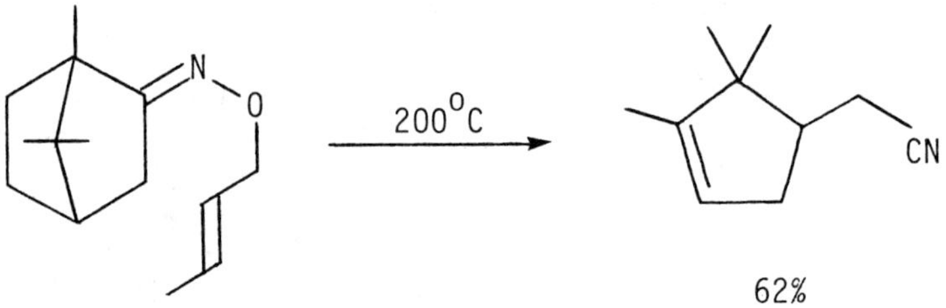

200 °C

62%

I.E.2-15 R.T. Conlin and Y.-W. Kwak, Organometallics, 5, 1205 (1986).

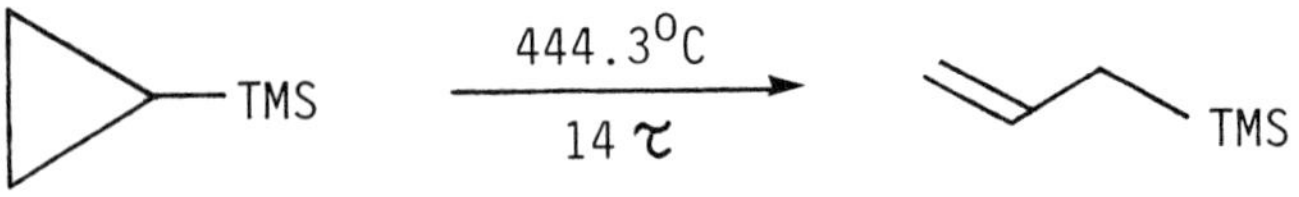

444.3 °C
14 τ

91.9%

I.E.3. Photochemical Reactions

I.E.3-1 A.I. Meyers and S.A. Fleming, J. Am. Chem. Soc., 108, 306 (1986); H.-D Scharf et al., Tetrahedron, 42, 3547 (1986); P. Sarti-Fantoni et al., Heterocycles, 24, 2863 and 3467 (1986); M. Cavazza and F. Pietra, Chem. Commun., 1480 (1986).

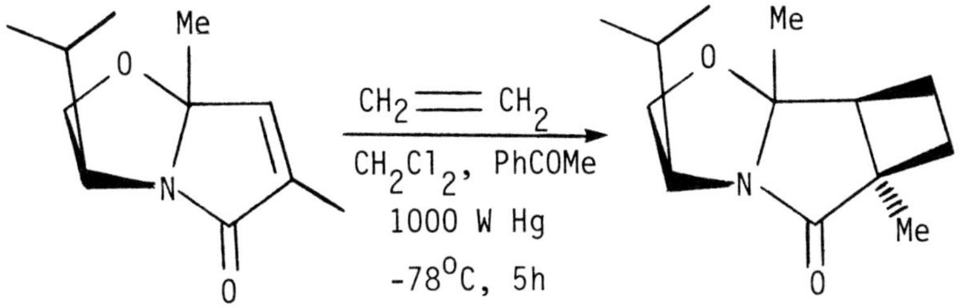

Me
O
N
O
CH_2 ═ CH_2
CH_2Cl_2, PhCOMe
1000 W Hg
-78°C, 5h
Me
O
N
Me
O

93%

I.E.3-2 G. Rosini et al., Tetrahedron, 42, 6027 (1986); S. Wolff, W.C. Agosta et al., J. Am. Chem. Soc., 108, 3385 (1986); M.T. Crimmins and S.W. Mascarella, ibid, 108, 3435 (1986); G. Maier et al., Chem. Ber., 119, 1111 (1986); N.C. Yang and M.G. Horner, Tetrahedron Lett., 27, 543 (1986).

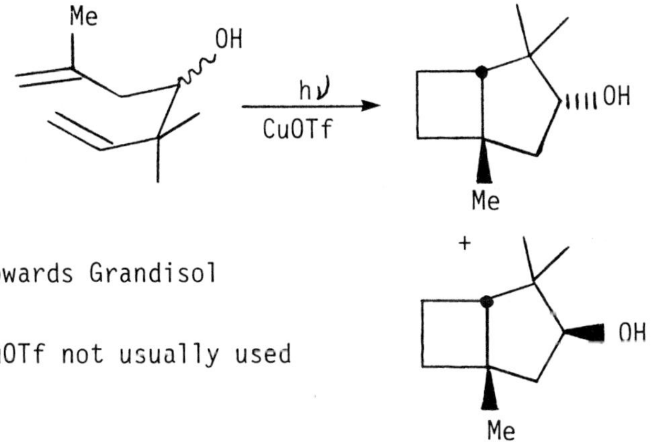

Me
OH
hν
CuOTf
OH
Me
+
OH
Me

95% 3 : 1

towards Grandisol

CuOTf not usually used

I.E.3-3 N.A. Nedolya et al., J. Org. Chem. (USSR), 22, 1037 (1986); D.L. Fields, Jr. and H. Shechter, J. Org. Chem., 51, 3369 (1986); J. Mattay et al., Helv. Chim. Acta, 69, 442 (1986).

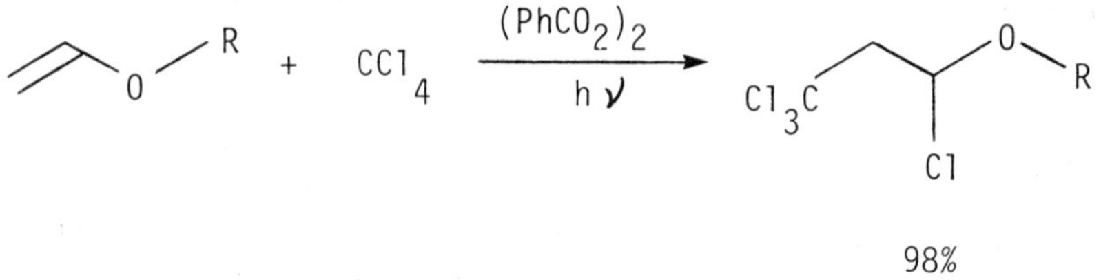

$$\text{CH}_2=\text{CH-O-R} + \text{CCl}_4 \xrightarrow[h\nu]{(\text{PhCO}_2)_2} \text{Cl}_3\text{C-CH}_2\text{-CH(Cl)-O-R}$$

98%

I.E.3-4 M. D'Auria et al., J. Chem. Soc., Perkin Trans. 1, 1755 (1986); I. Saito et al., J. Org. Chem., 51, 5148 (1986); M.E. Hassan, Rec. Trav. Chim., 105, 30 (1986).

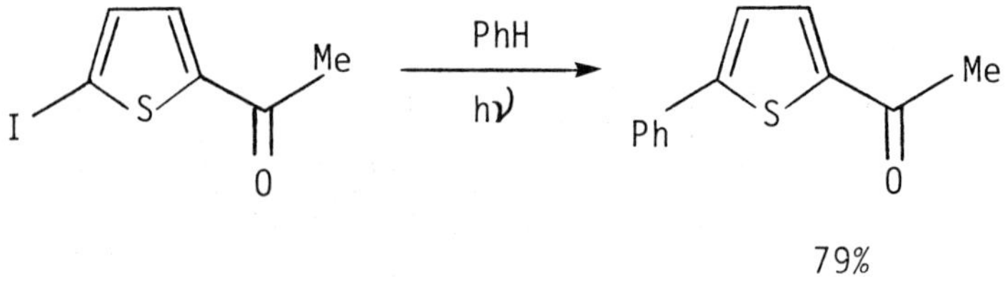

79%

I.E.3-5 T.C.W. Mak, H.N.C. Wong et al., Tetrahedron, 42, 655 (1986).

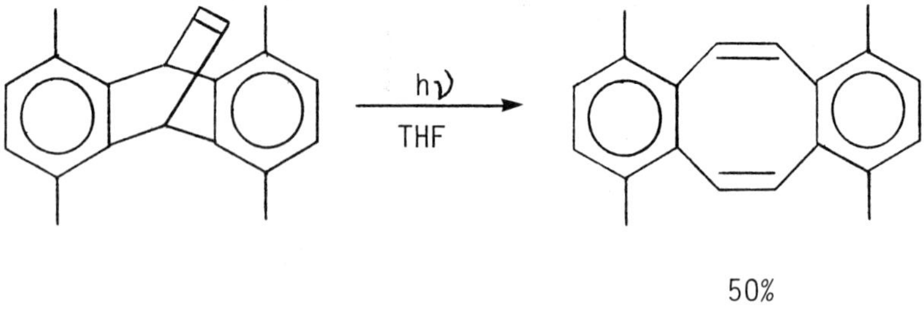

50%

I.E.3-6 J.W. Timberlake et al., J. Org. Chem., 51, 2969 (1986); M. Feldhues and H.J. Schafer, Tetrahedron, 42, 1285 (1986).

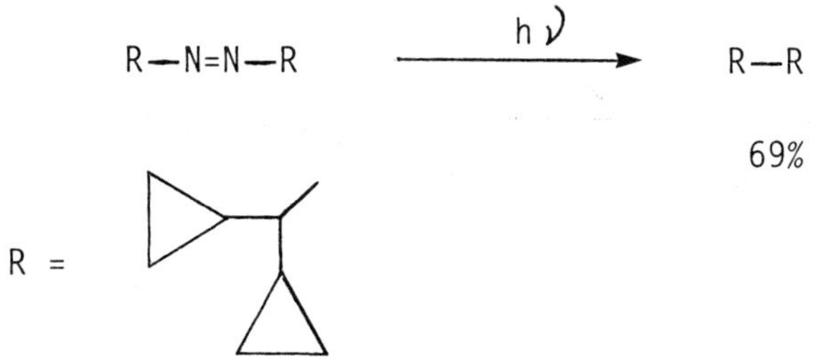

R—N=N—R $\xrightarrow{h\nu}$ R—R

69%

R = [dicyclopropylmethyl group]

I.E.3-7 L.M. Harwood et al., Tetrahedron Lett., 27, 2319 (1986).

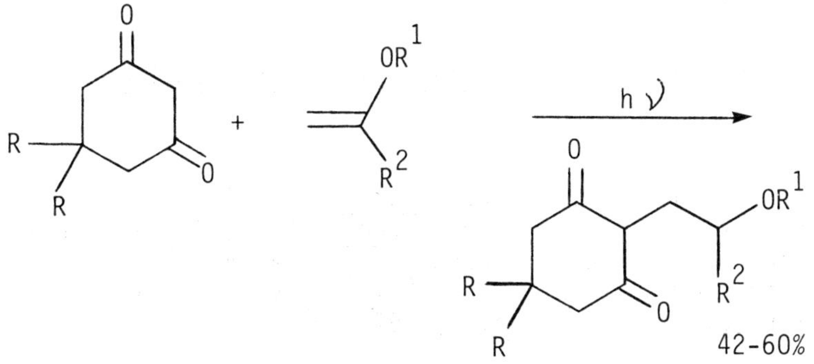

[5,5-disubstituted cyclohexane-1,3-dione] + [CH$_2$=C(OR^1)R^2] $\xrightarrow{h\nu}$ [2-(2-OR^1-2-R^2-ethyl)-5,5-disubstituted cyclohexane-1,3-dione]

42-60%

I.E.3-8 M.A. Miranda et al., J. Chem. Res. (S), 100 (1986); idem, Heterocycles, 24, 2511 (1986); A.K. Singh and T.S. Raghuraman, Synth. Commun., 16, 485 (1986); A.L. Poquet et al., Tetrahedron Lett., 27, 2975 (1986).

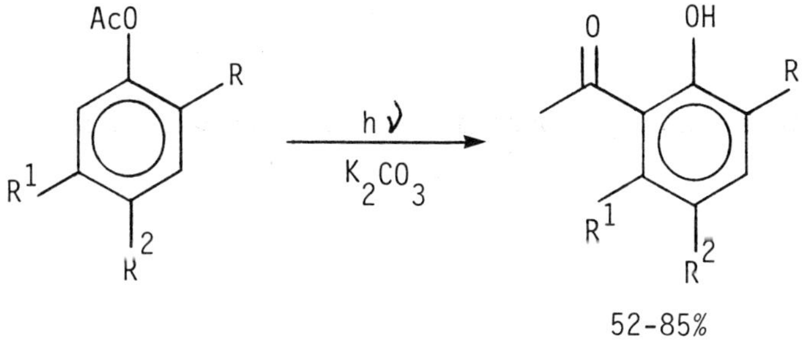

[AcO-aryl with R, R^1, R^2 substituents] $\xrightarrow{h\nu, K_2CO_3}$ [o-hydroxyaryl ketone with R, R^1, R^2 substituents]

52-85%

I.E.3-9 N.S. Zefirov et al., J. Org. Chem. (USSR), 22, 596 (1986); P.G. Gassman and G.T. Carroll, Tetrahedron, 42, 6201 (1986).

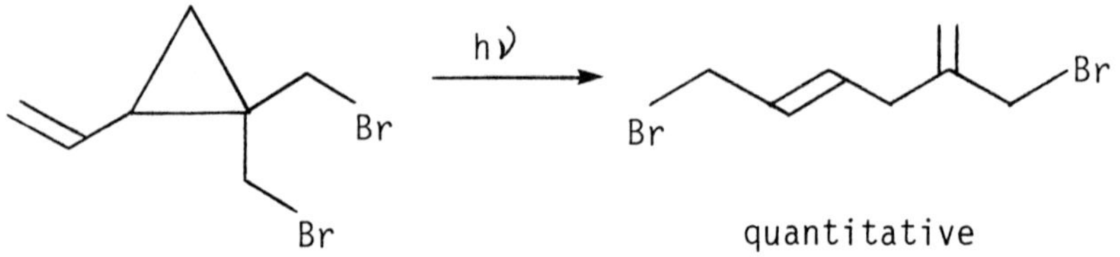

quantitative

I.F. Aromatic Substitutions Forming a New Carbon - Carbon Bond

I.F.1. Friedel - Crafts Type Aromatic Substitution Reactions

I.F.1-1 N. Ono et al., Chem. Commun., 1285 (1986); Yu.V. Pozdnyakovich et al., J. Org. Chem. (USSR), 22, 522 (1986); Y. Tamura et al., Chem. Pharm. Bull., 34, 540 (1986); J. Cornelisse et al., Rec. Trav. Chim., 105, 156 (1986); Y. Fujiwara et al., Chem. Lett., 357 (1986).

$$RR^1R^2CNO_2 + ArH \xrightarrow[\text{1-2h, rt}]{SnCl_4} RR^1R^2CAr$$

60-85%

various other leaving groups and Lewis acids were also used

I.F.1-2 M. Uemura et al., J. Organomet. Chem., 299, 119 (1986); S. Uemura et al., Bull. Chem. Soc. Jpn., 59, 3617 (1986); R. Dhal et al., Tetrahedron, 42, 2005 (1986); D. Kuck and H. Bögge, J. Am. Chem. Soc., 108, 8107 (1986); M.R. Schneider and H. Ball, J. Med. Chem., 29, 75 (1986); T.A. Obukhova et al., J. Org. Chem. (USSR), 22, 351 (1986).

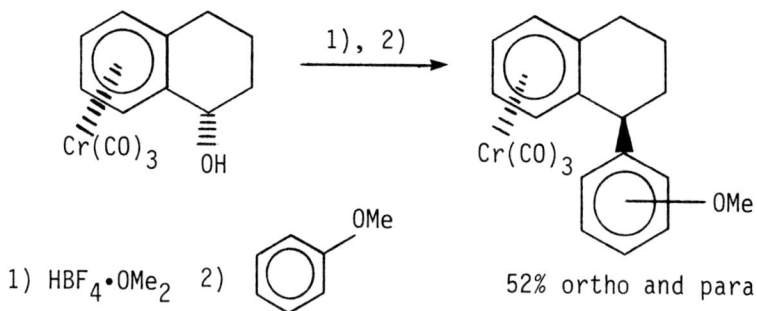

1) HBF$_4$•OMe$_2$ 2) [PhOMe]

52% ortho and para

TeCl$_4$, TFA, H$_3$PO$_4$, AcCl/Ac$_2$O and H$_2$SO$_4$ also employed

---

I.F.1-3 T. de Paulis et al., J. Med. Chem., 29, 61 (1986); P.H. Gore et al., J. Chem. Res. (S), 246 (1986); C.I. Chiriac, Synthesis, 753 (1986); J. Protiva et al., Coll. Czech. Chem. Commun., 872 (1986); A. Dondoni et al., Gazz. Chim. Ital., 116, 133 (1986).

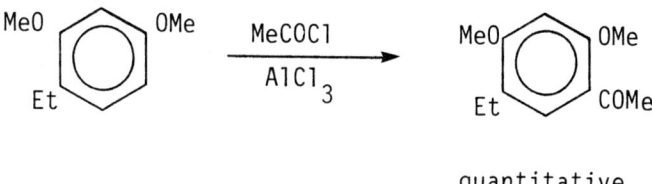

quantitative

an improved procedure

I.F.1-4 P. Geneste et al., J. Org. Chem., 51, 2128 (1986);
R. McCague, J. Chem. Res (S), 58 (1986); Yu.V. Pozdnyakovich
et al., J. Org. Chem. (USSR), 22, 532 (1986).

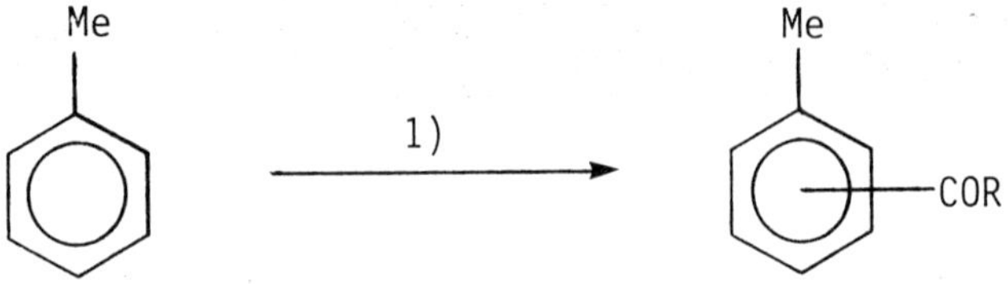

ArMe → ArMe-COR (para)

1) RCO_2H, $AlCl_3$, zeolite   6-96%, 94-100% para

TFAA or H_2SO_4 also effective

I.F.1-5 K.-M Chen and M.M. Joullie, Org. Prep. Proced.
Int., 18, 109 (1986); G. Karminski-Zamola et al.,
Heterocycles, 24, 733 (1986); D. Sengupta and N. Arand, Ind.
J. Chem., 25B, 72 (1986); R.A. Jones et al., Synth. Commun.,
16, 1799 (1986).

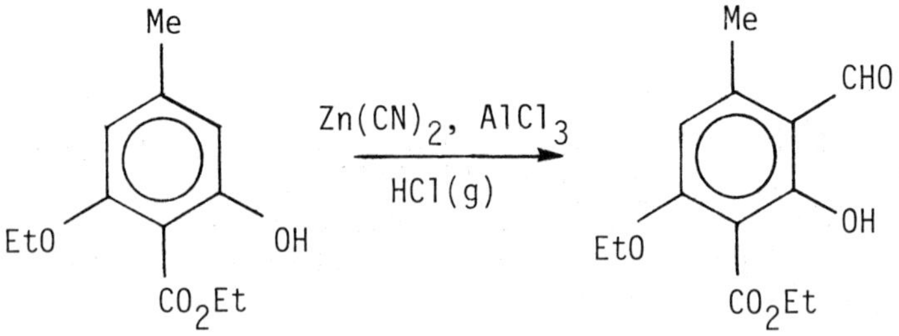

$Zn(CN)_2$, $AlCl_3$ / HCl(g)   55%

$POCl_3$/DMF, $SnCl_4$/Cl_2CHOR also used

I.F.1-6 T. Keumi et al., J. Chem. Soc., Perkin Trans. 2,
847 (1986); T. Mukaiyama et al., Chem. Lett., 165 (1986).

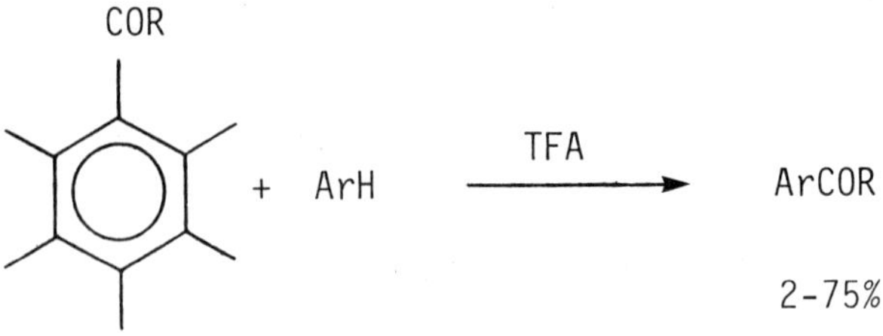

ArCOR(pentamethyl) + ArH —TFA→ ArCOR   2-75%

Ar = activated

I.F.1-7 B.L. Jensen and K. Chockalingam, J. Heterocycl. Chem., 23, 343 (1986).

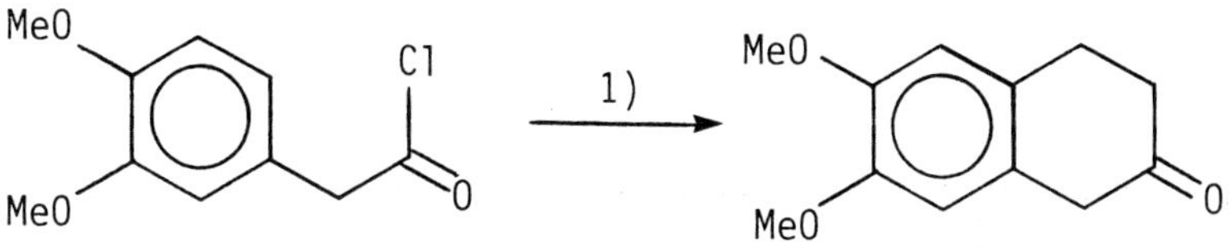

36%

1) $CH_2=CH_2$, $AlCl_3$, CH_2Cl_2, $-5°C$

I.F.1-8 M. Ochiai et al., Chem. Commun., 1382 (1986).

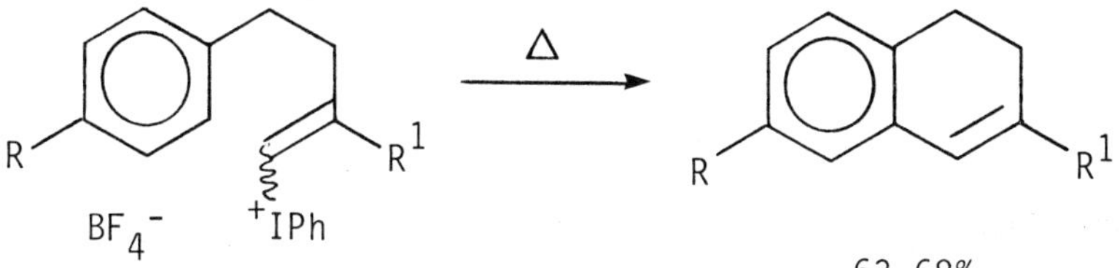

63-68%

I.F.1-9 T. Kametani et al., Heterocycles, 24, 1791 (1986); K. Yamamura et al., Bull. Chem. Soc. Jpn., 59, 3699 (1986).

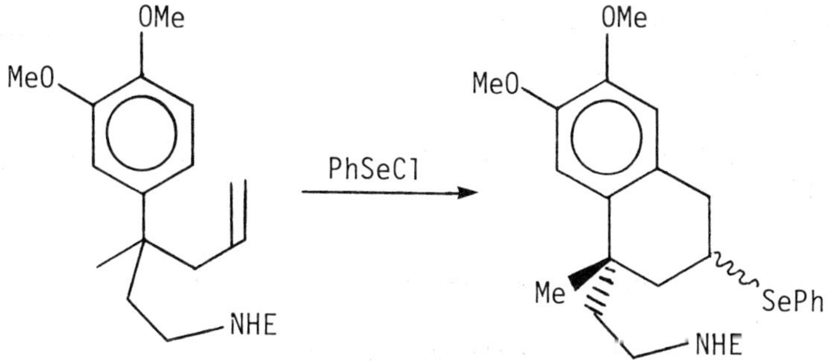

E = CO_2Me

62%

I.F.1-10 M.S. Cooper and H. Heaney, Tetrahedron Lett., 27, 5011 (1986); J. Bergman and B. Pelcman, ibid, 27, 1939 (1986); D. Brown et al., J. Chem. Soc., Perkin Trans. 1, 455 (1986).

$$ArSnR_3^1 + R_2\overset{+}{N}=CH_2 \; Cl^- \longrightarrow ArCH_2NR_2$$

39-75%

I.F.1-11 I.K. Stamos, Tetrahedron Lett., 27, 6261 (1986); P.G. Gassman and S.J. Lee, J. Org. Chem, 51, 267 (1986).

$$(RO)_2P(O)CH_2S(O)R^1 \xrightarrow{1), 2)} (RO)_2P(O)\underset{Ar}{\overset{|}{C}}HSR^1$$

79-92%

1) ArH, $(CF_3CO)_2O$ 2) $SnCl_4$

I.F.2. Coupling Reactions to Form an Aromatic Carbon – Carbon Bond

I.F.2-1 R. Bolton and G.H. Williams, Chem. Soc. Rev., 15, 261 (1986).

Review: "Homolytic Arylation of Aromatic and Polyfluoroaromatic Compounds."

I.F.2-2 H.O. House et al., J. Org. Chem., 51, 921 (1986);
I. Colon and D.R. Kelsey, ibid, 51, 2627 (1986); H. Hart et
al., ibid, 51, 3162 (1986); G.D. Hartman et al., J. Org.
Chem., 51, 142 (1986); D.A. Widdowson and Y.-Z. Zhang,
Tetrahedron, 42, 2111 (1986); D. Balschukat and E.V.
Dehmlow, Chem. Ber., 119, 2272 (1986).

$$\text{1,8-dichloroanthracene} \xrightarrow[\text{Ph}_3\text{P, THF}]{\text{ArMgX, Ni(acac)}_2} \text{1,8-diarylanthracene}$$

54-86%

other Ni and Pd catalysts used

I.F.2-3 J. Yamashita et al., Chem. Lett., 407 (1986); S.
Miyano et al., Bull. Chem. Soc. Jpn., 59, 2044 (1986).

$$\text{ArOTf} \xrightarrow{1)} \text{ArAr}$$

38-95%

1) $NiCl_2$, Zn, Ph_3P, NaI, DMF, 60°C, (((ι•

I.F.2-4 D.H.R. Barton et al., Tetrahedron, 42, 3111 (1986).

$$Ar_3BiCO_3 + \text{2-naphthol} \longrightarrow \text{1-aryl-2-naphthol}$$

69-84%

I.F.2-5 R.A. Kjonaas, J. Org. Chem., 51, 3708 (1986); M. Somei et al., Chem. Pharm. Bull., 34, 3971 and 4116 (1986).

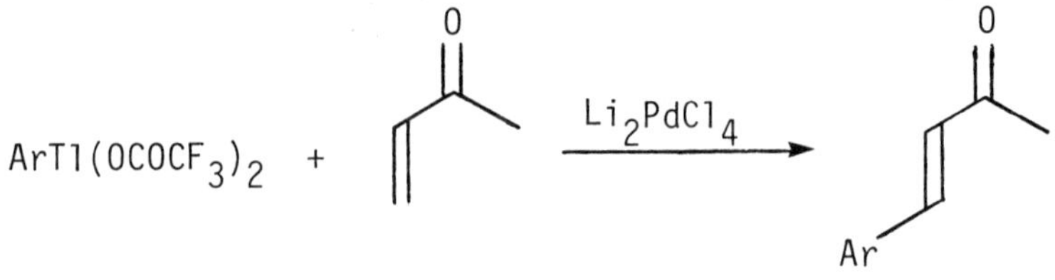

$ArTl(OCOCF_3)_2$ + (methyl vinyl ketone) $\xrightarrow{Li_2PdCl_4}$ (Ar-CH=CH-CH₂-C(O)-CH₃)

98-99%

I.F.2-6 S.P. Spyroudis, J. Org. Chem., 51, 3453 (1986).

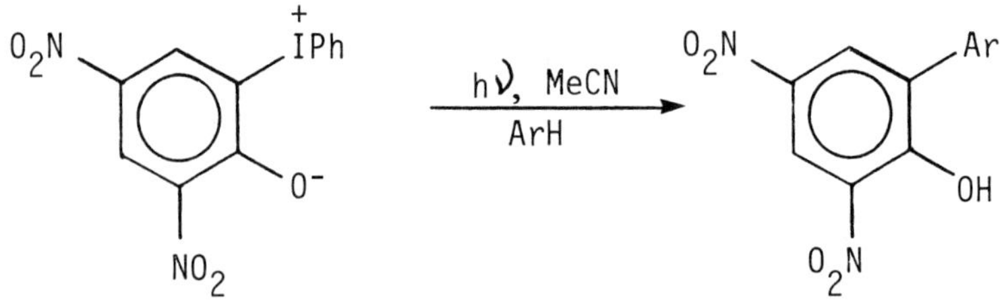

$\xrightarrow[ArH]{h\nu,\ MeCN}$

54-74%

I.F.2-7 R.J. Bushby and C. Hardy, J. Chem. Soc., Perkin Trans. 1, 721 (1986); A. Sudhakar and T.J. Katz, J. Am. Chem. Soc., 108, 179 (1986).

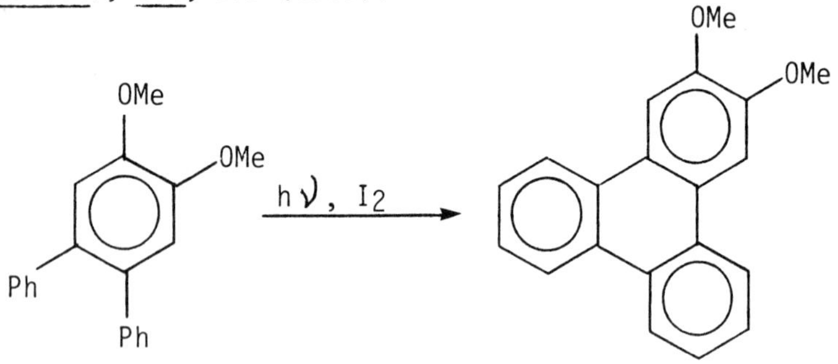

$\xrightarrow{h\nu,\ I_2}$

72%

I.F.2-8 S. Tobinaga et al., Chem. Pharm. Bull, 34, 2066 (1986).

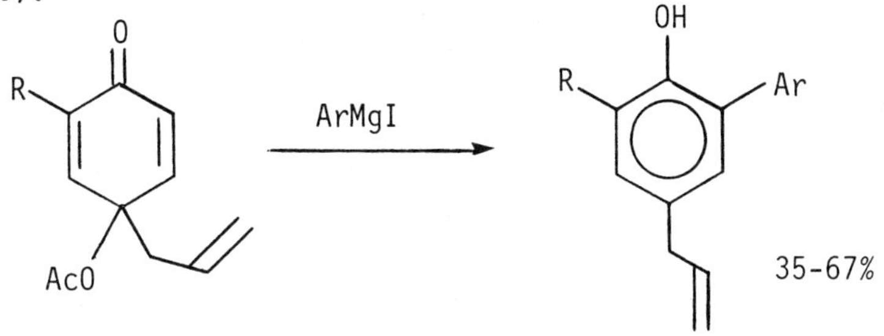

35-67%

I.F.2-9 H.M. Chawla et al., Synth. Commun., 16, 949 (1986); E. Baciocchi et al., Tetrahedron Lett., 27, 2763 (1986).

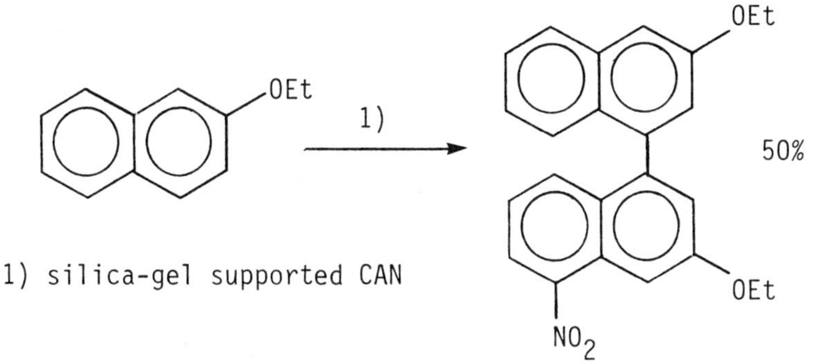

1) silica-gel supported CAN

50%

I.F.2-10 H. Yamanaka et al., Heterocycles, 24, 31, 1845 and 2311 (1986); idem, Chem. Pharm. Bull., 34, 2362, 2719, 2754 and 2760 (1986); A.N. Tischler and T.J. Lanza, Tetrahedron Lett., 27, 1653 (1986); K.-H. Duchene and F. Vogtle, Synthesis, 659 (1986); K.P.C. Vollhardt et al., Angew. Chem., Int. Ed. Engl., 25, 268 (1986).

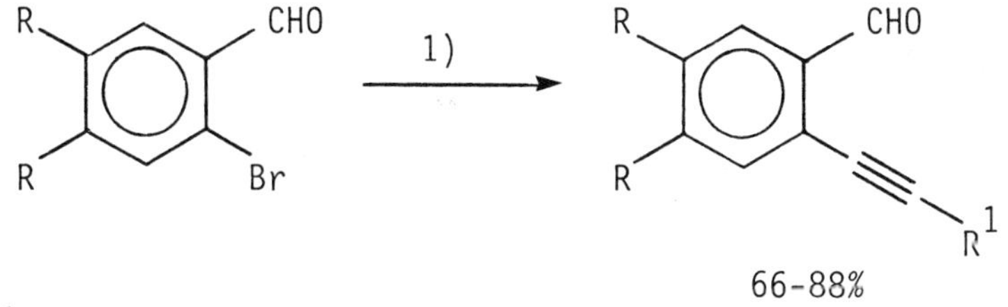

66-88%

1) $R^1-C\equiv CH$, $Pd(PPh_3)_2Cl_2$, CuI, NEt_3

I.F.2-11 K. Kikukawa et al., J. Chem. Soc., Perkin Trans. 1, 1959 (1986); idem, J. Organomet. Chem., 311, C44 (1986); T.K. Morgan, Jr. et al., J. Med. Chem., 29, 1398 (1986); K. Kirschke et al., Tetrahedron Lett., 27, 4281 (1986); A. Citterio et al., Synthesis, 308 (1986).

$$PhCH=CHSiMe_3 + ArN_2^+X^- \xrightarrow{1)} PhCH=CHAr + PhC(Ar)=CH_2$$

1) Pd(dba)$_2$, MeCN, rt

from (E)   67-100%   57-86 : 43-14
from (Z)   14-100%   64-80 : 36-20

I.F.2-12 M. Somei et al., Heterocycles, 24, 1223 (1986); idem, Chem. Pharm. Bull., 34, 677 and 948 (1986); K. Karabelas and A. Hallberg, J. Org. Chem, 51, 5286 (1986).

1) 2-methyl-3-buten-2-ol, Ph$_3$P, Pd(OAc)$_2$ (cat.), NEt$_3$ 73-74%

I.F.2-13 C.D. Liang, Tetrahedron Lett., 27, 1971 (1986).

1) Pd(OAc)$_2$ 2) NaCl   3) [acryloyl], toluene, NEt$_3$, Δ   65%

CARBON-CARBON BOND FORMING REACTIONS

I.F.3. Other Aromatic Substitutions

I.F.3-1 P. Beak and A.I. Meyers, Acc. Chem. Res., 19, 356 (1986).

Review: "Stereo- and Regio- Control by Complex Induced Proximity Effects: Reactions of Organolithium Compounds."

I.F.3-2 J.T. Sharp and C.E.D. Skinner, Tetrahedron Lett., 27, 869 (1986); V. Snieckus et al., J. Org. Chem., 51, 271 (1986); R. Neidlein et al., Helv. Chim. Acta, 69, 1263 (1986); J. Epsztajn et al., J. Chem. Res. (S), 401 and 442 (1986); E. Yoshii et al., Chem. Pharm. Bull., 34, 3175 (1986).

81-82%

I.F.3-3 T. Kamikawa and I. Kubo, Synthesis, 431 (1986); T. Kamikawa et al., Chem. Commun., 1234 (1986); A.L. Campbell and I.K. Khanna, Tetrahedron Lett., 27, 3963 (1986); S.V. Ley et al., Tetrahedron, 42, 3723 (1986).

73-100%

1) BuLi, THF, TMEDA, rt   2) E^+ (E^+ = RX, RCHO, DMF)

I.F.3-4 R.N. Warrener, R.A. Russell et al., Tetrahedron Lett., 27, 3431 (1986); J.H. Nasman et al., ibid, 27, 1391 (1986); C.-H Chou and W.S. Trahanovsky, J. Am. Chem. Soc., 108, 4138 (1986); J.N. Bonfiglio, J. Org. Chem., 51, 2833 (1986); R. Fraser and S. Savard, Can. J. Chem., 64, 621 (1986).

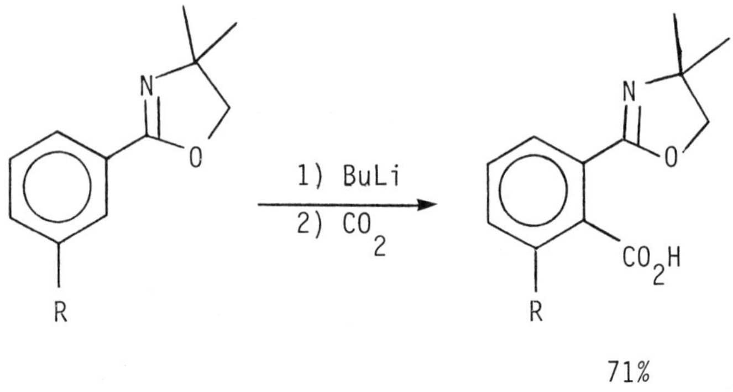

$$\text{Ar-oxazoline} \xrightarrow{\text{1) BuLi} \quad \text{2) CO}_2} \text{ortho-CO}_2\text{H product}$$

71%

other electrophiles and directing groups also used

I.F.3-5 J.P. Gilday and D.A. Widdowson, Chem. Commun., 1235 (1986); M. Uemura et al., Tetrahedron Lett., 27, 2479 (1986); T.Yu. Orlova and V.N. Setkina, J. Organomet. Chem., 304, 337 (1986).

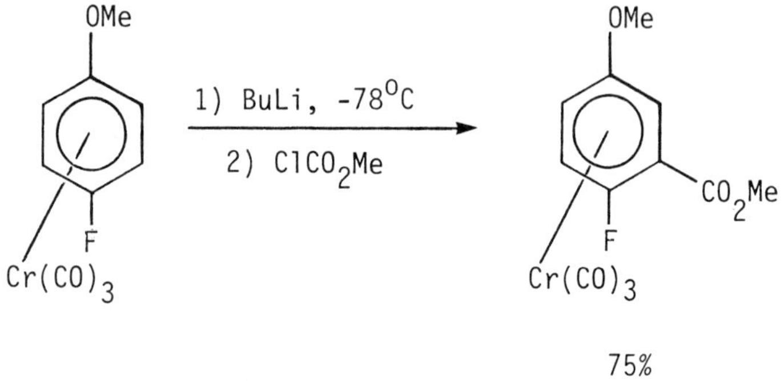

$$\text{4-F-anisole·Cr(CO)}_3 \xrightarrow{\text{1) BuLi, -78°C} \quad \text{2) ClCO}_2\text{Me}} \text{product·Cr(CO)}_3$$

75%

I.F.3-6 R.M. Moriarty and U.S. Gill, Organometallics, 5, 253 (1986); U.S. Gill and R.G. Sutherland, Synth. Commun., 16, 467 (1986).

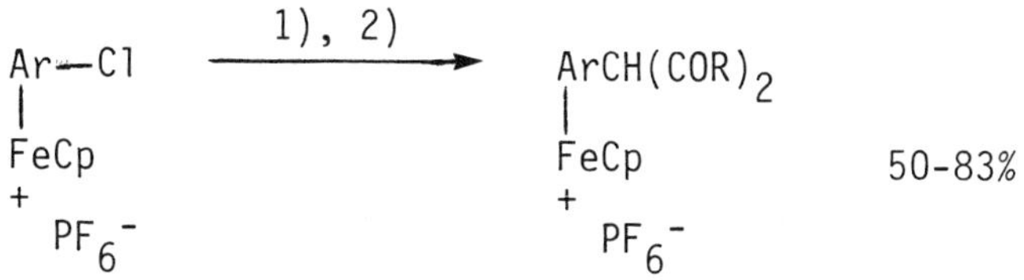

$$\begin{array}{c}\text{Ar—Cl}\\|\\\text{FeCp}\\+\\\text{PF}_6^-\end{array} \xrightarrow{1), 2)} \begin{array}{c}\text{ArCH(COR)}_2\\|\\\text{FeCp}\\+\\\text{PF}_6^-\end{array} \quad 50\text{-}83\%$$

1) $CH_2(COR)_2$, K_2CO_3, DMF, rt   2) 10% HCl

I.F.3-7 W.R. Jackson et al., Aust. J. Chem., 39, 303 (1986); S.G. Davies et al., Chem. Commun., 1283 (1986); R.P. Alexander and G.R. Stephenson, J. Organomet. Chem., 314, C73 (1986).

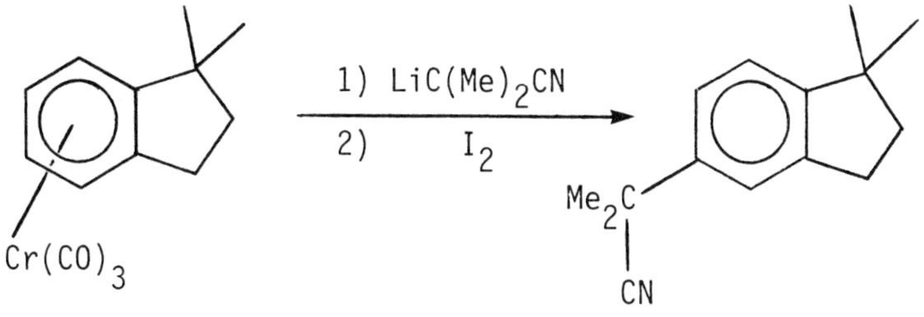

1) $LiC(Me)_2CN$
2) I_2

66% (major)

I.F.3-8 R.W. Franck et al., J. Am. Chem. Soc., 108, 2455 (1986); Y. Kita et al., J. Org. Chem., 51, 4150 (1986); S.J. Teague and G.P. Roth, Synthesis, 427 (1986).

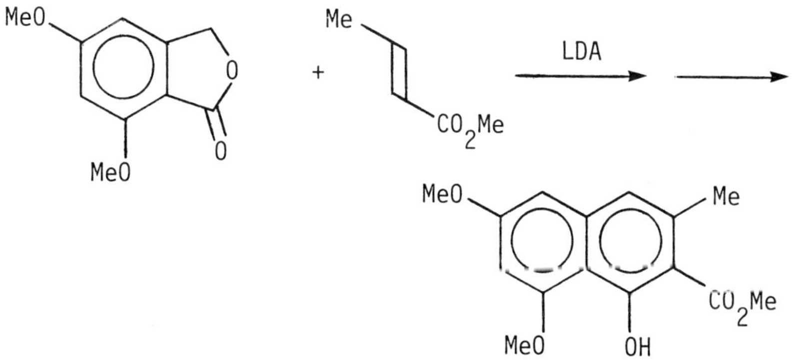

LDA

52%

I.F.3-9 T. Zimmermann and G.W. Fischer, J. Prakt. Chem., 328, 359, 373 and 567 (1986).

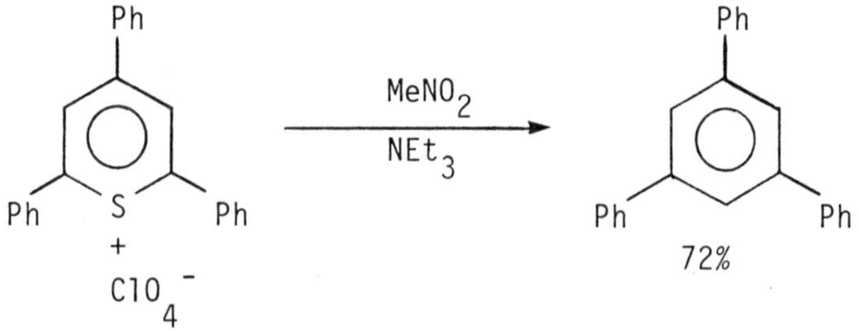

[Reaction: 2,4,6-triphenylthiopyrylium perchlorate + MeNO$_2$/NEt$_3$ → 1,3,5-triphenylbenzene, 72%]

I.F.3-10 W. Friedrichsen et al., Heterocycles, 24, 297 (1986); W.M. Best and D. Wege, Aust. J. Chem., 39, 635 and 647 (1986); P.W. Dibble et al., J. Org. Chem., 51, 3762 (1986).

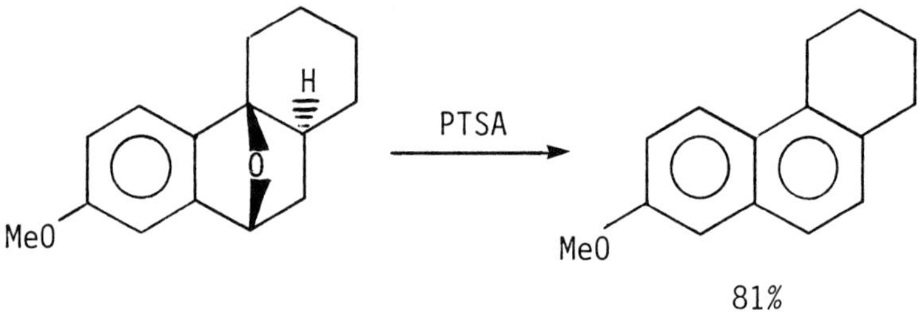

[Reaction: epoxide intermediate → aromatized product with PTSA, 81%]

Me$_3$SiI or Fe$_2$(CO)$_9$ also used

I.F.3-11 J. Adams and M. Belley, J. Org. Chem., 51, 3878 (1986); R. Neidlein and W. Wirth, Helv. Chim. Acta, 69, 1851 (1986).

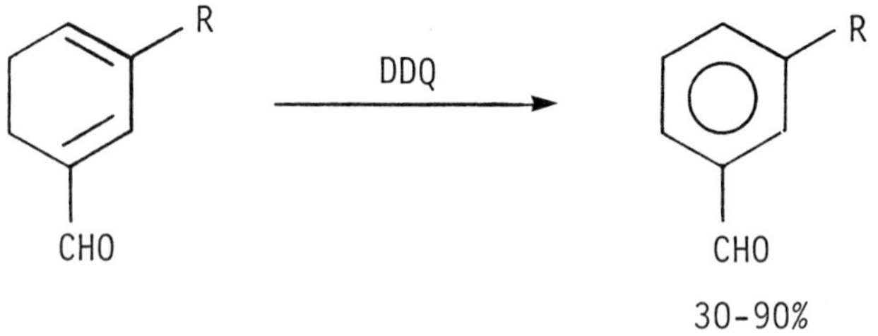

[Reaction: cyclohexadiene-CHO with R substituent → benzaldehyde with R, DDQ, 30-90%]

I.F.3-12 J. Mirek and P. Milart, Z. Naturforsch. B., 41, 1471 (1986); P. Milart and J. Sepioł, ibid, 41, 371 (1986).

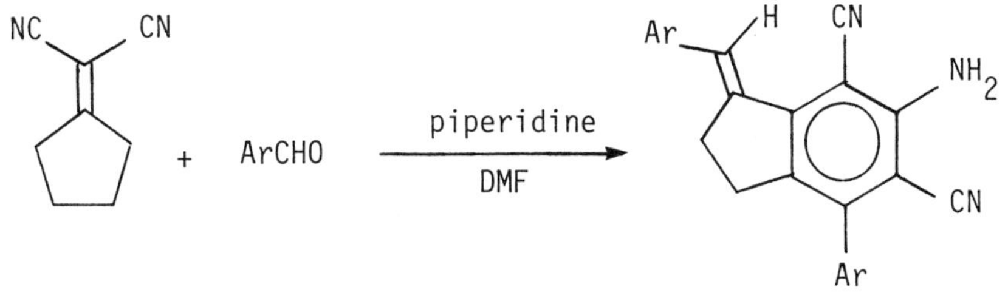

58-64%

I.F.3-13 R.H. Mitchell et al., Tetrahedron, 42, 1741 (1986).

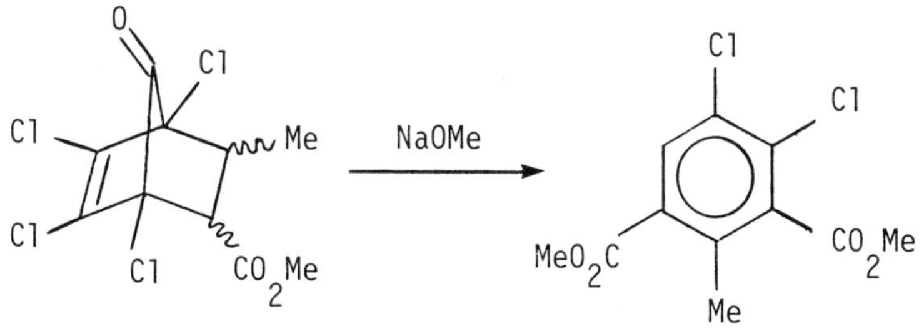

76%

I.F.3-14 J. Eisch et al., J. Organomet. Chem., 312, 399 (1986); R.F. Heck et al., Organometallics, 5, 1922 (1986).

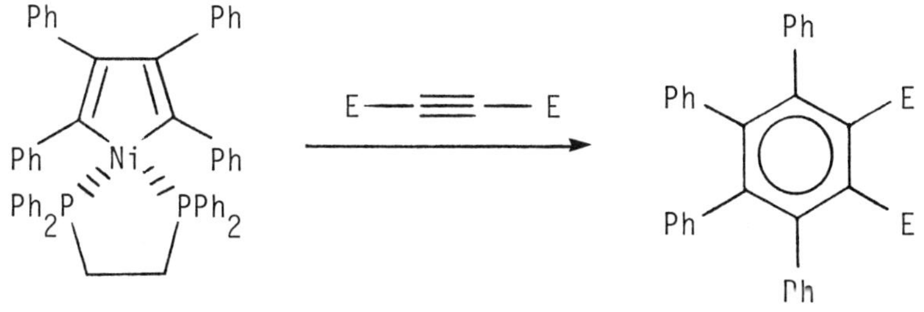

E = CO_2Me

70%

I.F.3-15 T. Troll and K. Schmid, J. Heterocycl. Chem., 23, 1641 (1986).

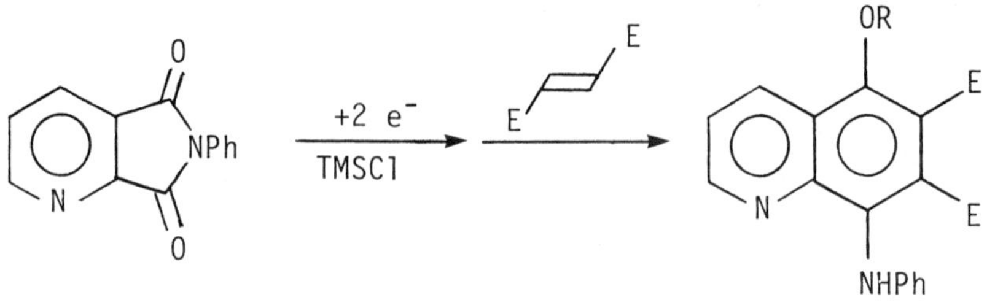

E = CO_2Me

I.F.3-16 R.L. Danheiser et al., J. Am. Chem. Soc., 108, 806 (1986).

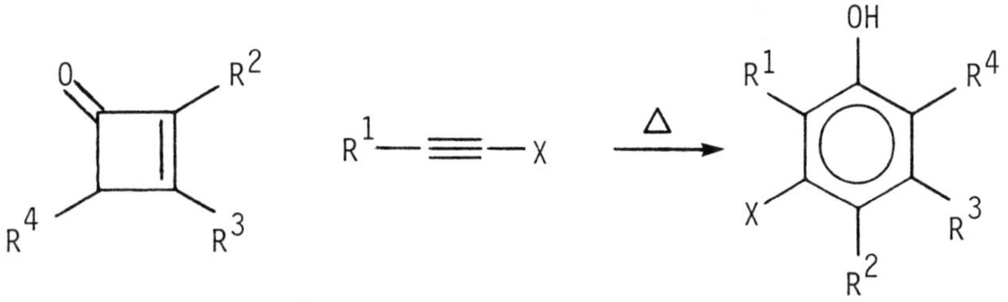

no yield given

en route to mycophenolic acid

I.F.3-17 S. Kaban, J. Heterocycl. Chem., 23, 13 (1986).

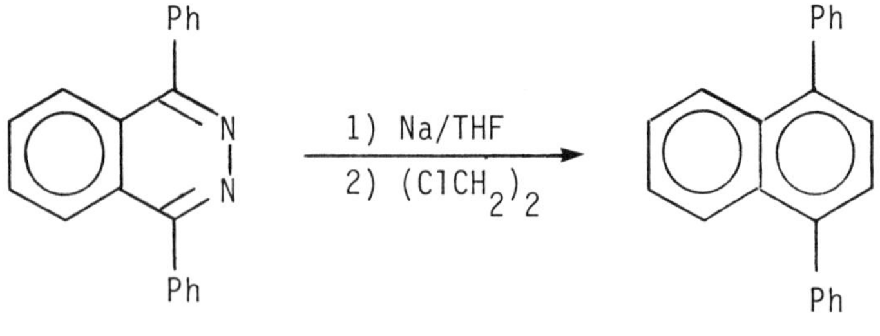

77%

I.F.3-18 M.N. Paddon-Row and H.K. Patney, Synthesis, 328 (1986); A.D. Thomas and L.L. Miller, J. Org. Chem., 51, 4160 (1986).

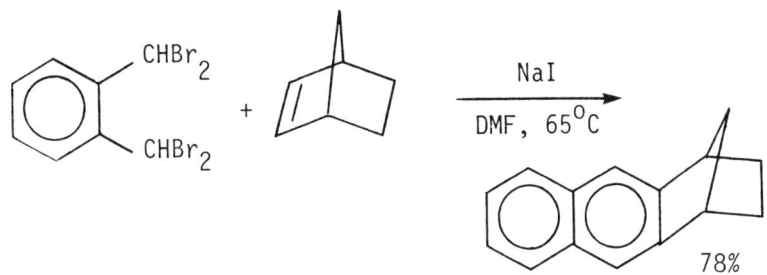

I.F.3-19 R. Diercks and K.P.C. Vollhardt, Angew. Chem., Int. Ed. Engl., 25, 266 (1986); idem, J. Am. Chem. Soc., 108, 3150 (1986); M. Hirthammer and K.P.C. Vollhardt, ibid, 108, 2481 (1986); W.H. Mandeville and G.M. Whitesides, J. Org. Chem., 51, 3257 (1986).

1) $[(C_5H_5)Co(CH_2=CH_2)_2]$ 2) CO   70%

$^i Bu_3Al/TiCl_4$ used for a similar transformation

I.F.3-20 M.A. Tius and J. Gomez-Galeno, Tetrahedron Lett., 27, 2571 (1986).

cyclic or acyclic   15-84%

I.F.3-21 H. Ila, H. Junjappa et al., Tetrahedron Lett., 27, 117 (1986).

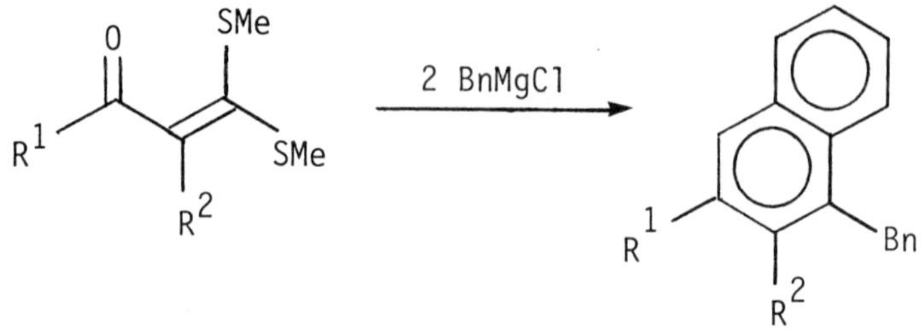
SMe
O
2 BnMgCl
SMe
R^1
R^2
R^1
Bn
R^2

R^1, R^2 = cyclic or acyclic 58-81%

I.F.3-22 L.M. Werbel et al., J. Med. Chem., 29, 924 (1986).

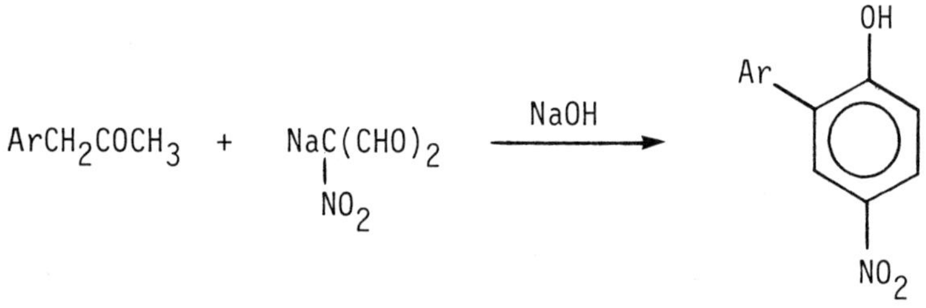
OH
Ar
$ArCH_2COCH_3$ + $NaC(CHO)_2$
NO_2
NaOH
NO_2

40-85%

I.F.3-23 W. Kitching et al., J. Organomet. Chem., 310, 269 (1986); H. Zimmer et al., Synth. Commun., 16, 689 (1986).

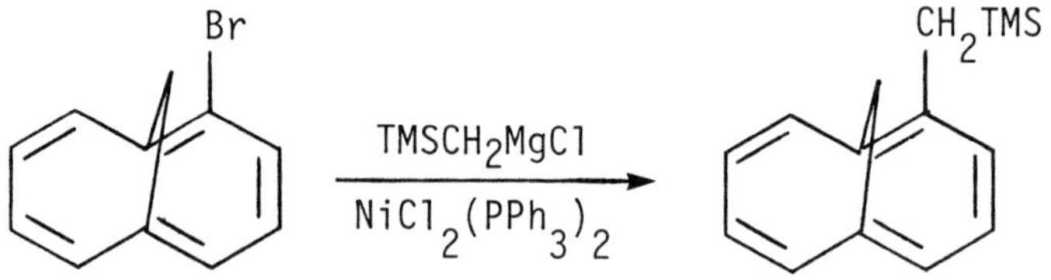
Br
$TMSCH_2MgCl$
$NiCl_2(PPh_3)_2$
CH_2TMS

excellent yield

I.F.3-24 D.M. Wiemers and D.J. Burton, J. Am. Chem. Soc., 108, 832 (1986); A. Suzuki et al., Tetrahedron Lett., 27, 6369 (1986); E. Nakamura and I. Kuwajima, ibid, 27, 83 (1986); Z. Yoshida et al., ibid, 27, 955 (1986); N. Chatani and T. Hanafusa, J. Org. Chem., 51, 4714 (1986); M. Kosugi, T. Migita et al., Chem. Lett., 1197 (1986).

Ar–I + [CF$_3$Cu] → Ar–CF$_3$ (Y substituent retained)

78-100%

Pd catalysis with other nucleophiles also effective

I.F.3-25 Y. Butsugan et al., Bull. Chem. Soc. Jpn., 59, 2019 (1986); H. Saimoto and T. Hiyama, Tetrahedron Lett., 27, 597 (1986); A. Yamamoto et al., Organometallics, 5, 2144 (1986).

ArLi + CH$_2$=C(CH$_3$)–C(OH)(CH$_3$)–CH$_2$Br $\xrightarrow{Pd(0)}$ CH$_2$=C(CH$_3$)–C(OH)(CH$_3$)–CH$_2$Ar

53-92%

I.F.3-26 W.P. Neumann and R. Stapel, Chem. Ber., 119, 3422 (1986).

Ph$_2$C(Br)(E) $\xrightarrow{Cu}$ Ph$_2$C(E)–C$_6$H$_4$–CH(Ph)(E)

84%

E = CO$_2$Et

I.F.3-27 J.F. Bunnett et al., J. Am. Chem. Soc., 108, 4899 (1986); D.E. Bartak et al., ibid, 108, 1441 (1986); H.-J. Hansen et al., Helv. Chim. Acta, 69, 184 (1986); D.I. Macdonald and T. Durst, Tetrahedron Lett., 27, 2235 (1986).

$$\text{2-Cl-C}_6\text{H}_4\text{-CH}_2\text{CH}_2\text{-CH=CH}_2 \xrightarrow[\text{tBuOH}]{\text{K/NH}_3} \text{1-methylindane}$$

78%

(+ 16% dechlorinated)

I.F.3-28 P. Kuzmic and M. Soucek, Coll. Czech. Chem. Commun., 358 (1986); M. Hamana et al., Chem. Lett., 31, (1986).

$$\text{4-NO}_2\text{-2,3-(OMe)}_2\text{-C}_6\text{H}_3 \xrightarrow[\text{H}_2\text{O-tBuOH}]{\text{KCN, h}\nu} \text{product}$$

88%

I.F.3-29 G. Bartoli et al., Tetrahedron, 42, 2563 (1986); idem, J. Org. Chem., 51, 3694 (1986); T.V. Rajan Babu et al., ibid, 51, 1704 (1986).

1-NO$_2$-2-OMe-naphthalene + 2-R-2-Li-1,3-dithiane $\xrightarrow{1), 2)}$ 4-substituted product

1) THF, −70°C   2) DDQ

40-55%

I.F.3-30 M. Makosza and S. Ludwiczak, Synthesis, 50 (1986); M. Makosza et al., Leibigs Ann. Chem., 69 (1986).

$O_2N\text{-}C_6H_4\text{-}CO_2^-$ + $\underset{R}{\overset{X}{}}CH\text{-}SO_2R^1$ $\xrightarrow{\text{1) NaOH}}_{\text{2) H}^+}$ $O_2N\text{-}C_6H_3(CO_2H)(RCHSO_2R^1)$

X = leaving group

12-77% (o or p to NO_2)

I.F.3-31 G. Heinisch and G. Lotsch, Tetrahedron, 42, 5973 (1986); D.L. Williams et al., J. Heterocycl. Chem., 23, 497 (1986); F. Minisci, E. Vismara et al., J. Org. Chem., 51, 536 (1986).

4-Me-pyridine $\xrightarrow{\text{1)}}$ 4-Me-2-(CO_2Et)-pyridine

76%

1) 30% H_2O_2, ethyl pyruvate, c H_2SO_4, $FeSO_4 \cdot 7H_2O$, CH_2Cl_2
improvement on Minisci-type reactions using 2-phase system

I.F.3-32 H. Nishino, Bull. Chem. Soc. Jpn., 59, 1733 (1986).

1-methoxynaphthalene $\xrightarrow[\Delta, \text{AcOH}]{Mn(acac)_3}$ 1-OMe-4-[C(OAc)(COMe)(COMe)]-naphthalene

62%

I.F.3-33 M. Hasebe and T. Tsuchiya, Tetrahedron Lett., 27, 3239 (1986).

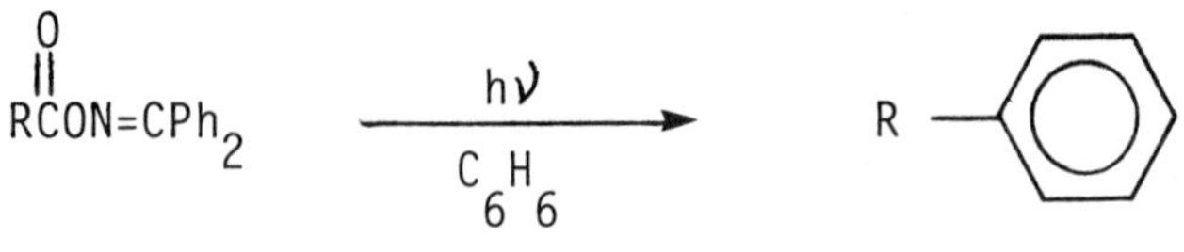

$$RCON=CPh_2 \xrightarrow[C_6H_6]{h\nu} R-C_6H_5$$

59-90%

I.F.3-34 H. Yoshida et al., Bull. Chem. Soc. Jpn., 59, 2833 (1986).

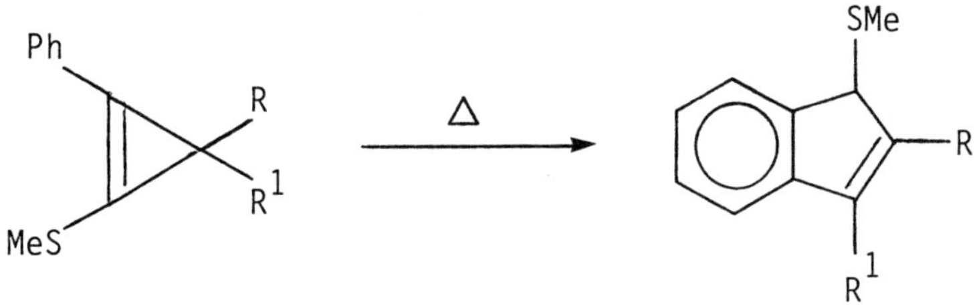

82-95%

I.F.3-35 W. Steglich et al., Z. Naturforsch. B, 41, 645 (1986).

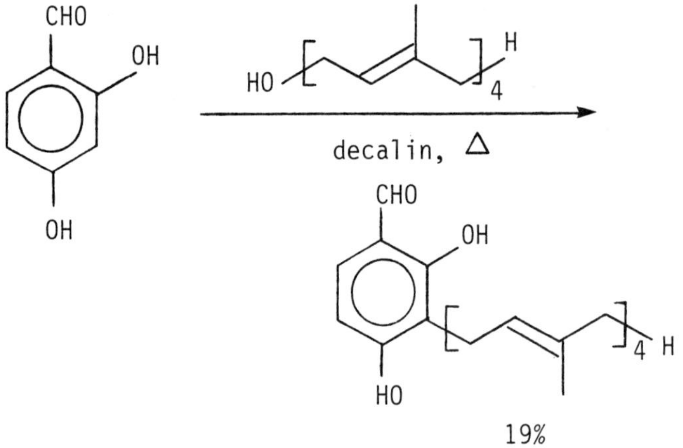

19%

I.F.3-36 M. Tisler, Org. Prep. Proced. Int., 18, 19 (1986).

Review: "Synthetic Approaches to Binaphthalenes. A Review."

I.F.3-37 H.W. Moore and O.H.W. Decker, Chem. Rev., 86, 821 (1986).

Review: "Conjugated Ketenes: New Aspects of Their Synthesis and Selected Utility for the Synthesis of Phenols, Hydroquinones and Quinones."

I.G. Synthesis via Organometallics

I.G.1. Synthesis via Organoboranes

I.G.1-1 D.S. Matteson, Synthesis, 973 (1986).

Review: "The Use of Chiral Organoboranes in Organic Synthesis."

I.G.1-2 M. Follet, Chem. Ind., 123 (1986).

Review: "Use of Complexes of Diborane and Organoboranes on a Laboratory and Industrial Scale."

I.G.1-3 A. Suzuki, Pure Appl. Chem., 58, 629 (1986).

Lecture: "New Applications of Organoboron Compounds in Organic Synthesis."

I.G.1-4 A. Suzuki et al., Chem Lett., 459 and 1329 (1986); M. Hoshi et al., Bull. Chem. Soc. Jpn., 59, 659 (1986); A. Suzuki et al., Tetrahedron Lett., 27, 977 and 3745 (1986).

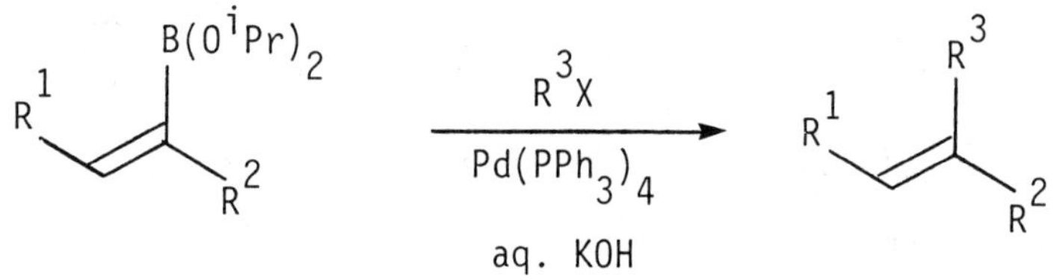

$$R^1\text{-CH=C}(B(O^iPr)_2)(R^2) \xrightarrow[\text{aq. KOH}]{R^3X, Pd(PPh_3)_4} R^1\text{-CH=C}(R^3)(R^2)$$

59-98%

other B substituents and catalysts also used

I.G.1-5 H.C. Brown et al., J. Org. Chem., 51, 5277 (1986).

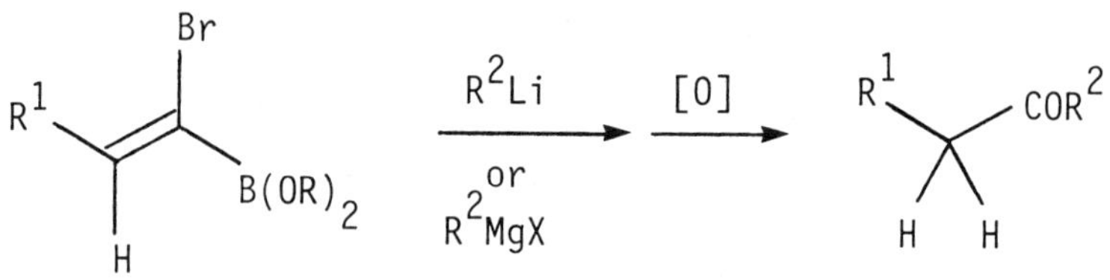

$$R^1\text{-C(H)=C(Br)(B(OR)_2)} \xrightarrow[\text{or } R^2MgX]{R^2Li} \xrightarrow{[O]} R^1\text{-CH(COR}^2\text{)}$$

59-93%

I.G.1-6 H.C. Brown et al., J. Org. Chem., 51, 5270 and 5282 (1986).

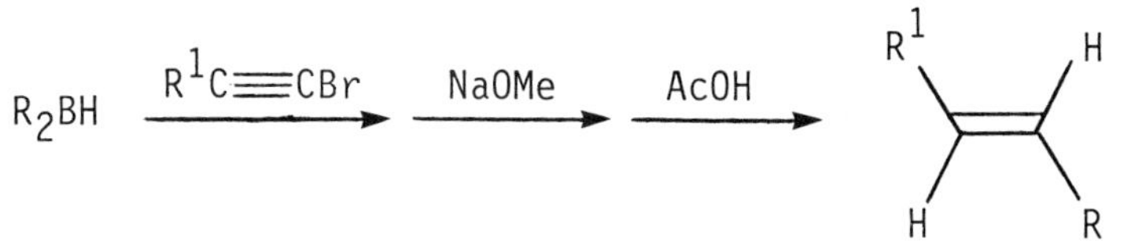

$$R_2BH \xrightarrow{R^1C\equiv CBr} \xrightarrow{NaOMe} \xrightarrow{AcOH} \underset{H}{\overset{R^1}{>}}=\underset{R}{\overset{H}{<}}$$

71-94%

I.G.1-7 H.C. Brown et al., J. Org. Chem., 51, 3150 (1986).

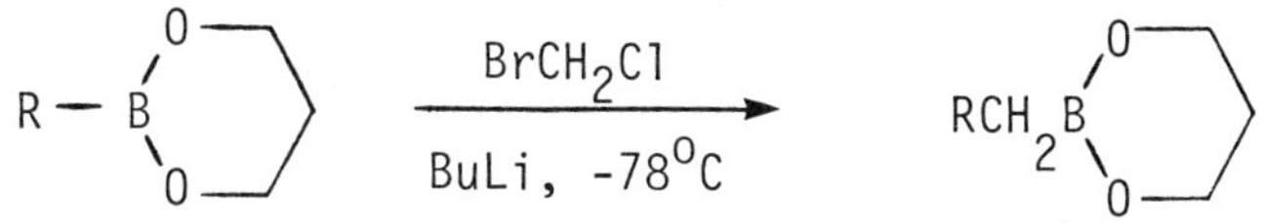

$$R-B\underset{O}{\overset{O}{<}}\!\!\!\bigcirc \xrightarrow[BuLi,\ -78^\circ C]{BrCH_2Cl} RCH_2B\underset{O}{\overset{O}{<}}\!\!\!\bigcirc$$

40-93%

I.G.1-8 H. Yamamoto et al., J. Am. Chem. Soc., 108, 483 (1986).

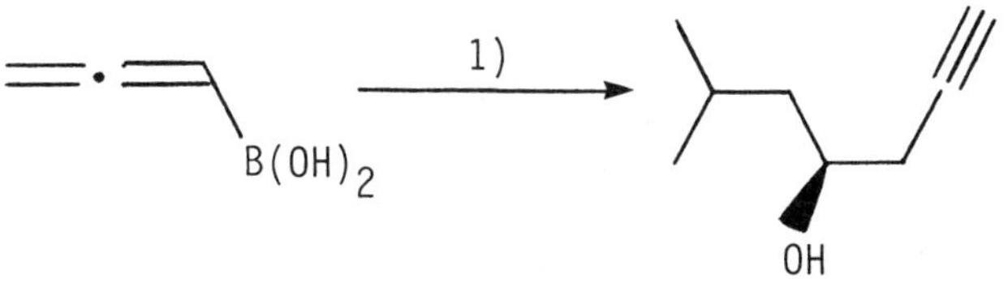

[propadienyl-B(OH)$_2$] →(1) homopropargyl alcohol product

78%, > 99% e.e.

1) 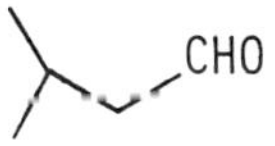 iPr-CH$_2$-CHO, bis(2,4-Me$_2$-3-pentyl tartrate)

I.G.2. Carbonylation Reactions

I.G.2-1   H. Alper, J. Organomet. Chem., 300, 1 (1986).

Review: "Homogeneous and Phase Transfer Catalyzed Carbonylation Reactions."

I.G.2-2   V.P. Baillargeon and J.K. Stille, J. Am. Chem. Soc., 108, 452 (1986); S. Murai et al., ibid, 108, 7361 (1986); Y. Watanabe et al., Chem. Commun. 351 (1986).

$$RI \xrightarrow{1)} RCHO$$

21-99%

1) CO, Pd(Ph$_3$P)$_4$, Bu$_3$SnH, toluene or THF
   different leaving groups, catalysts, reductants or solvents have been used

---

I.G.2-3   C. Botteghi et al., Gazz. Chim. Ital., 116, 307 (1986); J.K. Stille et al., J. Org. Chem., 51, 4189 (1986); R.M. Wilson et al., ibid, 51, 4028 (1986).

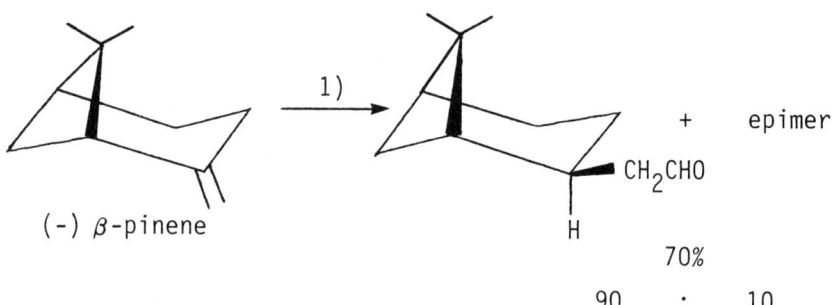

(-) β-pinene → + epimer, CH$_2$CHO

70%

90 : 10

1) CO, H$_2$, 100 atm., 100°C, Rh(CO)Cl(PPh$_3$)$_2$
   [(-)-DBP-DIOP]PtCl$_2$/SnCl$_2$ and Rh$_2$(CO)$_4$Cl$_2$ also used

I.G.2-4 L. Marko, J. Organomet Chem., 305, 333 (1986).

Review: "Transition Metals in Organic Synthesis:
Hydroformylation, Reduction and Oxidation.
Annual Survey Covering the Year 1984."

I.G.2-5 P.E. Garrou, H.R. Allcock et al., Organometallics, 5, 460 (1986); R.A. Dubois and P.E. Garrou, ibid, 5, 466 (1986).

Cobalt / arylphosphine hydroformylation catalysts

I.G.2-6 A. Yamamoto et al., J. Org. Chem., 51, 415 (1986); T. Kobayashi and M. Tanaka, Tetrahedron Lett., 27, 4745 (1986); T. Hirao et al., Bull. Chem. Soc. Jpn., 59, 1341 (1986); T. Kashimura et al., Chem. Lett., 851 (1986).

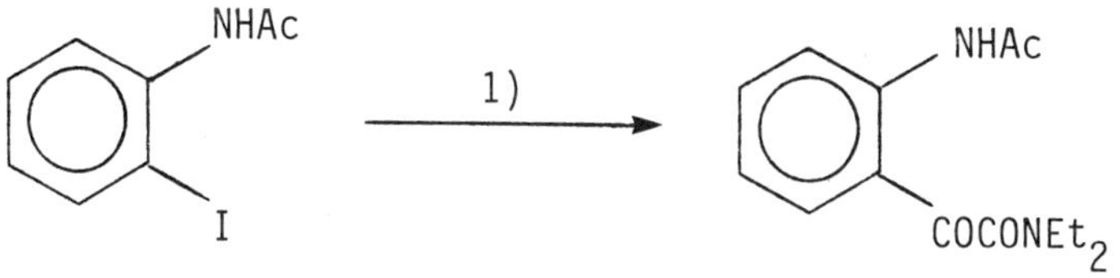

$$\text{2-iodo-NHAc-benzene} \xrightarrow{1)} \text{2-(COCONEt}_2\text{)-NHAc-benzene}$$

82%

1) CO, $HNEt_2$, $PdCl_2(PMePh_2)_2$
other catalysts and nucleophiles also utilized

I.G.2-7 M. Kojima et al., J. Organomet. Chem., 301, C17 (1986); G. Ortar et al., Tetrahedron Lett., 27, 3931 (1986); H. des Abbayes et al., Chem. Commun., 1754 (1986).

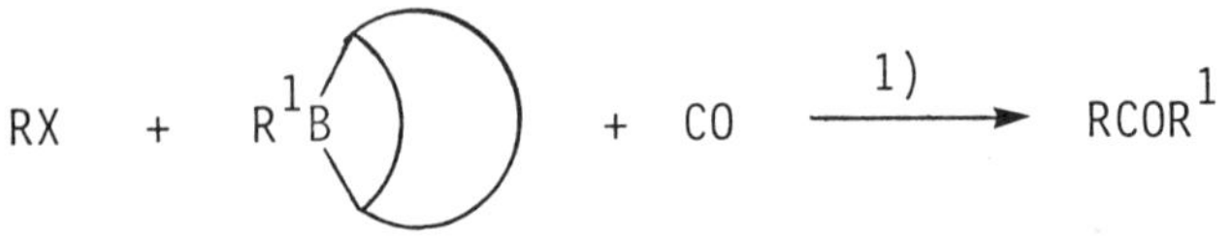
RX
+
R^1B
+ CO
1)
$RCOR^1$

69-74%

1) $PdCl_2(Ph_3P)_2$, $Zn(acac)_2$, THF-HMPA
different catalysts and alkylating agents also used.

I.G.2-8 R.C. Larock et al., Tetrahedron, 42, 3759 (1986); P. Eilbracht et al., Chem. Ber., 119, 169 (1986); E. Negishi et al., Tetrahedron Lett., 27, 2829 (1986).

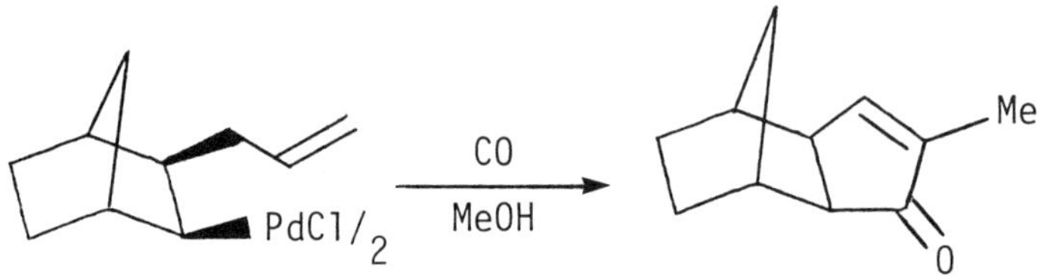
PdCl/2
CO
MeOH
Me
O

75%

$Fe(CO)_3$ and $Zrcp_2$ complexes also effective

I.G.2-9 F. Francalanci et al., J. Organomet. Chem., 301, C27 (1986); E. Dalcanale and M. Foa, Synthesis, 492 (1986); S. Torii et al., Chem. Lett., 169 (1986).

$$ArX + CO + ROH \xrightarrow[CH_3Z]{Co_2(CO)_8} ArCOCO_2H + ArCO_2H$$

29-98%

ratio : 0.1 ⟶ >90

electrolysis with CO_2/Pd(0) also gave $ArCO_2H$

I.G.2-10 A. Behr and U. Kanne, J. Organomet. Chem., 317, C41 (1986); H. Hoberg et al., ibid., 307, C38 and C41 (1986).

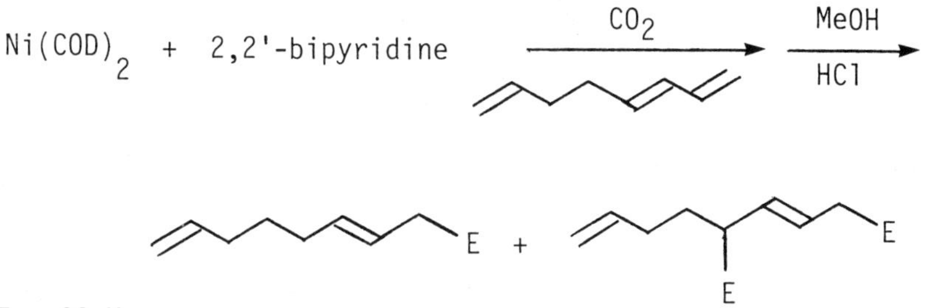

$$Ni(COD)_2 + 2,2'\text{-bipyridine} \xrightarrow{CO_2} \xrightarrow[HCl]{MeOH}$$

E = CO_2Me

1 : 2   no yield given

I.G.2-11 S. Antebi and H. Alper, Organometallics, 5, 596 (1986).

$$RSH + CO \xrightarrow{1)} RCOSR$$

59-87%

1) DME, $Co_2(CO)_8$, Δ, pressure

I.G.2-12 D. Seyferth and R.C. Hui, Tetrahedron Lett., 27, 1473 (1986).

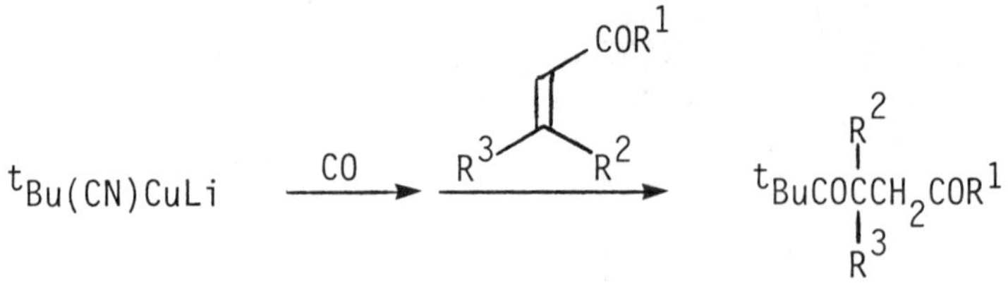

$$^tBu(CN)CuLi \xrightarrow{CO} R^3\text{-}C(R^2)=CH\text{-}COR^1 \longrightarrow {}^tBuCOC(R^2)(R^3)CH_2COR^1$$

68-94%

I.G.2-13 A.R. Cutler et al., Organometallics, 5, 947 (1986).

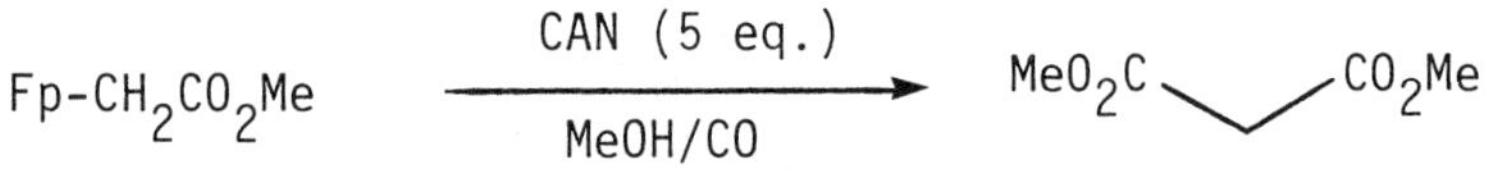

$$Fp\text{-}CH_2CO_2Me \xrightarrow[\text{MeOH/CO}]{\text{CAN (5 eq.)}} MeO_2C\text{-}CH_2\text{-}CO_2Me$$

53%

$Fp = (\eta\text{-}C_5H_5)(CO)_2Fe$

I.G.3. Other Syntheses via Organometallics

I.G.3-1 T. Ueda and Y. Otsuji, Chem. Lett., 1631 and 1635 (1986).

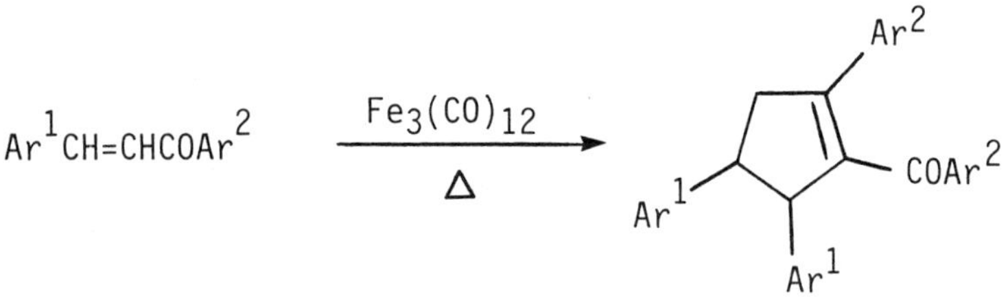

$$Ar^1CH=CHCOAr^2 \xrightarrow[\Delta]{Fe_3(CO)_{12}} \text{cyclopentene with } Ar^1, Ar^1, Ar^2, COAr^2$$

90-94%

I.G.3-2   D. Di Francesco and A.R. Pinhas, J. Org. Chem., 51, 2098 (1986).

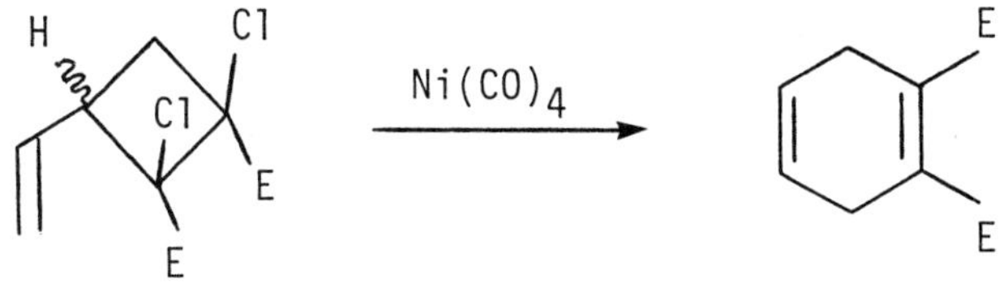

E = CO$_2$Me   52%

I.G.3-3   P. Berno et al., J. Organomet. Chem., 301, 161 (1986).

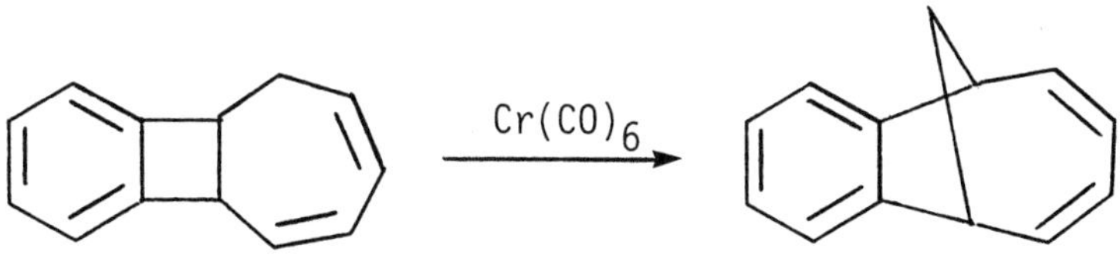

75%

I.G.3-4   M. Nishizawa et al., Tetrahedron Lett., 27, 3255 (1986); idem, J. Org. Chem., 51, 806 (1986); L. Weiler et al., Can J. Chem., 64, 1002 (1986); R.C. Larock et al., J. Org. Chem., 51, 2450 (1986).

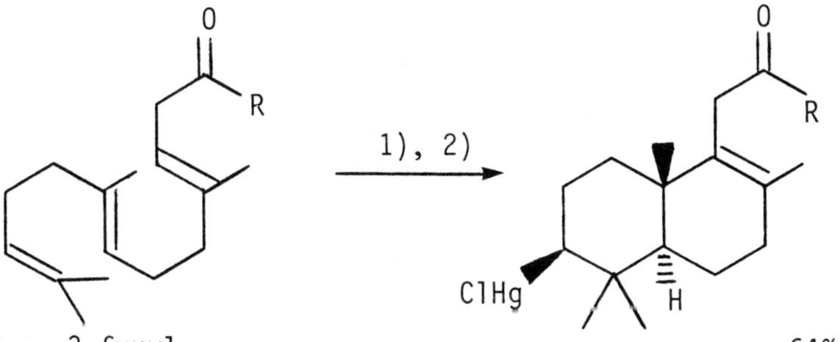

R = 3-furyl   64%

1) Hg(OTf)$_2$·PhNMe$_2$ 2) NaCl

I.G.3-5 L.S. Liebeskind, V. Goedken et al., Organometallics, 5, 1086 (1986).

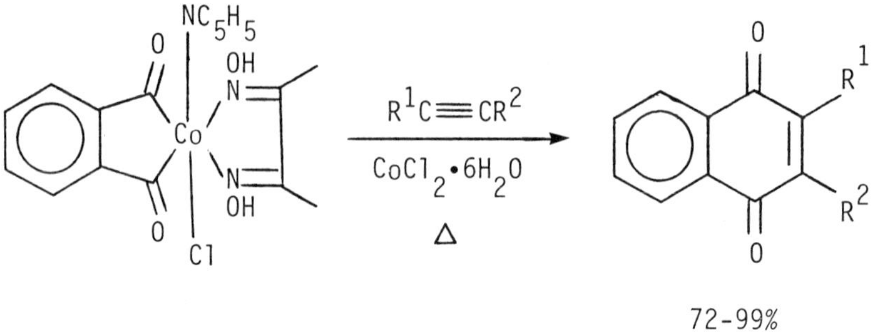
NC5H5
O
OH
N
Co
N
OH
O
Cl
R1C≡CR2
CoCl2•6H2O
Δ
O
R1
R2
O
72-99%

I.G.3-6 B.B. Snider and B.E. Goldman, Tetrahedron, 42, 2951 (1986).

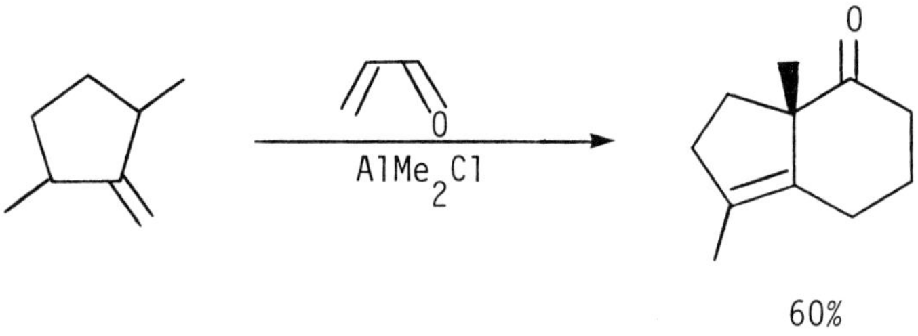
O
AlMe2Cl
O
60%

type II ene reaction followed by Oppenauer type oxidation in situ

I.G.3-7 K. Sakai et al., Chem. Pharm. Bull., 34, 3058 (1986).

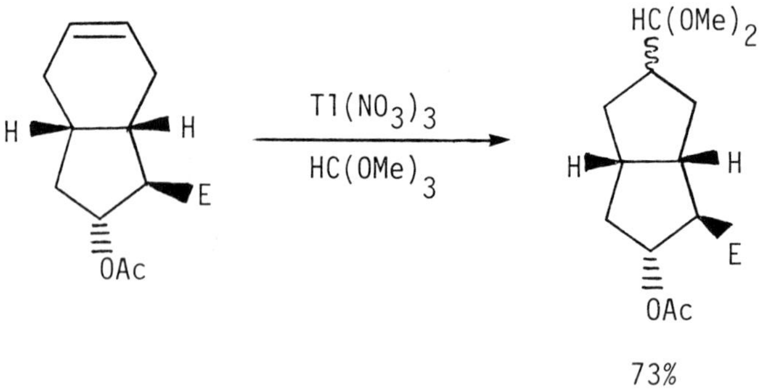
H
H
E
OAc
Tl(NO3)3
HC(OMe)3
HC(OMe)2
H
H
E
OAc
73%

E = CO_2Me

I.G.3-8 Z. Yoshida et al., Tetrahedron Lett., 27, 3669 (1986); K. Maruyama and H. Tamiaka, J. Org. Chem., 51, 602 (1986).

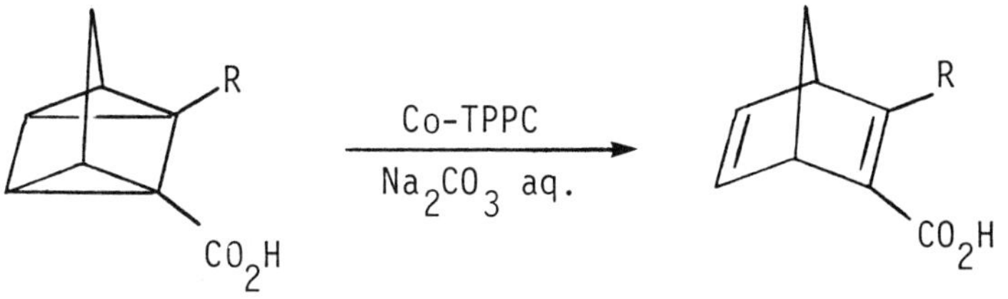

$$\text{structure} \xrightarrow[\text{Na}_2\text{CO}_3 \text{ aq.}]{\text{Co-TPPC}} \text{structure}$$

excellent yields

I.G.3-9 H. Hoberg and E. Hernandez, J. Organomet. Chem., 311, 307 (1986) and 315, 245 (1986).

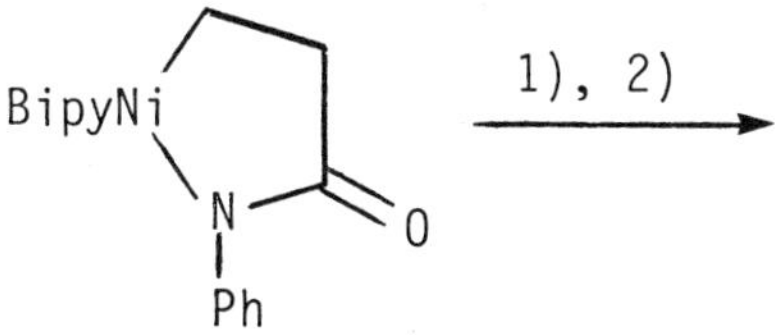

$$\text{BipyNi complex} \xrightarrow{1), 2)} \text{PhNHCOCH}_2(\text{CH}_2)_2\text{CH}_2\text{CONHPh}$$

80%

1) $FeCl_3$ 2) H_3O^+

I.G.3-10 G. Salerno et al., J. Organomet. Chem., 314, 231, 315, C45 and 317, 373 (1986).

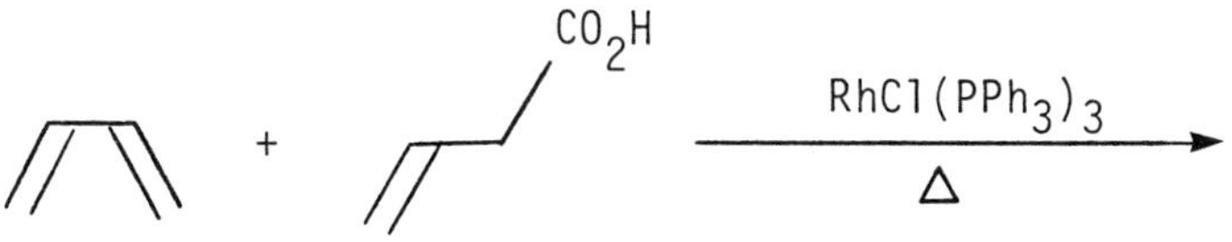

$$\text{CH}_2\text{=CH-CH=CH}_2 + \text{CH}_2\text{=CH-CH}_2\text{-CO}_2\text{H} \xrightarrow[\Delta]{\text{RhCl(PPh}_3)_3}$$

$$\text{MeCH=CHCH}_2\text{CH=CHCH}_2\text{CO}_2\text{H}$$

67%

I.G.3-11 N. Takaishi et al., Tetrahedron Lett., 27, 4615 (1986).

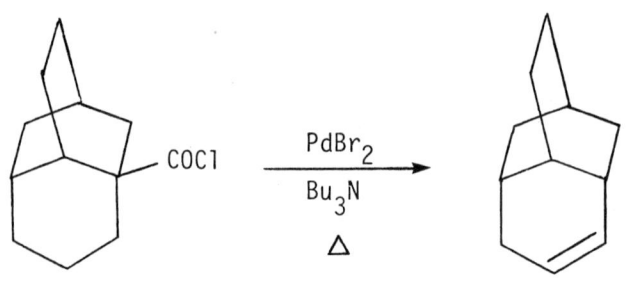

near quantitative

I.G.3-12 K. Utimoto et al., Tetrahedron Lett., 27, 589 (1986).

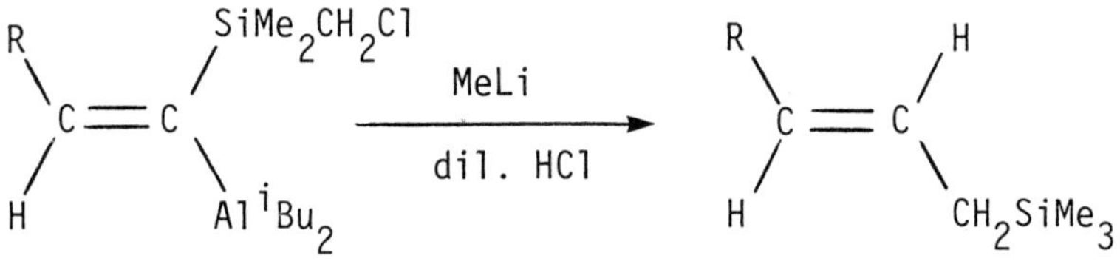

$$\underset{H}{\overset{R}{>}}C=C\underset{Al^iBu_2}{\overset{SiMe_2CH_2Cl}{<}} \xrightarrow[\text{dil. HCl}]{\text{MeLi}} \underset{H}{\overset{R}{>}}C=C\underset{CH_2SiMe_3}{\overset{H}{<}}$$

73-94%

only (E) at rt (except R=Ph)

I.G.4. Organometallic Reviews

I.G.4-1 J. Halpern, Pure Appl. Chem., 58, 575 (1986).

Lecture: "Free Radical Mechanisms in Organometallic and Bioorganometallic Chemistry."

I.G.4-2 B.M. Trost, J. Organomet. Chem., 300, 263 (1986).

  Review: "Transition Metals and Olefins. A Promising Land: A Personal Account."

I.G.4-3 A. Yamamoto, J. Organomet. Chem., 300, 347 (1986).

  Review: "Transition Metal Alkyls, A Personal Perspective."

I.G.4-4 H. Brunner, J. Organomet. Chem., 300, 39 (1986).

  Review: "Enantioselective Catalysis with Transition Metal Complexes."

I.G.4-5 G. Jaouen, Pure Appl. Chem., 58, 597 (1986).

  Lecture: "The Effect of Transition Metal Benzyl and Propargyl Species on the Behavior of Steroidal Hormones."

I.G.4-6 S. Sivaram et al., Chem Rev., 86, 353 (1986).

  Review: "Dimerization of Ethylene and Propylene Catalyzed by Transition - Metal Complexes."

I.G.4-7 T.M. Mitchell, J. Organomet. Chem., 304, 1 (1986).

   Review: "Transition - Metal Catalysis in Organotin Chemistry."

I.G.4-8 J.K. Stille, Angew. Chem., Int. Ed. Engl., 25, 508 (1986).

   Review: "The Palladium - Catalyzed Cross - Coupling Reactions of Organotin Reagents with Organic Electrophiles."

I.G.4-9 J. Tsuji, Pure Appl. Chem., 58, 869 (1986).

   Lecture: "New Synthetic Reactions Catalyzed by Palladium Complexes."

I.G.4-10 J. Tsuji, Tetrahedron, 42, 4361 (1986).

   Review: "New General Synthetic Methods Involving π- Allylpalladium Complexes as Intermediates and Neutral Reaction Conditions."

I.G.4-11 B.W. Rockett and G. Marr, J. Organomet. Chem., 305, 199 (1986).

   Annual Survey: Organic Reactions of Selected π- Complexes (1984).

I.G.4-12 Y. Yamamoto, Angew. Chem., Int. Ed. Engl., 25, 947 (1986).

  Review: "Selective Synthesis by Use of Lewis Acids in the Presence of Organocopper and Related Reagents."

I.G.4-13 U.M. Dzhemilev et al., Russ. Chem. Rev., 55, 66 (1986).

  Review: "Zirconium Complexes in Synthesis and Catalysis."

I.G.4-14 U.M. Dzhemilev et al., J. Organomet. Chem., 304, 17 (1986).

  Review: "Homogeneous Zirconium Based Catalysts in Organic Synthesis."

I.G.4-15 M. Rosenblum, J. Organomet. Chem., 300, 191 (1986).

  Review: "The Chemistry of Dicarbonylcyclopentadienyl-iron Complexes: Progress and Prospects."

I.G.4-16 T.A. Blumenkopf and L.E. Overman, Chem. Rev., 86, 857 (1986).

  Review: "Vinylsilane- and Alkynylsilane-Terminated Cyclization Reactions."

I.G.4-17 A. Krief, Top. Curr. Chem., 135, 1 (1986).

Review: "Synthesis and Synthetic Applications of 1-Metallo-1-Selenocyclopropanes and -cyclobutanes and Related 1-Metallo-1-Silylcyclopropanes."

I.G.4-18 J. Wotter and D. de Vos, J. Organomet. Chem., 313, 413 (1986).

Annual Survey: Lead (1983)

I.G.4-19 J. Tsuji, J. Organomet. Chem., 300, 281 (1986).

Review: "25 Years in the Organic Chemistry of Lead."

I.G.4-20 H.B. Kagan and J.L. Namy, Tetrahedron, 42, 6573 (1986).

Review: "Lanthanides in Organic Synthesis."

I.G.4-21 G.P. Chiusoli, J. Organomet. Chem., 300, 57 (1986).

Review: "Group VIII Metal-Catalyzed C-C Bond Forming Sequences."

I.H. Rearrangements

I.H.1. Claisen, Cope and Similar Processes

I.H.1-1 T. Fujisawa et al., Chem. Lett., 1553 (1986); S.D. Burke et al., Tetrahedron Lett., 27, 445, 449 and 3345 (1986); J. Kallmerten and T.J. Gould, J. Org. Chem., 51, 1152 (1986); W. Steglich et al., Tetrahedron, 42, 2063 (1986).

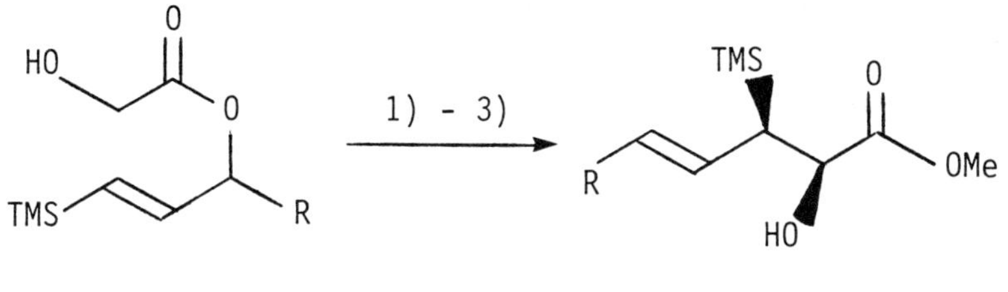

85-93%, > 88% d.e.

1) (TMS)$_2$NLi   2) TMSCl   3) CH$_2$N$_2$

I.H.1-2 J.L.C. Kachinsky and R.G. Salomon, J. Org. Chem., 51, 1393 (1986); T. Katsuki et al., Tetrahedron Lett., 27, 4577 and 4581 (1986).

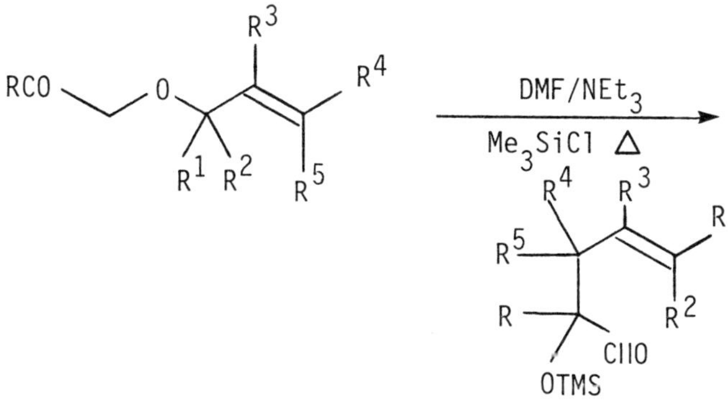

80-99%

I.H.1-3 C.H. Heathcock and P.A. Radel, J. Org. Chem., 51, 4322 (1986); K.A. Parker and J.G. Farmer, ibid, 51, 4023 (1986); G.A. Kraus and P.J. Thomas, ibid, 51, 503 (1986); F.L. Van Middlesworth, ibid, 51, 5019 (1986); J.C. Gilbert and T.A. Kelly, ibid, 51, 4485 (1986); R.L. Funk et al., Tetrahedron, 42, 2831 (1986).

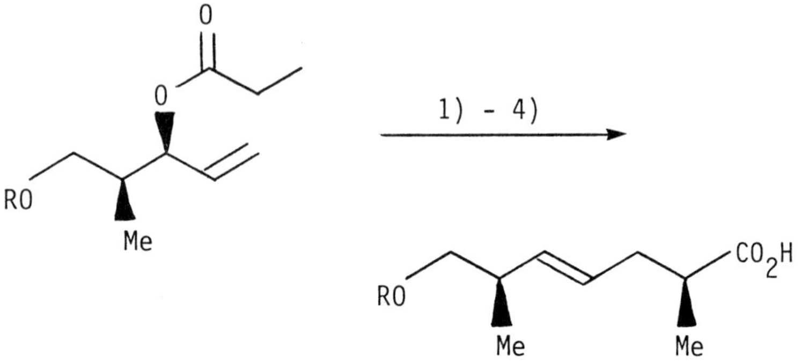

85%, 88% d.e.

1) LDA   2) ^{t}BuMe$_2$SiCl/HMPA   3) reflux   4) K$_2$CO$_3$

I.H.1-4 K. Maruyama, N. Nagai and Y. Naruta, J. Org. Chem., 51, 5083 (1986); S. Yamada et al., Bull. Chem. Soc. Jpn., 59, 2901 (1986).

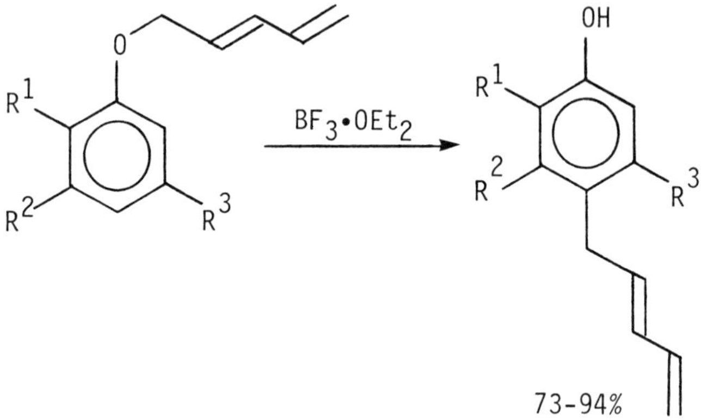

73-94%

regioselective compared to thermolysis

I.H.1-5 J.L. van der Baan and F. Bickelhaupt, Tetrahedron Lett., 27, 6267 (1986); K. Hiroi et al., Chem. Commun., 469 (1986).

[Reaction: cyclohexenyl allyl ether with R^1, R^2, R^3 substituents → 2-substituted cyclohexanone, using $PdCl_2(CH_3CN)_2$, rt, 2-71%]

I.H.1-6 M. Shiratsuchi et al., Chem. Pharm. Bull., 34, 2024 (1986); J.M. Barker et al., J. Chem. Res. (S), 328 (1986); S. Raucher and L.M. Gustavson, Tetrahedron Lett., 27, 1557 (1986); T. Nakai et al., Chem. Lett., 1355 and 1599 (1986); Yu.M. Dangyan et al., J. Gen. Chem. (USSR), 56, 1344 (1986).

[Reaction: 2-allyloxy-4-cyanoanisole → 2-allyl-3-hydroxy-4-methoxybenzonitrile (Claisen rearrangement), 190°C, 92%]

I.H.1-7 P. Metzner et al., Tetrahedron, 42, 2025 (1986); S. Takase et al., ibid, 42, 5879 (1986).

[Reaction: allyl/vinyl ketene dithioacetal with MeS and S-allyl groups → thioketone with allyl and vinyl substituents, Δ, 93%]

I.H.1-8 T. Suzuki, T. Kametani et al., J. Chem. Soc.,
Perkin Trans. 1, 2263 (1986); K. Fukumoto et al., ibid, 1543
(1986); B. Maurer et al., Helv. Chim. Acta, 69, 2026 (1986);
S. Ito et al., Bull. Chem. Soc. Jpn., 59, 1897 (1986); R.
Lorne and S.A. Julia, Bull. Soc. Chim. Fr., 317 (1986); Y.
Kobayashi et al., Chem. Pharm. Bull., 34, 3953 (1986).

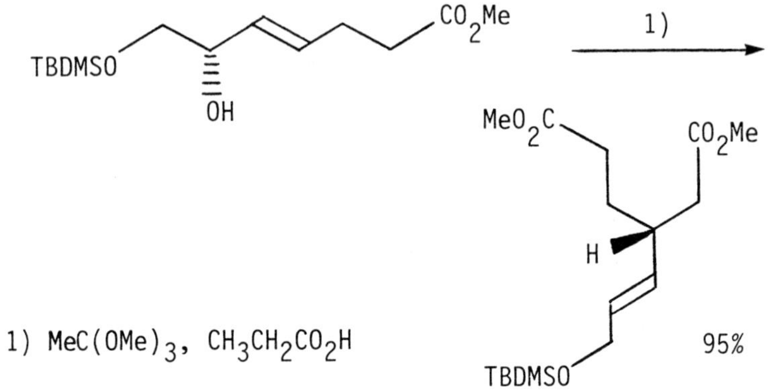

1) MeC(OMe)$_3$, CH$_3$CH$_2$CO$_2$H   95%

I.H.1-9 R. Uma, J. Rajagopalan and S. Swaminathan,
Tetrahedron, 42, 2757 (1986); N. Bluthe et al., ibid, 42,
1333 (1986); J.H. Rigby and J.-P. Denis, Synth. Commun., 16,
1789 (1986); L.A. Paquette and K.S. Learn, J. Am. Chem.
Soc., 108, 7873 (1986).

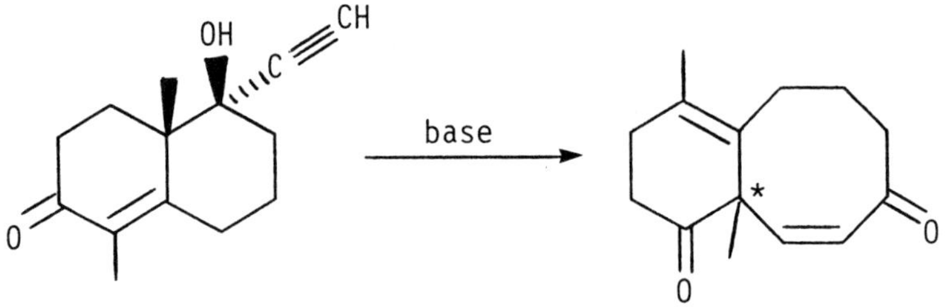

base = NaOMe/MeOH - racemic product
     = KH/THF - 65-70% ~100% e.e.

I.H.1-10 T. Nakai et al., Tetrahedron, 42, 2911 (1986); S. Raucher et al., J. Org. Chem., 51, 5503 (1986).

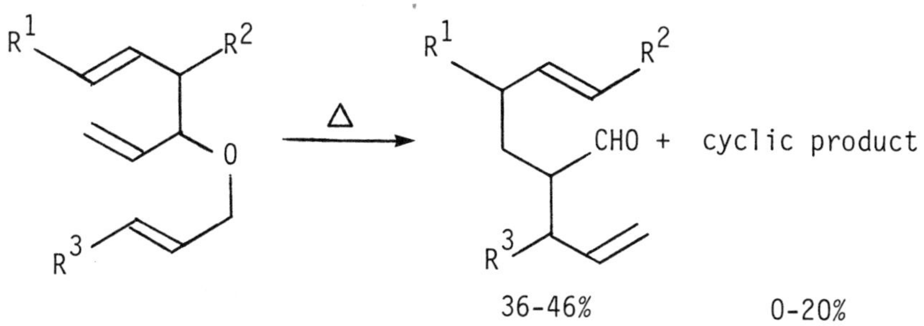

tandem oxy-Cope-Claisen

I.H.1-11 L.A. Paquette and T. Sugimura, J. Am. Chem. Soc., 108, 3841 (1986); M. Koreeda and D.J. Ricca, J. Org. Chem., 51, 4090 (1986); J.A. Marshall et al., ibid, 51, 4316 (1986); T. Nakai et al., Tetrahedron Lett., 27, 4185 (1986); G. Pattenden et al., ibid, 27, 2033 (1986); H. Takeshita et al., Chem. Lett., 593 (1986).

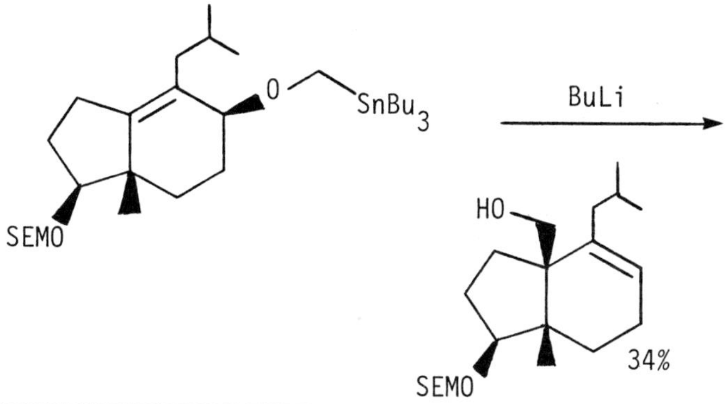

I.H.1-12 T. Nakai and K. Mikami, Chem. Rev., 86, 885 (1986).

Review: "[2,3] - Wittig Sigmatropic Rearrangements in Organic Synthesis."

I.H.1-13 K. Shishido et al., Heterocycles, 24, 250 (1986).

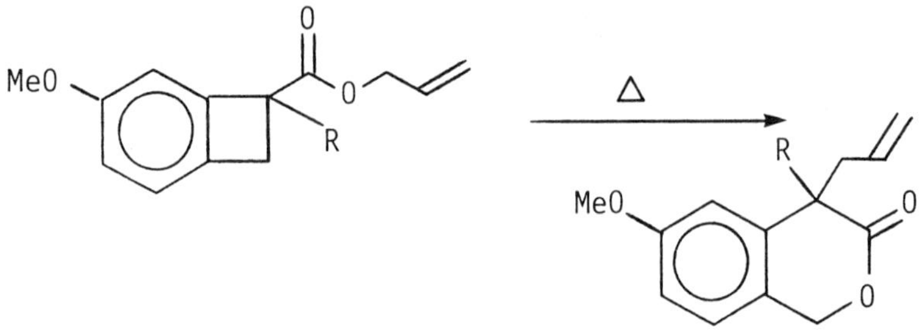

tandem [3,3] sigmatropic   good yields

I.H.1-14 V. Snieckus et al., Tetrahedron Lett., 27, 535 (1986).

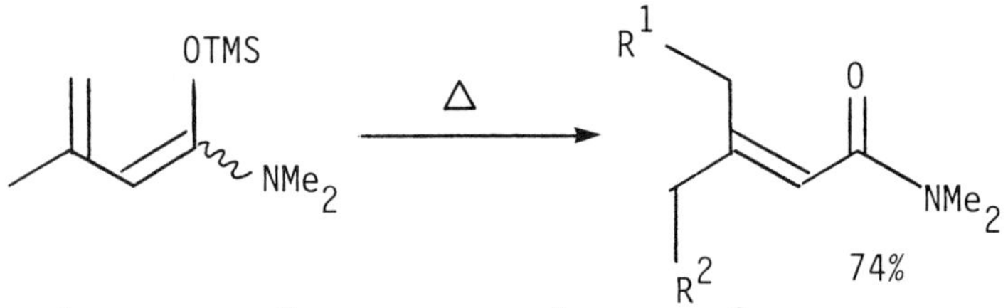

R^1 = TMS, R^2 = H : R^1 = H, R^2 = TMS
               91   :   9

74%

I.H.1-15 J.K. Whitesell et al., Tetrahedron, 42, 2993 (1986); J.K. Whitesell and M.A. Minton, J. Am. Chem. Soc., 108, 6802 (1986).

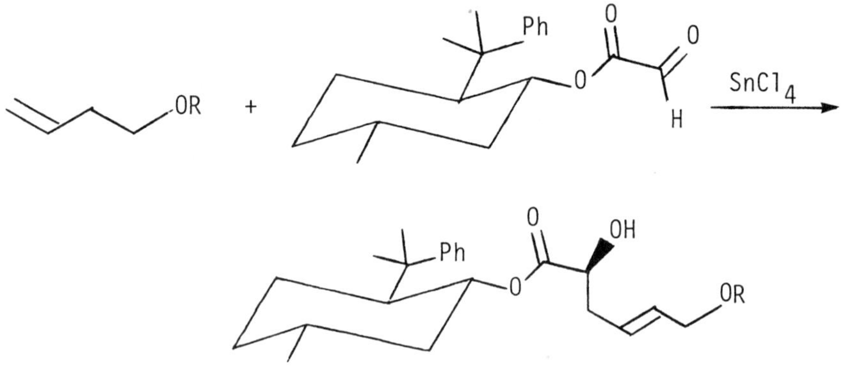

asymmetric induction in ene reaction   59-100%

I.H.1-16 K. Hiroi and K. Makino, Chem. Lett., 617 (1986).

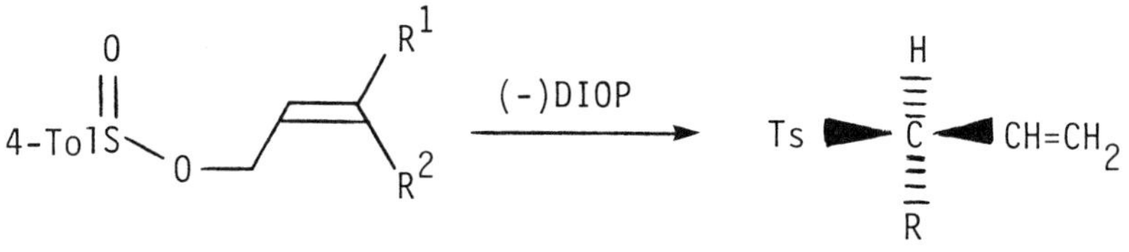

17-77%
78.5-87% e.e.

I.H.2. Other Rearrangements

I.H.2-1 S. Warren et al., J. Chem. Soc., Perkin Trans. 1, 1695 (1986); V.K. Aggarwal and S. Warren, Tetrahedron Lett., 27, 101 (1986); M. Matsumoto et al., Heterocycles, 24, 1987 (1986).

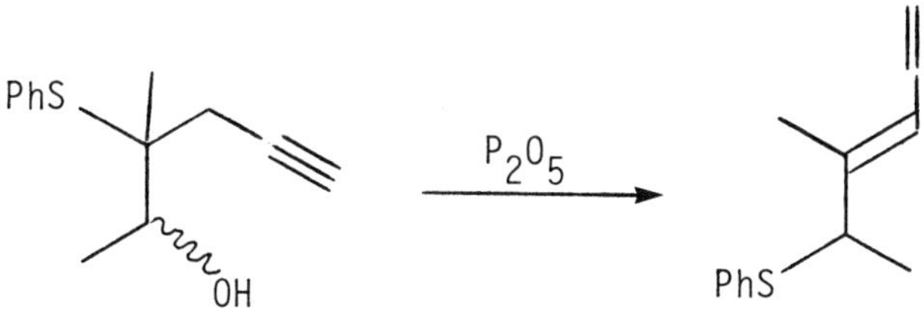

76%

acids also used

I.H.2-2 J. Meinwald et al., J. Org. Chem., 51, 773 (1986).

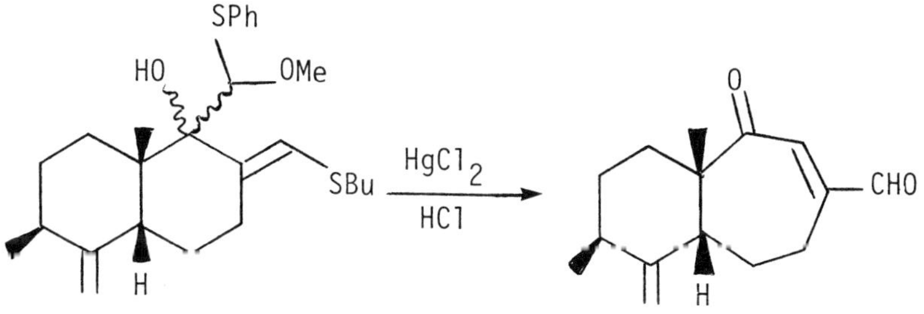

90%

I.H.2-3 G. Tsuchihashi et al., Chem. Lett., 13 (1986); T. Yamauchi et al., Synthesis, 1044 (1986); P.G. Sammes et al., J. Chem. Soc., Perkin Trans. 1, 281 (1986).

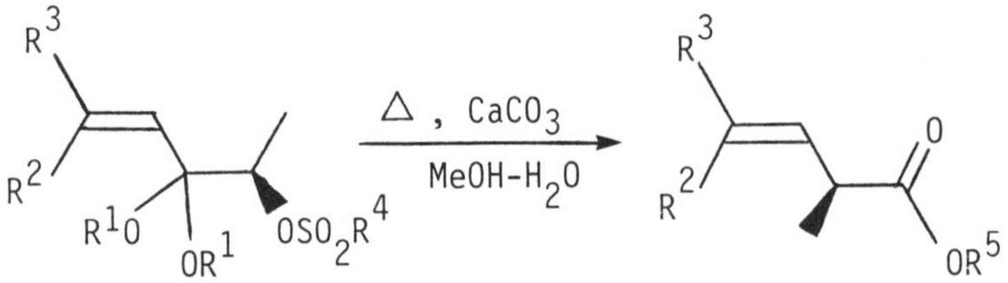

SO_2Cl_2/pyridine or $SOCl_2$/HMPA
used with the alcohol

83-98%
93- >98% e.e.

I.H.2-4 A. Tantivanich and D. Supatimusro, Tetrahedron Lett., 27, 5301 (1986); N.K. Hamer, ibid, 27, 2167 (1986).

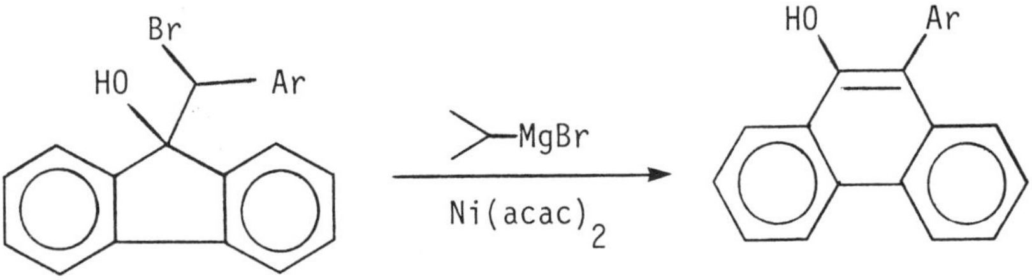

71-90%

Ag^+ used for a similar transformation

I.H.2-5 G. Tsuchihashi, K. Suzuki et al., Tetrahedron Lett., 27, 373 and 6237 (1986); R.D. Bach et al., ibid, 27, 356 (1986); G. Tsuchihashi, H. Yamamoto et al., J. Am. Chem. Soc., 108, 3877 (1986); G. Tsuchihashi, K. Suzuki et al., ibid, 108, 5221 (1986).

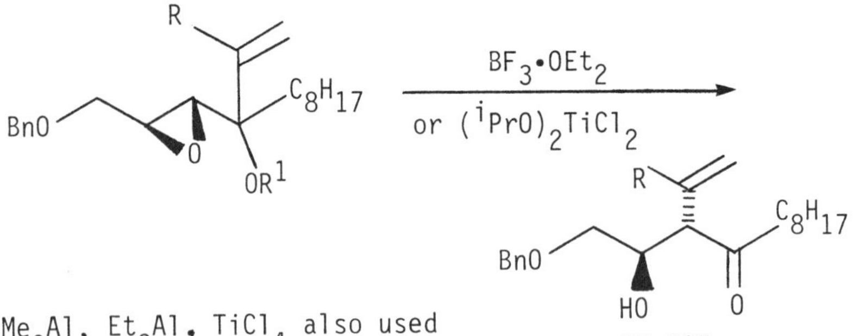

Me_3Al, Et_3Al, $TiCl_4$ also used

85-89%

I.H.2-6 M.M. Jouille et al., Tetrahedron, 42, 2635 (1986);
A. Krief and J.L. Laboureur, Chem. Commun., 702 (1986).

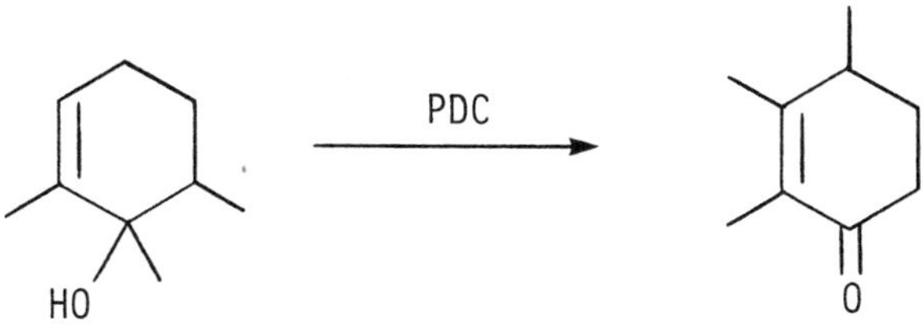

PDC

83%

TlOEt effects a similar transformation

I.H.2-7 C. Iwata et al., Chem. Pharm. Bull., 34, 2268 (1986).

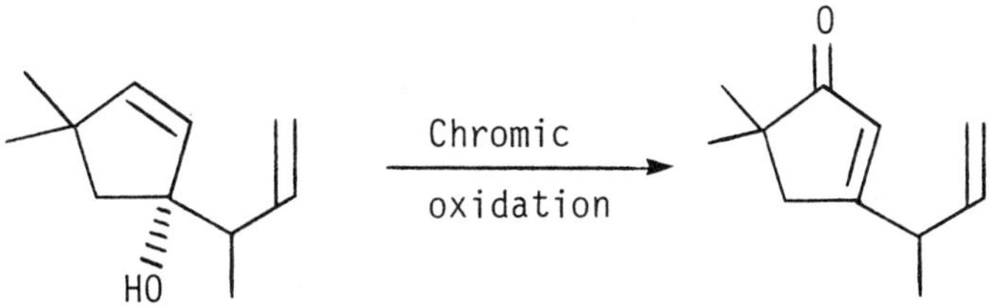

Chromic oxidation

> 84%

towards (±)-pentalenene

I.H.2-8 M. Vincens et al., Tetrahedron Lett., 27, 2267 (1986).

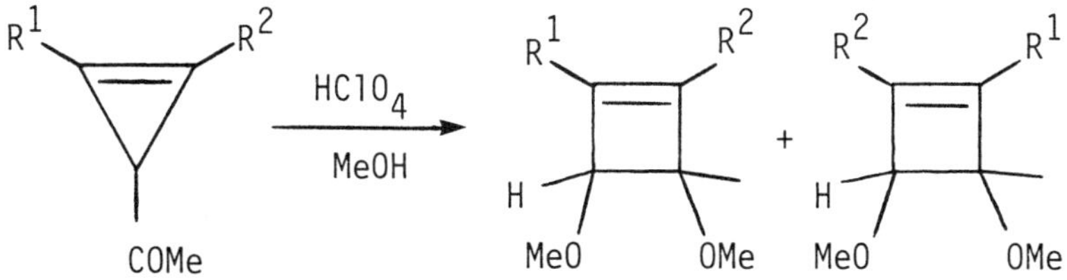

$HClO_4$ / MeOH

60-80%   only formed with R^1 = Me, R^2 = ^{t}Bu

I.H.2-9 M. Iyoda, M. Oda et al., Chem. Commun., 1049 (1986).

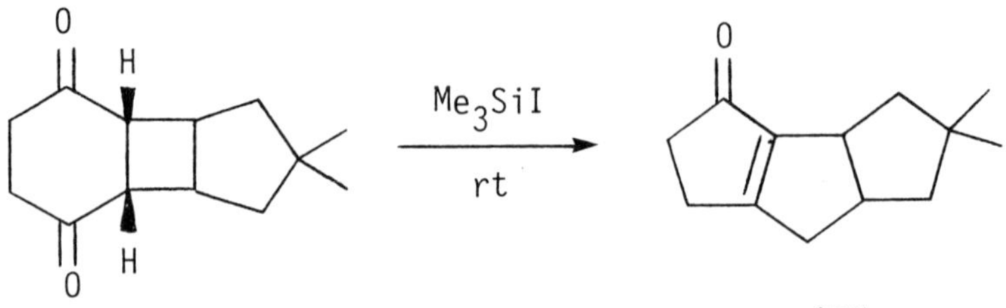

[diketone tricyclic structure] →(Me₃SiI, rt)→ [tricyclic enone] 95%

I.H.2-10 H. Zilch and R. Tacke, J. Organomet. Chem., 316, 243 (1986).

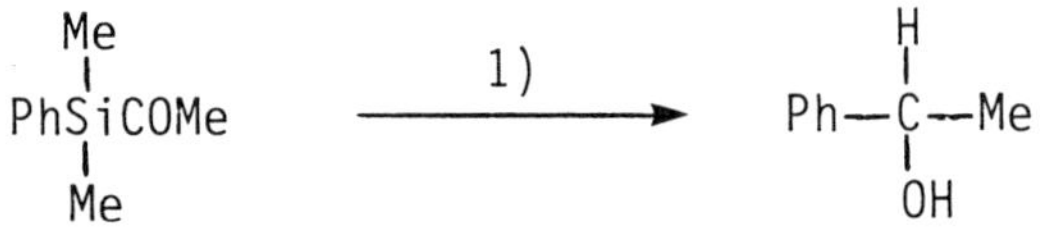

PhSi(Me)₂COMe →(1)→ Ph—CH(Me)—OH 97%

1) KF, DMSO, H_2O

I.H.2-11 J. Fink and M. Regitz, Chem Ber., 119, 2159 (1986).

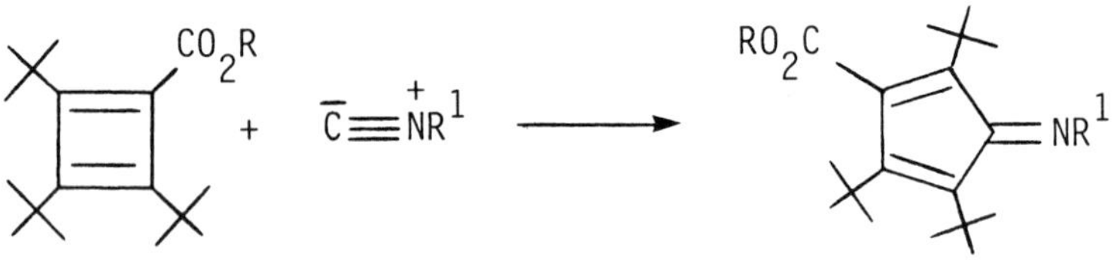

[tetra-tert-butyl cyclobutene-CO₂R] + $\bar{C}\equiv\overset{+}{N}R^1$ → [cyclopentadienylidene amine product] 48-96%

I.H.2-12 T.A. Engler and W. Fatter, Tetrahedron Lett., 27, 4115 and 4119 (1986); A. Schaltegger and P. Bigler, Helv. Chim. Acta, 69, 1666 (1986); T. Yamazaki et al., Chem. Pharm. Bull., 34, 2391 (1986); N. De Kimpe et al., J. Org. Chem., 51, 3839 (1986); B.M. Trost and H. Hiemstra, Tetrahedron, 42, 3323 (1986).

$$Ar\text{-}CHBr\text{-}C(O)\text{-}CH_2Br \xrightarrow{\text{NaOMe, MeOH}} \text{Ar-CH=CH-CO}_2Me$$

65-80%

(Z) : (E) > 93 : 7

I.H.2-13 S. Kano et al., J. Am. Chem. Soc., 108, 6746 (1986).

$$Ar\text{-}C(O)\text{-}CH_2CH_2CH_2\text{-}CH=CH_2 \xrightarrow{1),\ 2)} $$

1) PhS(O)CH$_2$P(O)(OEt)$_2$, BuLi
2) DBU

65%

towards morphinans

I.H.2-14 W.E. Truce et al., J. Am. Chem. Soc., 108, 3466 (1986).

$$\text{o-CH}_3\text{-C}_6\text{H}_4\text{-SO}_2{}^t\text{Bu} \xrightarrow{1)\ -\ 3)} \text{o-(}^t\text{BuCH}_2\text{)-C}_6\text{H}_4\text{-SO}_2\text{H}$$

no yield given

1) BuLi   2) heat   3) H$_3$O$^+$

I.H.2-15 G. Mehta and K.S. Rao, J. Am. Chem. Soc., 108, 8015 (1986).

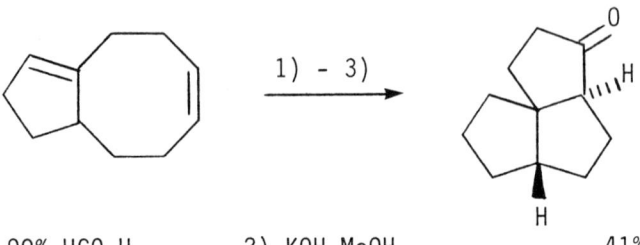

1) 90% HCO$_2$H, 2) KOH-MeOH 41%
3) Jones Reagent

I.H.2-16 T. Kawashima, N. Inamoto et al., Chem. Lett., 501 (1986).

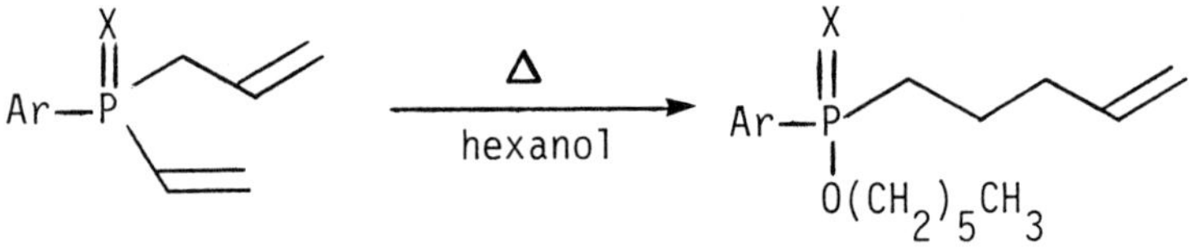

X = O, S, Se

quantitative

I.H.2-17 L. Fitjer et al., Chem. Ber., 119, 3127 (1986).

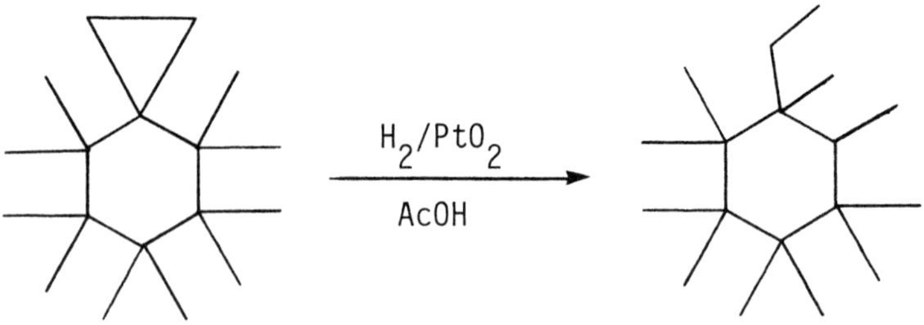

67%

II
OXIDATIONS

II.A. C⟶O Oxidations

1. Alcohol⟶Ketone, Aldehyde

II.A.1-1 H.-J. Christau, E. Torreilles, P. Morand and H. Christol, Tetrahedron Lett., 27, 1775 (1986); H. Firouzabadi, A.R. Sardarian, H. Moosavipour and G.M. Afshari, Synthesis, 285 (1986); K. Balasubramanian and V. Prathiba, Ind. J. Chem., Sect. B, 25, 326 (1986).

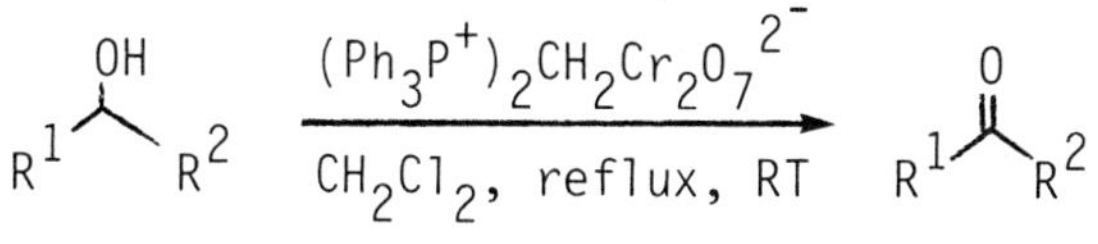

$$R^1R^2CHOH \xrightarrow[\text{CH}_2\text{Cl}_2,\ \text{reflux, RT}]{(\text{Ph}_3\text{P}^+)_2\text{CH}_2\text{Cr}_2\text{O}_7{}^{2-}} R^1R^2C=O$$

II.A.1-2 J. Collin, J.-L. Namy and H.B. Kagan, Nouv. J. Chem., 10, 229 (1986).

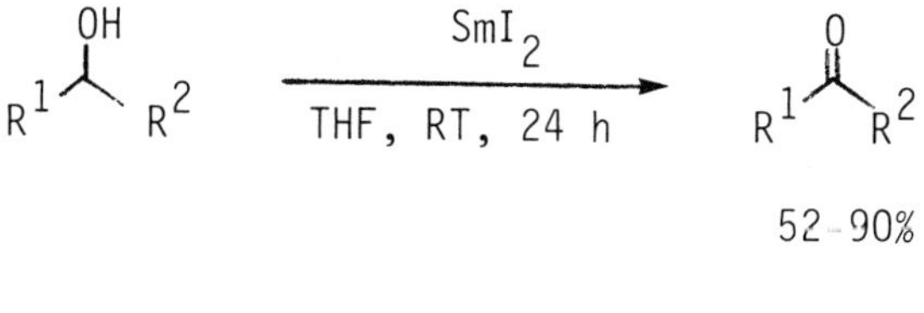

$$R^1R^2CHOH \xrightarrow[\text{THF, RT, 24 h}]{\text{SmI}_2} R^1R^2C=O$$

52-90%

II.A.1-3 H. Firouzabadi, D. Mohajer and M. Entezari Moghaddam, Synth. Commun., 16, 211 (1986).

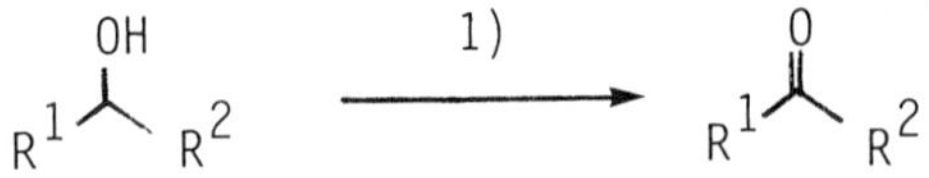

$$R^1R^2CH(OH) \xrightarrow{1)} R^1C(O)R^2$$

10-98%

1) Ag_2FeO_4; PhH, reflux

II.A.1-4 S. Kanemoto, H. Tomioka, K. Oshima and H. Nozaki, Bull. Chem. Soc. Jpn., 59, 105 (1986).

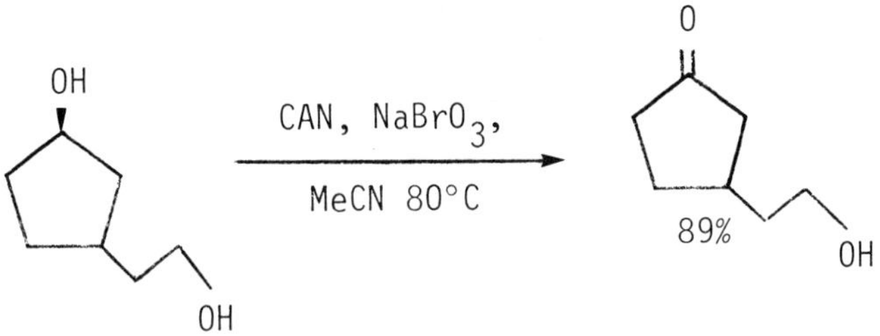

[3-(2-hydroxyethyl)cyclopentanol] $\xrightarrow{\text{CAN, NaBrO}_3,\ \text{MeCN 80°C}}$ [3-(2-hydroxyethyl)cyclopentanone] 89%

II.A.1-5 O. Bortolini, V. Conte, F. DiFuria and G. Modena, J.Org.Chem., 51, 2661 (1986).

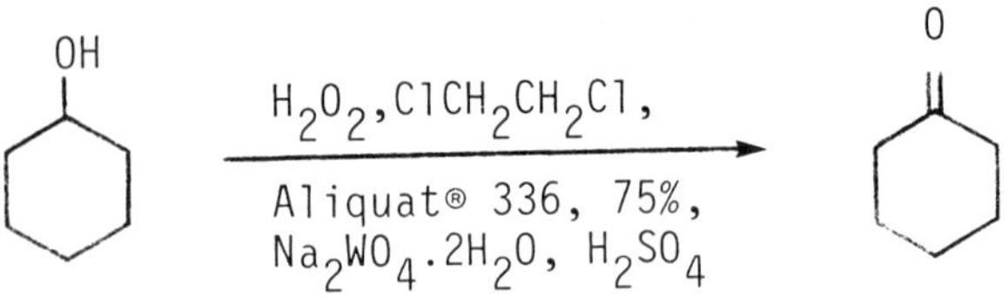

cyclohexanol $\xrightarrow{\text{H}_2\text{O}_2,\text{ClCH}_2\text{CH}_2\text{Cl},\ \text{Aliquat® 336, 75\%,}\ \text{Na}_2\text{WO}_4\cdot 2\text{H}_2\text{O, H}_2\text{SO}_4}$ cyclohexanone

92%

II.A.1-6 K. Yamawaki, T. Yoshida, T. Suda, Y. Ishii and M. Ogawa, Synthesis, 59 (1986).

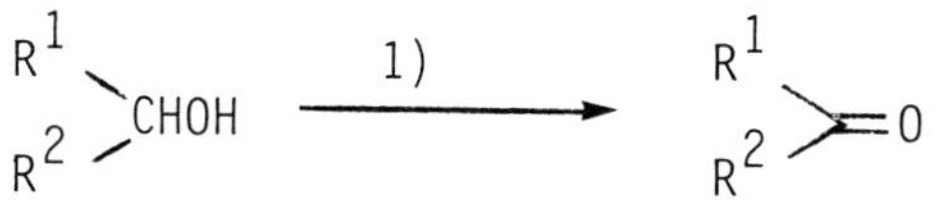

$$R^1R^2CHOH \xrightarrow{1)} R^1R^2C=O$$

70-84%

1) t-BuOOH, Mo(CO)$_6$, cetylpyridinium chloride, PhH, reflux

---

II.A.1-7 I. Minami, M. Yamada and J. Tsuji, Tetrahedron Lett., 27, 1805 (1986).

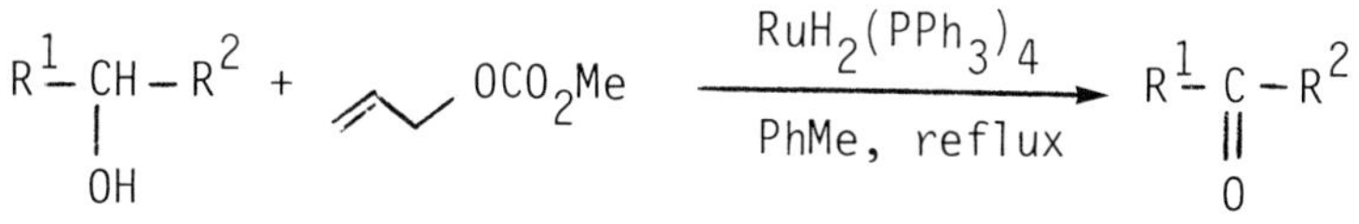

$$R^1\text{-CH(OH)-}R^2 + \diagup\!\!\!\diagdown OCO_2Me \xrightarrow[\text{PhMe, reflux}]{RuH_2(PPh_3)_4} R^1\text{-C(=O)-}R^2$$

55-98%

II.A.1-8 M.E. Krafft and B. Zorc, J. Org. Chem., 51, 5482 (1986); K.S. Kim, Y.H. Song, N.H. Lee and C.S. Hahn, Tetrahedron Lett., 27, 2875 (1986); H. Firouzabadi, D. Mohajer and M. Entezari Moghaddam, Synth. Commun., 16, 723 (1986).

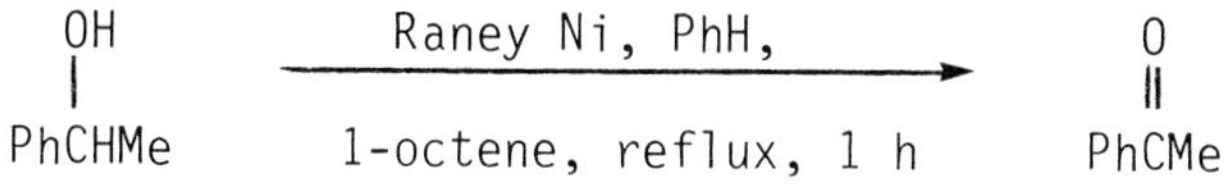

$$\text{PhCH(OH)Me} \xrightarrow[\text{1-octene, reflux, 1 h}]{\text{Raney Ni, PhH,}} \text{PhC(=O)Me}$$

90%

II.A.1-9 T. Nakano, T. Terada, Y. Ishii and M. Ogawa, Synthesis, 774 (1986).

$$R-\underset{OH}{CH}-(CH_2)_n-OH \xrightarrow[\substack{150°C,\ 8\ h \\ Ph_2CO}]{Cp_2ZrH_2(cat.)} R-\underset{OH}{CH}-(CH_2)_{n-1}-CHO$$

39-98%

II.A.1-10 M.Lj. Mihailović, S. Konstantinović and R. Vukićevic, Tetrahedron Lett., 27, 2287 (1986).

$$R-(CH_2)_n-CH_2OH \xrightarrow{LTA/Mn(OAc)_2} R-(CH_2)_n-CHO$$

71-90%

II.A.1-11 J. Singh et al., Chem. Ind. (London), 751 (1986); C.S. Rao, A.A. Deshmukh, M.R. Thakor and P.S. Srinivasan, Ind. J. Chem., Sect. B, 25, 324 (1986).

$$n\text{-PrOH} \xrightarrow[1\ h,\ RT,\ N_2]{QCC,\ CH_2Cl_2} EtCHO \quad \text{quant.}$$

$$i\text{-PrOH} \xrightarrow[\text{conditions, 12 h}]{\text{similar}} \underset{\text{quant.}}{MeCMe\ (O)}$$

QCC is selective for primary in the presence of secondary alcohols.

QCC = quinolinium chlorochromate

II.A.2. Alcohol and Aldehyde ⟶ Acid

II.A.2-1 S. Torii, T. Inokuchi and T. Sugiura, J. Org. Chem., 51, 155 (1986).

$$PhCH_2OH \xrightarrow[\substack{RuO_2 \cdot 2\,H_2O,\ NaCl\ (satd.) \\ pH\ 7}]{Pt\ electrodes\ (4F)} PhCO_2H$$

90%

II.A.2-2 A. Abiko, J.C. Roberts, T. Takemasa and S. Masamune, Tetrahedron Lett., 27, 4537 (1986).

$$RCHO \xrightarrow[t\text{-}BuOH,\ 5\%\ NaH_2PO_4\ aq.]{KMnO_4} RCO_2H$$

80-99%

Protected hydroxyl groups survive.

II.B. C — H Oxidations

1. C — H ⟶ C — O

II.B.1-1 F.A. Davis, M.S. Haque, T.G. Ulatowski and J.C. Towson, J. Org. Chem., 51, 2402 (1986).

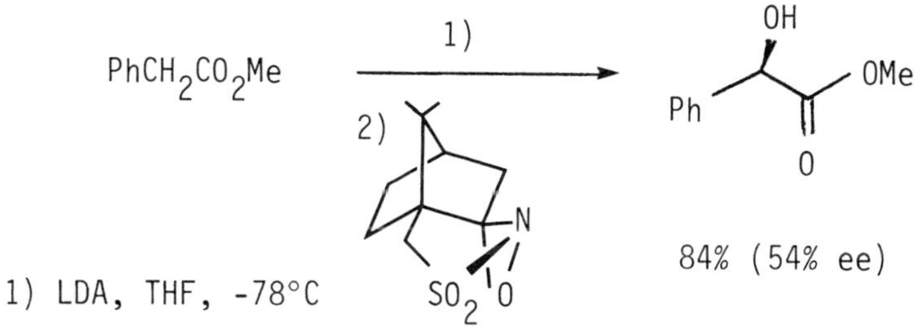

PhCH$_2$CO$_2$Me $\xrightarrow{\text{1) , 2)}}$ Ph-CH(OH)-C(O)-OMe

84% (54% ee)

1) LDA, THF, -78°C

II.B.1-2 T. Shono, Y. Matsumura, K. Inoue and F. Iwasaki, J.Chem. Soc., Perkin I, 73 (1986).

$$R^1-\underset{\underset{H}{|}}{\overset{\overset{R^2}{|}}{C}}-\overset{O}{\overset{||}{C}}-R^3 \xrightarrow[\text{KI, KOH, MeOH}]{-2e} R^1-\underset{\underset{OH}{|}}{\overset{\overset{R^2}{|}}{C}}-\underset{\underset{OMe}{|}}{\overset{\overset{OMe}{|}}{C}}-R^3$$

33-85%

II.B.1-3 Y. Morizawa, A. Yasuda and K. Uchida, Tetrahedron Lett., 27, 1833 (1986).

$$\underset{F_3C}{\overset{Me}{\diagup\!\!\!\diagdown}}CO_2Et \xrightarrow[\text{2) MoO}_5,\text{ pyridine, HMPA}]{\text{1) LDA}} \underset{F_3C}{\overset{Me \quad OH}{\diagup\!\!\!\diagdown}}CO_2Et + \underset{F_3C}{\overset{Me \quad OH}{\diagup\!\!\!\diagdown}}CO_2Et$$

97 : 3
75%

II.B.1-4 P. Battioni, J.P. Renaud, J.F. Bartoli and D. Mansuy, J. Chem. Soc., Chem. Commun., 341 (1986).

cyclohexane —1)→ cyclohexanol (30%) + cyclohexanone (10%)

1) H_2O_2, Mn (TDCPP)(Cl), imidazole, CH_2Cl_2, MeCN, H_2O, 20°C, 1 h.

TDCPP = tetra-(2,6-dichlorophenyl)porphyrin

II.B.1-5 R.DiCosimo and H. Szabo, J. Org. Chem., 51, 1365 (1986).

$$PhH + Co(II)(OAc)_2 + TFA \xrightarrow{TFAA, 25°C} PhOAc$$

58% (65% Ph conv.)

II.B.1-6 S.M. Roberts et al., Tetrahedron Lett., 27, 1089 (1986).

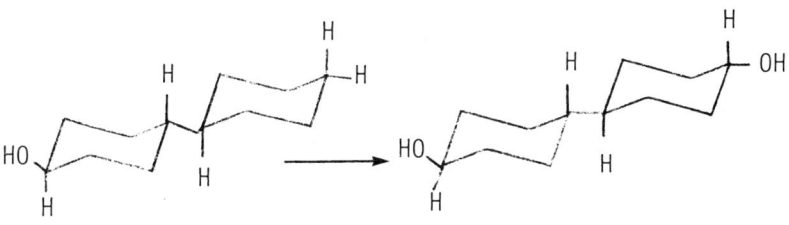

Fungi: (in corn steep liquor/dextrose)

Absidia cylindrospora
Beauvaria bassiana
Cunninghamella blakesleeana
Gongronella lacrispora

II.B.1-7 G. Balavoine, D.H.R. Barton, J. Boivin, A. Gref, N. Ozbalik and H. Riviere, J. Chem. Soc., Chem. Commun., 1727 (1986).

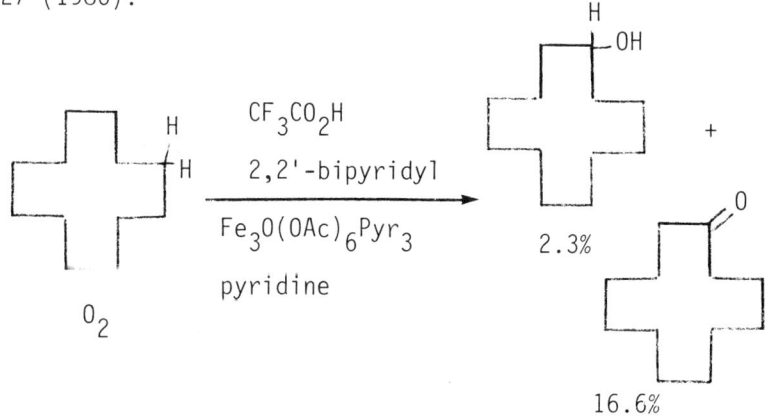

II.B.1-8   J. Muzart, Tetrahedron Lett., 27, 3139 (1986).

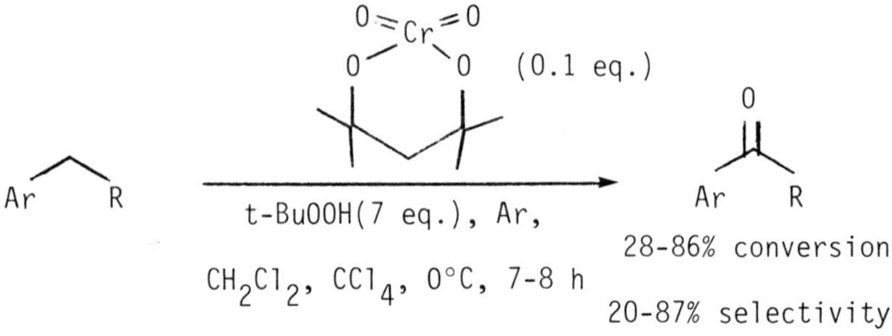

$$Ar\text{-}CH_2\text{-}R \xrightarrow[CH_2Cl_2,\ CCl_4,\ 0°C,\ 7\text{-}8\ h]{\text{CrO}_3\cdot\text{3,5-dimethylpyrazole (0.1 eq.)},\ t\text{-BuOOH (7 eq.)}} Ar\text{-}CO\text{-}R$$

28-86% conversion
20-87% selectivity

II.B.1-9   C. Chien, A. Hasegawa, T. Kawasaki and M. Sakamoto, Chem. Pharm. Bull., 34, 1493 (1986).

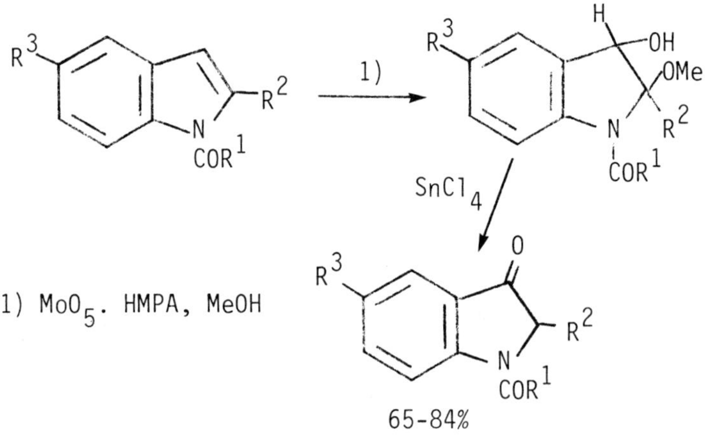

1) $MoO_5 \cdot$ HMPA, MeOH

65-84%

II.B.1-10   S. Yoshifuji, K. Tanaka, T. Kawai and Y. Nitta, Chem. Pharm. Bull., 34, 3873 (1986).

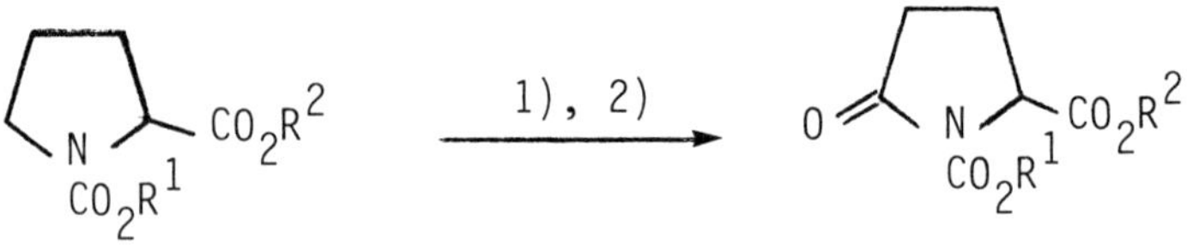

1) RuO_4, H_2O, EtOAc, RT;
2) i-PrOH

87-98%

II.B.1-11 S. Yamaguchi, M. Inoue and S. Enomoto, Bull. Chem. Soc. Jpn., 59, 2881 (1986).

[Scheme: dimethyl-dihydronaphthalene + H_2O_2, Pd(II)-SP resin, AcOH, 50°C → dimethyl-naphthoquinone, 13-65%]

II.B.1-12 E.V. Dehmlow and J.K. Makrandi, J. Chem. Res.(S), 32 (1986).

[Scheme: naphthalene → 1,4-naphthoquinone, 70%]

1) aq. $(NH_4)_2S_2O_8$, $AgNO_3$, CAN, H_2SO_4, NBu_4HSO_4, SDS
   light petroleum 50°C, 1-5 h.

(SDS = sodium dodecyl sulfate)

II.B.1-13 D.W. Ladner, Synth. Commun., 16, 157 (1986).

[Scheme: 2-methylquinoline-3-carboxylic acid + Ni(0)$_x$, NaOH aq., 25°C, 12 h → quinoline-2,3-dicarboxylic acid, quant.]

II.B.1-14 K. Grosse Brinikhaus and E. Steckhan, <u>Tetrahedron</u>, <u>42</u>, 553 (1986).

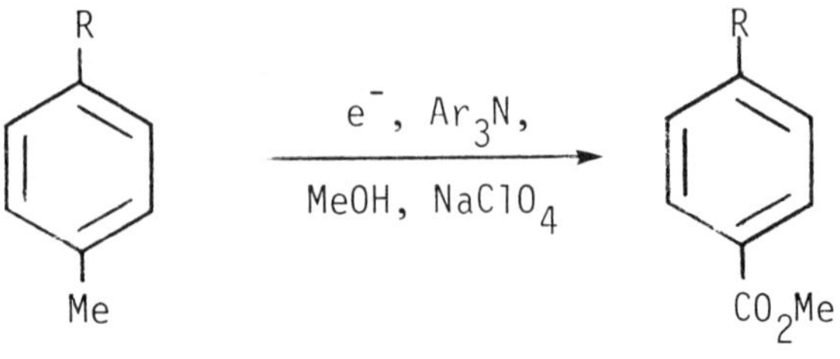

R–C₆H₄–Me →[e⁻, Ar₃N, MeOH, NaClO₄] R–C₆H₄–CO₂Me

71-95%

II.B.2. C — H ⟶ C — Hal

II.B.2-1 F. Bellesia, F. Ghelfi, R. Grandi and U.M. Pagnoni, <u>J. Chem. Res.</u>, 426, 428 (1986).

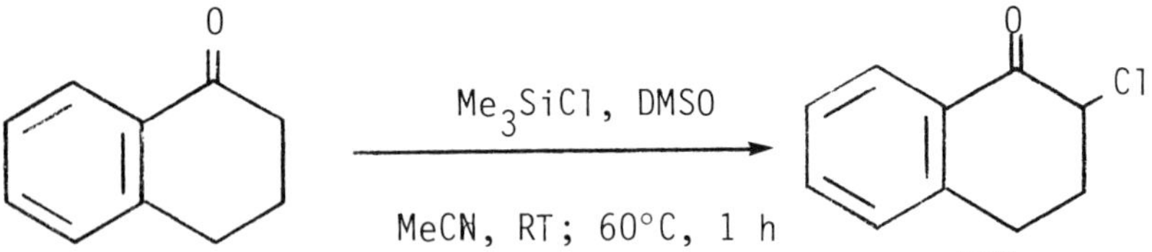

α-tetralone →[Me₃SiCl, DMSO; MeCN, RT; 60°C, 1 h] 2-chloro-α-tetralone

76%

II.B.2-2 E. Balogh-Hergovich and G. Speier, <u>J. Chem. Soc., Perkin Trans. I</u>, 2305 (1986)

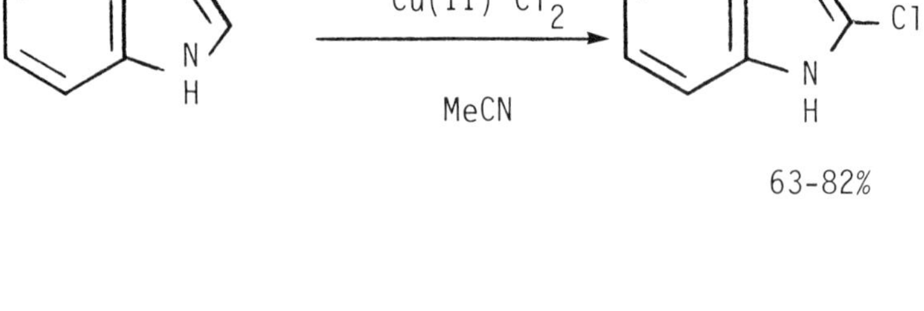

3-R¹-indole →[Cu(II)Cl₂, MeCN] 2-chloro-3-R¹-indole

63-82%

II.B.2-3 C.J. Peake and J.H. Strickland, Synth. Commun., 16, 763 (1986).

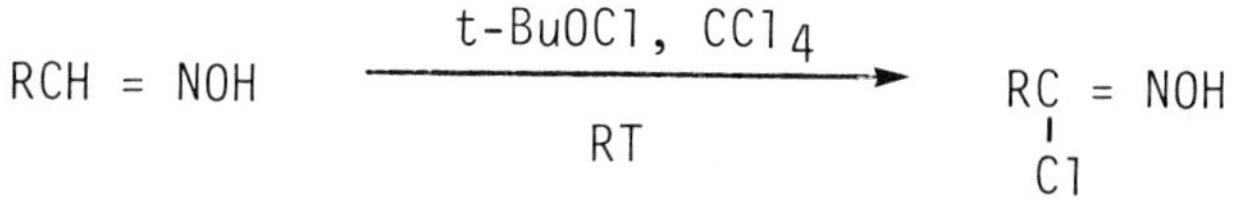

$$RCH=NOH \xrightarrow[RT]{t\text{-}BuOCl,\ CCl_4} \underset{Cl}{RC}=NOH$$

25-63%

II.B.2-4 A. Amrollah-Madjdabadi, R. Beugelmans and A. Lechevallier, Synthesis, 828 (1986).

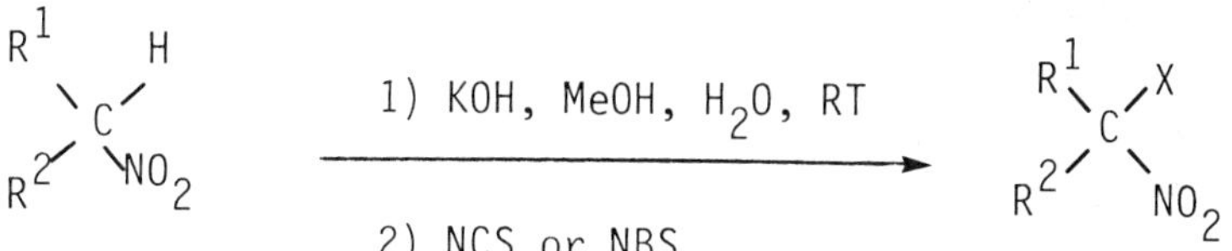

$$\underset{R^2}{\overset{R^1}{}}\!\!\!\!\!\!C\!\!\!\!\!\!\underset{NO_2}{\overset{H}{}} \xrightarrow[\text{2) NCS or NBS}]{\text{1) KOH, MeOH, H}_2\text{O, RT}} \underset{R^2}{\overset{R^1}{}}\!\!\!\!\!\!C\!\!\!\!\!\!\underset{NO_2}{\overset{X}{}}$$

25-95%
X = Cl or Br

II.B.2-5 G.A. Olah, L. Ohannesian and M. Arvanaghi, Synthesis, 869 (1986).

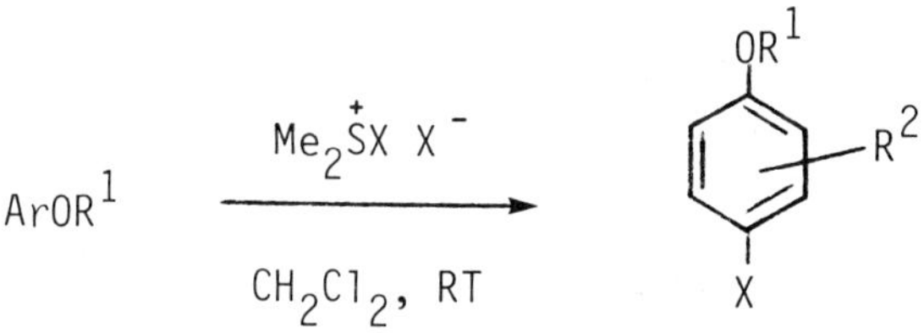

$$ArOR^1 \xrightarrow[CH_2Cl_2,\ RT]{Me_2\overset{+}{S}X\ X^-} \text{(aryl with } OR^1,\ R^2,\ X\text{)}$$

75-94%

R = H, alkyl or aryl

X = Cl or Br

II.B.2-6 N. Narayanan and T.R. Balasubramanian, Ind.J. Chem., Sect. B, 25, 228 (1986).

$$ArH \xrightarrow{\text{PBC, HOAc, 90-100°C}} ArBr$$

30-97%

$$R^1R^2CHOH \xrightarrow{\text{PBC, CHCl}_3\text{, reflux}} R^1\overset{O}{\underset{}{\overset{\|}{C}}}R^2$$

70-95%

PBC = pyridinium bromochromate

II.B.2-7 A.G. Mistry, K. Smith and M.R. Bye, Tetrahedron Lett., 27, 1051 (1986).

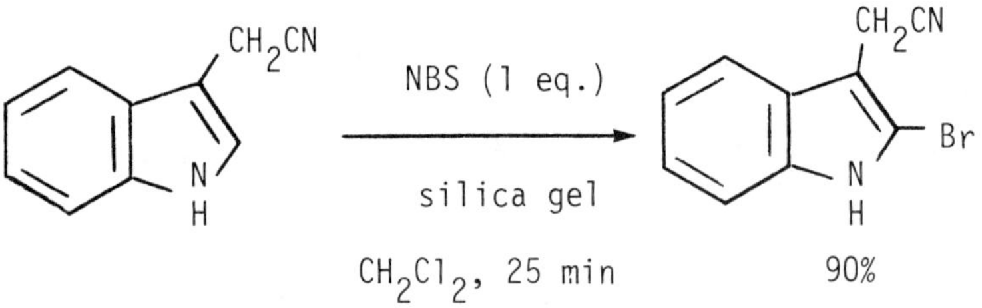

3-(cyanomethyl)indole $\xrightarrow[\text{CH}_2\text{Cl}_2\text{, 25 min}]{\text{NBS (1 eq.)} \quad \text{silica gel}}$ 2-bromo-3-(cyanomethyl)indole

90%

II.B.2-8 B. Sket and M. Zupan, J. Org. Chem., 51, 929 (1986).

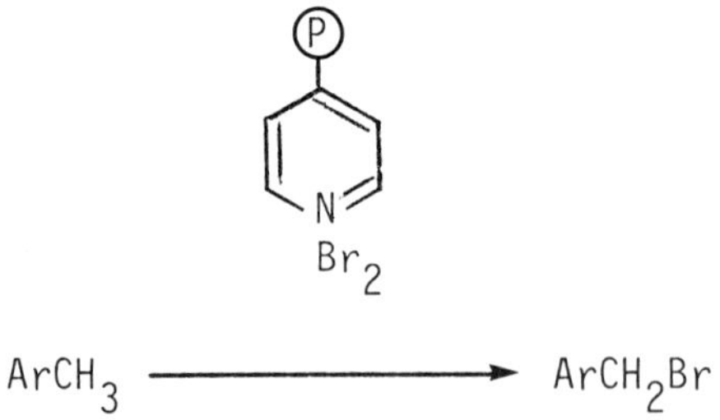

[4-polymer-supported pyridine·Br$_2$]

$$ArCH_3 \longrightarrow ArCH_2Br$$

II.B.2-9 A. Alberola, C. Andrés, A.G. Ortega, R. Pedrosa and M. Vincente, Synth. Commun., 16, 1161 (1986).

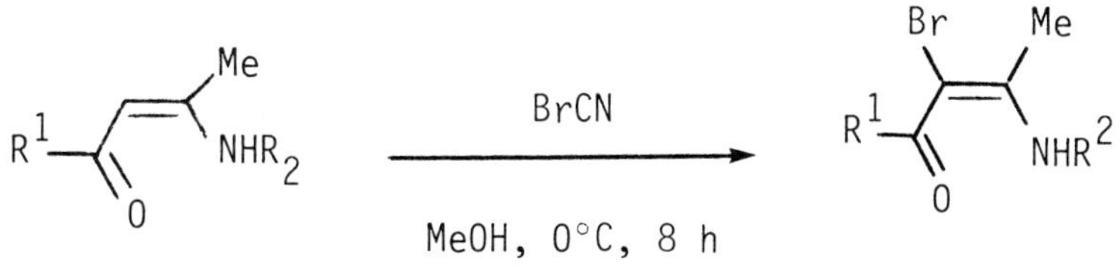

R^1-C(=O)-CH=C(Me)-NHR^2 → (BrCN, MeOH, 0°C, 8 h) → R^1-C(=O)-C(Br)=C(Me)-NHR^2

50-96%

II.B.2-10 R. Boothe, G. Dial, R. Conaway, R.M. Pagni and G.W. Kabalka, Tetrahedron Lett., 27, 2207 (1986).

$$ArH + I_2 \xrightarrow{Al_2O_3} ArI$$

8-50%

II.B.2-11 S.M. Ali and M. Ilyas, Chem. Ind. (London), 426 (1986).

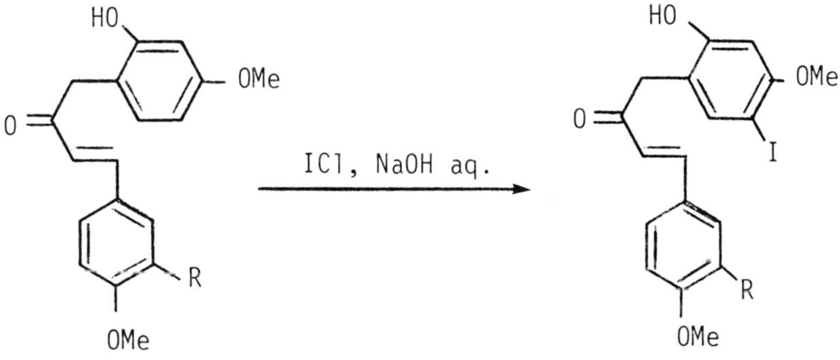

ICl, NaOH aq.

92-94%

II.B.3. Other C — H Oxidations

II.B.3-1 T. Keumi et al., J. Org. Chem., 51, 3439 (1986).

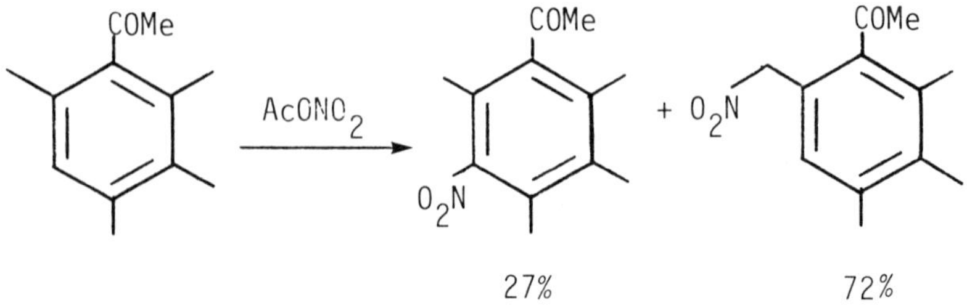

27%   72%

II.B.3-2 R. Tapia, G. Torres and J.A. Valderrama, Synth. Commun., 16, 681 (1986).

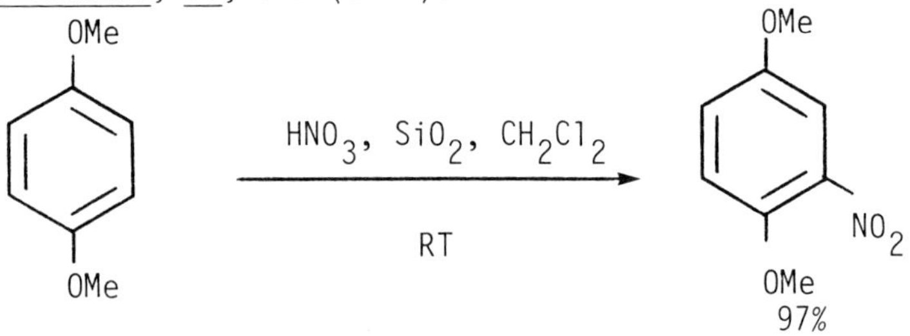

97%

II.B.3-3 J. Roussel, M. Lemaire, A. Guy and J.P. Guetté, Tetrahedron Lett., 27, 27 (1986).

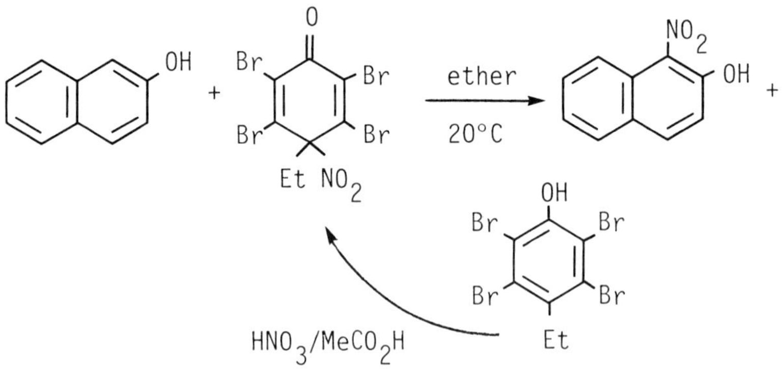

II.B.3-4 S. Jew, H. Kim, Y. Cho and C. Cook, Chem. Lett., 1747 (1986).

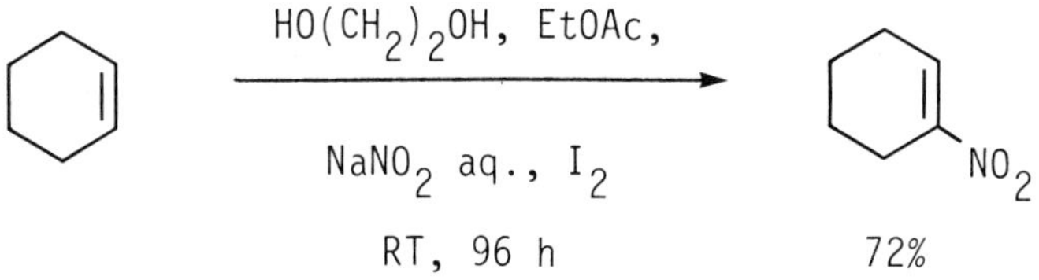

cyclohexene + HO(CH$_2$)$_2$OH, EtOAc, NaNO$_2$ aq., I$_2$, RT, 96 h → 1-nitrocyclohexene (72%)

II.C. C — N Oxidations

II.C-1 M. Salmon, R. Miranda and E. Angeles, Synth. Commun., 16, 1827 (1986).

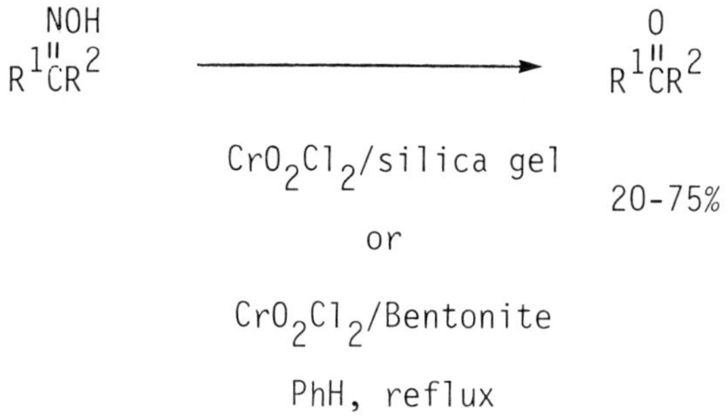

$$R^1\overset{NOH}{\underset{\|}{C}}R^2 \xrightarrow[\text{PhH, reflux}]{\text{CrO}_2\text{Cl}_2/\text{silica gel or CrO}_2\text{Cl}_2/\text{Bentonite}} R^1\overset{O}{\underset{\|}{C}}R^2$$

20-75%

II.C-2 H.M. Chawla and A. Hassner, Tetrahedron Lett., 27, 4619 (1986).

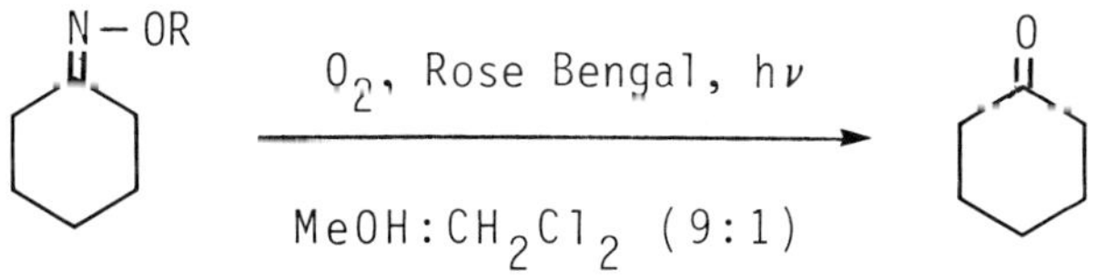

N-OR piperidine derivative $\xrightarrow[\text{MeOH:CH}_2\text{Cl}_2 \ (9:1)]{\text{O}_2, \text{ Rose Bengal, } h\nu}$ cyclohexanone

II.C-3 F. Urpi and J. Vilarrasa, Tetrahedron Lett., 27, 4623 (1986).

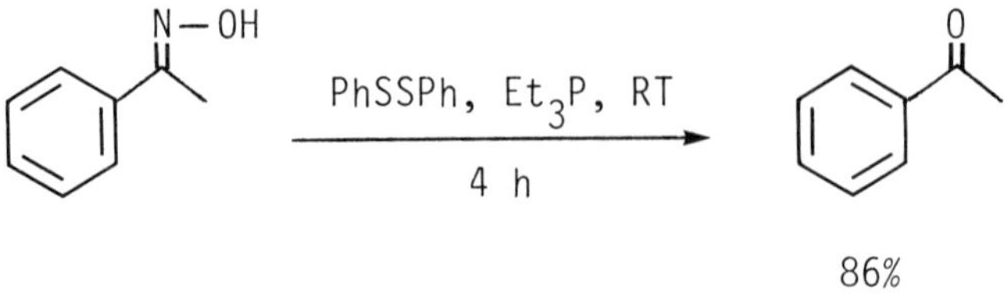

PhC(=NOH)CH$_3$ $\xrightarrow{\text{PhSSPh, Et}_3\text{P, RT}}_{\text{4 h}}$ PhC(=O)CH$_3$

86%

II.C-4 D. Monti, P. Gramatica, G. Speranza, S. Tagliapietra and P. Manitto, Synth. Commun., 16, 803 (1986).

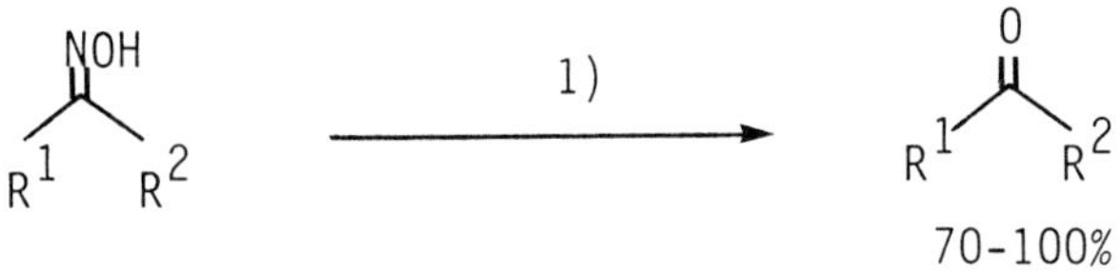

$R^1R^2C=NOH \xrightarrow{1)} R^1C(=O)R^2$

70-100%

1) Raney Ni, NaH$_2$PO$_2$, EtOH, H$_2$O, $^-$OAc, pH 5, 50°C.

II.C-5 N. Balachander, S.S. Wang and C.N. Sukenik, Tetrahedron Lett., 27, 4849 (1986).

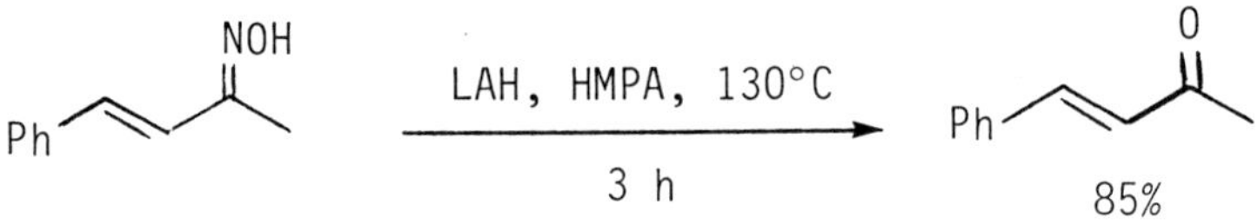

Ph-CH=CH-C(=NOH)CH$_3$ $\xrightarrow{\text{LAH, HMPA, 130°C}}_{\text{3 h}}$ Ph-CH=CH-C(=O)CH$_3$

85%

II.C-6 K. Mai and G. Patil, Tetrahedron Lett., 27, 2203 (1986).

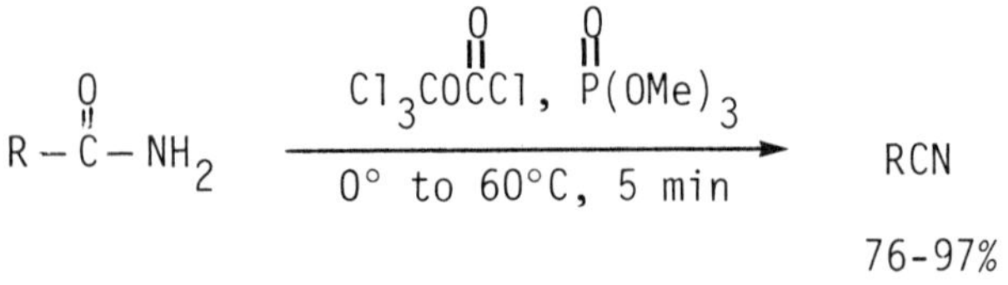

$R-\overset{O}{\underset{\|}{C}}-NH_2 \xrightarrow[\text{0° to 60°C, 5 min}]{\text{Cl}_3\text{COCCl, P(OMe)}_3}$ RCN

76-97%

II.C-7 K. Mai and G. Patil, Synthesis, 1037 (1986).

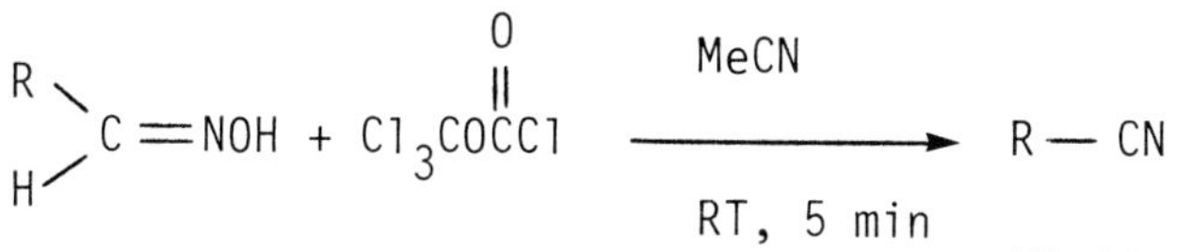

$$\underset{H}{\overset{R}{>}}C=NOH + Cl_3COCOCl \xrightarrow[RT,\ 5\ min]{MeCN} R-CN$$

76-96%

II.D. Amine Oxidations

II.D-1 R.W. Murray, R. Jeyaraman and L. Mohan, Tetrahedron Lett., 27, 2335 (1986).

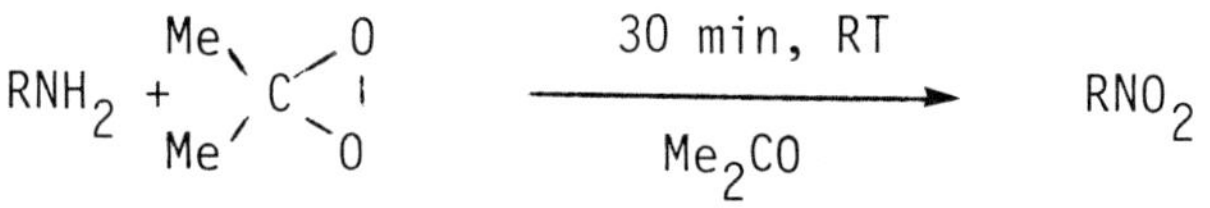

$$RNH_2 + \underset{Me}{\overset{Me}{>}}C\underset{O}{\overset{O}{<}} \xrightarrow[Me_2CO]{30\ min,\ RT} RNO_2$$

84-97%

II.D-2 G. Boche and R.H. Sommerlade, Tetrahedron, 42, 2703 (1986).

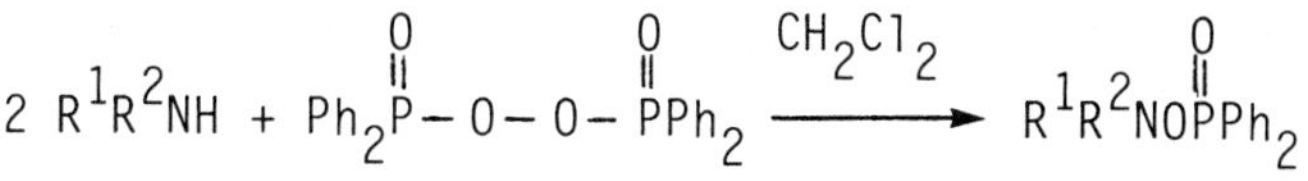

$$2\ R^1R^2NH + Ph_2\overset{O}{\overset{\|}{P}}-O-O-\overset{O}{\overset{\|}{P}}Ph_2 \xrightarrow{CH_2Cl_2} R^1R^2NO\overset{O}{\overset{\|}{P}}Ph_2$$

60-98%

II.E. Sulfur Oxidations

II.E-1 S. Colonna, S. Banfi, R. Annunziata and L. Casella, J. Org. Chem., 51, 891 (1986); A. Yamagishi, J. Chem. Soc., Chem. Commun., 305 (1986).

$$R^1SR^2 \xrightarrow[\text{BSA}]{\text{NaIO}_4 \text{ aq.}} R\overset{*}{S}R^2 \!\!\overset{O}{\underset{\|}{}}$$

BSA = bovine serum alubumin

II.E-2 T.L. Evans and M.M. Grade, Synth. Commun., 16, 1207 (1986).

$$\text{ArSAr} \xrightarrow{1)} \text{Ar}\overset{O}{\underset{\|}{S}}\text{Ar}$$

50-94%

1) Potassium hydrogen persulfate, Bu$_4$NBr, CH$_2$Cl$_2$, -10°C to RT, 10 h

---

II.E-3 J.V. Weber, M. Schneider, B. Salami and D. Paquer, Rec. Trav. Chim., 105, 99 (1986).

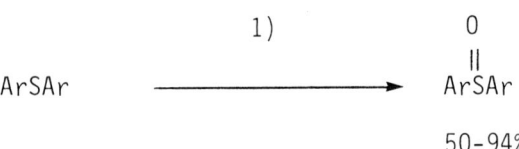

Conditions optimized by Factorial Design

II.E-4 N. Narasimhamurthy and A.G. Samuelson, Tetrahedron Lett., 27, 3911 (1986).

$$R^1R^2C=S \xrightarrow[\text{2) NaOH, H}_2\text{O}]{\text{1) CuCl, MeCN}} R^1R^2C=O$$

85-100%

II.E-5 H.J.Kim and Y.H. Kim, Synthesis, 970 (1986).

$$R^1-\underset{NR^2R^3}{\overset{S}{\underset{\|}{C}}} \xrightarrow[\text{0°C, 5-20 min}]{N_2O_4,\ \text{MeCN}} R^1-\underset{NR^2R^3}{\overset{O}{\underset{\|}{C}}}$$

70-98%

II.E-6 H. Alper, C. Kwiatkowska, J. Petrignani and F. Sibtain, Tetrahedron Lett., 27, 5449 (1986).

$$R^1-\underset{R^2}{\overset{S}{\underset{\|}{C}}} \xrightarrow[\text{Bu}_4\overset{+}{N}\ \text{HSO}_4^-]{1\text{-}5M\ \text{NaOH, CH}_2\text{Cl}_2} R^1-\underset{R^2}{\overset{O}{\underset{\|}{C}}}$$

51-99%

II.E-7 W. Broda and E.V. Dehmlow, Israel J. Chem., 26, 219 (1986).

$$\text{ArNH}\overset{S}{\underset{\|}{C}}\text{NHAr} \xrightarrow{1)} \text{ArN}=C=\text{NAr}$$

50-88%

1) $PhCH_2N^+Et_3Cl^-$ (5-10 mol %), CH_2Cl_2, $Ca(OCl)_2$ (or NaOCl)

II.F. Oxidative Additions to C—C Multiple Bonds

II.F.1. Epoxidations

II.F.1-1 J.M. Schwab and C. Ho, J. Chem. Soc., Chem. Commun., 872 (1986); R.M. Hanson and K.B. Sharpless, J. Org. Chem., 51, 1922 (1986); Y. Kitano, T. Matsumoto, Y. Takeda and F. Sato, J. Chem. Soc., Chem. Commun., 1732 (1986); D. Hoppe, J. Lüssmann, P.G. Jones, D. Schmidt and G.M. Sheldrick, Tetrahedron Lett., 27, 3591 (1986); S. Kanemoto, T. Nonaka, K. Oshima, K. Utimoto and H. Nozaki, Tetrahedron Lett., 27, 3387 (1986); S. Colonna and A. Manfredi, Tetrahedron Lett., 27, 387 (1986); E. Glotter and M. Zviely, J. Chem. Soc., Perkin I, 327 (1986); C. Clark, P. Hermans, O. Meth-Cohn, C. Moore, H.C. Taljaard and G. van Vuuren, J. Chem. Soc., Chem. Commun., 1378 (1986).

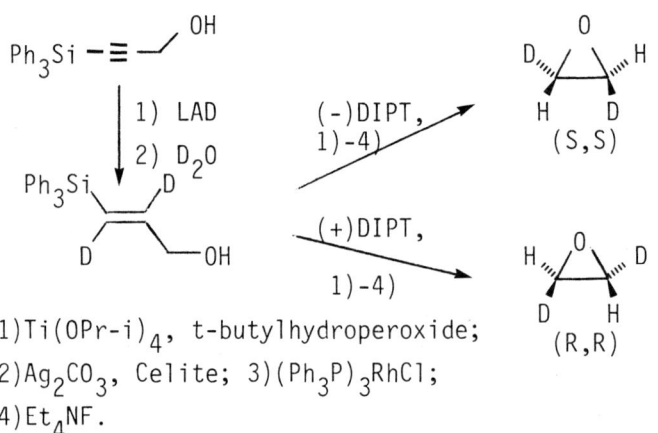

1) Ti(OPr-i)$_4$, t-butylhydroperoxide;
2) Ag$_2$CO$_3$, Celite; 3) (Ph$_3$P)$_3$RhCl;
4) Et$_4$NF.

II.F.1-2 J. Prandi, H.B. Kagan and H. Mimoun, Tetrahedron Lett., 27, 2617 (1986); D. Prat and R. Lett, Tetrahedron Lett. 27, 707, 711 (1986).

1) 30% H$_2$O$_2$, W$_2$O$_{11}^{2-}$

60-98%

II.F.1-3 A.F. Tai, L.D. Margerum and J.S. Valentine, J. Am. Chem. Soc., 108, 5006 (1986); C.L. Hill and R.B. Brown, Jr., J. Am. Chem. Soc., 108, 536 (1986); C.M. Che and W.C. Chung, J. Chem. Soc., Chem. Commun., 386 (1986).

cyclohexene $\xrightarrow{\text{PhIO, Cu complex}}$ cyclohexene oxide 70%
MeCN, 25°C

Cu complex: [Py-Cu-N(CH$_2$CH$_2$)-N-CH$_2$Ph / Py](OSO$_2$CF$_3$)$_2$

II.F.1-4 K. Tomao and K. Maeda, Tetrahedron Lett., 27, 65 (1986).

$R_2C=CH-SiMe(OEt)_2$ → epoxide with SiMe(OEt)$_2$ → $R_2C(OH)-C(=O)-R$

1) MCPBA (1 eq.), CH$_2$Cl$_2$, 0°C, 5 h; 2) 30% H$_2$O$_2$, KHF$_2$, KHCO$_3$, MeOH, THF, RT, 3 h.

II.F.1-5 P.F. Corey and F.E. Ward, J. Org. Chem., 51, 1925 (1986).

$R^1R^2C=CH(CO_2H)$ $\xrightarrow{\text{KHSO}_5\cdot\text{KHSO}_4\cdot\text{K}_2\text{SO}_4}$ epoxide-CO$_2$H
Me$_2$CO, 25°C, 2 h

62-92%

II.F.1-6 W. Adam, A. Griesbeck and E. Staab, Tetrahedron Lett., 27, 2839 (1986).

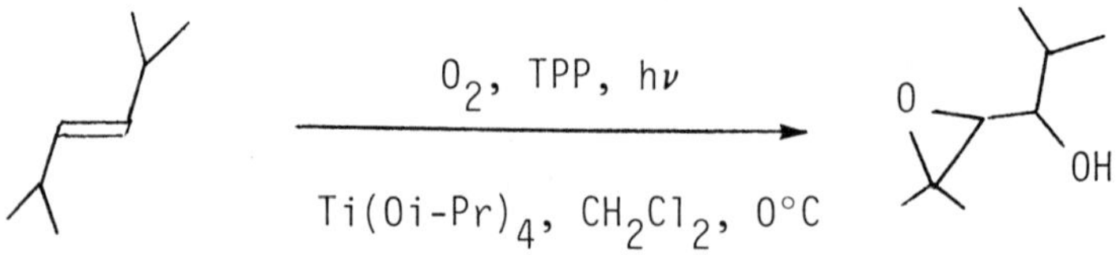

75%

90:10

diastereomeric ratio

II.F.2. Hydroxylation

II.F.2-1 H.R. Sonawane, B.S. Nanjundiah and R.G. Kelkar, Tetrahedron, 42, 6673 (1986).

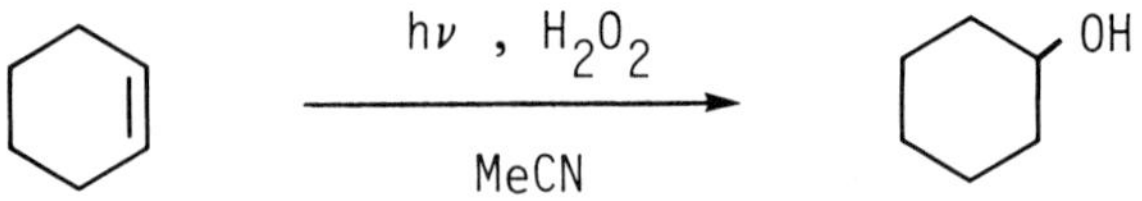

84%

II.F.2-2 L. Cottier, G. Descotes, H. Nigay, J. Parron and V. Grégoire, Bull. Soc. Chim. Fr., 844 (1986).

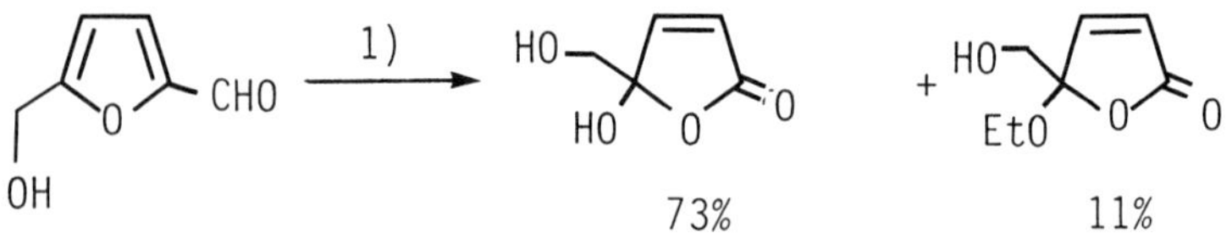

73%   11%

1) $h\nu$, $^1O_2$, EtOH aq., Rose Bengal.

II. F.2-3 H. Sakurai, M. Ando, N. Kawada, K. Sato and
A. Hosomi, Tetrahedron Lett., 27, 75 (1986).

$$MeO_2C(CH_2)_8CH=CH_2 \xrightarrow{1), 2)} MeO_2C(CH_2)_{10}OH$$
$$72\%$$

1) $HSiMe(OEt_2)_2$, $RhCl(PPh_3)_3$:

2) Me_3NO, KHF_2, DMF.

II.F.2-4 R.V. Hoffman and C.S. Carr, Tetrahedron Lett., 27, 5811 (1986).

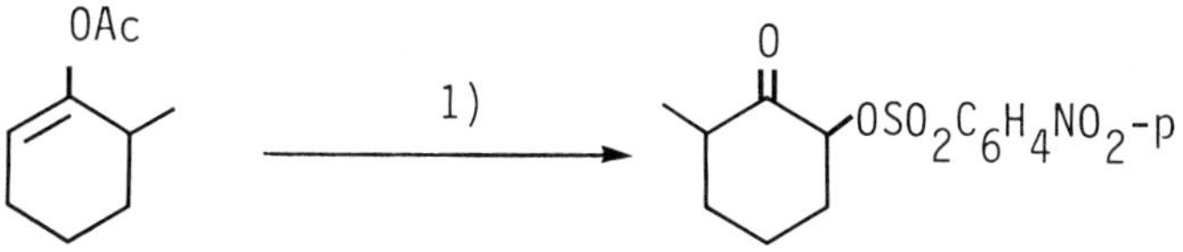

1) p-Nitrobenzenesulfonyl peroxide, EtOH,

5% MeOH, 0°C.

II.F.2-5 M. Tokles and J.K. Snyder, Tetrahedron Lett., 27, 3951 (1986); G. Solladie, C. Fréchou and G. Demailly, Tetrahedron Lett., 27, 2867 (1986); T. Yamada and K. Narasaka, Chem. Lett., 131 (1986).

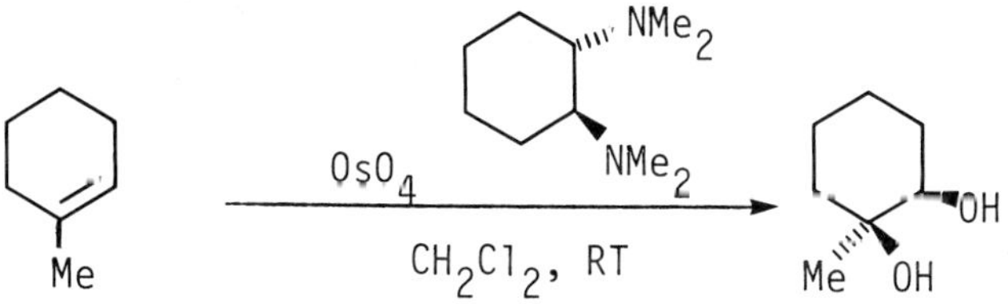

71%

66% (e,e)(+)-(1S,2R)

II.F.2-6 N.S. Zefirov *et al.*, Tetrahedron Lett., 27, 3971 (1986).

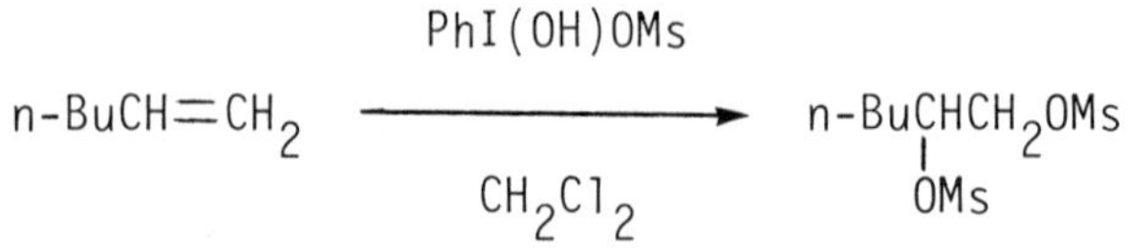
PhI(OH)OMs
n-BuCH=CH2
CH2Cl2
n-BuCHCH2OMs
OMs

60%

II.F.2-7 H. Laatsch, Liebigs Ann.Chem., 1655, 1669 (1986).

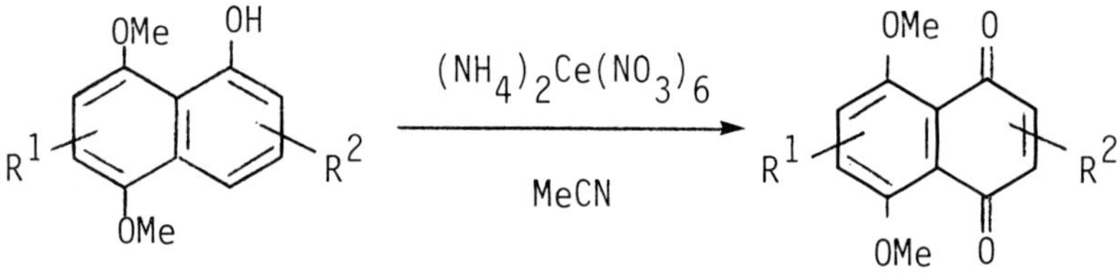
OMe
OH
R1
R2
OMe
(NH4)2Ce(NO3)6
MeCN
OMe
O
R1
R2
OMe
O

II.F.3. Other Oxidative Additions to C—C Multiple Bonds

II.F.3-1 R.M. Moriarty and J.S. Khosrowshahi, Tetrahedron Lett., 27, 2809 (1986).

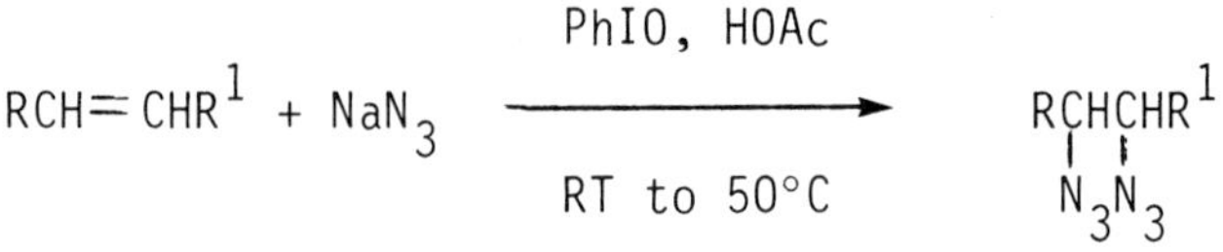
PhIO, HOAc
RCH=CHR1 + NaN3
RT to 50°C
RCHCHR1
N3N3

34-85%

II.F.3-2 M.S. Baird and H.H. Hussain, Tetrahedron Lett., 27, 5143 (1986).

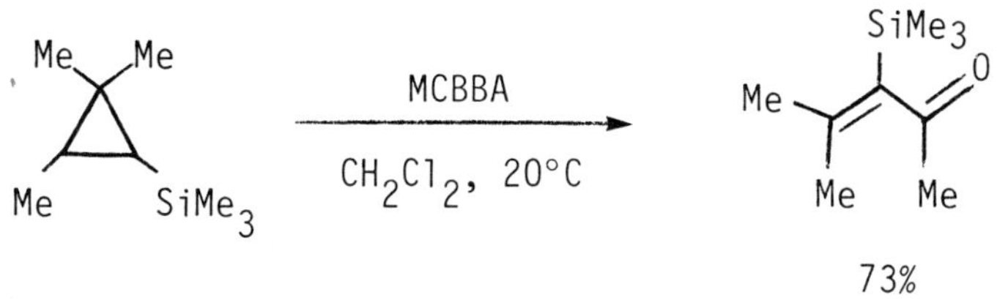

[Cyclopropane with Me, Me, Me, SiMe$_3$ substituents] →(MCBBA, CH$_2$Cl$_2$, 20°C)→ Me-C(Me)=C(SiMe$_3$)-C(=O)-Me   73%

II.F.3-3 A.J. Bloodworth and P.N. Cooper, J. Chem. Soc., Chem. Commun., 709 (1986).

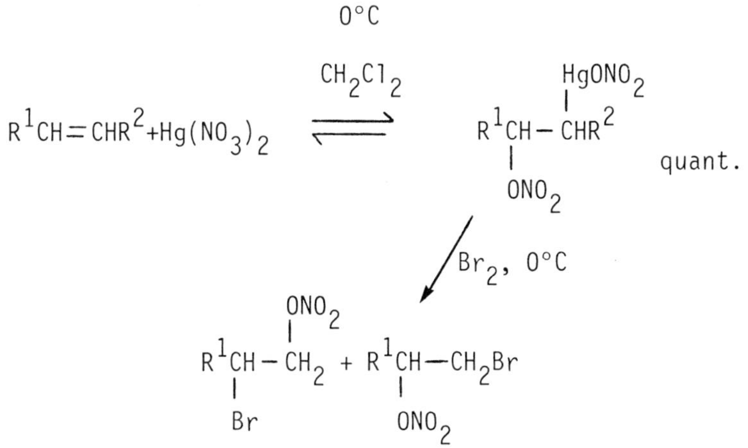

$$R^1CH=CHR^2 + Hg(NO_3)_2 \underset{CH_2Cl_2}{\overset{0°C}{\rightleftharpoons}} R^1CH(ONO_2)-CHR^2(HgONO_2) \quad \text{quant.}$$

Br$_2$, 0°C ↓

R^{1}CH(Br)-CH$_2$(ONO$_2$) + R^{1}CH(ONO$_2$)-CH$_2$Br

II.F.3-4 S.T. Purrington and I.D. Correa, J. Org. Chem., 51, 1080 (1986).

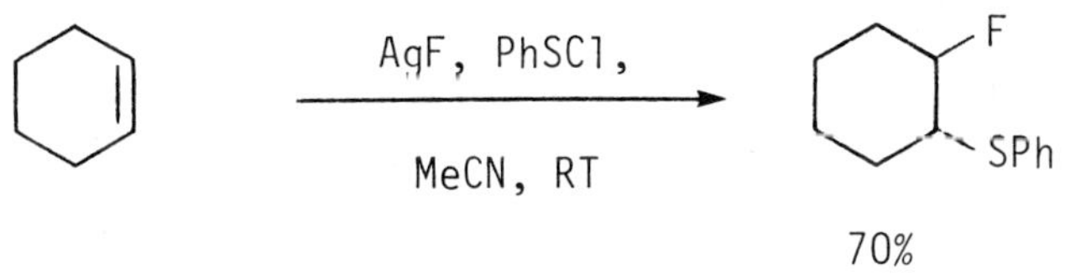

[Cyclohexene] —(AgF, PhSCl, MeCN, RT)→ [cyclohexane with F and SPh]   70%

II.F.3-5 J.M. Mellor and D.L. Bruzco de Milano,
J. Chem. Soc., Perkin I, 1069 (1986).

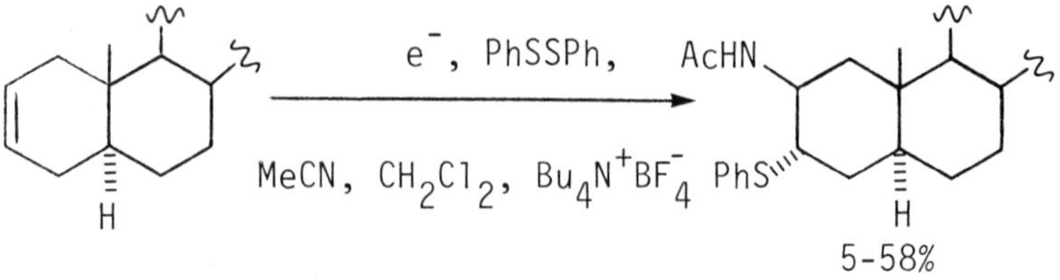

[reaction scheme: decalin with alkene → AcHN/PhS substituted decalin, reagents: e^-, PhSSPh, MeCN, CH_2Cl_2, $Bu_4N^+BF_4^-$, 5-58%]

II.G. Phenol - Quinone Oxidation

II.G-1 D.H.R. Barton, J. Finet and M. Thomas, Tetrahedron, 42, 2319 (1986).

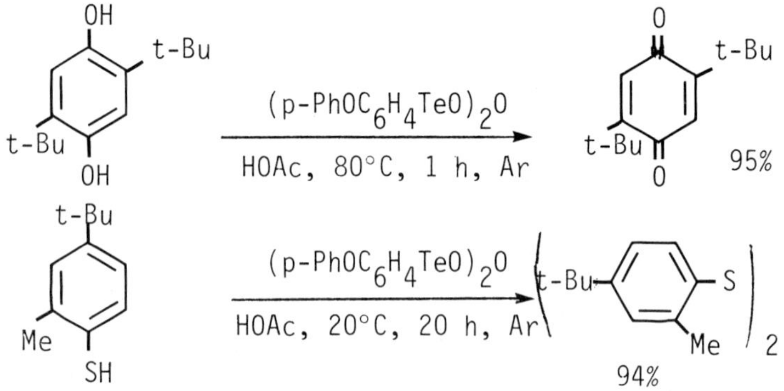

[reaction: 2,5-di-t-Bu hydroquinone → 2,5-di-t-Bu benzoquinone, reagents: $(p\text{-PhOC}_6H_4\text{TeO})_2O$, HOAc, 80°C, 1 h, Ar, 95%]

[reaction: 4-t-Bu-2-Me-thiophenol → disulfide, reagents: $(p\text{-PhOC}_6H_4\text{TeO})_2O$, HOAc, 20°C, 20 h, Ar, 94%]

II.H. Oxidative Cleavages

II.H-1 C. Venturello and M. Ricci, J. Org. Chem., 51 1599 (1986).

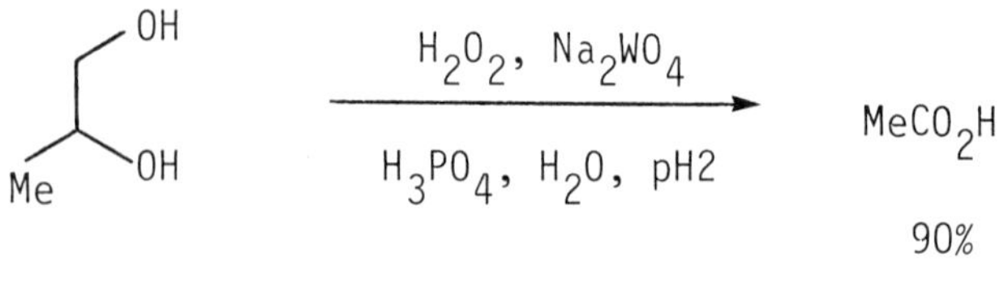

[reaction: $MeCH(OH)CH_2OH$ → $MeCO_2H$, reagents: H_2O_2, Na_2WO_4, H_3PO_4, H_2O, pH 2, 90%]

II.I. Dehydrogenation

II.I-1 I.G. Mursakulov et al., J. Org. Chem. (USSR), **22**, 396 (1986).

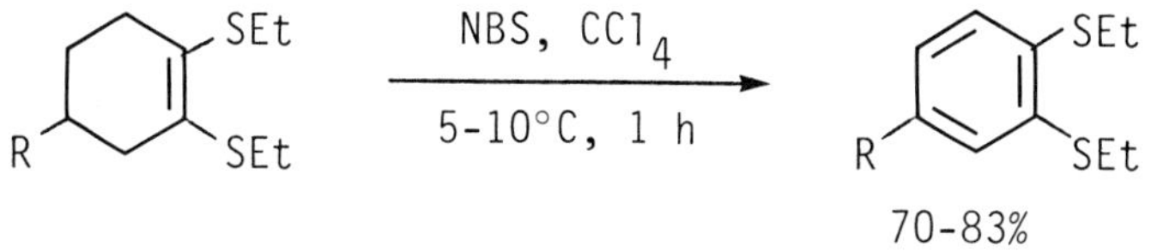

[cyclohexene with SEt groups] → (NBS, CCl$_4$, 5-10°C, 1 h) → [benzene with SEt groups] 70-83%

II.I-2 O.E.O. Hormi and J.H. Näsman, Synth. Commun., **16**, 69 (1986).

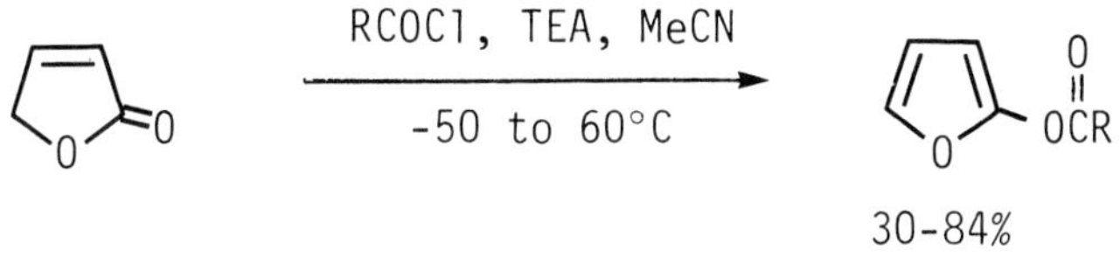

[butenolide] → (RCOCl, TEA, MeCN, -50 to 60°C) → [2-acyloxyfuran] 30-84%

II.J. Other Oxidations and Reviews

II.J-1 R.S. Glass, A. Petsom, G.S. Wilson, R. Martinez and E. Juaristi, J. Org. Chem., **51**, 4337 (1986).

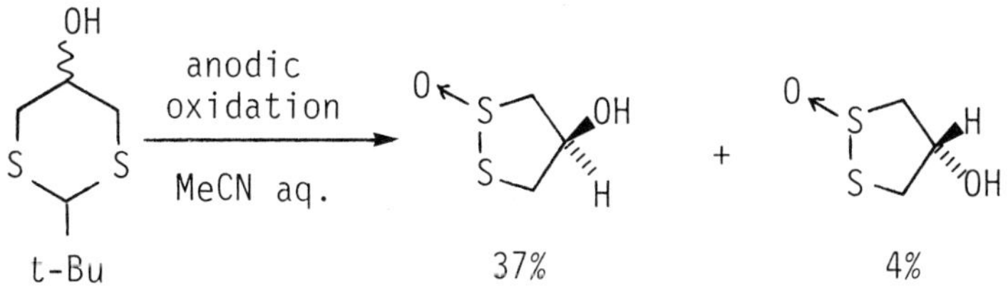

[1,3-dithiane with OH and t-Bu] → (anodic oxidation, MeCN aq.) → [product 37%] + [product 4%]

II.J-2 N.X. Hu, Y. Aso, T. Otsubo and F. Ogura, Tetrahedron Lett., 27, 6099 (1986).

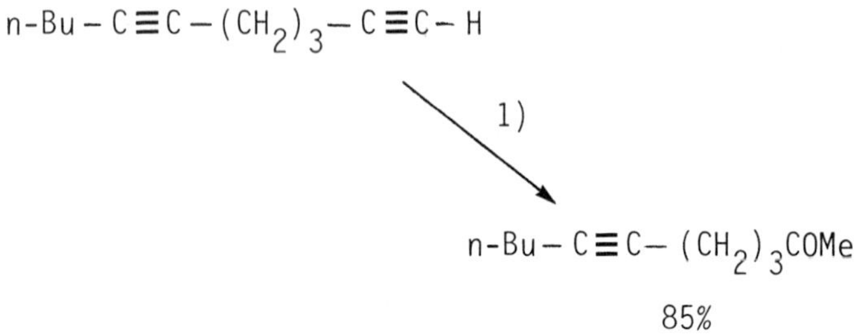

$$n\text{-}Bu-C\equiv C-(CH_2)_3-C\equiv C-H$$

1) ↓

$$n\text{-}Bu-C\equiv C-(CH_2)_3 COMe$$

85%

1) $(p\text{-}MeOC_6H_4TeO)_2O$, HOAc, reflux.

II.J-3 W. Adam and A. Griesbeck, Synthesis, 1050 (1986).

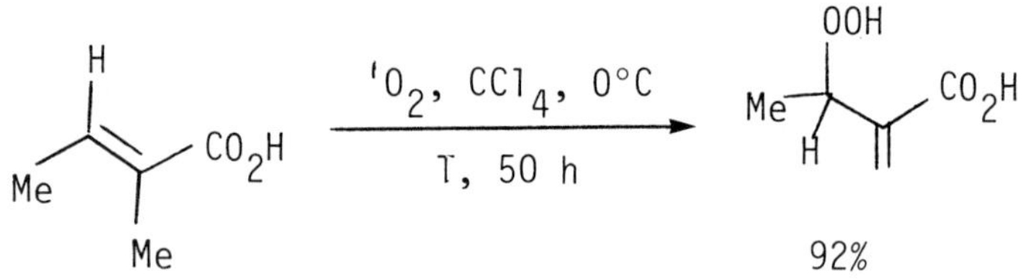

$^1O_2$, CCl_4, 0°C
T, 50 h

92%

T = tetraphenylporphine (cat.)

II.J-4 T. Mukaiyama, N. Miyoshi, J. Kato and M. Ohshima, Chem. Lett., 1385 (1986).

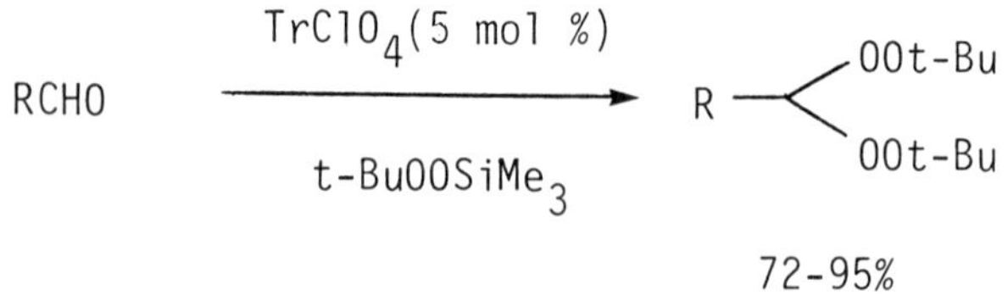

$$RCHO \xrightarrow[t\text{-}BuOOSiMe_3]{TrClO_4 (5\ mol\ \%)} R\!-\!\!\!<\!\!\!\begin{array}{l}OOt\text{-}Bu\\OOt\text{-}Bu\end{array}$$

72-95%

II.J-5   P. Dave, H. Byum and R. Engel, Synth. Commun., 16, 1343 (1986).

$$RCH_2Cl \xrightarrow[DMSO, \ 105-115°C, \ 2 \ h]{Na_2CO_3(2eq.), \ NaI(5 \ eq.)} RCHO$$

16-96%

II.J-6   H. Firouzabadi, N. Iranpoor, F. Kiaeezadeh and J. Toofan, Tetrahedron, 42, 719 (1986).

$$RCH_2OH \xrightarrow{BPCP} RCHO$$

$$RCHNOH \xrightarrow{BPCP} RCHO$$

$$RCH_2OH \xrightarrow{PCP} RCHO$$

$$RSH \xrightarrow{PCP} RSSR$$

$$RCH_2OH \xrightarrow{CPE} RCHO$$

Comparison of some Cr(VI) based oxidants

BPCP = 2,2'-bipyridylchromium peroxide

PCP = pyridine chromium peroxide

CPE = chromium peroxide etherate

II.J-7   A. Pfenninger, Synthesis, 89 (1986).

Review: "Asymmetric Epoxidation of Allylic Alcohols: The Sharpless Epoxidation"

II.J-8 R.M. Moriarty and O. Prakash, Acc. Chem. Res., 19, 244 (1986).

Review: "Hypervalent Iodine in Organic Synthesis"

II.J-9 M. Madesclaire, Tetrahedron, 42, 5459 (1986).

Review: "Synthesis of Sulfoxides by Oxidation of Thioethers"

II.J-10 R.V. Hoffman, Org. Prep. Proced. Int., 18, 181 (1986).

Review: "The Oxidation of Electron Donors with Sulfonyl Peroxides"

III
REDUCTIONS

III.A. C = O Reductions

III.A-1 C.S. Rao, A.A. Deshmukh and B.J. Patel, Ind. J. Chem., Sect. B, 25, 626 (1986); M.R. Euerby and R.D. Waigh, Synth. Commun., 16, 779 (1986); E.A. Karakhanov, E.B. Neimerovets, V.S. Pshezhetskii and A.G. Dedov, Chem. Heterocycl. Compounds, 22, 243 (1986).

$$RCHO \xrightarrow{1)} RCH_2OH$$
$$63-90\%$$

1) $NaBH_4$, $Bu_4N^+Br^-$, PhH, RT, 1-3 h.

III.A-2 S. Galvagno, Z. Poltarzewski, A. Donato, G. Neri and R. Pietropaolo, J. Chem. Soc., Chem. Commun., 1729 (1986).

$$PhCH=CH_2CHO \xrightarrow[EtOH]{Pt-Ge, H_2} PhCH=CH_2CH_2OH$$

90% (90-95% selectivity)

III.A-3 K. Okada, Y. Hosoda and M.Oda, Tetrahedron Lett., 51, 6213 (1986).

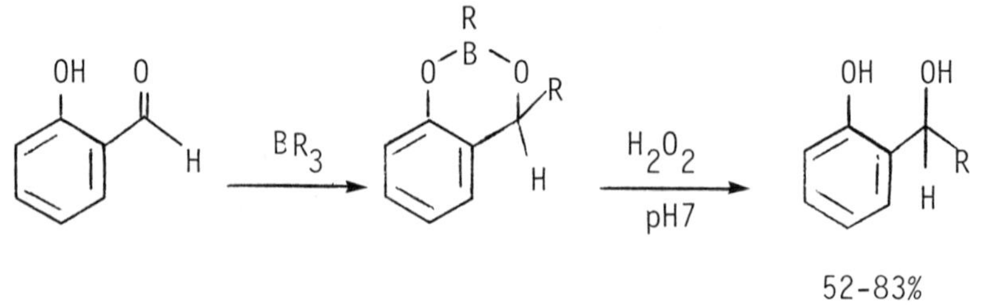

52-83%

III.A-4 G. Guanti, L. Bunfi, A. Guaragna and E. Narisano, J. Chem. Soc., Chem. Commun., 136, 138 (1986).

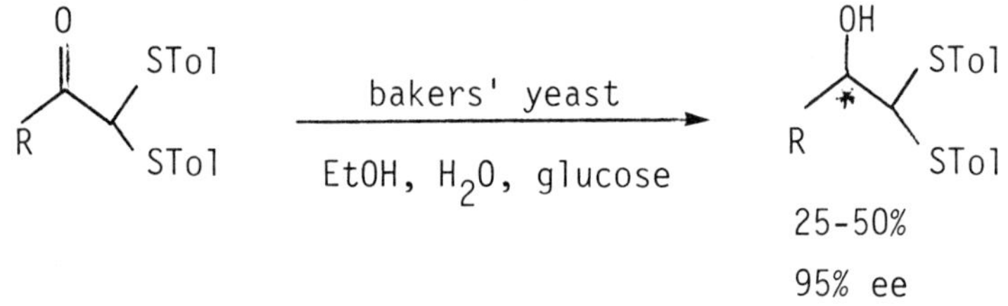

25-50%

95% ee

III.A-5 T. Kitazume and Y. Nakayama, J. Org. Chem., 51, 2795 (1986).

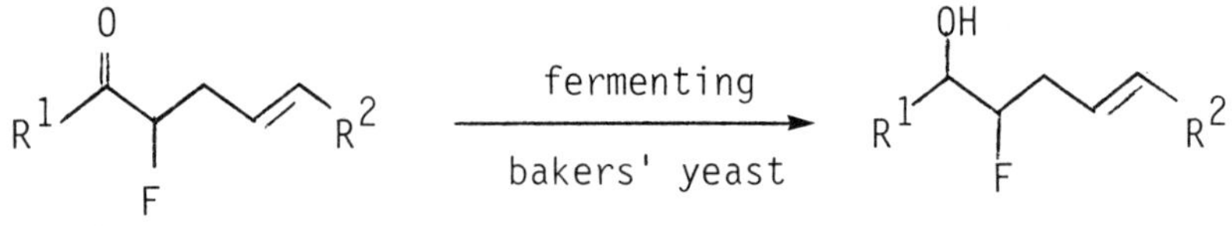

III.A-6 M. Utaka, S. Konishi and A. Takeda, Tetrahedron Lett., 27, 4737 (1986).

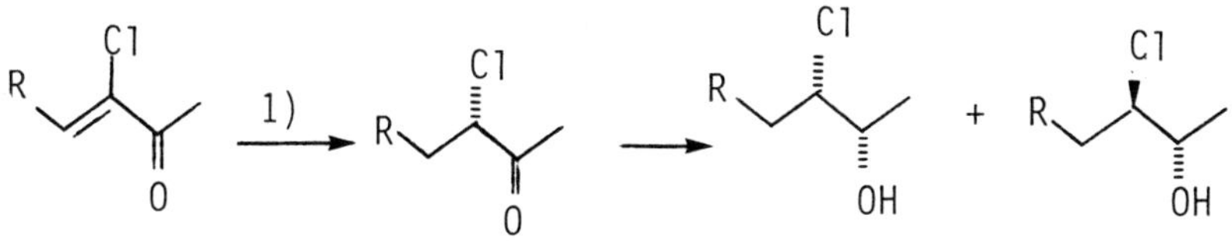

1) fermenting bakers' yeast

2.6 to 18.3 : 1
22-61%
>98% ee

III.A-7 H.C. Brown, W.S. Park, B.T. Cho, J. Org. Chem., 51, 1935 (1986).

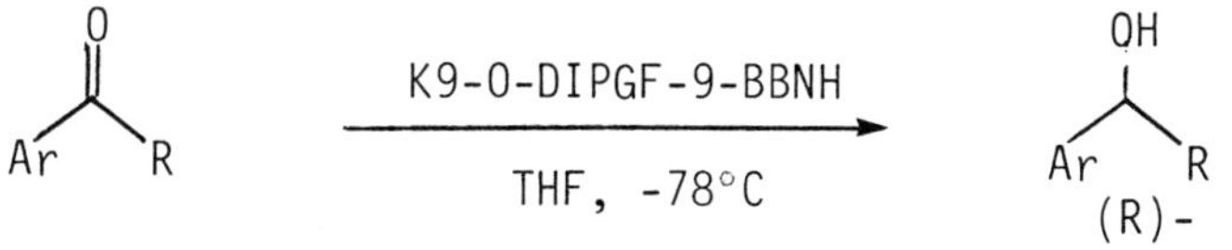

K9-0-DIPGF-9-BBNH

THF, -78°C

(R)-
93-96%
78-100% ee

III.A-8 N.M. Yoon, K.E. Kim and J. Kang, J. Org. Chem., 51, 226 (1986).

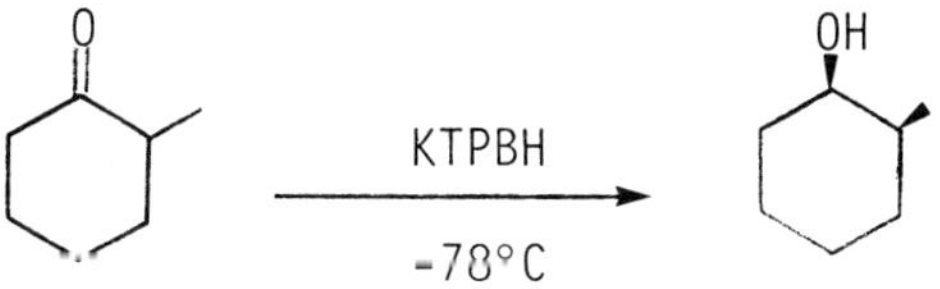

KTPBH

-78°C

quant. (98.5% ee)

KTPBH = potassium triphenylborohydride

III.A-9 Y. Okamoto et al., J. Heterocycl. Chem., 23, 1383 (1986); S. Gohzu and M. Tada, Chem. Lett., 61 (1986).

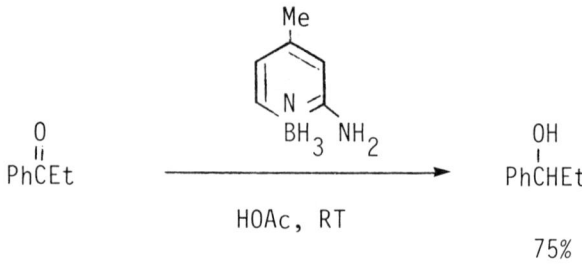

III.A-10 C. Červinka, A. Fábryová, I. Brožová and M. Molik, Collect. Czech. Chem. Commun., 51, 684 (1986); B. Boyer, G. Lamaty, J.-P. Roque and J. Solofo, Nouv. J. Chem., 10, 559, 563 (1986).

$$\underset{ArCMe}{\overset{O}{\|}} \xrightarrow[\text{ether, reflux, 4 h}]{\text{LAH, (-) quinine,}} \underset{Ar}{\overset{Me}{\underset{|}{HO-\!\!\!\!-\!\!\!\!-H}}}$$

~ 50% ee

III.A-12 M. Degueil-Castaing, A. Rahm and N. Dahan, J. Org. Chem., 51, 1672 (1986).

$$R^1\!\!\!\!\underset{R^2}{\diagdown}\!\!=\!O + Bu_3SnH \xrightarrow[24\text{ h, 1GPa}]{55°C} R^1\!\!\!\!\underset{R^2}{\diagdown}\!\!-OSnBu_3 \xrightarrow{MeOH} R^1\!\!\!\!\underset{R^2}{\diagdown}\!\!-OH$$

57-68%

III.A-13 P. Kvintovics, B.R. James and B. Heil,
J. Chem. Soc., Chem. Commun., 1810 (1986); Y. Aoyama et al.,
J. Am. Chem. Soc., 108, 943 (1986); K. Tani, E. Tanigawa,
Y. Tatsuno and S. Otsuka, Chem. Lett., 737 (1986).

$$\text{PhCMe} \xrightarrow[\substack{\text{AMSO (1:1:2), i-PrOH} \\ \text{reflux, 8 h}}]{[\text{RhCl(hd)}]_2, \text{KOH}} \text{PhCH(OH)Me} + \text{Me}_2\text{CO}$$

45%
63% ee

III.A-14 A. Hosomi, H. Hayashida, S. Kohra and Y. Tominaga,
J. Chem. Soc., Chem. Commun., 1411 (1986).

$$R^1R^2CO \xrightarrow{1)} R^1R^2CHOH$$

55-97%

1) $HSi(OR^3)_3$, $LiOR^4$, Et_2O, RT.

III.A-15 Y. Ishii, T. Nakano, A. Inada, Y. Kishigami,
K. Sakurai and M. Ogawa, J. Org. Chem., 51, 240 (1986).

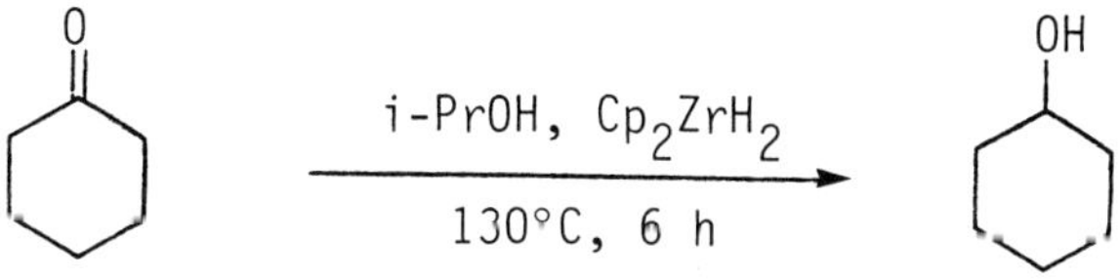

cyclohexanone $\xrightarrow[130°C, 6 h]{\text{i-PrOH, Cp}_2\text{ZrH}_2}$ cyclohexanol

99%

III.A-16 M. Falorni, L. Lardicci, C. Rosini and
G. Giacomelli, J. Org. Chem., 51, 2030 (1986).

$$\text{PhCt-Bu} \xrightarrow[-17°C, 4 \text{ h}]{R_2Be, \text{ ether}} \text{PhCHt-Bu (R)-}$$

94% (34% ee)

III.A-17 L.G. Lee and G.M. Whitesides, J. Org. Chem., 51, 25 (1986).

HO–CH₂–C(=O)–CH₂CH₃ →(1) HO–CH₂–CH(OH)–CH₂CH₃

70% (98% ee)

1) $NH_4^+HCO_2^-$, $HSCH_2CH_2OH$, H_2O, Ar, 1 h; pH 7.4 (with KOH), glycerol dehydrogenase, FDH, NAD, 19 days.

trans-cyclohexane-1,2-diol →(1) 2-hydroxycyclohexanone

30% (91% ee)

1) NAD, methylene blue, glycerol dehydrogenase, pH9, 3 days.

III.A-18 D.A. Evans and K.T. Chapman, Tetrahedron Lett., 27, 5939 (1986).

$$\underset{R}{\text{OH}} \underset{R}{\overset{O}{\diagup\!\!\!\diagdown}} \xrightarrow[\text{MeCN, HOAc}]{Me_4NHB(OAc)_3} \underset{R}{\text{OH}} \underset{R}{\text{OH}}$$

III.A-19 S. Kiyooka, H. Kuroda and Y. Shimasaki,
Tetrahedron Lett., 27, 3009 (1986).

i-Pr–CH(OH)–CH$_2$–C(O)–Ph $\xrightarrow{\text{DIBAL-H}}$ i-Pr–CH(OH)–CH$_2$–CH(OH)–Ph + i-Pr–CH(OH)–CH$_2$–CH(OH)–Ph

70 : 30

88%

III.A-20 K. Suzuki, M. Shimazaki and G. Tsuchihashi,
Tetrahedron Lett., 51, 6233 (1986); F.G. Kathawala,
B. Prager, K. Prasad, O. Repic, M.J. Shapiro, R.S. Stabler
and L. Widler, Helv. Chim. Acta, 69, 803 (1986).

$\xrightarrow{\text{LiBEt}_3\text{H, THF}}_{-78°C}$

1,2-syn isomer formed exclusively

III.A-21 J. Bolte, J.-G. Gourcy and H. Veschambre,
Tetrahedron Lett., 27, 565 (1986); D. Buisson, S. El Baba
and R. Azerad, Tetrahedron Lett., 27, 4453 (1986);
C. Fuganti, P. Grasselli, P.F. Seneci and P. Casati,
Tetrahedron Lett., 27, 5275 (1986).

R^1–C(O)–CHR^2–C(O)–R^3 $\xrightarrow{\text{Bakers' yeast}}$ R^1–CH(OH)–CHR^2–C(O)–R^3

30-100%
30-99% ee

III.A-22 E. Keinan, K.K. Seth and R. Lamed, J. Am. Chem. Soc., 108, 3474 (1986).

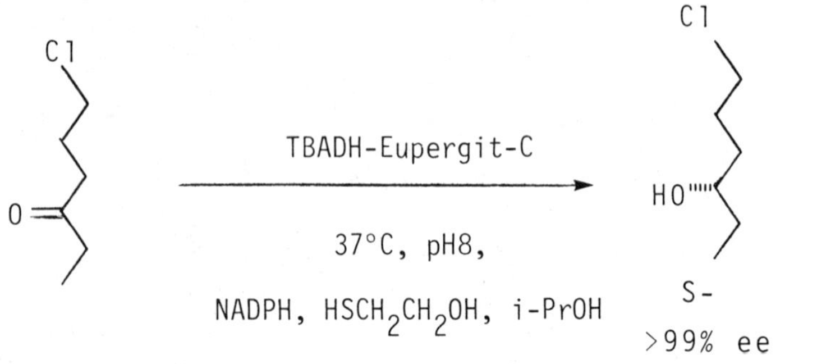
Cl
O
TBADH-Eupergit-C
37°C, pH8,
NADPH, HSCH2CH2OH, i-PrOH
Cl
HO
S-
>99% ee

TBADH = Thermoanerobium brockii alcohol dehydrogenase

III.A-23 J. Grunwald, B. Wirz, M. P. Scollar and A.M. Klibanov, J. Am. Chem. Soc., 108, 6732 (1986).

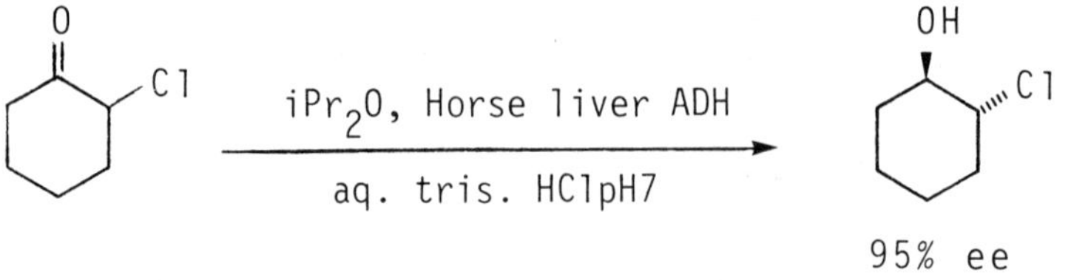
O
Cl
iPr2O, Horse liver ADH
aq. tris. HClpH7
OH
Cl
95% ee

III.A-24 D. Seebach and M. Eberle, Synthesis, 37 (1986).

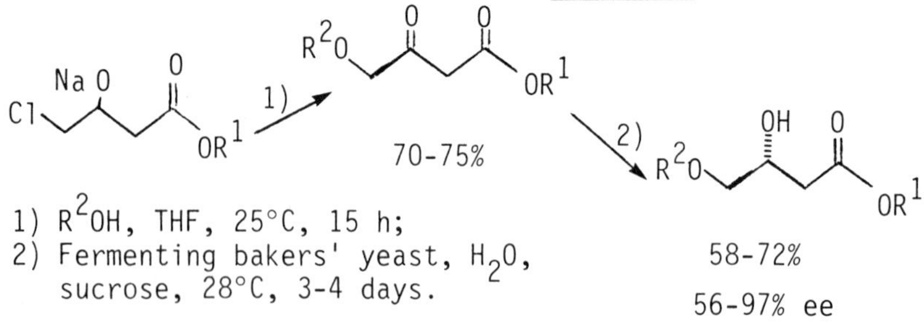
Na O
O
Cl
OR1
1)
R2O
O
O
OR1
70-75%
2)
OH
O
R2O
OR1
58-72%
56-97% ee

1) R^2OH, THF, 25°C, 15 h;
2) Fermenting bakers' yeast, H_2O, sucrose, 28°C, 3-4 days.

III.A-25 H.C. Brown, J. Chandrasekharan and P.V. Ramachandran, J. Org. Chem., 51, 3394 (1986).

$$\underset{R}{\text{R-CO-CO-OEt}} \xrightarrow[\text{THF, -78°C, 6-10 h}]{\text{K9-O-DIPGF-9-BBNH}} \underset{R}{\text{R-CH(OH)-CO-OEt}}$$

75-87%
90-100% ee

III.A-26 T. Itoh, Y. Yonekawa, T. Sato and T. Fujisawa, Tetrahedron Lett., 27, 5405 (1986).

$$R^1\text{-CO-CR}^2(\text{Y})\text{-C(X)-Y} \xrightarrow[\text{RT}]{\text{bakers' yeast}} R^1\text{-CH(OH)-CR}^2\text{-C(X)-Y}$$

X=S,O
Y=SMe,SEt

27-77%
>96% ee

III.A-27 S. Tsuboi, E. Nishiyama, M. Utaka and A. Takeda, Tetrahedron Lett., 27, 1915 (1986); K. Nakamura, T. Miyai, K. Nozaki, K. Ushio, S. Oka and A. Ohno, Tetrhedron Lett., 27, 3155 (1986).

[cyclohexanone-β-ketoester] →(1) [cis-hydroxy ester] + [trans-hydroxy ester]

1 : 95   100% ee

1) fermenting bakers' yeast

↓ 1) Clemmensen 78%
  2) 1M KOH 59%

[cyclohexyl hydroxy acid]

III.A-28 E.R. Koft and M.D. Williams, Tetrahedron Lett., 27, 2227 (1986).

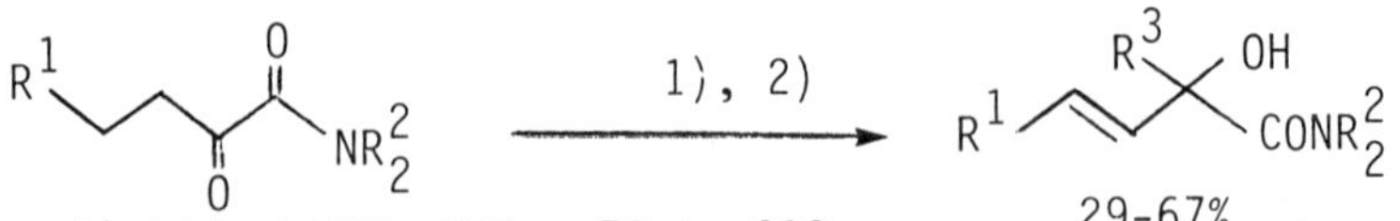

$R^1\text{CH}_2\text{CH}_2\text{C(O)C(O)NR}^2_2$ → $R^1\text{CH=CHC}(R^3)(\text{OH})\text{CONR}^2_2$

1) LDA, HMPT, THF, -78 to 0°C;
2) R^3X.

29-67%

III.B. C—N Multiple Bond Reductions

1. Nitrile Reduction

III.B.1-1 J.F.J. Engberson, A. Koudijs, M.H.A. Joosten and H.C. van der Plas, J. Heterocycl. Chem., 23, 989 (1986).

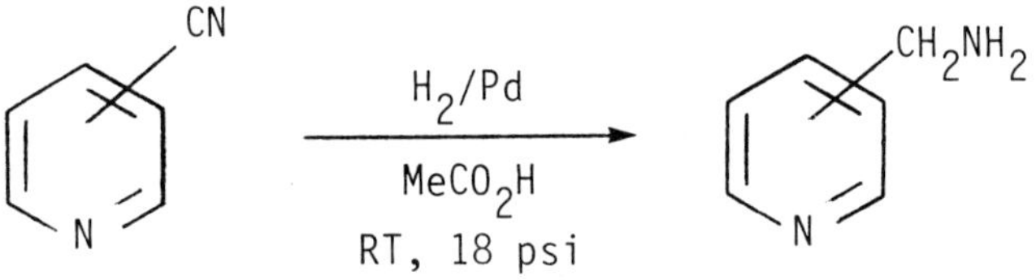

pyridine-CN → pyridine-CH_2NH_2

H_2/Pd, $MeCO_2H$, RT, 18 psi

90-94%

---

2. Imine Reductions

III.B.2-1 S. Singh, I. Singh, R.K. Sahota and S. Nagrath, J. Chem. Soc., Perkin I, 2091 (1986).

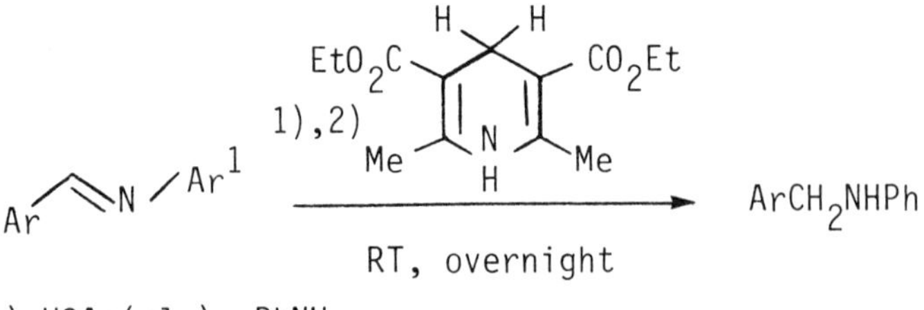

$ArCH=N-Ar^1$ → $ArCH_2NHPh$

1),2) Hantzsch ester (diethyl 2,6-dimethyl-1,4-dihydropyridine-3,5-dicarboxylate), RT, overnight

1) HOAc(gl.), $PhNH_2$

III.B.2-2 T. Høseggen, F. Rise and K. Undheim, J. Chem. Soc., Perkin I, 849 (1986).

[Scheme: 5-X-1-benzyl-pyrimidin-2(1H)-one + Zr(Oi-Pr)$_4$, i-PrOH, 90°C, 2 days → 3,4-dihydropyrimidinone, 25-91%]

III.B.2-3 H. Wild and W. Steglich, Liebigs Ann. Chem., 1910 (1986).

[Scheme: oxazoline with Ph, 4ClC$_6$H$_4$ substituents + Et$_2$O·BF$_3$ → bicyclic lactone → H$_2$, Pd-C → amino lactone, 90%]

III.B.2-4 K. Narasaki, Y. Ukaji and S. Yamazaki, Bull. Chem. Soc. Jpn., 59, 525 (1986); S. Itsuno, K. Tanada and K. Ito, Chem. Lett., 1133 (1986).

[Scheme: syn β-hydroxy O-BuO oxime ether R^1–CH(OH)–CH$_2$–C(=N-OBu)–R^2 + LAH, THF, 0°C to RT → syn 1,3-amino alcohol + anti, 85-95 : 5-15, 74-87%]

III.B.2-5 M. Fujita, H. Oishi and T. Hiyama, Chem. Lett., 837 (1986).

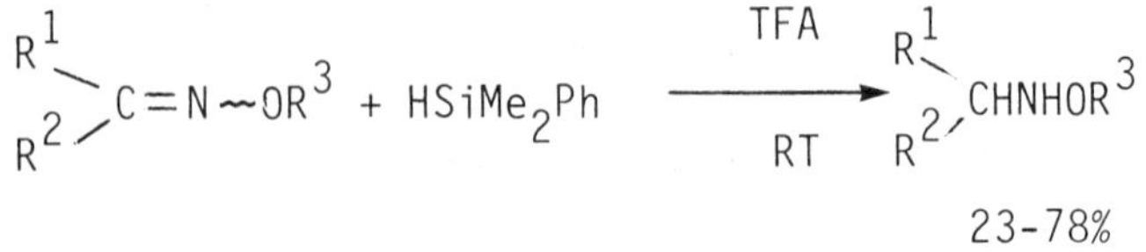

$$R^1R^2C=N\sim OR^3 + HSiMe_2Ph \xrightarrow[RT]{TFA} R^1R^2CHNHOR^3$$

23-78%

III.B.2-6 H. Brunner, R. Becker and S. Gander, Organometallics, 5, 739 (1986).

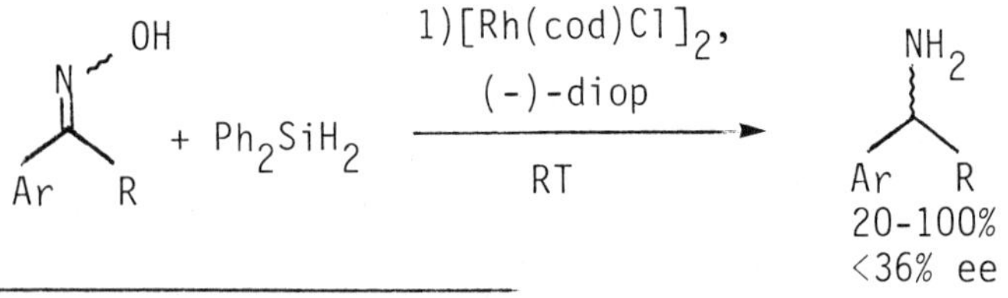

$$\underset{Ar\quad R}{\overset{OH}{N}\!\!\diagdown\!\!\diagup} + Ph_2SiH_2 \xrightarrow[RT]{1)[Rh(cod)Cl]_2,\;(-)\text{-diop}} \underset{Ar\quad R}{NH_2}$$

20-100%
<36% ee

III.C. Reduction of Sulfur Compounds

III.C-1 J.R. Babu and M.V. Bhatt, Tetrahedron Lett., 27, 1073 (1986).

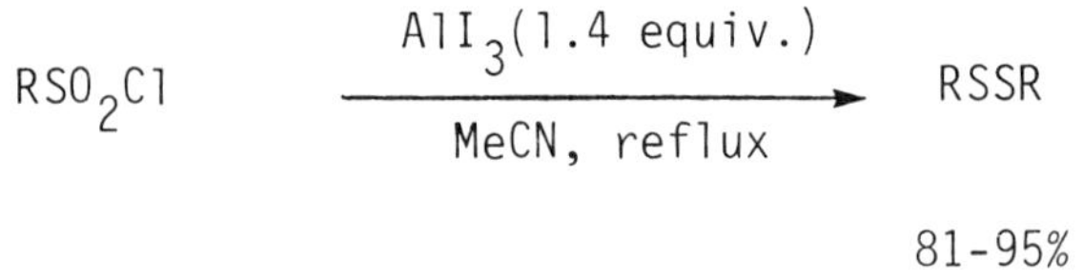

$$RSO_2Cl \xrightarrow[MeCN, reflux]{AlI_3(1.4\;equiv.)} RSSR$$

81-95%

III.C-2 A. Ookawa, S. Yokoyama and K. Soai, Synth. Commun., 16, 819 (1986).

$$ArSSAr \xrightarrow{1), 2)} ArSH$$

38-100%

1) NaBH$_4$, THF, MeOH, reflux;
2) HCl, H$_2$O

III.C-3 K.A. Petriashvili et al., J. Org. Chem.(USSR), 22, 402 (1986).

$$RSSeSR \xrightarrow{heat} RSSR$$

quant.

III.D. N—O Reductions

III.D-1 R.S. Varma, M. Varma and G.W. Kabalka, Heterocycles, 24, 2581 (1986); R.S. Varma, M. Varma and G.W. Kabalka, Synth. Commun., 16, 91 (1986).

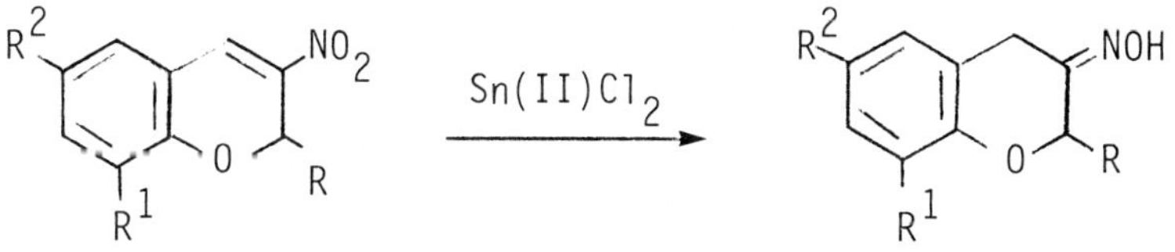

Sn(II)Cl$_2$

63-82%

III.D-2 K. Yanada, H. Yamaguchi, H. Meguri and S. Uchida, J. Chem. Soc., Chem. Commun., 1655 (1986); S. Uchida, K. Yanada, H. Yamaguchi and H. Meguri, Chem. Lett., 1069 (1986).

$$p\text{-}XC_6H_4NO_2 \xrightarrow[\text{EtOH, RT}]{\text{Se, NaBH}_4} p\text{-}XC_6H_4NHOH$$

37-88%

III.D-3 K. Yanada, T. Nagano and M. Hirobe, Tetrahedron Lett., 27, 5113 (1986); III.D-4 S. Ram and R.E. Ehrenkaufer, Synthesis, 133 (1986); R. Rampulla and R.K. Russell, Synth. Commun., 16, 1229 (1986).

$$ArNO_2 \xrightarrow{1)} ArNHOH$$

1) Et_4N^+ [Fe complex with two o-xylylene-dithiolate ligands]$^-$, o-(HSCH$_2$)C$_6$H$_4$(CH$_2$SH) , $E_{\frac{1}{2}}$ -0.75 to 1.10 vs SCE, MeCN, Ar, 40°C

III.D-5 R. Tamura, D. Oda and H. Kurokawa, Tetrahedron Lett., 27, 5759 (1986).

1,4-C$_6$H$_4$(COCH$_2$NO$_2$)$_2$ $\xrightarrow[\text{EtOH, HCl aq., 50°C}]{\text{5% Pt-S-C, H}_2\text{(1 atmos)}}$ 1,4-C$_6$H$_4$(COCH$_2$NH$_2 \cdot$HCl)$_2$

92%

III.D-6 J. Schofield, R.K. Smalley, D.I.C. Scopes,
Chem. Ind.(London), 587 (1986); H. Suzuki and Y. Hanazaki,
Chem. Lett., 549 (1986).

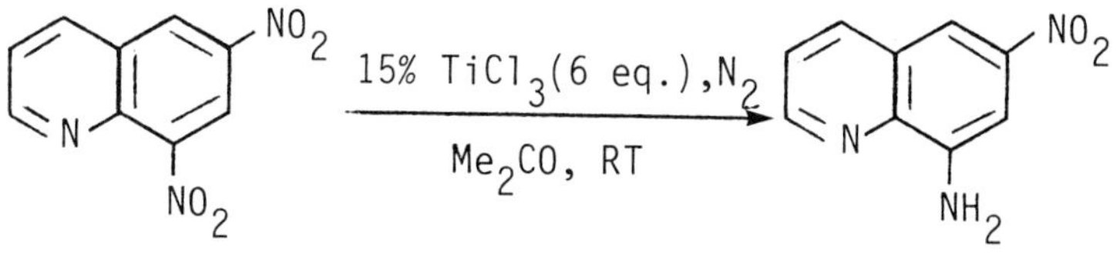

[Quinoline with 6-NO$_2$ and 8-NO$_2$] $\xrightarrow{\text{15% TiCl}_3\text{(6 eq.), N}_2}_{\text{Me}_2\text{CO, RT}}$ [Quinoline with 6-NO$_2$ and 8-NH$_2$]

80-90%

III.D-7 R. Ramaswami and A.G. Pinkus, Org. Prep. Proced.
Int., 18, 361 (1986).

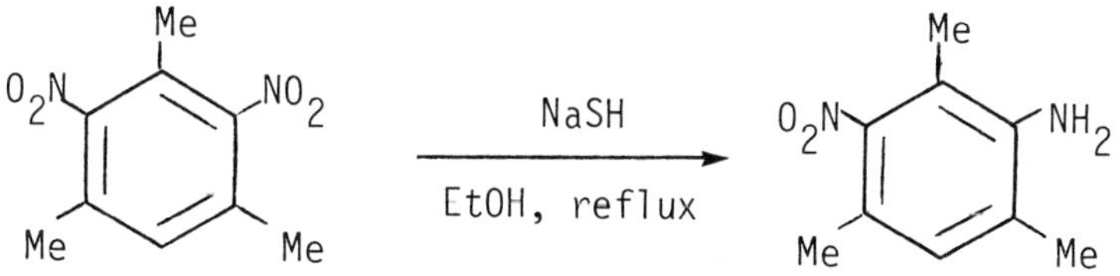

[2,4-dimethyl-3,6-dinitro-toluene derivative] $\xrightarrow{\text{NaSH}}_{\text{EtOH, reflux}}$ [selective reduction product]

97%

III.D-8 A. Nose and T. Kudo, Chem. Pharm. Bull., 34,
3905 (1986).

$$\text{ArNO}_2 \xrightarrow{1)} \text{ArNH}_2$$

54-98%

1) B_2H_6,$NiCl_2$, THF, MeOH, RT, 1 h

III.D-9 D. Knittel, Monatsh. Chem., 117, 491 (1986);
T. Itoh, T. Nagano and M. Hirobe, Chem. Pharm. Bull., 34, 2013 (1986).

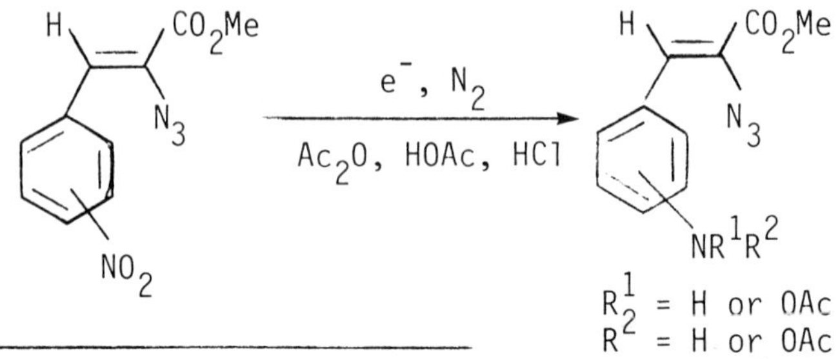

$$\underset{NO_2}{\text{Ar}}\underset{N_3}{C}=C(CO_2Me)H \xrightarrow[Ac_2O, HOAc, HCl]{e^-, N_2} \underset{NR^1R^2}{\text{Ar}}\underset{N_3}{C}=C(CO_2Me)H$$

R^1_2 = H or OAc
R^2 = H or OAc

III.D-10 P. de Armas, C.G. Francisco, R. Hernández and E. Suárez, Tetrahedron Lett., 27, 3195 (1986).

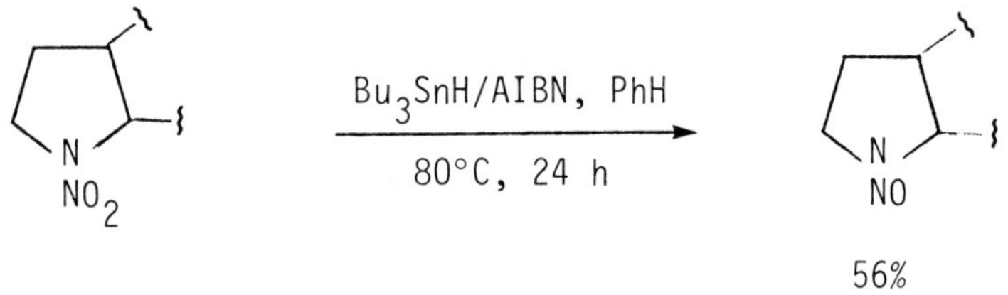

$$\text{pyrrolidine-}NO_2 \xrightarrow[80°C, 24 h]{Bu_3SnH/AIBN, PhH} \text{pyrrolidine-}NO$$

56%

III.E. C—C Multiple Bond Reductions

1. C=C Reductions

III.E.1-1 K.M. Ho, M. Chan and T. Luh, Tetrahedron Lett., 27, 5383 (1986).

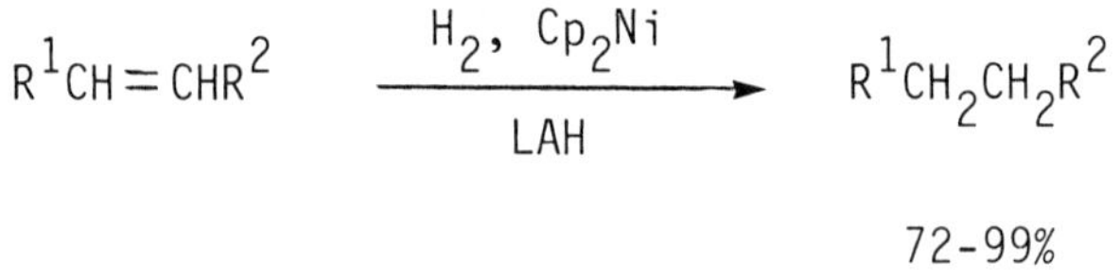

$$R^1CH=CHR^2 \xrightarrow[LAH]{H_2, Cp_2Ni} R^1CH_2CH_2R^2$$

72-99%

III.E.1-2 V. Galamb, S.C. Shim, F. Sibtain and H. Alper, Israel J. Chem., 26, 216 (1986).

$$PhCH=CH_2 \xrightarrow{1)} PhEt \quad 98\%$$

1) $C_{12}H_{25}SO_3^-Na^+$, tetrafluoroboric acid, PhH, $Co_2(CO)_8$, 55°C, 1 h.

III.E.1-3 F. Camps, J. Coll and J. Guitart, Tetrahedron, 42, 4603 (1986).

$$\text{(3-methyl-5,5-dimethylcyclohex-2-enone)} \xrightarrow[\text{Adogen®464, PhH,} \\ H_2O, \text{ reflux, 2 h}]{Na_2S_2O_4,\ NaHCO_3} \text{(3,3-dimethylcyclohexanone)} \quad 81\%$$

III.E.1-4 E. Keinan and N. Greenspoon, J. Am. Chem. Soc., 108, 7314 (1986).

$$\underset{R^3}{\overset{R^2}{R^1}}\!\!\!\diagup\!\!\!\diagdown\!\!\overset{O}{\underset{}{\|}}\!\!R^4 \xrightarrow[ZnCl_2 \cdot H_2O,\ CHCl_3 \\ RT]{Ph_2SiH_2,\ Pd(PPh_3)_4} \underset{R^3}{\overset{R^2}{R^1}}\!\!\!-\!\!\!\overset{O}{\underset{}{\|}}\!\!R^4 \quad 85\text{-}100\%$$

III.E.1-5 F.H. Gouzoules and R.A. Whitney, J. Org. Chem., 51, 2024 (1986).

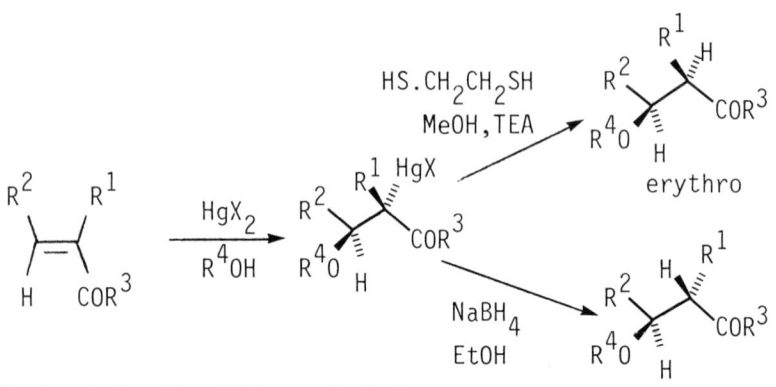

III.E.1-6 P. Tintillier, G. Dupas, J. Bourguignon and G. Quéguiner, Tetrahedron Lett., 27, 2357 (1986); J. Cazin, G. Dupas, J. Bourguignon and G. Quéguiner, Tetrahedron Lett., 27, 2375 (1986).

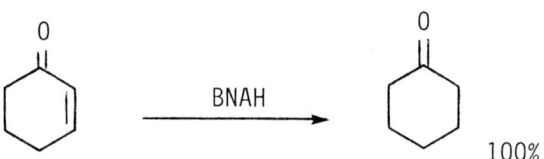

BNAH = 1-benzyl-1,4-dihydronicotinamide

III.E.1-7 I.K. Youn, G.H. Yon, C.S. Pak, Tetrahedron Lett., 27, 2409 (1986).

76-98%

III.E.1-8 Y. Fort, R. Vanderesse and P. Caubere, Tetrahedron Lett., 27, 5487 (1986).

$$\underset{R}{\overset{}{\searrow}}\hspace{-0.3em}=\hspace{-0.3em}\underset{}{\overset{}{\swarrow}} \quad \xrightarrow{\text{NaH, RONa, Ni(OAc)}_2\text{, Me}_3\text{SiCl}} \quad H\overset{}{\underset{R}{\searrow}}\hspace{-0.3em}-\hspace{-0.3em}\underset{}{\overset{}{\swarrow}}H$$

R=COR or
$-CR^1=CR^2R^3$

72 to >99%

III.E.1-9 B.S. Kirkiacharian and A. Danan, Synthesis, 383 (1986); R.J. Varma, M. Kadkhodayan and G.W. Kabalka, Heterocycles, 24, 1647 (1986).

$$\xrightarrow{\text{BH}_3\text{, THF, 40°C, 4 h}}$$

X = O or S

45-57%

III.E.1-10 K. Ogura, K. Ohtsuki, K. Takahashi and H. Iida, Chem. Lett., 1597 (1986).

$$\text{ArCH}=C\underset{SO_2Tol}{\overset{SMe}{\diagup}} \quad \xrightarrow[\text{EtOH}]{\text{NaBH}_4} \quad \text{ArCH}_2\text{CH}\underset{SO_2Tol}{\overset{SMe}{|}}$$

90-100%

III.E.1-11 J. Keniya, et al., Chem. Ind. (London), 243 (1986).

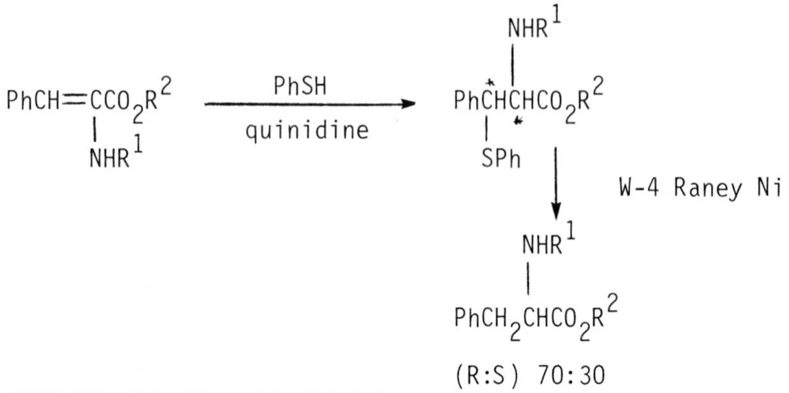

$$PhCH=CCO_2R^2 \atop NHR^1 \xrightarrow[\text{quinidine}]{PhSH} \begin{array}{c} NHR^1 \\ | \\ PhCHCHCO_2R^2 \\ | \\ SPh \end{array} \xrightarrow{\text{W-4 Raney Ni}} \begin{array}{c} NHR^1 \\ | \\ PhCH_2CHCO_2R^2 \end{array}$$

(R:S) 70:30

2. C≡C Reductions

III.E.2-1 P.M. Pojer, Chem. Ind.(London), 177 (1986).

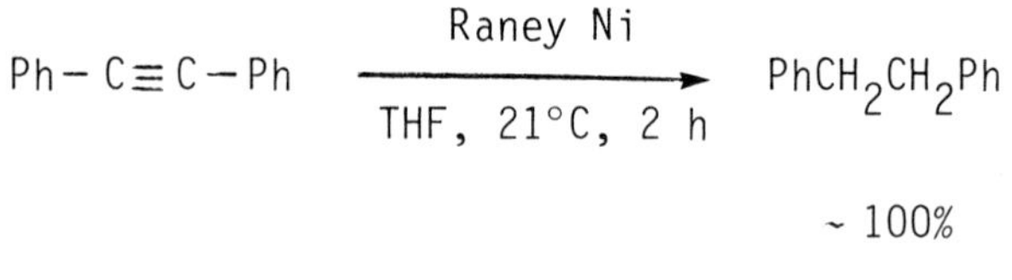

$$Ph-C\equiv C-Ph \xrightarrow[\text{THF, 21°C, 2 h}]{\text{Raney Ni}} PhCH_2CH_2Ph$$

~ 100%

III.E.2-2 A.B. Smith, III, P.A. Levenberg and J.Z. Suits, Synthesis, 184 (1986).

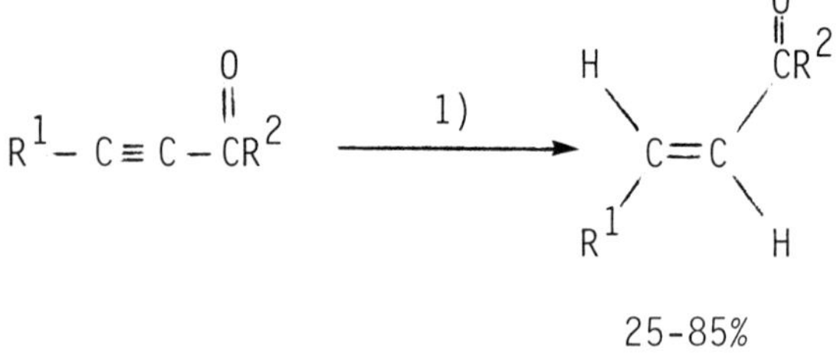

$$R^1-C\equiv C-\overset{O}{\overset{\|}{C}}R^2 \xrightarrow{1)} \begin{array}{c} H \\ \diagdown \\ R^1 \end{array} C=C \begin{array}{c} CR^2 \\ \diagup \\ H \end{array}$$

25-85%

1) $CrSO_4$, DMF, H_2O or $CrCl_2$, THF, H_2O.

III.E.2-3 K. Mai and G. Patil, Chem. Ind. (London), 670 (1986).

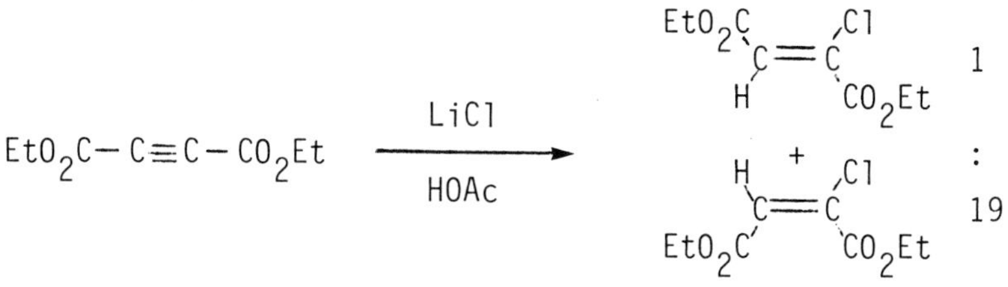

$$EtO_2C-C\equiv C-CO_2Et \xrightarrow{\text{LiCl} \atop \text{HOAc}} \begin{array}{c} EtO_2C \\ H \end{array}C=C\begin{array}{c} Cl \\ CO_2Et \end{array} \quad 1$$

$$+ \qquad :$$

$$\begin{array}{c} H \\ EtO_2C \end{array}C=C\begin{array}{c} Cl \\ CO_2Et \end{array} \quad 19$$

90%

III.F. Hydrogenolysis of Hetero Bonds

1. C–O → C–H

III.F.1-1 Q. Chen, Y. He and Z. Yang, J. Chem. Soc., Chem. Commun., 1452 (1986).

$$ArOSO_2R_F \xrightarrow{1)} ArH$$

68-95%

1) $Pd(PPh_3)_2Cl_2$, n-Bu_3N, HCO_2H, DMF, 110°C, 6 h.

III.F.1-2 S. Cacchi, P.G. Ciattini, E. Morera and G. Ortar, Tetrahedron Lett., 27, 5541 (1986).

$$ArOTf \xrightarrow{1)} ArH$$

60-98%

1) $Pd(OAc)_2$, phosphine ligand, TEA, HCO_2H

III.F.1-3 Y. Watanabe, T. Araki, Y. Ueno and T. Endo, Tetrahedron Lett., 27, 5385 (1986).

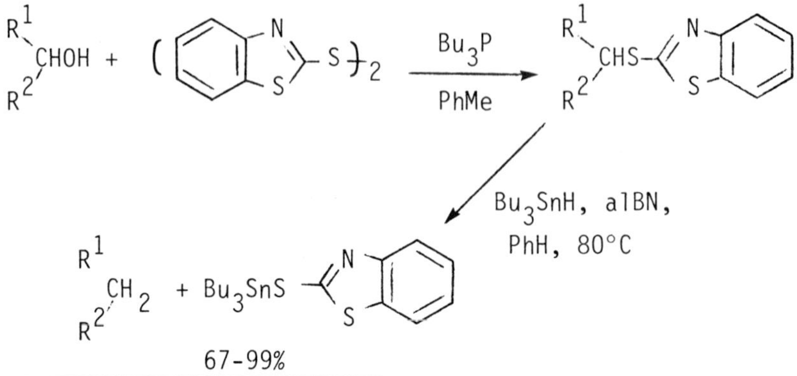

$$R^1R^2CHOH + (\text{BzT-S})_2 \xrightarrow[\text{PhMe}]{Bu_3P} R^1R^2CHS\text{-BzT}$$

$$\xrightarrow[\text{PhH, 80°C}]{Bu_3SnH, AIBN} R^1R^2CH_2 + Bu_3SnS\text{-BzT}$$

67-99%

III.F.1-4 A. Leone-Bay, J. Org. Chem., 51, 2378 (1986).

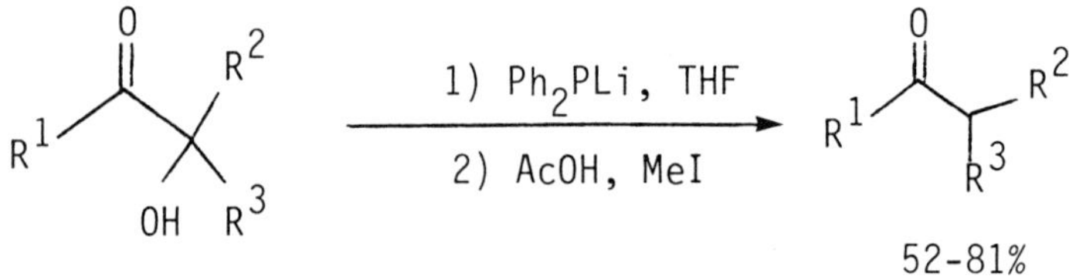

$$R^1\text{-CO-C}(OH)(R^2)(R^3) \xrightarrow[\text{2) AcOH, MeI}]{\text{1) Ph}_2\text{PLi, THF}} R^1\text{-CO-CH}(R^2)(R^3)$$

52-81%

III.F.1-5 S. Singh, S. Gill, V.K. Sharma and S. Nagrath, J. Chem. Soc., Perkin I, 1273 (1986).

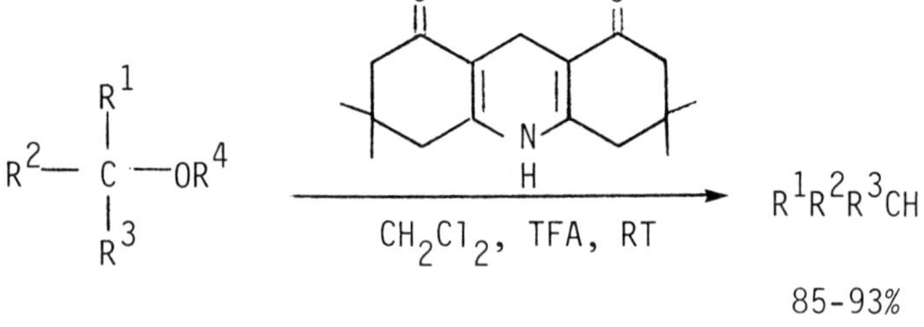

$$R^2\text{-C}(R^1)(R^3)\text{-OR}^4 \xrightarrow[\text{CH}_2\text{Cl}_2,\text{ TFA, RT}]{\text{acridine}} R^1R^2R^3CH$$

85-93%

R^1 = Ar, R^4 = H or alkyl

III.F.1-6 G.A. Olah, M. Arvanaghi and L. Ohannesian, *Synthesis*, 770 (1986).

$$Ar-\overset{O}{\underset{\|}{C}}-Ar^1 \xrightarrow[\text{2) Et}_3\text{SiH, RT, 3 h}]{\text{1) CF}_3\text{SO}_3\text{H, CH}_2\text{Cl}_2} Ar-CH_2-Ar^1$$

III.F.1-7 C.K. Lau, C. Dufresne, P.C. Belanger, S. Piétré and J. Scheigetz, *J. Org. Chem.*, **51**, 3038 (1986).

$$\underset{\text{ArCR}}{\overset{O}{\|}} \xrightarrow[\substack{\text{ClCH}_2\text{CH}_2\text{Cl, 22 or 83°C} \\ \text{1-48 h}}]{\text{ZnI}_2,\ \text{NaCNBH}_4} ArCH_2R$$

R= H or alkyl 47-95%

III.F.1-8 H.A. Zahalka and H. Alper, *Organometallics*, **5**, 1909 (1986).

$$R^1\overset{O}{\underset{\|}{C}}R^2 \xrightarrow{1)} R^1CH_2R^2$$

18-100%

1) [LRhCl$_2$]$_2$, H$_2$, β-cyclodextrin, THF, RT. L=1,5-hexadiene

III.F.1-9 T. Moriwake, S. Hamano, D. Miki, S. Saito and S. Torii, Chem. Lett., 815 (1986).

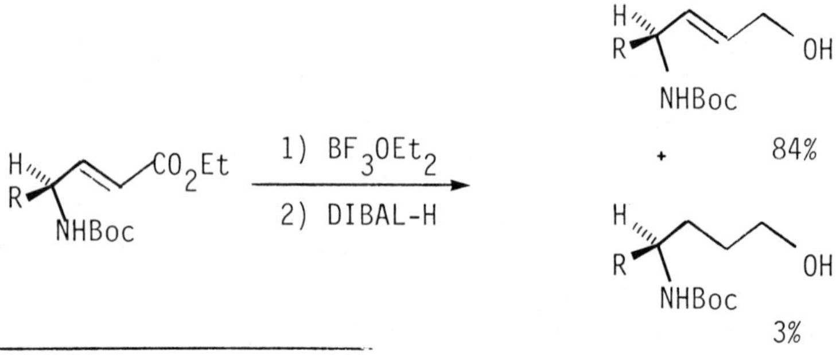

III.F.1-10 J. Mauger and A. Robert, J. Chem. Soc., Chem. Commun., 395 (1986).

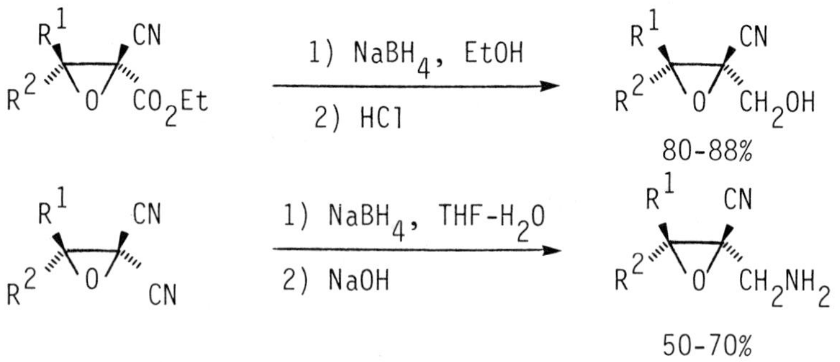

III.F.1-11 P. Caldirola, M. De Amici, C. DeMicheli, P.A. Wade, D.T. Price and J.F. Bereznak, Tetrahedron, 42, 5267 (1986).

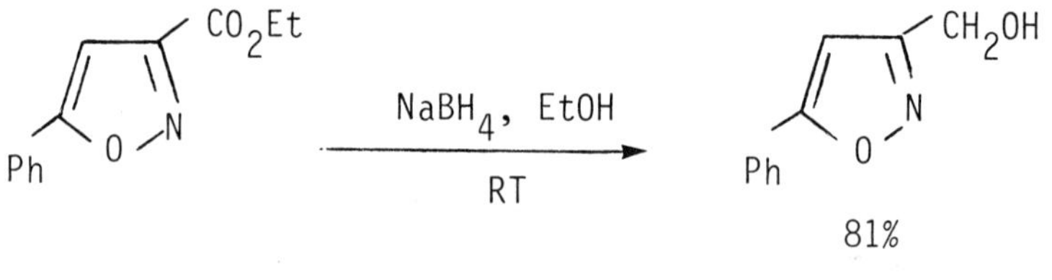

III.F.1-12 K. Isobe, K. Mohri, H. Sano, J. Taga and
Y. Tsuda, Chem. Pharm. Bull., 34, 3029 (1986).

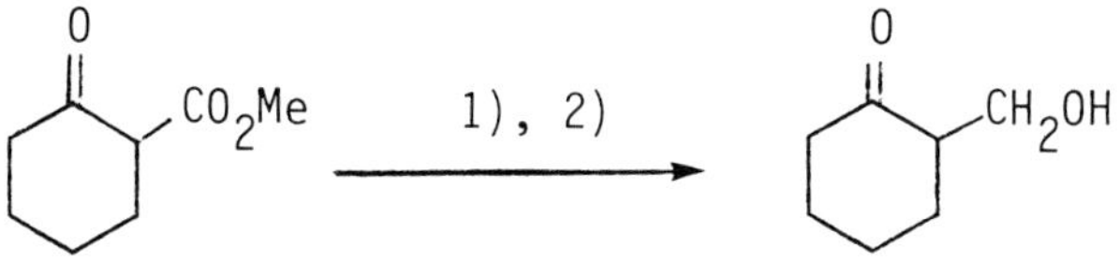

2-(methoxycarbonyl)cyclohexanone → 2-(hydroxymethyl)cyclohexanone

1) KH, THF, 0°C, 30 min ; 63%
2) AlH$_3$, THF, RT.

III.F.1-13 H. Kotsuki, N. Yoshimura, Y. Ushio,
T. Ohtsuka and M. Ochi, Chem. Lett., 1003 (1986).

$$\text{RCOSPh} \xrightarrow[\text{THF}]{\text{Zn(BH}_4)_2} \text{RCH}_2\text{OH}$$

77-99%

III.F.1-14 K. Barlos et al., Liebigs Ann. Chem.,
952 (1986).

$$\underset{\text{Ph}_3\text{CNHCHCO}_2\text{H}}{\overset{\text{R}}{|}} \xrightarrow{1), 2)} \underset{\text{Ph}_3\text{CNHCHCH}_2\text{OH}}{\overset{\text{R}}{|}}$$

90-100%

1) (Me$_3$Si)$_2$NH, THF, reflux, 2 h;
2) LAH, THF, 55-60°C.

III.F.1-15 H. Kotsuki, Y. Ushio, N. Yoshimura and M. Ochi, Tetrahedron Lett., 27, 4213 (1986).

$$RCOCl \xrightarrow{Zn(BH_4)_2, \ TMEDA} RCH_2OH$$

80-98%

III.F.1-16 H.A. Bates, N. Condulis and N.L. Stein, J. Org. Chem., 51, 2238 (1986).

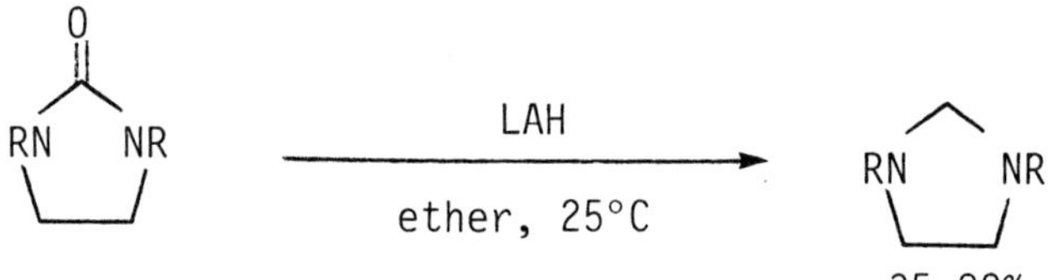

35-89%

III.F.2. C—Hal ⟶ C-H

III.F.2-1 I. Pri-Bar and O. Buchman, J. Org. Chem., 51, 734 (1986); Y. Akita, A. Inoue, K. Ishida, K. Terui and A. Ohta, Synth. Commun., 16, 1067 (1986).

$$RX \xrightarrow[\substack{(PhCH_2)_3N, \ MeCN, \ Me_2SO(1:1), \\ 60-110°C, \ 3-18 \ h}]{PMHS, \ Pd(PPh_3)_4(0.05 \ mmol)} RH$$

PMHS = polymethylhydrosiloxane

CHO, C=C, and NO_2 survive

III.F.2-2 Y. Akita, A. Inoue, Y. Mori and A. Ohta, Heterocycles, 24, 2093 (1986).

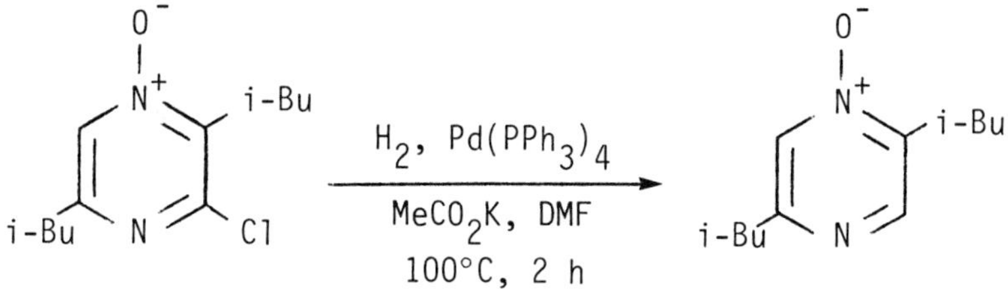

[Pyrazine N-oxide with i-Bu and Cl groups] → H$_2$, Pd(PPh$_3$)$_4$ / MeCO$_2$K, DMF / 100°C, 2 h → [Pyrazine N-oxide with two i-Bu groups] 90%

III.F.2-3 K. Turnbull, Synthesis, 334 (1986).

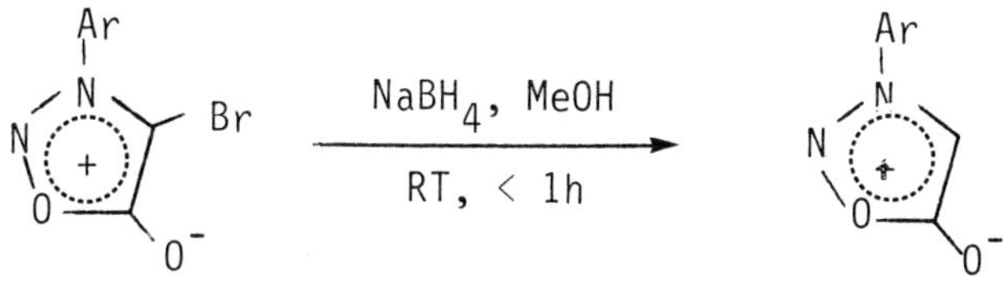

[Ar-substituted sydnone with Br] → NaBH$_4$, MeOH / RT, < 1h → [Ar-substituted sydnone] 35-92%

III.F.2-4 A.N. Abeywickrema and A.L.J. Beckwith, Tetrahedron Lett., 27, 109 (1986).

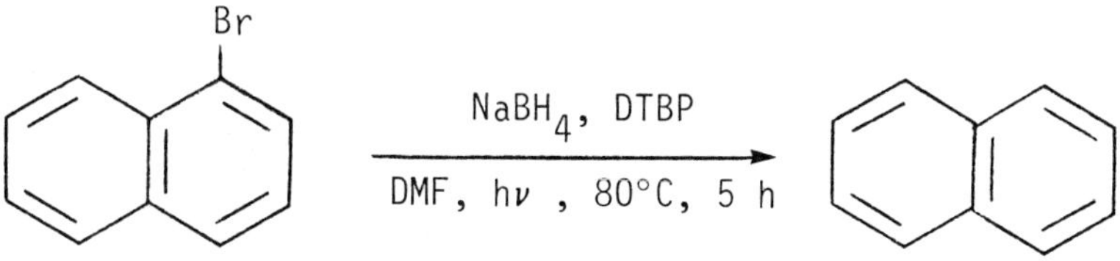

[1-Bromonaphthalene] → NaBH$_4$, DTBP / DMF, hν, 80°C, 5 h → [Naphthalene] 95%

III.F.2-5 G.A. Molander and G. Hahn, J. Org. Chem., 51, 1135 (1986).

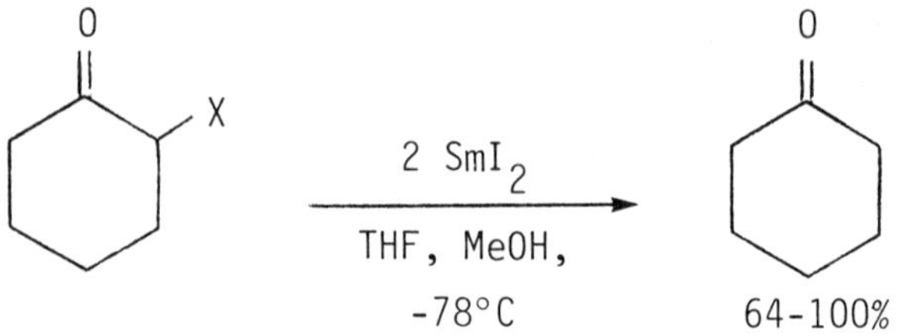

cyclohexanone-2-X → cyclohexanone

2 SmI$_2$, THF, MeOH, -78°C

64-100%

III.F.2-6 A. Ono, E. Fujimoto and M. Ueno, Synthesis, 570 (1986).

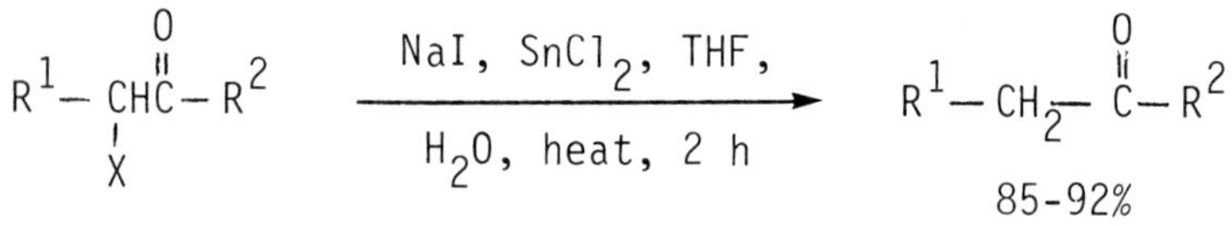

$$R^1-\underset{X}{CH}\overset{O}{\overset{\|}{C}}-R^2 \xrightarrow[H_2O, \text{ heat, 2 h}]{NaI, SnCl_2, THF,} R^1-CH_2-\overset{O}{\overset{\|}{C}}-R^2$$

85-92%

III.F.2-7 A. Ono, E. Fujimoto and M. Ueno, Synth. Commun., 16, 653 (1986).

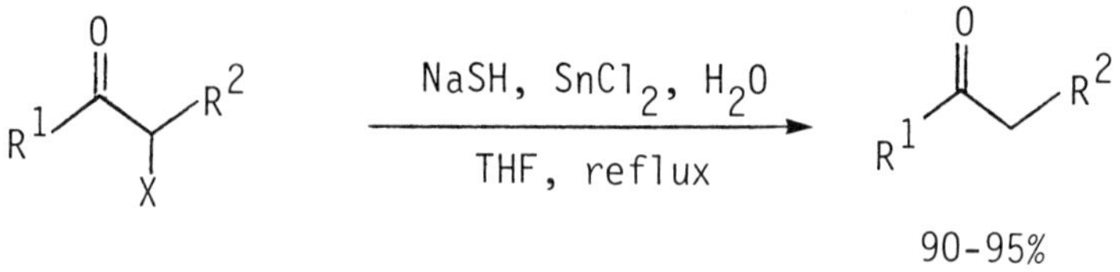

$$R^1-\overset{O}{\overset{\|}{C}}-\underset{X}{CH}-R^2 \xrightarrow[THF, \text{ reflux}]{NaSH, SnCl_2, H_2O} R^1-\overset{O}{\overset{\|}{C}}-CH_2-R^2$$

90-95%

III.F.2-8 L. Somsák, G. Batta and I. Farkas, Tetrahedron Lett., 27, 5877 (1986).

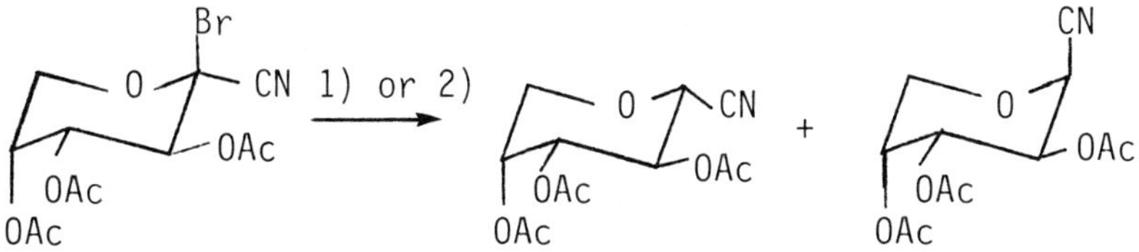

1) Zn, HOAc, reflux   64% (4 : 6)
2) n-Bu$_3$SnH, PhH, AIBN, reflux   67% (8 : 2)

III.F.2-9 A. Amrollah-Madjdabadi, R. Beugelmans and A. Lechevallier, Synthesis, 826 (1986).

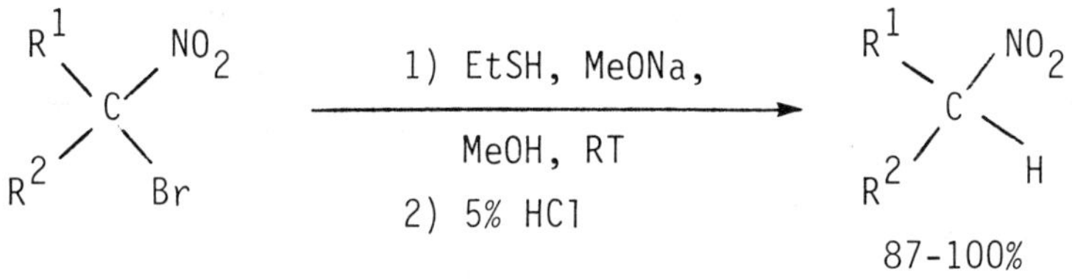

$$R^1R^2CBr(NO_2) \xrightarrow[\text{2) 5\% HCl}]{\text{1) EtSH, MeONa, MeOH, RT}} R^1R^2CH(NO_2)$$

87-100%

III.F.3-1 K. Nakamura, M. Fujii, H. Mekata, S. Oka and A. Ohno, Chem. Lett., 87 (1986).

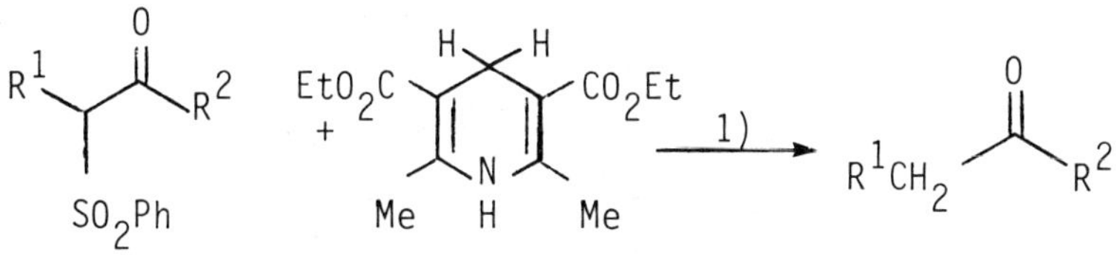

14-97%

1) hν, RuCl$_2$(bpy)$_3$, pyridine, 20 h, Ar.

III.F.4 C—N ⟶ C—H

M.D. Threadgill and A.P. Gledhill, J. Chem. Soc., Perkin I, 873 (1986).

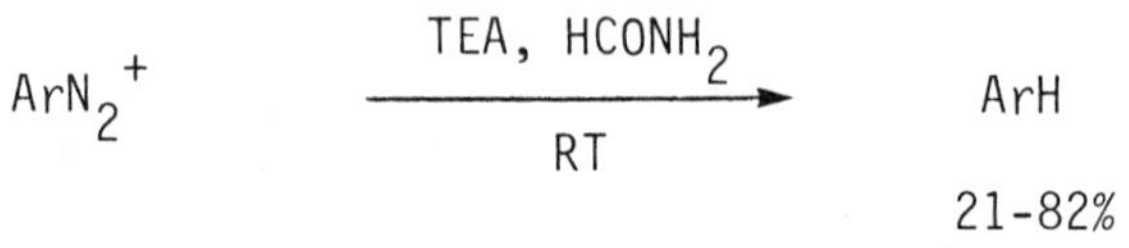

$$ArN_2^+ \xrightarrow[RT]{TEA,\ HCONH_2} ArH$$

21-82%

III.G. Reductive Cleavages

III.G.1-1 O. Toussaint, P. Capdevielle and M. Maumy, Synthesis, 1029 (1986).

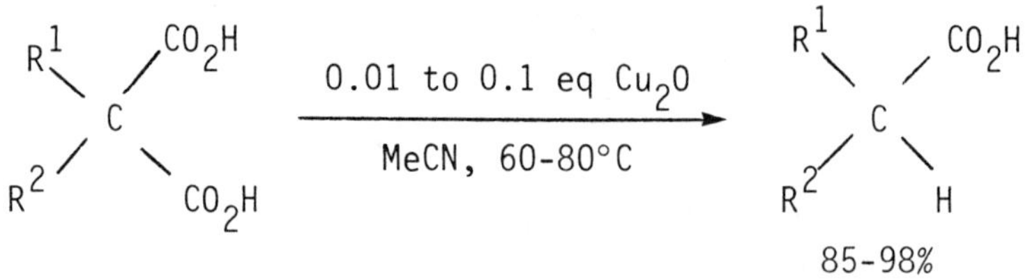

$$\begin{array}{c} R^1 \quad CO_2H \\ \diagdown \diagup \\ C \\ \diagup \diagdown \\ R^2 \quad CO_2H \end{array} \xrightarrow[MeCN,\ 60-80°C]{0.01\ to\ 0.1\ eq\ Cu_2O} \begin{array}{c} R^1 \quad CO_2H \\ \diagdown \diagup \\ C \\ \diagup \diagdown \\ R^2 \quad H \end{array}$$

85-98%

III.G.1-2 M. Hashimoto, Y. Eda, Y. Osanai, T. Iwai and S. Aoki, Chem. Lett., 893 (1986).

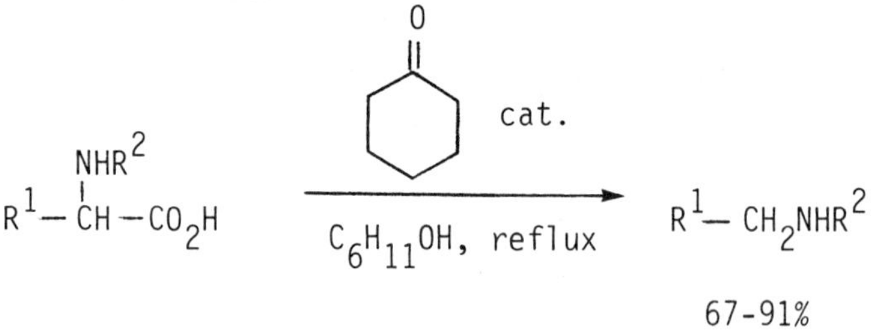

$$R^1-\underset{\underset{NHR^2}{|}}{CH}-CO_2H \xrightarrow[C_6H_{11}OH,\ reflux]{cyclohexanone,\ cat.} R^1-CH_2NHR^2$$

67-91%

III.G.1-3 H. Sano, M. Ogata and T. Migita, Chem. Lett., 77 (1986).

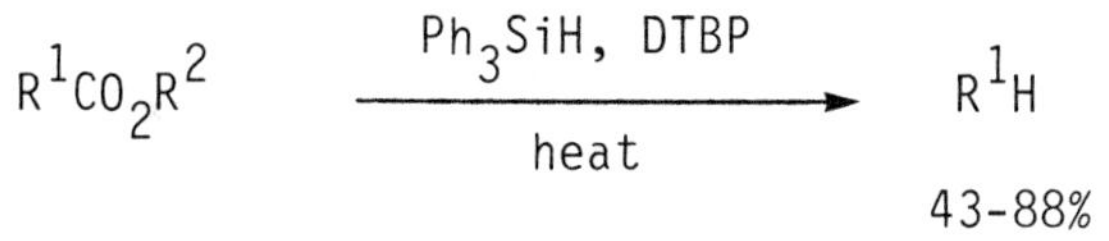

$$R^1CO_2R^2 \xrightarrow[\text{heat}]{Ph_3SiH, \, DTBP} R^1H$$

43-88%

III.G.1-4 E. Keinan and D. Eren, J. Org. Chem., 51, 3165 (1986).

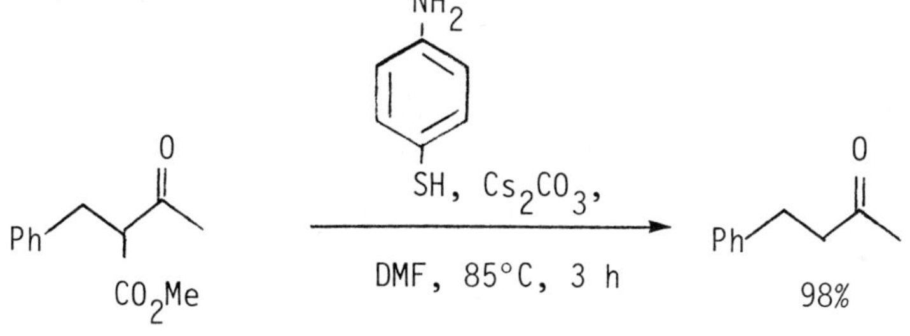

III.H. Reduction of Azides

III.H.1-1 S.C. Shim, K.N. Choi and Y.K. Yeo, Chem. Lett., 1149 (1986).

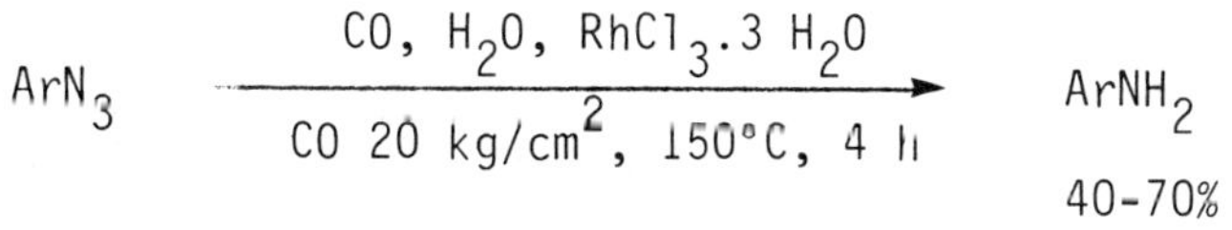

$$ArN_3 \xrightarrow[\text{CO 20 kg/cm}^2, \, 150°C, \, 4 \text{ h}]{CO, \, H_2O, \, RhCl_3 \cdot 3 H_2O} ArNH_2$$

40-70%

III.H.1-2 S.N. Maiti, M.P. Singh and R.G. Micetich, Tetrahedron Lett., 27, 1423 (1986).

$$RN_3 \xrightarrow[\sim 1 \text{ h, RT}]{SnCl_2, \text{ MeOH}} RNH_2$$
85-98%

R = alkyl or aryl

III.H.1-3 D. Knittel and V.S. Rao, Monatsh. Chem., 117, 1185 (1986).

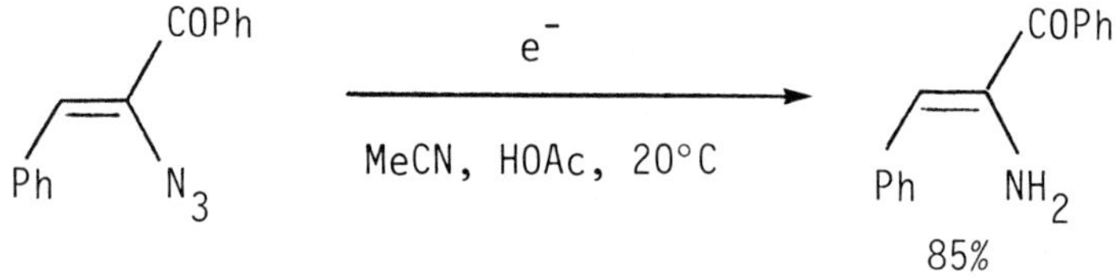

$$\underset{Ph}{\overset{COPh}{\diagup\!\!\diagdown\!\!N_3}} \xrightarrow[\text{MeCN, HOAc, 20°C}]{e^-} \underset{Ph}{\overset{COPh}{\diagup\!\!\diagdown\!\!NH_2}}$$
85%

III.I.1. Reviews

III.I.1-1 D.S. Matteson, Synthesis, 973 (1986).

Review: "The Use of Chiral Organoboranes in Organic Synthesis."

III.I.1-2 G.W. Kabalka, J. Organometall. Chem., 298, 1 (1986).

Review: "Boron: Boranes in Organic Synthesis: Annual Survey for 1983."

III.I.1-3 M. Follet, Chem. Ind (London), 123 (1986).

   Review: "Use of Complexes of Diborane and
            Organoboranes on a Laboratory and
            Industrial Scale."

III.I.1-4 S. Zehani and G. Gelbard, Nouv. J. Chem.,
10, 511 (1986).

   Review: "Reductions by NADH Analogs:
            Mechanism and Use in Synthesis."

III.I.1-5 J.D. Wuest, Tetrahedron, 42, 941 (1986).

   Symposium-in-Print 25: "Formal Transfers of
            Hydride from Carbon-Hydrogen Bonds."

III.I.1-6 S.K. Pradhan, Tetrahedron, 42, 6351 (1986).

   Review: "Mechanism and Stereochemistry of
            Alkali Metal Reductions of Cyclic
            Saturated and Unsaturated Ketones
            in Protic Solvents."

III.I.1-7   S. Torii, Synthesis, 873 (1986).

Review: "The New Role of Electroreductive
          Mediators in Electroorganic Synthesis."

III.I.1-8   T.S. Greenwood, Chem. Ind. (London), 94 (1986).

Review: "Loop Reactors for Catalytic Hydrogenation."

III.I.1-9   N. Ono and A. Kaji, Synthesis, 693 (1986).

Review: "Reductive Cleavage of Aliphatic Nitro
          Groups in Organic Synthesis."

IV
SYNTHESIS OF HETEROCYCLES

IV.A. Oxiranes

IV.A-1   K.M. Sadhu and D.S. Matteson, Tetrehedron Lett., 27, 795 (1986); R.E. Babine, Tetrahedron Lett., 27, 5791 (1986); J. Otera and S. Matsuzaki, Synthesis, 1019 (1986).

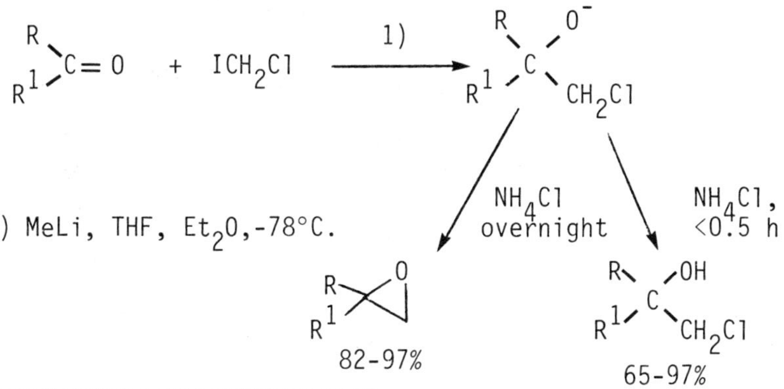

$$R_{R^1}C=O + ICH_2Cl \xrightarrow{1)} R_{R^1}\underset{CH_2Cl}{\overset{O^-}{C}}$$

1) MeLi, THF, Et_2O, -78°C.

$\xrightarrow{NH_4Cl, \text{overnight}}$ epoxide 82-97%

$\xrightarrow{NH_4Cl, <0.5 h}$ $R_{R^1}\underset{CH_2Cl}{\overset{OH}{C}}$ 65-97%

IV.A-2   A. Abdel-Magid, L.N. Pridgen, D.S. Eggleston and I. Lantos, J. Am. Chem. Soc., 108, 4595 (1986).

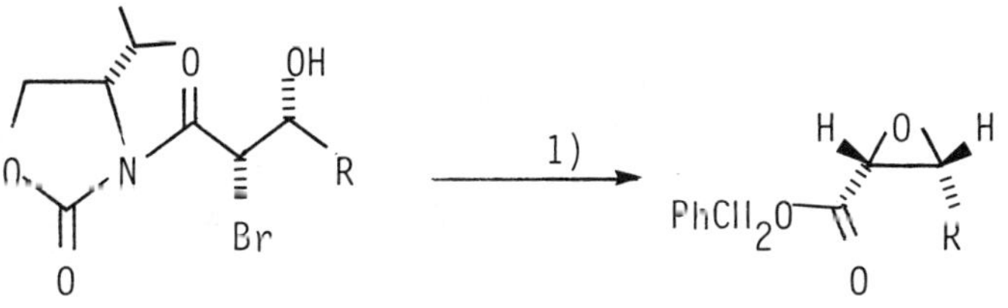

1) $PhCH_2OLi$, THF, -78 – -20°C.   70-74%

IV.A-3 T. Satoh, Y. Kaneko and K. Yamakawa, Bull. Chem.Soc. Jpn., 59, 2463 (1986).

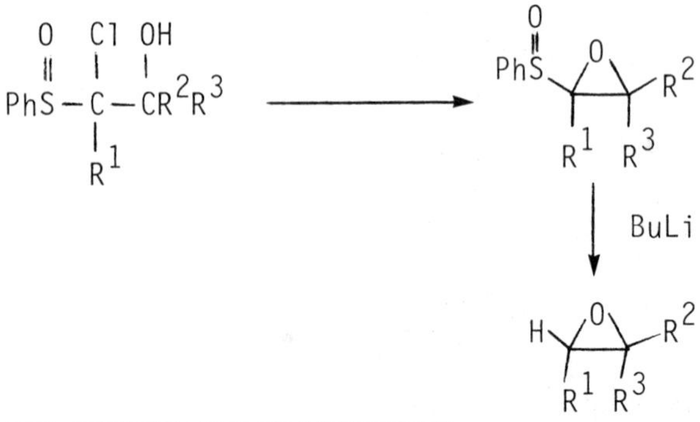

$$\text{PhS}-\underset{\underset{R^1}{|}}{\overset{\overset{O}{\|}}{C}}-\underset{|}{\overset{Cl}{C}}\underset{|}{\overset{OH}{C}}R^2R^3 \longrightarrow \underset{R^1\ R^3}{\text{PhS}(\!=\!O)\text{—epoxide—}R^2}$$

↓ BuLi

$$\underset{R^1\ R^3}{H\text{—epoxide—}R^2} \quad 27\text{-}97\%$$

IV.A-4 F.A. Davis and S. Chattopadhyay, Tetrahedron Lett., 27, 5079 (1986).

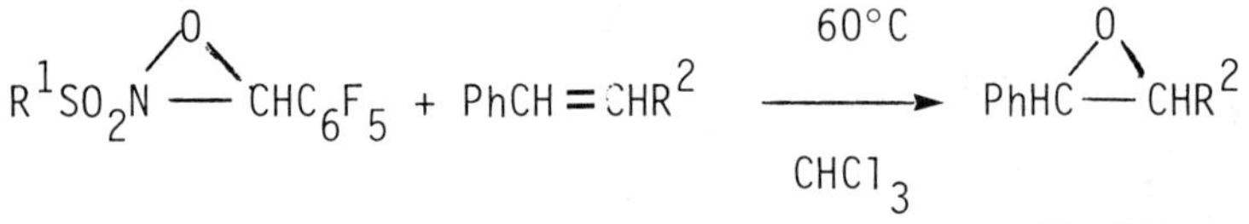

$$R^1SO_2N\text{—epoxide—}CHC_6F_5 + PhCH=CHR^2 \xrightarrow[CHCl_3]{60°C} PhHC\text{—epoxide—}CHR^2$$

19-65% ee

IV.A-5 S. Rozen and M. Brand, Angew. Chem. Int. Ed. Engl., 25, 554 (1986).

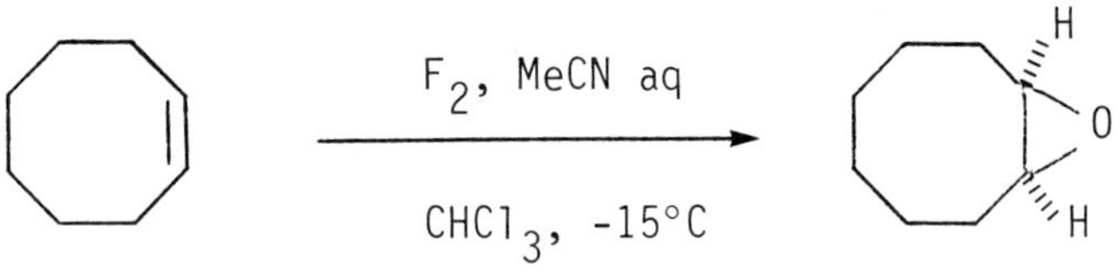

cyclooctene $\xrightarrow[CHCl_3,\ -15°C]{F_2,\ MeCN\ aq}$ cyclooctene epoxide

85%

IV.A-6 U. Sunay, D. Mootoo, B. Molino and B. Fraser-Reid, Tetrahedron Lett., 27, 4697 (1986).

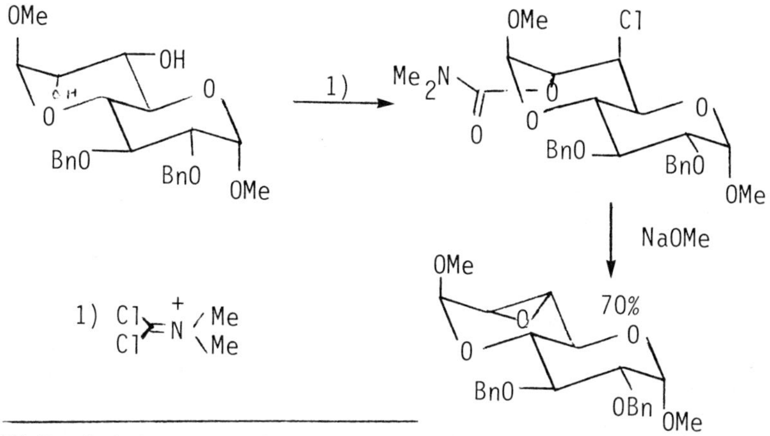

1) Cl$\succ$N$^+$$\diagdown$Me
    Cl $\diagdown$Me

IV.B. Azirines and Aziridines

IV.B-1 L. Ghosez, F. Sainte, M. Rivera, C. Bernard-Henriet and V. Gouverneur, Rec. Trav. Chim., 105, 456 (1986).

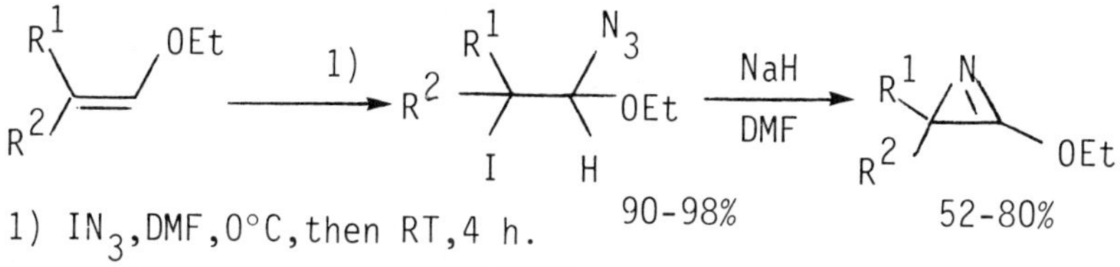

1) IN$_3$, DMF, 0°C, then RT, 4 h.   90-98%   52-80%

IV.B-2 R.S. Atkinson, J. Fawcett, D.R. Russell and G. Tughan, J. Chem. Soc., Chem. Commun., 832 (1986); R.S. Atkinson and G. Tughan, ibid., 834 (1986).

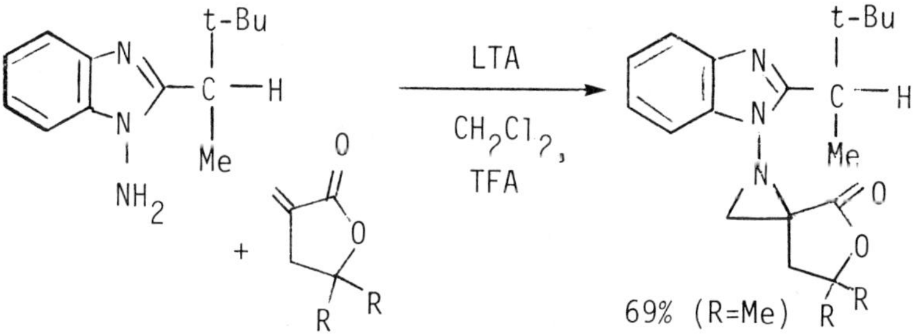

69% (R=Me)

IV.B-3 J.W. Kelly, N.L. Eskew and S.A. Evans, Jr., J. Org. Chem., 51, 95 (1986).

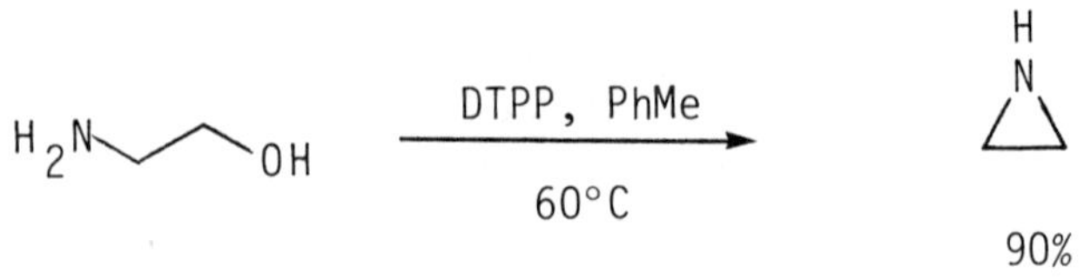

$H_2N\diagup\diagdown OH \xrightarrow[60°C]{DTPP, PhMe}$ aziridine 90%

DTPP = diethoxytriphenylphosphorane

IV.C. Oxetanes

IV.C 1 K. Soai, S. Niwa, T. Yamanoi, H. Hikima and M. Ishizaki, J. Chem. Soc., Chem. Commun., 1018 (1986).

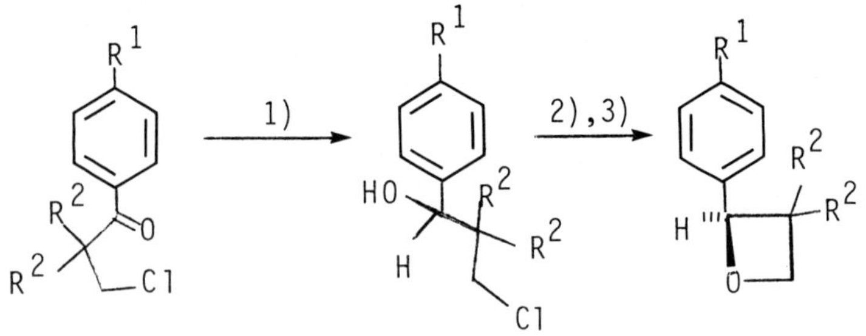

1) $LiBH_4$, (R,R)- N,N^1- dibenzoylcystine

2) AcCl, pyridine

3) KOH.

SYNTHESIS OF HETEROCYCLES

IV.D. Lactams

IV.D-1 L.S. Liebskind, M.E. Welker and R.W. Fengl, J. Am. Chem. Soc., 108, 6328 (1986).

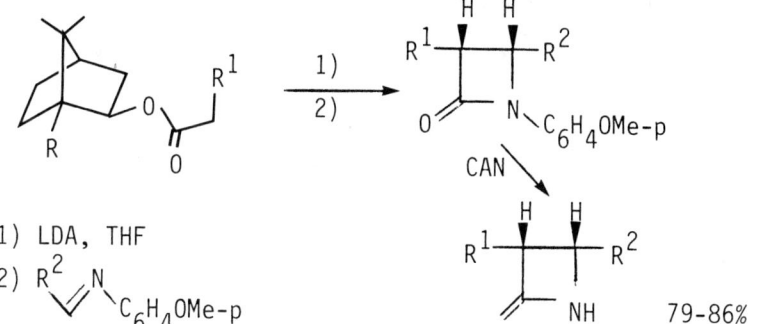

1) $R^1CH=NR$; 2) $Br_2, CS_2, EtOH, -78°C$.

IV.D-2 D.J. Hart, C.S. Lee, W.H. Pirkle, M.H. Hyon and A. Tsipouras, J. Am. Chem. Soc., 108, 6054 (1986).

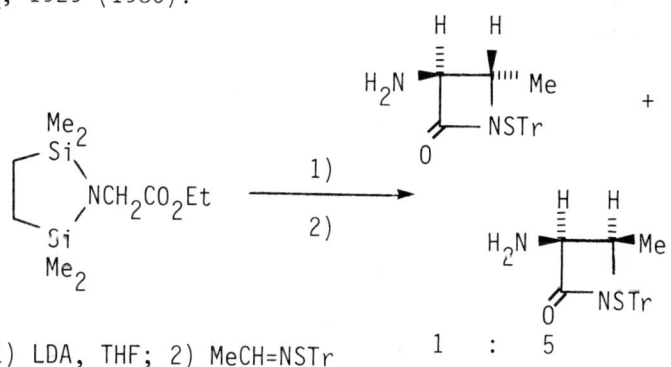

1) LDA, THF
2) $R^2\!\!\diagdown\!\!N\!\!\diagdown\!\!C_6H_4OMe\text{-}p$

79-86%
56-92% ee

IV.D-3 D.A. Burnett, D.J. Hart and J. Liu, J. Org. Chem., 51, 1929 (1986).

1) LDA, THF; 2) MeCH=NSTr

1 : 5   78%

IV.D-4 P. Andreoli, G. Cainelli, M. Contento, D. Giacomini, G. Martelli and M. Panunzio, Tetrahedron Lett., 27, 1695 (1986).

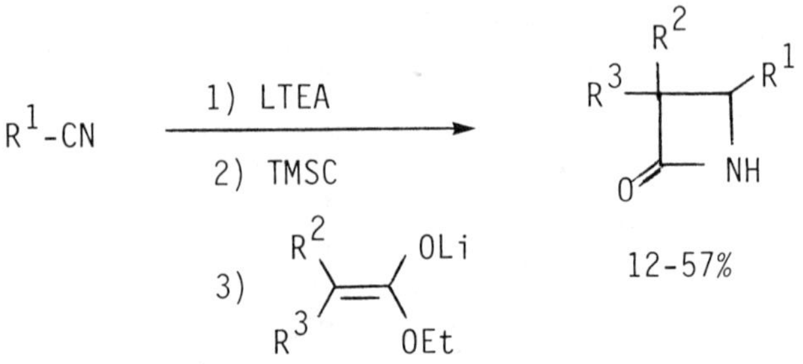

R^1-CN $\xrightarrow{\begin{array}{c}1) \text{ LTEA} \\ 2) \text{ TMSC} \\ 3) \; R^2R^3C=C(OLi)(OEt)\end{array}}$ β-lactam with R^3, R^2, R^1, NH substituents, 12-57%

LTEA = lithium triethoxyaluminum hydride

IV.D-5 Y. Ito, T. Kawabata and S. Terashima, Tetrahedron Lett., 27, 5751 (1986).

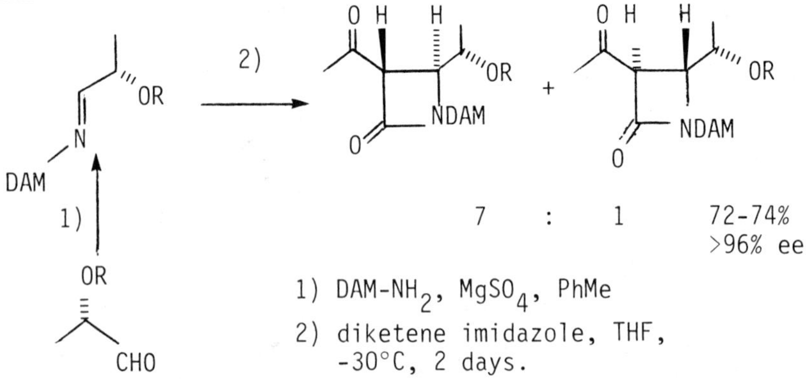

1) DAM-NH$_2$, MgSO$_4$, PhMe
2) diketene imidazole, THF, -30°C, 2 days.

7 : 1   72-74%
         >96% ee

IV.D-6 K. Tanaka, H. Yoda, K. Inoue and A. Kaji, Synthesis, 66 (1986).

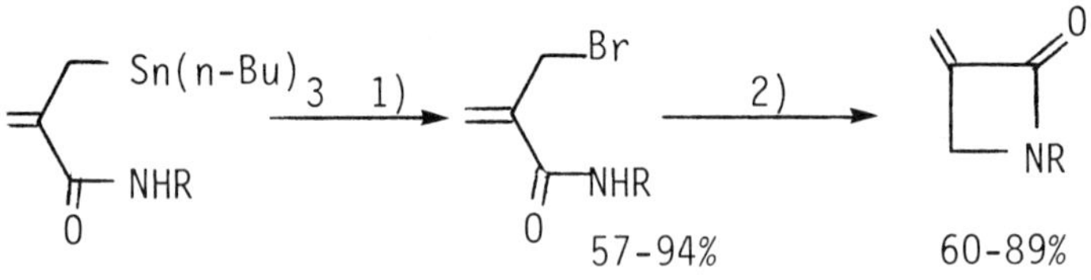

1) dioxane dibromide, THF, 0°C, 1.5 h

2) t-BuOK, THF, -78°C, 1 h, RT.

57-94%   60-89%

IV.D-7 D.K. Dutta, R.C. Boruah and J.S. Sandhu,
Ind. J. Chem., Sect. B, 25, 350 (1986); D.K. Dutta,
R.C. Boruah and J.G. Sandhu, Heterocycles, 24, 655 (1986).

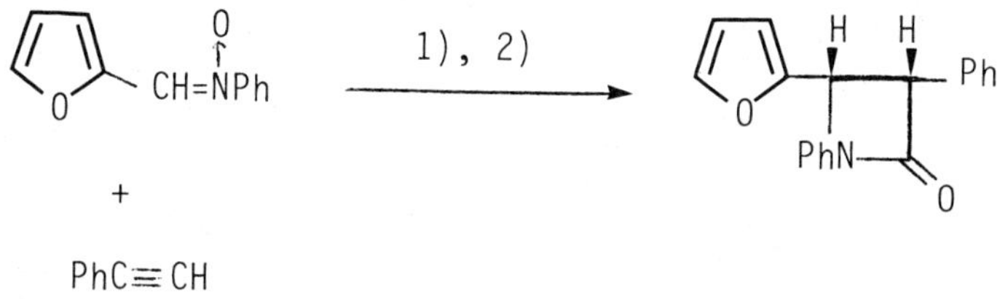

1) CuCl, NH$_3$, pyridine, RT, 2 h; 2) HCl aq., heat.

IV.D-8 I. Antonini, M. Cardellini, F. Claudi and
F.M. Moracci, Synthesis, 379 (1986); B. Alcaide, G. Dominguez,
G. Escobar, U. Parreño and J. Plumet, Heterocycles, 24,
1579 (1986).

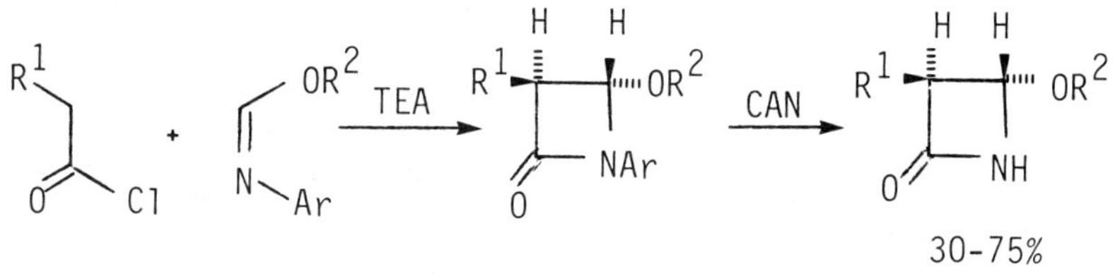

30-75%

IV.D-9 C. Kashima, M. Shimizu, A. Katoh and Y. Omote,
Heterocycles, 24, 3477 (1986).

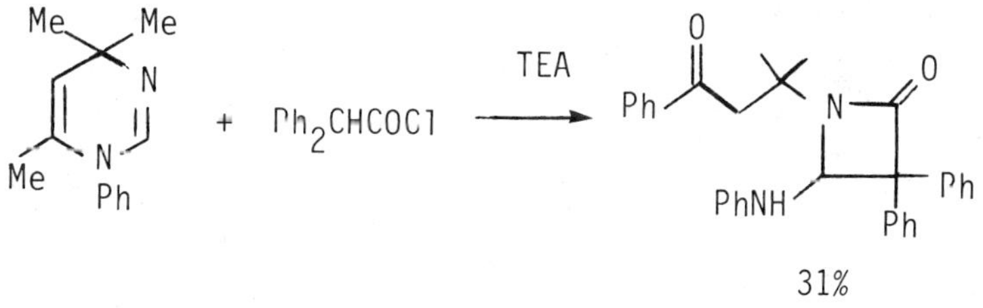

31%

IV.D-10 S.D. Sharma, S. Kaur and U. Mehra, Ind. J. Chem., Sect.B, 25, 141 (1986).

p-NO$_2$C$_6$H$_4$CHNCH$_2$Ph $\xrightarrow[\text{RT, overnight}]{\text{PhOCH}_2\text{COCl} \atop \text{TEA, CH}_2\text{Cl}_2\text{, 5-10°C;}}$ [β-lactam with PhO, H, H, C$_6$H$_4$NO$_2$-p, NCH$_2$Ph] 58%

IV.D-11 A. Mkhairi and J. Hamelin, Tetrahedron Lett., 27, 4435 (1986).

PhCH=N-CH-CO$_2$Me (with R) $\xrightarrow{1) \atop 2)}$ PhCH=N—C(R)(CO$_2$Me)—(CH$_2$)$_n$—CO$_2$Me   43-80%

$\xrightarrow[\text{H}_2\text{O}]{\text{heat}}$ lactam: HN-C(R)(CO$_2$Me)-(CH$_2$)$_n$-C(=O) 22-70%

1) NaH, DMSO
2) X-(CH$_2$)$_n$-CO$_2$Me

IV.D-12 M. Khoukhi, M. Vaultier and R. Carrié, Tetrahedron Lett., 27, 1031 (1986).

CH(CO$_2$Me)$_2$ (cyclopropane) $\xrightarrow{1) \atop 2)}$ N$_3$-CH$_2$CH$_2$-C(H)(CO$_2$Me)$_2$ $\xrightarrow{3)}$ 3-CO$_2$Me-pyrrolidin-2-one 90%

1) NaH, 0°C; 2) N$_3$CH$_2$CH$_2$I, RT, 12 h; 3) Ph$_3$P, THF, H$_2$O.

IV.D.-13 A. Toshimitsu, K. Terao and S. Uemura,
J. Chem. Soc., Chem. Commun., 531 (1986).

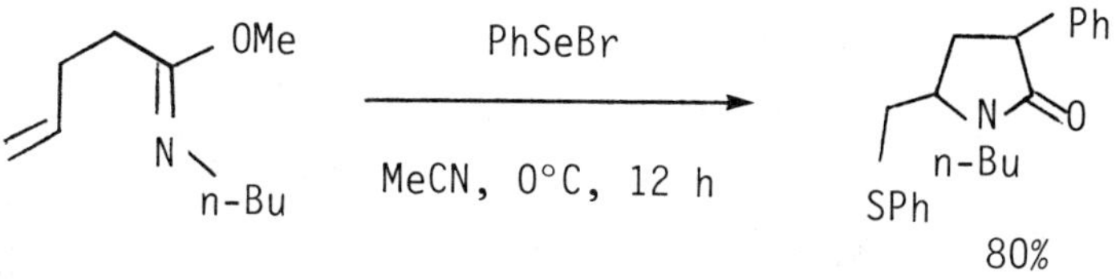

[Reaction: N-(n-Bu), OMe-substituted pentenyl amine + PhSeBr, MeCN, 0°C, 12 h → pyrrolidinone with Ph, SPh, n-Bu substituents, 80%]

IV.D-14 T. Kometani, T. Fitz and D.S. Watt, Tetrahedron Lett., 27, 919 (1986).

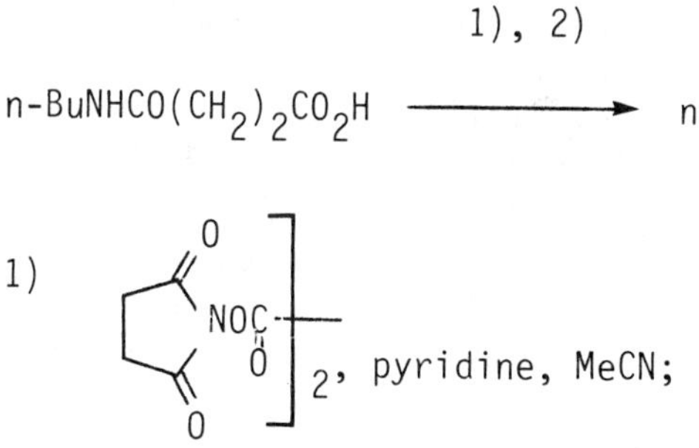

n-BuNHCO(CH$_2$)$_2$CO$_2$H $\xrightarrow{1), 2)}$ n-BuN(succinimide), 76%

1) [succinimide-NOC(=O)- intermediate]; 2) pyridine, MeCN;

2) DMAP (2 equiv.), Cl$_2$C=CHCl, reflux, 5 h.

IV.D-15 Y. Tamura, T. Yakura, Y. Shirouchi and J. Haruta, Chem. Pharm. Bull., 34, 1061 (1986).

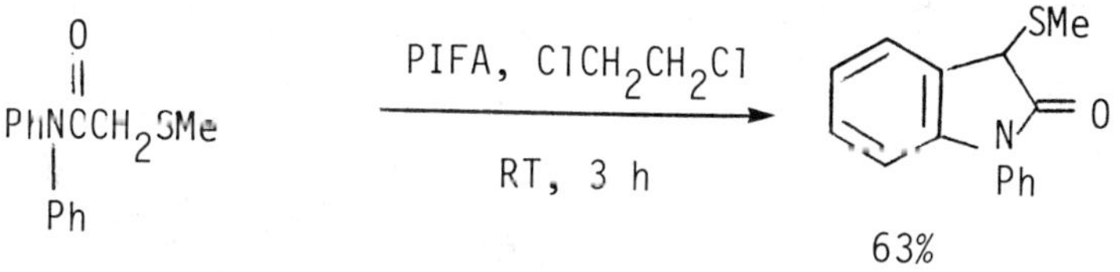

PhNCCH$_2$SMe (with C=O, N-Ph) $\xrightarrow{\text{PIFA, ClCH}_2\text{CH}_2\text{Cl}}_{\text{RT, 3 h}}$ [indolinone with SMe, N-Ph], 63%

PIFA = phenyl iodosyl bis(trifluoroacetate)

IV.D-16 L. Capuano, W. Hell and C. Wamprecht, Liebigs Ann. Chem., 132 (1986).

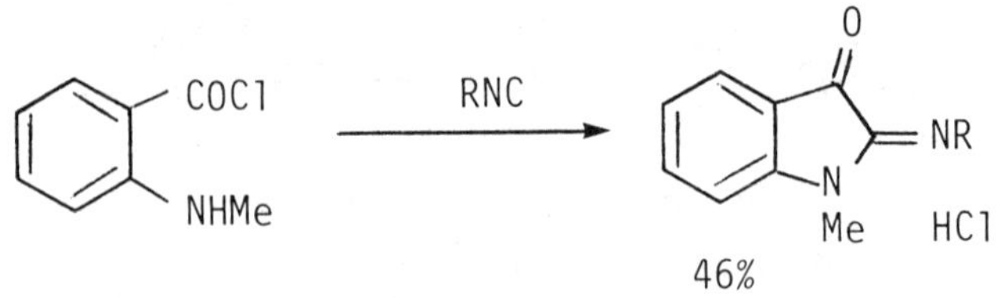

[Ar(COCl)(NHMe)] + RNC → isatin-like product (=NR), Me on N, HCl, 46%

IV.D-17 R.S. Mali and S.N. Yeola, Synthesis, 755 (1986).

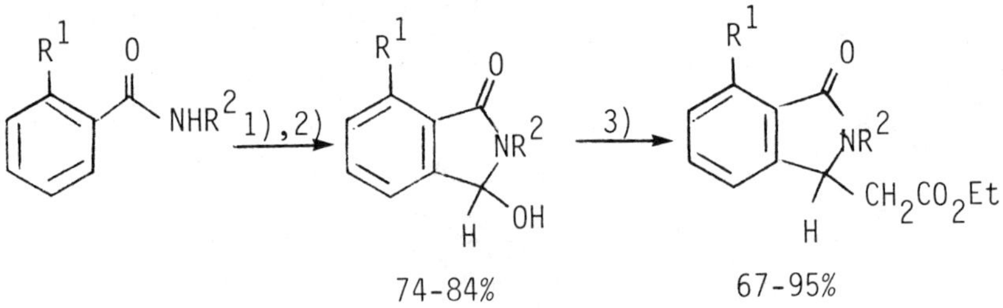

starting benzamide with R^1 and NHR^2 →(1,2)→ hydroxyisoindolinone (R^1, NR^2, OH, H) 74–84% →(3)→ isoindolinone with CH_2CO_2Et, 67–95%

1) nBuLi, TMEDA, THF, 0°C;

2) DMF, ether, 0°C to RT;

3) $Ph_3P{=}CHCO_2Et$, 150–190°C.

IV.D-18 J.H. Rigby and F.J. Burkhardt, J. Org. Chem., 51, 1374 (1986).

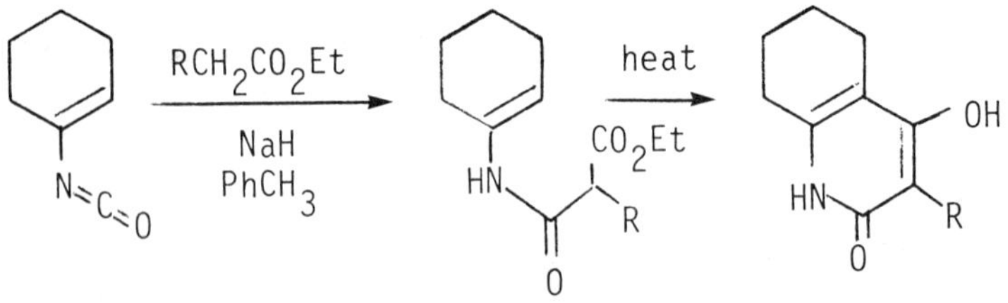

cyclohexenyl isocyanate (N=C=O) + RCH_2CO_2Et, NaH, $PhCH_3$ → amide intermediate (CO_2Et, R) → heat → hydroxy-dihydroquinolinone (OH, R, HN, O)

IV.D-19 J. Grimaldi and A. Cormons, Tetrahedron Lett., 27, 5089 (1986).

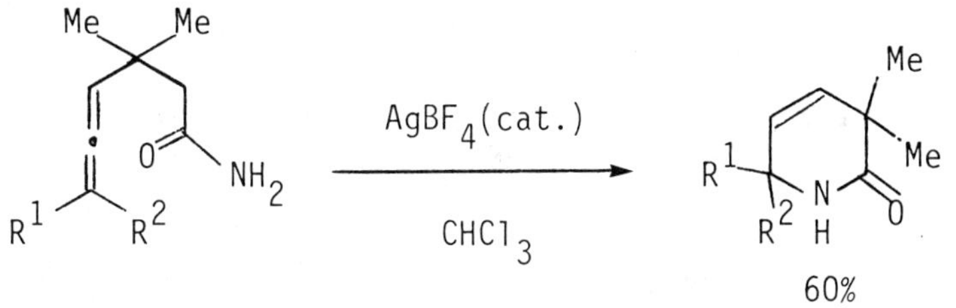

60%

IV.D-20 J. Barluenga, F. Palacios, S. Viña and V. Gotor, J. Heterocycl. Chem., 23, 447 (1986).

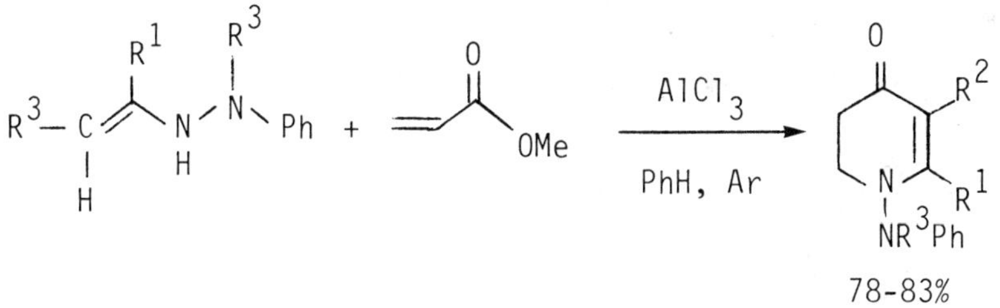

78-83%

IV.D-21 R.L. Eagan, M.A. Ogliaruso and J.P. Springer, J. Org. Chem., 51, 1544 (1986); A. Habashi, N.S. Ibraheim, S.M. Sherif, H.Z. Shams and R.M. Mohareb, Heterocycles, 24, 2463 (1986).

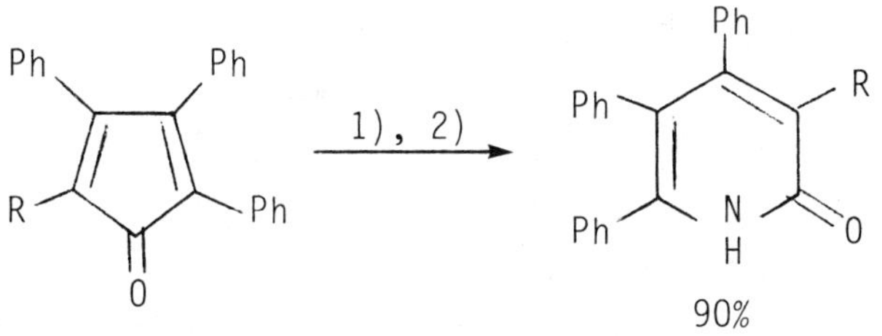

90%

1) NaN_3, H^+

2) $MeCO_2H$, heat

IV.D-22 O. Meth-Cohn, Synthesis, 76 (1986).

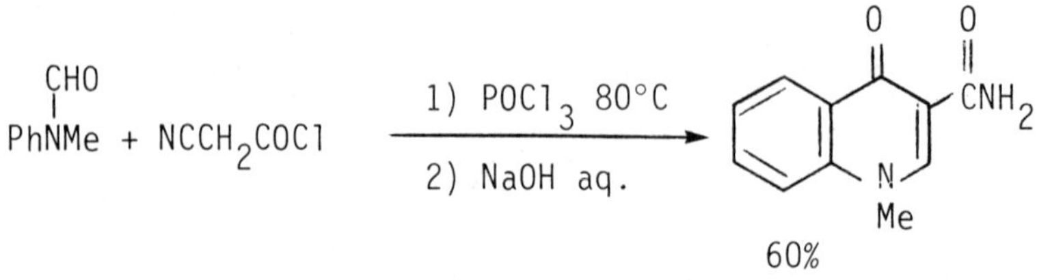

$$\text{PhNMe} \begin{array}{c} \text{CHO} \\ | \end{array} + \text{NCCH}_2\text{COCl} \xrightarrow[\text{2) NaOH aq.}]{\text{1) POCl}_3 \ 80°\text{C}}$$

[quinolone product with 3-CNH$_2$, N-Me]   60%

IV.D-23 R.J. Chong, M.A. Siddiqui and V. Snieckus, Tetrahedron Lett., 27, 5323 (1986).

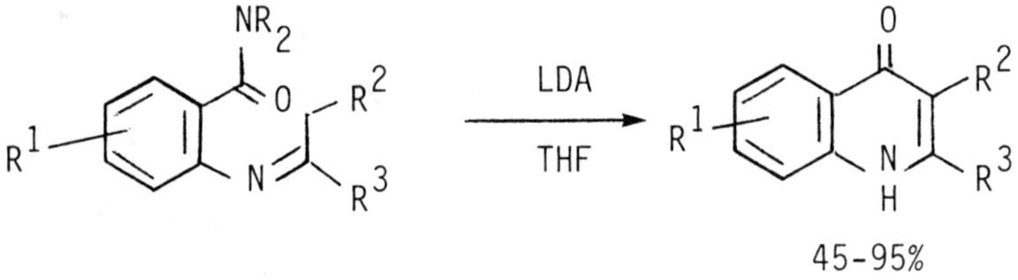

$$\xrightarrow{\text{LDA}}_{\text{THF}}$$

45-95%

IV.D-24 G.J.S. Doad, U. Jordis, M. Rudolf, F. Sauter and F. Scheinman, J. Chem. Res.(5), 110 (1986).

1) dioxane, reflux, 1 h
2) NaOMe, reflux, MeOH

88%

91%

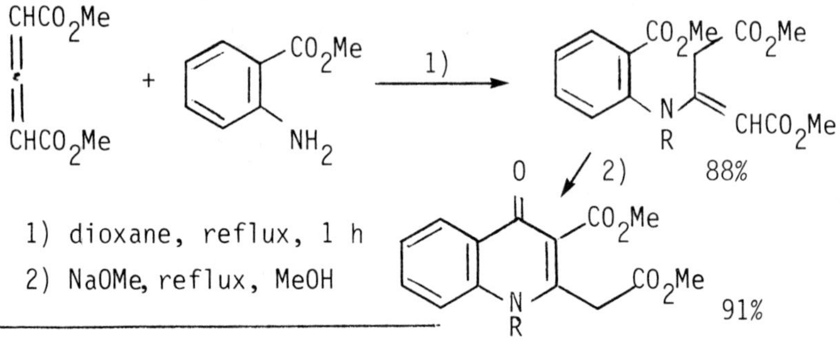

IV.D-25 A. Goti, A. Brandi, F. de Sarlo and A. Guarna, Tetrahedron Lett., 27, 5271 (1986).

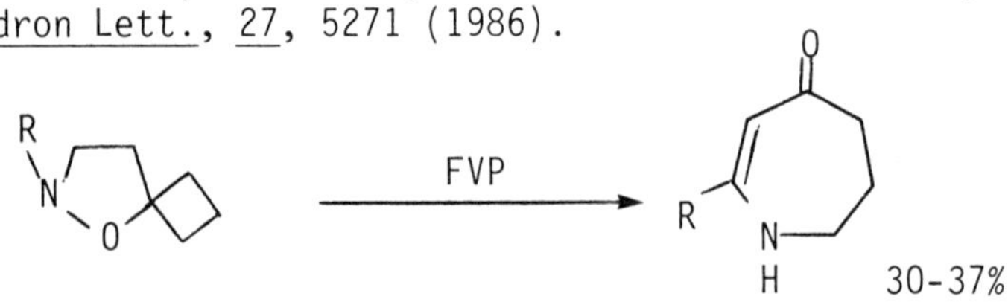

$$\xrightarrow{\text{FVP}}$$

30-37%

IV.E. Lactones

IV.E-1 K. Otsubo, J. Inanaga and M. Yamaguchi,
Tetrahedron Lett., 27, 5763 (1986).

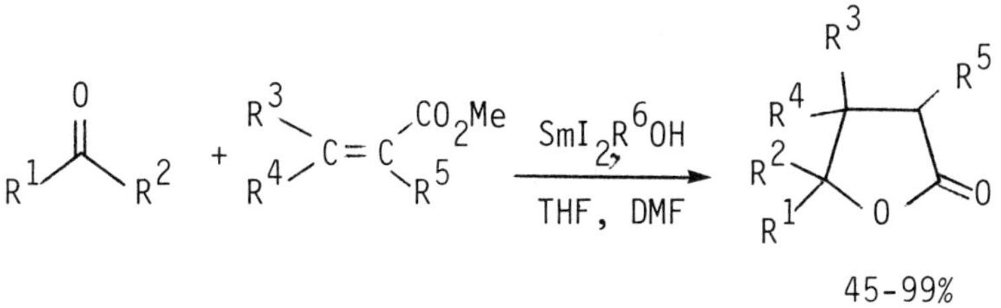

$$R^1\text{-CO-}R^2 + R^3R^4\text{C=C}(CO_2Me)R^5 \xrightarrow{SmI_2, R^6OH, THF, DMF} \text{lactone}$$

45-99%

DMF increases the rate.

IV.E-2 M.C. Pirrung and J.A. Werner, J. Am. Chem. Soc., 108, 6060 (1986).

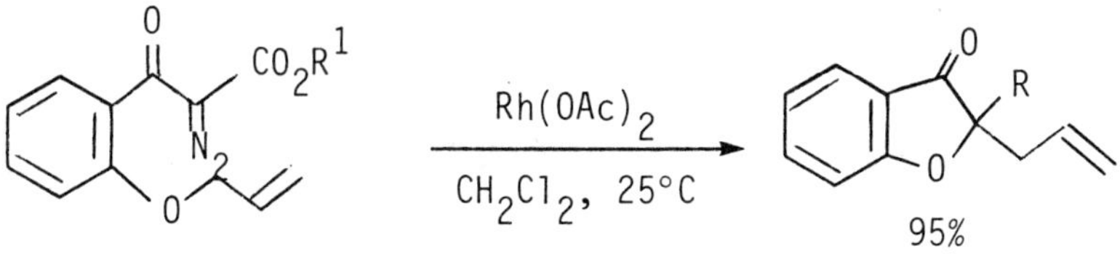

$$\xrightarrow{Rh(OAc)_2, CH_2Cl_2, 25°C}$$

95%

IV.E-3 J. Wang and H. Alper, J. Org. Chem., 51, 273 (1986);
A. Clerici, O. Porta and P. Zago, Tetrahedron, 42, 561 (1986);
I. Krasavtsev, E.D. Basalkevich, L.P. Matvienko and M.O. Lozinskii, J. Org. Chem.(USSR), 22, 1046 (1986); H. Akita, H. Matsukura and T. Oishi, Chem. Pharm. Bull., 34, 2656(1986).

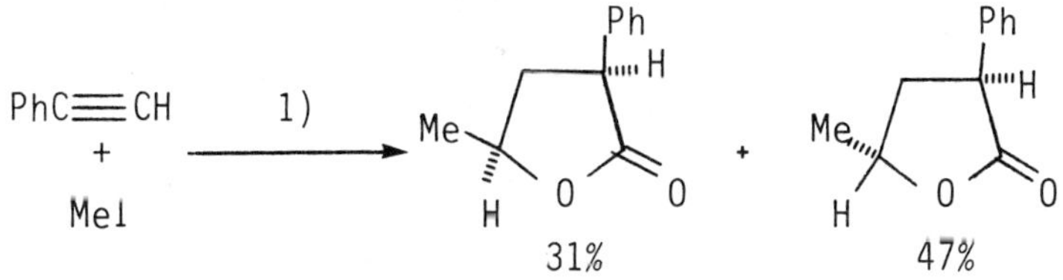

PhC≡CH + MeI → products (31% + 47%)

1) CO, $Mn(CO)_5Br$, 5 M NaOH, CH_2Cl_2, $PhCH_2NEt_3^+Cl^-$, 35°C, 1 atmos.

IV.E-4   J. Lüssmann, D. Hoppe, P.G. Jones, C. Fittschen and G.M. Sheldrick, Tetrahedron Lett., 27, 3595 (1986).

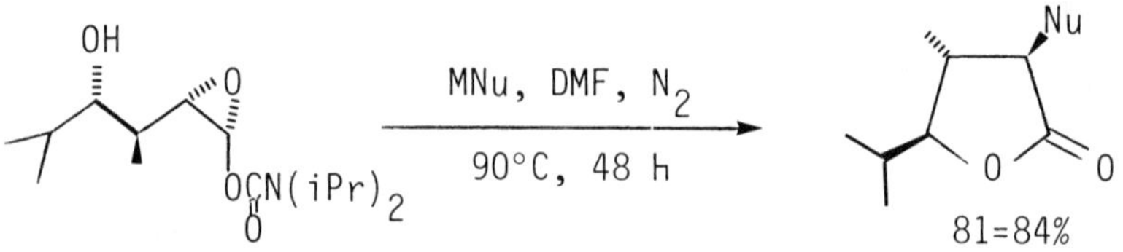

M = K or Na   Nu = OAc, OPh, N_3, SPh, SCH_2Ph.

81=84%

IV.E-5   A.P. Kozikowski, B.B. Mugrage, C.S. Li and L. Felder, Tetrahedron Lett., 27, 4817 (1986).

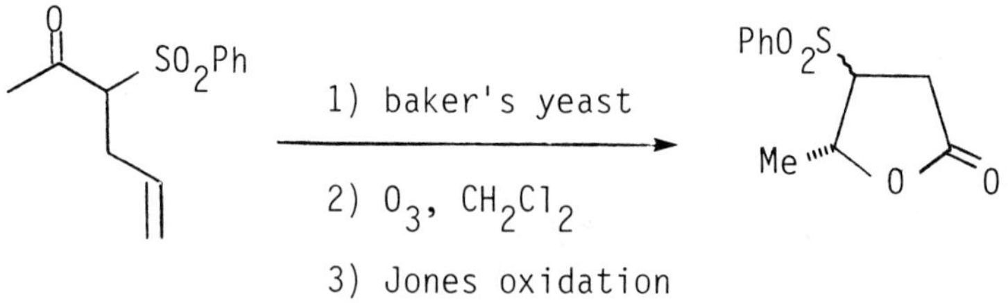

1) baker's yeast
2) O_3, CH_2Cl_2
3) Jones oxidation

IV.E-6   Y. Ishii, K. Osakada, T. Ikariya, M. Saburi and S. Yoshikawa, J. Org. Chem., 51, 2034 (1986).

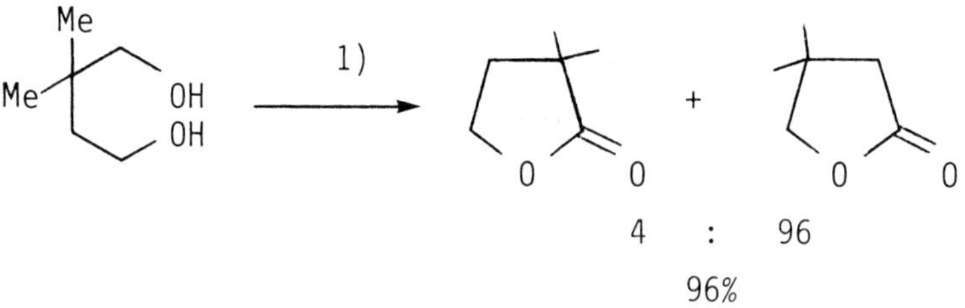

4 : 96

96%

1) $RuH_2(PPh_3)_4$, TEA, PhMe, reflux.

IV.E-7 M. Dequeil-Castaing, B. De Jeso, G.A. Kraus, K. Landgrebe and B. Maillard, Tetrahedron Lett., 27, 5927 (1986); Y. Ueno, O. Moriya, K. Chino, M. Watanabe and M. Okawara, J. Chem. Soc., Perkin I, 1351 (1986); T. Toru, T. Kanefusa and E. Maekawa, Tetrahedron Lett., 27, 1583 (1986).

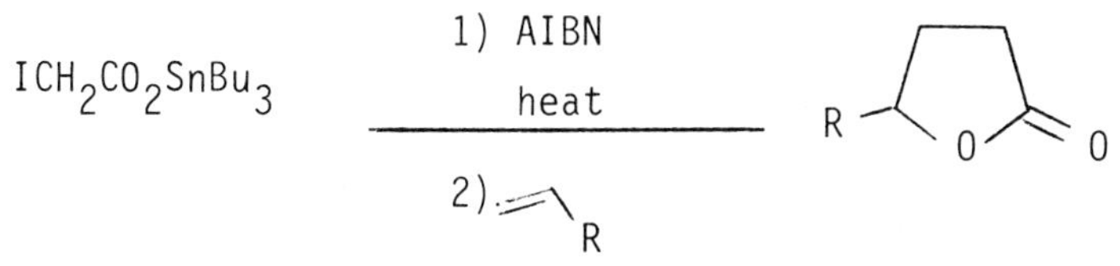

$ICH_2CO_2SnBu_3$ → 1) AIBN, heat 2) CH₂=CHR → R-substituted γ-butyrolactone

---

IV.E-8 A.L.J. Beckwith and P.E. Pigou, J. Chem. Soc., Chem. Commun., 85 (1986).

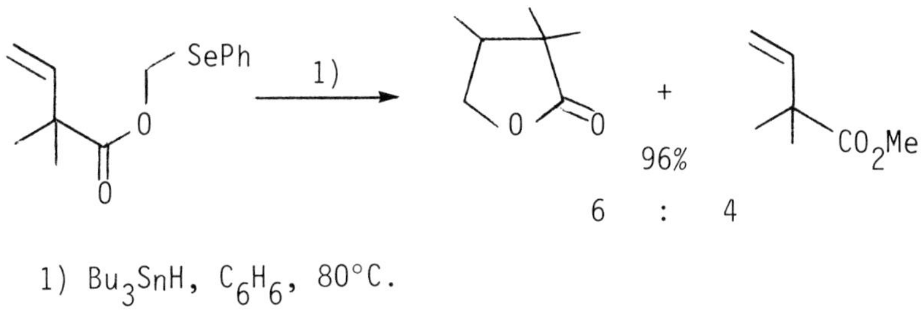

1) Bu_3SnH, C_6H_6, 80°C.

IV.E-9 M. Shah, M.J. Taschner, G.F. Koser and N.L. Rach, Tetrahedron Lett., 27, 4557 (1986); M. Shah, M.J. Taschner, G.F. Koser, N.L. Rach, T.E. Jenkins, P. Cyr and D. Powers, Tetrahedron Lett., 27, 5437 (1986).

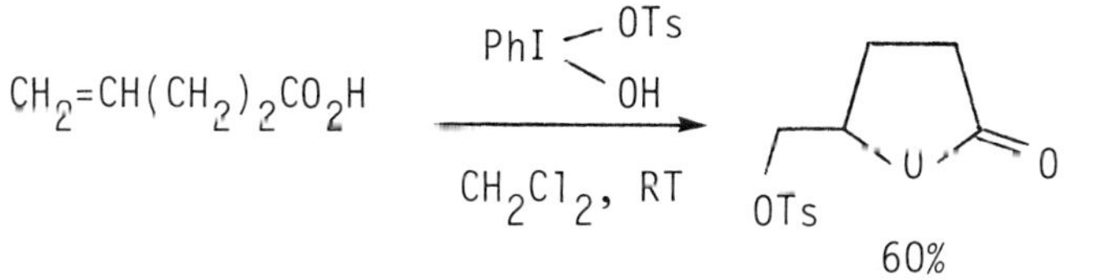

$CH_2=CH(CH_2)_2CO_2H$ → PhI(OTs)OH, CH_2Cl_2, RT → 60%

IV.E-10 A.K. Mandal and D.G. Jawalkar, Tetrahedron Lett., 27, 99 (1986).

[reaction scheme: 6-methyl-5,6-dihydro-2H-pyran-2-one → 1) Br$_2$; 2) NaHCO$_3$ aq. → acetyl-substituted γ-butyrolactone, 80%]

IV.E-11 M. Kennedy, A.R. McGuire and M.A. McKervey, Tetrahedron Lett., 27, 761 (1986).

[reaction scheme: 4-hydroxyphenyl propanoate methyl ester + BuS-CH(Cl)-OMe → 1), 2) → methyl ester substituted benzofuran-2(3H)-one, 58%]

1) ZnCl$_2$, CH$_2$Cl$_2$, MeNO$_2$, 1 h, RT;

2) Zn, HOAc

IV.E-12 G.J. McGarvey and M. Kimura, J. Org. Chem., 51, 3913 (1986); S. Kajigaeshi, et al., Bull. Chem. Soc. Jpn., 59, 747 (1986); R. Rathore, P.S. Vankar and S. Chandrasekaran, Tetrahedron Lett., 27, 4079 (1986); K. Hayakawa, S. Ohsuki and K. Kanematsu, Tetrahedron Lett., 27, 947 (1986).

[reaction scheme: 4-amino-pentanoic acid (HO-CO-CH$_2$-CH$_2$-CH(Me)-NH$_2$) → Na$_2$Fe(CN)$_5$NO, K$_2$CO$_3$, H$_2$O → 5-methyl-γ-butyrolactone, 62%]

IV.E-13 M. Matsumoto and H. Koabayashi, Heterocycles,
24, 2443 (1986).

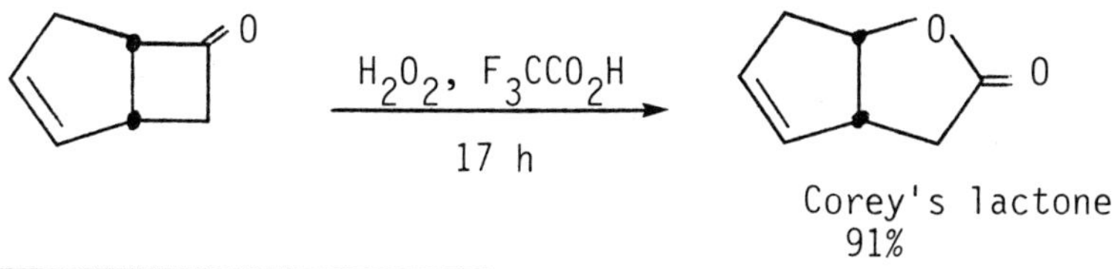

H_2O_2, F_3CCO_2H
17 h

Corey's lactone
91%

IV.E-14 J.E. Baldwin, R.M. Adlington and J.B. Sweeney,
Tetrahedron Lett., 27, 5423 (1986); J. Nokami, T. Tamaoka,
H. Ogawa and S. Wakabayashi, Chem. Lett., 541 (1986);
K. Uneyama, K. Ueda and S. Torii, Chem. Lett., 1201 (1986);
K. Tanaka, H. Yoda, Y. Isobe and A. Kaji, J. Org. Chem.,
51, 1856 (1986).

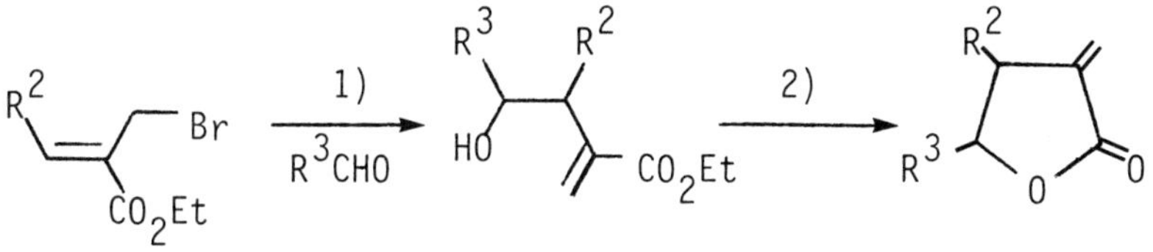

1) Sn(powder), H_2O, AcOH (cat.), Et_2O, reflux;
2) p-TsOH, PhH, RT.

IV.E-15 H.H. Wasserman and T. Lu, Rec. Trav. Chim.,
105, 345 (1986).

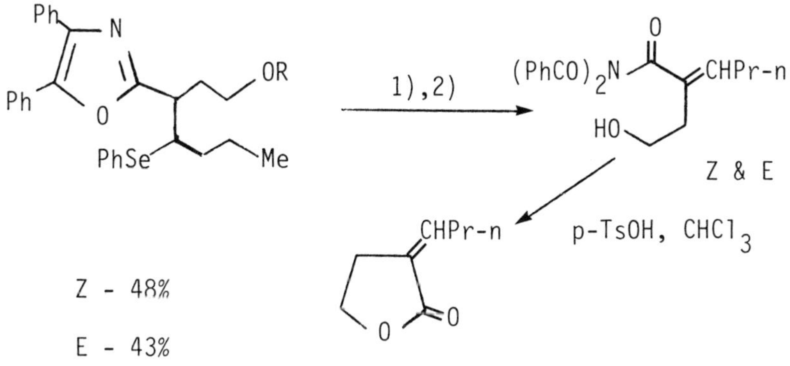

Z - 48%

E - 43%

Z & E

p-TsOH, $CHCl_3$

IV.E-16 T. Toru et al., J. Chem. Soc. Perkin I, 1999 (1986).

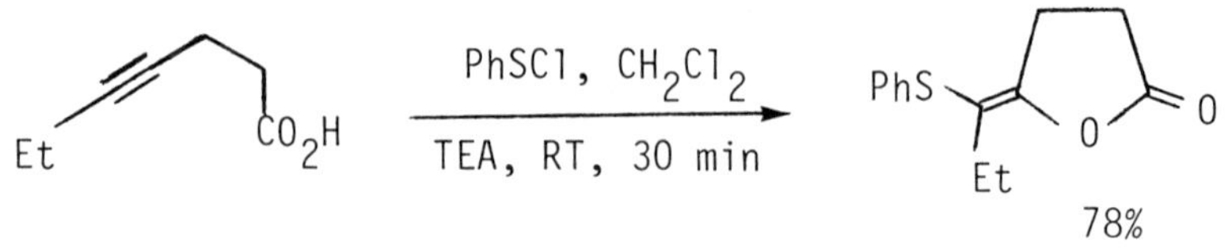

Et—C≡C—CH₂CH₂—CO₂H →[PhSCl, CH₂Cl₂ / TEA, RT, 30 min] PhS-C(=)(Et)-γ-butyrolactone

78%

IV.E-17 T. Kitazume, Synthesis, 855 (1986).

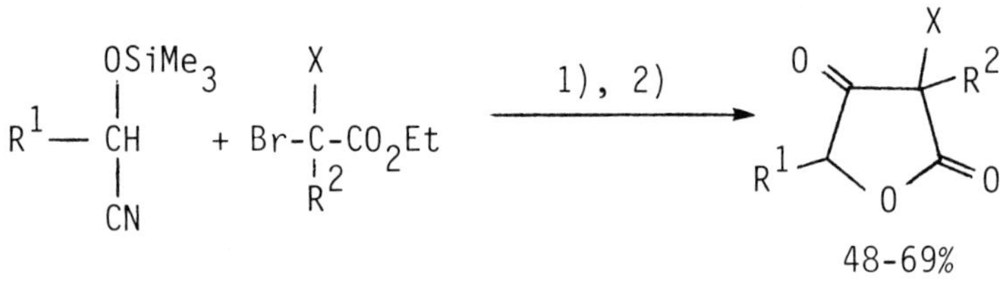

$$R^1-\underset{\underset{CN}{|}}{\overset{\overset{OSiMe_3}{|}}{CH}} \;+\; Br-\underset{\underset{R^2}{|}}{\overset{\overset{X}{|}}{C}}-CO_2Et \;\xrightarrow{1),\,2)}\; \text{lactone product}$$

48-69%

1) Zn, THF,)))), RT;
2) H⁺, RT   X = F or CH₃

IV.E-18 M. Bachi and E. Bosch, Tetrahedron Lett., 27, 641 (1986).

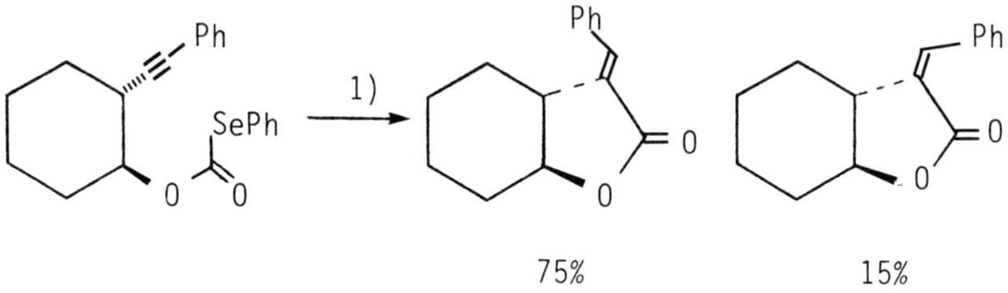

1) Bu₃SnH, AIBN, PhH, RT

75%   15%

IV.E-19 P. Sampson, V. Roussis, G.J. Drtina, F.L. Koerwitz and D.F. Wiemer, J. Org. Chem., 51, 2525 (1986).

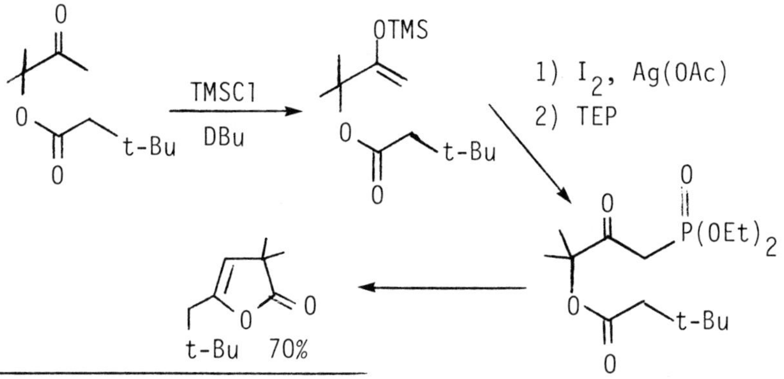

IV.E-20 P.G. Giattini and G. Ortar, Synthesis, 70 (1986); S.T. Vijayaraghavan and T.R. Balasubramanian, Ind. J. Chem., Sect. B, 25, 760 (1986); T. Momose, N. Toyooka and Y. Takeuchi, Heterocycles, 24, 1429 (1986).

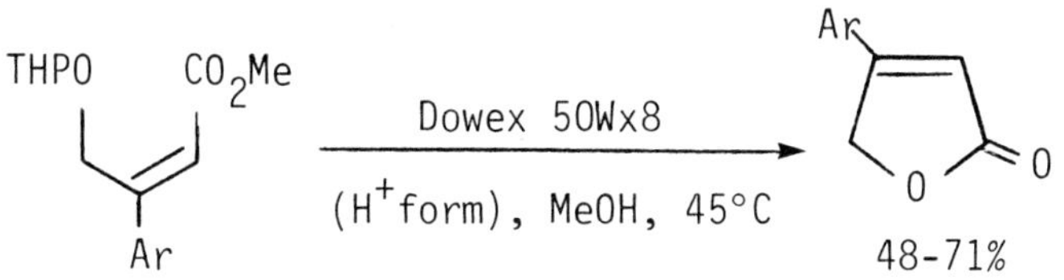

IV.E-21 J. Barluenga, J.R. Fernandez and M. Yus, J. Chem. Soc., Chem. Commun., 183 (1986).

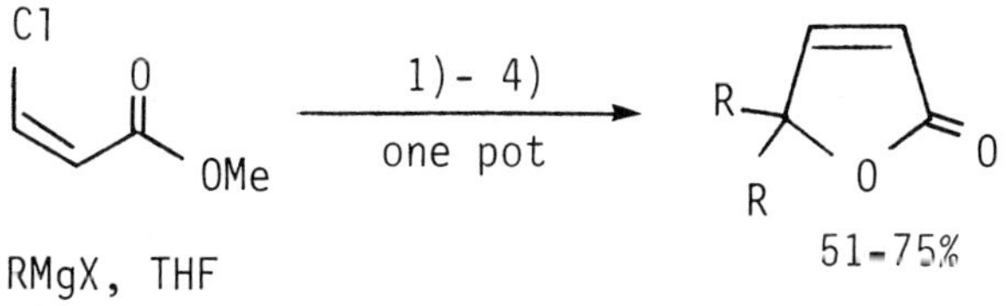

1) RMgX, THF
2) Li(powder), 0°C, overnight
3) CO_2, 0°C, 3 h
4) HCl aq.

IV.E-22 S. Hanessian, P.J. Hodges, P.J. Murray and S.P. Sahoo, J. Chem. Soc., Chem. Commun., 754 (1986).

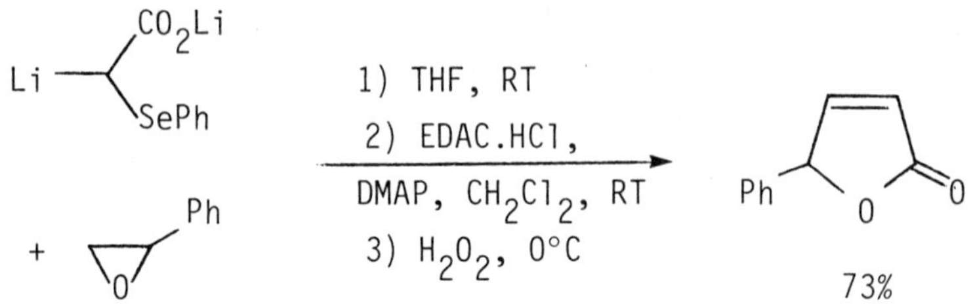
CO2Li
Li
SePh
+
Ph
O
1) THF, RT
2) EDAC.HCl,
DMAP, CH2Cl2, RT
3) H2O2, 0°C
Ph
O
O
73%

IV.E-23 E.P. Woo and F.C. W. Cheng, J. Org. Chem., 51, 3704 (1986).

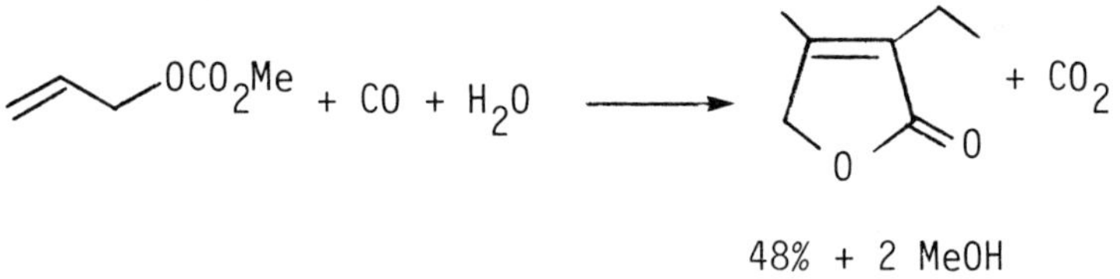
OCO2Me
+ CO + H2O
+ CO2
O
O
48% + 2 MeOH

IV.E-24 T.E. Nickson, Tetrahedron, 27, 1433 (1986).

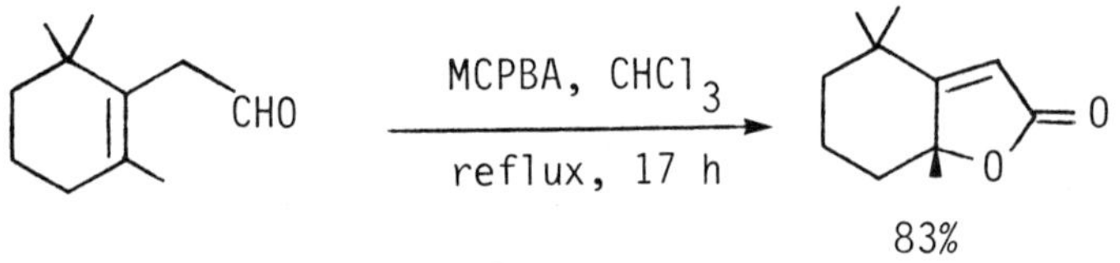
CHO
MCPBA, CHCl3
reflux, 17 h
O
O
83%

IV.E-25 M.R. Huckstep, R.J. K. Taylor and M.P.L. Caton, Tetrahedron Lett., 27, 5919 (1986).

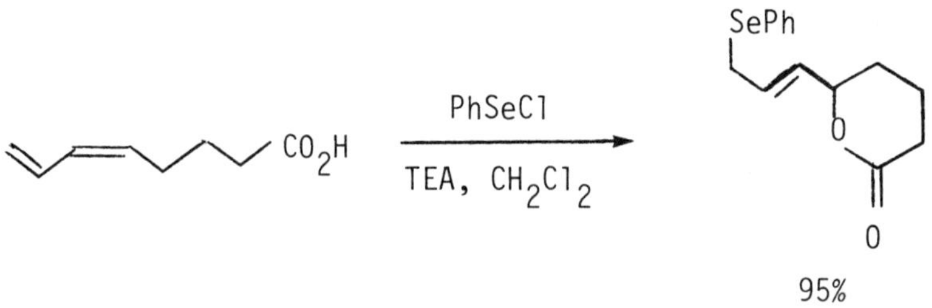
CO2H
PhSeCl
TEA, CH2Cl2
SePh
O
O
95%

IV.E-26 A.S. Demir, R.S. Gross, N.K. Dunlap, A. Bashir-Hashemi and D.S. Watt, Tetrahedron Lett., 27, 5567 (1986).

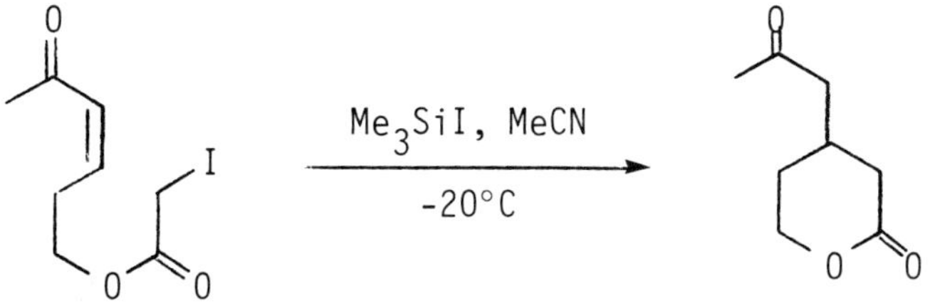

$$\text{(enone-iodoester)} \xrightarrow[-20°C]{Me_3SiI, MeCN} \text{(acetyl-lactone)}$$

IV.E-27 N.C. Barua and R.R. Schmidt, Synthesis, 1067 (1986).

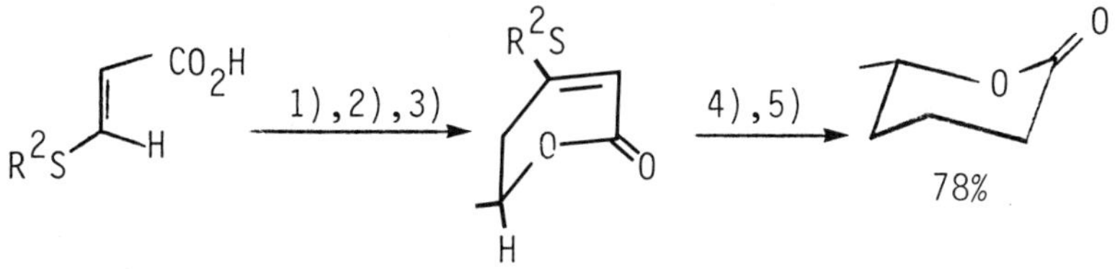

$$R^2S\text{-CH=CH-CO}_2H \xrightarrow{1),2),3)} \text{(lactone with } R^2S) \xrightarrow{4),5)} \text{(pyranone)} \quad 78\%$$

1) t-BuLi(2 eq.), THF, -80°C, 2 h;
2) $BF_3 \cdot OEt_2$, epoxide
3) PhH, TsOH, heat;
4) Raney-Ni, H_2, EtOH, RT;
5) TsOH, PhH, heat.

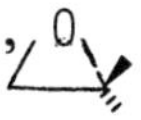

IV.E-28 Y. Ishii, K. Suzuki, T. Ikariya, M. Saburi and S. Yoshikawa, J. Org. Chem., 51, 2822 (1986).

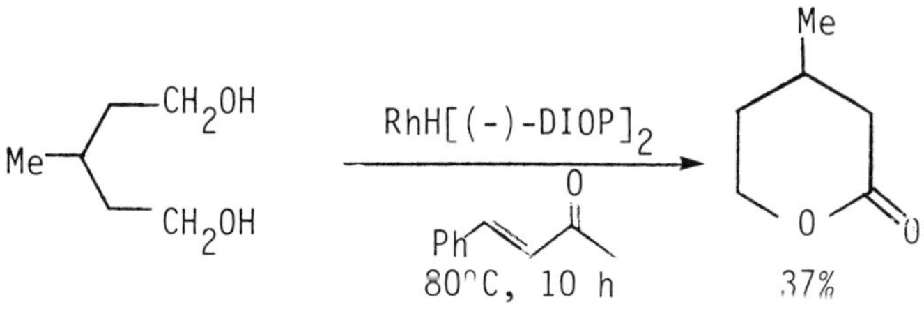

$$\text{Me-CH(CH}_2\text{OH)}_2 \xrightarrow[\text{PhCH=CHC(O)Me, 80°C, 10 h}]{RhH[(-)-DIOP]_2} \text{(4-Me-δ-valerolactone)} \quad 37\%$$

IV.E-29 S. Kobayashi and T. Mukaiyama, Chem. Lett., 1805 (1986).

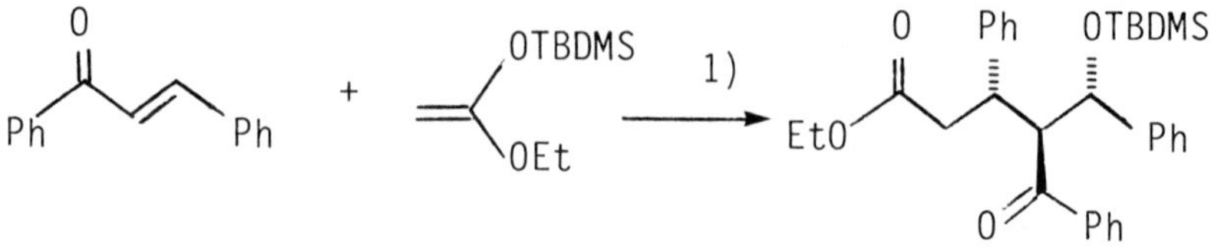

1) PhCHO, TrClO$_4$, CH$_2$Cl$_2$, -78°C;
2) MeCO$_2$H, THF, H$_2$O, CF$_3$CO$_2$H.

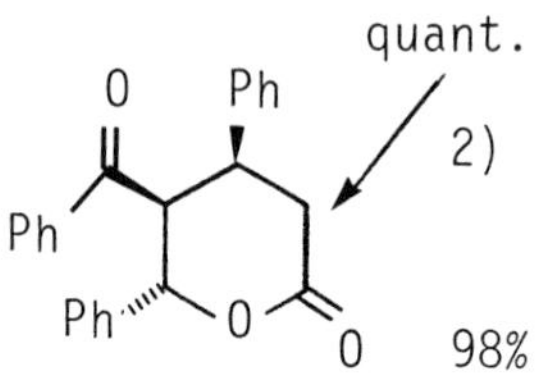

quant.

98%

IV.E-30 K. Suzuki, T. Masuda, Y. Fukazawa and G. Tsuchihashi, Tetrahedron Lett., 27, 3661 (1986).

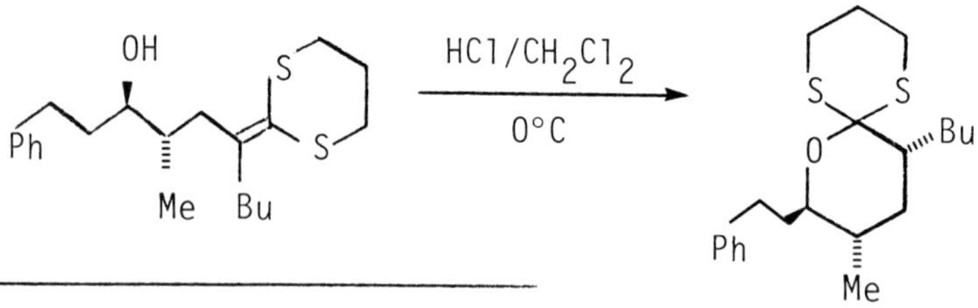

IV.E-31 M. Utaka, H. Watabu and A. Takeda, J. Org. Chem., 51, 5423 (1986).

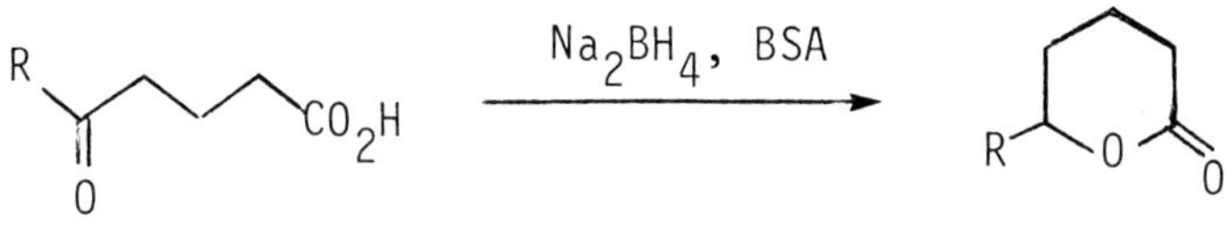

22-74%

IV.E-32 P. Camps, M.A. Lluch, M.J. Climent and M.A. Miranda, Tetrahedron Lett., 27, 2041 (1986).

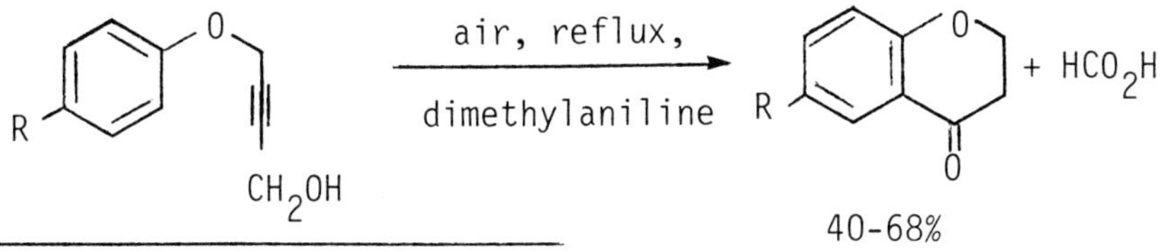

IV.E-33 T. Hirao, Y. Fujihara, K. Kurokawa, Y. Ohshiro and T. Agawa, J. Org. Chem., 51, 2830 (1986).

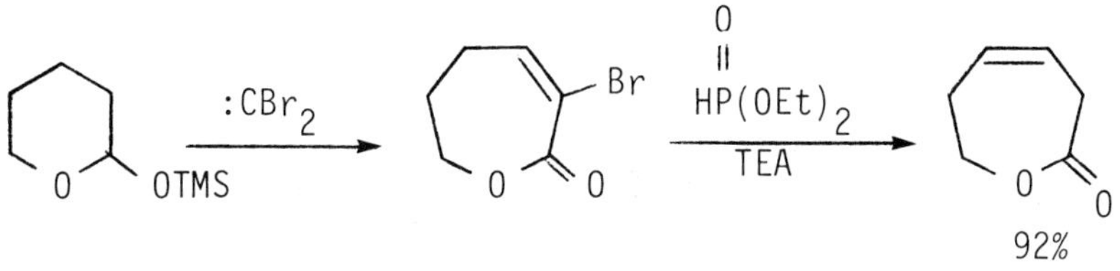

IV.E-34 R.W. Carling and A.B. Holmes, J. Chem. Soc., Chem. Commun., 325 (1986).

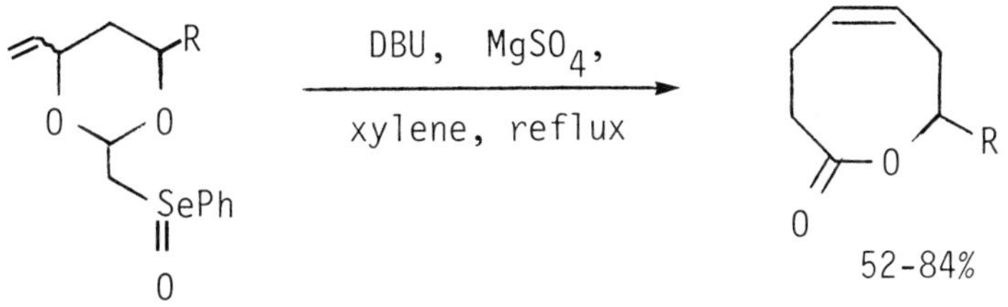

IV.E-35 J.C. Heslin, C.J. Moody, A.M.Z. Slawin and D.J. Williams, Tetrahedron Lett., 27, 1403 (1986).

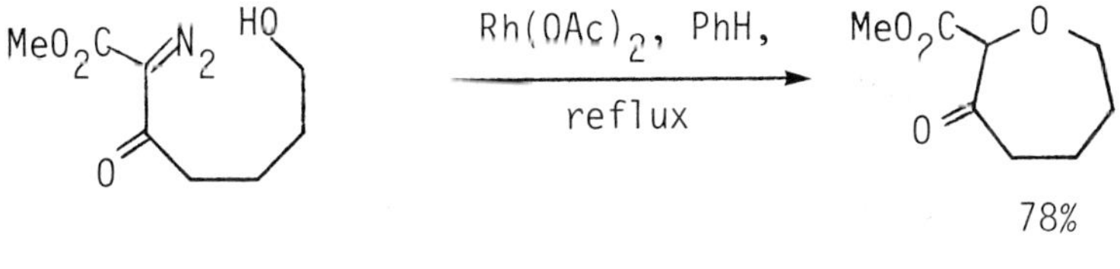

IV.E-36 T. Tabuchi, K. Kawamura, J. Inanaga and M. Yamaguchi, Tetrahedron Lett., 27, 3889 (1986).

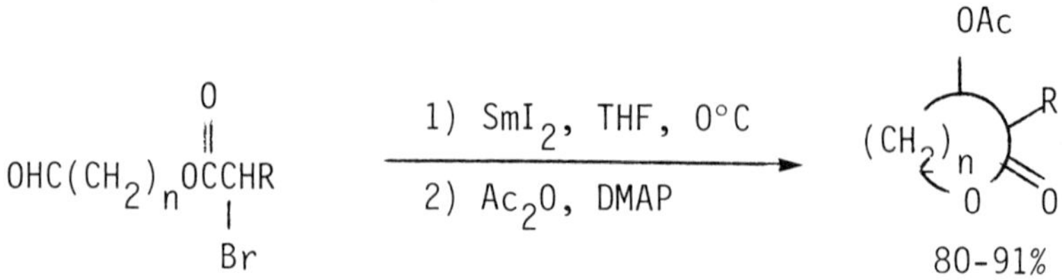

$$\text{OHC(CH}_2)_n\text{OCCHR} \quad \xrightarrow[\text{2) Ac}_2\text{O, DMAP}]{\text{1) SmI}_2,\ \text{THF, 0°C}} \quad \text{(cyclic product with OAc, R)}$$
(with Br on α-carbon)

80-91%

IV.E-37 K. Fuji, M. Node and M. Murata, Tetrahedron Lett., 27, 5381 (1986).

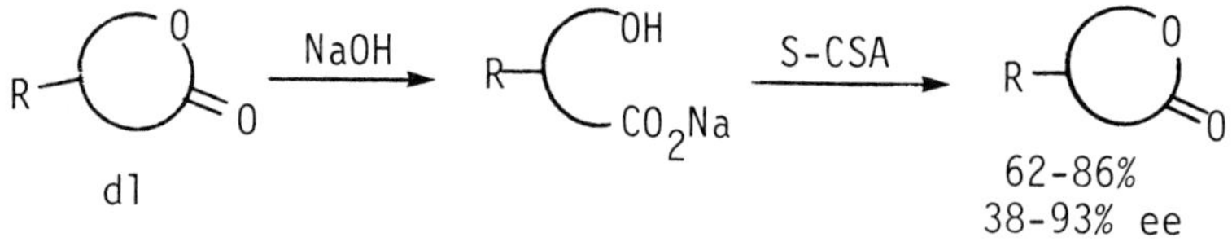

dl lactone $\xrightarrow{\text{NaOH}}$ hydroxy-CO_2Na $\xrightarrow{\text{S-CSA}}$ lactone

62-86%
38-93% ee

S-CSA = (1S)-(+)-10-camphorsulfonic acid

IV.E-38 B.M. Trost, J.T. Hane and P. Metz, Tetrahedron Lett., 27, 5695 (1986).

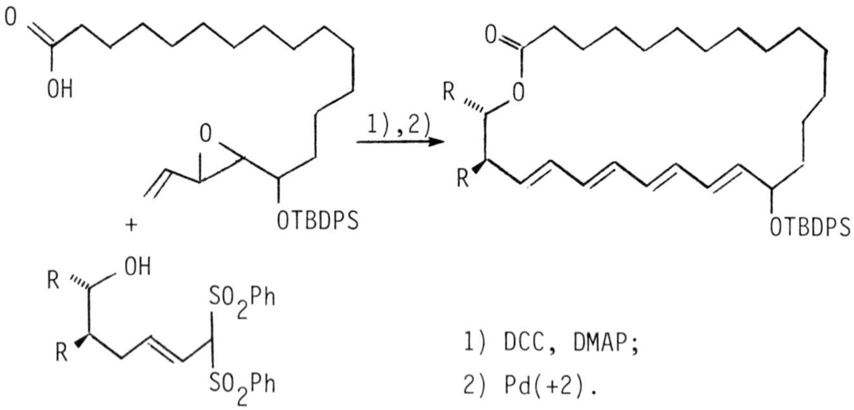

1) DCC, DMAP;
2) Pd(+2).

IV.E-39 M.E. Jung, L.J. Street and Y. Usui, J. Am. Chem. Soc., 108, 6810 (1986).

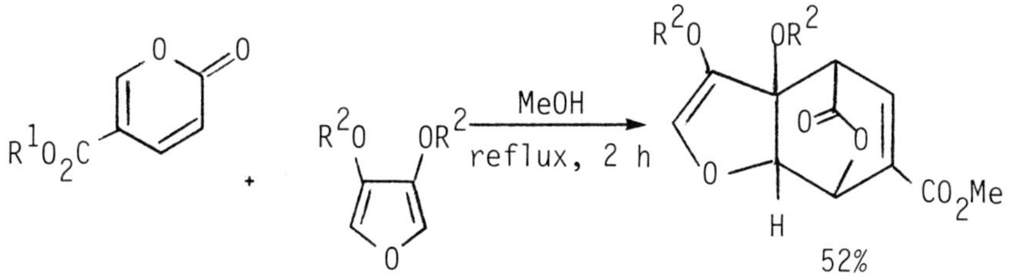

IV.F. Furans, Thiophenes, etc.

IV.F-1 O. Moriya et al., J. Org. Chem., 51, 4708 (1986), H.-U. Reissig, I. Reichelt and H. Lorey, Liebigs Ann. Chem., 1924 (1986); T. Mukaiyama, M. Hayashi and J. Ichikawa, Chem. Lett., 1157 (1986).

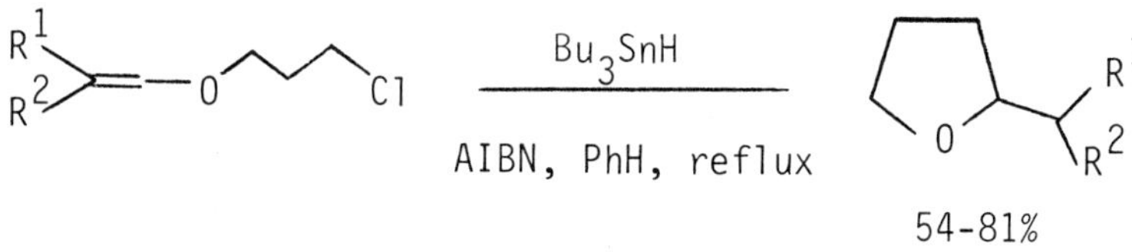

IV.F-2 H.M.C. Ferrez, T.J. Brocksom, A.C. Pinto, M.A. Alba and D.H.T. Zocher, Tetrahedron Lett., 27, 811 (1986).

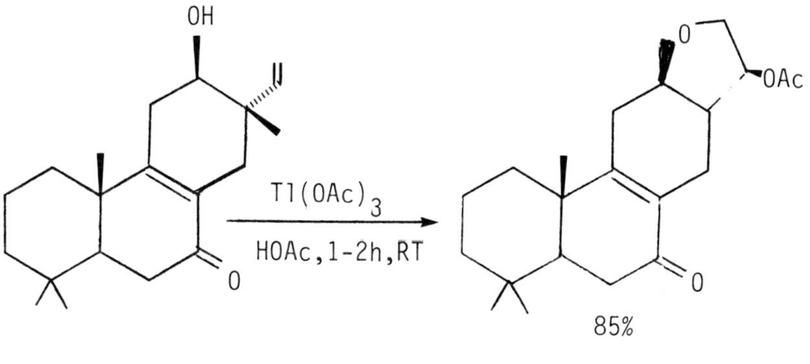

IV.F-3 I. Noda, K. Horita, Y. Oikawa and O. Yonemitsu, Tetrahedron Lett., 27, 1917 (1986).

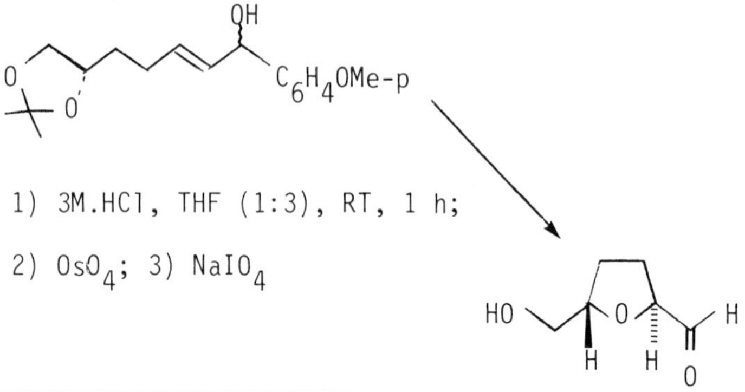

1) 3M.HCl, THF (1:3), RT, 1 h;
2) OsO$_4$; 3) NaIO$_4$

IV.F-4 Y. Guindon, Y. St. Denis, S. Daigneault and H.E. Morton, Tetrahedron Lett., 27, 1237 (1986).

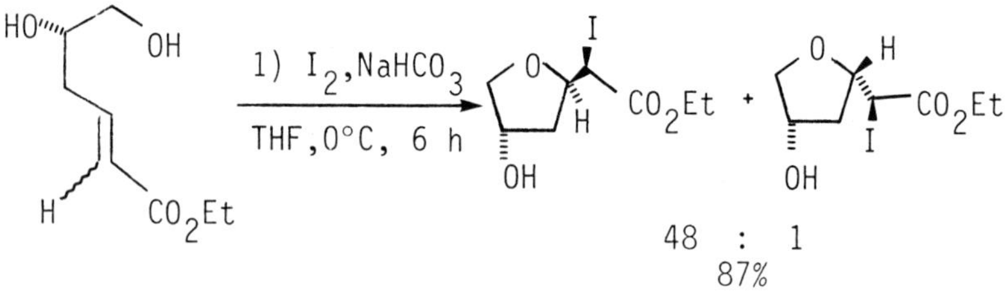

1) I$_2$, NaHCO$_3$, THF, 0°C, 6 h

48 : 1
87%

Note the trans stereoselectivity.

IV.F-5 G. Brussani, S.V. Ley, J.L. Wright and D.J. Williams, J. Chem. Soc., Perkin I, 303 (1986); T. Delair and A. Doutheau, Tetrahedron Lett., 27, 2859 (1986).

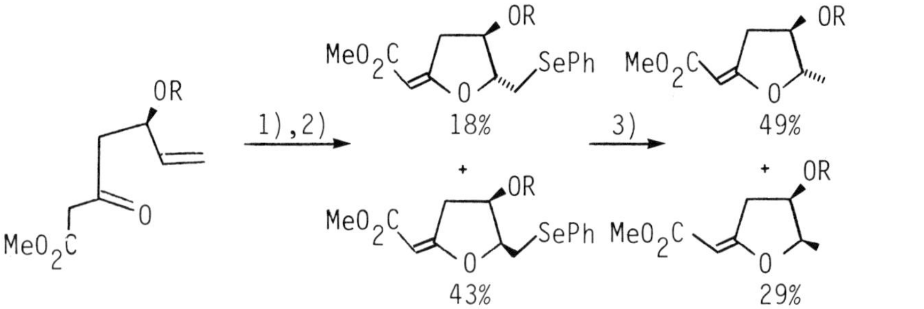

18%   49%
43%   29%

1) NPSP, THF, Ar, RT; 2) I$_2$, THF;
3) AIBN, Bu$_3$SnH, PhMe, reflux.

R = Sit-BuMe$_2$
NPSP = N-phenylselonophalimide

IV.F-6 B.M. Trost and S.A. King, Tetrahedron Lett., 27, 5971 (1986).

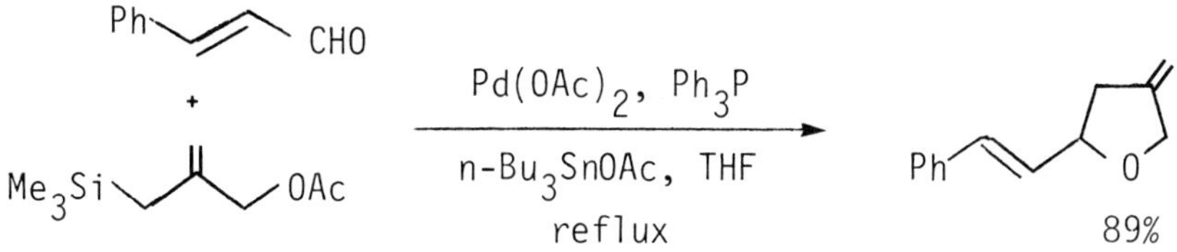

IV.F-7 S.S. Nikam, K. Chu and K.K. Wang, J. Org. Chem., 51, 745 (1986).

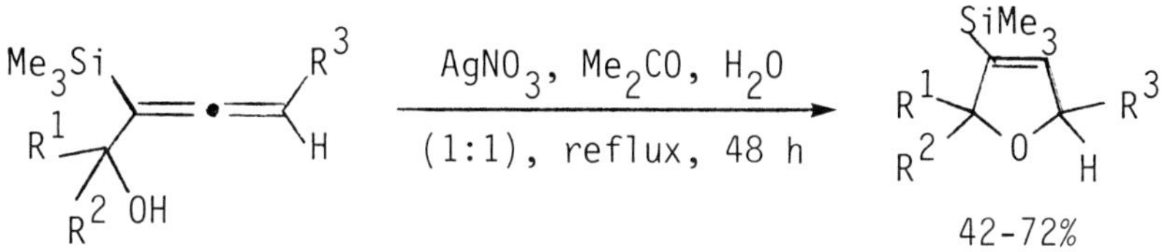

IV.F-8 W. Eberbach and J. Roser, Tetrahedron, 42, 2221 (1986).

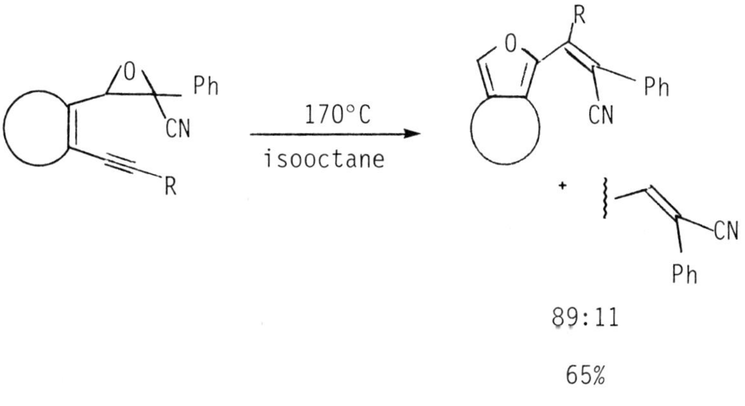

IV.F-9 P.G. McDougal and Y. Oh, Tetrahedron Lett., 27, 139 (1986).

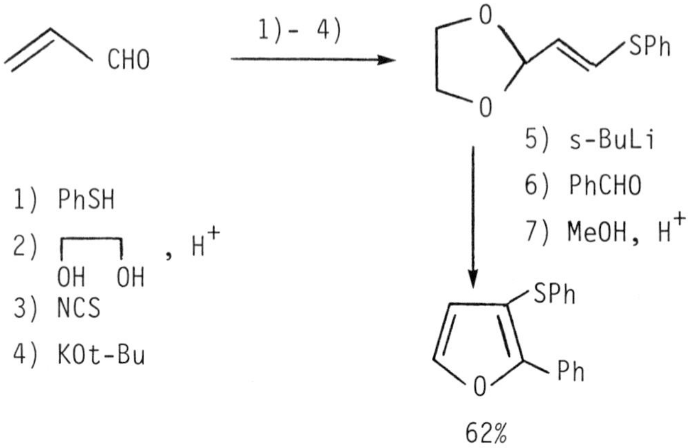

CH₂=CH-CHO →(1)-4)→ [1,3-dioxolane-CH=CH-SPh]

1) PhSH
2) HOCH₂CH₂OH (OH OH), H⁺
3) NCS
4) KOt-Bu

5) s-BuLi
6) PhCHO
7) MeOH, H⁺

↓

furan with 3-SPh, 2-Ph

62%

IV.F-10 H. Sheng, S. Lin and Y. Huang, Tetrahedron Lett., 27, 4893 (1986).

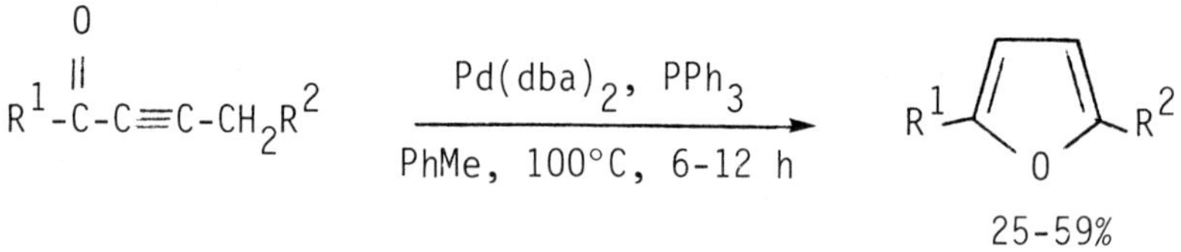

$$R^1-\underset{\underset{O}{\|}}{C}-C\equiv C-CH_2R^2 \xrightarrow[\text{PhMe, 100°C, 6-12 h}]{Pd(dba)_2, PPh_3} R^1\text{-furan-}R^2$$

25-59%

IV.F-11 H. Bhandal, G. Pattenden and J.J. Russell, Tetrahedron Lett., 27, 2299 (1986); G. Pattenden et al., ibid., 2303.

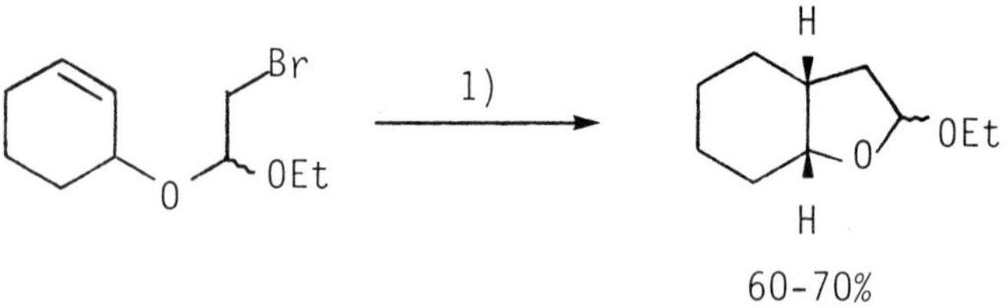

cyclohexenyl-O-CH(OEt)-CH₂Br →1)→ bicyclic H, H, OEt product

60-70%

1) Co(I) generated by electrochemical reduction of cobaloxime

IV.F-12 W.T. Brady and Y.F. Giang, J. Org. Chem., 51, 2145 (1986); Y. Endo, K. Namikawa and K. Shudo, Tetrahedron Lett., 27, 4209 (1986); B. Ledoussal, A. Gorgues and A. LeCoq, J. Chem. Soc., Chem. Commun., 171 (1986); H. Takahata, A. Anazawa, K. Moriyama and T. Yamazaki, Chem. Lett., 5 (1986).

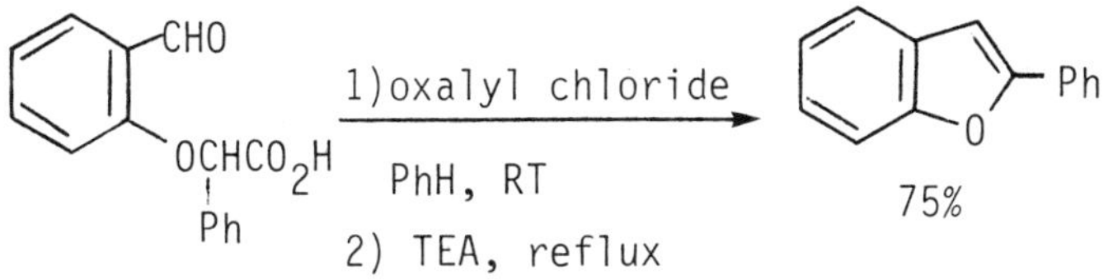
CHO
OCHCO2H
Ph
1)oxalyl chloride
PhH, RT
2) TEA, reflux
O
Ph
75%

IV.F-13 G. Le Guillanton, Q.T. Do and J. Simonet, Tetrahedron Lett., 27, 2261 (1986).

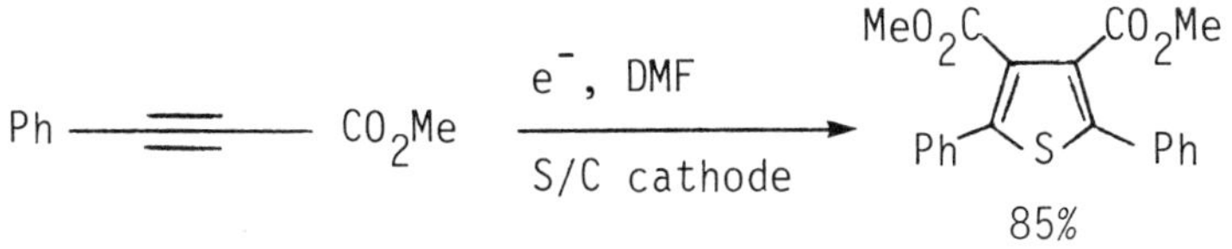
Ph
CO2Me
e⁻, DMF
S/C cathode
MeO2C
CO2Me
Ph
S
Ph
85%

IV.F-14 A. Hosomi, Y. Matsuyama and H. Sakurai, J. Chem. Soc., Chem. Commun., 1073 (1986).

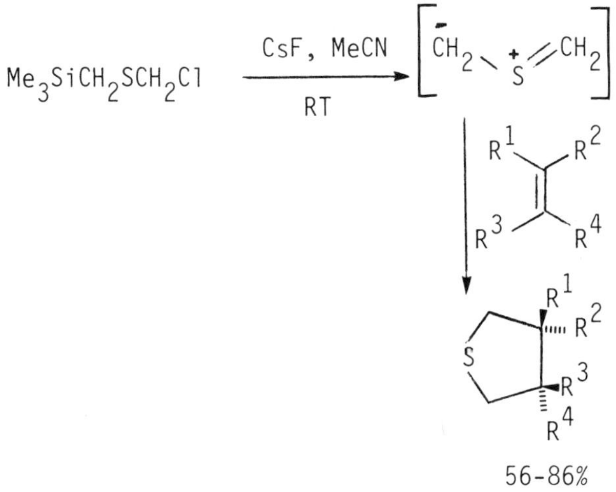
Me3SiCH2SCH2Cl
CsF, MeCN
RT
CH2
S
CH2
R1
R2
R3
R4
S
R1
R2
R3
R4
56-86%

IV.F-15 C.R. Noe, M. Knollmüller and E. Wagner, Monatsh. Chem., 117, 621 (1986).

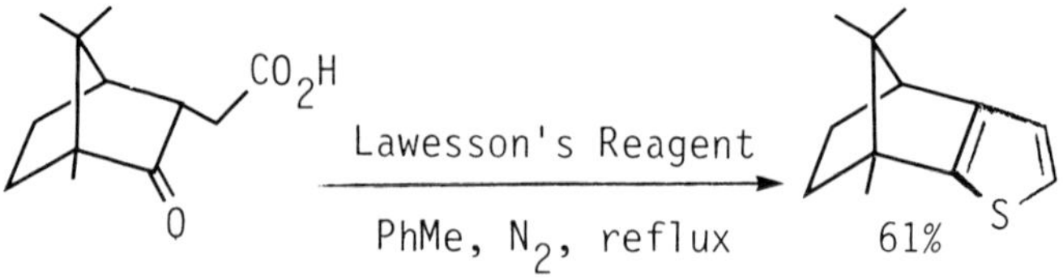

[structure with CH$_2$CO$_2$H on norbornanone] → Lawesson's Reagent, PhMe, N$_2$, reflux → [thiophene-fused norbornane] 61%

IV. G. Pyrroles, Indoles, etc.

IV.G-1 D.H.R. Barton, W.B. Motherwell, E. S. Simon and S.Z. Zard, J. Chem. Soc., Perkin I, 2243 (1986).

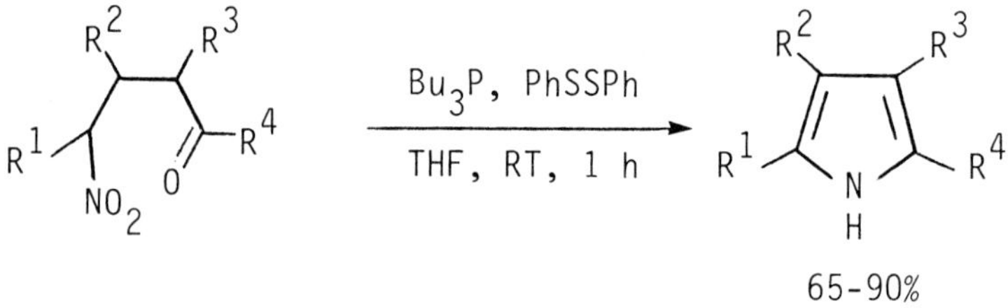

[R^{1}CH(NO$_2$)–CR^{2}R^3–C(O)R^4] → Bu$_3$P, PhSSPh, THF, RT, 1 h → [pyrrole with R^1, R^2, R^3, R^4 substituents, N-H] 65-90%

IV.G-2 F. Texier-Boullet, B. Klein and J. Hamelin, Synthesis, 409 (1986); P. Messinger and C. Kunick, Synthesis, 213 (1986).

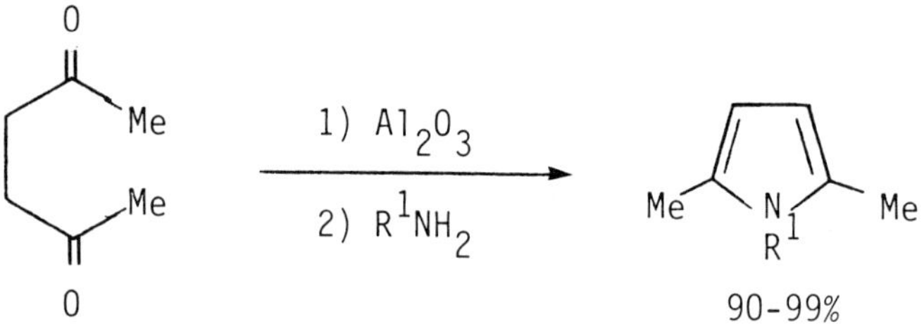

[hexane-2,5-dione] → 1) Al$_2$O$_3$ 2) R^{1}NH$_2$ → [2,5-dimethyl-N-R^1-pyrrole] 90-99%

IV.G-3 T. Kusumoto, T. Hiyama and K. Ogata, Tetrahedron Lett., 27, 4197 (1986); N. Chatani and T. Hanafussa, ibid., 27, 4201 (1986).

$R^1C \equiv CR^2$ + Me_3SiCN $\xrightarrow{\text{[Pd] or [Ni]}}$ [pyrrole with R^1, R^2, NC, $N(SiMe_3)_2$, NH]

R^1 = alkyl, alkynyl, aryl

R^2 = Me_3Si, aryl

49-84%

IV.G-4 D. Dhanak, C.B. Reese, S. Romana and G. Zappia, J. Chem. Soc., Chem. Commun., 903 (1986); Y. Iino, T. Kobayashi and M. Nitta, Heterocycles, 24, 2437 (1986); M. Nitta and T. Kobayashi, Chem. Lett., 463 (1986).

Ph\C(Me)=O + HO−/−O−/−NH$_2$ $\xrightarrow{1)}$ 80% Ph\C(Me)=N−O−/−OH $\xrightarrow{2),3)}$ 74% [pyrrole-Ph]

1) HOAc, pyridine, reflux;
2) $(PhO)_3P^+MeI^-$, MeCN, RT, 20 min.;
3) KOBu-t, t-BuOH, reflux, 8 h.

IV.G-5 O. Tsuge, S. Kanemasa and K. Matsuda, J. Org. Chem., 51, 1997 (1986).

$TMSCH_2NHCR^2$ (=NR^1) $\xrightarrow[\text{2) } R^3CH=CHR^4]{\text{1) MeOTf}}$ $\xrightarrow{\text{3) CsF, MeCN}}$ [pyrroline with R^3, R^4, R^2]

21-95%

IV.G-6 D. Lathbury, P. Vernon and T. Gallagher, Tetrahedron Lett., 27, 6009 (1986); Y. Tamura, M. Hojo, S. Kawamura and Z. Yoshida, J. Org. Chem., 51, 4089 (1986); A. Toshimitsu, K. Terao and S. Uemura, J. Org. Chem., 51, 1724 (1986).

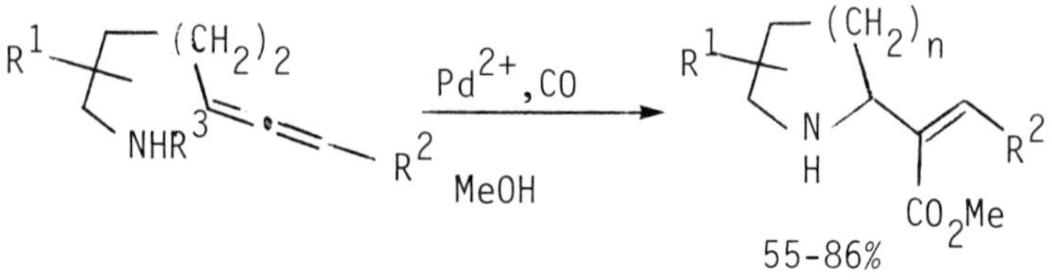

55-86%

IV.G-7 S.C. Shim, K.T. Huh and W.H. Park, Tetrahedron, 42, 259 (1986); K. Takahashi et al., Heterocycles, 24, 2835, 2905 (1986).

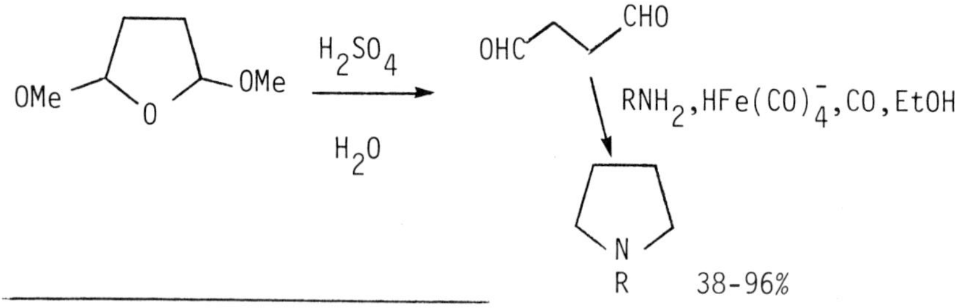

38-96%

IV.G-8 K. Terao, A. Toshimitsu and S. Uemura, J. Chem. Soc., Perkin I, 1837 (1986).

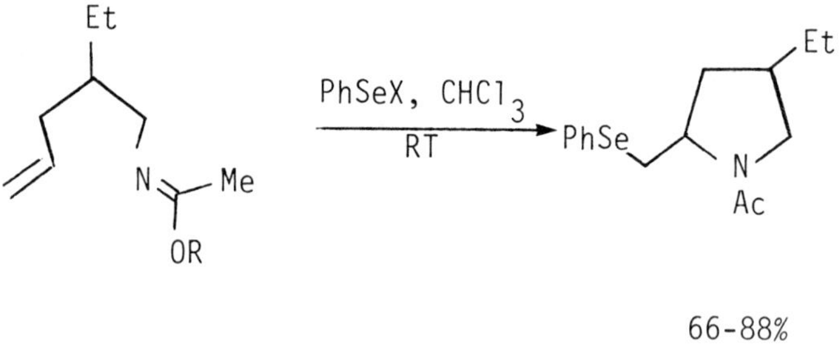

66-88%

IV.G-9 T. Gajda and A. Zwierzak, Liebigs Ann. Chem., 992 (1986).

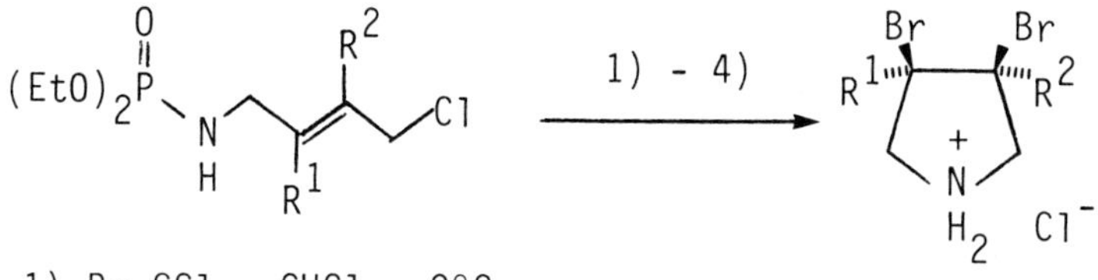

1) Br_2CCl_4, $CHCl_3$, 0°C
2) HCl, THF, RT
3) EtOH, H_2O, K_2CO_3, RT
4) HCl aq.

56-82%

IV.G-10 Y. Tsuji, K. Huh and Y. Watanabe, Tetrahedron Lett., 27, 377 (1986); L. Capuano, A. Ahlhelm and H. Hartmann, Chem. Ber., 119, 2069 (1986); J. B. Baudin and S.A. Julia, Tetrahedron Lett., 27, 837 (1986).

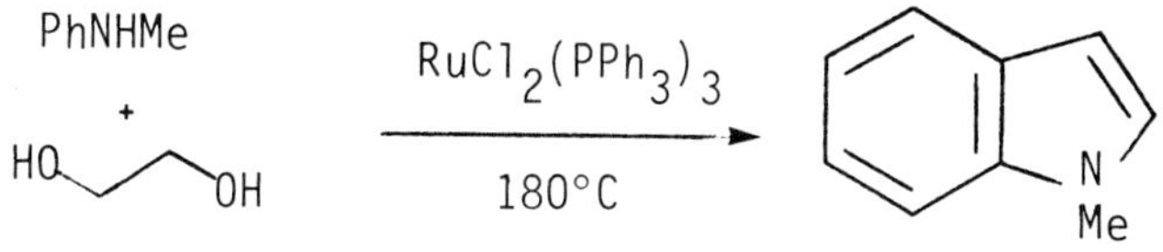

PhNHMe + HO-CH₂CH₂-OH $\xrightarrow{RuCl_2(PPh_3)_3}$ 180°C → N-methylindole

51%

IV.G-11 A.R. McKenzie, C.J. Moody and C.W. Rees, Tetrahedron, 42, 3259 (1986).

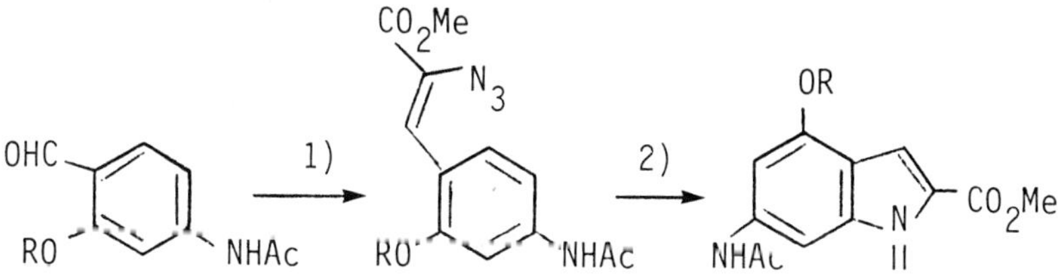

1) $MeO_2CCH_2N_3$, NaOMe, MeOH;
2) reflux, xylene

60-74%

IV.G-12 D.H. Lloyd and D.E. Nichols, J. Org. Chem., 51, 4294 (1986); D.L. Feldman and H. Rapoport, Synthesis, 735 (1986); Y. Tsuji, K. Huh, Y. Yokoyama and Y. Watanabe, J. Chem. Soc., Chem. Commun., 1575 (1986).

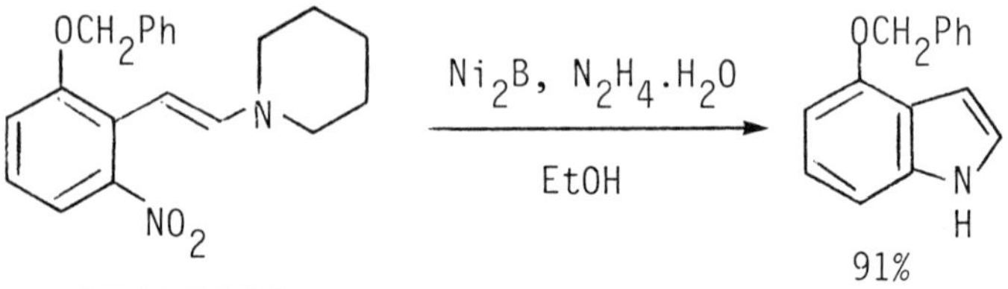

IV.G-13 K. Hayakawa, T. Yasukouchi and K. Kanematsu, Tetrahedron Lett., 27, 1837 (1986).

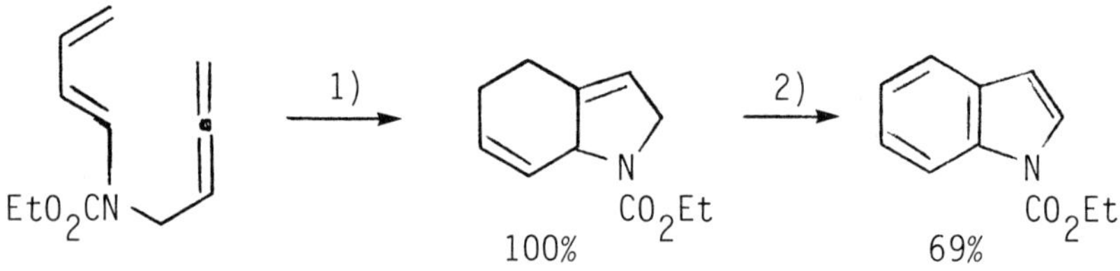

1) 160°C, sealed tube, PhMe, 9 h; 2) DDQ, PhH, 25°C.

IV.G-14 J. Moskal, R. van Stralen, D. Postma and A.M. van Leusen, Tetrahedron Lett., 27, 2173 (1986).

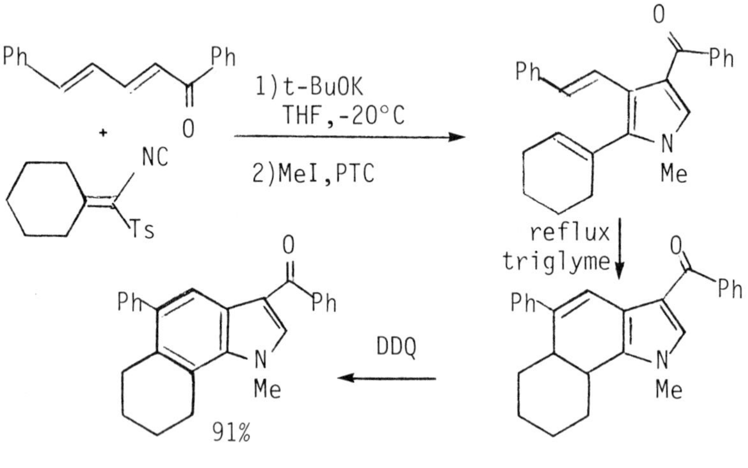

IV.G-15 C. Chen, C. Shih and J.S. Swenton, Tetrahedron Lett., 27, 1891 (1986).

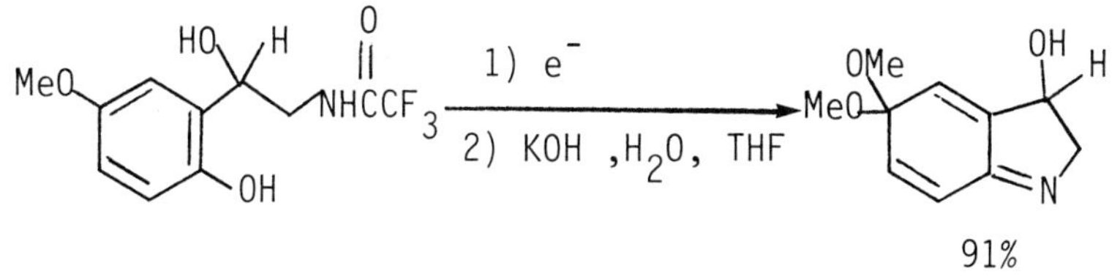

[Reaction: MeO-substituted phenyl compound with HO, H, NHCCF$_3$ (C=O), OH groups]
1) e$^-$
2) KOH, H$_2$O, THF
→ MeO-substituted indoline with OMe, OH, H
91%

IV.G-16 K. Popandova-Yambolieva and C. Ivanov, Synth. Commun., 16, 57 (1986).

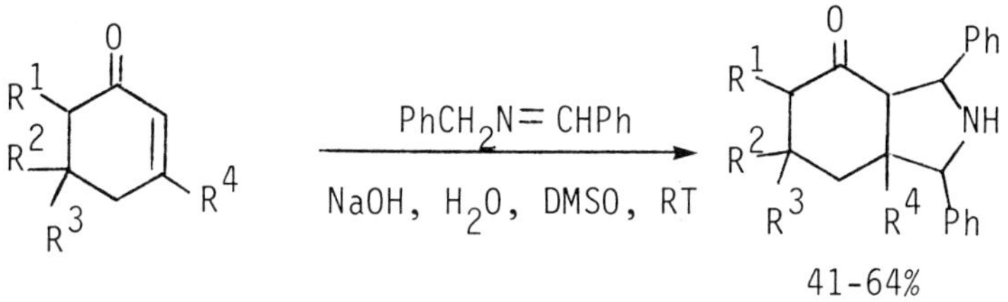

[Cyclohexenone with R^1, R^2, R^3, R^4 substituents]
PhCH$_2$N=CHPh
NaOH, H$_2$O, DMSO, RT
→ bicyclic product with R^1, R^2, R^3, R^4, Ph, NH, Ph
41-64%

IV.G-17 C. Kashima, S. Hibi, T. Maruyama and Y. Omote, Tetrahedron Lett., 27, 2131 (1986).

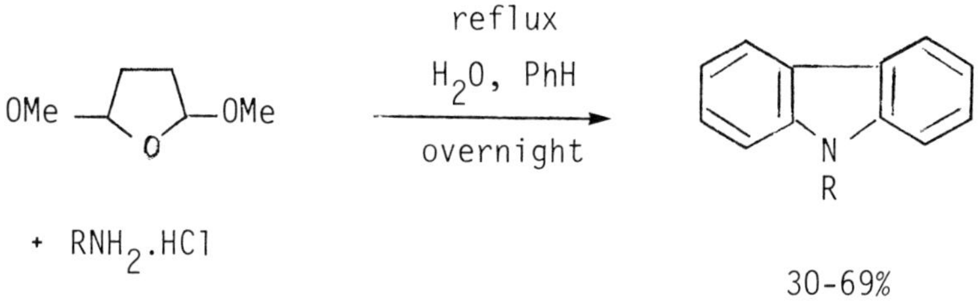

OMe—[tetrahydrofuran]—OMe
+ RNH$_2$·HCl

reflux
H$_2$O, PhH
overnight

→ carbazole (N-R)
30-69%

IV.H. Pyridines and Quinolines

IV.H-1 H. Mertens, R. Troschütz and H.J. Roth, Liebigs Ann. Chem., 380 (1986); A. Habashi, N.S. Ibraheim, R.M. Mohareb and S.M. Fahmy, Liebigs Ann. Chem., 1632 (1986); K. Konno, K. Konno, K. Hashimoto, H. Shirahama and T. Matsumoto, Tetrahedron Lett., 27, 3865 (1986); S. Torii, T. Inokuchi and M. Kubota, Synthesis, 400 (1986).

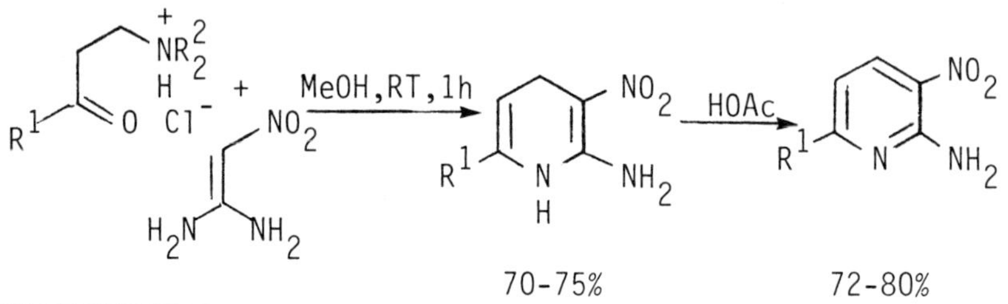

IV.H-2 Y.B. Taârit, Y. Diab, B. Elleuch, M. Kerkani and M. Chihaoui, J. Chem. Soc., Chem. Commun., 402 (1986); B. Potthoff and E. Breitmaier, Synthesis, 584 (1986).

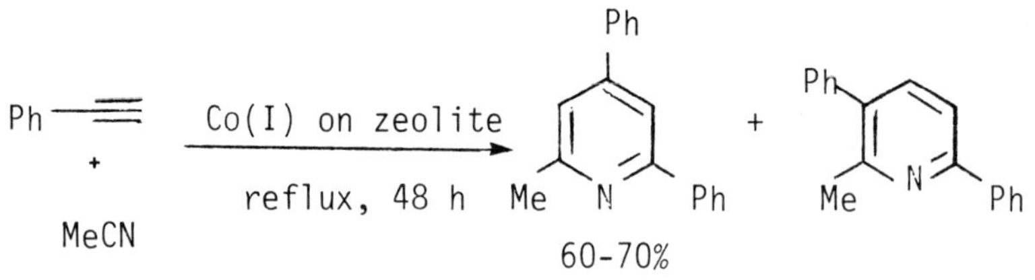

IV.H-3 T. Kobayashi and M. Nitta, Chem. Lett., 1549 (1986); M. Vaultier, P.H. Lambert and R. Carrié, Bull. Soc. Chim. Fr., 83 (1986).

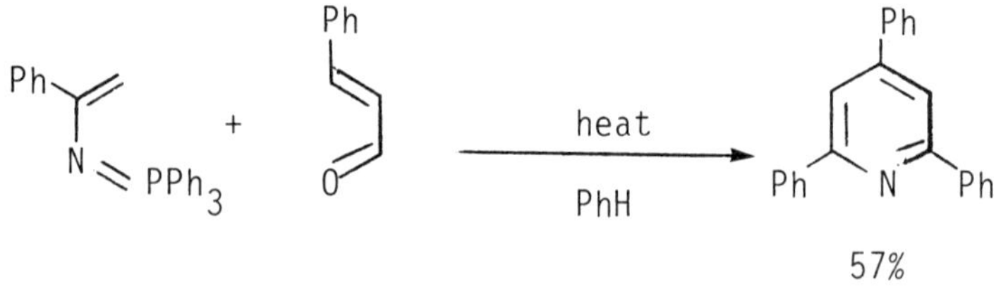

IV.H-4 R. Vanderesse, M. Lourak, Y. Fort and P. Caubere, Tetrahedron Lett., 27, 5483 (1986).

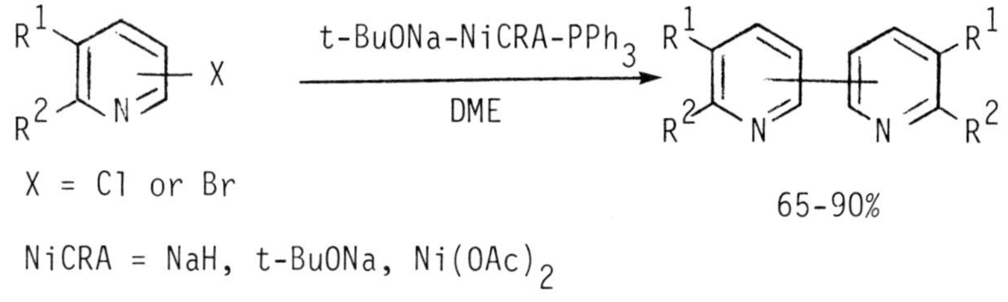

X = Cl or Br

NiCRA = NaH, t-BuONa, Ni(OAc)$_2$

65-90%

IV.H-5 B. Abarca, R. Ballesteros, G. Jones and F. Mojarrad, Tetrahedron Lett., 27, 3543 (1986).

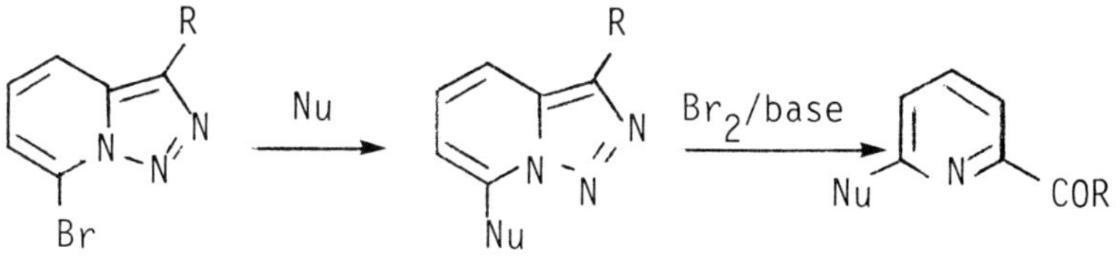

Nu = MeO$^-$, PhS$^-$, piperidine, etc.

IV.H-6 L. Maggiora and M.P. Mertes, J. Org. Chem., 51, 950 (1986); E.C. Taylor and J.E. Macor, Tetrahedron Lett., 27, 2107 (1986).

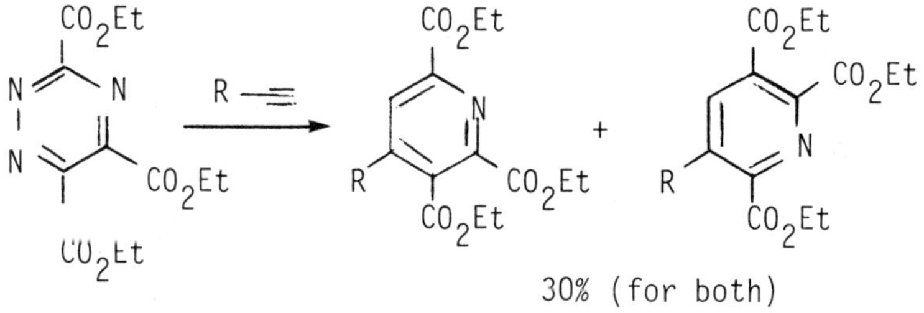

30% (for both)

IV.H-7 L. Tietze, A. Bergmann and K. Brüggemann, Synthesis, 190 (1986).

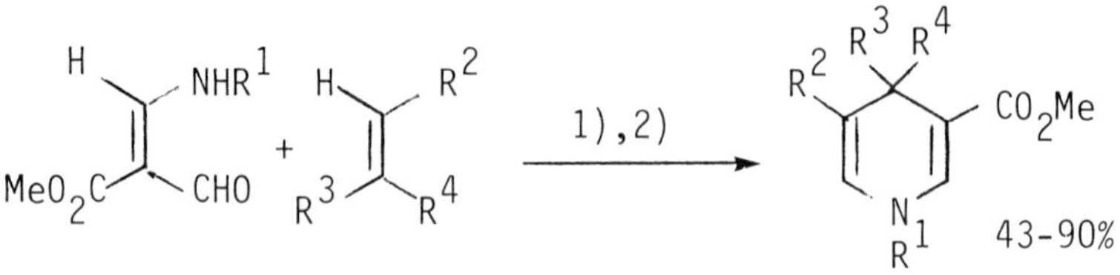

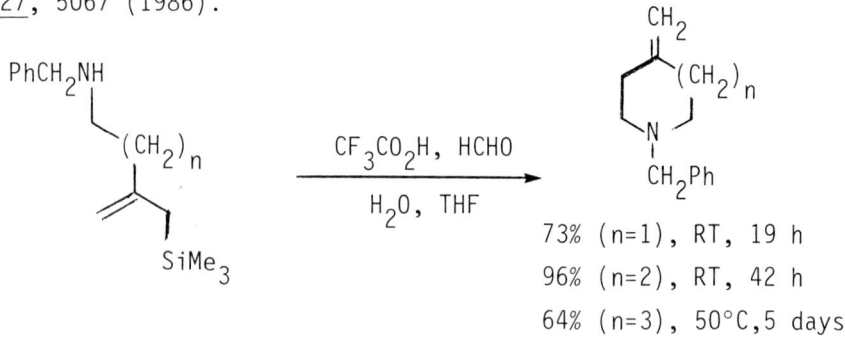

1) hν , MeCN, -20 to -40°C
2) TFA, 25°C, 1 h

IV.H-8 P.A. Grieco and W.F. Fobare, Tetrahedron Lett., 27, 5067 (1986).

73% (n=1), RT, 19 h
96% (n=2), RT, 42 h
64% (n=3), 50°C, 5 days

IV.H-9 A. Duréault, C. Greck and J.C. Depezay, Tetrahedron Lett., 27, 4157 (1986).

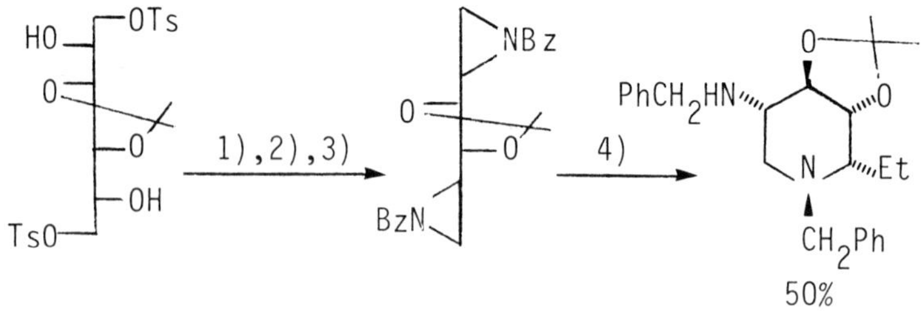

50%

1) NaN$_3$, DMF; 2) PPh$_3$, PhMe, 20h, 105°C; 3) PhCH$_2$Br;
4) Me$_2$CuLi, BF$_3$·Et$_2$O, THF, -78→20°C.

IV.H-10 T. Cammack and P.C. Reeves, J. Heterocycl. Chem., 23, 73 (1986).

[Scheme: 3-methoxybenzyl cyanide + bis(2-chloroethyl)ammonium (HN$^+$R) → 4-(3-methoxyphenyl)-4-cyano-1-R-piperidine, 58-70%]

1) Hexadecyltributylphosphonium bromide (cat.), NaOH, 100°C, 1 h

---

IV.H-11 C. Chelucci, S. Cossu and F. Soccolini, J. Heterocycl. Chem., 23, 1283 (1986).

[Scheme: R^1-cyclohexenyl α,β-unsaturated oxime (=N-OH, R^2) →(300°C) 2-R^2-R^1-5,6,7,8-tetrahydroquinoline, 20-43%]

IV.H-12 T. Sakamoto, Y. Kondo, N. Miura, K. Hayashi and H. Yamanaka, Heterocycles, 24, 2311 (1986).

[Scheme: R^1-substituted benzaldehyde with ortho-alkynyl group (C≡CR^2) + HONH$_2$ → oxime (CH=NOH) 80-99%; then K$_2$CO$_3$ → isoquinoline N-oxide (R^2 at 3-position), 35-78%]

IV.H-13 T. Kametani, H. Takeda, Y. Suzuki, H. Kasai and
T. Honda, Heterocycles, 24, 3385 (1986).

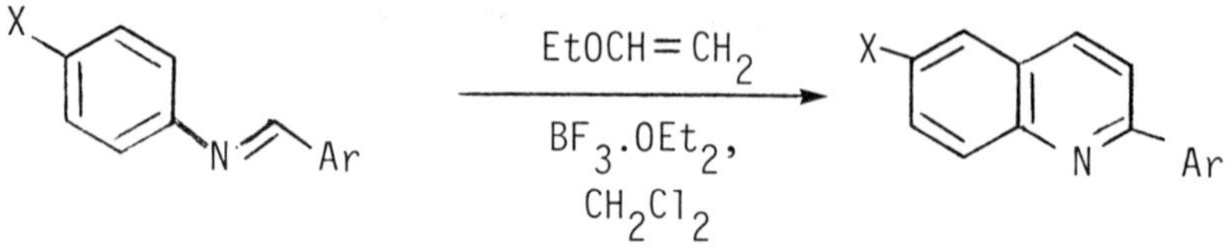

IV.I. Pyrans, Pyrones, etc.

IV.I-1 L.E. Overman, A. Castañeda and T.A. Blumenkopf,
J. Am. Chem. Soc., 108, 1303 (1986).

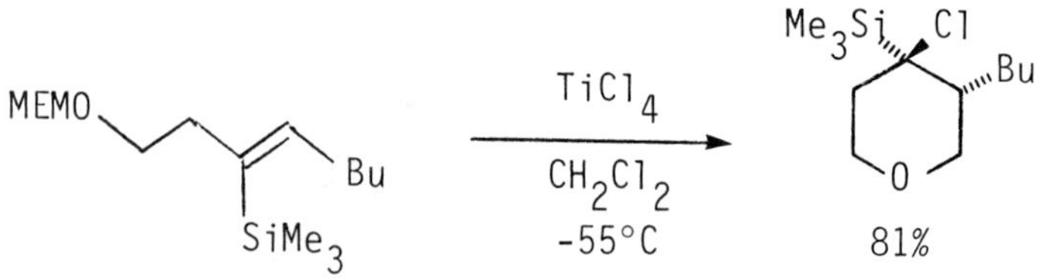

IV.I-2 S.L. Schreiber, H.V. Meyers and K.B. Wiberg,
J. Am. Chem. Soc., 108, 8274 (1986).

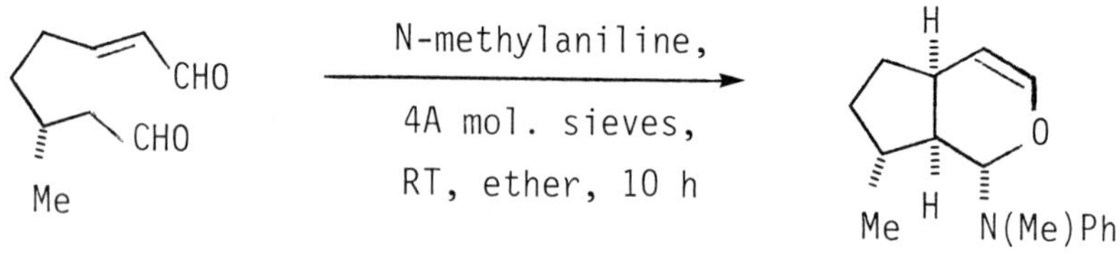

IV.I-3 S.E. Denmark and J.A. Sternberg, J. Am. Chem. Soc., 108, 8277 (1986).

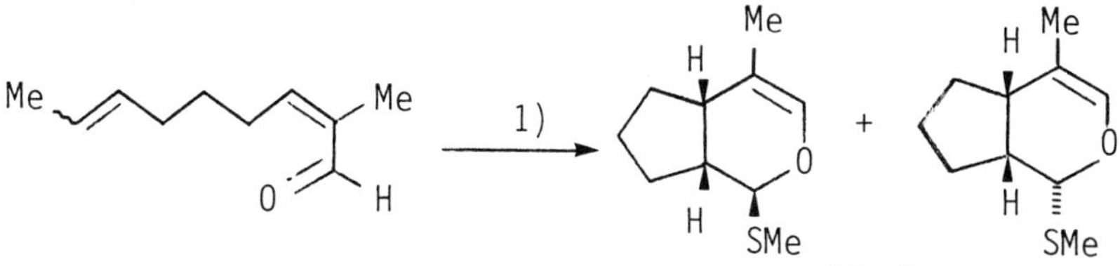

1) $BF_3 \cdot OEt_2$, CH_2Cl_2, -78°C.

75:25
93%

IV.I-4 A. Gołebiowski, J. Izdebski, U. Jacobsson and J. Jurczak, Heterocycles, 24, 1205 (1986).

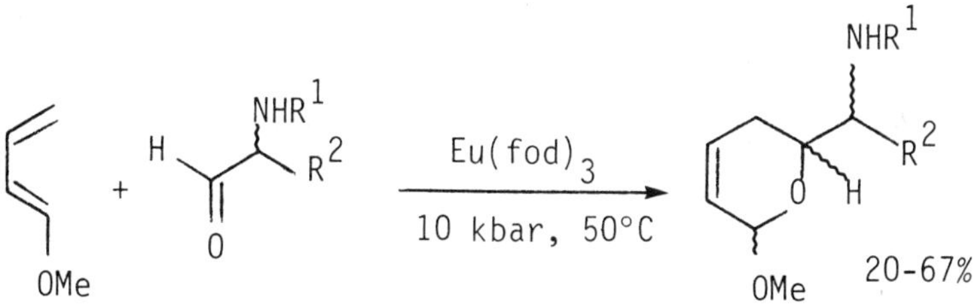

$Eu(fod)_3$
10 kbar, 50°C

20-67%

IV.I-5 R.S. Varma, M. Kadkhodayan and G.W. Kabalka, Synthesis, 486 (1986).

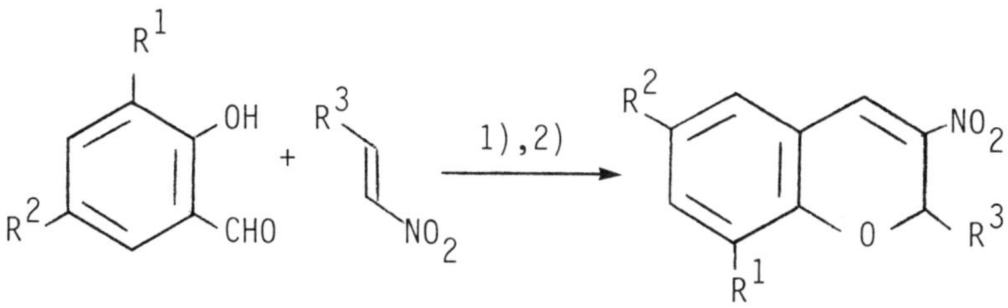

71-84%

1) CH_2Cl_2, TEA, RT;
2) basic alumina

IV.I-6 H. Stetter and H. Kogelnik, Synthesis, 140 (1986).

$$(EtO)_2\overset{\overset{O}{\|}}{P}-\underset{\underset{R^1}{|}}{C}HCO_2H \xrightarrow[\text{pyridine, }-20°C]{\text{DMF,}(COCl)_2,\text{MeCN}} (EtO)_2\overset{\overset{O}{\|}}{P}-\underset{\underset{R^1}{|}}{C}H\overset{\overset{O}{\|}}{C}-O-CH=\underset{\underset{R^2}{|}}{C}\overset{\overset{O}{\|}}{C}R^3$$

$$+$$

$$HOCH=\underset{\underset{R^2}{|}}{C}-\overset{\overset{O}{\|}}{C}R^3$$

NaH, DME, R^3

[pyranone product with R^1, R^2, R^3] 49-85%

IV.I-7 M.P. Georgiadis and E.A. Couladouros, J. Org. Chem., 51, 2725 (1986).

[furan with -C(OH)R¹R²] →(1),2)→ [product with R¹, R²] 64-78%

1) NBS, THF, H$_2$O, 0°C
2) NBS, EtOAc, reflux, 15 min.

IV.I-8 A.K. Awasthi and R.S. Tewari, Synthesis, 1061 (1986); Y. Yoshida, S. Nagai, N. Oda and J. Sakakibara, Synthesis, 1026 (1986).

[o-hydroxyaryl ketone with -C(=O)R¹] + $R^2CH_2\overset{\overset{O}{\|}}{C}-O-\overset{\overset{O}{\|}}{P}Cl_2$ $\xrightarrow{CH_2Cl_2, 60°C}$ [coumarin with R^1, R^2] 72-98%

$\uparrow$ $R^2CH_2CO_2H$, TEA

$+$

$Me_2N=HC-O-\overset{\overset{O}{\|}}{P}Cl$
          Cl^-

IV.I-9 Y. LeFloc'h and M. Lefeuvre, Tetrahedron Lett., 27, 5503 (1986); H. Garcia, S. Iborra, M.A. Miranda and J. Primo, Heterocycles, 24, 2511 (1986); Y. Hoshino, T. Oohinata and N. Takeno, Bull. chem. Soc. Jpn., 59, 2351 (1986).

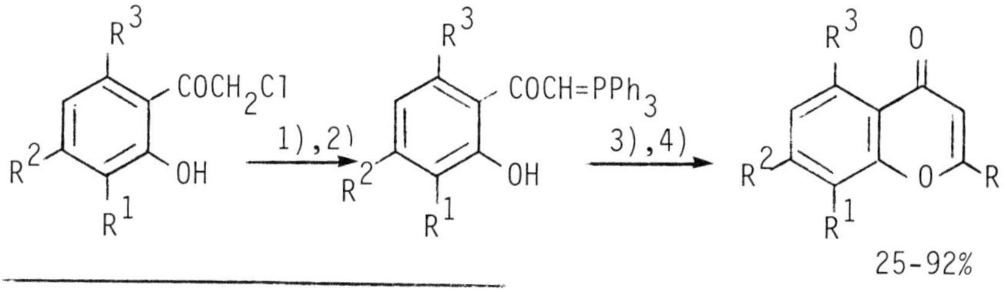

25-92%

IV.I-10 C. Bhakta, Ind. J. Chem., Sect. B, 25, 189 (1986).

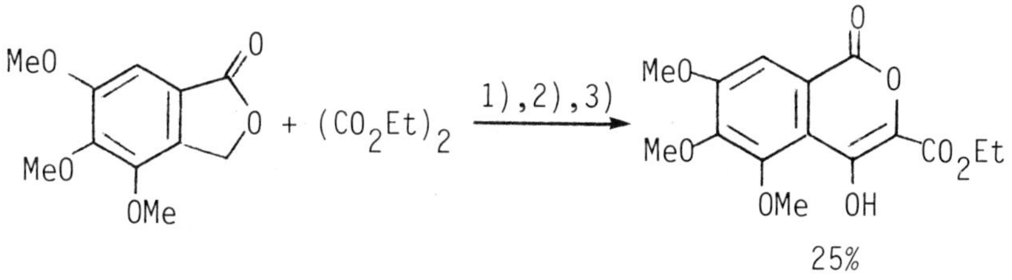

25%

1) NaOEt, PhH, cold;
2) reflux; 3) HCl

IV.I-11 R.K. Dieter and J.R. Fishpaugh, Tetrahedron Lett., 27, 3823 (1986).

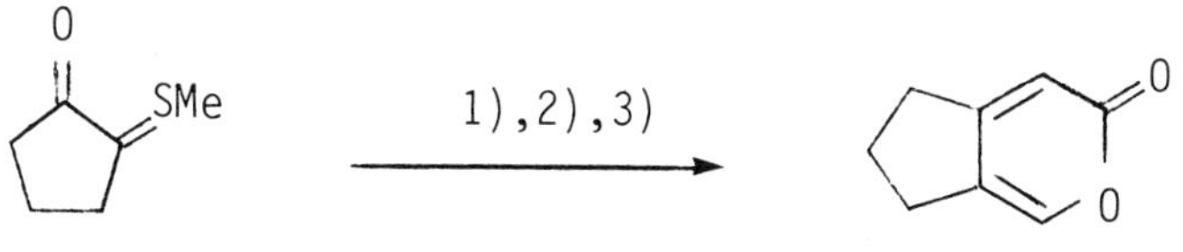

93%

1) $LiCH_2CO_2t$-Bu
2) HBF_4, THF, H_2O
3) $(CF_3CO)_2O$, CF_3CO_2H.

IV.J. Other Heterocycles with One Heteroatom

IV.J-1 F. Mercier and F. Mathey, <u>Tetrahedron Lett.</u>, **27**, 1323 (1986).

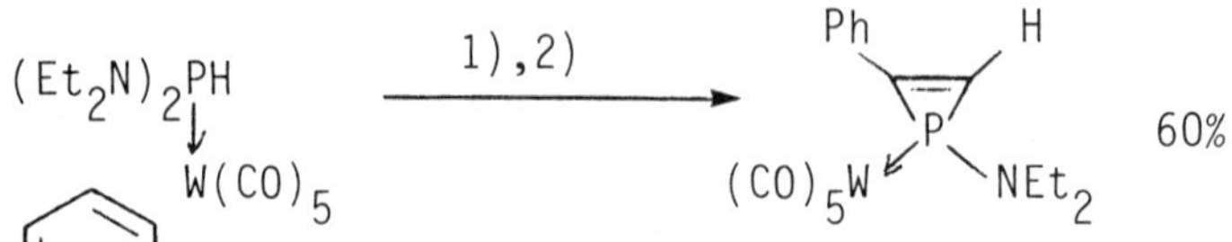

$(Et_2N)_2PH \cdot W(CO)_5$ →[1),2)] Ph–P(W(CO)_5)–NEt_2 (with H on ring)   60%

1) [pyridinium·HBr_3], α-picoline, PhMe, 25°C, 30 min;
2) PhC≡CH, 40°C, 3 h.

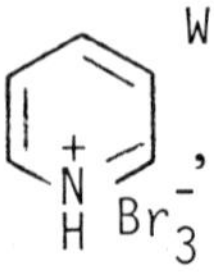

IV.J-2 J. Barluenga, F. Lopez and F. Palacios, <u>J. Chem. Soc., Chem. Commun.</u>, 1574 (1986).

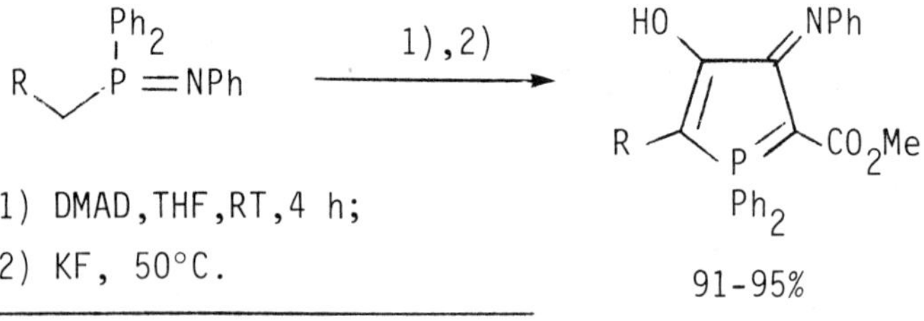

$R{-}CH_2{-}P(Ph_2){=}NPh$ →[1),2)] 2H-phosphole: HO, NPh, R, Ph_2, CO_2Me

1) DMAD, THF, RT, 4 h;
2) KF, 50°C.

91-95%

IV.J-3 S. Tsuboi, K. Watanabe, S. Mimura and A. Takeda, <u>Tetrahedron Lett.</u>, **27**, 2643 (1986).

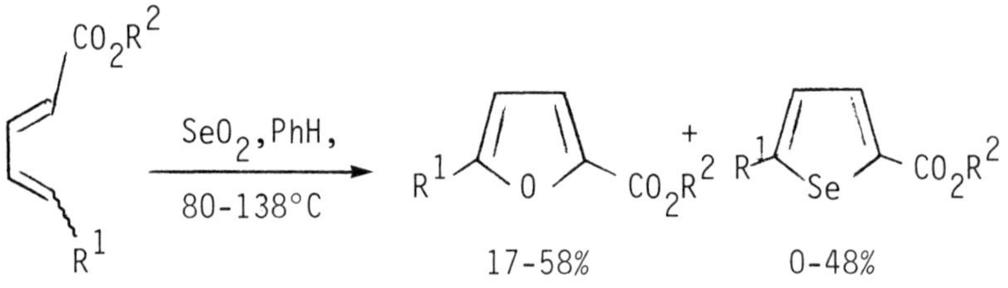

diene-CO_2R^2, R^1 →[SeO_2, PhH, 80-138°C] R^1–furan–CO_2R^2 + R^1–selenophene–CO_2R^2

17-58%   0-48%

IV.J-4 Y. Tamaru, M. Hojo, H. Higashimura and Z. Yoshida, Angew. Chem., Int. Ed. Engl., 25, 735 (1986).

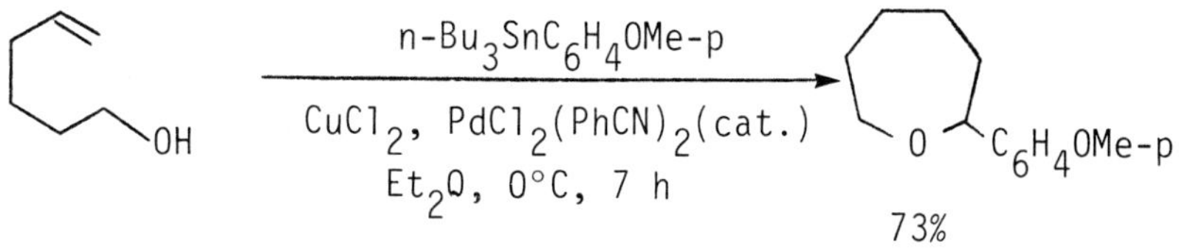

IV.K. Heterocycles with a Bridgehead Heteroatom

IV.K-1 W.H. Pearson, J.E. Celebuski, Y. Poon, B.R. Dixon and J.H. Glans, Tetrahedron Lett., 27, 6301 (1986).

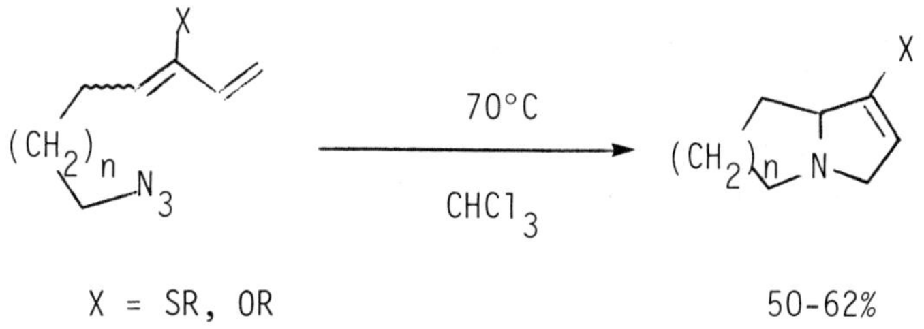

X = SR, OR

IV.K-2 P.F. Belloir, A. Laurent, P. Mison, S. Lesniak and R. Bartnik, Synthesis, 683 (1986).

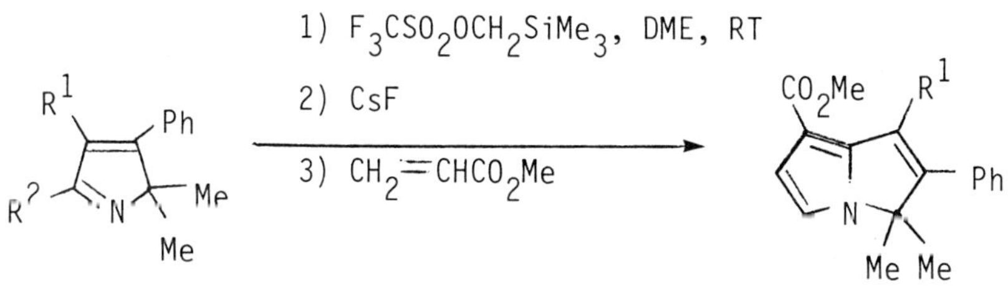

IV.K-3 A. Brandi, A. Guarna, A. Goti and F. DeSarlo, J. Chem. Soc., Chem. Commun., 813 (1986); W.W. Turner, J. Heterocycl. Chem., 23, 327 (1986); R.E. Gawley and S. Chemburkar, Tetrahedron Lett., 27, 2071 (1986).

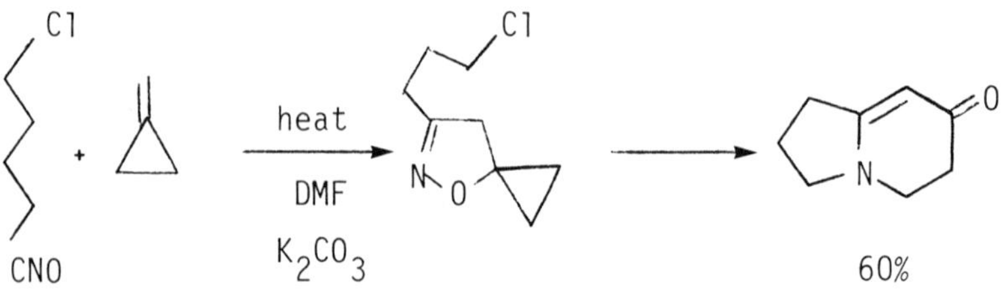

IV.K-4 J.E. Baldwin and E. Lee, Tetrahedron, 42, 6551 (1986).

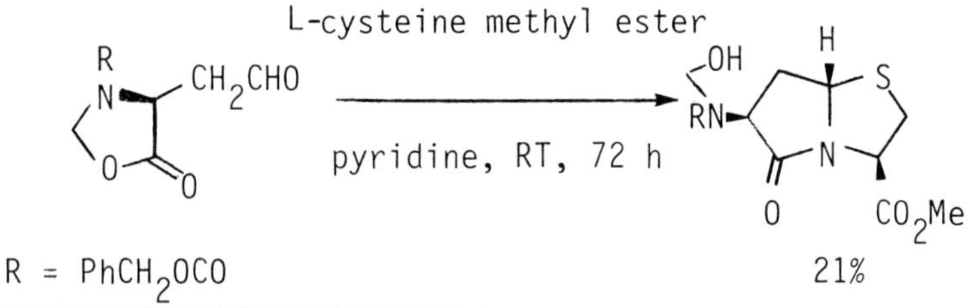

R = $PhCH_2OCO$

IV.K-5 G. Zvilichovsky and M. David, Synthesis, 239 (1986).

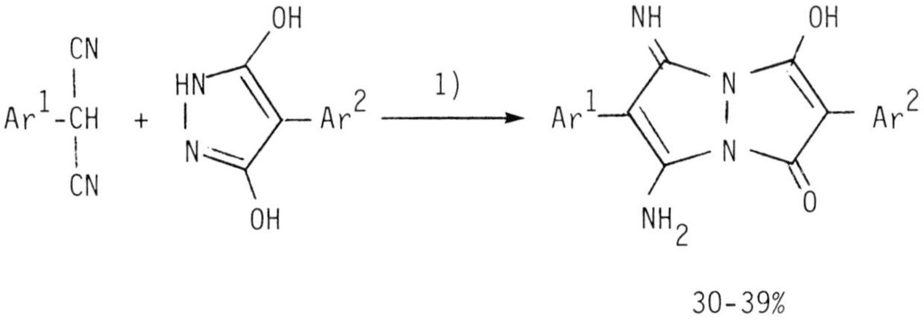

1) DMF, 155°C, 5 min.

IV.K-6 S. Huber, P. Stamouli, T. Jenny and R. Neier,
Helv. Chim. Acta, 69, 1898 (1986).

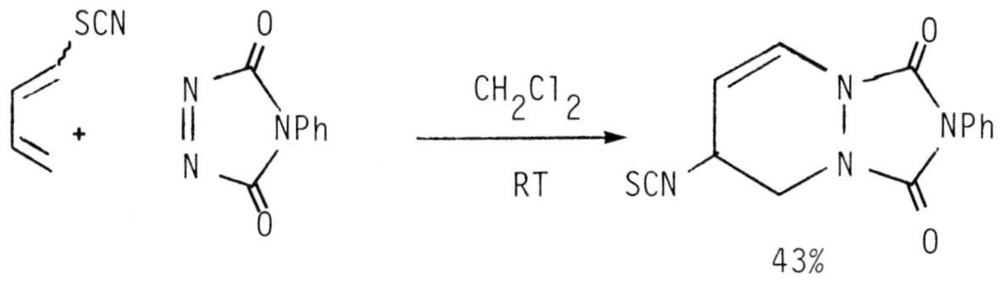

IV.L. Heterocycles with Two or More Heteroatoms

1.a. 5-Membered Heterocycles with 2 N's

IV.L.1.a-1 D. Scarpetti, K. Kano and J.P. Anselme,
Bull. Soc. Chim. Belg., 95, 1073 (1986).

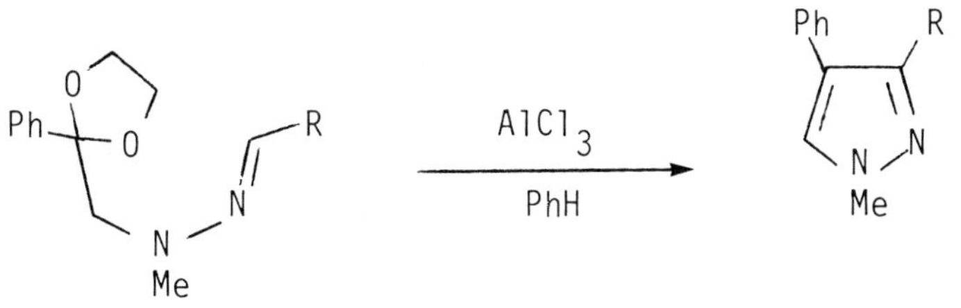

IV.L.1.a-2 A. Gonzalez, J. Marquet and M. Moreno-Mañas,
Tetrahedron, 42, 4253 (1986).

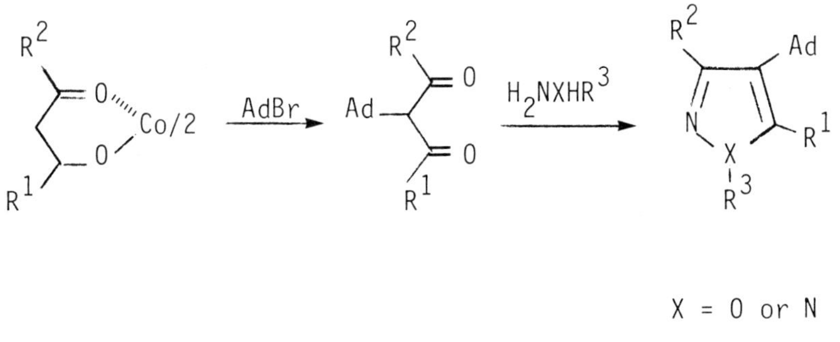

X = O or N

IV.L.1.a-3 J. Barluenga, M.J. Iglesias, L. Muñiz and V. Gotor, J. Heterocycl. Chem., 23, 459 (1986); F.M. Abdelrazek, A.W. Erian and K.M.H. Hilmy, Synthesis, 74 (1986).

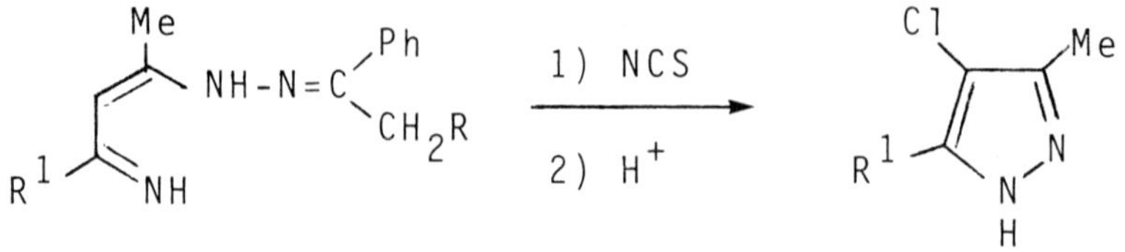

NCS-N-chlorosuccinimide

66-75%

IV.L.1.a-4 A. Alberola et al., J. Heterocycl. Chem., 23, 1035 (1986).

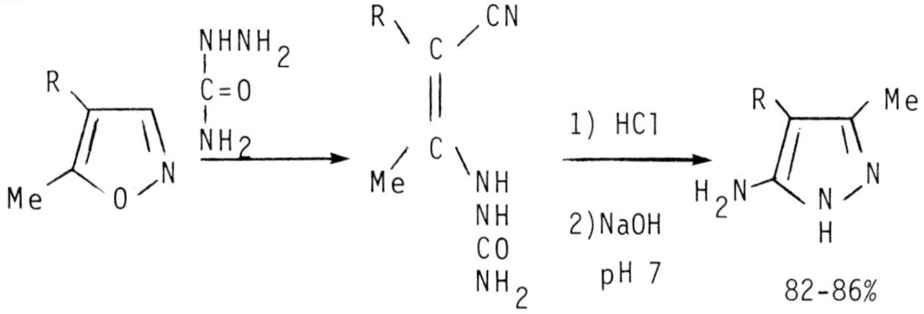

82-86%

IV.L.1.a-5 A. Kalaj and M. Ghafari, Tetrahedron Lett., 27, 5019 (1986).

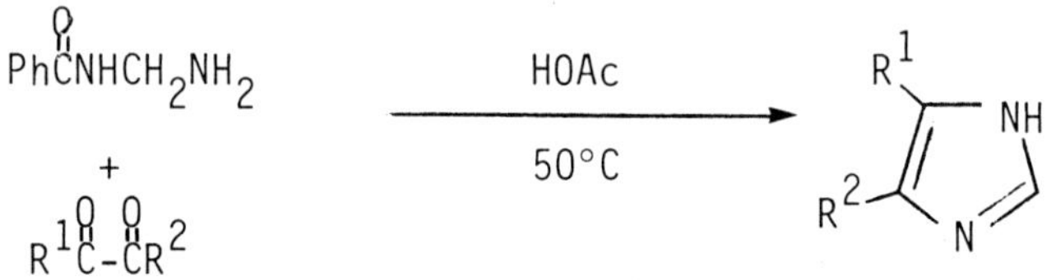

27-60%

IV.L.1.a-6 C.N. Rentzea, Angew. Chem., Int. Ed. Engl., 25, 652 (1986).

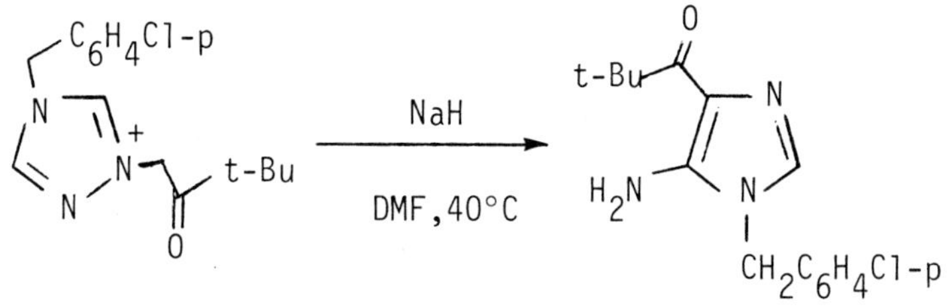

[Reaction scheme: triazolium salt with CH₂C₆H₄Cl-p and N-CO-t-Bu substituents → imidazole product with t-Bu-C(=O)-, H₂N-, and CH₂C₆H₄Cl-p substituents, NaH, DMF, 40°C, 25%]

IV.L.1.a-7 N. Jacobsen and J. Toelberg, Synthesis, 559 (1986).

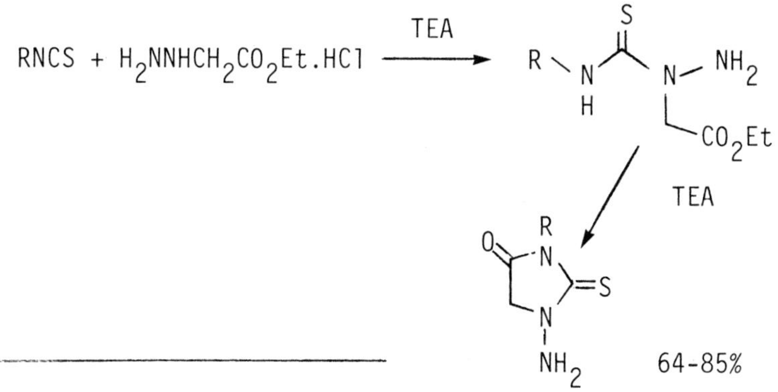

$$\text{RNCS} + \text{H}_2\text{NNHCH}_2\text{CO}_2\text{Et·HCl} \xrightarrow{\text{TEA}}$$

[Intermediate thiosemicarbazide R-NH-C(=S)-N(NH₂)-CH₂-CO₂Et, then TEA → imidazolidinone with R on N, =S, and NH₂, 64-85%]

IV.L.1.a-8 D.P. Matthews, J.P. Whitten and J.R. McCarthy, Synthesis, 336 (1986).

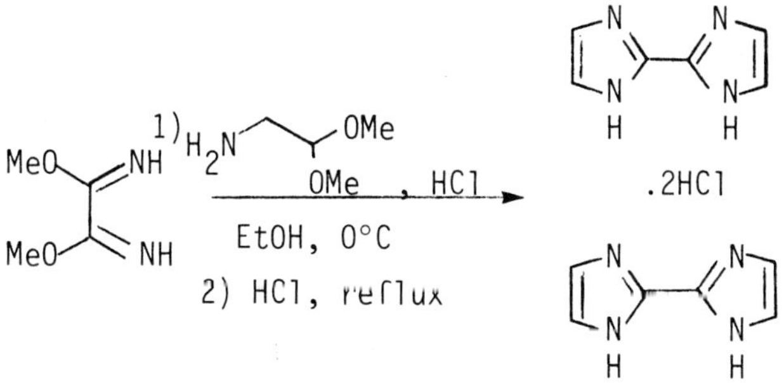

[Reaction: MeO-C(=NH)-C(=NH)-OMe + H₂N-CH₂-CH(OMe)₂·HCl, 1) EtOH, 0°C; 2) HCl, reflux → 2,2'-bi-imidazole·2HCl and free base, 83%]

IV.L.1.a-9 A.F.A. Harb, S.E. Zayed, A.M. El-Maghraby and
S.A. Metwally, Heterocycles, 24, 1873 (1986).

[Reaction scheme: R-CH=oxazolone (with Ar substituent) + o-phenylenediamine (benzene with two NH$_2$ groups) → (NaOAc, HOAc, reflux) → benzimidazole with RCH=C-NHCOAr substituent, 66-78%]

IV.L.1.b. 6-Membered with 2 N's

IV.L.1.b-1 N.S. Ibrahim, F.M. Abdel Galil, R.M. Abdel-
Motaleb and M.H. Elnagdi, Heterocycles, 24, 1219 (1986).

[Reaction scheme: Ar-N=N-Cl + Ph(Me)C=C(CN)$_2$ (with CN groups) → (HOAc, NaOAc) → NC-C(CN)=C(Ph)-CH=NNHAr → (heat) → pyridazine with NC, Ph, NAr, =NH substituents, 80%]

IV.L.1.6-2 V. Kvita, Synthesis, 786 (1986).

[Reaction scheme: 5-formyl-2H-pyran-2-one (OHC substituent) + piperidine → (MeCN, 5-10°C) → OHC-C(=CH$_2$)-CH=CH-CH$_2$-N(piperidine) → 1) → pyrimidine with vinyl and R substituents, 22-78%]

1) R-C(NH$_2$)=NH , MeOH

RT or 80°C.

IV.L.1.b-3 M. Takahashi, T. Mamiya and M. Wakao, J. Heterocycl. Chem., 23, 77 (1986)

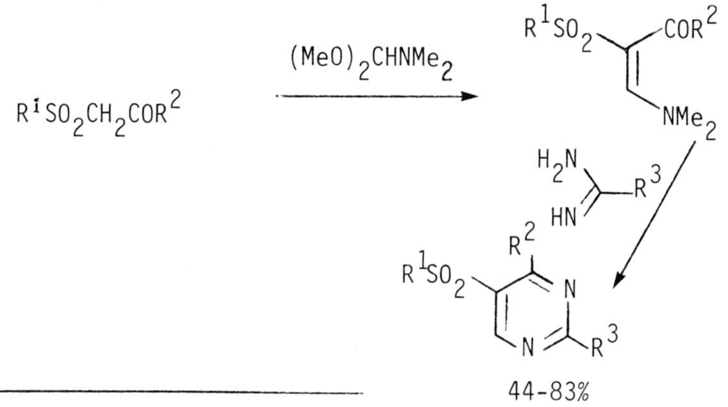

$R^1SO_2CH_2COR^2$ $\xrightarrow{(MeO)_2CHNMe_2}$ $R^1SO_2\text{-C(=COR}^2\text{)-CH=NMe}_2$ $\xrightarrow{H_2N-C(=NH)-R^3}$ pyrimidine (5-R^1SO_2, 4-R^2, 2-R^3)

44-83%

IV.L.1.b-4 I. Winckelmann and E.H. Larsen, Synthesis, 1041 (1986).

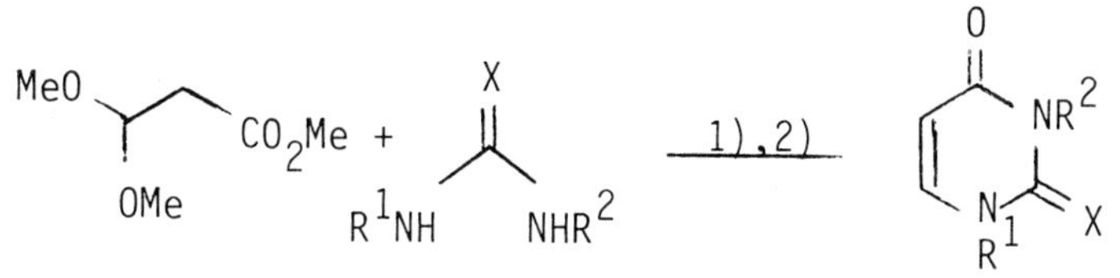

MeO-CH(OMe)-CH$_2$-CO$_2$Me + X=C(R^{1}NH)(NHR^2) $\xrightarrow{1),2)}$ pyrimidinone (N^1-R^1, N-R^2, 2-X)

1) NaH, dioxan, reflux   36-99%
2) MeCO$_2$H, H$_2$O, 5°C

X = O or S

IV.L.1.b-5 S. Kim and S.S. Kim, Synthesis, 1017 (1986).

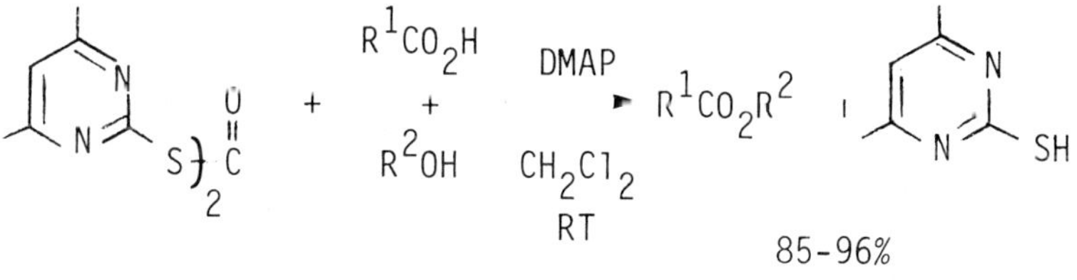

(pyrimidin-2-yl-S)$_2$C=O + R^1CO_2H + R^2OH $\xrightarrow[\text{CH}_2\text{Cl}_2\text{, RT}]{\text{DMAP}}$ $R^1CO_2R^2$ + pyrimidine-2-SH

85-96%

IV.L.1.b-6 A. Biswas, C. Eigenbrot and M.J. Miller, Tetrahedron, 42, 6421 (1986).

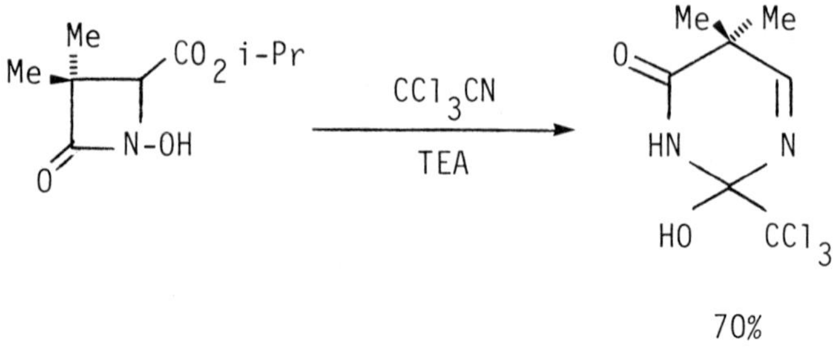

[Reaction: β-lactam with Me, Me, CO$_2$i-Pr, N-OH substituents + CCl$_3$CN / TEA → cyclic product with Me, Me, HN, N, HO, CCl$_3$ groups, 70%]

IV.L.1.b-7 N. Sonoda et al., Tetrahedron Lett., 27, 3037 (1986).

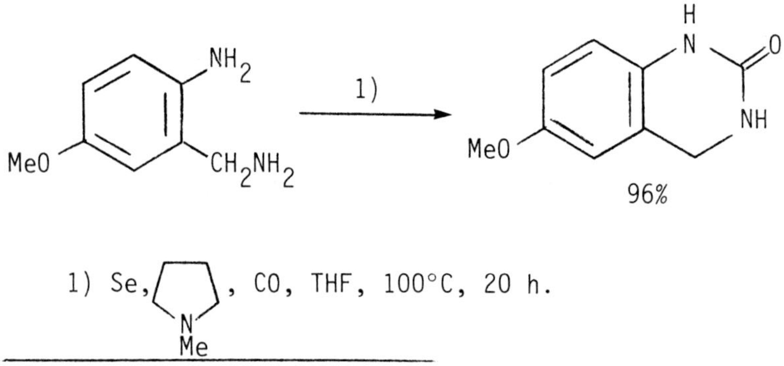

[Reaction: MeO-substituted benzene with NH$_2$ and CH$_2$NH$_2$ groups → cyclic urea product, 96%]

1) Se, N-methylpyrrolidine, CO, THF, 100°C, 20 h.

IV.L.1.b-8 H. Suzuki, T. Kawaguchi and K. Takaoka, Bull. Chem. Soc. Jpn., 59, 665 (1986).

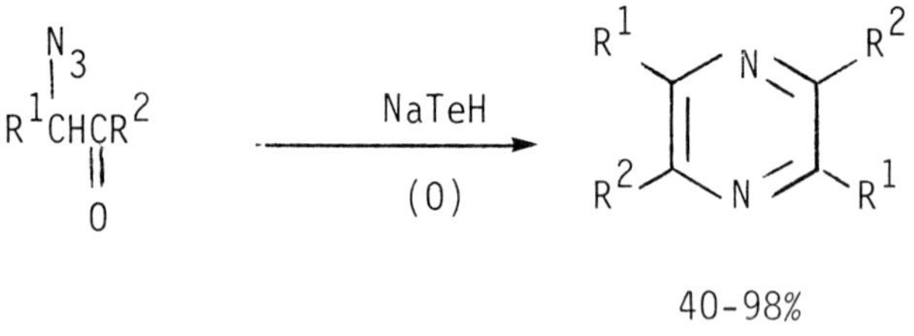

[Reaction: R^1CHCR^2 with N$_3$ and C=O groups → pyrazine with R^1, R^2 substituents, via NaTeH (0), 40-98%]

IV.L.1.c Other Heterocycles with 2 N's

IV.L.1.c-1 M.D. Thompson, *J. Heterocycl. Chem.*, **23**, 1545 (1986).

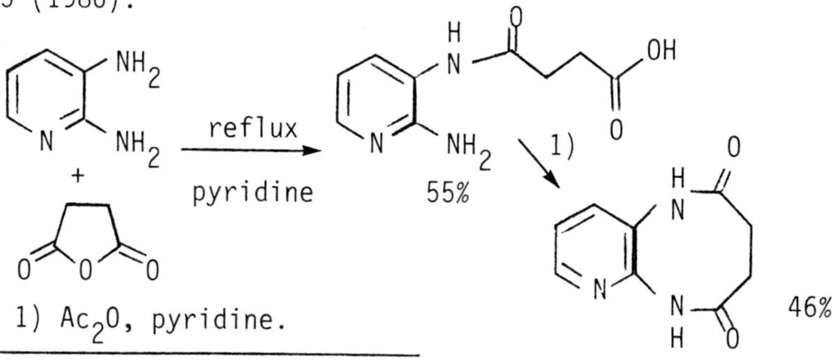

1) Ac_2O, pyridine.

IV.L.1.c-2 J. Barluenga, M. Tomás, A. Ballesteros, V. Gotor, C. Krüger and Y. Tsay, *Angew.Chem., Int. Ed.Engl.*, 181 (1986).

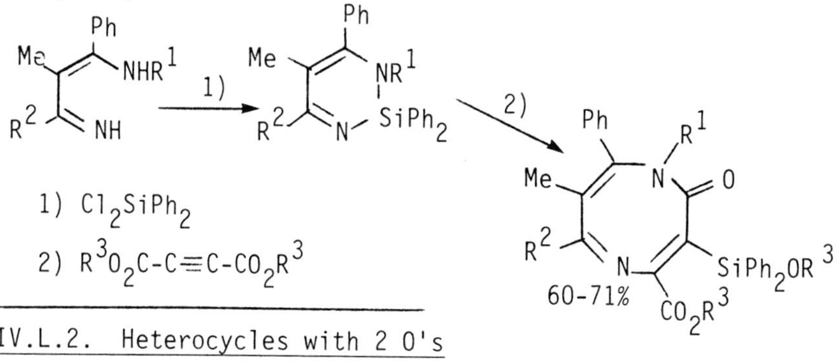

1) Cl_2SiPh_2
2) $R^3O_2C-C{\equiv}C-CO_2R^3$

IV.L.2. Heterocycles with 2 O's

IV.L.2-1 A.J. Bloodworth, K.H. Chan and C.J. Cooksey, *J. Org. Chem.*, **51**, 2110 (1986).

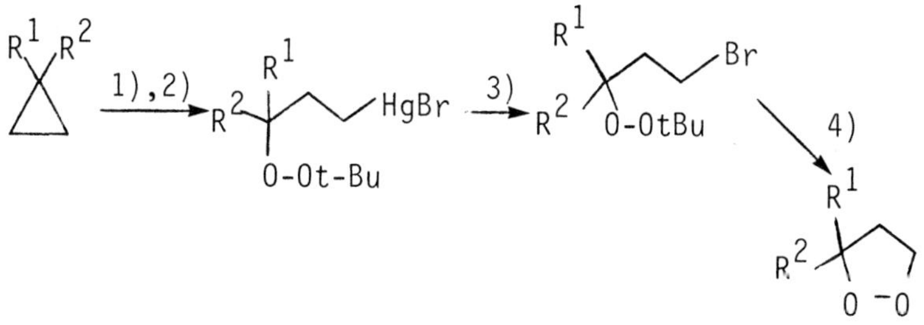

1) 2 t-BuOOH, $Hg(OAc)_2$, 20 mol % $HClO_4$, CH_2Cl_2;
2) KBr, H_2O; 3) Br_2, NaBr, MeOH; 4) AgO_2CCF_3, CH_2Cl_2.

IV.L.2-2 R.A. Abramovitch, A. Hawi, J.A.R. Rodrigues and
T.R. Trombetta, J. Chem. Soc., Chem. Commun., 283 (1986).

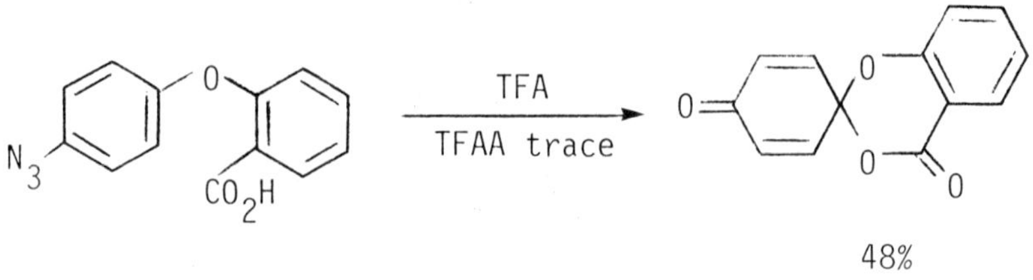

[reaction scheme: 4-azidophenyl 2-carboxyphenyl ether → spirocyclohexadienone lactone, TFA, TFAA trace, 48%]

IV.L.2-3 S. Kim and Y. K. Ko, Heterocycles, 24, 1625 (1986).

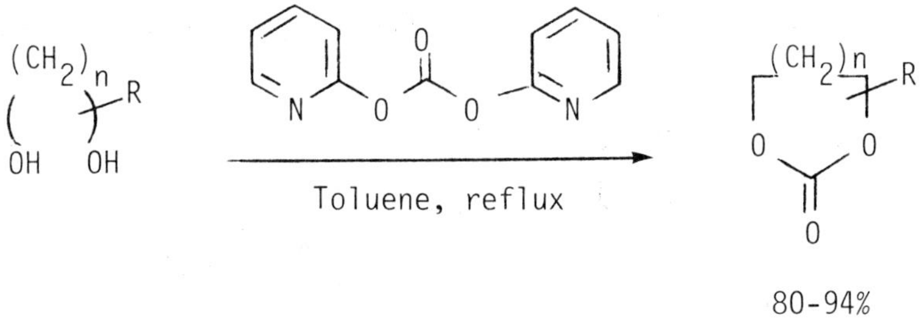

[reaction scheme: diol + di(2-pyridyl) carbonate, Toluene, reflux → cyclic carbonate, 80-94%]

IV.L.2-4 S. Cabiddu, C. Floris, S. Melis, F. Sotgiu and
G. Cerioni, J. Heterocycl. Chem., 23, 1815 (1986).

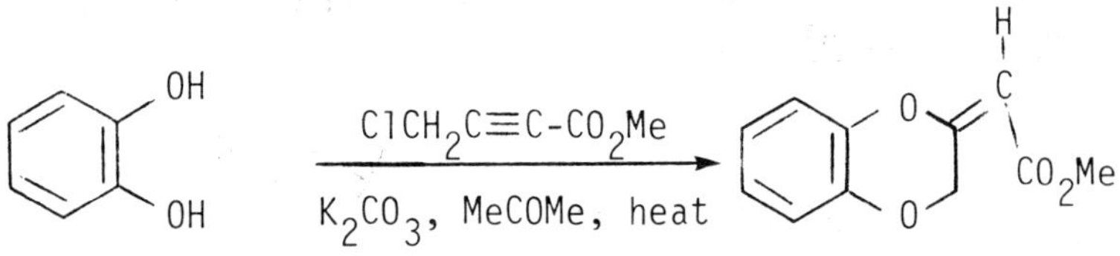

[reaction scheme: catechol + ClCH$_2$C≡C-CO$_2$Me, K$_2$CO$_3$, MeCOMe, heat → benzodioxine with =CH-CO$_2$Me]

IV.L.3. Heterocycles with 1 N and 1 O

IV.L.3-1 T. Lauterbach and D. Geffken, Liebigs Ann. Chem., 1478 (1986).

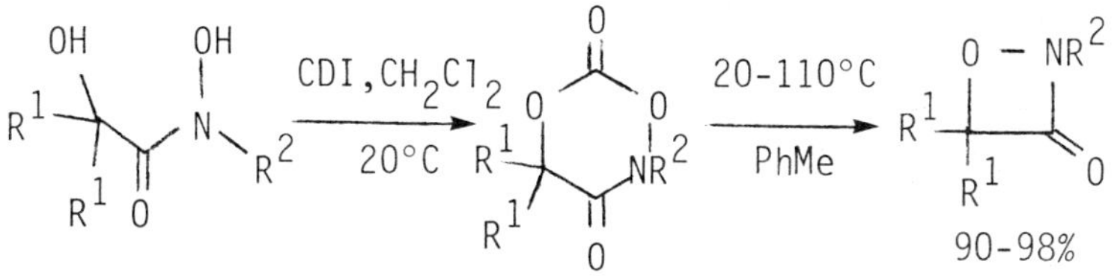

IV.L.3-2 D. Moderhack and K. Stolz, Chem. Ber., 119, 3411 (1986).

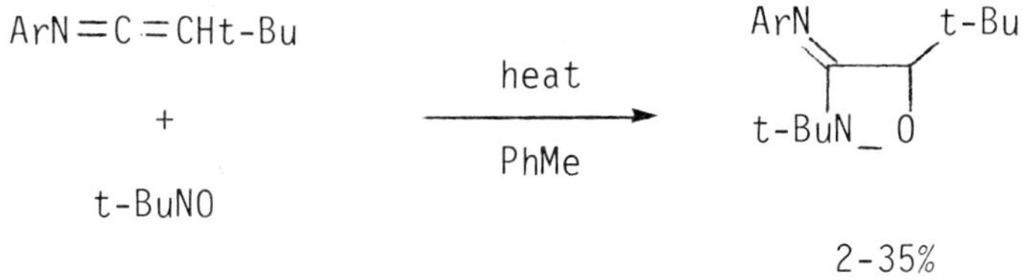

IV.L.3-3 M. Yokoyama, K. Tsuji and M. Kushida, J. Chem. Soc., Perkin I, 67 (1986).

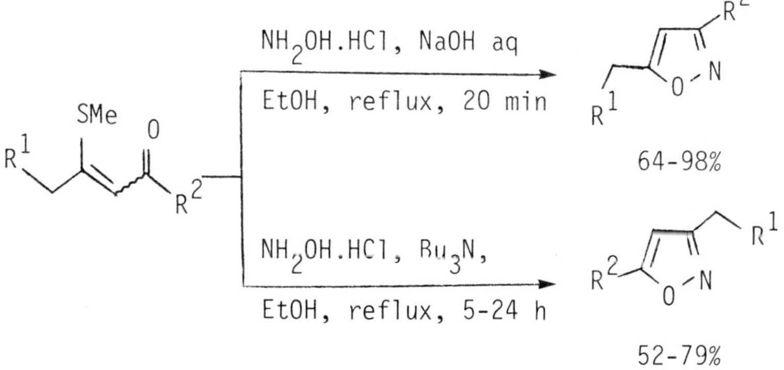

IV.L.3-4 B.A. Shaiyan and A.N. Mirskova, J. Org. Chem.(USSR), 22, 795 (1986).

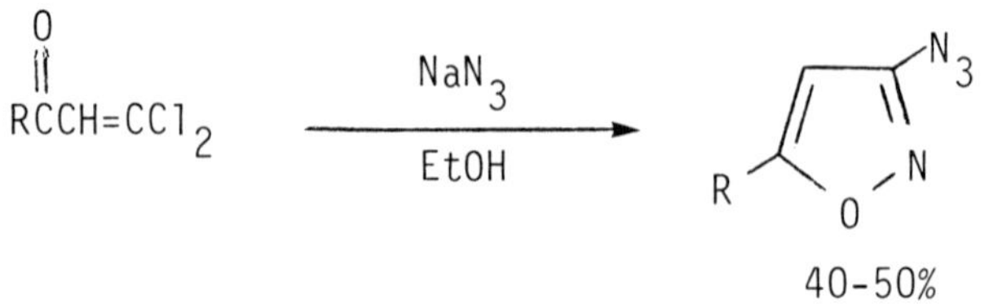

$$\underset{\text{RCCH=CCl}_2}{\overset{\text{O}}{\|}} \xrightarrow[\text{EtOH}]{\text{NaN}_3} \text{[5-R-3-azido-isoxazole]}$$

40-50%

IV.L.3-5 J. Barluenga, J. Jardon and V. Gotor, J. Chem. Res.(M), 3528 (1986).

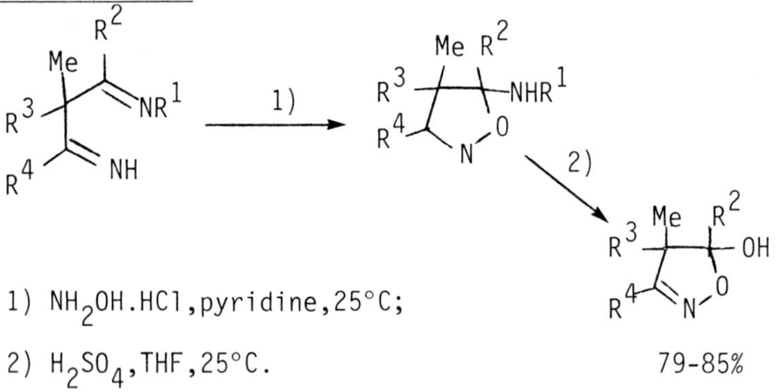

1) NH$_2$OH·HCl, pyridine, 25°C;

2) H$_2$SO$_4$, THF, 25°C.

79-85%

IV.L.3-6 S. Kwiatkowski and M. Langwald, Monatsh. Chem., 117, 1091 (1986).

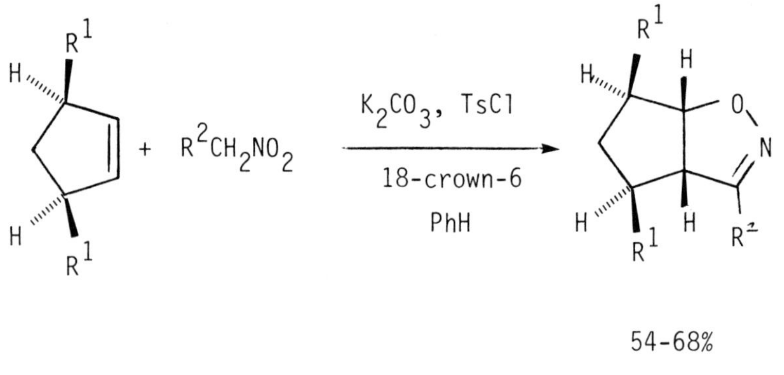

+ R^{2}CH$_2$NO$_2$ $\xrightarrow[\text{PhH}]{\text{K}_2\text{CO}_3, \text{TsCl}, \text{18-crown-6}}$

54-68%

IV.L.3-7 A. Liguori, G. Sindona and N. Uccella,
Gazz. Chim. Ital., 116, 377 (1986).

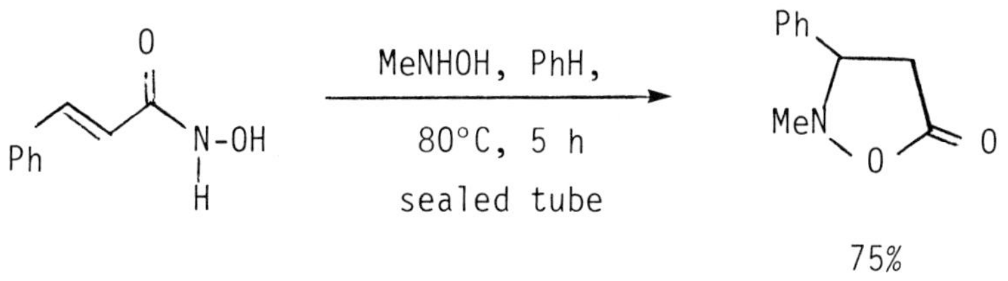

Ph-CH=CH-C(O)-N(H)-OH →[MeNHOH, PhH, / 80°C, 5 h / sealed tube] [3-Ph, 2-Me-isoxazolidin-5-one]

75%

IV.L.3-8 R. Nesi, D. Giomi, S. Papaleo and L. Quartara,
J. Chem. Soc., Chem. Commun., 1536 (1986).

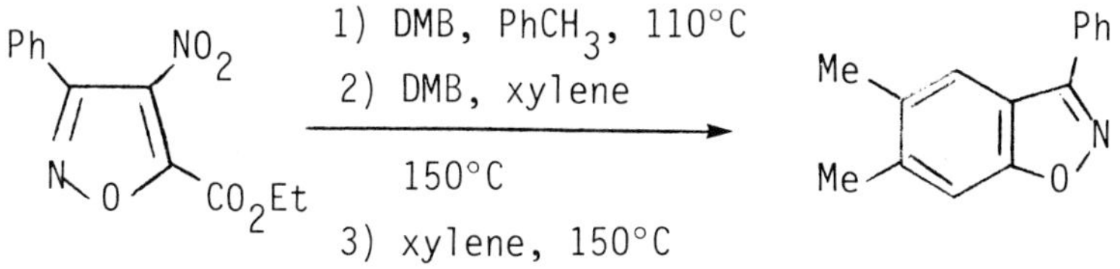

[4-Ph-3-NO₂-5-CO₂Et-isoxazole] →[1) DMB, PhCH₃, 110°C / 2) DMB, xylene / 150°C / 3) xylene, 150°C] [3-Ph-5,6-diMe-benzisoxazole]

DMB = 2,3-dimethylbuta-1,3-diene

IV.L.3-9 A. Maquestiau, E. Puk and R. Flammang,
Tetrahedron Lett., 27, 4023 (1986).

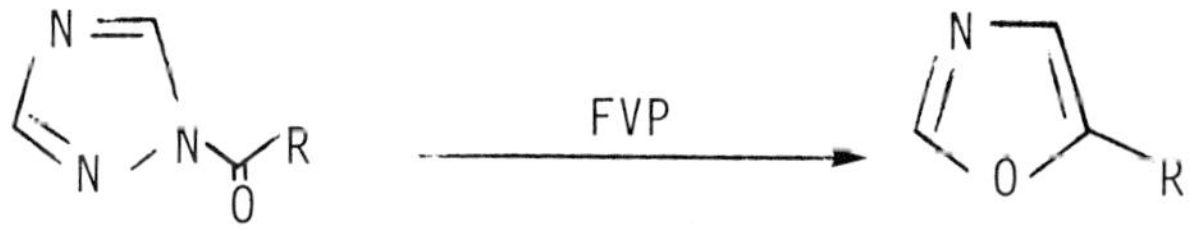

[1,2,4-triazole-N-acyl] →[FVP] [5-R-oxazole]

IV.L.3-10 R. Bossio, S. Marcaccini and R. Pepino, Heterocycles, 24, 2003 (1986).

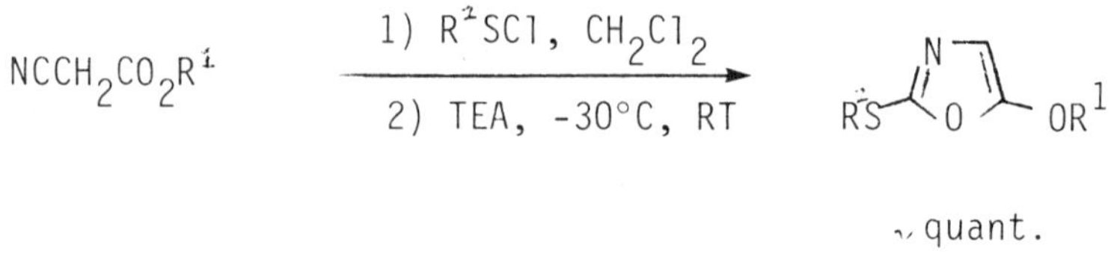

$$NCCH_2CO_2R^1 \xrightarrow[\text{2) TEA, -30°C, RT}]{\text{1) } R^2SCl, CH_2Cl_2} \quad R^2S\text{-oxazole-}OR^1$$

quant.

IV.L.3-11 E.C. Taylor, A.H. Katz and S. I. Alvarado, J. Org. Chem., 51, 1607 (1986).

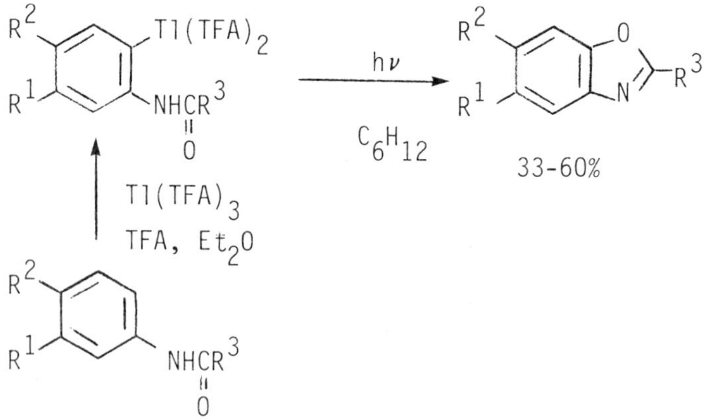

33-60%

IV.L.3-12 D. Armesto, M.J. Ortiz, R. Perez-Ossorio and W.M. Horspool, J. Chem. Soc., Perkin I, 623 (1986).

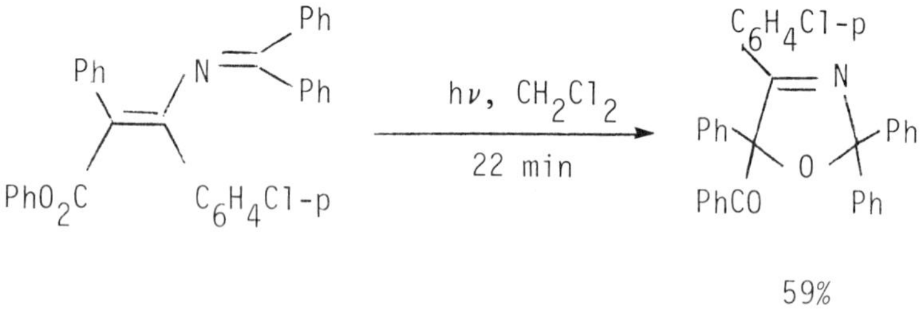

59%

IV.L.3-13 M.E. Mustafa, A. Takaoka and N. Ishikawa, Heterocycles, 24, 1541 (1986).

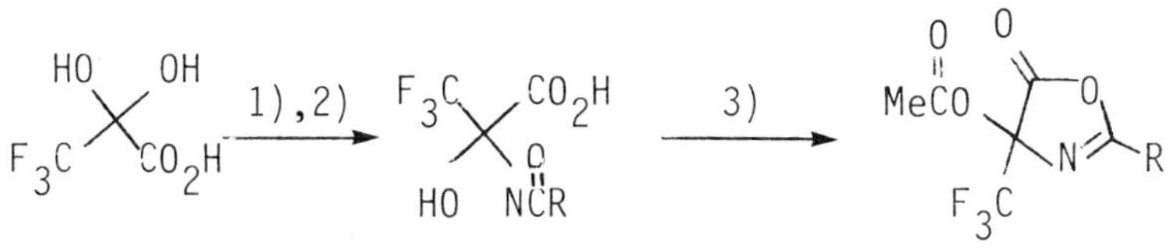

1) RCN, H_2SO_4; 2) H_2O;
3) $(MeCO)_2O$, $MeCO_2K$, 40-90°C.

50-65%

IV.L.3-14 A. Baba, M. Fujiwara and H. Matsuda, Tetrahedron Lett., 27, 77 (1986); M. Fujiwara, A. Baba, Y. Tomohisa and H. Matsuda, Chem. Lett., 1963 (1986); I. Shibata, A. Baba and H. Matsuda, J. Chem. Soc., Chem. Commun., 1703 (1986); I. Shibata, A. Baba, H. Iwasaki and H. Matsuda, J. Org. Chem., 51, 2177 (1986).

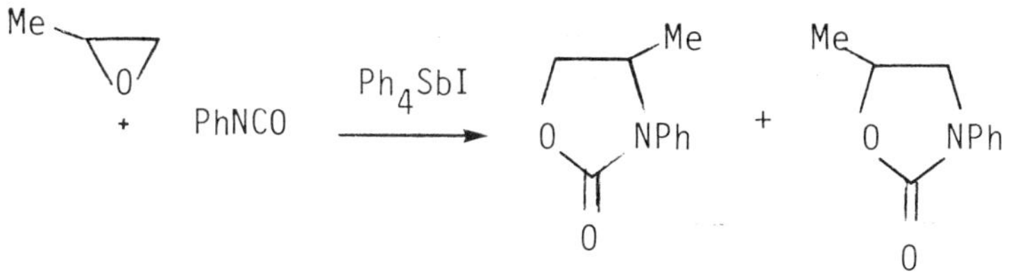

52%   48%

IV.L.3-15 G. Cardillo, M. Orena and S. Sandri, J. Org. Chem., 51, 713 (1986).

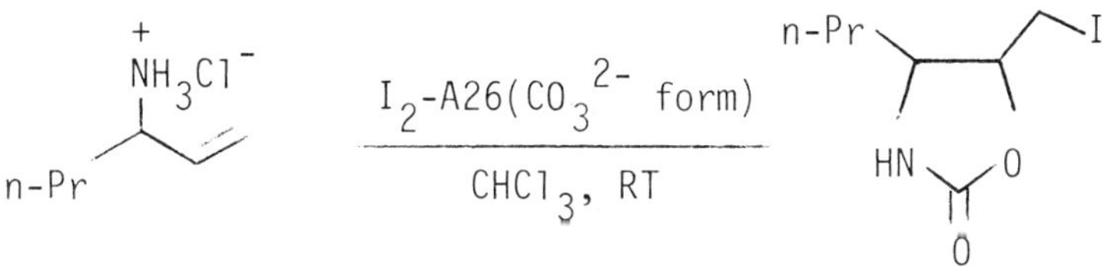

95%

55:45, cis:trans

IV.L.3-16 W. Tam, *J. Org. Chem.*, **51**, 2977 (1986).

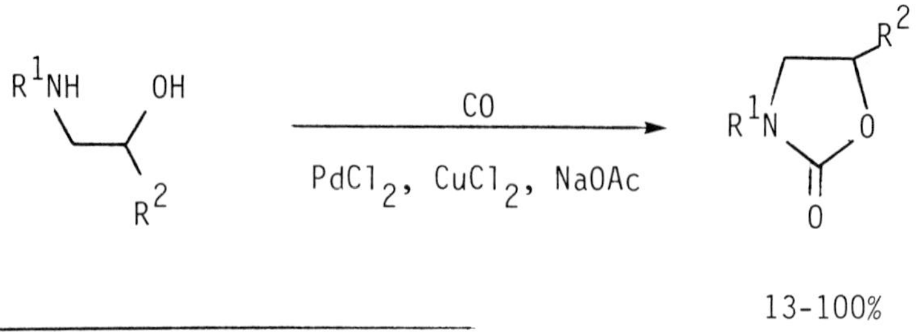

$R^1NH-CH_2-CH(OH)-R^2$ →[CO; $PdCl_2$, $CuCl_2$, NaOAc] oxazolidinone with R^1 on N and R^2 on C5

13-100%

IV.L.3-17 E.M. Becalli, A. Marchesini and H. Molinari, *Tetrahedron Lett.*, **27**, 627 (1986).

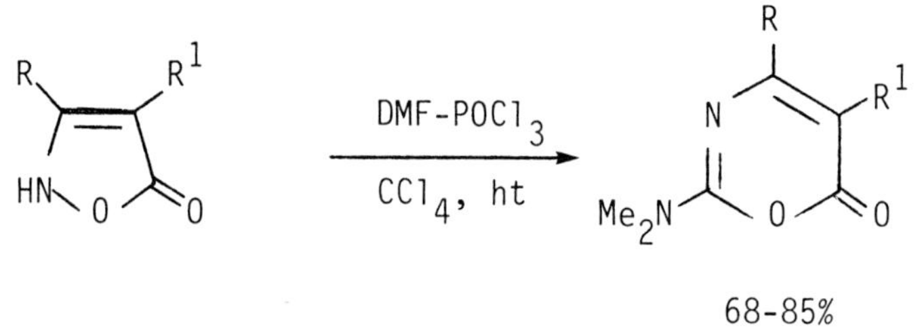

[R, R^1-substituted 3-amino acrylate lactone] →[$DMF-POCl_3$; CCl_4, ht] [pyrimidinone with Me_2N group]

68-85%

IV.L.3-18 Y. Yamamoto, Y. Morita and K. Minami, *Chem. Pharm. Bull.*, **34**, 1980 (1986).

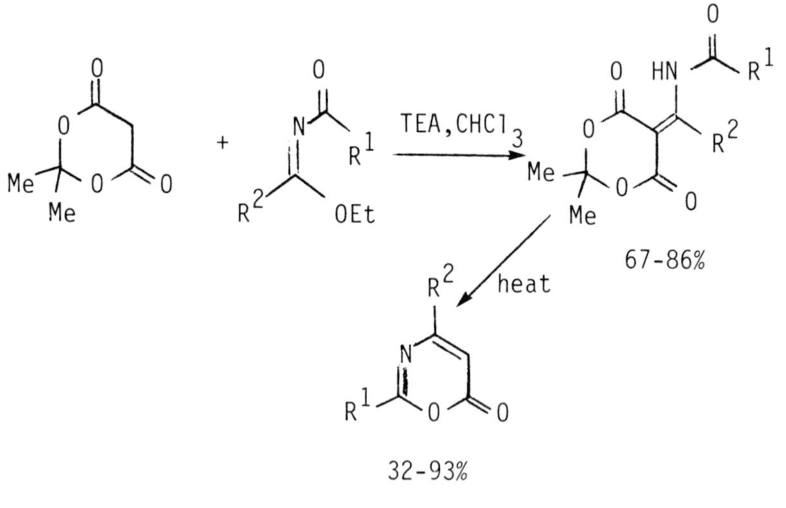

[Meldrum's acid] + [N-acyl imidate R^2, R^1, OEt] →[TEA, $CHCl_3$] [Meldrum's adduct with $HN-C(O)R^1$, R^2]

67-86%

↓ heat

[4H-1,3-oxazin-6-one with R^2 at C4, R^1 at C2]

32-93%

IV.L.3-19   P.M. Scola and S.M. Weinreb, J. Org. Chem., 51, 3248 (1986).

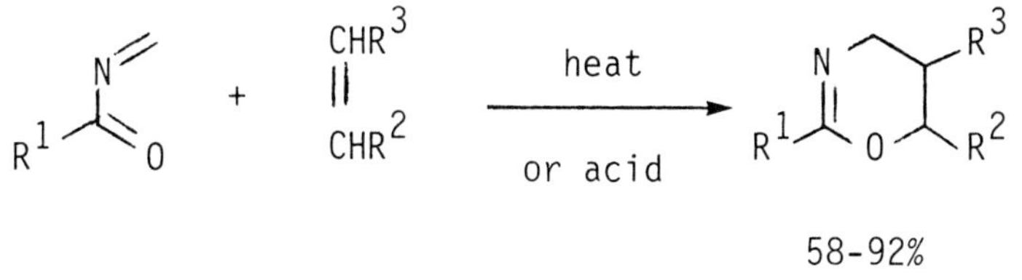

$$R^1-C(=NCH)-O + CHR^3=CHR^2 \xrightarrow{\text{heat or acid}} \text{6-membered ring product}$$

58-92%

IV.L.3-20   S.E. Denmark, M.E. Dappen and C.J. Cramer, J. Am. Chem. Soc., 108, 1306 (1986).

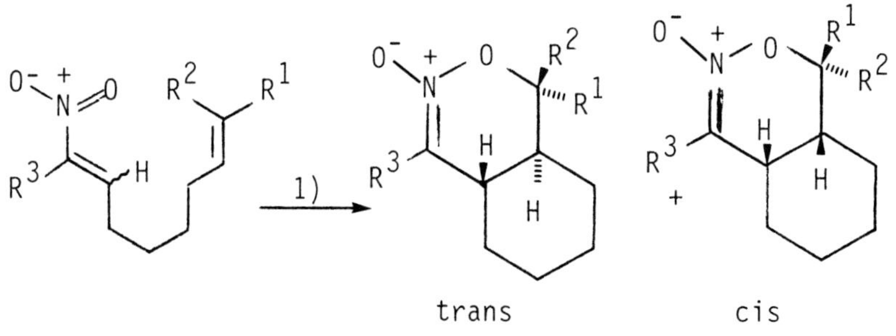

1) PhMe, -29 to 0°C, 3h.

trans : cis
98 : 2
80%

IV.L.4. Heterocycles with 1 N and 1 S

IV.L.4-1   K.N. Rajasekharan, K.P. Nair and G.C. Jenardanan, Synthesis, 353 (1986).

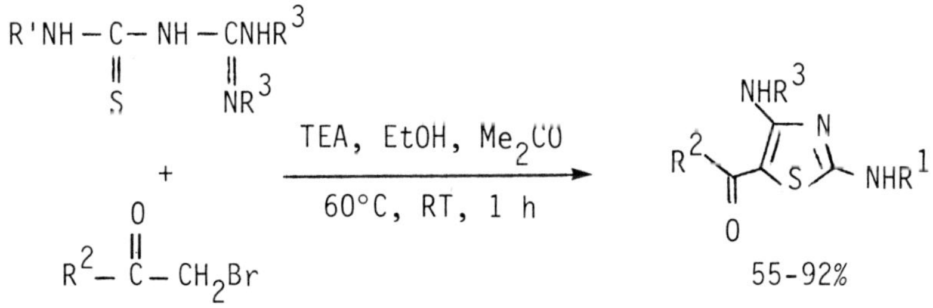

$$R'NH-\underset{S}{\overset{\|}{C}}-NH-\underset{NR^3}{\overset{\|}{C}}NHR^3 \ + \ R^2-\underset{O}{\overset{\|}{C}}-CH_2Br \xrightarrow[\text{60°C, RT, 1 h}]{\text{TEA, EtOH, Me}_2CO} \text{thiazole product}$$

55-92%

IV.L.4-2 K. Takagi, Chem. Lett., 265 (1986).

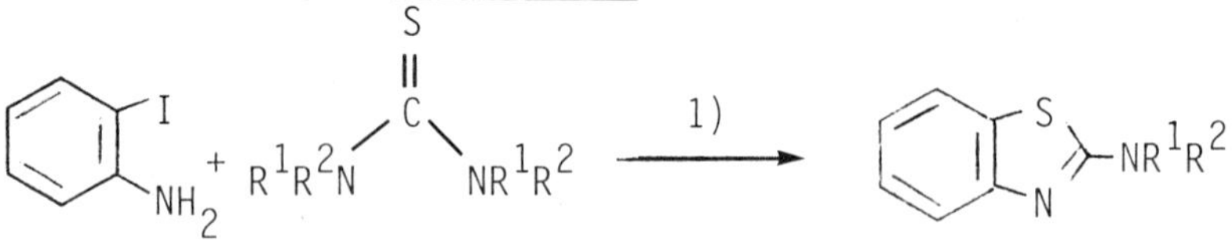

1) $NiCl_2(PEt_3)_2$, $NaBH_3CN$, DMF, ~60°C.

69-94%

IV.L.4-3 E.H.M. Abdelall and J.M. Mellor, J. Chem. Soc., Chem. Commun., 577 (1986).

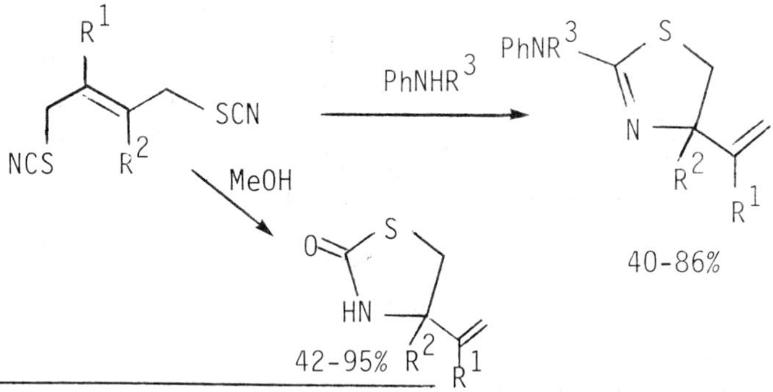

40-86%

42-95%

IV.L.4-4 C. Jenny and H. Heimgartner, Helv. Chim. Acta, 69, 374 (1986).

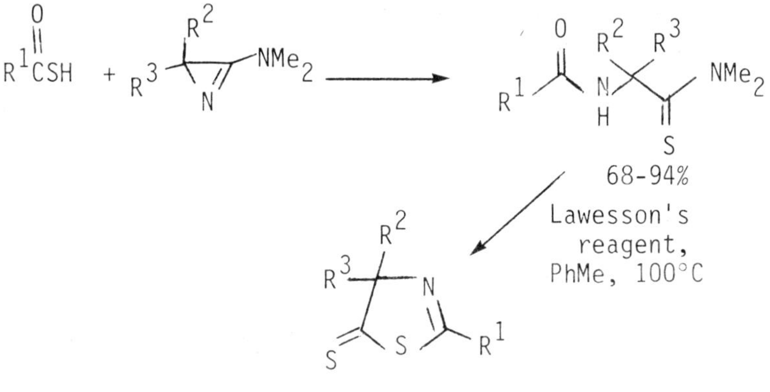

68-94%

Lawesson's reagent, PhMe, 100°C

10-93%

IV.L.4-5 W. Ando, T. Takata, L. Huang and Y. Tamura, Synthesis, 139 (1986).

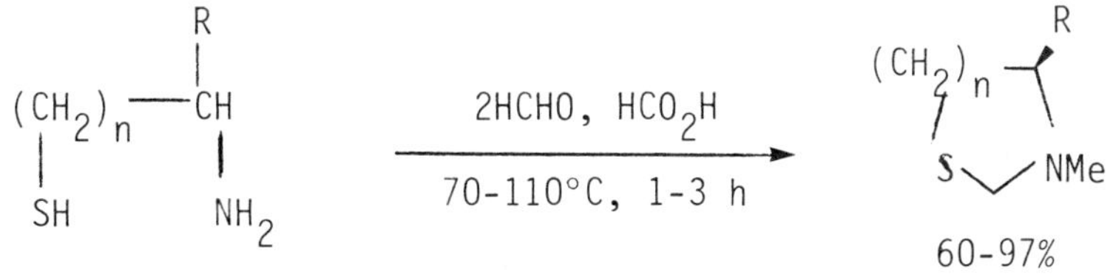

IV.L.4-6 V. Balasubramaniyan, P. Balasubramaniyan and A.S. Shaikh, Tetrahedron, 42, 2731 (1986).

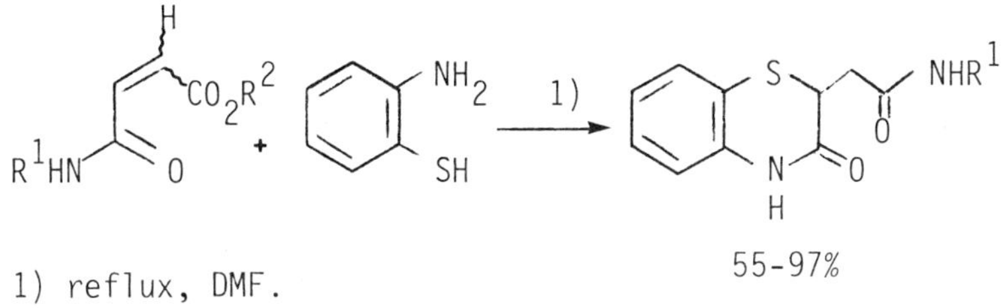

1) reflux, DMF.

IV.L.4-7 S.M. Weinreb, J.A. Gainor and R.P. Joyce, Bull.Soc.Chim.Belg., 95, 1021 (1986).

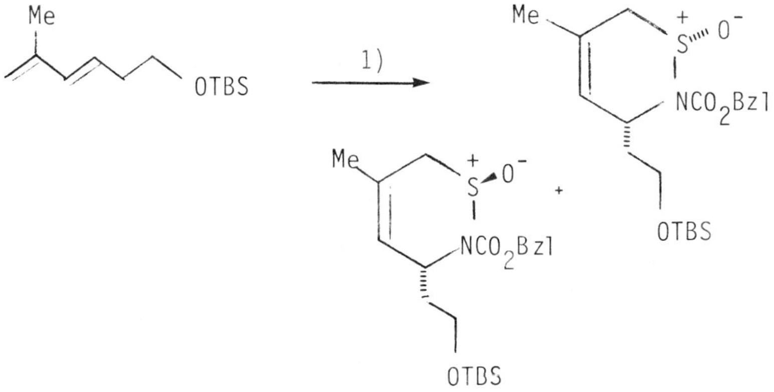

1) BzlOCONSO, PhMe, RT.

IV.L.5. Heterocycles with 1 N and 1 P

IV.L.5-1 J. Heinicke, Tetrahedron Lett., 47, 5699 (1986).

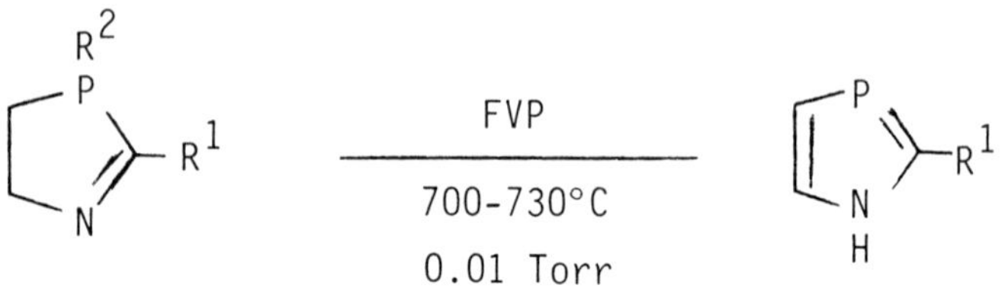

[Structure: 2-R¹-3-R²-4,5-dihydro-1,3-azaphosphole] →(FVP, 700-730°C, 0.01 Torr)→ [Structure: 2-R¹-1H-1,3-azaphosphole]

IV.L.6. Heterocycles with 3 N's

IV.L.6-1 L. Di Nunno and A. Scilimati, Tetrahedron, 42, 3913 (1986).

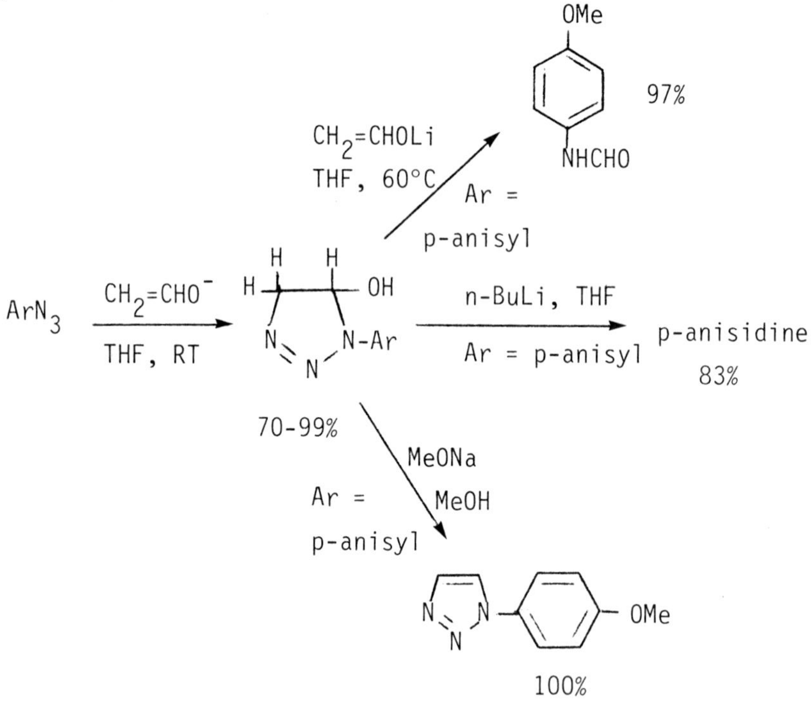

ArN_3 →($CH_2=CHO^-$, THF, RT)→ [4-hydroxy-1-aryl-4,5-dihydro-1,2,3-triazole] (70-99%, Ar = p-anisyl)

→($CH_2=CHOLi$, THF, 60°C, Ar = p-anisyl)→ p-$MeOC_6H_4$-NHCHO (97%)

→(n-BuLi, THF, Ar = p-anisyl)→ p-anisidine (83%)

→(MeONa, MeOH)→ 1-(p-methoxyphenyl)-1,2,3-triazole (100%)

IV.L.6-2   E. Scmitz and G. Lutze, Z. Chem., 26, 165 (1986).

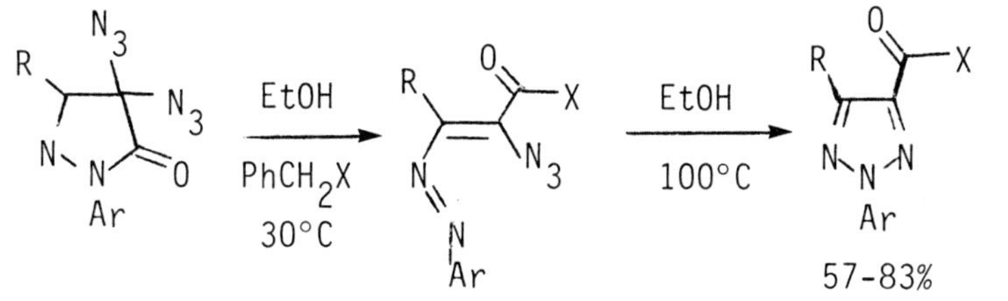

X = NH_2, NHEt, or OEt

IV.L.6-3   Z. El-Shahat Kandeel, T. Fuchigami and T. Nonaka, J. Chem. Soc., Perkin I, 1379 (1986).

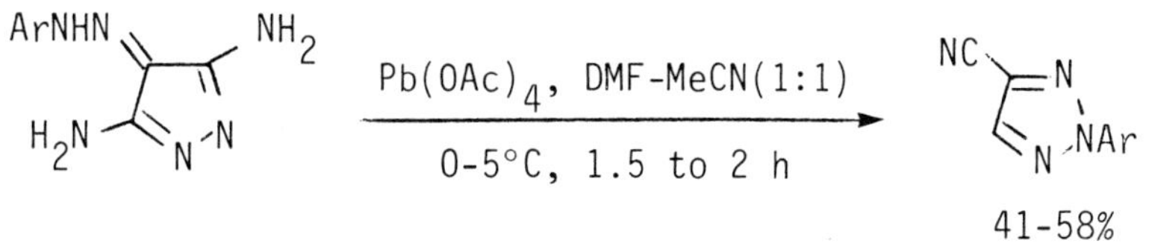

IV.L.6-4   R. Milcent and T. Nguyen, J. Heterocycl. Chem., 23, 881 (1986).

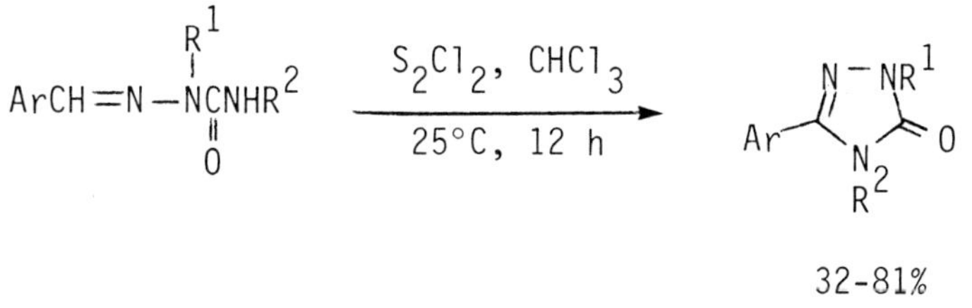

IV.L.6-5 J.W. Lyga, Synth. Commun., 16, 163 (1986).

$$\underset{\underset{}{\text{ArNHN=CCO}_2\text{H}}}{\overset{R}{|}} \xrightarrow{1)} \quad \text{[triazolone ring: ArN-N=C(R)-NH-C(=O)]}$$

1) $(PhO)_2\overset{O}{\overset{\|}{P}}N_3$, TEA, PhMe, reflux, 1 h.

51-86%

IV.L.6-6 L. Koshy and C.P. Joshua, Ind. J. Chem., Sect. B, 25, 530 (1986).

$$\underset{\text{RNHCNHNH}_2}{\overset{S}{\overset{\|}{}}} \;+\; \underset{\text{ClC-NH}_2}{\overset{NH}{\overset{\|}{}}} \xrightarrow{\text{HCl, }\sim 100°\text{C, 10 min}} \text{HS-[triazole ring with R on N]-NH}_2$$

60-85%

IV.L.6-7 M. Tripathi and D.N. Dhar, Synthesis, 1015 (1986).

$$\underset{\underset{H_2N-\underset{S}{\overset{}{}}}{}}{\overset{R^1}{\underset{R^{2\prime}}{\diagdown}}C=N-NH} \xrightarrow[0°C \text{ to RT}]{OCNSO_2Cl_2,\; CH_2Cl_2} \text{[thiadiazoline product with } R^1, R^2, R^3\text{]}$$

85-95%

IV.L.6-8 L. Bruche, L. Garanti and G. Zecchi, J. Chem. Soc., Perkin I, 2177 (1986); L. Bruche, L. Garanti and G. Zecchi, Synthesis, 772 (1986).

PhNH—N=C(CO$_2$Me)—N=PPh$_3$ $\xrightarrow{\text{RNCO, PhH, RT}}$ [triazole with CO$_2$Me, Ph, NHR] (52-80%) + [triazolone with MeO$_2$C, Ph] (0-33%)

IV.L.6-9 R.N. Butler, K.J. Fitzgerald and M.T. Fleming, Tetrahedron Lett., 27, 4921 (1986).

[tetrazole-R] $\xrightarrow{1)}$ [intermediate with Ph, N—NHAr, R] (65-70%) $\xrightarrow[\text{EtOH}]{\text{NaOH}}$ [triazole with Ph, NAr, R] (84-90%)

1) Ph-C≡N$^+$-N$^-$-Ar, EtOH, 0-5°C.

IV.L.6-10 J. Barluenga, F.J. González, S. Fustero and V. Gotor, J. Chem. Soc., Chem. Commun., 1179 (1986).

[imine with CH$_2$R^2, R^1, R^1, H, R^2] $\xrightarrow[\text{THF, 25°C}]{R^3O_2CN=N-CO_2R^3}$ [hexahydrotriazine product with R^{2}CH$_2$, R^1, CO$_2$R^3, R^1, R^2, H, CO$_2$R^3]

85-90%

IV.L.6-11 F. Ladhar, R. El Gharbi, M. Delmas and A. Gaset, Synthesis, 643 (1986).

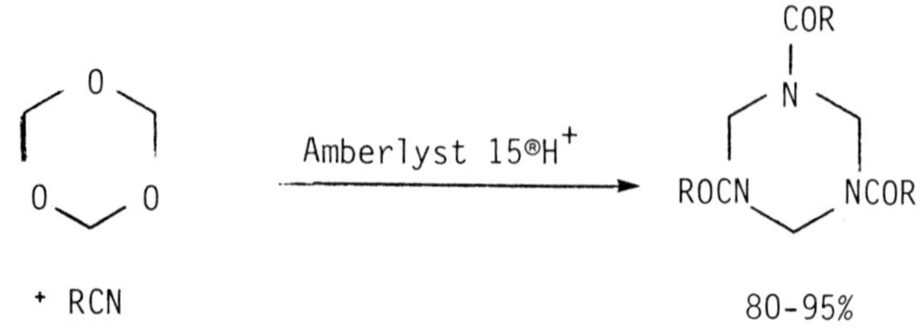

[1,3,5-trioxane] + RCN → piperazine with N-COR, and two N-COR on ring carbons (ROCN, NCOR)

Amberlyst 15®H⁺

80-95%

IV.L.7. Heterocycles with 2 N's and 1 O

IV.L.7-1 B. Rigo, P. Cauliez, D. Fasseur and D. Couturier, Synth. Commun., 16, 1665 (1986).

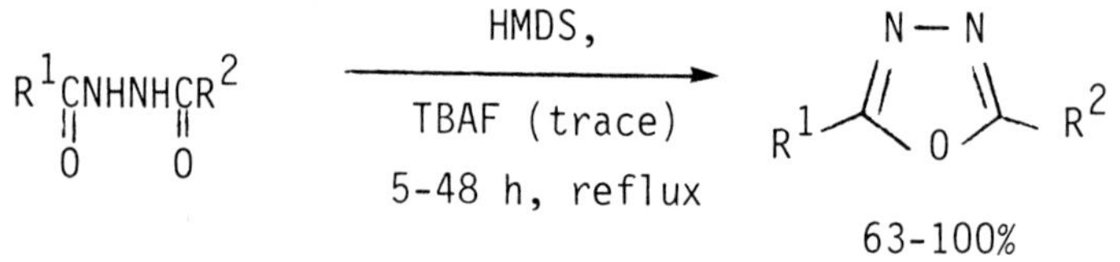

R^1CNHNHCR^2 (with two C=O) → 1,3,4-oxadiazole: R^1 and R^2 on ring

HMDS, TBAF (trace), 5-48 h, reflux

63-100%

IV.L.7-2 H.E. Baumgarten, D. Hwang and T.N. Rao, J. Heterocycl. Chem., 23, 945 (1986).

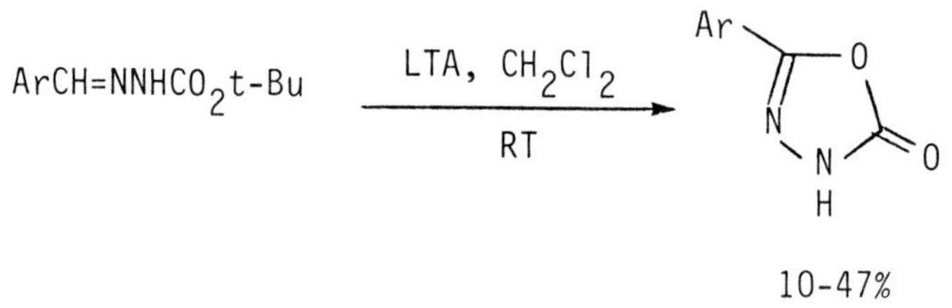

ArCH=NNHCO$_2$t-Bu → 1,3,4-oxadiazol-2(3H)-one with Ar substituent

LTA, CH$_2$Cl$_2$, RT

10-47%

IV.L.7-3   B.A. Shainyan et al., J. Org. Chem.(USSR), 22, 572 (1986).

$$RSO_2CH_2=CCl_2 + H_2NNHCNH_2 \text{ (X=S or O)} \xrightarrow[\text{reflux}]{\text{EtOH}} RSO_2CH_2\text{-[triazole ring]-}NH_2 \quad 14\text{-}94\%$$

IV.L.7-4   P. Molina, M. Alajarin and A. Ferao, Synthesis, 843 (1986).

$$R^1C=N-OH,\ N_3 \xrightarrow[\text{KOH, 0°C}]{R^2COCl\ aq.} R^1-C(N_3)=N-OCR^2(=O) \quad 35\text{-}98\%$$

$$\xrightarrow[\text{0 to 5°C}]{PPh_3,\ CH_2Cl_2} R^1-C(N=PPh_3)=N-OCR^2(=O) \quad 71\text{-}93\%$$

$$\xrightarrow[\text{PhMe}]{\text{heat}} \text{[oxadiazole } R^1, R^2\text{]} \quad 67\text{-}99\%$$

IV.L.8. Heterocycles with 2 N's and 1 S

IV.L.8-1   M. Caron, J. Org. Chem., 51, 4075 (1986).

$$R^1COC(N_2)C(=O)OR^2 \xrightarrow{1)} \text{[thiadiazole with } R^1, CO_2R^2\text{]} \quad 20\text{-}95\%$$

1) Lawesson's reagent, PhH, reflux.

IV.L.8-2 T. Aoyama, Y. Iwamoto and T. Shiori, Heterocycles, 24, 589 (1986).

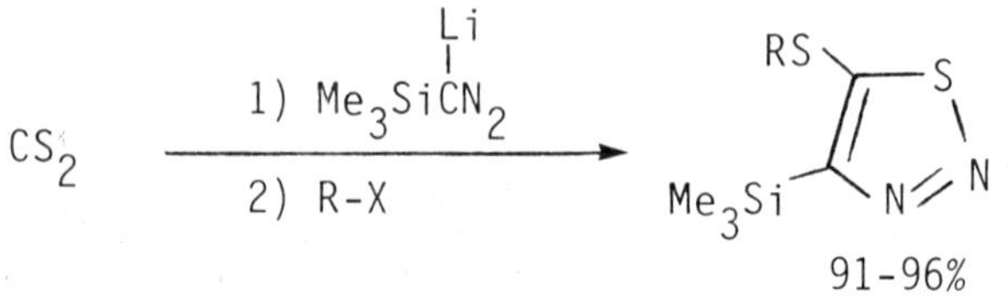

$$CS_2 \xrightarrow[\text{2) R-X}]{\text{1) Me}_3\text{SiCN}_2\text{Li}} \underset{91-96\%}{\text{product}}$$

IV.M. Other Heterocycles

IV.M-1 F. Pouchat, Tetrahedron, 42, 4461 (1986).

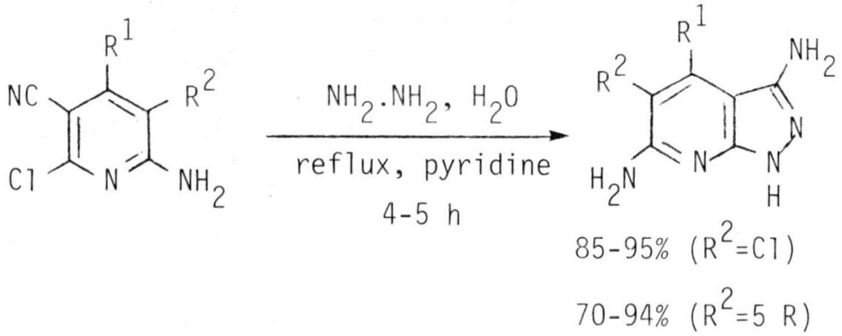

$$\xrightarrow[\text{4-5 h}]{\text{NH}_2\cdot\text{NH}_2,\ \text{H}_2\text{O},\ \text{reflux, pyridine}}$$

85-95% (R^2=Cl)

70-94% (R^2=5 R)

IV.M-2 M.P. Groziak and L.B. Townsend, J. Org. Chem., 51, 1277 (1986).

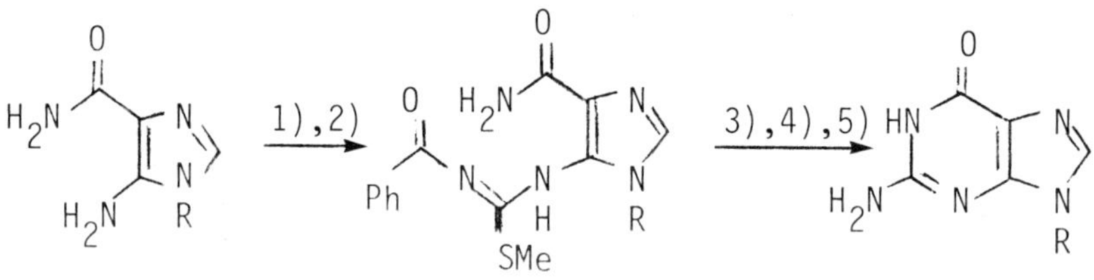

1) PhCONCS; 2) Me$_2$SO$_4$, OH$^-$ aq.;
3) NH$_3$, EtOH; 4) OH$^-$ aq.; 5) HOAc.

IV.M-3   T. Sugimoto, N. Nishioka, S. Murata and
S. Matsuura, Heterocycles, 24, 1565 (1986).

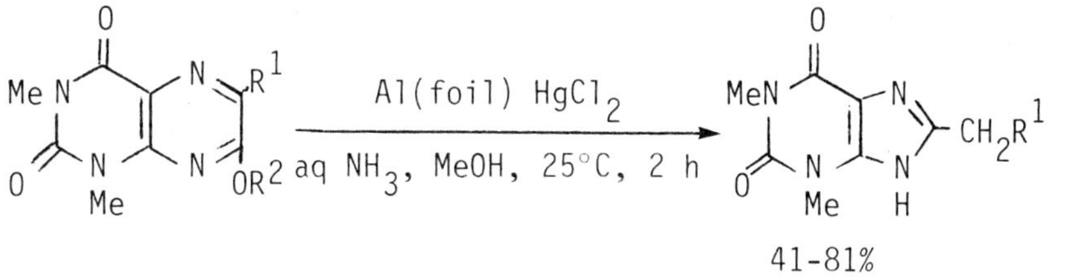

$$\text{Pteridine-OR}^2 \xrightarrow[\text{aq NH}_3,\ \text{MeOH},\ 25°\text{C},\ 2\text{ h}]{\text{Al(foil) HgCl}_2} \text{Imidazole-CH}_2\text{R}^1$$

41-81%

IV.M-4   K.E. Andersen, M. Hammad and E. B. Pedersen,
Liebigs Ann. Chem., 1255 (1986).

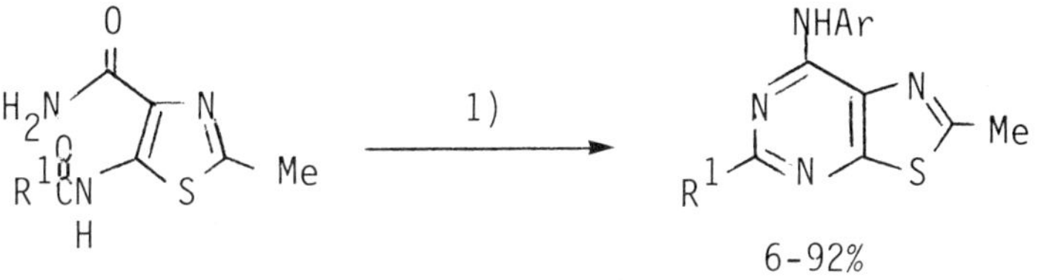

6-92%

1) ArNH$_2$, P$_2$O$_5$, TEA, HCl, 160°C.

IV.M-5   P. Bravo et al., Gazz. Chim. Ital., 116, 441,
491 (1986).

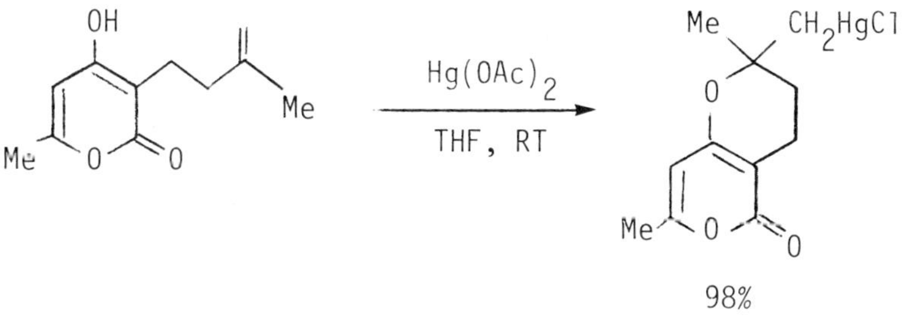

$$\xrightarrow[\text{THF, RT}]{\text{Hg(OAc)}_2}$$

98%

IV.M-6 W. Kitching, J.A. Lewis, M.T. Fletcher, J.J. DeVoss, R.A.I. Drew and C.J. Moore, J. Chem. Soc., Chem. Commun., 855 (1986).

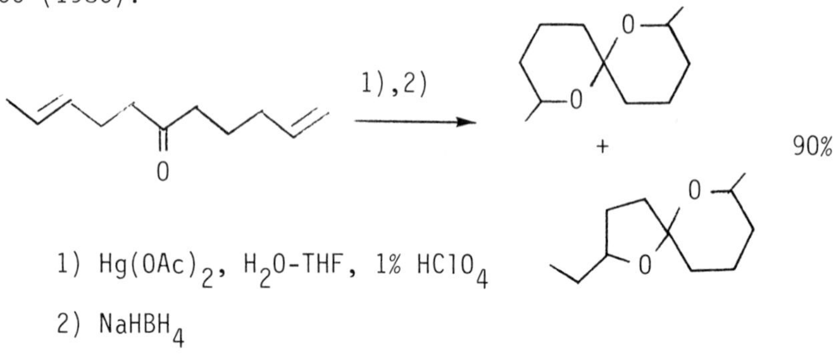
1),2)
90%
1) Hg(OAc)2, H2O-THF, 1% HClO4
2) NaHBH4

IV.M-7 K. Smith, I. Mathews, N.M. Hulme and G.E. Martin, J. Chem. Soc., Perkin I, 2075 (1986).

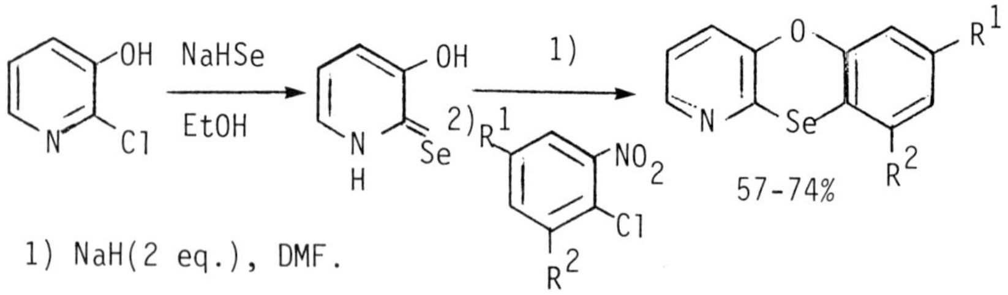
NaHSe
EtOH
1)
2)
57-74%
1) NaH(2 eq.), DMF.

IV.M-8 I. Ikeda, Y. Tsuji, Y. Nakatsuji and M. Okahara, J. Org. Chem., 51, 1128 (1986).

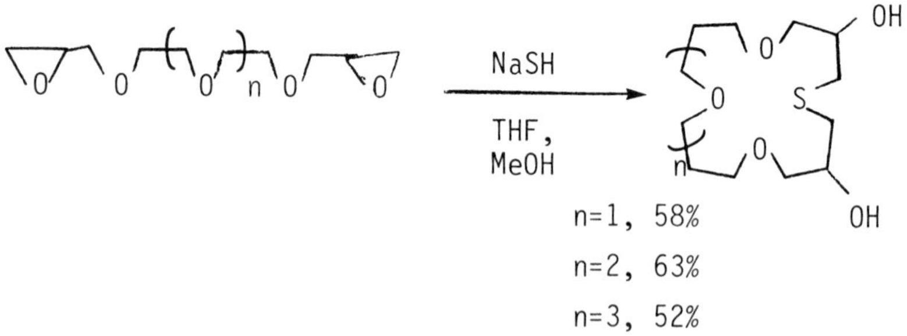
NaSH
THF,
MeOH
n=1, 58%
n=2, 63%
n=3, 52%

IV.N. General Heterocyclic Reviews

IV.N-1 G.A. Shvekhgeimer, V.I. Zvolinskii and K.I. Kobrakov, Chem. Heterocycl. Compounds, 22, 353 (1986).

   Review: "Synthesis of Heterocycles on the Basis
            of Aliphatic Nitro Compounds."

IV.N-2 R.S. Varma and G.W. Kabalka, Heterocycles, 24, 2645 (1986).

   Review: "Nitroalkanes in the Synthesis of
            Heterocyclic Compounds."

IV.N-3 F.M. Abdel-Galil, S.M. Sherif and M.H. Elnagdi, Heterocycles, 24, 2023 (1986).

   Review: "Utility of Cyanoacetamide in
            Heterocyclic Synthesis."

IV.N-4 L.S. Hegedus et al., Gazz. Chim. Ital., 116, 213 (1986).

   Review: "Palladium Catalysis in the Synthesis
            of Indoloquinones."

IV.N-5 A.F. Kluge, Heterocycles, 24, 1699 (1986).

   Review: "Synthesis of 1,7-Dioxaspiro [5.5] undecanes."

IV.N-6 Yu.I. Gevaza and V.I. Staninets, Chem. Heterocycl. Compounds, 22, 231 (1986).

Review: "Electrophilic Heterocyclization of Unsaturated Sulfur and Phosphorus Compounds."

IV.N-7 C.M. Cimarusti, Gazz. Chim. Ital., 116, 169 (1986).

Review: "Monobactams: Expeditious Synthesis of Azetidinone-1-Sulfonates and Selected Alternatively-Activated Analogs."

IV.N-8 N. Petragnani, H.M.C. Ferraz and G.V.J. Silva, Synthesis, 157 (1986).

Review: "Advances in the Synthesis of α-Methylenelactones."

IV.N-9 B.H. Lipshutz, Chem. Rev., 86, 795 (1986).

Review: "Five-Membered Heteroaromatic Rings as Intermediates in Organic Synthesis."

IV.N-10 H. Suschitzky, Croat. Chem. Acta, 59, 57 (1986).

Review: "2H-Benzimidazoles as Synthons in Heterocyclic Chemistry."

IV.N-11   V.I. Kelarev and G.A. Shvekhgeimer, Chem. Heterocycl. Compounds, 22, 109 (1986).

Review: "Methods for the Synthesis of Azoles Containing Indole Substituents."

IV.N-12   Q.B. Broxterman, H. Hogeveen and R.F. Kingma, Pure and Appl. Chem., 58, 89 (1986).

Review: "Cyclobutadiene Radical Cations and 2-Azapyrylium Ions."

IV.N-13   P.G. Sammes, Gazz. Chim. Ital., 116, 109 (1986).

Review: "Recent Studies on 3-Oxidopyrylium and its Derivatives."

IV.N-14   W. Steglich, R. Jeschke and E. Buschmann, Gazz. Chim. Ital., 116, 361 (1986).

Review: "1,3-Oxazin-6-ones: Versatile Intermediates in Heterocyclic Synthesis."

IV.N-15   A.L. Weiss and H.C. van der Plas, Heterocycles, 24, 1433 (1986).

Review: "Dihydropyrimidines: Synthesis, Structure and Tautomerism."

IV.N-16 M. Christl, Gazz. Chim. Ital., 116, 1 (1986).

Review: "Cycloadditions of 1,3,4-Oxadiazin-6-ones."

IV.N-17 W. Verboom and D.N. Reinhoudt, Rec. Trav. Chim., 105, 199 (1986).

Review: "Recent Approaches to the Pyrrolo[1,2-a]indoles."

IV.N-18 G.A. Mironova, V.N. Kuklin, E.N. Kirillova and B.A. Ivin, Chem. Heterocycl. Compounds, 22, 1 (1986).

Review: "Oxo- and Thioxo-1,3-thiazines."

IV.N-19 G. Mohiuddin, P.S. Reddy, K. Ahmed and C.V. Ratnam, Heterocycles, 24, 3489 (1986).

Review: "Recent Advances in the Synthesis of Annelated 1,4-Benzodiazepines."

IV.N-20 M.J. Miller, Acc. Chem. Res., 19, 49 (1986).

Review: "Hydroxamate Approach to the Synthesis of β-Lactam Antibiotics."

IV.N-21 J.C. Sarma and R.P. Sharma, Heterocycles, 24, 441 (1986).

Review: "Synthesis of α-Methylene-γ-Butyrolactones."

IV.N-22 J.G. Keay, Adv. Heterocycl. Chem., 39, 2 (1986).

   Review: "The Reduction of Nitrogen Heterocycles
           with Complex Metal Hydrides."

IV.N-23 A. Labert, Adv. Heterocycl. Chem., 39, 118 (1986).

   Review: "Chemistry of 8-Azapurines."

IV.N-24 T. Kametani and T. Honda, Adv. Heterocycl. Chem., 39, 182 (1986).

   Review: "Application of Aziridines to the
           Synthesis of Natural Products."

IV.N-25 I. Hermecz and L. Vasuari-Debreczy, Adv. Heterocycl. Chem., 39, 282 (1986).

   Review: "Tricyclic Compounds with a Central
           Pyrimidine Ring and One Bridgehead Nitrogen."

IV.N-26 J. Knabe, Adv. Heterocycl. Chem., 40, 105 (1986).

   Review: "1,2-Dihydroisoquinolines and Related
           Compounds."

IV.N-27 A. Albert, Adv. Heterocycl. Chem., 40, 130 (1986).

   Review: "4-Amino-1,2,3-triazoles."

V
PROTECTING GROUPS

V.A. Hydroxyl Protecting Groups

V.A-1 W.V. Dahlhoff and K.M. Taba, Synthesis, 561 (1986); D. Sinou and M. Emziane, Synthesis, 1045 (1986); G.W. Kabalka, M. Varma, R.J. Varma, P.C. Srivastava and F.J. Knapp, Jr., J. Org. Chem., 51, 2386 (1986).

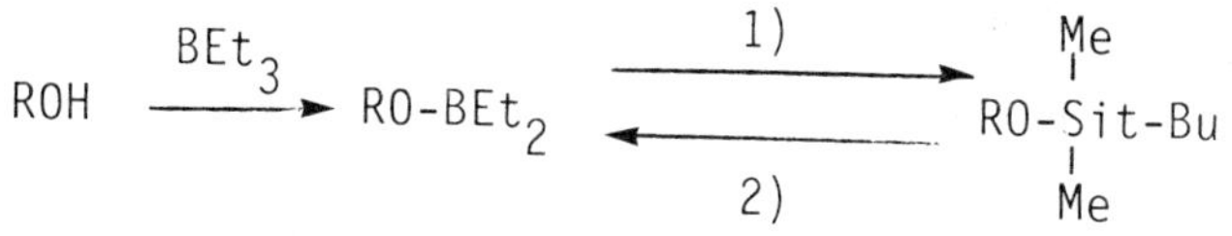

$$ROH \xrightarrow{BEt_3} RO\text{-}BEt_2 \underset{2)}{\overset{1)}{\rightleftarrows}} RO\text{-}Si\text{-}t\text{-}Bu \text{ (with Me, Me substituents)}$$

1) TBDMSO-CMe=CH-C(O)-Me, $F_3C\text{-}SO_2\text{-}OSiMe_3$, heptane, RT;
2) $Et_2B\text{-}O\text{-}BEt_2$(cat.), heptane, RT.

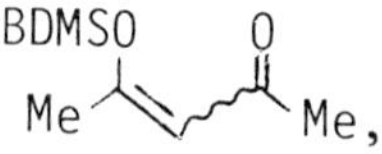

V.A-2 S. Hoyer, P. Laszlo, M. Orlovic and E. Polla, Synthesis, 655 (1986).

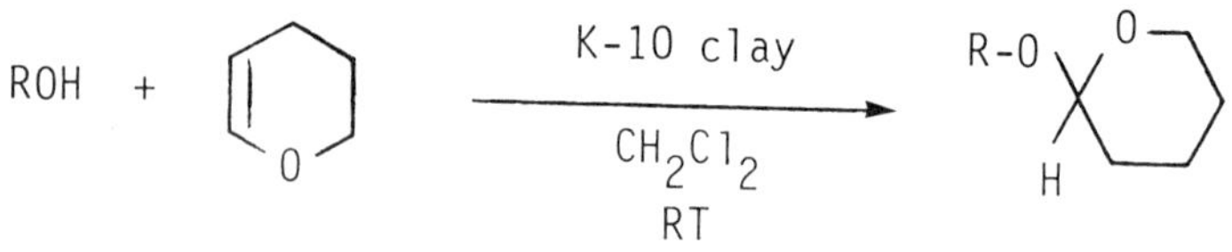

$$ROH + \text{(dihydropyran)} \xrightarrow[CH_2Cl_2 \\ RT]{K\text{-}10 \text{ clay}} R\text{-}O\text{-}THP$$

63-95%

V.A-3 S. Kusumoto, K. Sakai and T. Shiba, Bull. Chem. Soc. Jpn., 59, 1296 (1986).

ROH $\xrightarrow{N_3(CH_2)_3COCl}$ $N_3\text{-}\diagup\diagdown\text{-}C(O)\text{-}O\text{-}R$ 85-96%

$\downarrow$ H$_2$/Pd EtOH

ROH + [pyrrolidinone N-H C=O] $\xleftarrow[\text{EtOH}]{\text{reflux}}$ $H_2N\text{-}\diagup\diagdown\text{-}C(O)\text{-}OR$

78-91%

V.A-4 N. Shobana and P. Shanmugam, Ind. J. Chem., Sect. B, 25, 658 (1986).

$ROCH_2CH=CH_2$ $\xrightarrow[\text{HOAc, reflux} \atop \text{2 h}]{\text{NaHTe, EtOH,}}$ ROH   85-99%

V.A-5 K.H. Bell, Tetrahedron Lett., 27, 2263 (1986); H. Saimoto, Y. Kusano and T. Hiyama, Tetrahedron Lett., 27, 1607 (1986).

$$ArO-\overset{O}{\underset{\|}{C}}-Ph + n\text{-}BuNH_2 \xrightarrow{PhH} ArOH + Ph-\overset{O}{\underset{\|}{C}}-NHBu$$
(10 eq.)

Benzoates of aliphatic alcohols are unaffected under these conditions.

V.A-6 A.A. Ponaras and M.Y. Meah, Tetrahedron Lett., 27, 4953 (1986).

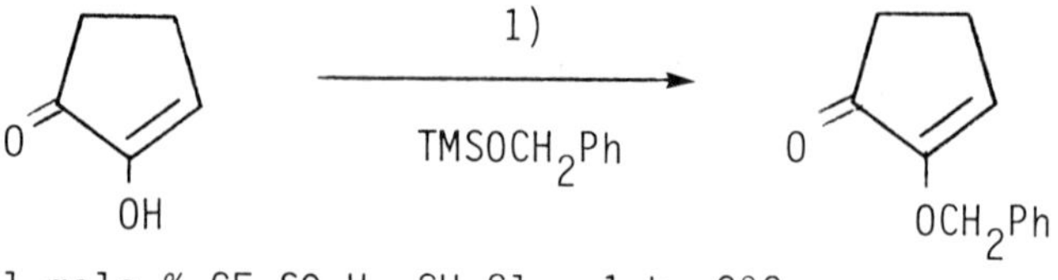
1)
TMSOCH$_2$Ph
O
OH
O
OCH$_2$Ph

1) 1 mole % CF_3SO_3H, CH_2Cl_2, 1 h, 0°C. 81%

V.A-7 T. Bieg and W.Szeja, Synthesis, 317 (1986); K.S. Kim, Y.H. Song, B.H. Lee and C.S. Hahn, J. Org. Chem., 51, 404 (1986).

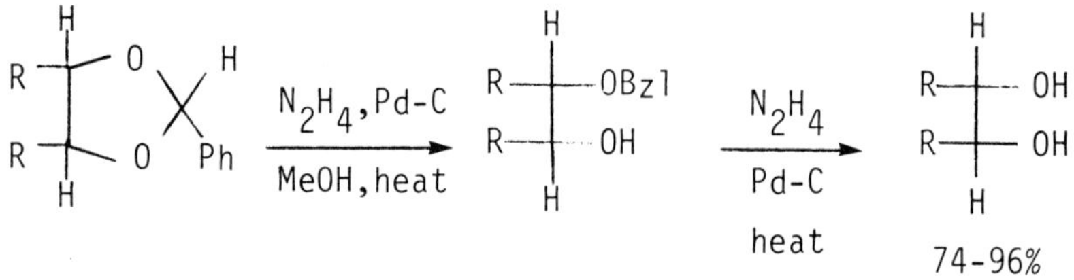
H
R
O
H
R
O
Ph
H
N$_2$H$_4$,Pd-C
MeOH,heat
H
R
OBzl
R
OH
H
N$_2$H$_4$
Pd-C
heat
H
R
OH
R
OH
H
74-96%

V.A-8 M. Ueki, Y. Sano, I. Sori, K. Shinozaki, H. Oyamada and S.Ikeda, Tetrahedron Lett., 27, 4181 (1986).

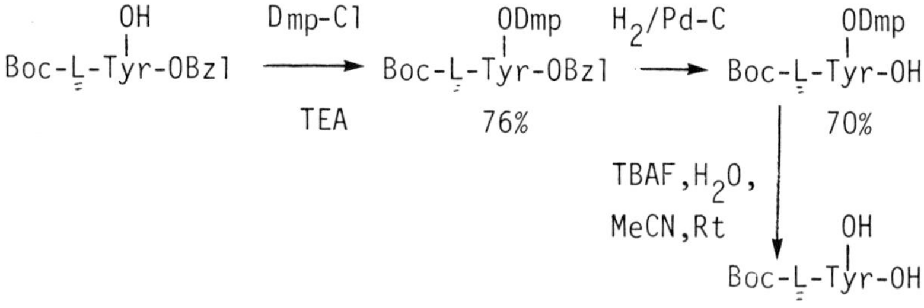
OH
Boc-L-Tyr-OBzl
Dmp-Cl
TEA
ODmp
Boc-L-Tyr-OBzl
76%
H$_2$/Pd-C
ODmp
Boc-L-Tyr-OH
70%
TBAF,H$_2$O,
MeCN,Rt
OH
Boc-L-Tyr-OH

Dmp = dimethylphosphinyl quant.

V.A-9 A.B. Smith III, K.J. Hale and R.A. Rivero,
Tetrahedron Lett., 27, 5813 (1986); D. Plusquellec,
F. Roulleau, F. Bertho and M. Lefeuvre, Tetrahedron,
42, 2457 (1986); M. Sekine and T. Hata, J. Am. Chem. Soc.,
108, 4581 (1986).

1) PhCO$_2$H, TPP, DIAD, THF, Ar, -50°C, 10 min.   54% (4:1)
(β:α)

V.A-10 A. Kraszewski, A.M. Delort and R. Teoule,
Tetrahedron Lett., 27, 861 (1986); V. Nair and D.A. Young,
Synthesis, 450 (1986); J. Herzig, A. Nudelman, H.E. Gottlieb
and B. Fischer, J. Org. Chem., 51, 727 (1986).

1) Ac$_2$O
2) P$_2$S$_5$

R^{1}R^{2}NH

56-93%

V.A-11 T. Ito, S. Ueda and H. Takaku, J. Org. Chem., 51,
931 (1986); W.A. Szarek, A. Zamojski, K.N. Tiwari and
E.R. Ison, Tetrahedron Lett., 27, 3827 (1986); F. Eckstein
and U. Kutzke, Tetrahedron Lett., 27, 1657 (1986).

1) MeOCH$_2$CH$_2$OCH$_2$NEt$_3^+$Cl$^-$ U = uracil

V.A-12 M. Therisod and A.M. Klibanov, J. Am. Chem. Soc., 108, 5638 (1986); H.M. Sweers and C. Wong, J. Am. Chem. Soc., 108, 6421 (1986).

$$\alpha\text{-D-mannose} \xrightarrow[\text{lipase, pyridine}]{\text{Cl}_3\text{CH}_2\text{O}_2\text{CMe} \atop \text{porcine pancreatic}} \text{6-O-acetylmannose} \quad 85\%$$

V.A-13 S. Nishino, H. Takamura and Y. Ishido, Tetrahedron, 42, 1995 (1986).

[Reaction scheme: furanose with RO, U, OR, OR groups reacts with t-BuOK (3.5 eq.) in THF to give two products in 6:1 ratio, 93%]

R = o-toluoyl

V.A-14 M. Bessodes, D. Komiotis and K. Antonakis, Tetrahedron Lett., 27, 579 (1986).

[Reaction scheme: furanose with OTr, RO, OBz and isopropylidene groups reacts with HCO_2H, Et_2O to give product with HO in place of RO]

R = Ac-, 92% yield
  = t-BuMe$_2$Si-, 88%
  = THP, 60%

V. B. Amine Protecting Groups

V.B-1 M.P. Paradisi, G.P. Zecchini and I. Torrini, Tetrahedron Lett., 27, 5029 (1986).

[Reaction: hydroxyaniline + 1-acetyl-benzotriazole-type reagent (COMe on triazolopyridine), THF, RT, 1 h → hydroxy-NHAc product, 88-100%]

V.B-2 E. Wünsch, Synthesis, 958 (1986); I. Torrini, G.P. Zecchini, P. Agrosi and M.P. Paradisi, J. Heterocycl. Chem., 23, 1459 (1986).

[Reaction: R-CH(NH$_2$)-CO$_2$H + 1-(benzyloxycarbonyloxy)benzotriazole → R-CH(NHCOCH$_2$Ph·O)-CO$_2$H]

1) 1 M NaOH, dioxan, 1 h or 24 h, RT.

V.B-3 H. Eckert and C. Seidel, Angew. Chem., Int. Ed. Engl., 25, 159 (1986).

$H_2N\text{-}\overset{R^1}{\underset{|}{C}}HCO_2R^2$ + ferrocenecarboxaldehyde (Fem-CHO)

1) Pd(II)phthalocyanine
   H$_2$, MeOH

→ FemNH-$\overset{R^1}{\underset{|}{C}}HCO_2$R^2

50-93%

DCCI ↓ R^{3}R^{4}N$\overset{R^5}{\underset{|}{C}}HCO_2$H

R^{3}R^{4}N$\overset{R^5}{\underset{|}{C}}$HCON$\overset{R^1}{\underset{|}{C}}HCO_2$R^2
              Fem

V.B-4 S.M. Weinreb, D.M. Demko, T.A. Lessen and
J.P. Demers, Tetrahedron Lett., 27, 2099 (1986).

$$R^1R^2NH \xrightarrow{1)} Me_3SiCH_2CH_2SO_2NR^1R^2 \xrightarrow{2)} R^1R^2NH + CH_2CH_2 + SO_2 + Me_3SiF$$

1) $Me_3SiCH_2CH_2SO_2Cl$, TEA, DMF, 0°C;
2) CsF (or TBAF), DMF, 95°C.

V.B-5 L.E. Overmann, M.E. Okazaki and P. Mishra,
Tetrahedron Lett., 27, 4391 (1986).

$$MeNH(CH_2)_3NH_2 \xrightarrow[\text{TEA, MeCN}]{\text{t-BDPSiCl}} MeNH(CH_2)_3NHSiPh_2Bu\text{-}t$$

$$\downarrow Ac_2O$$

$$\underset{Ac}{MeN}(CH_2)_3NH_2 \xleftarrow{80\% \text{ HOAc}} \underset{Ac}{MeN}(CH_2)_3NHSiPh_2Bu\text{-}t$$

V.B-6 F. Guibé, O. Dangles and G. Balavoine, Tetraedron Lett., 27, 2365 (1986).

$$\overset{O}{\underset{}{\diagup\!\!\diagdown\!\!\diagup\text{OCNHCHCO}_2R^2}} \xrightarrow[PdCl_2(PPh_3)_2]{Bu_3SnH} H_2N-\underset{R^1}{\overset{}{C}}HCO_2R^2 + Bu_3SuCl$$

$$+ CO_2 + \diagup\!\!\diagdown\!\!\diagup$$

V.B-7 G. Barcelo, J. Senet and G. Sennyey, Synthesis, 627 (1986).

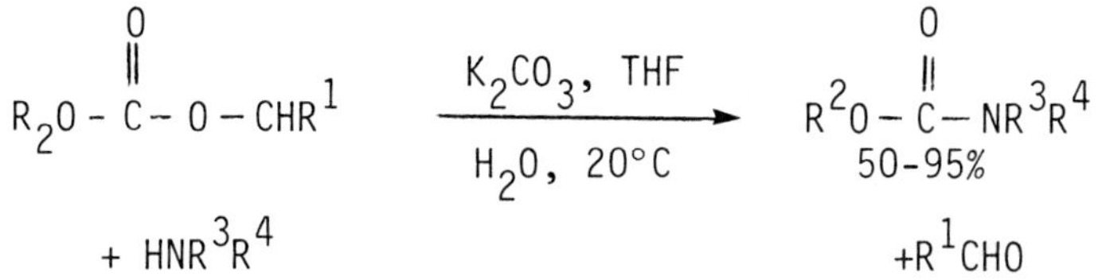

$$R_2O-\overset{O}{\underset{\|}{C}}-O-CHR^1 \;+\; HNR^3R^4 \xrightarrow[H_2O,\; 20°C]{K_2CO_3,\; THF} R^2O-\overset{O}{\underset{\|}{C}}-NR^3R^4 \;+\; R^1CHO$$

50-95%

V.B-8 M.P. Groziak, J. Chern and L.B. Townsend, J. Org. Chem., 51, 1065 (1986).

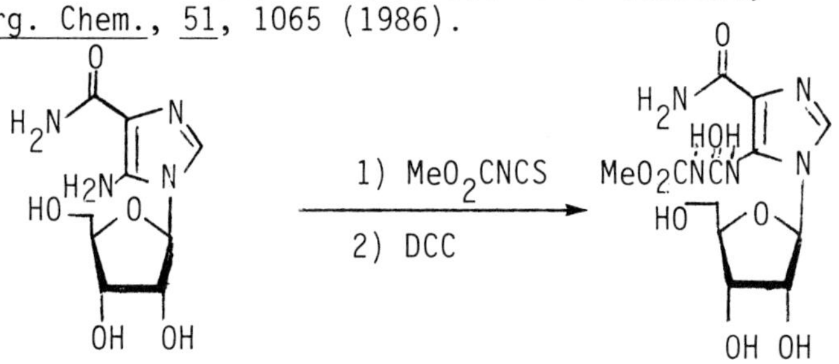

1) MeO$_2$CNCS
2) DCC

V.B-9 Y. Hayakawa, H. Kato, M. Uchiyama, H. Kajino and R. Noyori, J. Org. Chem., 51, 2400 (1986).

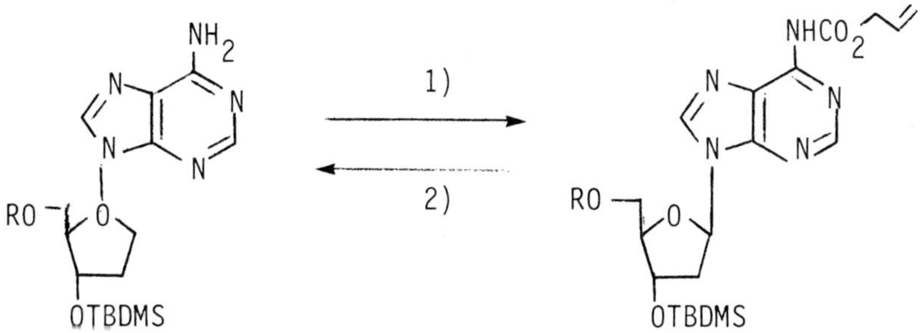

1) AOCOBT, t-BuLi, THF, -78°C;
2) PdCl$_2$(PhCN)$_2$, HCO$_2$H, BuNH$_2$, THF, 4 h, 20°C.

R = MMTr

V.B-10 F. Benseler and L.W. McLaughlin, Synthesis, 45 (1986).

1) TMSiCl; 2) PhCH$_2$Cl, HOBT, MeCN, 0°C; 3) NH$_3$, H$_2$O, 0°C; 4) RCl, RT, 2 h.

R = [9-phenyl-9-chloroxanthene]

V.B-11 J.P. Whitten, D.P. Mathews and J.R. McCarthy, J. Org. Chem., 51, 1891 (1986); B.H. Lipshutz, W. Vaccaro and B. Huff, Tetrahedron Lett., 27, 4095 (1986).

1) NaH, DMF, 1½ h, RT;
2) SEMCl, 1 h.

SEM = Me$_3$SiCH$_2$CH$_2$OCH$_2$–

V.B-12 A.R. Katritzky and K. Akutagawa, J. Am. Chem. Soc., 108, 6808 (1986); A.A. Galan, T.V. Lee and C.B. Chapleo, Tetrahedron Lett., 27, 4995 (1986); S. Nakatsuka, O. Asano and T. Goto, Heterocycles, 24, 2791 (1986); D. Dhanak and C.B. Reese, J. Chem. Soc., Perkin I, 2181 (1986); U. Pindur and E. Schiffl, Monat. Chem., 117, 1461 (1986); D.L. Comins and E.D. Stroud, Tetrahedron Lett., 27, 1869 (1986).

1) n-BuLi; 2) CO$_2$;
3) t-BuLi; 4) E$^+$; 5) H$^+$/H$_2$O.

V.C. Sulfhydryl Protection

V.C-1 A.R. Katritzky, I. Takahashi and C.M. Marson, J. Org. Chem., 51, 4914 (1986).

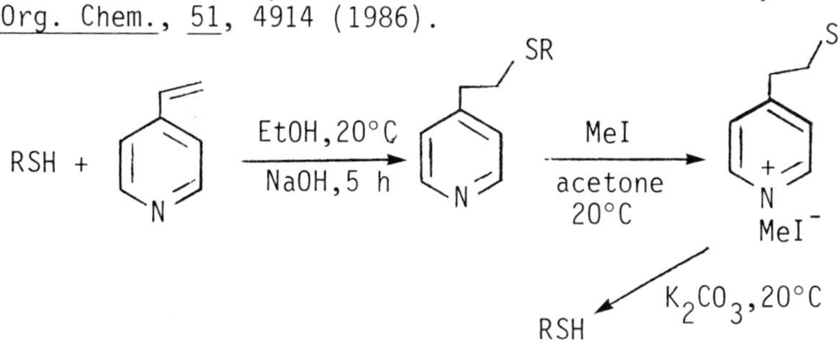

V.D. Carboxyl Protecting Groups

V.D-1 A. Loupy, M. Pedoussant and J. Sanssoulet, J. Org. Chem., 51, 740 (1986).

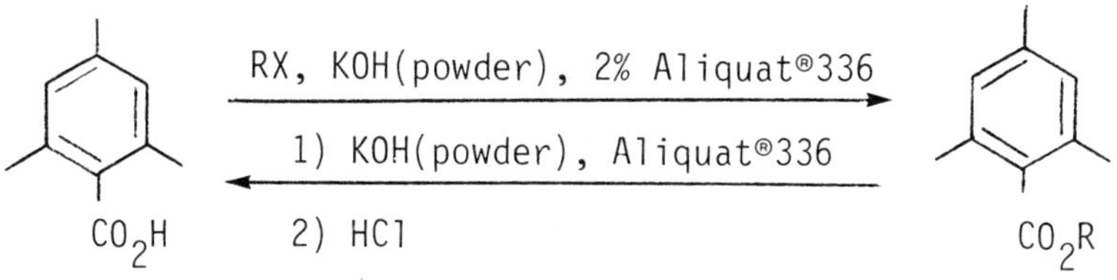

V.D-2 Z.J. Kaminski and M.T. Leplawy, Synthesis, 649 (1986).

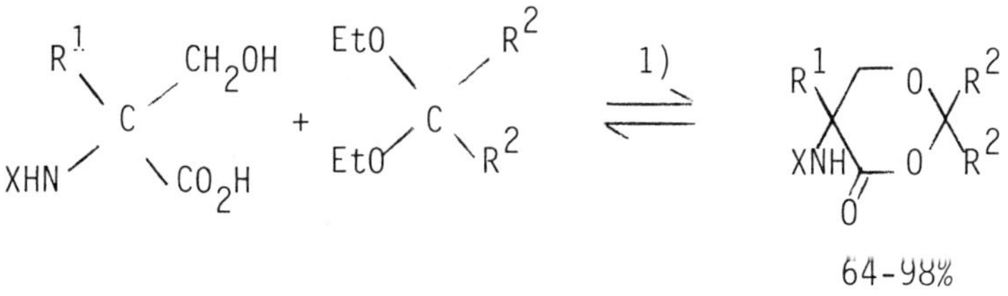

64-98%

1) H^+(cat.), PhMe, heat.

V.E. Protecting Groups for Aldehydes and Ketones

V.E-1 W. G. Dauben, J.M. Gerdes and G.C. Look, *J. Org. Chem.*, **51**, 4964 (1986); H. Eibisch, *Z. Chem.*, **26**, 375 (1986).

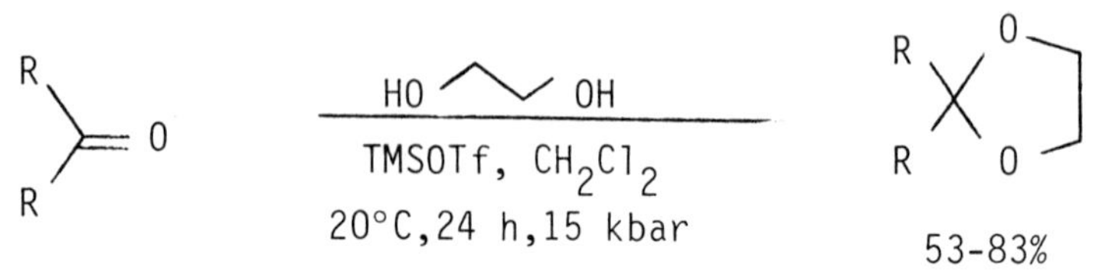

$$R_2C=O \xrightarrow[\text{20°C, 24 h, 15 kbar}]{\text{HO-CH}_2\text{CH}_2\text{-OH, TMSOTf, CH}_2\text{Cl}_2} R_2C(OCH_2CH_2O)$$

53-83%

V.E-2 Y. Kamitori, M. Hojo, R. Masuda, T. Kimura and T. Yoshida, *J. Org. Chem.*, **51**, 1427 (1986).

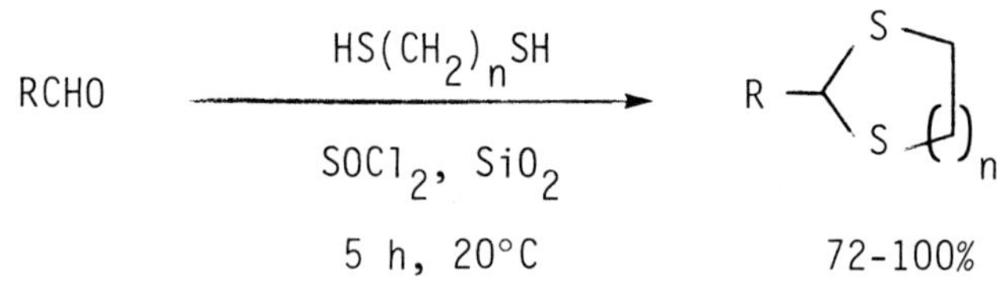

$$RCHO \xrightarrow[\text{SOCl}_2, \text{SiO}_2, \text{5 h, 20°C}]{HS(CH_2)_nSH} R-CH(S(CH_2)_nS)$$

72-100%

V.E-3 A.K. Mandal, P.Y. Shrotri and A.D. Ghogare, *Synthesis*, 221 (1986).

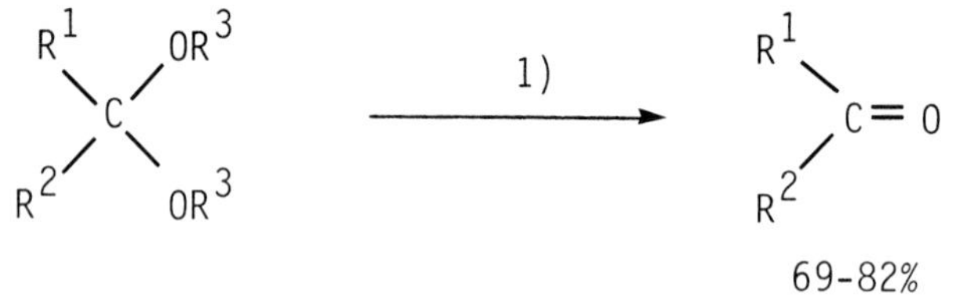

$$R^1R^2C(OR^3)_2 \xrightarrow{1)} R^1R^2C=O$$

69-82%

1) $BF_3 \cdot OEt_2$, $Et_4N^+I^-$, $CHCl_3$.

V.E-4 M. Murase, E. Kotani and S. Tobinaga, Chem. Pharm. Bull., 34, 3595 (1986); H.J. Christau, A. Bazbouz, P. Morand and E. Torreilles, Tetrahedron Lett., 27, 2965 (1986); R. Caputo, C. Ferreri, G. Palumbo and G. Capozzi, Tetrahedron , 42, 2369 (1986); O. Bortolini, F. DiFuria, G. Licini, G. Modena and M. Rossi, Tetrahedron Lett., 27 6257 (1986).

$$\underset{R^2}{\overset{R^1}{>}}\!\!\!\!\!\!\underset{SR^3}{\overset{SR^3}{<}} \quad \xrightarrow{1)} \quad \underset{R^2}{\overset{R^1}{>}}\!\!=\!\!O$$

71-96%

1) Ea ~1 V(v.SCE), $Fe(bpy)_3(ClO_4)_3 \cdot 3H_2O$, HBF_4, H_2O, MeCN, RT.

V.E-5 P. Laszlo, P. Pennetreau and A. Krief, Tetrahedron Lett., 27, 3153 (1986).

$$\underset{R^2}{\overset{R^1}{>}}\!\!C\!\!\underset{SeR^3}{\overset{SeR^3}{<}} \quad \xrightarrow[\text{n-pentane, RT}]{\text{'clayfen' or 'claycop'}} \quad \underset{R^2}{\overset{R^1}{>}}\!C\!=\!O$$

60-97%

V.E-6 T. Miyazawa and T. Endo, Tetrahedron Lett., 27, 3395 (1986).

$$ROCH_2Ph + \underset{O\ X^-}{\overset{OMe}{\underset{\|}{N^+}}} \xrightarrow[30°C]{CH_2Cl_2,\ H_2O} RX + PhCHO$$

V.E-7 D. Moderhack and K. Stolz, J. Org. Chem., 51, 732 (1986).

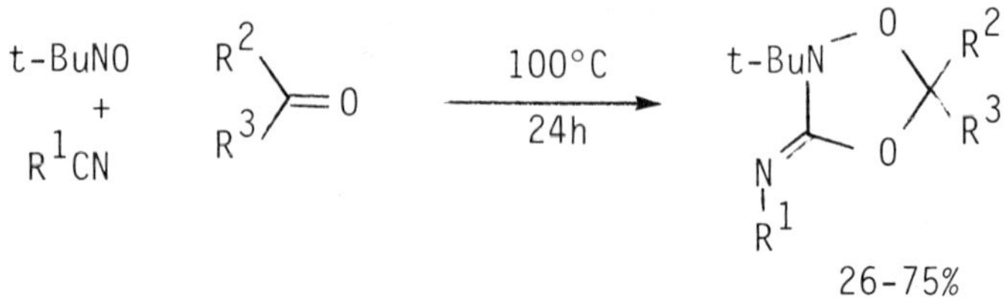

$$\text{t-BuNO} + R^1CN + R^2\underset{R^3}{\overset{}{>}}=O \xrightarrow[24h]{100°C} \text{t-BuN}\underset{\underset{R^1}{N}}{\overset{O}{\diagdown}}\underset{O}{\overset{}{\diagup}}\underset{R^3}{\overset{R^2}{\diagdown}}$$

26-75%

V.E-8 M. Masui et al., Chem. Pharm. Bull., 34, 1837 (1986).

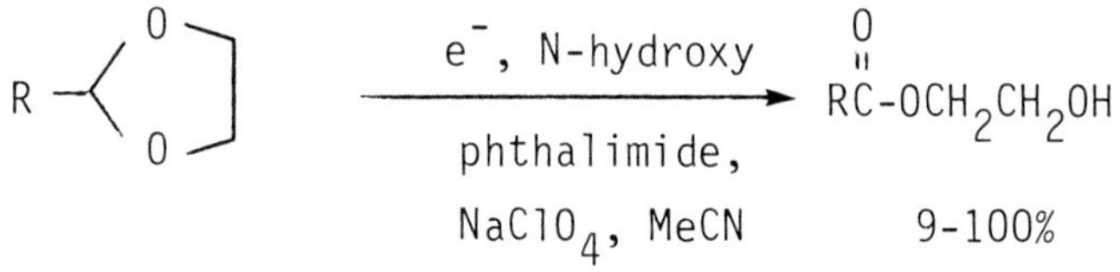

$$R-\underset{O}{\overset{O}{\diagup\diagdown}}\xrightarrow[\text{phthalimide,}\ NaClO_4,\ MeCN]{e^-,\ N\text{-hydroxy}} RC(=O)\text{-OCH}_2CH_2OH$$

9-100%

V.E-9 P. Boudjouk and J. Ho So, Synth. Commun., 16, 775 (1986).

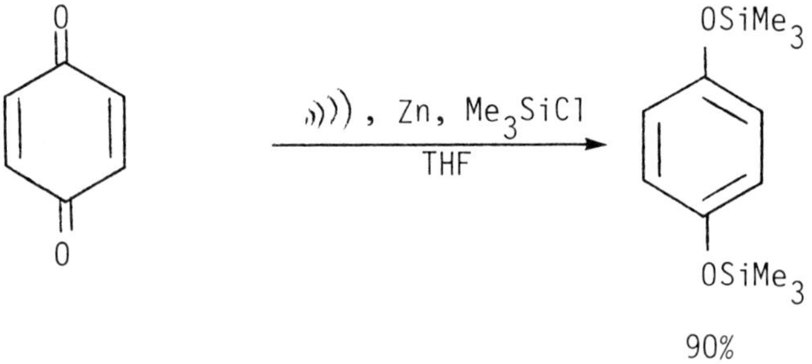

benzoquinone $\xrightarrow[\text{THF}]{\text{)))},\ Zn,\ Me_3SiCl}$ 1,4-bis(trimethylsilyloxy)benzene

90%

V.E-10 S. Narayanan and V.S. Srinivasan, J. Chem. Soc., Perkin 2, 1557 (1986); R.M. Moriarty, O. Prakash and P.R. Vavilikolanu, Synth. Commun., 16, 1247 (1986).

$$\underset{PhC=N-NHCO_2NH_2}{\overset{R}{|}} \xrightarrow[\substack{Hg(OAc)_2 \\ HOAc\ aq. \\ HClO_4 \\ 31°C}]{HBrO_3} \underset{PhC=O}{\overset{R}{|}} \quad 70\text{-}85\%$$

V.F. Phosphate Protecting Groups

V.F-1 J. Nielsen, et al., J. Chem. Res.(S), 26 (1986); J. Nielsen, J.E. Marugg, M. Taagaard, J.H. Van Boom and O. Dahl, Rec. Trav. Chim., 105, 33 (1986); J.E. Marugg, A. Burik, M. Tromp, G.A. van der Marel and J.H. van Boom, Tetrahedron Lett., 27, 2271 (1986).

[Structure: DMTO-sugar with OH → treated with $NCCH_2CH_2OP(NR_2)_2$ → DMTO-sugar with $O-P(NR_2)(OCH_2CH_2CN)$]

V.F-2 J.H. van Boom, et al., Tetrahedron Lett., 27, 1211 (1986).

[Structure: methylated sugar with OH → treated with $ClPN i\text{-}Pr_2$ / OCH_2CH_2CN → phosphitylated sugar]

intermediate for diester synthesis

V.F-3 J.M. Coull, H.L. Weith and R. Bischoff, Tetrahedron Lett., 27, 3991 (1986).

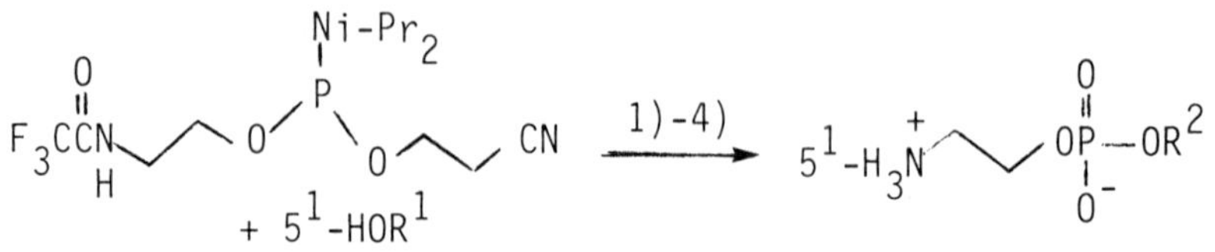

R = protected oligonucleotide

R^1 = deprotected oligonucleotide

1) 1-H-tetrazole; 2) I_2 aq.; 3) DBU;

4) conc. NH_4OH, 60°C

V.F-4 J.P.G. Hermans, E. DeVroom, C.J.J. Elie, G.A. van der Marel and J.H. van Boom, Rec. Trav. Chim., 105, 510 (1986).

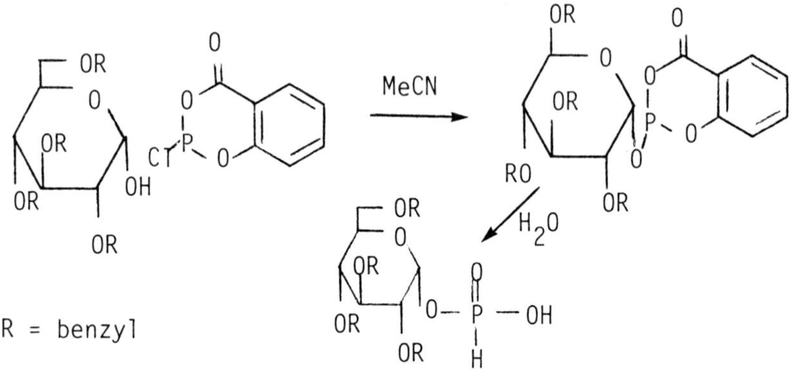

R = benzyl

V.F-5 T. Tanaka, Y. Yamada and M. Ikehara, Tetrahedron Lett., 27, 3267 (1986).

$$\text{}^-\text{O-P(=O)(OAr)-O-}[\text{T}]\text{-OBz} \xrightarrow{1)-3)} \text{MTEA-P(=O)(OAr)-O-}[\text{T}]\text{-OH} \xrightarrow{4),5)} \text{MTEA-O-}[\text{T}]\text{-O-P(=O)(OAr)-O}^-$$

1) MeOTrO(CH$_2$)$_2$NHPh,TPS-Cl,1-MeIm; 2) 2N NaOH;
3) 2N HCl; 4) ArOP(tetrazolyl)$_2$; 5) H$_2$O, TEA.

MTEA = N-methoxytrityloxyethylaniline.

V.F-6 H. Takaku, S. Hamamoto and T. Watanabe, Chem. Lett., 699 (1986).

$$\text{DMTrO-}[\text{B}]\text{-O-P(=O)(OR)(triazolyl)} \xrightarrow{\text{2-PyCH}_2\text{CH}_2\text{OH}} \text{DMTrO-}[\text{B}]\text{-O-P(=O)(OR)-OCH}_2\text{CH}_2\text{-2-Py}$$

$$\downarrow \text{NBO, pyridine, H}_2\text{O, TEA}$$

$$\text{DMTrO-}[\text{B}]\text{-O-P(=O)(O}^-\text{)-OCH}_2\text{CH}_2\text{-2-Py}$$

V.F-7 H. Tanimura, M. Sekine and T. Hata, Tetrahedron, 42, 4179 (1986).

$$(R^1O)\underset{OR^2}{\overset{O}{\overset{\|}{P}}}-SPh \xrightarrow{O(SnBu_3)_2} R^1O-\underset{OR^2}{\overset{O}{\overset{\|}{P}}}-OSnBu_3$$

$$\downarrow \begin{array}{l} 1)\ Me_3SiCl \\ 2)\ H_2O \end{array}$$

$$R^1O-\underset{OR^2}{\overset{O}{\overset{\|}{P}}}-OH$$

V.G. Nitrone Protection

V.G-1 A. Padwa and K.F. Koehler, J. Chem. Soc., Chem. Commun., 789 (1986).

$$PhCH=\overset{+}{N}\underset{O^-}{\overset{R}{<}} \underset{2)}{\overset{1)}{\rightleftharpoons}} Ph\underset{CN}{\overset{R}{\overset{|}{C}H}}N-OSiMe_3$$

1) Me_3SiCN, ZnI_2, 80°C;
2) AgF, 80°C.

V.H. Review

V.H-1 H.H. Wasserman, K.E. McCarthy and K.S. Prowse, Chem. Rev., 86, 845 (1986).

> Review: "Oxazoles in Carboxylate Protection and Activation."

VI
USEFUL SYNTHETIC PREPARATIONS

VI.A. Functional Group Preparations

1. Acids and Anhydrides

VI.A.1-1 P.G.M. Wuts and C.L. Bergh, <u>Tetrahedron Lett.</u>, 27, 3995 (1986); T. Hiyama, M. Inoue and K. Saito, <u>Synthesis</u>, 645 (1986); A.K. Bag, S.R. Gupta and D.N. Dhar, <u>Ind. J. Chem., Sect.B</u>, 25, 433 (1986).

$$\text{Ar-CH-CH}\underset{\underset{SO_3Na}{|}}{\overset{\overset{Me\ OH}{|\ \ |}}{}} \xrightarrow[\text{2) ammonia}]{\text{1) DMSO, Ac}_2\text{O}} \text{Ar-}\overset{Me}{\underset{|}{C}}\text{H-CO}_2\text{H}$$

67-90%

VI.A.1-2 K. Soai, T. Isoda, H. Hasegawa and M. Ishizaki, <u>Chem. Lett.</u>, 1897 (1986); G. Silvestri, S. Gambino and G. Filardo, <u>Tetrahedron Lett.</u>, 27, 3429 (1986).

$$\underset{OMe}{\text{RC-C-N}} \xrightarrow[\text{2) H}^+]{\text{1) LiBH}_4,\ \text{LiBr}} \underset{OH}{\overset{H}{R}\text{-CO}_2\text{H}}$$

$$\xrightarrow[\text{2) H}^+]{\text{1) DIBAL, LiBr}} \underset{OH}{\overset{H}{R}\text{-CO}_2\text{H}}$$

VI.A.1-3 W.K. Fife and Z. Zhang, J. Org. Chem., 51, 3744 (1986); W.K. Fife and Z. Zhang, Tetrahedron Lett., 27, 4933 (1986); ibid., 27, 4937 (1986).

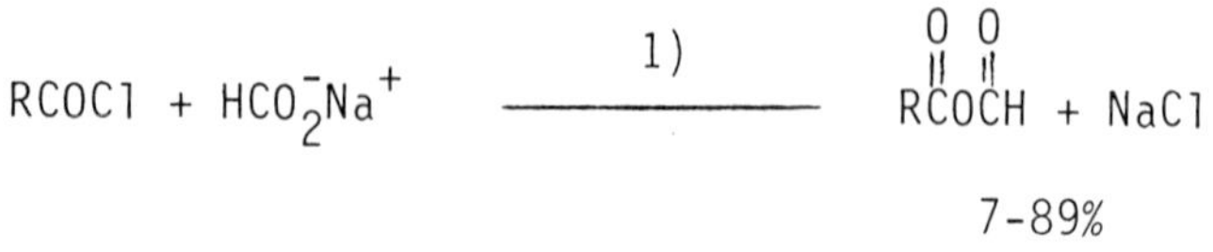

$$RCOCl + HCO_2^-Na^+ \xrightarrow{1)} RCOCH(=O)(=O) + NaCl$$

7-89%

1) Reillex™ 425 N-oxide, MeCN, RT.

VI.A.1-4 Y. Kita et al., J. Org. Chem., 51, 4150 (1986).

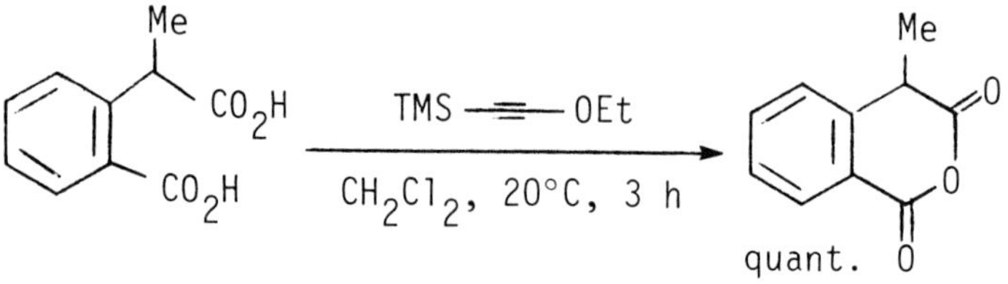

[Reaction: 2-(1-methylethyl)benzene-1,2-dicarboxylic acid derivative + TMS—≡—OEt, CH_2Cl_2, 20°C, 3 h → isochroman-1,3-dione derivative, quant.]

VI.A.1-5 J.-P. Rien, A. Bouchere, H. Cousse and G. Mouzin, Tetrahedron, 42, 4095 (1986).

   Review: "Methods for the Synthesis of Anti-inflammatory 2-Arylpropionic Acids."

VI.A.1-6 G.R. Newkome and G.R. Baker, Org. Prep. Proced. Int., 18, 117 (1986).

   Review: "The Chemistry of Methanetricarboxylic Esters. A Review."

VI.A.2. Alcohols and Phenols

VI.A.2-1 M. Taddei and A. Ricci, Synthesis, 633 (1986).

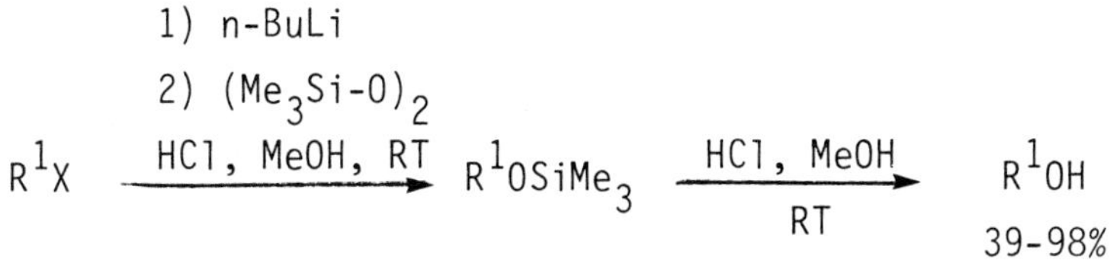

$$R^1X \xrightarrow[\text{HCl, MeOH, RT}]{\substack{\text{1) n-BuLi} \\ \text{2) }(Me_3Si-O)_2}} R^1OSiMe_3 \xrightarrow[\text{RT}]{\text{HCl, MeOH}} R^1OH$$

39-98%

VI.A.2-2 H.C. Brown and J.V.N.V. Prasad, J. Am. Chem. Soc., 108, 2049 (1986); H.C. Brown and U.S. Racherla, J. Org. Chem., 51, 895 (1986); H.C. Brown, J.V.N. Vara Prasad and A.K. Gupta, J. Org. Chem., 51, 4296 (1986).

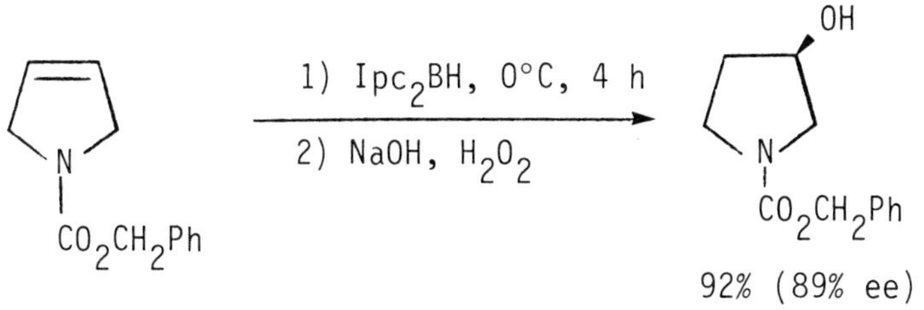

1) Ipc_2BH, 0°C, 4 h
2) NaOH, H_2O_2

92% (89% ee)

VI.A.2-3 R.A. Benkeser, A. Rappa and L.A. Wolsieffer, J. Org. Chem., 51, 3391 (1986); A. Mordini, M. Taddei and G. Seconi, Gazz. Chim. Ital., 116, 239 (1986).

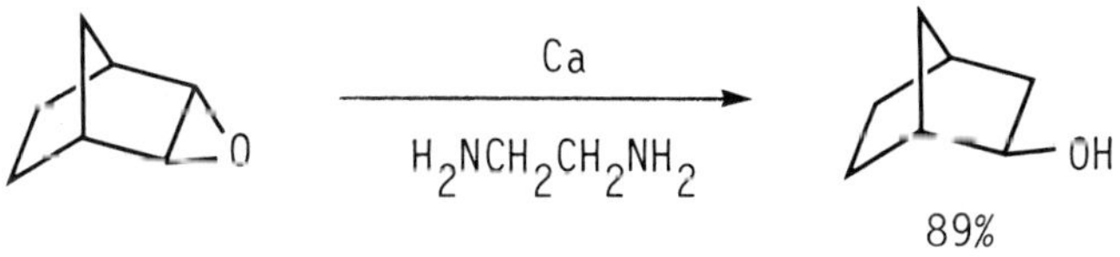

Ca
$H_2NCH_2CH_2NH_2$

89%

VI.A.2-4   G.A. Molander, B.E. La Belle and G. Halm,
J. Org. Chem., 51, 5259 (1986); P. Mosset, S. Manna,
J. Viala and J.R. Falck, Tetrahedron Lett., 27, 299 (1986).

$$\text{epoxide} \xrightarrow[\text{EtOH, -90°C}]{\text{SmI}_2, \text{THF,}} \text{allylic alcohol}$$

68-85%

VI.A.2-5   V.K. Aggarwal and S. Warren, Tetrahedron Lett.,
27, 101 (1986); M.A. Akhmedov, I.I. Vladimirova, R.R.
Kostikov and Sh.K. Kyazimov, J. Org. Chem.(USSR), 22,
986 (1986).

$$\xrightarrow[\text{MeOH}]{\text{PhSNa}}$$

R = SiPh$_2$Bu-t

76%

VI.A.2-6   S.Y. Ko and K.B. Sharpless, J. Org. Chem.,
51, 5413 (1986); J.M. Klunder, S.Y. Ko and K.B. Sharpless,
J. Org. Chem., 51, 3710 (1986); L. Dai, B. Lou, Y. Zhang
and G. Guo, Tetrahedron Lett., 27, 4343 (1986).

$$\text{methallyl alcohol} \xrightarrow{1)-3)} \text{PhS-CH}_2\text{-CH(OH)-CH}_2\text{OH}$$

100%
92% ee

1) 5 mol % Ti(Oi-Pr)$_4$, 0°C, 5 h;
2) P(OMe)$_3$; 3) PhSH, Ti(Oi-Pr)$_4$.

VI.A.2-7 S. Fukuzawa, T. Fujinami and S. Sakai, J. Chem. Soc., Chem. Commun., 475 (1986); K. Tamao, T. Tanaka, T. Nakajima, R. Sumiya, H. Arai and Y. Ito, Tetrahedron Lett., 27, 3377 (1986).

$$Br\sim CO_2R^1 \xrightarrow{1)} \left[\begin{array}{c}Br\\Ln\cdots\\\\OR\end{array}\right] \xrightarrow{R^2\underset{R^3}{=}O}$$

Ln = La, Ce, Nd, Sm

1) Ln(powder), I_2(trace), THF.

46-71% (lactone product with R^2, R^3)

+ $R^3\underset{OH\ OH}{\overset{R^2\ R^2}{-\!\!\!-\!\!\!-}}R^3$

0-32%

VI.A.2-8 K. Tamao, T. Nakajima, R. Sumiya, H. Arai, N. Higuchi and Y. Ito, J. Am. Chem. Soc., 108, 6090 (1986); S. Anwar and A.P. Davis, J. Chem. Soc., Chem. Commun., 831 (1986).

cyclohexenol $\xrightarrow[\substack{2)H_2PtCl_6 \cdot 6H_2O, RT\ to\ 60°C;\\ 3)\ 30\%\ H_2O_2, NaHCO_3, MeOH,\\ THF, 60°C, 10-15\ h.}]{1)(Me_2SiH)_2NH}$ cis-1,3-cyclohexanediol

73% (>100:1)

VI.A.2-9 Z.K.M. Abd El Samii, M.I. Al Ashmawy and J.M. Mellor, Tetrahedron Lett., 27, 5289 (1986).

allyl alcohol $\xrightarrow{\substack{1)TFAA\\2)PhSSPh,\\Mn(OAc)_3}}$ product with SPh, OH, OH, R

$\xrightarrow{\substack{1)Ac_2O\\2)PhSSPh,\\Mn(OAc)_3}}$ PhS—CH(OH)—CH(R)—OAc

VI.A.2-10 G.A. Molander and G. Hahn, J. Org. Chem.,
51, 2596 (1986); K. Maruoka, M. Hasegawa and H. Yamamoto,
J. Am. Chem. Soc., 108, 3827 (1986); Y.D. Vankar, N.C.
Chaudhuri and S.P. Singh, Synth. Commun., 16, 1621 (1986).

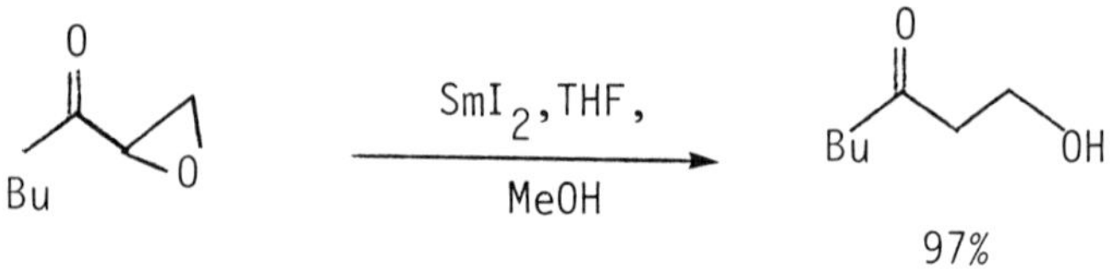

VI.A.2-11 K. Ishihara, A. Mori, I. Arai and H. Yamamoto,
Tetrahedron Lett., 27, 983, 987 (1986).

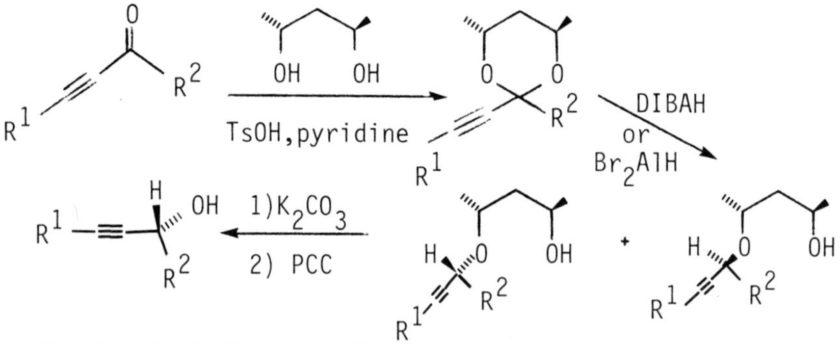

VI.A.2-12 R.M. Coates and C.H. Cummins, J. Org. Chem.,
51, 1383 (1986); R.K. Atkins, J. Frazier, L.L. Moore and
L.O. Weigel, Tetrahedron Lett., 27, 2451 (1986).

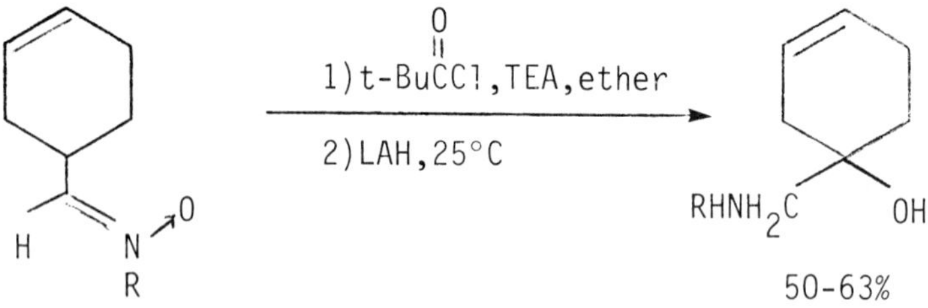

VI.A.2-13 D.L. Boger and R.S. Coleman, J. Org. Chem., 51, 5436 (1986).

$$\text{Ar}-\underset{R^2}{\overset{R^1}{C}}-\text{OH} \xrightarrow[H_2O_2(10 \text{ eq.}) \text{ THF, } 24°C]{10 \text{ mol \% p-TsOH,}} \text{ArOH}$$

50-95%

VI.A.2-14 R.P. Sharma and coworkers, Tetrahedron, 42, 3999 (1986).

1) Me$_3$SiCl, Ac$_2$O, H$_2$SO$_4$, Et$_2$O, H$_2$O, RT.

89%

VI.A.3. Alkyl and Aryl Halides

VI.A.3-1 J.H. Clack, A.J. Hyde and D.K. Smith, J. Chem. Soc., Chem. Commun., 791 (1986); K.C. Nicolaou, T. Ladduwahetty, J.L. Randall and A. Chucholowski, J. Am. Chem. Soc., 108, 2466 (1986); T.J. Mason, J.P. Lorimer, A.T. Turner and A.R. Harris, J. Chem. Res.(S), 300 (1986); B. Zajc and M. Zupan, Bull. Chem. Soc. Jpn., 59, 1659 (1986); B. Escoula, I. Rico and A. Lattes, Tetrahedron Lett., 27, 1499 (1986); T.B. Patrick et al., Can .J. Chem., 64, 138 (1986).

$$\text{PhCH}_2\text{Br} \xrightarrow[\substack{\text{sulfolane} \\ 120°C, 2 \text{ h}}]{\text{KF, CaF}_2} \text{PhCH}_2\text{F}$$

92%

VI.A.3-2 T.B. Patrick and D.L. Darling, J. Org. Chem., 51, 3242 (1986); T. Umemoto, K. Kawada and K. Tomita, Tetrahedron Lett., 27, 4465 (1986); N.P. Peet, J.R. McCarthy, S. Sunder and J. McCowan, Synth. Commun., 16, 1551 (1986); T. Umemoto and G. Tomizawa, Bull. Chem. Soc. Jpn., 59, 3625 (1986).

resorcinol + $CaSO_4F, BF_3$ / MeCN, RT, 3h → 2-fluororesorcinol (13%) + 4-fluororesorcinol (40%)

VI.A.3-3 S.C. Sondej and J.A. Katzenellenbogen, J. Org. Chem., 51, 3508 (1986).

$R^1C(=O)R^2$ + $HSCH_2CH_2SH$ / $BF_3 \cdot 2\,HOAc$ → 1,3-dithiolane (R^1, R^2) (70–98%) →[1)] $R^1CF_2R^2$ (55–86%)

1) pyridinium polyhydrogen fluoride, 1,3-dibromo-5,5-dimethyl hydantoin, -78 to 0°C.

VI.A.3-4 S. Stauber and M. Zupan, Tetrahedron, 42, 5035 (1986); S.H. Lee and J. Schwartz, J. Am. Chem.Soc., 108, 2445 (1986).

PhRC=CH$_2$ →[$CsSO_4F$ / CH_2Cl_2] Ph$_2$C=CHF

↓ $CsSO_4F$; HF, MeOH

Ph—C(Ph)(X)—C(H)(F)—R   (X = F, OMe, $MeCO_2$)

VI.A.3-5 A.E. Asato and R.S.H. Liu, Tetrahedron Lett., 27, 3337 (1986); S. Rozen and M. Brand, J. Org. Chem., 51, 3607 (1986).

$$\underset{\text{OEt}}{\overset{O \quad O}{\text{Me}\diagdown\!\!\diagup\!\!\diagdown\!\!\diagup}} \xrightarrow{1)} \underset{CO_2Et}{\overset{F \quad F}{\diagdown\!\!\diagup\!\!=\!\!\diagdown\!\!\diagup}} \xrightarrow{2)} \underset{48\text{-}58\%\ CO_2Et}{\overset{F}{Br\diagdown\!\!\diagup\!\!=\!\!\diagdown F}}$$

1) DAST, N-methyl-2-pyrrolidone, -70°C, then RT, 48-64 h, Ar;
2) NBS, (BzO)$_2$, CCl$_4$, reflux, 18 h.

VI.A.3-6 S.T. Purrington, N.V. Lazaridis and C.L. Bumgardner, Tetrahedron Lett., 27, 2715 (1986); M. Shimizu, Y. Nakahara and H. Yoshioka, J. Chem. Soc., Chem. Commmun., 867 (1986); S. Martin, R. Sauvêtre and J.F. Normant, Tetrahedron Lett., 27, 1027 (1986).

$$F^1\underset{|}{\overset{OSiMe_3}{C}}=CHR^2 + F_2 \xrightarrow[-78°C]{FCCl_3} R^1\overset{O}{\overset{\|}{C}}CHFR^2 + Me_3SiF$$

52-78%

VI.A.3-7 J. Ichihara, T. Matsuo, T. Hanafusa and T. Ando, J. Chem. Soc., Chem. Commun., 793 (1986).

$$PhCOCl \xrightarrow[\substack{\text{no solvent} \\ \text{RT, 3 h}}]{KF,\ CaF_2} PhCOF$$

81%

VI.A.3-8 J.P. Chupp, R.C. Grabiak, K.L. Leschinsky and
T.L. Neumann, Synthesis, 224 (1986); H. Liu, G.V. Lamoureux
and M. Llinas-Brunet, Can. J. Chem., 64, 520 (1986).

$$\text{Ar-CHCl} \overset{X}{|} + \text{RCCl}_3 \xrightarrow[\text{PTC, reflux}]{50\% \text{ NaOH aq.}} \text{ArCCl}_3$$

33-91%

VI.A.3-9 P.C. Bulman Page and S. Rosenthal, Tetrahedron Lett., 27, 5421 (1986); H.C. Brown, N.G. Bhatt and S. Rajagopalan, Synthesis, 480 (1986); T.W. Bell and J.A. Ciaccio, Tetrahedron Lett., 27, 827 (1986).

$$R-\equiv-SiMe_3 \xrightarrow[\substack{1)BH_3 \cdot Me_2S \\ 2)Me_3NO \\ 3)NBS}]{} \underset{R \quad SiMe_3}{\overset{Br \quad O}{\diagdown \diagup}}$$

52-61%

VI.A.3-10 E. Napolitano, R. Fiaschi and E. Mastrorilli, Synthesis, 122 (1986).

$$\underset{R^2}{\overset{R^1}{\diagdown}}=O \xrightarrow{1).2)} \underset{R^2}{\overset{R^1}{\diagup\diagdown}}\underset{O}{\overset{O}{\diagdown\diagup}}\bigcirc \xrightarrow{3),4)} \underset{R^2}{\overset{R^1}{\diagup\diagdown}}\underset{Br}{\overset{Br}{\diagdown\diagup}}$$

63-94%   38-86%

1) $HC(OMe)_3$, MeOH, H^+, reflux;

2) $o\text{-}(HO)_2C_6H_4$;

3) BBr_3, CH_2Cl_2, 0°C;

4) $Bu_4N^+HSO_4^-$, RT, 3-4 days.

VI.A.3-11 J.C. Concepción, C.G. Francisco, R. Freire, R. Hernández, J.A. Salazar and E. Suárez, J. Org. Chem., 51, 402 (1986).

[cyclopentane with CH(CH$_2$CH$_2$CO$_2$H) substituent] $\xrightarrow[\text{CCl}_4, \text{ reflux, 45 min}]{h\nu, \text{ PhI(OAc)}_2, \text{ I}_2}$ [cyclopentane with CH(CH$_2$CH$_2$I) substituent] 94%

VI.A.3-12 T.H. Chan and K. Koumaglo, Tetrahedron Lett., 27, 883 (1986); A. Garcia Martinez, R. Martinez Alvarez and A. Garcia Fraile, Synthesis, 222 (1986); J. Barluenga, M.A. Rodriguez, J.M. González and P.J. Campos, Tetrahedron Lett., 27, 3303 (1986).

R−CH=CH−SiMe$_3$ $\xrightarrow[\text{CH}_2\text{Cl}_2]{\text{I}_2, \text{ Lewis Acid}}$ R−CH=CH−I   60-95%   3-18:1 E/Z

VI.A.3-13 G.R. Newkome, C.N. Moorfield and B. Sabbaghian, J. Org. Chem., 51, 953 (1986); G.W. Kabalka, R.S. Varma, Y. Gai and R.M. Baldwin, Tetrahedron Lett., 27, 3843 (1986); H. Suzuki, A. Kondo, M. Inouye and T. Ogawa, Synthesis, 121 (1986).

[2,6-dichloropyridine-3-carboxylic acid] $\xrightarrow[\text{24 h, reflux}]{\text{NaI, HI,}}$ [6-iodopyridine-3-carboxylic acid]   51%

VI.A.3-14 J. Barluenga, J.M. Martinez-Gallo, C. Najera and M. Yus, Synthesis, 678 (1986); R.D. Evans and J.H. Schauble, Synthesis, 727 (1986); J.-M. Poirier, Org. Prep. Proced. Int., 18, 79 (1986).

$$2R^1\text{-}\underset{R^2}{\underset{|}{C}}\text{-}\overset{H}{\underset{|}{}}\overset{O}{\underset{}{\|}}CR^3 + HgCl_2 + 2I_2 \xrightarrow[RT]{CH_2Cl_2} 2R^1\text{-}\underset{R^2}{\underset{|}{C}}\text{-}\overset{I}{\underset{|}{}}\overset{O}{\underset{}{\|}}CR + HgI_2$$

57-89%

VI.A.4. Amides

VI.A.4-1 J.M. Shin and Y. H. Kim, Tetrahedron Lett., 27, 1921 (1986); S. Kim and S.S. Kim, J. Chem. Soc., Chem. Commun., 719 (1986); I.S. Blagbrough, N.E. Mackenzie, C. Ortiz and A.I. Scott, Tetrahedron Lett., 27, 1251 (1986).

$$\underset{DL\text{-}}{\underset{OH}{Ph\diagdown\diagup CO_2H}} + PhNSO \xrightarrow[25°C, 3\text{-}5 \text{ h}]{MeCN} \underset{OH}{Ph\diagdown\diagup \overset{O}{\underset{}{\|}}\diagdown NHPh}$$

98%

VI.A.4-2 K. Matsumoto, S. Hashimoto and S. Otani, Angew. Chem., Int. Ed. Engl., 25, 565 (1986).

$$R^1CO_2R^2 + HNR^3R^4 \xrightarrow[8 \text{ kbar}]{35°C,} R^1\overset{O}{\underset{}{\|}}CNR^3R^4$$

67-100%

VI.A.4-3 S. Murahashi, T. Naota and E. Saito, J. Am. Chem. Soc., 108, 7846 (1986).

$$R^1CN + HNR^1R^2 \xrightarrow[\substack{H_2O, \, DME, \\ 160°C, 24 \, h}]{RuH_2(PPh_3)_4} R^1CONR^2R^3$$

86-99%

VI.A.4-4 S.P. Joseph and D.N. Dhar, Tetrahedron, 42, 5979 (1986).

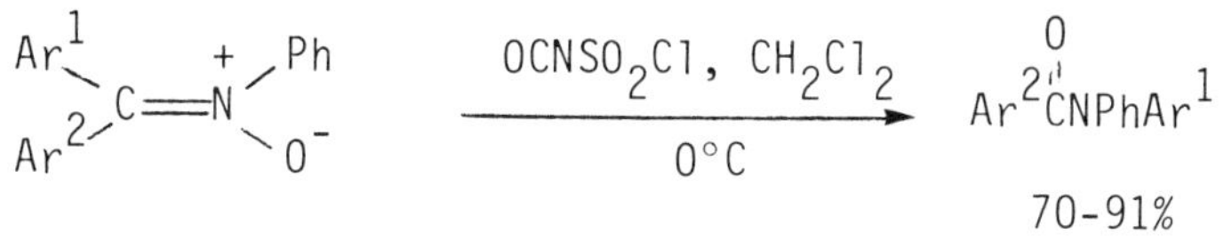

$$\underset{Ar^2}{\overset{Ar^1}{>}}C=\overset{+}{N}\underset{O^-}{\overset{Ph}{<}} \xrightarrow[0°C]{OCNSO_2Cl, \, CH_2Cl_2} Ar^2\overset{O}{\underset{}{C}}NPhAr^1$$

70-91%

VI.A.5. Amines and Carbamates

VI.A.5-1 I.M. Lazbin and G.F. Koser, J. Org. Chem., 51, 2669 (1986); E. Slusarska and A. Zwierzak, Liebigs Ann. Chem., 402 (1986).

$$RCONH_2 \xrightarrow[\substack{1) \, PhI(O_2CCF_3)_2, \\ MeCN \, aq., \, RT \\ 2) \, HCl}]{} RNH_3^+Cl^-$$

VI.A.5-2 A. Solladie-Cavallo and D. Farkhani, <u>Tetrahedron Lett.</u>, <u>27</u>, 1331 (1986).

$$\underset{Cr(CO)_3}{\underset{Me}{\text{Ar}}\!\!\!\overset{H\diagdown \!\!\!\nearrow NCH_2Ph}{C}} \xrightarrow{1)} \underset{Cr(CO)_3}{\underset{Me}{\text{Ar}}\!\!\!\overset{R\diagdown \!\!\!\nearrow N=CHPh}{*CH}} \xrightarrow{2)} \underset{Me}{\text{Ar}}\!\!\!\overset{NH_2}{*CHR} + PhCHO$$

1) THF/HMPT 20%, LDA, RI at -78°C, then 0°C, 3h;

2) hν, HCl, ether, RT.

VI.A.5-3 F.A. Davis, M.A. Giangiordano and W.E. Starner, <u>Tetrahedron Lett.</u>, <u>27</u>, 3957 (1986).

$$2\ ArCHO + H_2NSO_2NH_2 \xrightarrow[PhMe]{H^+} (ArCH=N)_2SO_2$$

$$\downarrow 1)$$

$$Ar\overset{R}{\underset{|}{C}}HNH_2$$

1) RM, reflux or sonication, THF or ether.   65-95%

VI.A.5-4 S. Murahashi, Y. Tanigawa, Y. Imada and Y. Taniguchi, <u>Tetrahedron Lett.</u>, <u>27</u>, 227 (1986); B.S. Oriek, <u>Tetrahedron Lett.</u>, <u>27</u>, 1699 (1986).

$$\underset{R}{\diagup\!\!\!\diagdown}^{OAc} \xrightarrow{1)} \underset{R}{\diagup\!\!\!\diagdown}^{N_3} \xrightarrow{2),3)} \underset{R}{\diagup\!\!\!\diagdown}^{NH_2}$$

1) NaN$_3$, Pd(PPh$_3$)$_4$ (cat.), THF-H$_2$O;

2) PPh$_3$; 3) NaOH-H$_2$O.

VI.A.5-5 A.R. Katritzky and K.S. Laurenzo, J. Org. Chem., 51, 5039 (1986).

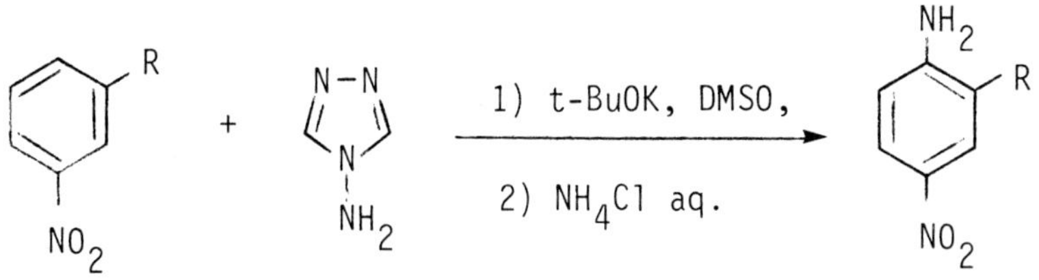

[Reaction: nitroarene with R substituent + 1-amino-1,2,4-triazole, 1) t-BuOK, DMSO, 2) NH_4Cl aq. → 2-amino-4-nitroarene with R substituent, 22-91%]

VI.A.5-6 D.H.R. Barton, J. Finet and J. Khamsi, Tetrahedron Lett., 27, 3615 (1986).

$$R^1NH_2 + Ar_3Bi(OCOR^2)_2 \xrightarrow[\substack{CH_2Cl_2 \\ RT}]{Cu} R^1NHAr \quad 23\text{-}96\%$$

R^1 = aryl or alkyl

VI.A.5-7 B. Ohtani, H. Osaki, S. Nishimoto and T. Kagiya, J. Am. Chem. Soc., 108, 308 (1986); Y. Tsuji, R. Takeuchi, H. Ogawa and Y. Watanabe, Chem. Lett., 293 (1986); L. Forlani, M. Sintoni and P.E. Todesco, Gazz. Chim. Ital., 116, 229 (1986).

$$PhCH_2NH_2 + EtOH \xrightarrow[RT]{\substack{h\nu, \\ TiO_2, Pt, Ar}} PhCH_2NHEt$$

84%

VI.A.5-8 A. Spaltenstein, P.A. Carpino and P.B. Hopkins, Tetrahedron Lett., 27, 147 (1986); C.G. Francisco, E.I. León, J.A. Salazar and E. Suárez, Tetrahedron Lett., 27, 2513 (1986).

$$Ph\diagup\!\!\!\diagdown\!\!\!\diagup SePh \; + \; MeNH_3Cl^- \longrightarrow Ph\diagup\!\!\!\diagdown\!\!\!\diagup$$
$$\qquad\qquad\qquad\qquad\qquad\qquad\qquad\; NHMe$$

83%

VI.A.5-9 J. Barluenga, F. Aznar, R. Liz and M. Cabal, Synthesis, 960 (1986).

$$R^1-CH=\overset{R^2}{\underset{|}{C}}-C\equiv CH \;\;\xrightarrow{1),\,2)}\;\; R^1-\underset{|}{CH}-\overset{NR^3R^4}{\underset{|}{C}}=\overset{R^2}{\underset{NR^3R^4}{C}}-Me$$

$$+$$

$$R^3NHR^4 \qquad\qquad\qquad\qquad 43-70\%$$

1) HgX_2, THF, RT
2) R^3NHR^4

VI.A.5-10 R. Mahé, P.H. Dixneuf and S. Lécolier, Tetrahedron Lett., 27, 6333 (1986); D.B. Dell'Amico, F. Calderazzo and U. Giurlani, J. Chem. Soc., Chem. Commun., 1000 (1986); P. Kočovský, Tetrahedron Lett., 27, 5521 (1986).

$$R^1-C\equiv CH + CO_2 + HNEt_2 \;\;\xrightarrow[THF,\,50\,bar,\,20\,h]{RuCl_3\cdot 3H_2O}\;\; R^1CH=CHO\overset{O}{\overset{\|}{C}}N_2$$

53% (Z)
10% (E)

VI.A.6. Amino Acids and Derivatives

VI.A.6-1 D.A. Evans and A.E. Weber, J. Am. Chem. Soc., 108, 6757 (1986); D.A. Evans, T.C. Britton, R.L. Dorow and J.F. Dellaria, J. Am. Chem. Soc., 108, 6395 (1986); C. Gennari, L. Colombo and G. Bertolini, J. Am. Chem. Soc., 108, 6394 (1986); L.A. Trimble and J.C. Vederas, J. Am. Chem. Soc., 108, 6397 (1986).

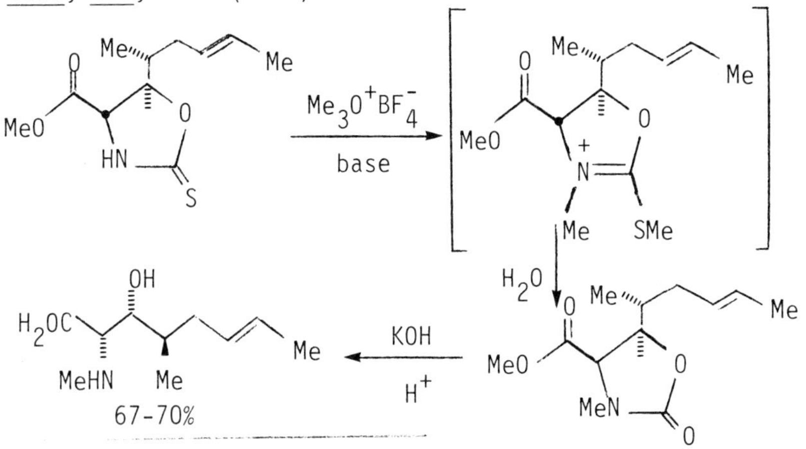

VI.A.6-2 P. Renaud and D. Seebach, Synthesis, 424 (1986); C. Herdeis, Synthesis, 232 (1986).

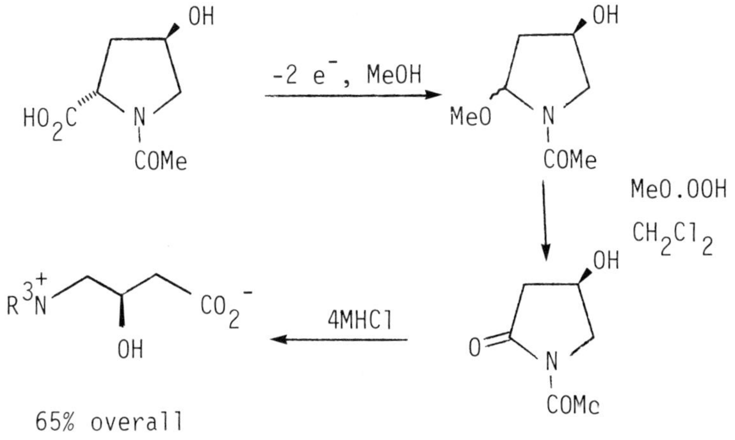

VI.A.6-3 W. Oppolzer, R. Pedrosa and R. Moretti, Tetrahedron Lett., 27, 831 (1986).

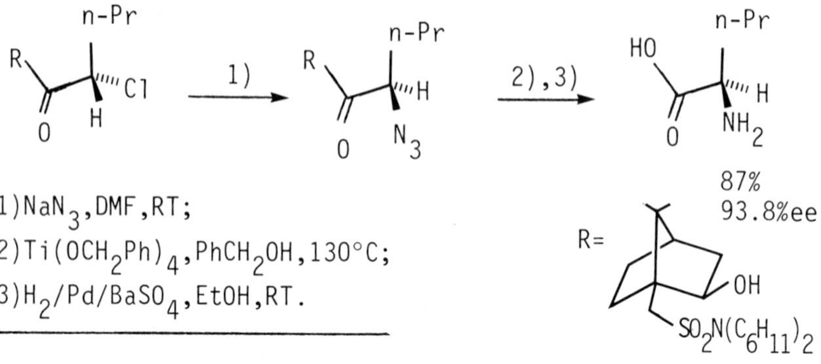

1) NaN$_3$, DMF, RT;
2) Ti(OCH$_2$Ph)$_4$, PhCH$_2$OH, 130°C;
3) H$_2$/Pd/BaSO$_4$, EtOH, RT.

87%
93.8% ee

R = (camphorsulfonamide group with OH and SO$_2$N(C$_6$H$_{11}$)$_2$)

VI.A.6-4 J. d'Angelo and J. Maddaluno, J. Am. Chem. Soc., 108, 8112 (1986).

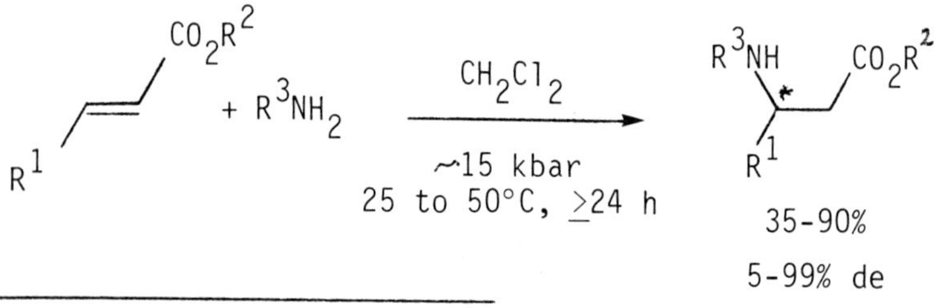

$$R^1CH=CHCO_2R^2 + R^3NH_2 \xrightarrow[\sim 15 \text{ kbar}, 25 \text{ to } 50°C, \geq 24 \text{ h}]{CH_2Cl_2} R^3NH-CHR^1-CH_2-CO_2R^2$$

35-90%
5-99% de

VI.A.6-5 S. Ikegami, T. Hayama, T. Katsuki and M. Yamaguchi, Tetrahedron Lett., 27, 3403 (1986); F. Effenberger et al., Liebigs Ann. Chem., 314, 334 (1986).

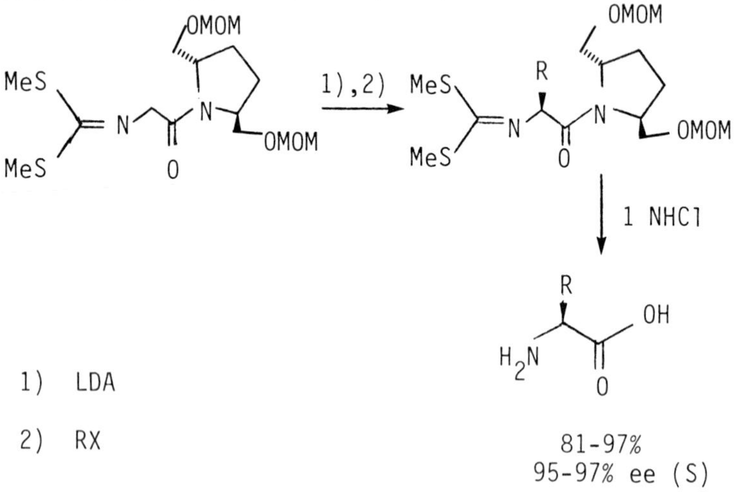

1) LDA
2) RX

↓ 1 N HCl

81-97%
95-97% ee (S)

VI.A.6-6 B.I. Glänzer, K. Faber and H. Griengl,
Tetrahedron Lett., 27, 4293 (1986).

$$\underset{R}{\underset{|}{\overset{CO_2Et}{\overset{|}{\underset{}{C}}}}}\text{CHNHAc} \xrightarrow[\text{cerevisiae}]{\text{fermenting Saccharomyces}} \underset{R}{\underset{|}{\overset{CO_2Et}{\overset{|}{\underset{}{H-C-NHAc}}}}} + \underset{R}{\underset{|}{\overset{CO_2H}{\overset{|}{\underset{}{AcNH-C-H}}}}}$$

48 h

D-
37-48% recovery
89-100% ee

VI.A.6-7 H.C.J. Ottenheijm and J.D.M. Herscheid,
Chem. Rev., 86, 697 (1986).

Review: "N-Hydroxy-α-amino Acids in Organic Chemistry."

VI.A.7. Esters

VI.A.7-1 O. Meth-Cohn, J. Chem. Soc., Chem. Commun., 695 (1986); J. Otera, T. Yano, A. Kawabata and H. Nozaki, Tetrahedron Lett., 27, 2383 (1986); Q.-M. Gu, C.-S. Chen and C.J. Sih, Tetrahedron Lett., 27, 1763 (1986).

$$R^1CO_2Me \xrightarrow[-10°C \text{ to RT}]{R^2OLi, \text{ THF}} R^1CO_2R^2$$

27-100%

VI.A.7-2 T. Miyasaka, H. Ishizu, A. Sawada, A. Fujimoto and S. Noguchi, Chem. Lett., 871 (1986); H.A. Zahalka and Y. Sasson, Synthesis, 763 (1986).

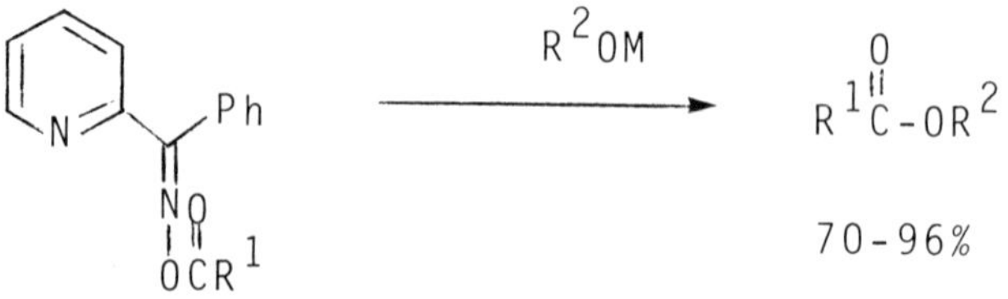

$$\text{Pyridine-C(Ph)=N-OC(O)R}^1 \xrightarrow{R^2OM} R^1C(O)-OR^2$$

70-96%

VI.A.7-3 P. Caldirola, M. Ciancaglione, M. De Amici and C. De Micheli, Tetrahedron Lett., 27, 4647 (1986).

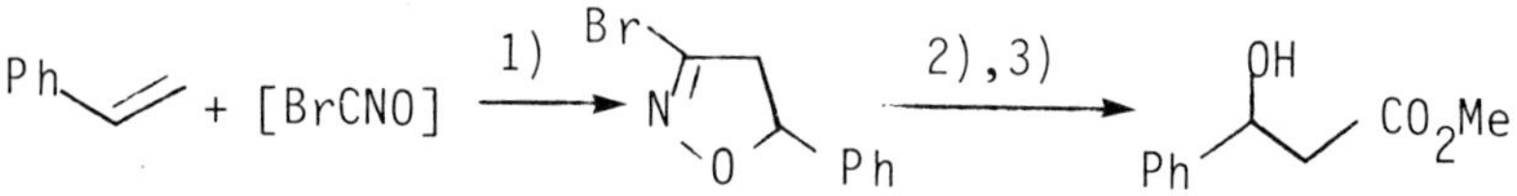

$$Ph-CH=CH_2 + [BrCNO] \xrightarrow{1)} \underset{Ph}{\overset{Br}{\text{isoxazoline}}} \xrightarrow{2),3)} Ph-CH(OH)-CH_2-CO_2Me$$

1) $NaHCO_3$; 2) MeOLi, MeOH; 3) H_2, Raney nickel.

VI.A.7-4 P.C. Bulman Page and S. Rosenthal, Tetrahedron Lett., 27, 1947 (1986).

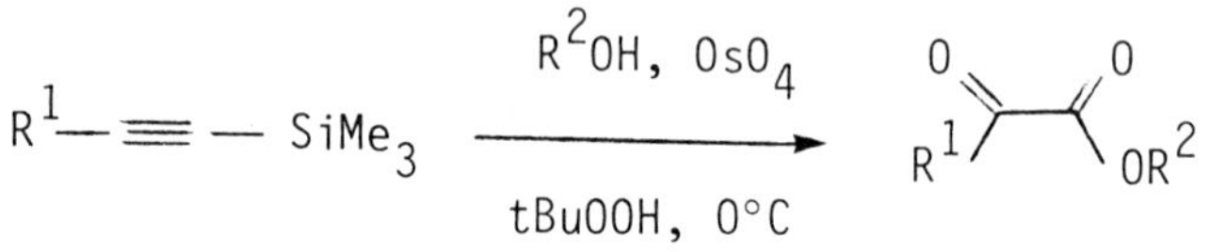

$$R^1-\equiv-SiMe_3 \xrightarrow[tBuOOH, 0°C]{R^2OH, OsO_4} R^1-C(=O)-C(=O)-OR^2$$

54-61%

VI.A.7-5 O.G. Kulinkovich, I.G. Tischenko, J.N. Romashin and L.N. Savitskaya, Synthesis, 378 (1986).

$$R\text{-C(O)-C}(Cl)(Cl)\text{-CH}_2 \xrightarrow{\text{MeONa, MeOH, } 15\text{-}20°C, 30 \text{ min}} R\underset{O}{\overset{}{\diagdown}}\text{(OMe)}_2 \quad 50\text{-}83\%$$

1) N-bromosuccinimide analog (N-Br pyrrolidinone), K_2CO_3, H_2O, acetone, RT, 24 h;
2) TEA, ether, RT, 24 h.

$$\downarrow 1),2)$$

$$R\text{-C(O)-CH=CH-C(O)-OMe} \quad 64\text{-}93\%$$

VI.A.8. Ethers

VI.A.8-1 D.H.R. Barton, J. Finet, J. Khamsi and C. Pichon, Tetrahedron Lett., 27, 3619 (1986).

$$\text{ArOH} + \text{Ph}_3\text{Bi(OCOR)}_2 \xrightarrow[\text{CH}_2\text{Cl}_2,\ \text{RT, Ar}]{\text{Cu}} \text{ArOPh} \quad 26\text{-}97\%$$

VI.A.8-2 J.L. Holcombe and T. Livinghouse, J. Org. Chem., 51, 111 (1986); G.A. Kraus and T.O. Man, Synth. Commun., 16, 1037 (1986).

$$\text{Ar-OH} + \text{isobutylene} \xrightarrow[\text{CH}_2\text{Cl}_2,\ -78°C]{\text{CF}_3\text{SO}_3\text{H (cat.)}} \text{ArO}t\text{-Bu} \quad 56\text{-}99\%$$

VI.A.8-3 D. Achet, D. Rocrelle, I. Murengezi, M. Delmas and A. Gaset, Synthesis, 642 (1986); T. Nagasaka, H. Tamano and F. Hamaguchi, Heterocycles, 24, 1231 (1986); G.A. Olah, T. Yamato, P.S. Iyer and G.K. Surya Prakash, J. Org. Chem., 51, 2826 (1986).

$$R-OH + (MeO)_2SO_2 \xrightarrow{1)} ROMe$$
$$90-99\%$$

1) 1,4-dioxan or triglyme, KOH, H_2O, 40°C or 65°C.

VI.A.8-4 K.U.K. Gamage Nicholas and K. Vaughan, Can. J. Chem., 64, 799 (1986).

$$\underset{\text{ArNHCCH}_2\text{N}_2}{\overset{O}{\|}} \xrightarrow[\text{7-46 h}]{\text{MeOH, reflux}} \underset{\text{ArNHCCH}_2\text{OMe}}{\overset{O}{\|}}$$
$$46-50\%$$

VI.A.9. Aldehydes and Ketones

VI.A.9-1 A. Miyashita, T. Shimada, A. Sugawara and H. Nohira, Chem. Lett., 1323 (1986).

$$\underset{\text{Me}}{\overset{\text{Ph}}{\triangle_O}} \xrightarrow[\text{PhMe, 50°C, 6 h}]{NiBr_2(PPh_3)_2} \underset{\text{Me}}{\overset{\text{Ph}}{\diagdown}}\text{CHCHO}$$
$$98\%$$

VI.A.9-2 R.F. Cunico, Tetrahedron Lett., 27, 4269 (1986); T. Miyasaka, H. Monobe and S. Noguchi, Chem. Lett., 449 (1986).

[Structure: 2-(t-BuMe₂Si)propane-1,2-diol with HO, OH groups] →(TFA, 25h, CH₂Cl₂)→ [α-silyl ketone: CH₃-C(=O)-CH(H)(SiMe₂t-Bu)] 85%

VI.A.9-3 B. Byrne and K.J. Wengenroth, Synthesis, 870 (1986); K. Ogura et al., J. Org. Chem., 51, 700 (1986); U. Hertenstein, S. Hünig, H. Reichelt and R. Schaller, Chem. Ber., 119, 722 (1986).

[Scheme: 2-butanone →1),2)→ bromo dioxolane →3)→ vinyl dioxolane →4)→ methyl vinyl ketone]

1) HOCH₂CH₂OH, p-TsOH, hexane, heat;
2) Br₂, 35-40°C;
3) KOH, DMSO, MeOH, 80°C;
4) H₂O, pTsOH, 15°C.   67% overall

VI.A.9-4 F.P. Ballistreri, S. Failla, G.A. Tomaselli and R. Curci, Tetrahedron Lett., 27, 5139 (1986); T. Satoh, S. Motohashi and K. Yamakawa, Bull. Chem. Soc. Jpn., 59, 946 (1986); J. Barluenga, J. Jardon and V. Gotor, J. Chem. Res., 218 (1986); J. Barluenga, F. Aznar, R. Liz and C. Postigo, J. Chem. Soc., Chem. Commun., 1465 (1986).

$$R^1-C\equiv C-R^2 + (HMPA)MoO(O_2)_2$$
$$\downarrow Hg(OAc)_2, DCE, 40°C$$
$$R^1-\underset{O}{\underset{\|}{C}}-\underset{O}{\underset{\|}{C}}-R^2 + HMPA + MoO_3$$
55-90%

DCE = dichloroethane

VI.A.9-5 J. Barluenga, H. Cuervo, B. Olano, S. Fustero and
V. Gotor, Synthesis, 469 (1986); T. Satoh, Y. Kaneko, K.
Sakata and K. Yamakawa, Bull. Chem. Soc. Jpn., 59, 457 (1986).

$$\underset{R^2}{\overset{Ph}{\diagup}}\!\!\!\!\!\!\diagdown\!\!\!\!\diagup\!\!\!\!\overset{NHR^1}{\diagdown}\!\!\!\!\diagup\!\!\!\!\overset{}{\diagdown}\!\!\!\!=\!NR^3 \quad \xrightarrow[\text{2) hydrolysis}]{\text{1) LAH, THF}} \quad \underset{R^2}{\overset{Ph\diagdown\diagup H}{\diagup\diagdown NHR^1}}\!\diagdown\!\!\!\!\diagup\!\!\!\!=O \quad 65\text{-}70\%$$

VI.A.9-6 R.J. Clemens, Chem. Rev., 86, 241 (1986).

Review: "Diketene."

VI.A.9-7 H.R. Seikaly and T.T. Tidwell, Tetrahedron, 42, 2587 (1986).

Review: "Addition Reactions of Ketenes."

VI.A.9-8 H.W. Moore and O.H.W. Decker, Chem. Rev., 86, 821 (1986).

Review: "Conjugated Ketenes: New Aspects of Their Synthesis and Selected Utility for the Synthesis of Phenols, Hydroquinones, and Quinones."

VI.A.10. Nitriles and Imines

VI.A.10-1 N. Chatani and T. Hanafusa, J. Org. Chem., 51, 4714 (1986).

$$ArI \xrightarrow[\text{reflux}]{\substack{Me_3SiCN \\ Pd(PPh_3)_4, \text{ TEA,}}} ArCN \quad 13\text{-}89\%$$

VI.A.10-2 D.P. Mathews, J.P. Whitten and J.R. McCarthy, J. Org. Chem., 51, 3228 (1986); S. Murahashi, T. Naota and N. Nakajima, J. Org. Chem., 51, 898 (1986).

$$F_3C\text{-imidazole-}R \xrightarrow{NH_4OH \text{ aq.}} NC\text{-imidazole-}R \quad 48\text{-}94\%$$

VI.A.10-3 H.M.R. Hoffmann, K. Giesel, R. Lies and Z.M. Ismail, Synthesis, 548 (1986); A. Alberola, A.M. González, M.A. Laguna and F.J. Pulido, Tetrahedron Lett., 27, 2027 (1986); H. Pellissier, A. Meou and G. Gil, Tetrahedron Lett., 27, 3505 (1986); R. Yoneda, K. Santo, S. Harusawa and T. Kurihara, Synthesis, 1054 (1986).

dihydropyran $\xrightarrow{Br_2/CCl_4}$ 2,3-dibromotetrahydropyran $\xrightarrow[\text{CuCN}]{\text{reflux}}$ 3-bromo-2-cyanotetrahydropyran $\xrightarrow[\text{15-30°C}]{\text{piperidine}}$ 2-cyano-3,4-dihydropyran (95%)

VI.A.10-4 A.R. Katritzky, M. Szajda and S. Bayyuk, Synthesis, 804 (1986).

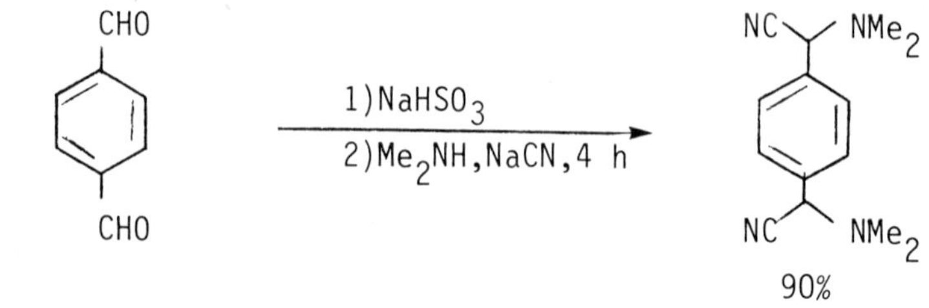

$$\text{p-C}_6\text{H}_4(\text{CHO})_2 \xrightarrow{\text{1) NaHSO}_3 \quad \text{2) Me}_2\text{NH, NaCN, 4 h}} \text{p-C}_6\text{H}_4[\text{CH(CN)NMe}_2]_2$$

90%

VI.A.10-5 L. Rene, J. Poncet and G. Auzou, Synthesis, 419 (1986).

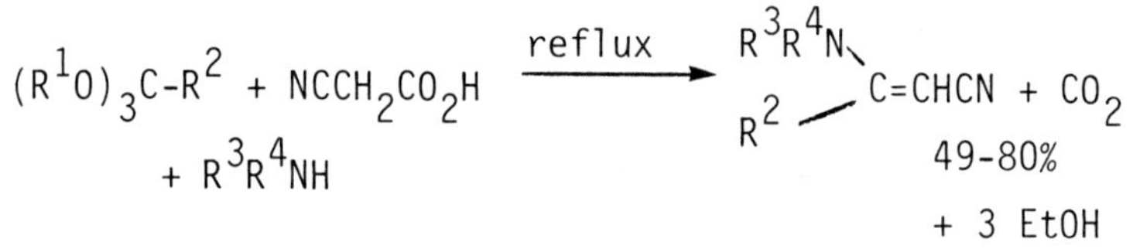

$$(R^1O)_3C-R^2 + NCCH_2CO_2H + R^3R^4NH \xrightarrow{\text{reflux}} R^3R^4N\text{-}C(R^2)=CHCN + CO_2 + 3\ EtOH$$

49-80%

VI.A.10-6 P. Sulmon, N. DeKimpe, R. Verhé, L. DeBuyck and N. Schamp, Synthesis, 192 (1986).

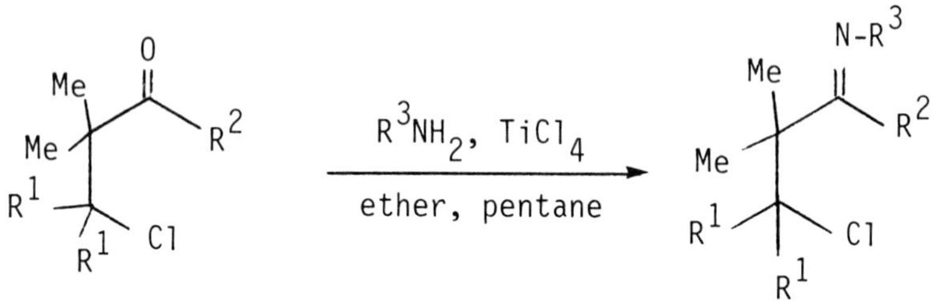

$$\xrightarrow{R^3NH_2,\ TiCl_4} \text{ether, pentane}$$

48-95%

VI.A.11. Azides

VI.A.11-1 A. Hassner and M. Stern, Angew. Chem. Int. Ed. Engl., 25, 478 (1986); G.K.S. Prakash, M.A. Stephenson, J.G. Shih and G.A. Olah, J. Org. Chem., 51, 3215 (1986).

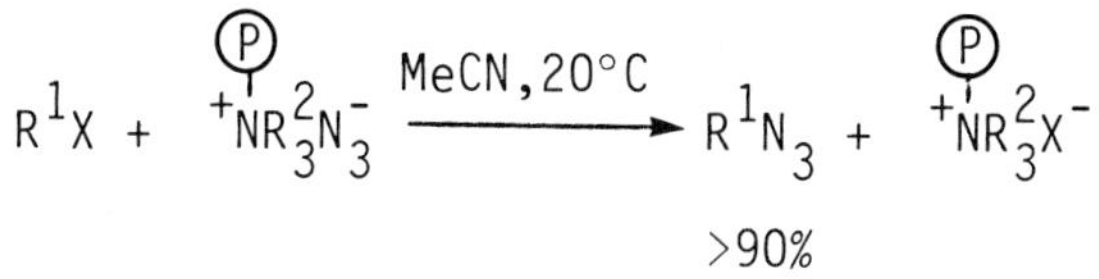

$$R^1X + {}^+NR_3^2N_3^- \xrightarrow{MeCN, 20°C} R^1N_3 + {}^+NR_3^2X^-$$

\>90%

(P = polymer support)

VI.A.11-2 Y.H. Kim, K. Kim and S.B. Shim, Tetrahedron Lett., 27, 4749 (1986).

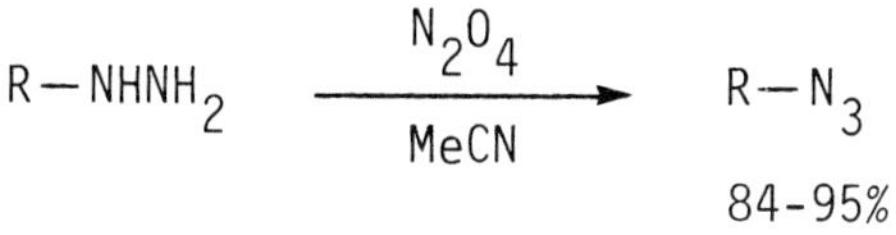

$$R-NHNH_2 \xrightarrow[MeCN]{N_2O_4} R-N_3$$

84-95%

VI.A.11-3 S. Sivasubramanian et al., J. Org. Chem., 51, 1985 (1986).

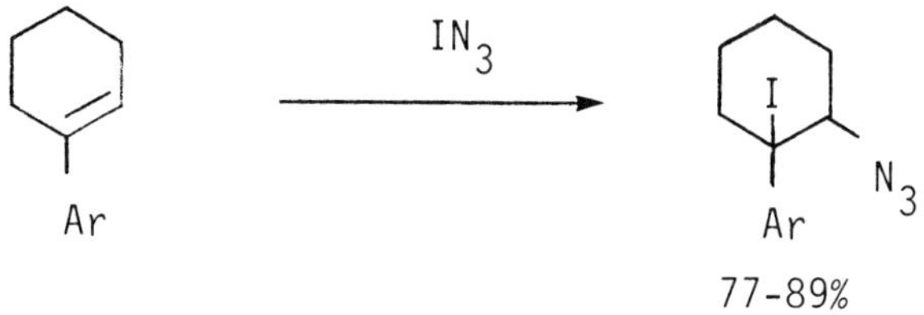

77-89%

VI.A.11-4 A. Hassner and J. Keough, J. Org. Chem., 51, 2767 (1986).

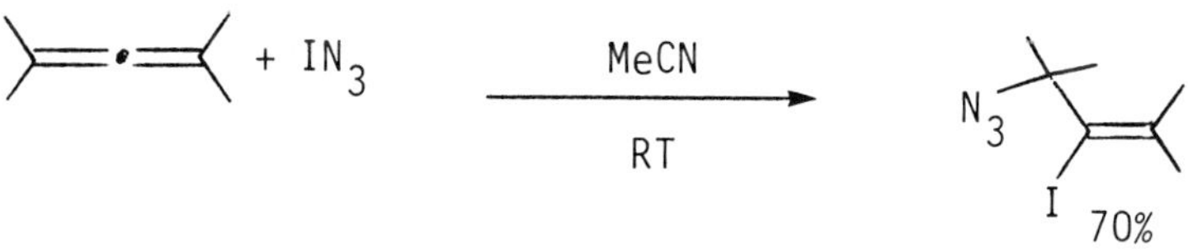

70%

VI.A.11-5 M. Onaka, K. Sugita and Y. Izumi, Chem. Lett., 1327 (1986); H.B. Mereyala and B. Frei, Helv. Chim. Acta, 69, 415 (1986); D. Sinou and M.M. Emziane, Tetrahedron Lett., 27, 4423 (1986).

$$R\overset{OH}{\underset{O}{\triangle}} \xrightarrow[\text{PhH, 50°C, 1.5 h}]{\text{NaN}_3 \text{ on Y-type zeolite}} R\underset{N_3}{\overset{OH}{\wedge}}OH + R\underset{OH}{\overset{OH}{\wedge}}OH$$

94 : 6
85%

VI.A.11-6 S. Tomoda, Y. Matsumoto, Y. Takeuchi and Y. Nomura, Bull. Chem. Soc. Jpn., 59, 3283 (1986).

$$\underset{\text{SiEt}_3}{\overset{R}{\underset{H}{\triangle}}}\overset{O}{\underset{H}{}} \xrightarrow[\text{BF}_3\cdot\text{OEt}_2]{\text{Me}_3\text{SiN}_3} \underset{\text{Me}_3\text{SiO}}{\overset{R}{\underset{H}{}}}\overset{\text{SiEt}_3}{\underset{N_3}{}} \longrightarrow \underset{H\ \ H}{\overset{R\ \ \ \ N_3}{=\!=\!=}}$$

8-95%
(Z:E 93-100:0-7)

VI.A.12. Other N-Containing Functional Groups

VI.A.12-1 G. Boche, R.H. Sommerlade and F. Bosold, Angew. Chem., Int. Ed. Engl., 25, 562 (1986).

$$Ar-NH-\overset{\overset{O}{\|}}{O}PPh_2 \xrightarrow{HNR^1R^2} Ar-NH-NR^1R^2$$

25-97%

VI.A.12-2   D.F. Taber, R.E. Ruckle, Jr. and M.J. Henessy, J. Org. Chem., 51, 4077 (1986).

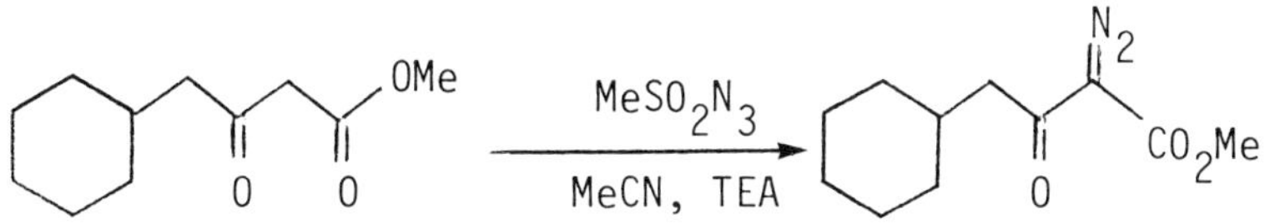

Cy-CH2-C(O)-CH2-C(O)-OMe →(MeSO2N3, MeCN, TEA) Cy-CH2-C(O)-C(=N2)-CO2Me

---

VI.A.12-3   A.C. Brouwer and A.M. van Leusen, Synth. Commun., 16, 865 (1986).

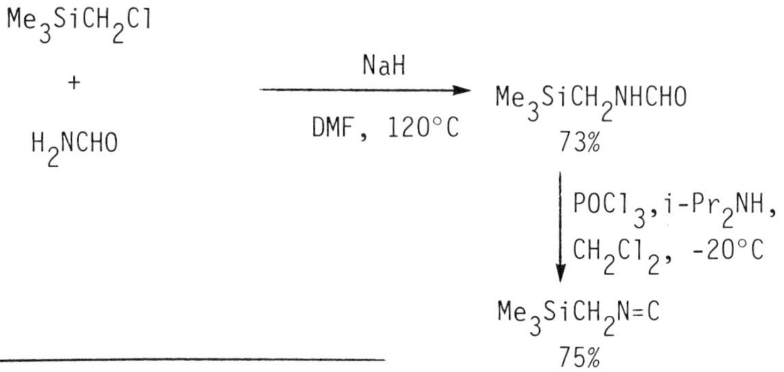

Me_3SiCH_2Cl + H_2NCHO $\xrightarrow[\text{DMF, 120°C}]{\text{NaH}}$ Me_3SiCH_2NHCHO 73%

$\downarrow$ POCl$_3$, i-Pr$_2$NH, CH$_2$Cl$_2$, −20°C

$Me_3SiCH_2N=C$ 75%

VI.A.12-4   S. Kim and K.Y. Yi, Tetrahedron Lett., 27, 1925 (1986); S. Kim and K.Y. Yi, J. Org. Chem., 51, 2613 (1986).

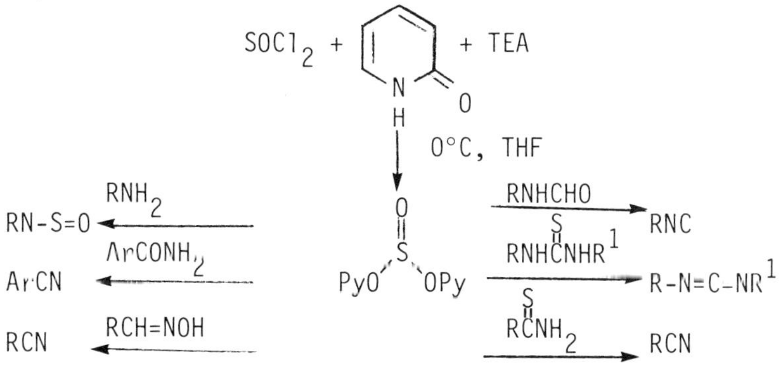

SOCl$_2$ + 2-pyridone + TEA → PyO-S(=O)-OPy   0°C, THF

RN-S=O ← (RNH$_2$)
ArCN ← (ArCONH$_2$)
RCN ← (RCH=NOH)

→ (RNHCHO) RNC
→ (RNHC(S)NHR^1) R-N=C-NR^1
→ (RC(S)NH$_2$) RCN

VI.A.12-5 A. Koziara, K. Turski and A. Zwirzak,
Synthesis, 298 (1986); E. Cereda, E. Bellora and A. Donetti,
Synthesis, 288 (1986).

$$(EtO)_2\overset{O}{\underset{\|}{P}}-NHNH_2 + \underset{R^2}{\overset{R^1}{\diagup}}\!\!=\!O \xrightarrow[4h]{PhH, 80°C} (EtO)_2\overset{O}{\underset{\|}{P}}NHN\!=\!C\underset{R^2}{\overset{R^1}{\diagdown}}$$

71-80%

$$\downarrow \begin{array}{l} 1) NaH, PhH, RT \\ 2) R^3CHO, <25°C \end{array}$$

$$R^3-CH=N-N=C\underset{R^2}{\overset{R^1}{\diagdown}}$$

62-80%

VI.A.12-6 Y. Morimoto, Y. Fujiwara, H. Taniguchi, Y. Hori
and Y. Nagano, Tetrahedron Lett., 27, 1809 (1986).

$$CO_2 + Et_2NH \xrightarrow{PdCl_2(MeCN)_2} Et_2N\underset{\|\;O}{C}NEt_2 + Et_2N\underset{\|\;O}{C}H$$

VI.A.12-7 C. Kashima, M. Shimizu, T. Eto and Y. Omote,
Bull. Chem. Soc. Jpn., 59, 3317 (1986).

$$R^1NH\overset{O}{\underset{\|}{C}}NR^2R^3 \xrightarrow[MeOH]{Raney\;Ni} R^1N=CHNR^2R^3 + RNHCHO$$

23-85%

VI.A.12-8 V.I. Gorbatenko and L.F. Lur'e, J. Org. Chem. (USSR), 22, 605 (1986); W.A. Henderson, Jr. and V.A. Alexanian, Org. Prep. Proced. Int., 18, 149 (1986).

$$\underset{ClCNCO}{\overset{O}{\|}} + \underset{RN\quad NR}{\overset{R}{\underset{N}{\bigcap}}} \xrightarrow[20°C]{PhH} \underset{\underset{CH_2Cl}{|}}{\overset{O}{\underset{\|}{RNCNCO}}}$$

35-45%

VI.A.12-9 C.A. Maryanoff, R.C. Stanzione, J.N. Plampin and J.E. Mills, J. Org. Chem., 51, 1882 (1986); A.E. Miller and J.J. Bischoff, Synthesis, 777 (1986).

$$R^1HN\overset{S}{\underset{\|}{-C-}}NH_2 \xrightarrow{H_2O_2} R^1N=\overset{SO_xH}{\underset{|}{C-}}NH_2 \xrightarrow{R^2NH_2} R^1N=\overset{NHR^2}{\underset{|}{C-}}NH_2$$

56-85%   23-99%

VI.A.12-10 M. Torizuka and Y. Kikugawa, Synthesis, 226 (1986).

$$ArNH\overset{O}{\underset{\|}{C}}-NR_2 \xrightarrow[10-48\ h]{POCl_3,\ reflux} ArN=\underset{\underset{NR_2}{|}}{C}-O-\underset{\underset{NR_2}{|}}{C}=NAr$$

44-86%

VI.A.12-11 R. Öhrlein, W. Schwab, R. Ehrler and V. Jäger, Synthesis, 535 (1986); A.J. Bloom and J.M. Mellor, Tetrahedron Lett., 27, 873 (1986); R.J. Schmitt and C.D. Bedford, Synthesis, 132 (1986).

$CH_2=CHCH=O$ 1) $O_2N\diagdown\diagup=O$ $\xrightarrow{(RO)_3CH}$ $O_2N\diagdown\diagup OR$ 62-100% OR

$\diagdown H_3B \cdot SMe_2, ether, 25°C$

1) $NaNO_2$, HOAc, THF, 0°C.

$O_2N\diagdown\diagup OH$

$O_2N\diagdown\diagup OR$ ⬡ , H^+, ether

VI.A.12-12 D.L. Boger, Chem. Rev., 86, 781 (1986).

Review: "Diels-Alder Reactions of Heterocyclic Azadienes: Scope and Applications."

VI.A.12-13 D.N. Dhar and K.S.K. Murthy, Synthesis, 437 (1986).

Review: "Recent Advances in the Chemistry of Chlorosulfonyl Isocyanate."

VI.A.12-14 A.N. Pudovik, I.V. Konovalova and L.A. Burnaeva, Synthesis, 793 (1986).

Review: "Reactions of Isocyanato- and Substituted Methyleneamino-Phosphine Derivatives with Compounds Containing Multiple Bonds."

VI.A.12-15 R. Noack and K. Schwetlich, Z. Chem., 26, 117 (1986).

Review: "Cycloadditions with Isocyanates--Potentials, Kinetics, Mechanisms."

VI.A.12-16 L.B. Volodarsky and A. Ya. Tikhonov, Synthesis, 704 (1986).

Review: "Synthesis and Reactions of α-Hydroxylamino-oximes."

VI.A.12-17 A.G.M. Barrett and G.G. Graboski, Chem. Rev., 86, 751 (1986).

Review: "Conjugated Nitroalkenes: Versatile Intermediates in Organic Synthesis."

VI.B. Sulfur Compounds

VI.B.1-1 D.N. Harpp and M. Kobayashi, Tetrahedron Lett., 27, 3975 (1986).

$$R^1CHO \xrightarrow[\text{pyridine}]{H_2S,\ Me_3SiCl} R^1\underset{\text{OTMS}}{\overset{|}{C}}HSH\ (69\text{-}83\%)$$

$$\downarrow \begin{array}{l} 1)\ BuLi \\ 2)\ R^2Br \end{array}$$

$$R^2SH \xleftarrow[\text{MeOH, RT}]{KF} R^1\underset{\text{OTMS}}{\overset{|}{C}}H\text{-}SR^2\ (67\text{-}70\%)$$

$(69\text{-}95\%)$

VI.B.1-2 T. Yura, N. Iwasawa, R. Clark and T. Mukaiyama,
Chem. Lett., 1809 (1986); M. Colonna and M. Poloni,
Gazz. Chim. Ital., 116, 449 (1986); Y. Terao et al.,
Chem. Pharm. Bull., 34, 105 (1986).

Ph-CO-CH₂CH₃ → Ph-CO-CH(SPh)CH₃

1) Sn(OTf)$_2$, N-ethylpiperidine;

2) pyrrolidine-CH$_2$N-pip , -78°C;   3) PhSSNp-α

78% (85% ee)

VI.B.1-3 B.M. Trost and T.S. Scanlan, Tetrahedron Lett.,
27, 4141 (1986); M. Lissel, S. Schmidt and B. Neumann,
Synthesis, 382 (1986); P.R. Auburn, J. Whelan and R. Bosnich,
J. Chem. Soc., Chem. Commun., 146 (1986); N. Ono, T. Yanai
and A. Kaji, J. Chem. Soc., Chem. Commun., 1040 (1986);
Y. Takeuchi, K. Sakagawa, M. Kubo and M. Yamato, Chem.
Pharm. Bull., 34, 1323 (1986); G. Petrillo, M. Novi,
G. Garbarino and C. Dell'Erba, Tetrahedron, 42, 4007 (1986).

allyl-OCO$_2$Me + EtSSiMe$_3$ $\xrightarrow{\text{(dba)}_3\text{Pd}_2 \cdot \text{CHCl}_3}$ allyl-SEt

dppp, THF, 9 h, RT   95%

VI.B.1-4 D.C. Palmer and E.C. Taylor, J. Org. Chem.,
51, 846 (1986).

thietane-S $\xrightarrow{\text{ArCH}_2\text{X, MeCN, RT}}$ Cl-CH$_2$CH$_2$CH$_2$-S-CH$_2$Ar

19-94%

VI.B.1-5 H.J. Cristau, B. Chabaud, R. Labaudiniere and
H. Christol, J. Org. Chem., 51, 875 (1986).

$$R^1R^2C=CBr_2 \xrightarrow[\text{(cat.), PhMe, reflux}]{\text{PhSNa, (bipy)}_2\text{NiBr}_2} R^1R^2C=C(SPh)_2$$

63-85%

VI.B.1-6 K. Griesbaum, P.M. Scaria and T. Döhling,
J. Org. Chem., 51, 1302 (1986).

$$\text{ClCH(O)CHCl} \xrightarrow{\text{Me}_2\text{S, RT, 24 h}} \underset{\text{Cl}}{\overset{\text{Me}_2\text{S}^+ \quad \text{Cl}^-}{\diagdown}} C=CHOH$$

78%

$$\downarrow \text{CH}_2\text{N}_2, \text{DMSO}$$

$$\underset{\text{Cl}}{\overset{\text{MeS} \quad \text{OMe}}{\diagdown}} C=CH$$

VI.B.1-7 L. Benati, P.C. Montevecchi and P. Spagnolo,
Tetrahedron Lett., 27, 1739 (1986); E. Kato, M. Oya, T. Iso
and J. Iwao, Chem. Pharm. Bull., 34, 486 (1986); D.N. Harpp,
S.J. Bodzay, T. Aida and T.H. Chan, Tetrahedron Lett., 27,
441 (1986).

$$\text{4-O}_2\text{N-C}_6\text{H}_4\text{-NHAr} + \text{RSH} \xrightarrow{\text{BF}_3} \text{ArSSR} + \text{4-O}_2\text{N-C}_6\text{H}_4\text{-NH}_2$$

51-99%

VI.B.1-8 J.Y. Gauthier, F. Bourdon and R.N. Young, Tetrahedron Lett., 27, 15 (1986); T. Murai, S. Oida, S. Min and S. Kato, Tetrahedron Lett., 27, 4593 (1986); ibid., 4595 (1986); S. Ahmad and J. Iqbal, Tetrahedron Lett., 27, 3791 (1986).

$$\underset{Ph}{\overset{OH}{\diagup}}\!\!\diagdown Me \quad \xrightarrow{\text{AcSH}\atop ZnI_2,\ CH_2Cl_2} \quad \underset{Ph}{\overset{SAc}{\diagup}}\!\!\diagdown Me$$
85%

VI.B.1-9 A.G.M. Barrett, G.G. Graboski and M.A. Russell, J. Org. Chem., 51, 1012 (1986).

$$R^1\diagdown=\!\!\!\diagup\!\!{}^{NO_2}_{SPh} \quad \xrightarrow[\text{2) Nef}]{\text{1) }R^2R^3N^-} \quad R^1\!\!-\!\!\overset{SPh}{\underset{NR^2R^3}{C\!=\!O}}$$

TsCl ↑

$$R^1\!-\!\overset{HO\ \ NO_2}{\underset{SPh}{C\!-\!C}} \quad \xleftarrow{\text{Miyashita}} \quad PhS\diagdown\!\!\diagup\!\!NO_2 + R^1CHO$$

VI.B.1-10 R.M. Coates and S.J. Firsan, J. Org. Chem., 51, 5198 (1986).

$$\underset{R^1}{\overset{S}{\underset{|}{PhC\!N\!OH}}} \xrightarrow[\text{acetone}]{R^2I} \underset{Ph\diagdown C\diagdown SR^2}{\overset{R^1\diagdown\overset{+}{N}\diagup OH}{||}} \xrightarrow[\text{aq.}]{NaHCO_3} \underset{Ph\diagdown C\diagdown SR^2}{\overset{R^1\diagdown N\nearrow O}{||}}$$

E & Z

VI.B.1-11 J.E. Mills, Synthesis, 482 (1986).

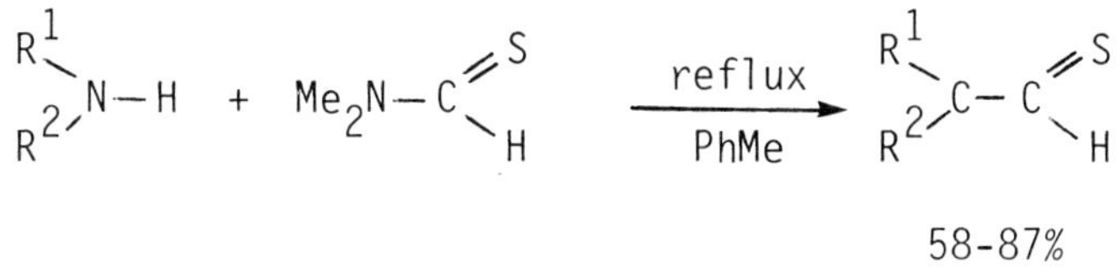

$$R^1_2N-H + Me_2N-C(=S)H \xrightarrow[PhMe]{reflux} R^1R^2C-C(=S)H$$

58-87%

VI.B.1-12 P. Metzner, T.N. Pham and J. Vialle, Tetrahedron, 42, 2025 (1986).

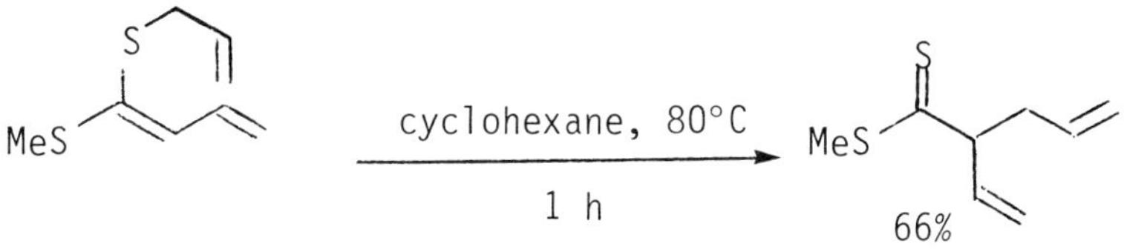

66%

VI.B.1-13 M.A. Martínez, Synthesis, 760 (1986).

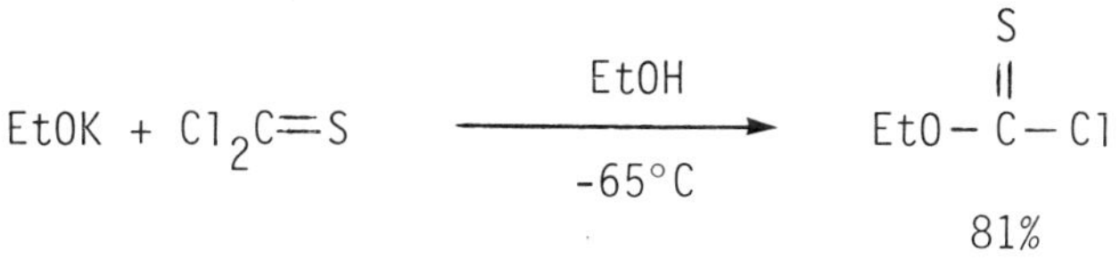

$$EtOK + Cl_2C=S \xrightarrow[-65°C]{EtOH} EtO-\underset{\|}{C}(=S)-Cl$$

81%

VI.B.1-14 T. Nowicki, A. Markowska, P. Kiełbasinski and M. Mikołajcz, Synthesis, 305 (1986).

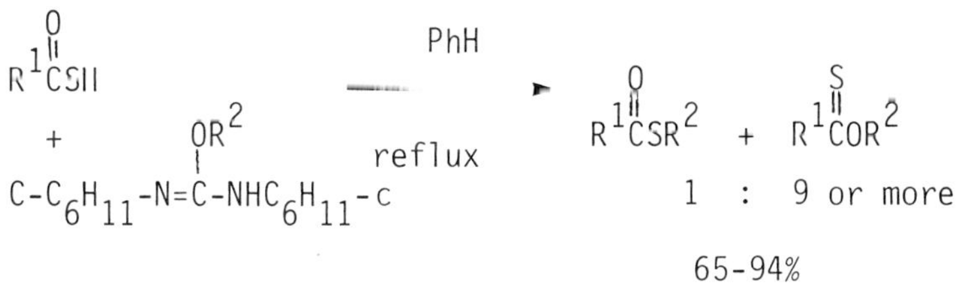

$$R^1C(=O)SH + \underset{c\text{-}C_6H_{11}-N=C-NHC_6H_{11}\text{-}c}{OR^2} \xrightarrow[reflux]{PhH} R^1C(=O)SR^2 + R^1C(=S)OR^2$$

1 : 9 or more

65-94%

VI.B.1-15 Y. Vallée, S. Masson and J. Ripoll, Tetrahedron Lett., 27, 4313 (1986); J.L. LaMattina and C.J. Mularski, J. Org. Chem., 51, 413 (1986).

$$R_2C=C\begin{matrix}SMe\\SSiMe_3\end{matrix} \xrightarrow{FVP,\ 930K} R_2C=C=S \xrightarrow{HNMe_2} Me_2CHCNMe_2 \quad 65\%$$
(with S on C=S of product)

VI.B.1-16 P. Rollin, Tetrahedron Lett., 27, 4169 (1986).

$$PhCH_2OH \xrightarrow[DEAD,\ PhMe,\ 0°C]{PPh_3,\ ziram} PhCH_2SC(=S)NMe_2 \quad 92\%$$

VI.B.1-17 R.A. Holton and H. Kim, Tetrahedron Lett., 27, 2191 (1986); C. Maignan, A. Guessous and F. Rouessac, Tetrahedron Lett., 27, 2603 (1986).

$(MeO)_2P(=O)CH_2S(=O)Tol\text{-}p \xrightarrow{1),2)}$ [vinyl sulfoxide intermediate with TMSO, R] $\xrightarrow{3),4),5)}$ [butenolide product with S(=O)Tol-p]

1) n-BuLi;
2) TMSO–C(=O)–R
3) LDA, -78°C;
4) CO_2, -78°C;
5) p-TsOH, -78 to 0°C.

67-78%

VI.B.1-18 K. Hwang, J. Org. Chem., 57, 99 (1986).

$$\underset{\underset{NH}{\|}}{\overset{\overset{O}{\|}}{Ph-S-Me}} \xrightarrow[\text{then 60°C}]{\text{BSA, MeCN, 20°C}} \underset{\underset{NSiMe}{\|}}{\overset{\overset{O}{\|}}{Ph-S-Me}} \xrightarrow{\underset{2)}{1)}} \underset{\underset{NSiMe_3}{\|}}{\overset{\overset{O}{\|}}{Ph-SCH_2CH_2CH(OMe)_2}}$$

$$\downarrow \text{MeOH, heat}$$

$$\underset{\underset{NH}{\|}}{\overset{\overset{O}{\|}}{Ph-SCH_2CH_2CH(OMe)_2}} \quad 63\%$$

1) BuLi, THF
2) BrCH$_2$CH(OMe)$_2$

VI.B.1-19 B.F. Bonini, G. Mazzanti, P. Zani, G. Maccagnani, G. Barbaro, A. Battaglia and P. Giorgianni, J. Chem. Soc., Chem. Commun., 964 (1986).

$$\underset{Me_3Si}{\overset{Ar}{>}}=S \xrightarrow{MCPBA} \underset{Me_3Si}{\overset{Ar}{>}}S=O \xrightarrow{TBAF} \underset{H}{\overset{Ar}{>}}S=O$$

VI.B.1-20 J.-H. Youn and R. Herrmann, Tetrahedron Lett., 27, 1493 (1986).

$$RS-SR \xrightarrow[\substack{-40 \text{ or } -20°C, \sim 3 \text{ h,} \\ 2 \text{ h to RT, then} \\ 35°C, 1 \text{ h}}]{SO_2Cl_2, \text{ HOAc,}} RSOCl \quad 86\text{-}100\%$$

VI.B.1-21 T. Hamada and O. Yonemitzu, Synthesis, 852 (1986).

$$ArX \xrightarrow[\substack{1)\ n\text{-BuLi, THF,} \\ -60\ \text{to}\ 100°C \\ 2)\ SO_2,\ THF \\ 3)\ SO_2Cl_2,\ n\text{-hexane}}]{} ArSO_2Cl$$

VI.B.1-22 B.M. Dilworth and M.A.McKervey, Tetrahedron, 42, 3731 (1986).

Review: "Organic Synthesis with α-Chlorosulfides."

VI.B.1-23 F. Beck, Spec. Chem., 6, 10 (1986).

Review: "Thiourea -- a Multipurpose Chemical."

VI.B.1-24 P.L. Fuchs and T.F. Braish, Chem. Rev., 86, 903 (1986).

Review: "Multiply Convergent Syntheses via Conjugate-Addition Reactions to Cycloalkenyl Sulfones."

VI.B.1-25 M. Madesclair, Tetrahedron, 42, 5459 (1986).

Review: "Synthesis of Sulfoxides by Oxidation of Thioethers."

VI.B.1-26 R.K. Dieter, Tetrahedron, 42, 3029 (1986).

Review: " α-Oxo Ketene Dithioacetals and Related Compounds: Versatile Three-Carbon Synthons."

VI.B.1-27 J. Chenet-Ray and R. Vessiere, Org. Prep. Proced. Int., 18, 157 (1986).

Review: "Synthesis and Reactions of β-Sultams."

VI.B.1-28 J.L. Morris and C.W. Rees, Chem. Soc. Rev., 15, 1 (1986).

Review: "Organic Poly(sulfur-nitrogen) Chemistry."

VI.C. Phosphorus Compounds

VI.C.1-1 T.H. Kim and D.Y. Oh, Tetrahedron Lett., 27, 1165 (1986).

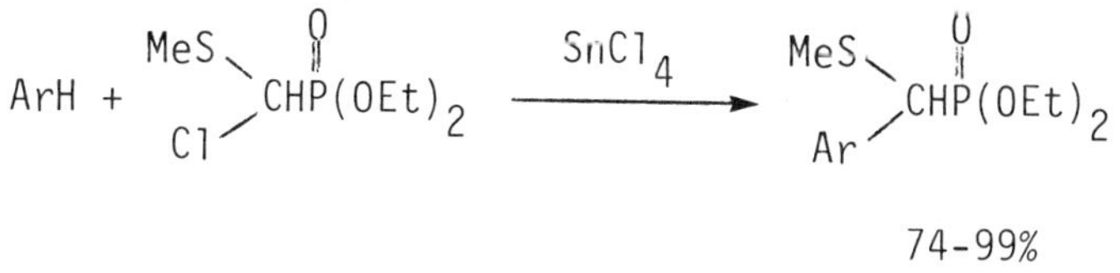

$$ArH + \underset{Cl}{\overset{MeS}{>}}CHP(OEt)_2 \xrightarrow{SnCl_4} \underset{Ar}{\overset{MeS}{>}}CHP(OEt)_2$$

74-99%

VI.C.1-2 P. Pellon and J. Hamelin, Tetrahedron Lett., 27, 5611 (1986); W. Tückmantel, K. Oshima and K. Utimoto, Tetrahedron Lett., 27, 5617 (1986).

$$\underset{H}{\overset{R^1}{>}}=\underset{R^2}{\overset{OTMS}{<}} \quad \xrightarrow[ZnCl_2]{PCl_3} \quad \underset{R^2\underset{\overset{\|}{O}}{C}}{\overset{R^1}{>}}CH-PCl_2$$

VI.C.1-3 D. Villemin and R. Racha, Tetrahedron Lett., 27, 1789 (1986); F. Texier-Boullet and M. Lequitte, Tetrahedron Lett., 27, 3515 (1986); X. Lu and J. Zhu, Synthesis, 563 (1986).

$$(EtO)_2\underset{\overset{\|}{O}}{P}H + PhCHO \quad \xrightarrow[20°C, 2h]{KF-Al_2O_3} \quad (EtO)_2\underset{\overset{\|}{O}}{P}\overset{\overset{OH}{|}}{C}HPh$$

95%

VI.C.1-4 V.M. Ovrutskii and L.D. Protsenko, Russ. Chem. Rev., 55, 343 (1986).

Review: "Phosphorus Acid Hydrazides."

VI.D. Se Compounds

VI.D.1-1 G.W. Kirby and A.N. Trethewey, J. Chem. Soc., Chem. Commun., 1152 (1986).

$$RO_2CCH_2SeX \quad \xrightarrow{TEA} \quad [RO_2CCHSe] + Et_3N.HX$$
$$\phantom{RO_2CCH_2SeX \quad \xrightarrow{TEA} \quad}\text{cycloadduct}$$

VI.D.1-2 H. Ishihara, S. Muto, S. Kato, Synthesis, 128 (1986).

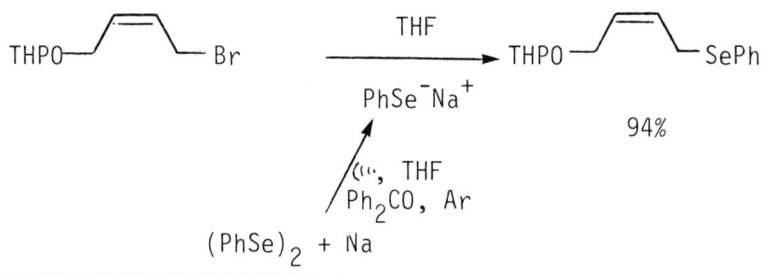

VI.D.1-3 S.V. Ley, I.A. O'Neill and C.M.R. Low, Tetrahedron, 42, 5363 (1986).

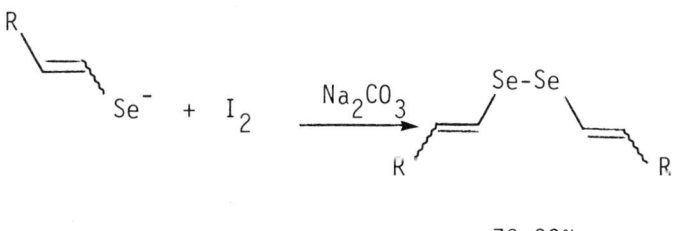

VI.D.1-4 L. Testaferri, M. Tiecco, M. Tingoli and D. Chianelli, Tetrahedron, 42, 4577 (1986).

VI.E. Nucleotides Etc.

VI.E.1-1 K.G. Devine and C.B. Reese, Tetrahedron Lett., 27, 5529 (1986).

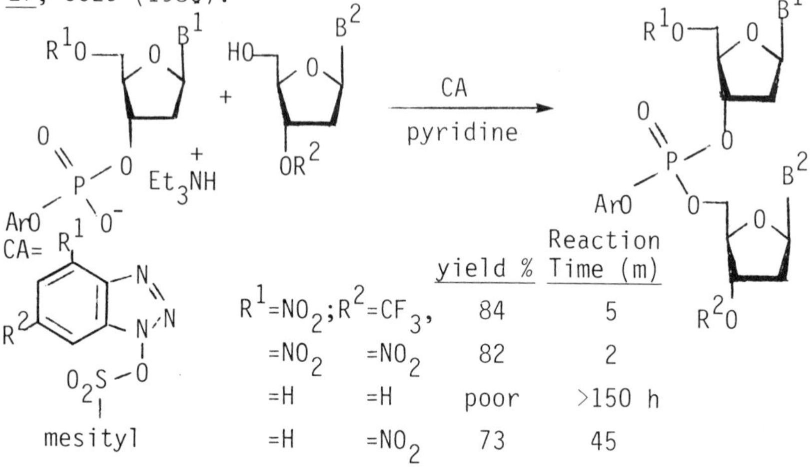

R^1	R^2	yield %	Reaction Time (m)
$=NO_2$	$=CF_3$	84	5
$=NO_2$	$=NO_2$	82	2
$=H$	$=H$	poor	>150 h
$=H$	$=NO_2$	73	45

mesityl

VI.E.1-2 J. Matsuzaki, H. Hitoda, M. Sekine and T. Hata, Tetrahedron Lett., 27, 5645 (1986); M. Fujii, K. Ozaki, M. Sekine and T. Hata, Tetrahedron Lett., 27, 935 (1986); P.J. Garegg, I. Lindh, T. Regberg, J. Stawinski and R. Strömberg, Tetrahedron Lett., 27, 4051, 4055 (1986).

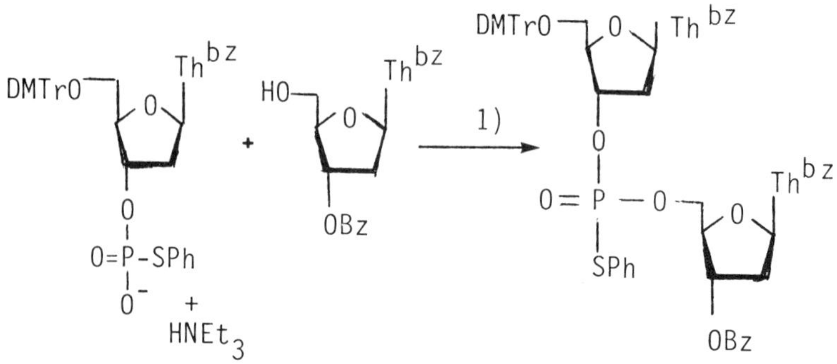

1) CTCP, NT, pyridine

NT = 3-nitro-1,2,4-triazole

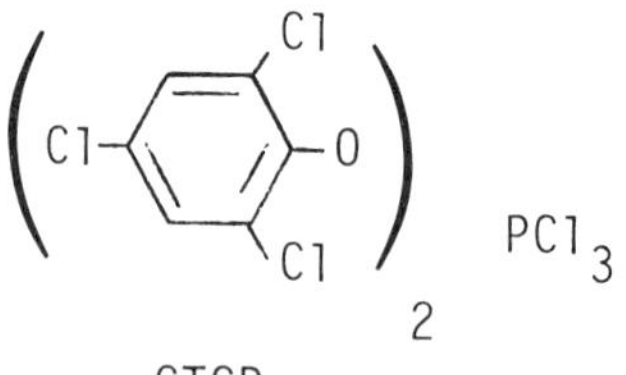

VI.E.1-3 T. Tanaka, Y. Yamada and M. Ikehara, Tetrahedron Lett., 27, 5641 (1986).

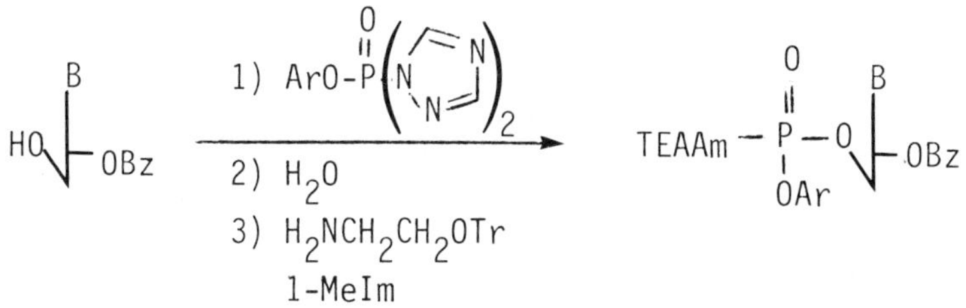

1) ArO-P(=O)(N∩N)₂ [1-MeIm]
2) H₂O
3) H₂NCH₂CH₂OTr

HO–[B,OBz] → TEAAm–P(=O)(OAr)–O–[B,OBz]

TEA = trityloxyethylamino

VI.E.1-4 C.K. Chu and S.J. Cutler, J. Heterocycl. Chem., 23, 289 (1986).

Review: "Chemistry and Antiviral Activities of Acyclonucleosides."

VII
OTHER REVIEWS

VII.A. Techniques

VII.A-1   J. Simonet and G. Le Guillanton, Bull. Soc. Chim.Fr., 221 (1986).

Review: "Electrochemically Induced Cyclizations."

VII.A-2   E. Steckhan, Angew. Chem., Int. Ed. Engl., 25, 683 (1986).

Review: "Indirect Electro-Organic Synthesis - A Modern Chapter of Organic Electrochemistry."

VII.A-3   N.M. Alpatova, S.E. Zabusova and A.P. Tomilov, Russ. Chem. Rev., 55, 99 (1986).

Review: "The Reduction of Organic Compounds by Solvated Electrons Generated Electrochemically."

VII.A-4   N.M.M. Nibbering, Rec. Trav. Chim., 105, 245 (1986).

Review: "Gas-Phase Organic Reactions at Low Pressures."

VII.A-5   J.I.G. Cadogan, C.L. Hickson and H. McNab,
Tetrahedron, 42, 2135 (1986).

  Review: "Short Contact Time Reactions of Large
            Organic Free Radicals."

VII.A-6   H. Tominaga, Pure Appl. Chem., 58, 1317 (1986).

  Seventh International Zeolite Conference.

VII.A-7   P. Laszlo, Acc. Chem. Res., 19, 121 (1986).

  Review: "Catalysis of Organic Reactions by
            Inorganic Solids."

VII.A-8   R.S. Davidson, Pure Appl. Chem., 58, 1171 (1986).

  Eleventh International Symposium on Photochemistry.

VII.A-9   V. Ramamurthy, Tetrahedron, 42, 5753 (1986).

  Review: "Organic Photochemistry in Organized Media."

VII.A-10   D. Bremner, Chem. in Britain, 22, 633 (1986).

  Review: "Chemical Ultrasonics."

VII.A-11 F.J.S. Reed, Spec. Chem., 6, 3 (1986).

Review: "Continuous Flow Peptide Synthesis, the Route to Drugs of the Future."

VII.A-12 P. Lavalle, Spec. Chem., 6, 16 (1986).

Review: "Phase Transfer Catalysis."

VII.A-13 J.B. Jones, Tetrahedron, 42, 3351 (1986).

Review: "Enzymes in Organic Synthesis."

VII.A-14 G.B. Gill and D.A. Whiting, Aldrichimica Acta, 19, 31 (1986).

Review: "Guidelines for Handling Air-Sensitive compounds."

VII.B. Asymmetric Synthesis

VII.B-1 J.W. ApSimon and T.L. Collier, Tetrahedron, 42, 5157 (1986).

Review: "Recent Advances in Asymmetric Synthesis-II."

VII.B-2 S.G. Davies, Chem. Ind. (London), 506 (1986).

Review: "Asymmetric Synthesis Prospects for Industry."

VII.B-3 A.D. Baxter and S.M. Roberts, Chem. Ind. (London), 510 (1986).

Review: "Asymmetric Syntheses of the Primary Prostaglandins."

VII.B-4 J. Jurczak, S. Pikul and T. Bauer, Tetrahedron, 42, 447 (1986).

Review: "(R)- and (S)-2,3-O-Isopropylidene glyceraldehyde in Stereoselective Organic Synthesis."

VII.C. Reactions

VII.C-1 B.M. Trost, Angew. Chem., Int. Ed. Engl., 25, 1 (1986).

Review: "[3+2] Cycloaddition Approaches to Five-Membered Rings via Trimethylene methane and its Equivalents."

VII.C-2 J.W. Scheeren, Rec. Trav. Chim., 105, 71 (1986).

Review: "Synthetic and Mechanistic Aspects of Thermal (2+2) Cycloadditions of Ketene Acetals with Electron-poor Alkenes and Carbonyl Compounds."

VII.C-3 T. Nakai and K. Mikami, Chem. Rev., 86, 885 (1986).

Review: "[2,3]-Wittig Sigmatropic Rearrangements in Organic Synthesis."

VII.C-4 H. Prinzbach and L. Knothe, Pure Appl. Chem., 58, 25 (1986).

Review: "Multi-electron (12π-20π)pericyclic Processes."

VII.C-5 R.R. Schmidt, Acc. Chem. Res., 19, 250 (1986).

Review: "Hetero-Diels-Alder Reaction in Highly Functionalized Natural Product Synthesis."

VII.C-6 H. Higuchi, E. Kobayashi, Y. Sakata and S. Misumi, Tetrahedron, 42, 1731 (1986).

Review: "Photodimerization of Benzenes in Strained Dihetera[3.3]Metacyclophanes."

VII.C-7 G.H. Posner, Chem. Rev., 86, 831 (1986).

Review: "Multicomponent One-Pot Annulations Forming Three to Six Bonds."

VII.C-8 R.D. Little, Chem. Rev., 86, 875 (1986).

Review: "The Intramolecular Diyl Trapping Reaction. A Useful Tool for Organic Synthesis."

VII.C-9 A.J.H. Klunder, G.J.A. Ariaans, E.A.R.M. van der Loop and B. Zwanenburg, Tetrahedron, 42, 1903 (1986).

Review: "Control of Cage Opening Reactions in the 1,3-Bishomocubane and Homocubane Systems."

VII.C-10 F.D. Lewis, Acc. Chem. Res., 19, 401 (1986).

Review: "Proton Transfer Reactions of Photogenerated Radical Ion Pairs."

VII.C-11 M. Rabinovitz, Y. Cohen and M. Halpern, Angew. Chem., Int. Ed. Engl., 25, 960 (1986).

Review: "Hydroxide Ion Initiated Reactions Under Phase Transfer Catalysis Conditions: Mechanism and Implications."

VII.D. Reactive Intermediates

VII.D-1 J. Mann, Tetrahedron, 42, 4611 (1986).

Review: "The Synthetic Utility of Oxyallyl Cations."

VII.D-2 E. Vedejs and F.G. West, Chem. Rev., 86, 941 (1986).

Review: "Ylides by the Desilylation of α-Silyl Onium Salts."

VII.D-3 L.M. Tolbert, Acc. Chem. Res., 19, 268 (1986).

Review: "Photoexcited States of Allyl Anions."

VII.D-4 H.D. Roth, Tetrahedron, 42, 6097 (1986).

Symposia in Print # 28: Structure and Reactivity of Organic Radical Ions."

VII.D-5 M.P. Doyle, Acc. Chem. Res., 19, 348 (1986).

Review: "Electrophilic Metal Carbenes as Reaction Intermediates in Catalytic Reactions."

VII.D-6 M.P. Doyle, Chem. Rev., 86, 919 (1986).

Review: "Catalytic Methods for Metal Carbene Transformations."

VII.E. Organo-metallics and -metalloids

VII.E-1 M. Ephritikhine, Nouv. J. Chim., 10, 9 (1986).

Review: "Activation of Alkane CH Bonds by Organometallics."

VII.E-2 K. Schlögl and O. Hofer, Pure Appl. Chem., 58, 481 (1986).

Twelfth International Conference on Organometallic Chemistry.

VII.E-3 R. Müller, Z. Chem., 193 (1986).

Review: "On the Chemistry of Organometallic Compounds."

VII.E-4 P. Beak and A.I. Meyers, Acc. Chem. Res., 19, 356 (1986).

Review: "Stereo- and Regiocontrol by Complex Induced Proximity Effects: Reactions of Organolithium Compounds."

VII.E-5 Y. Yamamoto, Angew. Chem., Int. Ed. Engl., 25, 947 (1986).

Review: "Selective Synthesis by Use of Lewis Acids in the Presence of Organocopper and Related Reagents."

VII.E-6 G.W. Kabalka, Aldrichimica Acta, 19, 11 (1986).

Review: "The Synthesis of Labeled Compounds via Organoboranes."

VII.E-7 B. Ganem and J.O. Osby, Chem. Rev., 86, 763 (1986).

Review: "Synthetically Useful Reactions with Metal Boride and Aluminide Catalysts."

VII.E-8 T.A. Blumenkopf and L.E. Overman, Chem. Rev., 86, 857 (1986).

Review: "Vinylsilane- and Alkynylsilane-Terminated Cyclization Reactions."

VII.E-9   J.Y. Corey, J. Organometall. Chem., 313, 1 (1986).

   Review: "Silafunctional Compounds: Synthesis
            and Reactivity. Annual Survey for 1984."

VII.E-10   G.L. Larson, J. Organometall. Chem., 313, 14 (1986).

   Review: "Silicon -- the Silicon-Carbon Bond.
            Annual Survey for 1984."

VII.E-11   L.A. Paquette, Chem. Rev., 86, 733 (1986).

   Review: "Silyl-Substituted Cyclopropanes as
            Versatile Synthetic Reagents."

VII.E-12   S. Kato, T. Murai and M. Ishida, Org. Prep. Proced. Int., 18, 369 (1986).

   Review: "Selenium and Tellurium Isologues of
            Carboxylic Acid Derivatives."

VII.E-13   N. Petragnani and J.V. Comasseto, Synthesis, 1 (1986).

   Review: "Synthetic Applications of Tellurium
            Reagents."

VII.E-14   L.D. Freedman and G.O. Doak, J. Organometall. Chem., 298, 37 (1986).

   Review: "Antimony. Annual Survey Covering 1984."

VII.E-15 G.O. Doak and L.D. Freedman, J. Organometall. Chem., 298, 67 (1986).

Review: "Bismuth. Annual Survey Covering the Year 1984."

VII.E-16 J. Wolters and D. de Vos, J. Organometall. Chem., 313, 413 (1986).

Review: "Lead. Annual Survey for 1983."

VII.E-17 L.S. Hegedus, J. Organometall. Chem., 298, 207 (1986).

Review: "Transition Metals in Organic Synthesis. Annual Survey for 1984."

VII.E-18 G. Marr and B.W. Rockett, J. Organometallic. Chem., 298, 133 (1986).

Review: "Ferrocene. Annual Survey for 1984."

VII.E-19 R.C. Kerber, J. Organmetall. Chem., 298, 77 (1986).

Review: "Organoiron Chemistry. Annual Survey for the Year 1984."

VII.E-20 H.B. Kagan and J.L. Namy, Tetrahedron, 42, 6573 (1986).

Review: "Lathanides in Organic Synthesis."

VII.E-21 U.M. Dzhemilev, O.S. Vostrikova and A.G. Ibragimov, Russ. Chem. Rev., 55, 66 (1986).

Review: "Zirconium Complexes in Synthesis and Catalysis."

VII.E-22 J. Tsuji, Tetrahedron, 42, 4361 (1986).

Review: "New General Synthetic Methods Involving π-Ayllypalladium Complexes as Intermediates and Neutral Reaction Conditions."

VII.E 23 J.K. Stille, Angew. Chem., Int. Ed. Engl., 25, 508 (1986).

Review: "The Palladium-Catalyzed Cross-Coupling Reactions of Organotin Reagents with Organic Electrophiles."

VII.F. Halogeno-Compounds and Halogenation

VII.F-1 W. Dmowski, J. Fluor. Chem., 32, 255 (1986).

Review: "Advances in Fluorination of Organic Compounds with Sulfur Tetrafluoride."

VII.F-2 G.A. Olah, J.G. Shih and G.K.S. Prakash, J. Fluor. Chem., 33, 377 (1986).

Review: "Fluorine-containing Reagents in Organic Synthesis."

VII.F-3 L. Dolby-Glover, Chem. Ind. (London), 518 (1986).

  Review: "Fluoroorganic Compounds in Industry: Applications and Synthesis."

VII.F-4 S.T. Purrington, B.S. Kagen and T.B. Patrick, Chem. Rev., 86, 997 (1986).

  Review: "The Application of Elemental Fluorine in Organic Synthesis."

VII.F-5 G.A. Olah, P.S. Iyer and G.K.S. Prakash, Synthesis, 513 (1986).

  Review: "Perfluorinated Resinsulfonic Acid (Nafion-H®) Catalysis in Synthesis."

VII.F-6 R.E. Banks and J.C. Tatlow, J. Fluor. Chem., 33, 227 (1986).

  Review: "A Guide to Modern Fluorine Chemistry."

VII.F-7 R.M. Moriarty and O. Prakash, Acc. Chem. Res., 19, 244 (1986).

  Review: "Hypervalent Iodine in Organic Synthesis."

VII.G. Natural Products

VII.G-1 P.E. Eaton, Tetrahedron, 42, 1549 (1986).

  Symposium in Print 26: "Synthesis of Non-Natural Products: Challenge and Reward."

VII.G-2   M.B. Groen and F.J. Zeelen, Rec. Trav. Chim., 105, 465 (1986).

Review: "Steroid Total Synthesis."

VII.G-3   Y. Wang, Pure Appl. Chem., 58, 653 (1986).

International Symposium on Organic Chemistry of Medicinal Natural Products.

VII.G-4   J.D. Martin, J.M. Palazon, C. Perez and J.L. Ravelo, Pure Appl. Chem., 58, 395 (1986).

Review: "Syntheses of Marine Molecules."

VII.G-5   T. Rosen and C.H. Heathcock, Tetrahedron, 42, 4909 (1986).

Review: "The Synthesis of Mevinic Acids."

VII.G-6   D.H.R. Barton and S.Z. Zard, Pure Appl. Chem., 58, 675 (1986).

Review: "Invention of New Reactions Useful in the Chemistry of Natural Products."

VII.G-7   G. Stork and S.D. Rychnovsky, Pure Appl. Chem., 58, 767 (1986).

Review: "A General Method for the Stereocontrolled Synthesis of Polypropionate-derived Sequences."

VII.G-8   M. Demuth, Pure Appl. Chem., 58, 1233 (1986).

   Review: "Synthesis of Natural Products Based on
           Photochemical Key Transformations."

VII.G-9   C. Tann, Pure Appl. Chem., 58, 773 (1986).

   Review: "Structural Studies on Bioactive
           Microbial Metabolites."

VII.G-10   Y. Thebtaranonth, Pure Appl. Chem., 58,
781 (1986).

   Review: "Synthesis and Chemistry of
           Cyclopentenoid Antibiotics."

VII.G-11   C.A.A. van Boeckel, Rec. Trav. Chim., 105,
35 (1986).

   Review: "Some Recent Applications of Carbohydrates
           and Their Derivatives in the Pharma-
           ceutical Industry."

VII.G-12   F.M. Hauser and S.R. Ellenberger, Chem. Rev.,
86, 35 (1986).

   Review: "Syntheses of 2,3,6-Trideoxy-3-amino-
           and 2,3,6-Trideoxy-3-nitrohexoses."

VII.G-13   T. Gnewuch and G. Sosnovsky, Chem. Rev., 86,
203 (1986).

   Review: "Spin-Labeled Carbohydrates."

VII.G-14 R.R. Schmidt, Angew. Chem., Int. Ed. Engl., 25, 212 (1986).

Review: "New Methods for the Synthesis of Glycosides and Oligosaccharides -- Are there Alternatives to the Koenigs-Knorr Method?"

VII.G-15 C. Thebtaranonth and Y. Thebtaranonth, Acc. Chem. Res., 19, 84 (1986).

Review: "Naturally-occurring Cyclohexene Oxides."

VII.G-16 K. Krohn, Angew. Chem., Int. Ed. Engl., 25, 790 (1986).

Review: "Total Synthesis of Anthracyclinone."

VII.G-17 S.J. Danishefsky, Aldrichimica Acta, 19, 59 (1986).

Review: "The Evolution of General Strategy for the Stereoselective Construction of Polyoxygenated Natural Products."

VII.G-18 R.P. Evstigneeva and G.I. Myagkova, Russ. Chem. Rev., 55, 455 (1986).

Review: "Leukotrienes -- Natural Biologically Active Metabolites of Polyunsaturated Acids."

VII.G-19   Y.F. Freimanis and K. Kikovskaya, Chem. Heterocycl. Compounds, 22, 471 (1986).

Review: "Analogs of Prostacyclin (PGI_2) Modified in the 2-Oxabicyclo[3.3.0]octane Fragment."

VII.G-20   R.J. Bergeron, Acc. Chem. Res., 19, 105 (1986).

Review: "Methods for the Selective Modification of Spermidine and Its Homologues."

VII.H.   Others

VII.H-1   J.B. Hendrickson, Acc. Chem. Res., 19, 274 (1986).

Review: "Approaching the Logic of Synthesis Design."

VII.H-2   F.E. Ziegler, Tetrahedron, 42, 2777 (1986).

Symposia in Print: "New Synthetic Methods II."

VII.H-3   G. Pimentel, Chemtech., 16, 150 (1986).

Review: "New Reaction Pathways."

VII.H-4   A.J. Fatiadi, Synthesis, 249 (1986).

Review: "New Applications of Tetracyanoethylene in Organic Chemistry."

VII.H-5 J.T. Gupton, Aldrichimica Acta, 19, 43 (1986).

   Review: "Some Useful Synthetic Applications of
            Gold's Reagent."

VII.H-6 P.J. Garratt, Pure Appl. Chem., 58, 1 (1986).

   Symposium: "Novel Aromatic Compounds."

VII.H-7 B. Trofimov, Z. Chem., 26, 41 (1986).

   Review: "New Intermediates for Organic Synthesis
            Based on Acetylene."

VII.H-8 S. Braverman, "Chemistry of Allenes", Weizmann Press, Jerusalem, 1985.

   Book: "Chemistry of Allenes."

VII.H-9 O. A. Attanasi and L. Caglioti, Org. Prep. Proced. Int., 18, 299 (1986).

   Review: "Conjugated Azoalkenes: Attractive
            Products and Versatile Intermediates."

VII.H-10 M. Tisler, Org. Prep. Proced. Int., 18, 19 (1986).

   Review: "Synthetic Approaches to Binaphthalenes."

VII.H-11 H.N.C. Wong, K.L. Lau and K.F. Tam, Top. Curr. Chem., 133, 83 (1986).

Review: "The Application of Cyclobutane Derivatives in Organic Synthesis."

VII.H-12 C.D. Gutsche and L.G. Lin, Tetrahedron, 42, 1633 (1986).

Review: "The Synthesis of Functionalized Calixarenes."

VII.H-13 P.E. Eaton, Y.S. Or, S.J. Branca and B.K.R. Shankar, Tetrahedron, 42, 1621 (1986).

Review: "The Synthesis of Pentaprismane."

VII.H-14 H. Hart, A. Bashir-Hashemi, J. Luo and M.A. Meador, Tetrahedron, 42, 1641 (1986).

Review: "Iptycenes, Extended Triptycenes."

VII.H-15 A. Krief, Tetrahedron, 42, 1209 (1986).

Review: "Syntheses of Tetraheterofulvalenes and of Vinylene Triheterocarbonates -- Strategy and Practice."

VII.H-16 M. Neuenschwander, Pure Appl. Chem., 58, 55 (1986).

Review: "Synthetic and NMR Spectroscopic Investigation of Fulvenes and Fulvalenes."

VII.H-17   M. Oda, Pure Appl Chem., 58, 7 (1986).

   Review: "Novel Polycyclic Conjugated Compounds
             Containing an Eight-Membered Ring:
             on the Aromaticity of [4n]annuleno
             [4n]annulenes."

AUTHOR INDEX

AUTHOR INDEX

Abarca, B. - 315
Abdel-Galil, F.M. - 351
Abdelrazek, F.M. - 11, 326
Abidi, S.L. - 127
Abramovitch, R.A. - 332
Acheson, R.M. - 124
Acton, E.M. - 142
Adam, G. - 92
Adam, W. - 236, 242
Adams, J. - 178
Adegoke, E.A. - 121
Ager, D.J. - 15, 80
Agosta, W.C. - 163
Aguero, A. - 89
Ahmad, S. - 408
Akhmedov, M.A. - 376
Akiba, K. - 42
Akita, H. - 291
Akita, M. - 22
Alberola, A. - 144, 227, 326, 397
Albert, A. - 355
Alexakis, A. - 18, 46, 62, 120
Ali, S.M. - 227
Allcock, H.R. - 191
Alpatova, N.M. - 418
Alper, H. - 126, 190, 193, 233, 261, 267, 291
Altenbach, H.-J. - 58
Amouroux, R. - 43
Anders, E. - 161
Ando, M. - 95
Ando, W. - 135, 341
Anselme, J.P. - 325
Antonsson, T. - 75
Aoyama, T. - 23, 348
Aoyama, Y. - 249
Appel, R. - 82
ApSimon, J.W. - 420
Arand, N. - 168
Arcoleo, A. - 32
Armesto, D. - 336
Arno, M. - 99
Asato, A.E. - 381
Atkinson, R.S. - 281
Aubert, C. - 92

Awano, K. - 38
Awasthi, A.K. - 320
Baba, A. - 337
Babine, R.E. - 279
Bach, R.D. - 144, 210
Bachi, M. - 296
Baciocchi, E. - 5, 173
Back, T.G. - 63
Baird, M.S. - 98
Baker, R. - 26, 27, 82
Balachander, N. - 230
Balasubramanian, K. - 215
Balasubramanian, T.R. - 226, 297
Balasubrimaniyan, V. - 341
Baldwin, J.E. - 2, 17, 21, 45, 59, 295, 324
Ballester, M. - 125
Ballini, R. - 55
Ballistreri, F.P. - 395
Balme, G. - 12
Banks, R.E. - 429
Barco, A. - 56
Barinelli, L.S. - 13
Barker, J.M. - 205
Barlos, K. - 269
Barluenga, J. - 30, 289, 297, 322, 326, 331, 334, 345, 383, 384, 388, 395, 396
Barrett, A.G.M. - 38, 82, 405, 408
Bartak, D.E. - 184
Bartlett, P.A. - 87, 100
Bartoli, G. - 184
Barton, D.H.R. - 109, 171, 221, 240, 308, 387, 393, 430
Bassindale, A.R. - 80
Bates, H.A. - 270
Bates, R.B. - 21
Battioni, P. - 220
Bauld, N.L. - 129
Baumgarten, H.E. - 346
Beak, P. - 57, 175, 425
Beaucourt, J.P. - 19
Beck, F. - 412
Beckwith, A.L.J. - 76, 293

Begley, M.J. - 57
Behforouz, M. - 62
Behr, A. - 193
Behrens, U. - 22
Belanger, P.C. - 148
Bell, K.H. - 357
Bell, T.W. - 74, 382
Bellassoued, M. - 34
Belletire, J.L. - 7
Benati, L. - 407
Ben Hassine, B. - 53
Benkeser, R.A. - 375
Bergbreiter, D.E. - 10
Bergeron, R.J. - 433
Bergman, J. - 170
Berlan, J. - 20
Bernardis, J.F. - 53
Bernath, G. - 71
Berno, P. - 195
Berson, J.A. - 159
Bertz, S.H. - 17
Bessodes, M. - 360
Best, W.M. - 178
Bestmann, H.J. - 39, 43, 81, 85
Bhakta, C. - 321
Bhatt, M.V. - 256
Bhattacharya, A. - 2
Bickelhaupt, F. - 83, 160, 162, 205
Billups, W.E. - 98
Blackburn, G.M. - 86
Blade, R.J. - 92
Bloch, R. - 153
Block, E. - 109
Bloodworth, A.J. - 239, 331
Bluthe, N. - 206
Boche, G. - 231, 400
Boeckman, R.K., Jr. - 49, 83
Boger, D.L. - 134, 143, 145, 379, 404
Bohlmann, F. - 6
Boldrini, G.P. - 45
Bolton, R. - 170
Bonfiglio, J.N. - 176
Bonini, B.F. - 411
Bortolini, O. - 216
Bosnich, R. - 406
Botteghi, C. - 190

Boudjouk, P. - 44, 368
Brady, W.T. - 307
Bram, G. - 25
Brandi, A. - 290, 324
Brassard, P. - 139
Braun, M. - 29, 40
Bravo, P. - 15, 40, 59, 349
Breitmaier, E. - 63, 143, 314
Bremner, D. - 419
Brocard, J. - 54
Broekhof, N.L.J.M. - 122
Broos, R. - 132
Brown, D. - 170
Brown, E. - 37
Brown, H.C. - 44, 124, 188, 189, 247, 253, 375, 382
Brunner, H. - 199, 256
Buisson, D. - 251
Bull, J.R. - 151
Bulman Page, P.C. - 382, 392
Bunce, R.A. - 82
Bunnett, J.F. - 184
Burger, U. - 128
Burke, S.D. - 44, 154, 203
Burton, D.J. - 84, 158, 183
Bushby, R.J. - 172
Butler, R.N. - 345
Butsugan, Y. - 93, 183
Buynak, J.D. - 120, 121
Byrne, B. - 121, 395
Cabiddu, S. - 21, 332
Cacchi, S. - 68, 106
Cadogan, J.I.G. - 419
Cahiez, G. - 46, 52, 78
Caille, J.C. - 2
Cainelli, G. - 284
Calo, V. - 20
Calverley, M.J. - 20
Cameron, D.W. - 138, 139
Campbell, A.L. - 175
Camps, P. - 301
Capuano, L. - 288, 311
Caporusso, A.M. - 120, 121
Carda, M. - 114
Cardillo, G. - 337
Caro, B. - 51
Caron, M. - 347
Carpita, A. - 19
Carrie, R. - 146, 286, 314

AUTHOR INDEX

Cassani, G. - 11
Castedo, L. - 123
Castetts, J. - 72
Castle, R.N. - 110
Cativiela, C. - 159
Caubere, P. - 113, 263, 315
Cavazza, M. - 163
Ceccherelli, P. - 128
Cekovic, Z. - 69
Celebuski, J. - 24
Cereda, E. - 402
Cervantes, H. - 38
Cervinka, C. - 248
Chabaud, B. - 407
Chamberlin, A.R. - 22
Chan, T.H. - 32, 383
Chandrasekaran, S. - 294
Chapleo, C.B. - 364
Charlton, J.L. - 153
Chatani, N. - 183, 309, 397
Chawla, H.M. - 173
Che, C.M. - 235
Chelucci, C. - 317
Chen, K.-M. - 168
Chen, Q. - 265
Chenard, B.L. - 46, 68
Chilot, J.J. - 120
Chiriac, C.I. - 167
Chiusoli, G.P. - 202
Chong, J.M. - 122
Choukroun, H. - 79
Christau, H.J. - 367
Christl, M. - 116, 131, 354
Chu, C.K. - 417
Chuit, C. - 61
Chupp, J.P. - 382
Cimarusti, C.M. - 352
Cinquini, M. - 40, 80
Citterio, A. - 174
Clack, J.H. - 379
Clardy, J. - 66
Claremon, D.A. - 48
Claudi, F. - 285
Clemens, R.J. - 396
Clerici, A. - 72, 291
Clive, D.L.J. - 69, 76

Coates, R.M. - 378, 408
Cohen, T. - 50
Coll, J. - 261
Collin, J. - 215
Collins, P.W. - 64
Colombo, L. - 32
Colon, I. - 171
Collona, M. - 406
Collona, S. - 232, 234
Colvin, E.W. - 148
Comasseto, J.V. - 4, 124
Comins, D.L. - 19, 364
Conde-Petiniot, N. - 128
Confalone, P.N. - 15
Conlin, R.T. - 162
Consiglio, G. - 19
Constantino, M.G. - 108
Cook, J.M. - 36, 37
Cooke, M.P., Jr. - 50, 65, 132
Corey, E.J. - 65
Corey, J.Y. - 426
Corey, P.F. - 235
Cornelisse, J. - 166
Cottier, L. - 236
Coutrot, P. - 16
Cozzi, F. - 40
Crimmins, M.T. - 63, 163
Crombie, L. - 101
Cunico, R.F. - 395
Curley, R.W., Jr. - 86
Curran, D.P. - 20, 69, 75, 76, 95
Cutler, A.R. - 194
Cuvigny, T. - 12
Dahlhoff, W.V. - 356
Dai, L. - 376
Dalcanale, E. - 193
d'Angelo, J. - 140, 390
Dangyan, Yu.M. - 205
Danheiser, R.L. - 125, 180
Danikiewicz, W. - 56
Danishefsky, S.J. - 32, 49, 432
Dann, O. - 81
Daub, G.W. - 78
Daub, J. - 94, 155

Dauben, W.G. - 58, 366
Daunis, J. - 8
D'Auria, M. - 164
Davidson, A.H. - 92
Davidson, R.S. - 419
Davies, S.G. - 22, 54, 66, 80, 177, 420
Davis, A.P. - 377
Davis, F.A. - 48, 219, 280, 386
Davis, P.J. - 104
De Bernardi, M. - 73
Degenhardt, C.R. - 100
Dehmlow, E.V. - 126, 162, 171, 223, 233
De Kimpe, N. - 2, 30, 213, 398
Delair, T. - 304
Dell'Amico, D.B. - 388
Dellaria, J.F., Jr. - 39
Delmas, M. - 81, 83, 346, 394
De Lucchi, O. - 96
de Meijere, A. - 99, 119, 134, 145
De Micheli, C. - 268, 392
Demuth, M. - 37, 431
Denmark, S.E. - 68, 83, 319, 339
de Paulis, T. - 167
Depezay, J.C. - 86, 316
des Abbayes, H. - 192
Deslongchamps, P. - 8, 58
Deziel, R. - 9
Dhal, R. - 167
Dhar, D.N. - 344, 373, 385, 404
Dibble, P.W. - 178
DiCosimo, R. - 221
Dieter, R.K. - 321, 413
DiFuria, F. - 367
Dikii, M.A. - 91
Dilworth, B.M. - 412
d'Incan, E. - 72
DiNunno, L. - 342
Dixneuf, P.H. - 388
Djerassi, C. - 63
Dmowski, W. - 428

Doak, G.O. - 427
Dolbier, W.R., Jr. - 98, 158
Dolby-Glover, L. - 429
Dominguez, E. - 6
Donaldson, W.A. - 12
Dondoni, A. - 167
Dowd, P. - 58
Doyle, M.P. - 70, 424
Dreiding, A.S. - 158
Drewes, S.E. - 30
Dubois, J.E. - 34
Duboudin, J.-G. - 144
Duhamel, P. - 3
Durst, T. - 184
Dzhemilev, U.M. - 201, 428
Eaton, P.E. - 429, 435
Eberbach, W. - 35, 305
Eckert, H. - 361
Eckstein, F. - 359
Effenberger, F. - 390
Eguchi, S. - 19, 140
Ehrenkaufer, R.E. - 258
Eilbracht, P. - 192
Einhorn, J. - 44
Eisch, J. - 179
Eliel, E.L. - 43
El-Shahat Kandeel, Z. - 343
Enders, D. - 48, 59
Endo, T. - 367
Engel, R. - 243
Engler, T.A. - 140, 213
Ephritikhine, M. - 424
Epsztajn, J. - 175
Escoula, B. - 379
Evans, D.A. - 26, 28, 82, 250, 389
Evans, S.A., Jr. - 282
Evans, T.L. - 232
Evstigneeva, R.P. - 432
Falck, J.R. - 81, 93, 100
Farina, F. - 138
Fatiadi, A.J. - 433
Fehr, C. - 50
Feldhues, M. - 165
Ferrez, H.M.C. - 303
Fetter, J. - 31
Feutrill, G.I. - 138, 139
Fife, W.K. - 374

AUTHOR INDEX 443

Firouzabadi, H. - 215, 216, 217, 243
Fitjer, L. - 116, 130, 214
Fleming, I. - 18, 31, 45, 92, 95
Flynn, D.L. - 139
Follet, M. - 187, 277
Font, J. - 143
Forlani, L. - 387
Fournier, M. - 72
Francalanci, F. - 193
Francisco, C.J. - 260
Franck, R.W. - 177
Franck-Neumann, M. - 39, 47, 140
Fraser, R. - 176
Fraser-Reid, B. - 76, 97, 281
Frauenrath, H. - 102
Freedman, L.D. - 426
Frei, B. - 130, 400
Freimanis, Y.F. - 433
Friary, R. - 126
Friedrichsen, W. - 178
Fringuelli, F. - 157
Fuchigami, T. - 11, 35
Fuchs, P.L. - 62, 63, 87, 412
Fuentes, L.M. - 9
Fuganti, C. - 251
Fuji, K. - 41, 61, 302
Fujii, T. - 82
Fujisawa, T. - 15, 49, 203, 253
Fujita, E. - 28, 108
Fujita, T. - 1
Fujiwara, Y. - 166, 402
Fukumoto, K. - 60, 96, 137, 206
Fukuzawa, S. - 69, 377
Funk, R.L. - 63, 156, 204
Gallagher, T. - 310
Galvagno, S. - 245
Ganem, B. - 425
Garanti, L. - 345
Garcia Martinez, A. - 383
Garrat, P.J. - 9, 18
Garrou, P.E. - 191
Gassman, P.G. - 39, 166, 170
Gauthier, J.Y. - 408
Gavina, F. - 83
Gawley, R.E. - 18, 324
Geffken, D. - 333
Geneste, P. - 168
Genet, J.P. - 9, 11, 132
Gennari, C. - 32, 389
Georgiadis, M.P. - 320
Gesson, J.-P. - 1, 138
Ghatak, U.R. - 62
Ghisalberti, E.L. - 21
Ghosez, L. - 57, 281
Giacomelli, G. - 250
Giese, B. - 68, 76
Giguere, R.J. - 139
Gilbert, J.C. - 88, 204
Gill, G.B. - 420
Gill, M. - 48
Gill, U.S. - 177
Gladiali, S. - 162
Glanzer, B.I. - 391
Glass, R.S. - 149, 241
Gleiter, R. - 102, 132
Glotter, E. - 234
Goedken, V. - 196
Goering, H.L. - 19
Gorbatenko, V.I. - 403
Gordon, B., III - 21
Gore, P.H. - 167
Gorgues, A. - 122, 307
Gosselin, P. - 50
Graham, D.G. - 79
Grayshan, R. - 15
Greenwood, T.S. - 278
Gribble, G.W. - 126
Grieco, P.A. - 22, 91, 139, 145, 316
Griesbaum, K. - 407
Griffith, R.K. - 86
Grignon-Dubois, M. - 136
Grimaldi, J. - 289
Groen, M.B. - 81
Grubbs, R.H. - 90
Grunwald, J. - 252
Guanti, G. - 39, 246
Guedin-Vuong, D. - 23
Guessous, A. - 128

Guibe, F. - 362
Gupta, K.C. - 81
Gupton, J.T. - 20, 47
Gutsche, C.D. - 435
Habashi, A. - 30
Hacksell, U. - 130
Hafner, K. - 16, 119
Hagiwara, H. - 32
Hall, H.K., Jr. - 154
Hall, S.S. - 48
Hallberg, A. - 174
Halpern, J. - 198
Halton, B. - 131
Hamada, T. - 412
Hamaguchi, M. - 159
Hamana, M. - 184
Hamelin, J. - 286, 414
Hamer, N.K. - 210
Hanack, M. - 6, 83
Hanessian, S. - 65, 298
Hansen, H.-J. - 133, 184
Hanson, G.J. - 31
Harpp, D.N. - 405, 407
Hart, D.J. - 283
Hart, H. - 171, 435
Hartman, G.D. - 171
Harvey, R.G. - 19
Harwood, L.M. - 1, 165
Hasebe, M. - 186
Hashimoto, M. - 274
Hassan, M.E. - 164
Hassner, A. - 36, 229, 399
Hauptmann, H. - 146
Hauser, F.M. - 431
Hayakawa, Y. - 363
Hayashi, T. - 11, 20
Heaney, H. - 170
Heathcock, C.H. - 32, 60, 67, 87, 126, 204, 430
Heck, R.F. - 179
Hegedus, L.S. - 351, 427
Heilmann, S.M. - 48
Heimgartner, H. - 50, 340
Heinicke, J. - 342
Heinisch, G. - 185
Hellberg, L. - 58
Henderson, W.A., Jr. - 403

Hendrickson, J.B. - 14, 433
Herdeis, C. - 389
Hermecz, I. - 355
Herrmann, R. - 411
Hesse, M. - 12, 42
Hideg, K. - 11
Hill, C.L. - 235
Himbert, G. - 119, 137, 148
Hino, T. - 38
Hirama, M. - 7, 122
Hirao, T. - 46, 61, 123, 191
Hirobe, M. - 258, 260
Hiroi, K. - 54, 205, 209
Hiyama, T. - 41, 53, 88, 256, 309, 357, 373
Hoberg, H. - 193, 197
Hoffman, R.V. - 237, 244
Hoffmann, H.M.R. - 397
Hoffmann, R.W. - 44
Hofmann, P. - 98
Hogeveen, H. - 353
Hojo, M. - 110, 118, 366
Holmes, A.B. - 46, 301
Holton, R.A. - 410
Hopf, H. - 124
Hopkins, P.B. - 41, 99, 388
Hoppe, D. - 50, 234
Hoshi, M. - 188
Hoshino, Y. - 321
Hosokawa, T. - 12
Hosomi, A. - 51, 249
Houk, K.N. - 137
House, H.O. - 63, 171
Hua, D.H. - 126
Huang, Y. - 41, 89
Hudlicky, T. - 42, 160
Huet, F. - 100
Hunig, S. - 6, 16, 137, 395
Hunter, R. - 56
Hwang, K. - 411
Hwang, K.J. - 14
Ibata, T. - 129
Ibrahim, N.S. - 328
Ibuka, T. - 20, 24
Ichihara, A. - 137
Ichihara, J. - 381
Iio, H. - 86
Ikegami, S. - 117

AUTHOR INDEX

Ila, H. - 182
Imamoto, T. - 48
Inamoto, N. - 214
Inanaga, J. - 48, 120, 291, 302
Inomata, K. - 14, 100
Inoue, M. - 223
Inoue, S. - 53
Inoue, Y. - 2, 112
Ipaktschi, J. - 75, 149
Ireland, R.E. - 145
Irngartinger, H. - 98
Iseki, K. - 82, 121
Ishibashi, H. - 134
Ishido, Y. - 360
Ishihara, H. - 415
Ishii, Y. - 217, 218, 249
Ishikawa, N. - 337
Isobe, K. - 269
Isobe, M. - 65
Ito, M. - 14
Ito, S. - 206
Ito, Y. - 21
Itsuno, S. - 48, 255
Iwamura, H. - 100
Iwata, C. - 211
Iyoda, M. - 212
Jackson, W.R. - 53, 177
Jacobsen, N. - 327
Jaenicke, L. - 155
Jager, V. - 111
Jaouen, G. - 199
Jaworski, T. - 56
Jefford, C.W. - 43
Jelenick, M.S. - 93
Jenkins, P.R. - 114
Jenner, G. - 152
Jensen, B.L. - 169
Jew, S. - 229
Jochims, J.C. - 53
Johnson, C.R. - 30, 76
Jolly, P.W. - 12
Jones, D.N. - 21
Jones, G. - 315
Jones, J.B. - 420
Jones. R.A. - 69, 168
Jones. R.C.F. - 47
Joshua, C.P. - 344

Joucla, M. - 9, 132
Joullie, M.M. - 41, 211
Julia, M. - 14, 41, 77, 100
Julia, S.A. - 120, 206, 311
Junjappa, H. - 182
Jung, M.E. - 146, 303
Jurczak, J. - 140, 319, 421
Kabalka, G.W. - 239, 257, 276, 319, 351, 356, 383, 425
Kaban, S. - 180
Kagan, H.B. - 202, 427
Kagiya, T. - 387
Kahn, S.D. - 144
Kajigaeshi, S. - 294
Kalaj, A. - 326
Kallmerten, J. - 203
Kametani, T. - 31, 159, 169, 206, 318, 355
Kamikawa, T. - 175
Kanematsu, K. - 60, 137, 294, 312
Kano, S. - 7, 74, 213
Kariv-Miller, E. - 72
Karminski-Zamola, G. - 168
Karpf, M. - 158
Kasahara, A. - 21
Kashima, C. - 285, 313, 402
Kashimura, T. - 191
Kato, E. - 407
Kato, S. - 81, 408, 426
Katritzky, A.R. - 17, 25, 364, 365, 387, 398
Katsuki, T. - 10, 120, 203 390
Katz, T.J. - 172
Katzenellenbogen, J.A. - 121, 380
Kauffmann, T. - 16, 41, 89
Kawabata, N. - 21
Kawashima, T. - 214
Keay, J.G. - 355
Keck, G.E. - 1, 45
Keehn, P.M. - 14
Keinan, E. - 120, 252, 261, 275
Kellogg, R.M. - 19
Kelly, T.R. - 151

Kempf, D.J. - 50
Kende, A.S. - 33
Keniya, J. - 264
Kerber, R.C. - 427
Keumi, T. - 168, 228
Kibayashi, C. - 43
Kikugawa, Y. - 403
Kikukawa, K. - 174
Kim, D. - 9
Kim, H.J. - 233
Kim, K.S. - 217, 358
Kim, S. - 329, 332, 384, 401
Kim, Y.H. - 384, 399
Kirby, G.W. - 414
Kirkiacharian, B.S. - 263
Kirschke, K. - 174
Kita, Y. - 177, 374
Kitahara, T. - 96
Kitazume, T. - 246, 296
Kitching, W. - 182, 350
Kiyooka, S. - 5, 251
Kjonaas, R.A. - 67, 172
Kleinman, E.F. - 8
Kleschick, W.A. - 132
Klibanov, A.M. - 360
Kloc, K. - 150
Kluge, A.F. - 351
Klumpp, G.W. - 18, 67
Knabe, J. - 355
Knittel, D. - 260, 276
Knochel, P. - 22, 43, 104
Kobayashi, Y. - 206
Kocovsky, P. - 58, 388
Kodama, M. - 15
Koft, E.R. - 254
Koga, K. - 2, 58, 60, 66
Koizumi, T. - 144
Kojima, M. - 192
Konno, K. - 314
Koreeda, M. - 207
Koser, G.F. - 293, 385
Kosugi, M. - 46, 183
Kotsuki, H. - 269, 270
Kowalski, C.J. - 111
Kozikowski, A.P. - 74, 141, 292
Krafft, M.E. - 17, 217
Krantz, A. - 123

Krasavtsev, I. - 291
Kraszewski, A. - 359
Kraus, G.A. - 138, 204, 293, 393
Krebs, A. - 118
Krespan, C.G. - 55
Krespi, L.R. - 48
Krief, A. - 16, 132, 202, 211, 435
Krogh-Jespersen, K. - 130
Krohn, K. - 73, 432
Kruger, C. - 331
Kuck, D. - 167
Kudo, T. - 259
Kuivila, H.G. - 88
Kulinkovich, O.G. - 393
Kumamoto, T. - 115
Kurihara, T. - 397
Kurozumi, S. - 19, 80
Kusumoto, S. - 357
Kuwajima, I. - 42, 51, 64, 67, 183
Kuzmic, P. - 184
Kvintovics, P. - 249
Kvita, V. - 328
Kwiatkowski, S. - 334
Laatsch, H. - 238
Labert, A. - 355
Ladner, D.W. - 223
Lalezari, I. - 127
LaMattina, J.L. - 410
Lamaty, G. - 248
Lange, G.L. - 156
Langlois, Y. - 100
Langstrom, B. - 8
Lansbury, P.T. - 1
Larcheveque, M. - 50
Larock, R.C. - 20, 120, 123, 125, 192, 195
Larson, G.L. - 50, 426
Laszlo, P. - 58, 356, 367, 419
Lau, C.K. - 267
Lavalle, P. - 420
Lechevallier, A. - 225, 273
Le Corre, M. - 85
Lee, T.V. - 3, 364
LeFloch, Y. - 321
Leone-Bay, A. - 266

AUTHOR INDEX

Leplawy, M.T. - 365
Lett, R. - 234
Lewis, F.D. - 423
Ley, S.V. - 63, 175, 304, 415
Leyendecker, F. - 65
Liang, C.D. - 174
Liebeskind, L.S. - 35, 196, 283
Liguori, A. - 335
Linderman, R.J. - 63
Linstrumelle, G. - 123
Lipshutz, B.H. - 18, 48, 62, 352, 364
Lissel, M. - 406
Little, R.D. - 422
Liu, H. - 382
Liu, H.J. - 56
Livinghouse, T. - 39, 49, 393
Loew, G. - 56
Lounasama, M. - 2
Loupy, A. - 365
Lovey, R.G. - 86
Lowe, J.A. - 38
Lu, X. - 13, 414
Lubineau, A. - 33
Luche, J.L. - 67
Luh, T.-Y. - 103, 260
Lussmann, J. - 292
Lyga, J.W. - 344
Maas, G. - 115
Machida, M. - 135
Mackenzie, N.E. - 384
Macomber, R.S. - 119
Madesclaire, M. - 244, 413
Magnol, E. - 76
Mai, K. - 230, 231, 265
Maier, G. - 163
Maignan, C. - 100, 410
Majerski, Z. - 90
Majetich, G. - 67, 139
Mak, T.C.W. - 164
Makin, S.M. - 33
Makosza, M. - 14, 185
Mali, R.S. - 288
Mandai, T. - 96

Mandal, A.K. - 54, 294, 366
Mander, L.N. - 25
Mane, R.B. - 52
Mangeney, P. - 20
Mann, J. - 143, 423
Mannito, P. - 40
Mannschreck, A. - 121
Manukina, T.A. - 1
Maquestiau, A. - 335
Marcaccini, S. - 336
Marchesini, A. - 338
Marko, L. - 191
Marr, G. - 427
Marshall, J.A. - 45, 50, 63, 90, 137, 207
Martin, H.-D. - 143
Martin, J.D. - 430
Martin, S. - 381
Martinez, M.A. - 409
Maruyama, K. - 152, 197, 204
Maryanoff, B.E. - 80, 81
Maryanoff, C.A. - 403
Masamune, S. - 27, 219
Masamune, T. - 122
Mash, E.A. - 130
Mason, T.J. - 379
Masui, M. - 368
Mathews, D.P. - 397
Matschiner, H. - 54
Matsuda, I. - 33, 102
Matsumoto, K. - 384
Matsumoto, M. - 1, 209, 295
Matsumoto, T. - 70
Matsumura, M. - 30
Matsuyama, H. - 15, 100
Mattay, J. - 164
Matteson, D.S. - 49, 187, 276, 279
Maumy, M. - 274
Maurer, B. - 206
Mayr, H. - 4, 26, 65, 77
McCague, R. - 168
McCarthy, J.R. - 327
McDougal, P.G. - 306
McGarvey, G.J. - 10, 31, 294
McGlaughlin, L.W. - 364
McIntosh, J.M. - 8

McKervey, M.A. - 294
McPhail, A.T. - 86
Mehta, A.M. - 93
Mehta, G. - 161, 214
Meier, H. - 128
Meinwald, J. - 209
Mellor, J.M. - 240, 340, 377, 404
Melot, J.-M. - 38
Mercier, F. - 322
Mertens, H. - 314
Mertes, M.P. - 315
Messinger, P. - 308
Meth-Cohn, O. - 147, 234, 290, 391
Metwally, S.A. - 328
Metzger, J.O. - 160
Metzner, P. - 57, 205, 409
Meyer, W.L. - 60
Meyers, A.I. - 10, 18, 65, 83, 163, 175, 425
Micetich, R.G. - 276
Miginiac, P. - 23, 120
Migita, T. - 46, 183
Mignani, G. - 101
Mihailovic, M.Lj. - 218
Mikolajczyk, M. - 16, 409
Milart, P. - 179
Milcent, R. - 343
Millar, J.C. - 122
Miller, A.E. - 403
Miller, L.L. - 181
Miller, M.J. - 31, 330, 354
Mills, J.E. - 409
Minami, T. - 81, 83, 142
Minisci, F. - 185
Mioskowski, C. - 49
Miranda, M.A. - 165, 321
Mirek, J. - 179
Mironova, G.A. - 354
Mison, P. - 323
Misumi, S. - 422
Mitchell, R.H. - 179
Mitchell, T.M. - 200
Mitsudo, T. - 12, 124
Mitsunobu, O. - 84
Miyake, H. - 25
Miyakoshi, T. - 56

Miyano, S. - 171
Miyasaka, T. - 52, 392, 395
Miyashita, A. - 394
Mladenova, M. - 11, 41
Moberg, C. - 13
Moderhack, D. - 333, 368
Mohamadi, F. - 131
Mohareb, R.M. - 289, 314
Moiseenkov, A.M. - 91
Molander, G.A. - 45, 48, 93, 272, 376, 378
Molina, P. - 347
Momose, T. - 297
Monti, D. - 230
Moody, C.J. - 25, 301
Moore, H.W. - 187, 396
Morand, P. - 215
Moreno-Manas, M. - 113, 128, 325
Morgan, T.K., Jr. - 174
Mori, K. - 1, 7, 17, 18, 30, 31, 37, 147
Moriarty, R.M. - 177, 238, 244, 369, 429
Moriwake, T. - 268
Moriya, O. - 110, 293, 303
Morizawa, Y. - 220
Morton, H.E. - 304
Mosandl, A. - 55
Moss, R.A. - 130
Mosset, P. - 376
Mukai, T. - 133
Mukaiyama, T. - 3, 6, 28, 49, 56, 168, 242, 300, 303
Muller, P. - 145
Muller, R. - 424
Mulzer, J. - 17, 31, 47
Murahashi, S. - 12, 385, 386, 397
Murai, S. - 190
Murray, R.W. - 231
Mursakulov, I.G. - 241
Muzart, J. - 222
Nader, F.W. - 82, 121
Naef, F. - 43
Nagao, Y. - 9, 28
Nagasaka, T. - 394

AUTHOR INDEX

Nair, V. - 359
Nakahara, Y. - 15
Nakai, T. - 95, 205, 207, 421
Nakajima, T. - 136
Nakamura, E. - 42, 64, 67, 183
Nakatini, M. - 91
Nakatsuka, S. - 364
Nakayama, J. - 147
Napolitano, E. - 382
Narasaka, K. - 7, 31, 149
Narasaki, K. - 255
Narasimhan, N.S. - 142
Narayanan, S. - 369
Naruta, Y. - 152, 204
Nasman, J.H. - 176, 241
Natale, N.R. - 46
Nayak, U.R. - 1, 93
Nedolya, N.A. - 164
Negishi, E. - 192
Neidlein, R. - 65, 175, 178
Neier, R. - 141, 325
Neimerovets, E.B. - 245
Nesi, R. - 335
Neuenschwander, M. - 104, 159, 435
Neumann, W.P. - 72, 183
Newcomb, M. - 10
Newkome, G.R. - 30, 374, 383
Newton, R.F. - 122
Nibbering, N.M.M. - 418
Nicholas, K.M. - 4, 11
Nichols, D.E. - 312
Nickson, T.E. - 298
Nicolaides, D.N. - 86
Nicolaou, K.C. - 379
Nielsen, J. - 369
Nikam, S.S. - 305
Nilsson, M. - 62
Nishimura, J. - 19, 111
Nishino, H. - 185
Nishiyama, H. - 101, 134
Nishizawa, M. - 195
Nitta, M. - 309, 314
Noack, R. - 405
Noe, C.R. - 308

Noguchi, M. - 148
Nokami, J. - 40, 295
Nonaka, T. - 11, 35, 54
Normant, J.F. - 105
Noyori, R. - 42
Nudelman, A. - 103, 359
Nugent, W.A. - 63
Obukhova, T.A. - 167
Ochiai, M. - 108, 169
Oda, M. - 143, 212, 246, 436
Oehlschlager, A.C. - 122
Ogawa, T. - 15
Ogino, T. - 38
Ogliaruso, M.A. - 289
Ogura, F. - 46, 242
Ogura, K. - 41, 57, 263, 395
Oh, D.Y. - 413
Ohno, A. - 253, 273
Ohno, M. - 8
Ohnuma, T. - 63
Ohrlein, R. - 404
Ohshiro, Y. - 116, 301
Ohta, A. - 270
Ohtsuka, S. - 101
Ohtsuka, Y. - 40
Oishi, E. - 117
Oishi, T. - 40
Ojima, J. - 113
Okahara, M. - 350
Okamoto, Y. - 248
Okamura, W.H. - 108
Oku, A. - 19
Olah, G.A. - 225, 267, 394, 399, 428, 429
Oliva, A. - 32
Onaka, M. - 33, 51, 400
Ono, N. - 11, 12, 99, 144, 166, 272, 278, 406
Oppolzer, W. - 10, 22, 36, 64, 66, 143, 390
Oriek, B.S. - 386
Orlova, T.Yu. - 176
Ortar, G. - 192, 265, 297
Oshima, K. - 216, 234, 414
Otera, J. - 96, 126, 279, 391
Otsuji, Y. - 194
Ottenbrite, R.M. - 161
Ottenheijm, H.C.J. - 391

Overman, L.E. - 201, 318, 362, 425
Ovrutskii, V.M. - 414
Paddon-Row, M.N. - 181
Padwa, A. - 14, 67, 76, 372
Pagni, R.M. - 227
Pagnoni, U.M. - 60, 224
Paine, R.T. - 11
Pak, C.S. - 262
Palumbo, G. - 367
Palumbo, P.S. - 14
Paquette, L.A. - 96, 102, 131, 133, 143, 158, 206, 207, 426
Paradisi, M.P. - 361
Parker, K.A. - 137, 204
Paterson, I. - 27
Patney, H.K. - 181
Patrick, T.B. - 379, 380
Pattenden, G. - 1, 29, 207, 306
Peake, C.J. - 225
Pearson, A.J. - 22, 35, 54
Pearson, W.H. - 323
Pederesen, E.B. - 349
Peet, N.P. - 380
Pellissier, H. - 397
Pelter, A. - 106
Penades, S. - 62
Periasamy, M. - 107
Perold, G.W. - 93
Pete, J.-P. - 102
Peterson, P.A. - 19
Petragnani, N. - 97, 352, 426
Petriashvili, K.A. - 257
Petrillo, G. - 406
Petter, A. - 122
Pfaendler, H.R. - 94
Pfaltz, A. - 129
Pfander, H. - 52, 92
Pfenninger, A. - 243
Phillips, R.B. - 72
Piancatelli, G. - 77
Piers, E. - 46, 56
Pietra, F. - 163
Pietrusiewicz, K.M. - 81

Pimentel, G. - 433
Pindur, U. - 364
Pinhas, A.R. - 195
Pinhey, J.T. - 125
Pinkus, A.G. - 259
Pirrung, M.C. - 4, 291
Plumet, J. - 285
Plusquellec, D. - 359
Poirier, J.-M. - 3, 384
Pojer, P.M. - 264
Poli, G. - 20
Pollini, G.P. - 56
Ponaras, A.A. - 358
Ponsold, K. - 130
Popandova-Yambolieva, K. - 313
Poppe, L. - 8
Poquet, A.L. - 165
Porta, O. - 72
Porter, N.A. - 69
Posner, G.H. - 60, 66, 152, 422
Potenza, J.A. - 130
Pouchat, F. - 348
Pougny, J.-R. - 18, 81
Pozdnyakovich, Yu.V. - 166, 168
Pradhan, S.K. - 277
Prandi, J. - 234
Prasad, K. - 251
Pri-Bar, I. - 270
Pridgen, L.N. - 26, 279
Prinzbach, H. - 113, 422
Procter, G. - 17
Protiva, J. - 167
Pudovik, A.N. - 404
Purrington, S.T. - 239, 381, 429
Pyne, S.G. - 63
Queguiner, G. - 262
Quintard, J.-P. - 46
Rabinovitz, M. - 423
Rahm, A. - 248
Rajagopalan, J. - 206
Rajan Babu, T.V. - 90, 184
Rajasekharan, K.N. - 339
Rama Rao, A.V. - 42
Ramage, R. - 145

AUTHOR INDEX

Ramamurthy, V. - 419
Rao, A.S. - 140
Rao, A.V. - 159
Rao, A.V.R. - 99, 126, 127
Rao, C.S. - 218, 245
Rapoport, H. - 123, 312
Rasmussen, J.K. - 48
Ratananukul, P. - 32
Rathke, M.W. - 60, 97
Ratnam, C.V. - 354
Raucher, S. - 7, 205, 207
Reed, F.J.S. - 420
Rees, C.W. - 30, 311, 413
Reese, C.B. - 309, 364, 416
Reetz, M.T. - 27, 53
Reeves, P.C. - 317
Regitz, M. - 23, 146, 212
Reinhoudt, D.N. - 354
Reissig, H.-U. - 34, 49, 138, 303
Rene, L. - 11, 398
Rentzea, C.N. - 327
Reynolds, D.W. - 153
Ricci, A. - 375
Rien, J.-P. - 374
Rigby, J.H. - 206, 288
Rigo, B. - 346
Ripoll, J. - 410
Robert, A. - 268
Roberts, B.W. - 154
Roberts, S.M. - 221, 421
Rockett, B.W. - 200, 427
Rollin, P. - 410
Rosenblum, M. - 201
Rosini, G. - 38, 55, 114, 163
Roth, G.P. - 177
Roth, H.D. - 423
Roush, W.R. - 44
Roussel, J. - 228
Roux-Schmitt, M.C. - 56
Rozen, S. - 280, 381
Rubin, M.B. - 79
Ruchardt, C. - 19
Rucker, C. - 19
Russell, G.A. - 105, 123

Russell, R.A. - 176
Russell, R.K. - 258
Rutledge, P.S. - 33, 138
Saburi, M. - 292, 299
Saegusa, T. - 2
Saimoto, H. - 183
Sainsbury, M. - 22
Saito, I. - 164
Sakai, K. - 12, 21, 196
Sakakibara, J. - 320
Sakamoto, M. - 222
Sakamoto, T. - 317
Sakamura, S. - 137
Saksena, A.K. - 86
Sakurai, H. - 51, 237, 307
Salazar, J.A. - 388
Salerno, G. - 197
Salmon, M. - 229
Salomon, R.G. - 203
Salzer, A. - 54
Sammes, P.G. - 210, 353
Samuelson, A.G. - 233
Sanchez, I.H. - 39
Sandhu, J.G. - 285
Sano, H. - 49, 275
Santelli, M. - 67
Sarkar, T.K. - 158
Sarti-Fantoni, P. - 163
Sasson, Y. - 126, 392
Sato, F. - 31, 43, 47, 234
Sato, T. - 134
Sauer, J. - 149
Sauvetre, R. - 20, 123
Savignac, P. - 16
Sawaki, Y. - 100
Schaltegger, A. - 213
Scharf, H.-D. - 163
Schauble, J.H. - 384
Schaumann, E. - 132
Scheeren, J.W. - 157, 421
Scheinmann, F. - 122, 290
Schick, H. - 82
Schinzer, D. - 67
Schlessinger, R.H. - 39
Schlogl, K. - 424
Schmidt, R.R. - 18, 63, 299, 422, 432
Schmitt, R.J. - 404

Schneider, H.-J. - 148
Schneider, M.R. - 167
Schollkopf, U. - 11
Schreiber, S.L. - 19, 21, 318
Schultz, A.G. - 25, 133
Schumann, H. - 49
Schwab, J.M. - 234
Schwartz, J. - 85, 380
Schwartz, L.H. - 72
Schwarz, H. - 49
Scmitz, E. - 343
Scola, P.M. - 339
Scolastico, C. - 64
Scott, A.I. - 384
Screttas, C.G. - 51
Seebach, D. - 7, 8, 21, 28, 38, 53, 136, 252, 389
Sekine, M. - 359, 416
Senet, J. - 363
Seoane, E. - 132
Sepiol, J. - 179
Serratosa, F. - 117
Setsune, J. - 13
Severin, T. - 2, 30
Seyferth, D. - 194
Shainyan, B.A. - 334, 347
Shanmugam, P. - 357
Sharma, R.P. - 354, 379
Sharma, S.D. - 286
Sharp, J.T. - 175
Sharpless, K.B. - 234, 376
Shchepin, V.V. - 98
Shea, K.J. - 137
Shechter, H. - 164
Sheng, H. - 306
Shepherd, M.K. - 73
Shevchuk, M.I. - 81
Shiba, T. - 133
Shibasaki, M. - 3, 26
Shibata, I. - 337
Shim, S.C. - 275, 310
Shimizu, M. - 381
Shioiri, T. - 23
Shipov, A.G. - 4
Shiratsuchi, M. - 205
Shishido, K. - 208

Shone, R.L. - 30
Shono, T. - 26, 220
Shudo, K. - 307
Shugar, H.J. - 130
Shvekhgeimer, G.A. - 351, 353
Sih, C.J. - 27, 391
Silvestri, G. - 373
Simchen, G. - 92
Simonet, J. - 71, 307, 418
Singh, A. - 124
Singh, A.K. - 98, 165
Singh, J. - 218
Singh, S. - 254, 266
Sinou, D. - 356, 400
Sivaram, S. - 199
Sivasubramanian, S. - 399
Smalley, R.K. - 259
Smith, A.B., III - 29, 39, 47, 152, 264, 359
Smith, E.H. - 97
Smith, K. - 226, 350
Smith, M.B. - 97
Snider, B.B. - 21, 77, 139, 196
Snieckus, V. - 175, 208, 290
Snowden, R.L. - 137, 140
Snyder, J.K. - 237
Soai, K. - 45, 66, 257, 282, 373
Sohar, P. - 94
Solladie, G. - 40, 237
Solladie-Cavallo, A. - 386
Somanathan, R. - 58
Somei, M. - 172, 174
Somsak, L. - 273
Sonawane, H.R. - 236
Sonoda, N. - 330
Sosnovsky, G. - 431
Soto, J.L. - 59
Speier, G. - 224
Spitzner, D. - 145
Spyroudis, S.P. - 172
Stalick, W.M. - 97
Stambouli, A. - 21, 86
Stamm, H. - 1
Stamos, I.K. - 170
Staninets, V.I. - 352
Stawinski, J. - 416

AUTHOR INDEX

Steckhan, E. - 99, 224, 418
Stefanovsky, Y. - 61
Steglich, W. - 60, 186, 203, 255, 353
Steinberg, H. - 159
Stella, L. - 144, 150
Stephenson, G.R. - 177
Stetter, H. - 320
Stille, J.K. - 112, 190, 200, 428
Stirling, C.J.M. - 15, 65
Stokker, G.E. - 83
Stork, G. - 76, 118, 430
Stradi, R. - 118
Stutz, A. - 122
Suami, T. - 31
Suarez, E. - 383
Subramanian, G.B.V. - 95
Sugimoto, T. - 349
Sukhanov, N.N. - 11
Suschitzky, H. - 352
Sustmann, R. - 20
Sutherland, R.G. - 5
Suzukamo, G. - 136
Suzuki, A. - 122, 183, 188
Suzuki, H. - 67, 89, 259, 330, 383
Suzuki, K. - 210, 251, 300
Suzuki, M. - 152
Suzuki, T. - 206
Swaminathan, S. - 206
Swenton, J.S. - 70, 313
Swindell, C.S. - 93
Szantay, C. - 37
Szarek, W.A. - 32, 359
Szeja, W. - 358
Taarit, Y.B. - 314
Taber, D.F. - 76, 401
Tachibana, Y. - 97
Tacke, R. - 212
Tada, M. - 248
Taddei, M. - 375
Takacs, J.M. - 86
Takagi, K. - 340
Takahashi, H. - 21, 42
Takahashi, K. - 310

Takahashi, M. - 329
Takai, K. - 45, 99
Takaishi, N. - 198
Takakis, I.M. - 81
Takaku, H. - 359, 371
Takano, S. - 49, 99
Takase, S. - 205
Takayama, H. - 14, 62
Takeda, A. - 7, 247, 253, 300, 322
Takeda, K. - 96
Takeda, T. - 3, 57
Takeshita, H. - 45, 207
Tam, W. - 338
Tamao, K. - 377
Tamm, C. - 31
Tamura, R. - 11, 38, 258
Tamura, Y. - 43, 166, 287
Tanaka, K. - 45, 284, 295
Tanaka, M. - 191
Tanaka, T. - 371, 417
Tani, K. - 249
Tanida, H. - 133
Taniguchi, M. - 106
Tanikaga, R. - 99
Tanimura, H. - 372
Tanis, S.P. - 147
Tann, C. - 431
Tanner, D. - 19
Tantivanich, A. - 210
Tao, Y.-T. - 14
Tapia, R. - 228
Taschner, M.J. - 293
Taticchi, A. - 157
Tatlow, J.C. - 429
Taylor, E.C. - 336, 406
Taylor, P.G. - 80
Taylor, R.J.K. - 105, 298
Teague, S.J. - 177
Terao, Y. - 406
Terashima, S. - 121, 138, 284
Testaferri, L. - 415
Texier-Boullet, F. - 308, 414
Thaisrivongs, S. - 41

Thebtaranonth, Y. - 431, 432
Thomas, E.J. - 69
Thompson, M.D. - 331
Thornton, E.R. - 29
Threadgill, M.D. - 274
Tidwell, T.T. - 396
Tiecco, M. - 132, 415
Tietze, L.F. - 158, 316
Timberlake, J.W. - 165
Tischler, A.N. - 173
Tisler, M. - 187
Tius, M.A. - 3, 17, 107, 181
Tobe, Y. - 135
Tobinaga, S. - 173, 367
Tokoroyama, T. - 86
Tolbert, L.M. - 423
Tolstikov, G.A. - 145
Tomao, K. - 235
Tominaga, H. - 419
Tomioka, K. - 8, 66
Tomoda, S. - 115, 400
Torii, S. - 32, 49, 71, 193, 219, 278, 295, 314
Toru, T. - 293, 296
Toshimitsu, A. - 287, 310
Townsend, L.B. - 348, 363
Trahanovsky, W.S. - 176
Trofimov, B.A. - 107
Troll, T. - 180
Trost, B.M. - 41, 71, 75, 96, 121, 199, 213, 302, 305, 406, 421
Truce, W.E. - 213
Tsang, R. - 76
Tsuchihashi, G. - 210
Tsuda, T. - 2
Tsuge, O. - 128, 139, 140, 309
Tsuji, J. - 93, 96, 103, 120, 200, 202, 217, 428
Turnbull, K. - 271
Turner, W.W. - 324
Uchida, S. - 258
Ueki, M. - 358
Uemura, M. - 19, 167, 176

Uemura, N. - 51
Uemura, S. - 167
Ugi, I. - 128
Umemoto, T. - 24, 380
Undheim, K. - 255
Uno, H. - 19, 67
Urabe, H. - 76
Urech, R. - 152
Utaka, M. - 1
Utimoto, K. - 105, 198
Uyehara, T. - 44
Valentine, J.S. - 235
van Boeckel, C.A.A. - 431
van Boom, J.H. - 369, 370
van der Baan, J.L. - 60
Vanderhaeghe, H. - 109
van der Plas, H.C. - 254, 353
van der Voes, T. - 50
Vandewalle, M. - 8, 28, 143
van Leusen, A.M. - 87, 312, 401
Vankar, Y.D. - 378
Van Middlesworth, F.L. - 204
Vatele, J.-M. - 141
Vaughan, K. - 394
Vaultier, M. - 46
Vedejs, E. - 423
Vederas, J.C. - 389
Vega, J.C. - 32
Venturello, C. - 240
Veschambre, H. - 251
Vessiere, R. - 413
Viallefont, P. - 8
Vilarrasa, J. - 230
Villemin, D. - 414
Villieras, J. - 88
Vincens, M. - 211
Vismara, E. - 185
Vogel, P. - 142
Vogtle, F. - 78, 173
Vollhardt, K.P.C. - 157, 173, 181
Volodarsky, L.B. - 405
Vorbruggen, H. - 84
Waigh, R.D. - 245
Wakamatsu, T. - 17

AUTHOR INDEX

Wakefield, B.J. - 122
Walker, N.P.C. - 146
Wallace, T.W. - 40
Wamhoff, H. - 59
Wang, K.K. - 94, 95
Wang, Y. - 430
Warren, G. - 7
Warren, S. - 16, 209, 376
Warrener, R.N. - 176
Wasserman, H.H. - 295, 372
Watanabe, Y. - 9, 12, 112, 124, 190, 266, 311, 312, 387
Watt, D.S. - 287, 299
Wayda, A. - 17
Weber, J.V. - 232
Weidmann, H.J. - 41, 72
Weigel, L.O. - 378
Weiler, L. - 195
Weinreb, S.M. - 341, 362
Weith, H.L. - 370
Welch, S.C. - 75
Wender, P.A. - 155
Wenkert, E. - 128, 157
Werbel, L.M. - 182
White, J.D. - 92
Whitesell, J.K. - 43, 208
Whitesides, G.M. - 181, 250
Whitham, G.H. - 95
Whiting, D.A. - 420
Whitney, R.A. - 262
Whittaker, M. - 66
Whitten, J.P. - 364
Widdowson, D.A. - 20, 171, 176
Wiemer, D.F. - 297
Wilcox, C.S. - 69
Williams, D.L. - 185
Williams, D.R. - 27, 40
Williams, G.M. - 51
Wilson, R.M. - 190
Winckelmann, I. - 329
Winkler, J.D. - 76
Winterfeldt, E. - 141
Wolff, S. - 163
Wolters, J. - 427
Wong, C. - 360
Wong, C.H. - 34

Wong, H.N.C. - 164, 435
Woo, E.P. - 298
Wotter, J. - 202
Wu, Y. - 89
Wuest, J.D. - 277
Wulff, G. - 65
Wunsch, E. - 361
Wuts, P.G.M. - 45, 373
Wynberg, H. - 33
Yadav, J.S. - 20, 94
Yamada, S. - 204
Yamada, T. - 237
Yamagishi, A. - 232
Yamaguchi, M. - 61, 123
Yamakawa, K. - 93, 280, 395, 396
Yamamoto, A. - 183, 191, 199
Yamamoto, H. - 20, 50, 73, 125, 130, 138, 148, 189, 210, 378
Yamamoto, M. - 37
Yamamoto, Y. - 20, 44, 48, 51, 121, 201, 338, 425
Yamamura, K. - 169
Yamanaka, H. - 173
Yamashita, J. - 171
Yamato, M. - 93, 406
Yamauchi, T. - 210
Yamazaki, T. - 30, 41, 213, 307
Yang, N.C. - 163
Yaozhong, J. - 58
Yasumura, M. - 99
Yokoyama, M. - 333
Yoneda, S. - 30
Yonemitsu, O. - 45, 304
Yoon, N.M. - 247
Yoshida, H. - 186
Yoshida, Z. - 183, 197, 310, 323
Yoshifuji, S. - 222
Yoshii, E. - 175
Yura, T. - 406
Zajac, W.W., Jr. - 114
Zamarlik, H. - 67
Zbiral, E. - 80
Zeelen, F.J. - 430

Zefirov, N.S. - 81, 132, 166, 238
Zehani, S. - 277
Zervos, M. - 56
Ziegler, F.E. - 2, 433
Zimmer, H. - 182
Zimmermann, T. - 178
Zupan, M. - 226, 379, 380
Zvilichovsky, G. - 324
Zwanenburg, B. - 422
Zwierzak, A. - 311, 385, 402